CHEMISCHE TECHNOLOGIE

IN EINZELDARSTELLUNGEN

HERAUSGEBER: PROF. DR. FERD. FISCHER(†), GÖTTINGEN-HOMBURG

ALLGEMEINE CHEMISCHE TECHNOLOGIE

REDUKTION UND HYDRIERUNG ORGANISCHER VERBINDUNGEN

VON

DR. RUDOLF BAUER †
IN MÜNCHEN

NACH DEM TODE DES VERFASSERS
ZUM DRUCK FERTIGGESTELLT
VON

DR. H. WIELAND
PROFESSOR AN DER UNIVERSITÄT MÜNCHEN

MIT 4 FIGUREN IM TEXT

Springer-Verlag Berlin Heidelberg GmbH
1918

ISBN 978-3-662-33474-4 ISBN 978-3-662-33872-8 (eBook)
DOI 10.1007/978-3-662-33872-8
Softcover reprint of the hardcover 1st edition 1918

Ursprünglich erschienen bei Otto Spamer, Leipzig 1918.

Vorwort.

Der Verfasser des vorliegenden Buches, Dr. Rudolf Bauer ist am 6. Januar 1916 an einem lange dauernden Leiden, aber doch unerwartet rasch gestorben. Er hat das Werk, an dem er fast drei Jahre mit unablässigem Fleiß gearbeitet hatte, fast vollendet zurückgelassen. Die Materialsammlung war vollständig, das Manuskript im Rohbau fertig, nur wenige Abschnitte waren auszubauen, die meisten bedurften nur der letzten Feile.

Der Unterzeichnete hat auf Wunsch der Witwe dem verstorbenen Kollegen gern den kleinen Dienst erwiesen, die fast fertige Arbeit abzuschließen und druckfertig zu machen. Dabei wurden Änderungen stofflicher Art tunlichst vermieden, auch da, wo der Unterzeichnete eine andere Auffassung über Art und Verlauf oder die Bedeutung einer Reaktion oder eines Prozesses hatte.

Die Literatur ist bis 1915 so gut wie vollständig berücksichtigt. Auf Gebieten, mit denen der Herausgeber näher vertraut ist, sind auch Arbeiten und Patente neuesten Datums herein genommen. Gemäß der Anlage des ganzen Werkes ist der Hauptwert auf eine Übersicht der technisch angewandten Reduktions- und Hydrierungsprozesse gelegt. Eine getrennte Besprechung der Theorie dieser wichtigen Reaktionen konnte daher wegbleiben, sie verbot sich auch wegen der Raumüberschreitung, die sie zur Folge gehabt hätte. Trotzdem findet sich allenthalben auch die wissenschaftliche Literatur eingestreut und diskutiert. Es ist auch darauf verzichtet worden, die einzelnen Reduktions- und Hydrierungsmittel für sich zu behandeln, da dies nur eine unnütze Wiederholung schon getaner Arbeit bedeutet hätte. Die Einteilung des Stoffes wurde demgemäß nicht bestimmt durch das Reduktionsverfahren, sondern durch den Stoff, der dieser Reaktion unterworfen wird. Aus diesem Prinzip heraus gestaltete sich die leicht übersehbare Gruppierung, wie sie die nachstehende Inhaltsübersicht enthält. Verfahren, bei denen die Apparatur eine besondere Rolle spielt, sind auch nach dieser Seite hin ausführlich behandelt. Die Schwierigkeiten, die sich dem Einblick in die technische Brauchbarkeit patentierter Verfahren in den Weg stellen, sind den Fachmännern so wohl bekannt, daß es genügt, an sie zu erinnern, um Irrtümern, die in dieser Richtung wohl nicht zu vermeiden waren, gerecht zu werden. Herr cand. chem. Karl Roth hat bereitwilligst die Bearbeitung des Registers übernommen.

München, im Oktober 1916.

H. Wieland.

Inhaltsübersicht.

Einleitung.

Unter dem Begriff Reduktion faßt man vornehmlich die Prozesse zusammen, durch die eine Verminderung des Oxydationswertes einer Verbindung bewirkt wird, durch die also Sauerstoff oder Hydroxylgruppen aus einem Molekül herausgenommen werden. Dieser Vorgang, der scharf als „Desoxydation" zu bezeichnen wäre, ist in der anorganischen Chemie überaus verbreitet. Es sei nur auf die reduktiven Reaktionen der Metallurgie, auf die thermische Dissoziation halbedler und edler Metalloxyde, auf die Elektrolyse der Alkalihydroxyde, ferner auf die vielen gleichartigen Desoxydationen der Metalloidsauerstoffverbindungen hingewiesen. Bei den organischen Verbindungen ist die reine Desoxydation weniger häufig. Von wichtigen Reaktionen, die hierher gehören, seien als Beispiele erwähnt: Die Reduktion von CO_2 zu CO, von Cyanaten zu Cyaniden, die Zinkstaubdestillation der Phenole, die Dissoziation der Aminoxyde, der Übergang von Azoxybenzol in Azobenzol.

Die Anwendung der Bezeichnung Reduktion ist dann sinngemäß von den Sauerstoffverbindungen auf die Derivate vom entsprechenden „Sauerstoffwert" übertragen worden, im besonderen auf die Halogenverbindungen. Der Reduktion von Phosphorsäure zur phosphorigen Säure entspricht die thermische Spaltung von PCl_5 in PCl_3 und Chlor, die Reduktion von Ferrichlorid zu Ferrochlorid der von Eisenoxyd zu Eisenoxydul. Die Natur des Reduktionsmittels war bisher ohne Belang. Es genügte, daß seine Affinität zum Sauerstoff bzw. Halogen unter den Bedingungen der Reduktion größer war als die des ursprünglich mit dem Sauerstoff verbundenen Atoms.

Bei Anwendung von Wasserstoff werden die Verhältnisse verwickelter. Wir sehen dieses typische Reduktionsmittel zwar in vielen Reaktionen lediglich desoxydierend wirken, so vor allem bei der Umwandlung vieler Metalloxyde in Metalle. Aber sehr häufig ist mit der Entfernung des Sauerstoffs sein Ersatz durch Wasserstoff verbunden. Es findet also neben der Desoxydation eine Hydrierung statt.

Die ungemein verwickelte Reaktion der Hydrierung ist auf die ausgesprochene Additionsfähigkeit des Wasserstoffs, vorzugsweise in atomarem Zustand, zurückzuführen. Unter geeigneten Umständen vermag dieses reaktionsfähige Element sich fast überall an Stellen freier Affinität zu fixieren, sei es an die Atome der Alkali- oder Erdalkalimetalle, sei es an die Metalloide, die vom Jod und Arsen bis zum Stickstoff und Kohlenstoff direkt hydrierbar sind, sei es endlich an die typisch ungesättigten Verbindungen der organischen

Chemie. Im Grund genommen hat die Hydrierung mit der Desoxydation nichts zu tun; die Desoxydation ist ein Abbau-, die Hydrierung ein Aufbauprozeß. In der Mitte stehen die zahlreichen Reaktionen, bei denen die Hydrierung eine Desoxydation zur Folge hat. Beispiele sind die Überführung von Salpetersäure in Ammoniak und die der aromatischen Nitrokörper in Amine. Es ist zweifellos, daß in beiden Fällen einwandfreie Hydrierungen anzunehmen sind, veranlaßt durch den ungesättigten Charakter der $N\langle^{O}_{O}$ Gruppe. Wir stehen auf festem Boden, wenn wir das folgende Reaktionsschema aufstellen:

$$HO-N\langle^{O}_{O} \xrightarrow{+2H} HO-\overset{H}{\overset{|}{N}}\langle^{O}_{OH} \xrightarrow{-H_2O} HO-N=O \xrightarrow{+2H} HO-\overset{H}{\overset{|}{N}}-OH$$

$$\xrightarrow{-H_2O} HN=O \xrightarrow{2H} HN\langle^{H}_{OH}\,.$$

Von den Zwischenprodukten sind die salpetrige Säure und das Hydroxylamin isoliert. Es ist wahrscheinlich, daß die letzte Stufe zum Ammoniak, sofern sich der Prozeß in alkalischer Lösung vollzieht, über das Ammoniumhydroxyd führt.

$$H-N\langle^{H}_{OH} \xrightarrow{2H} H\underset{\overset{|}{H}}{\overset{H\;H}{\overset{|\,/}{N}}}-OH \xrightarrow{-H_2O} NH_3\,.$$

Völlig klar liegt das Reduktionsschema des Nitrobenzols mit seinen Phasen:

$$C_6H_5-NO_2 \rightarrow C_6H_5-N=O \rightarrow C_6H_5-N\langle^{H}_{OH} \rightarrow C_6H_5-NH_2\,.$$

Die wirkende Kraft bei diesen Reduktionen bildet demnach das Additionsvermögen des Wasserstoffes an ein ungesättigtes System $N=O$. Die Entfernung von Sauerstoff durch Wasserabspaltung ist ein sekundärer Vorgang, der in einer Phase:

$$(R-N=O \rightarrow R-\overset{H}{\overset{|}{N}}-OH)$$

ganz ausbleibt. Von diesem Gesichtspunkt aus betrachtet ist die Ammoniaksynthese aus den Elementen wie auch die entsprechende des Methans ein ganz analoger Prozeß, und auch die Überführung eines Aldehyds in seinen Alkohol, die Hydrierung von Acetylen oder Äthylen und viele der im folgenden zu behandelnden Reaktionen schließen sich hier an.

Es soll mit diesen Ausführungen gezeigt werden, daß die Hydrierung in manchen Fällen zwar den Effekt einer Desoxydation hervorrufen kann, daß sie aber, in ihrem Mechanismus betrachtet, ein davon durchaus verschiedenes Reaktionsbild darbietet.

Es ist deshalb nicht zweckmäßig, daß die beiden, so oft zu ganz verschiedenen Zielen führenden Prozesse die gemeinsame Bezeichnung „Reduktion“

tragen. Vor allem aber ist es widersinnig, den typischen Hydrierungen ungesättigter Kohlenstoffbindungen, wie das häufig geschieht, die Bezeichnung Reduktion zu geben.

Im übrigen ist diese Bezeichnung so festgewurzelt, daß es schwierig und vielleicht auch pedantisch erscheinen dürfte, sie in jedem Falle durch den zutreffenden Ausdruck zu ersetzen. Bei bloßen Wasserstoffanlagerungen an sauerstofffreie Systeme indessen sollte nur von Hydrierungen gesprochen werden.

Desoxydationen und Hydrierungen stehen unter allen chemischen Reaktionen an erster Stelle. Die Assimilation des Kohlendioxyds durch die Pflanzenzelle bildet die Voraussetzung für alles organische Leben. Auch die ganze chemische Industrie fußt auf ihr. Denn nur mit der vor der Atmosphäre geschützten Hinterlassenschaft der vor Jahrtausenden gebildeten Assimilationsprodukte, mit der Kohle, sind die elementaren Grundreaktionen der Industrie möglich. Sie betreffen die Desoxydation der infolge des Sauerstoffüberschusses von Atmosphäre und Erdrinde uns überall entgegentretenden Metalloxyde, vor allem des Eisens. Auch die Hydrierungsprozesse leiten die Quelle ihrer Wirkung in letzter Linie auf die Kohle zurück, mögen wir sie mit Hilfe von Metallen ausführen oder mögen wir den elementaren Wasserstoff der Triebkraft eines Katalysators unterwerfen. Die Desoxydationskraft des Kohlenstoffs gegenüber dem Wasser liefert uns in dem wichtigen Wassergasprozeß wohl auf einfachste Weise das wertvolle Gas. Nur die elektrische Energie kann hier, wie auch in einigen metallurgischen Prozessen, das Fundament der Kohle entbehren.

Die Drucklegung der vorliegenden Arbeit fällt mit dem Höhepunkt des Weltkrieges zusammen. Ganz von selbst ergeben sich hieraus Betrachtungen über die Bedeutung der hier behandelten Prozesse im Kampf um unsere Existenz. Hier ragt die von *Haber* wissenschaftlich bearbeitete und von der *Badischen Anilin- und Soda-Fabrik* knapp vor Kriegsausbruch technisch durchgeführte Hydrierung des elementaren Stickstoffs, die Synthese des Ammoniaks aus den Elementen, als mächtiges Bollwerk empor. Bei genauer Betrachtung der Verhältnisse wird man ohne Übertreibung sagen dürfen, daß ohne diese gewaltige chemische Waffe das Durchhalten für uns, aus Mangel an Munition und an Stickstoffdünger, aufs alleräußerste erschwert wäre. Ebenfalls wichtig ist die Schwefelfrage, die von unserer Großindustrie auf dem Wege der Desoxydation der uns in reichlicher Menge zugänglichen Schwefelverbindungen, der Sulfate, in erstaunlicher Weise gelöst worden ist.

Aber auch wenn wir von den Bedürfnissen der Kriegführung absehen, kann uns die beherrschende Stellung der Hydrierungsreaktionen in der heutigen Industrie nicht verborgen bleiben. Die Ammoniaksynthese ist ein Werk, das wie nur irgendeine der bisherigen Großindustrien sich nach dem Kriege riesengroß emporrecken wird.

Als Einleitung in die Periode der Hydrierungen können wir den technisch festgelegten Prozeß der Fetthärtung betrachten, der seinem Ausmaß nach schon heute als Weltindustrie bezeichnet werden kann. Bei Verfolgung der laufenden Patentliteratur gewinnt man den Eindruck, als ob noch ein drittes großes Hydrierungsproblem in naher Zukunft Aussicht auf Erfolg hätte. Es ist dies die „Verflüssigung der Kohle“ und auch des Kohlenoxyds mit Hilfe von Wasserstoff, die hydrierende Zerlegung des Kohlemoleküls in das vielgestaltige Heer von Kohlenwasserstoffen, wie es etwa die Zusammensetzung des natürlichen Erdöls ausmacht. Möge das Vorgehen auf dieses großartige Ziel erfolgreich werden oder nicht, jedenfalls zeigen solche Bestrebungen deutlich, mit welcher Macht der Hydrierungsgedanke in der modernen chemischen Industrie Wurzel gefaßt hat.

Im Nachstehenden sind nur die Reduktionsreaktionen organischer Verbindungen behandelt. Die Anlage des Stoffes blieb so, wie sie der Verfasser hinterlassen hatte, und wie sie aus der Inhaltsübersicht hervorgeht. Es sind unter Einteilung in besondere Unterklassen bestimmte Gruppen aus der ganzen organischen Chemie jeweils zusammengefaßt. An ihnen wird das Wesen des Reduktions- oder Hydrierungsvorganges erörtert, unter besonderer Berücksichtigung und Hervorhebung seiner technischen Anwendung und Bedeutung.

Es sei hier in thermochemischer Hinsicht hervorgehoben, daß die wichtigsten organischen Reduktionsprozesse fast ausnahmslos exothermisch verlaufen, was für die Temperaturregulierung der technischen Verfahren von Wichtigkeit ist.

Einen Einblick in das Anwendungsgebiet und die Anwendungsform der verschiedenen Reduktionsmittel, allerdings hauptsächlich von der wissenschaftlichen Seite her, gewinnt man aus dem Sammelwerke *Th. Weyl*, Methoden der organischen Chemie[1], ferner aus *Lassar-Cohn*, Arbeitsmethoden für organisch-chemische Laboratorien[2].

---

[1] Leipzig 1911, Band II, 1. Oxydation und Reduktion, bearbeitet von *R. Störmer*.

[2] Hamburg u. Leipzig 1907. Spezieller Teil. Reduzieren. S. 1142.

I. Anlagerung von Wasserstoff an mehrfache Kohlenstoffbindungen.

An einfache Kohlenstoffbindungen kann nur dann Wasserstoff angelagert werden, wenn zugleich die Bindung der beiden Kohlenstoffatome gesprengt wird, eine Reaktion, die in der wissenschaftlichen Literatur nicht häufig[1] und technisch ohne Bedeutung ist. Der einfachste hierher gehörige Fall wäre die Bildung von Methan aus den beiden Elementen Kohlenstoff und Wasserstoff; sie hat bis jetzt nur wissenschaftliches Interesse. Nur einmal ist eine derartige Reaktion zur technischen Verwendung vorgeschlagen. Di-(2-oxy-1-naphthyl-)methan geht beim Kochen mit Zinkstaub in alkalischer Lösung in 1-Methyl-2-oxynaphtalin und β-Naphtol über[2].

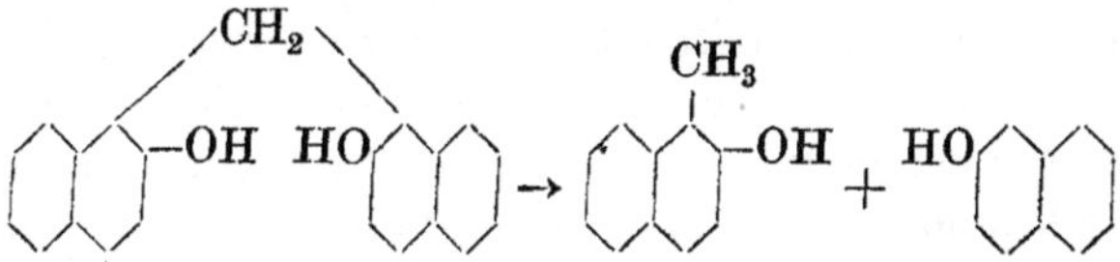

Die auffallend große Leichtigkeit, mit der hier die Sprengung der Bindung zwischen zwei Kohlenstoffatomen erfolgt, ist eine Folge der in der Orthostellung befindlichen Hydroxylgruppe.

Zahlreicher sind die Fälle, in denen Wasserstoff an doppelte und dreifache Kohlenstoffbindungen angelagert wird, obwohl auch von ihnen nur eine kleine Anzahl für den technischen Betrieb in Betracht kommt. Diese sind:

1. Acetylen und Äthylen.
2. Ungesättigte aliphatische Säuren und deren Ester.
3. Verschiedene Derivate carbo- und heterocyclischer Verbindungen.

1. Acetylen und Äthylen.

Die Verwertung des Acetylens war infolge zeitweiliger Überproduktion seines Ausgangsmaterials, des Calciumcarbids, früher eine brennende Frage. Heute gibt es für diesen Körper eine ganze Reihe von Verwendungsmöglichkeiten. Trotzdem ist bis in die neueste Zeit das Bestreben vorhanden, die Anlagerung von Wasserstoff an Acetylen zu einem technischen Verfahren auszubauen. Das dabei entstehende Äthan wird hauptsächlich in komprimiertem Zustand —

---

[1] Eines der wichtigsten Beispiele bildet die reduktive Spaltung der Blutfarbstoffkomponente, des Hämins. Vgl. auch *R. Böhm*, Annalen 318, 260.

[2] D. R. P. 161 450 [Frdl. VIII, 163].

ein Vorteil gegenüber dem Acetylen — für autogenes Schweißen gebraucht. Auch als Betriebsgas für Kältemaschinen findet es Verwendung. Die Addition von Wasserstoff an Acetylen ist stark exotherm und erfolgt in zwei Stufen:

$$C_2H_2 + H_2 = C_2H_4 \text{ (Äthylen)}$$
$$C_2H_4 + H_2 = C_2H_6 \text{ (Äthan)}$$

Beide durch diese Gleichungen ausgedrückten Reaktionen verlaufen gleichzeitig nebeneinander, und selbst bei einem Überschuß von Wasserstoff erhält man teilweise Äthylen; deshalb sind die vorhandenen Patente so abgefaßt, daß zugleich die Darstellung von Äthan und Äthylen aus Acetylen geschützt ist.

Die ersten wissenschaftlichen Versuche dieser Art sind von *Faraday* 1844 gemacht worden, welcher die Reduktion von Äthylen zu Äthan mittelst Wasserstoff bei Gegenwart von Platinmohr durchführte. Eingehender hat *Wilde*[1] den Vorgang studiert und gefunden, daß die Addition von Wasserstoff an Äthylen bereits bei gewöhnlicher Temperatur stattfindet. Er erwähnt auch zuerst, daß ein Gemenge von Acetylen und Wasserstoff auf dieselbe Weise Äthan gibt, diese Reaktion jedoch bald zum Stillstand kommt. Die Entdeckung von *Berthelot*[2], daß Äthylen sich bei Glühhitze mit Wasserstoff zu Äthan verbindet, hat nur wissenschaftliches Interesse und kommt für die Praxis nicht in Frage. Es dürfte dabei aus thermodynamischen Gründen nur in Spuren entstehen. Mit dem Aufblühen der Elektrochemie ist auch die elektrolytische Reduktion des Acetylens versucht worden. *Billitzer*[3] verwandte Kathoden aus platiniertem Platin in saurer und alkalischer Lösung und konnte auf diese Weise Acetylen sowohl in Äthylen als auch in Äthan überführen. Innerhalb bestimmter Potentialgrenzen (0,75 bis 0,15 Volt unterhalb der Wasserstoffnormalelektrode) entsteht in quantitativer Ausbeute Äthylen, bei höheren Potentialen ein Gemisch von Äthylen, Äthan und Wasserstoff. An blankem Platin tritt keine Reduktion ein.

Läßt man nach *Harris*[4] die elektrolytische Reduktion des Acetylens in Lösung von 65 Proz. Schwefelsäure bei 100° vor sich gehen, so tritt das zunächst gebildete Äthylen alsbald mit der Schwefelsäure unter Bildung von Äthylschwefelsäure $C_2H_5OSO_3H$ in Reaktion. Nach Beendigung der Elektrolyse kann aus derselben in der üblichen Weise Äthyläther gewonnen werden. Möglicherweise entsteht hier der Alkohol durch Reduktion primär gebildeten Acetaldehyds. Die damit durchgeführte Darstellung des Äthyläthers aus Acetylen dürfte jedoch technisch kaum rationell sein, da die Darstellung des Äthers aus Äthylalkohol wesentlich billiger und bequemer ist.

Auf rein chemischem Wege, durch Chromosalze in saurer Lösung, wird nach *W. Traube*[5] Acetylen glatt zu Äthylen reduziert.

[1] Ber. d. d. chem. Ges. **7**, 353 (1874).

[2] Bull. de la soc. chim. de Paris **39**, 145 (1883); Annales de chim. et de phys. [**4**], **3**, 431 (1886).

[3] Zeitschr. f. Elektrochem. **7**, 681 (1901); Monatsschr. f. Chem. **23**, 199 (1902). [C. **1902**, I, 1310.]

[4] Amerik. Pat. 711 565 (1902).

[5] D. R. P. 287 565. [Angew. Chem. **28**, II, 526 (1915).]

Die wichtigsten Versuche zur Anlagerung von Wasserstoff an Acetylen schließen an die Arbeit von *Wilde*[1] an und sind für die Entwicklung der bekannten Hydrogenisationsmethode von *Sabatier* und *Senderens* von größter Bedeutung. Die katalytischen Reduktionsmethoden sind in dem Kapitel über die Reduktion der ungesättigten Fettsäuren, welches das Hauptanwendungsgebiet für sie ist, eingehend behandelt. Es soll daher das Verfahren hier nur im allgemeinen besprochen werden, während die Einzelheiten aus dem genannten Kapitel zu ersehen sind.

Bekanntlich besteht die Methode von *Sabatier* und *Senderens*[2] darin, daß ein ungesättigter Körper mit Wasserstoffgas gemischt, über fein verteiltes Nickel unter mehr oder weniger starkem Erwärmen geleitet wird. Von anderen Metallen, deren Verwendung statt Nickel versucht worden ist, hat sich aber außer Palladium und Platin keines so bewährt, daß es praktisch angewandt werden könnte[3]. Leitet man[4] ein Gemenge von Acetylen mit viel Wasserstoff über frisch reduziertes Nickel, so entstehen unter freiwilliger starker Erhitzung des Nickels Äthylen und Äthan, daneben ein unterhalb 140° siedendes petroleumähnliches Gemisch von Kohlenwasserstoffen, welches aus Paraffinen, Olefinen und Benzolderivaten besteht. Ein Teil des Acetylens bleibt aber stets unangegriffen, und auch freier Wasserstoff ist in dem Reaktionsprodukt nachzuweisen. Auch mit Platinschwarz[5] tritt bereits bei gewöhnlicher Temperatur Reaktion ein, indem der dem Eintritt des Gasgemisches am nächsten liegende Teil des Katalysators sich erhitzt; dabei entsteht hauptsächlich Äthan neben etwas Äthylen; flüssige höhere Kohlenwasserstoffe entstehen jedoch nicht.

Die Anlagerung von Wasserstoff an Acetylen unter dem katalytischen Einfluß von reduziertem Nickel erfolgt am besten bei einer Temperatur von 150°; weniger gut wirkt Kobalt, noch schlechter Kupfer und sehr schlecht Eisen als Katalysator[6]. Bei diesen Reaktionen ist zu berücksichtigen, daß Acetylen auch dann, wenn man es ohne Gegenwart von Wasserstoff über erhitzte frisch reduzierte Metalle leitet, einer Zersetzung anheimfällt. Bei der Einwirkung von Nickel auf Acetylen bei einer Temperatur von über 180° treten drei Reaktionen nebeneinander auf[7]: 1. Lokale Zersetzung des Acetylens unter Bildung von Kohle und Wasserstoff nebst etwas Benzol und anderen aromatischen Kohlenwasserstoffen; 2. Hydrierung eines Teiles des Acetylens durch den bei der Zersetzung entstehenden Wasserstoff unter Bildung von Äthylen, Äthan und höheren Homologen; 3. Langsame Einwirkung des Nickels auf Acetylen unter Bildung flüssiger Äthylen- und Benzolkohlenwasserstoffe. Andere Metalle wirken ähnlich. Bei Verwendung von blankem Kupfer wurde

---

[1] Ber. d. d. chem. Ges. **7**, 353 (1874).
[2] Ber. d. d. chem. Ges. **44**, 1984 (1911). Zusammenfassender Vortrag von *Sabatier*.
[3] In einem neueren Patent der B. A. S. F. werden Osmium, Ruthenium als besonders wirksame Katalysatoren angeführt. D. R. P. 292 242. [Chem. Centralbl. **1916**, II, 39.]
[4] Compt. rend. de l'acad. des sciences **128**, 1173 (1899). [C. **1899**, I, 1270.]
[5] Compt. rend. de l'acad. des sciences **131**, 40 (1900). [C. **1900**, II, 312.]
[6] Compt. rend. de l'acad. des sciences **130**, 1559, 1628 (1900). [C. **1900**, II, 167 f.]
[7] Compt. rend. de l'acad. des sciences **131**, 187 (1900). [C. **1900**, II, 528.]

bei 180 bis 250° ein Kohlenwasserstoff $(C_7H_6)_n$, das Cupren, erhalten; daneben treten gasförmige gesättigte Kohlenwasserstoffe der Fettreihe auf.

Die stufenweise Reduktion von Acetylen zu Äthylen und dann zu Äthan ist eine Reaktion, die nur unter besonderen Vorsichtsmaßregeln so gelingt, daß man ein einheitliches Reduktionsprodukt erhält. Bei der Verwendung der Methode von *Sabatier* und *Senderens* ist die anzuwendende Temperatur so hoch, daß Nebenreaktionen nicht verhindert werden können; selbst bei Verwendung von Edelmetallen als Katalysatoren führt die Reaktion nicht zu einem einheitlichen Endprodukt.

Um diese Temperatursteigerungen zu vermeiden und zu reinem Äthylen zu gelangen, wendet *Karo*[1] besondere Kunstgriffe an. Er benutzt als Katalysator nicht ein einheitliches Metall, sondern eine Mischung, die aus einem Metall der Platingruppe mit mindestens einem solchen der Reihe: Fe, Ni, Co, Cu, Ag, Mg, Zn, Cd, Al besteht. Die zugesetzten unedlen Metalle sollen einer zu heftigen Einwirkung des edlen entgegenwirken. Dadurch verläuft der Prozeß gleichmäßiger und ruhiger. Eine weitere vorteilhafte Wirkung dieser Mischung soll darin bestehen, daß die unedlen Metalle leichter mit Verunreinigungen der Gase reagieren, wodurch eine Schutzwirkung auf die Edelmetalle ausgeübt wird. Nach diesem Verfahren leitet man ein Gemisch gleicher Volumina Acetylen und Wasserstoff bei 90 bis 100° über den Katalysator, wobei die Bildung von Äthylen erfolgt.

In neuester Zeit hat *Paal*[2] versucht, durch Schütteln von wässerigen Lösungen des nach seinem Verfahren dargestellten Palladiumhydrosols mit Gemischen von Acetylen und Wasserstoff in wechselnden Mengen die stufenweise Reduktion des ersteren durchzuführen. Die Bildung von Äthylen in quantitativer Weise fand aber nur dann statt, wenn Acetylen im Überschuß vorhanden war. Das Hydrosol des Platins erwies sich dem des Palladiums gegenüber als weniger wirksam.

Die Bildung von Äthan aus Acetylen in einer Operation bildet den Inhalt eines Patentes von *Lane, Ryberg* und *Kinberg*[3]. In demselben wird darauf hingewiesen, daß bei Überleiten eines Gemisches von Acetylen und Wasserstoff über Katalysatoren in der Wärme die Temperatur so hoch steigt, daß das Acetylen teilweise in Wasserstoff und Kohlenstoff zerfällt und sich außerdem Polymerisationsprodukte bilden; durch beides wird die Ausbeute vermindert. Man läßt daher beide Gase nicht von vornherein in stöchiometrischem Verhältnis miteinander gemischt in Reaktion treten, sondern man setzt das eine Gas dem anderen allmählich in solchen Mengen zu, daß durch die auftretende Reaktionswärme keine übermäßige Temperatursteigerung stattfinden kann.

Bei dem *Äthylen* liegen die Verhältnisse ganz analog. Auch hier stammen die ersten praktischen Hydrierungsversuche von *Sabatier* und *Senderens*, anschließend an die Beobachtungen von *Wilde*. Es gebührt dem Äthylen sogar

[1] D. R. P. 253 160. [Angew. Chem. **25**, 2621.]
[2] Ber. d. d. chem. Ges. **48**, 275, 994, 1195, 1202 (1915).
[3] D. R. P. 262 541. [Angew. Chem. **26**, II, 524.]

der Ruhm, der erste Körper gewesen zu sein, mit dem diese berühmte Reaktion durchgeführt worden ist.

Beim Leiten[1] eines Gemenges von gleichen Volumen Äthylen und Wasserstoff über frisch reduziertes, mäßig erhitztes (30 bis 45°) Nickel tritt Temperaturerhöhung und Bildung von Äthan ein. Die Reaktion geht am glattesten bei 150° vor sich. Bei weiterer Steigerung der Temperatur tritt Methan im Reaktionsprodukt auf, hervorgehend aus der Zersetzung des Äthans gemäß der Gleichung $2\,C_2H_6 \rightarrow 3\,CH_4 + C$. Das Nickel bleibt bei der Hydrierung des Äthylens fast unverändert und behält seine Wirksamkeit lange Zeit. Von anderen Metallen wirkt Kobalt verhältnismäßig am besten; Eisen[2] wirkt bereits viel schlechter als dieses, und Kupfer, welches bei 130° Acetylen und Wasserstoff vereinigt, wirkt auf Äthylen und Wasserstoff erst von 180° an. Unterhalb 300° bilden sich aber keine flüssigen Kondensationsprodukte, sondern nur Äthan ohne wesentliche Beimengungen von Methan und Äthylenkohlenwasserstoffen.

Abscheidung von Kohle findet kaum statt. Platinschwarz[3] reagiert mit einem Gemisch aus Äthylen und überschüssigem Wasserstoff bei gewöhnlicher Temperatur anfangs genau so wie mit dem Acetylen-Wasserstoffgemisch, doch ist die Aktivität der Kontaktsubstanz zeitlich begrenzt, indem sich das Platin allmählich mit einer dünnen Schicht von Kohlenstoff bedeckt. Erwärmt man den Katalysator, so beginnt bei 100 bis 120° die Reaktion von neuem, verläuft jedoch erst oberhalb 180° in befriedigender Weise. Platinschwamm wirkt in der Kälte überhaupt nicht, sondern erst oberhalb 180° auf Äthylen und Wasserstoff ein.

Für die technische Darstellung von Äthan aus Äthylen kommt nur Nickel als Katalysator in Betracht. Das Verfahren ist von *Sprent*[4] ausgearbeitet und von den *Elektrochemischen Werken, G. m. b. H.*[5] patentiert. Nach diesem Verfahren stellt man unter Verzicht auf völligen Umsatz aus gleichen Raumteilen Äthylen und Wasserstoff zunächst ein Gas her, welches nur 80 Proz. Äthan neben 10 Proz. Äthylen und 10 Proz. Wasserstoff enthält. Dieses Rohgas leitet man unter Anwendung eines Druckes von 30 bis 40 Atm in einen eisernen, mit vernickeltem Bimsstein beschickten Autoklaven bei etwa 120° ein. Hier vollzieht sich die Vereinigung der nicht umgesetzten Mengen Äthylen und Wasserstoff quantitativ in kurzer Zeit.

Das zu dieser Darstellungsweise benötigte Äthylen wird am besten nach *Sabatier* und *Mailhe*[6] durch Leiten von Alkoholdämpfen über Tonerde bei 360° gewonnen. Um es für die Hydrierung gebrauchen zu können, muß es

---

[1] Compt. rend. de l'acad. des sciences **124**, 616, 1358 (1897). [C. **1897**, II, 257.]
[2] Compt. rend. de l'acad. des sciences **130**, 1761 (1900). [C. **1900**, II, 240.]
[3] Compt. rend. de l'acad. des sciences **131**, 40. [C. **1900**, II, 312.]
[4] Journ. Soc. chem. Ind. **32**, 171. [C. **1913**, I, 1328.]
[5] D. R. P. 265 171. [Pat.-Schr. Nr. 3328.] [Frdl. XI, 18.]
[6] *Gregoriew*, Journ. d. russ. chem Ges. **33**, 173 (1901.) Compt. rend. de l'acad. des sciences **147**, 106 (1908); Chem. Centralbl. **1908**, II, 675. Siehe auch *Sabatier*, Die Katalyse. 1914. S. 167.

jedoch einer sorgfältigen Reinigung unterworfen werden, die entweder in einer intensiven Waschung mit konzentrierter Schwefelsäure[1] besteht oder darin[2], daß man dasselbe komprimiert, wobei die in ihm enthaltenen Verunreinigungen durch Kondensation verflüssigt werden.

2. Ölsäure und ihre Glyceride.

Härten von Fetten und Ölen[3].

Bei der Verseifung von Fetten und Ölen entsteht neben Glycerin ein Gemisch fester und flüssiger Fettsäuren, das durch Pressen in einen festen Teil, das Stearin, und in einen flüssigen, das Olein, zerlegt wird. Das wertvollere von Beiden ist das Stearin, denn es kann direkt zur Kerzen- und Seifenfabrikation verwendet werden. Je fester das Ausgangsmaterial ist, um so höher ist die Ausbeute an Stearin; allerdings übt auch das bei der Verseifung angewandte Verfahren einen nicht geringen Einfluß auf die Ausbeute aus[4].

Flüssige Öle liefert die Natur in fast unbeschränkten Mengen; sie stammen von Pflanzen, deren Verbreitung durch klimatische Verhältnisse nur wenig beeinflußt ist, und die alljährlich neue Ernten liefern; in zweiter Linie können sie dem unerschöpflichen Fischbestand des Meeres entnommen werden (Walöle). Dagegen ist die Produktion harter Fette im wesentlichen an das Tierreich gebunden. Sie ist daher nicht nur der Menge nach beschränkt, sondern unterliegt außerdem großen Schwankungen. Aus diesem Grunde ist das Problem, die flüssigen Fette und Fettsäuren durch Überführen in die viel wertvolleren festen nutzbar zu machen, von hohem wirtschaftlichen Interesse.

Während früher nur die freien Fettsäuren technisch verarbeitet wurden, hat neuerdings die Industrie der unverseiften Fette in der Fabrikation der Margarine- und Speisefette einen ungeahnten Aufschwung genommen. Diesem Umstande tragen die genommenen Patente Rechnung, indem sie sowohl die freien Fettsäuren als auch die unverseiften Fette und Öle in den Patentanspruch einbeziehen.

Die Umwandlung der flüssigen Fette und Öle in feste bezeichnet man als Härten derselben. Chemisch beruht der Vorgang darauf, daß im Molekül befindliche Doppelbindungen durch Anlagerung von Wasserstoff in einfache übergeführt werden. Die flüssigen Fette bestehen im wesentlichen aus den Triglyceriden ungesättigter Säuren, der Ölsäure $C_{18}H_{34}O_2$, der Linolsäure

[1] D. R. P. 265 297 [Pat.-Schr. Nr. 3331] [Frdl. XI, 19].

[2] D. R. P. 266 519 [Pat.-Schr. Nr. 3406 [Frdl. XI, 17].

[3] Eine ausführliche Behandlung dieses Gegenstandes findet man in der in dieser Sammlung erschienenen Monographie von *Klimont*. Leipzig 1915.

[4] Nach *Goldschmidt* in „Chem. Technologie d. organ. Verbind." von *Herzog* (1912), S. 86, beträgt die Ausbeute aus 100 Tln. Neutralfett bei Anwendung des „gemischten" Verfahrens (gemäßigte Behandlung mit Schwefelsäure nach vorausgegangener Verseifung mit Wasser und Kalk oder Magnesia im Autoklaven unter Druck) 61 Proz. Stearin und 33 Proz. Olein; bei Anwendung der Saponifikation (alkalische Verseifung) 51 Proz. Stearin und 44 Proz. Olein. Der Begriff Stearin ist hier technisch zu fassen. Die Stearinmenge ist im ersten Fall auf Kosten der Ölsäure durch die bei der „Acidifikation" gebildete (feste) Isoölsäure gesteigert.

$C_{18}H_{32}O_2$, der Linolensäure $C_{18}H_{30}O_2$; dagegen enthalten die festen Fette Triglyceride gesättigter Säuren, vorwiegend Stearin- und Palmitinsäure, vermischt mit denen der Ölsäure. Den Hauptbestandteil der ungesättigten Säuren bildet aber stets die Ölsäure, weshalb sie bei den wissenschaftlichen Untersuchungen und der technischen Ausarbeitung des Verfahrens bevorzugt worden ist. Bei der Einwirkung von Wasserstoff lagert die Ölsäure:

$$CH_3 \cdot (CH_2)_7 - CH = CH - (CH_2)_7 \cdot COOH$$

2 Atome Wasserstoff an und geht dabei in die Stearinsäure über. Aus der Reaktionsgleichung:

$$C_{18}H_{34}O_2 + H_2 = C_{18}H_{36}O_2$$

ist ersichtlich, daß 282 Gewtl. Ölsäure 2 Gewtl. Wasserstoff aufnehmen; obwohl demgemäß die Gewichtszunahme nur 0,7 Proz. beträgt, ist das Verfahren doch rationell, da die Wertsteigerung der entstehenden neuen Körper gegenüber dem Ausgangsmaterial groß genug ist.

Die ersten Versuche, Ölsäure zu reduzieren, liegen weit zurück. Es sind dann eine ganze Reihe verschiedener Verfahren vorgeschlagen worden, Ölsäure zu härten, von denen aber keines sich so bewährt hat, daß sich seine Einführung in die Technik gelohnt hätte. Nicht alle beruhen sie auf Reduktionsreaktionen; trotzdem sollen auch sie hier erwähnt werden, damit ein vollständiger Überblick über die Entwicklung der Fetthärtung entsteht.

Goldschmidt[1] reduzierte als erster Ölsäure zu Stearinsäure durch Erhitzen mit Wasserstoff und rotem Phosphor auf 200 bis 210°. Technisch ausgebildet wurde das Verfahren von *de Wilde* und *Reychler*[2]). Sie erhitzten Ölsäure mit Jod auf 280° und verschmolzen das dabei entstehende Reaktionsprodukt mit einer bestimmten Menge Talgseife, worauf das Ganze mit Wasser gekocht wurde. Die Ausbeute an Stearinsäure beträgt aber nur 70 Proz. des Rohmaterials, während nur zwei Drittel des angewandten Jods zurückgewonnen werden können. Um diesem Nachteil zu begegnen, nimmt *Imbert*[3] die aus der Jodzahl errechnete Menge Chlor oder unterchlorige Säure und erhitzt unter Zusatz von Alkali oder Alkalicarbonaten unter Druck. *Zürrer*[4] führt zunächst Chlor in die Fettsäure ein und ersetzt dasselbe durch Wasserstoff, indem er das chlorhaltige Produkt mit Wasser und fein verteilten Metallen (Zn, Fe, Mg) auf 8 bis 10 Atm erhitzt; doch behauptet *Lewkowitsch*, daß dabei Ölsäure zurückgebildet wird. Diese Frage hat *Fokin*[5] untersucht und gefunden, daß zwar Chlor- und Bromstearinsäure beim Erhitzen mit Zink im zugeschmolzenen Rohr in der Hauptsache Stearinsäure und nur wenig Ölsäure geben. Auch die andern höheren ungesättigten Fettsäuren: Eruca-, Undecylen-, Ricinol-, Linol- und Linolensäure geben nach dieser Reaktion die

---

[1] Jahresber. ü. d. Fortschr. d. Chem. **1876**, 579. Gießen bei *Ricker*.
[2] Bull. de la Soc. Chim. **1889**, 295. Journ. Soc. chem. Ind. **1889**, 466.
[3] Franz. Pat. 386 543 (1906). *Imbert* und *Konsortium f. elektrochem. Ind., G. m. b. H.* D. R. P. 208 699; 214 154; 212 001. [*Frdl.* IX, 85ff.]
[4] D. R. P. 620 47. [*Winther* I, 1206.]
[5] Journ. d. russ. phys.-chem. Ges. **44**, 155 (1912); Chem. Centralbl. **1912**, II, 21.

zugehörigen Fettsäuren; dagegen reagieren Dichlor- und Dibromstearinsäure mit Zink oder Magnesium nicht. Ein Verfahren von *Tissier*[1], nach welchem Fett mit Wasser bei Gegenwart von Zinkstaub unter Druck erhitzt wird, wobei das Fett zugleich reduziert und gespalten wird, ist nach *Freundlich* und *Rosauer*[2] ebenfalls unbrauchbar.

Schmilzt man nach *Varrentrapp*[3] Ölsäure mit Kali oder Pottasche, so zerfällt sie in Essigsäure und in feste Palmitinsäure, indem die 18 Kohlenstoffatome enthaltende Kette um 2 Kohlenstoffatome verkürzt wird. Auf dem Übergang in Oxystearinsäure bzw. ein Lacton derselben und die aus diesem Körper durch Abspaltung von Wasser unter Verschiebung der Doppelbildung entstehende Isoölsäure, welche beide fest sind, beruhen die beiden folgenden Verfahren. Nach dem einen, welches von *v. Schmidt* stammt und von *Benedikt*[4]) in seinem Verlauf untersucht worden ist, wird die Ölsäure durch Erhitzen mit Chlorzink in das obengenannte feste Produkt übergeführt. Das andere beruht auf der Einwirkung von Schwefelsäure. Es genügt, auf die erschöpfende Darstellung des Vorgangs durch *Wichelhaus*[5] und auf die Untersuchungen von *Lewkowitsch*[6] sowie von *Shukow* und *Schestakow*[7] zu verweisen. Schließlich bleibt noch ein Verfahren von *Knorre*[8] zu erwähnen. Nach demselben wird die flüssige Fettsäure mit Formaldehyd behandelt; die entstandene Emulsion wird durch Zusatz von Zinkstaub oder einem anderen fein verteilten Metall in eine dickflüssige Masse übergeführt, die durch Waschen mit heißem Wasser vom Metall getrennt wird. In der Patentschrift wird darauf hingewiesen, daß diese Reaktion nicht auf Reduktion, sondern auf der Bildung von Kondensationsprodukten beruht. *Halpern*[9] hat dagegen nachgewiesen, daß nur das Metallsalz der Säure dabei gebildet wird[10].

Alle diese Wege genügen den Ansprüchen, welche an ein brauchbares Verfahren zu stellen sind, nicht; nur die Behandlung mit konzentrierter Schwefelsäure hat in beschränktem Maße praktische Bedeutung erlangt. Es ist daher natürlich, daß sich die Fettindustrie den neueren Verfahren zur Hydrierung ungesättigter Verbindungen zuwandte. Zunächst versuchte man die Anlagerung von Wasserstoff mit Hilfe des elektrischen Stromes. Auf die Möglichkeit, elektrolytisch entwickelten Wasserstoff an Ölsäure an-

---

[1] Franz. Pat. 263 158 (1898). [Chem.-Ztg. **23**, 1822 (1899).]

[2] Chem.-Ztg. **24**, 566 (1900).

[3] Annal. d. Chem. **35**, 196.

[4] Monatsschr. f. Chem. **11**, 71 (1890). [Ber. **23**, Ref. 38.]

[5] „Sulfurieren, Alkalischmelze der Sulfosäuren, Esterifizieren" aus dieser „Chemischen Technologie in Einzeldarstellungen", S. 5ff.

[6] Journ. Soc. chem. Ind. **16**, 389 (1897). [C. **1897**, II, 184.]; **27**, 489 (1908). [C. **1908**, II, 208.]

[7] Journ. d. russ. phys.-chem. Ges. **40**, 830 (1908); Chem. Zentralbl. **1908**, II, 1414.

[8] D. R. P. 172 690. [C. **1906**, II, 989].

[9] Chem.-Ztg. **31**, 845 (1907).

[10] Über Verbindungen von Formaldehyd mit ungesättigten Fettsäuren siehe *Fokin*, Journ. d. russ. phys.-chem. Ges. **43**, 809; Chem. Zentralbl. **1911**, II, 1677; D. R. P. 226 222; 226 223. [*Frdl.* X, 1300ff.]

zulagern, macht als erster *Weineck*[1] aufmerksam. Der Gedanke wurde aber zunächst nicht weiter ausgebildet, sondern man versuchte die elektrische Energie in anderem Sinne für dieses Problem heranzuziehen. *Kuess*[2] fand, daß ungesättigte Substanzen, wenn man sie bei gleichzeitigem Durchleiten von Wasserdampf elektrisch behandelt, hydriert werden können. Dies kann entweder durch Elektrolyse oder durch Einwirken elektrischer Wärme sowie durch letztere mit gleichzeitiger Stromwirkung erfolgen. Hierbei wird der Wasserdampf zersetzt, und der frei werdende Wasserstoff verbindet sich mit den ungesättigten Verbindungen. Das Verfahren soll hauptsächlich zum Hydrieren von Terpentin dienen. Technische Bedeutung hat es aber ebensowenig wie das folgende von *Magnier, Brangier* und *Tissier*[3]. Nach demselben wird das durch Säureverseifung von Fetten entstehende Zwischenprodukt der gleichzeitigen Einwirkung von Druck, Wärme und elektrischem Strom unterworfen; offenbar soll dabei die Ölsäure durch die Einwirkung der Schwefelsäure in die feste Isoölsäure umgelagert und nebenbei durch Reduktion in Stearinsäure übergeführt werden.

In anderer Weise versuchte *de Hemptinne*[4] die Wirkung der Elektrizität nutzbar zu machen; bei vermindertem Druck wird in einer Wasserstoffatmosphäre eine äußerst fein verteilte und in Bewegung erhaltene Ölschicht der elektrischen Glimmentladung ausgesetzt. Die Ausbeute an festem Produkt beträgt zunächst 20 Proz. und kann durch Wiederholung des Verfahrens auf 40 Proz. gesteigert werden. Schließlich wird aber bei Abnahme der Konzentration der reagierenden Substanzen die Reaktionsgeschwindigkeit sehr gering, so daß es vorteilhaft ist, die gewonnene Stearinsäure jedesmal durch Abkühlen und Abpressen abzuscheiden, bevor das Gemisch von neuem der Glimmentladung ausgesetzt wird. Zwei weitere Patente desselben Verfassers[5] zielen hauptsächlich auf Erhöhung der Viscosität von Mineralölen und scheinen mehr auf Polymerisation als auf Reduktion zu beruhen.

Es bleibt noch übrig, einige Verfahren zu erwähnen, bei denen die Wirkung des Katalysators mit derjenigen von Strahlungsenergie kombiniert wird. Ob diese technische Bedeutung haben, dürfte schon aus ökonomischen Gründen zu bezweifeln sein. *Walter*[6] läßt die Einwirkung von Wasserstoff bei Gegenwart von Katalysatoren und unter gleichzeitiger Wirkung chemischer Strahlen vor sich gehen. Zugleich beschreibt er einen Apparat, durch den auf mechanischem Wege eine innige Berührung der reagierenden Stoffe bewirkt wird. Es ist daher nicht sicher, ob es wirklich die chemisch wirksamen Strahlen sind, welche die Wirkung ausüben. In ähnlicher Weise verfährt man nach *Utescher*[7] so, daß die Strahlen der elektrischen Glimmentladung die Fläche

---

[1] Österr. Privileg Nr. 10 400 v. 19. VII. 1886.
[2] D R. P. 87 485. [Ber. **29**, Ref. 709.]
[3] D. R. P. 126 446; 132 223. [*Winther* I, 1204.]
[4] D. R. P. 167 107. [*Winther* I, 1206.]
[5] D. R. P. 234 543; 236 294. [Angew. Chem. **24**, 1195; 1453.]
[6] D. R. P. 257 825. [C. **1913**, I, 1373.]
[7] D. R. P. 266 662. [Pat.-Schr. 3439.]

der Kontaktsubstanz treffen. Man kann aber auch solche Vorrichtungen für Glimmentladungen anwenden, bei denen die direkte Wirkung der Induktionsfunken auf die Fettkörper verhindert ist, so daß lediglich die chemisch aktiven Strahlen der Glimmentladung in Wirksamkeit treten, wie bei der bekannten Quecksilberlampe. Bei diesem Verfahren ist es nicht nötig, das Kontaktmetall in feiner Verteilung mit dem zu härtenden Öle zu mischen, sondern es genügt die Verwendung von Metallplatten, wodurch die Trennung des gehärteten Fettes vom Katalysator erheblich erleichtert wird[1].

Im Gegensatz zu diesen Versuchen zur Lösung der Härtungsfrage beruhen die folgenden Verfahren auf der Anlagerung kathodisch abgeschiedenen Wasserstoffes an die Ölsäure, schließen also an das Verfahren von *Weineck*[2] an. Zu einem befriedigenden Resultat sind aber auch sie nicht gelangt, zumal die Stromausbeute nur 10 bis 20 Proz. beträgt und der Rest des erzeugten Wasserstoffes als solcher entweicht. *Petersen*[3] benutzte als Kathode ein Nickeldrahtnetz und fand, daß die Ausbeuten in salzsaurer Lösung besser als in schwefelsaurer sind; er erhielt aber im ganzen wechselnde Resultate und kam zu dem Fehlschluß, daß der Charakter der Kathode keinen merklichen Einfluß auf die Vollständigkeit und Geschwindigkeit der Reaktion habe; dagegen stellte *Fokin*[4] fest, daß außer Ni noch Pd, Pt, Rh, Rn, Ir, Os, Co, Cu als Wasserstoffüberträger zu gebrauchen sind, wobei die Menge und der physikalische Zustand dieser Metalle von wesentlichem Einfluß auf den Gang des Reduktionsprozesses sind. Technisch ausgebildet hat die Firma *Boehringer & Söhne*[5] diese Verfahren; nach ihr verläuft die Reduktion am besten, wenn man die Elektrode mit einem Schwamm des betreffenden Metalles überzieht. Am energischsten wirkt eine Kathode von platiniertem Platin oder mit Palladiumschwarz überzogenem Palladium; doch gibt auch eine schwammige Nickelelektrode gute Resultate. Zweckmäßig ist die Anwendung geringer Stromdichten, bei Metallen, die katalytisch weniger wirksam sind, sogar notwendig. So gibt z. B. eine schwammige Nickelelektrode bei 1000 Amp. pro Quadratmeter Stromdichte eine beträchtliche Reduktionswirkung, bei Kupfer tritt sie erst bei Verringerung der Stromdichte auf etwa 10 Amp. pro Quadratmeter und selbst dann nur in geringem Maße ein. Als Elektrolyt wird eine Lösung von Ölsäure in schwach angesäuertem wässrigem Alkohol verwendet. Der Zusatz von Alkohol hat außer dem Nachteil der Verteuerung des Verfahrens noch den der Verschlechterung der Ausbeute durch die Bildung beträchtlicher Mengen von Stearinsäureäthylester im Gefolge.

Zu erwähnen bleibt noch ein Verfahren von *Wäser*[6], nach dem man gute Ausbeuten erhalten soll, wenn man nicht die Ölsäure selbst, sondern die durch

---

[1] Steigerung der Wirkung durch aktinische Strahlen wird auch im Franz. Pat. 458 445 von *Fuchs* [Chem.-Ztg. Rep. 1914, 272] beschrieben.

[2] s. S. 13.

[3] Zeitschr. f. Elektrochemie **11**, 549 (1905). [C. **1905**, II, 304.]

[4] Zeitschr. f. Elektrochemie **12**, 749 (1906). [C. **1906**, II, 758.]

[5] D. R. P. 187 788; 189 332. [*Frdl.* IX, 88f.]

[6] D. R. P. 247 454. [Seifens.-Ztg. **1912**, 661; *Frdl.* XI, 107.]

Einwirkung von konzentrierter Schwefelsäure auf sie entstehenden Sulfosäuren der elektrolytischen Reduktion bei mäßiger Temperatur unterwirft; diese lassen sich nämlich durch gewöhnliche Metalle, wie Zinkstaub, Aluminiumgrieß, Natriumamalgam oder Eisen und Säure, nur schlecht reduzieren, leicht und glatt dagegen durch elektrolytisch erzeugten Wasserstoff. Vor dem Verfahren von *Boehringer* zeichnet sich das erwähnte durch geringeren Energieverbrauch aus; ferner können billige Bleikathoden verwendet werden, und die Bildung von Fettsäureestern unterbleibt. Allen derartigen Verfahren haftet der Nachteil an, daß durch sie eine Reduktion der unverseiften Fette, die in Alkohol unlöslich sind, nicht möglich ist.

Katalytische Hydrierung.

Die bisher beschriebenen Verfahren sind von untergeordneter Bedeutung für die Hydrierung von Fetten und Ölen im großen Maßstab. Es lag daher nahe, daß sich die Technik die neuen und fruchtbaren Methoden der Anlagerung von gasförmigem Wasserstoff durch Vermittlung von Katalysatoren, mit denen die Chemie seit etwa 15 Jahren bereichert wurde, zunutze machte; und in langer angestrengter Arbeit ist es ihr endlich gelungen, diese so zu entwickeln, daß man jetzt von einer befriedigenden Lösung der Frage der Fetthärtung sprechen kann. Mit Hilfe von einfachen Apparaten liefern sie Produkte von größerer Reinheit und in besserer Ausbeute als die älteren Methoden; besonders tragen sie dem heute vorherrschenden Bestreben Rechnung, die älteren, mit Lösungen oder Suspensionen arbeitenden Verfahren durch solche zu ersetzen, welche den die chemische Reaktion beschleunigenden Stoff unverändert lassen, das Hydrierungsprodukt in reiner Form liefern und so einen kontinuierlichen Prozeß ermöglichen.

Das Anwendungsgebiet der katalytischen Reduktion ist fast unbeschränkt; alle Verbindungen, die irgendwelche Doppelbindungen enthalten, z. B.:

$$C=C;\ C=O;\ C=N;\ C\equiv N;\ N=N;\ N\genfrac{}{}{0pt}{}{\nearrow O}{\searrow O},$$

ließen sich selbst in Fällen, wo andere Methoden versagten, reduzieren. Die Menge des absorbierten Wasserstoffes läßt sich durch Messen bestimmen, so daß man den Gang der Hydrierung verfolgen und sogar eine nur teilweise Hydrierung von mehrfachen Doppelbindungen vornehmen kann.

Die Leichtigkeit, mit der Wasserstoff angelagert wird, ist bei verschieden konstituierten Körpern verschieden. Es besteht ein großer Unterschied in der Hydrierungsgeschwindigkeit zwischen aliphatischen und aromatischen Verbindungen. Bei doppelt ungesättigten Körpern ist es möglich, eine stufenweise Hydrierung vorzunehmen, wenn man die Reduktion nach *Paal* mit Hilfe von kolloidalem Palladium durchführt, während das energischer wirkende Verfahren von *Sabatier* nur vollkommen hydrierte Körper liefert. *Paal*[1] fand, daß doppelt ungesättigte Körper einer stufenweisen katalytischen Reduktion zugänglich sind, wenn die beiden Doppelbindungen durch mindestens

[1] Ber. d. d. chem. Ges. **45**, 2221 (1912).

ein Kohlenstoffatom voneinander getrennt sind. Dagegen werden Verbindungen mit konjugierten Doppelbindungen, wie — C = C — C = C — bei Zufuhr von nur der Hälfte der theoretischen Menge Wasserstoffes zu einer Hälfte vollkommen hydriert, während die andere Hälfte nicht angegriffen wird. Allerdings spricht *Paal* selbst diese Gesetzmäßigkeit nur mit Vorbehalt aus, da das Versuchsmaterial noch gering ist[1].

Die Anlagerung von Wasserstoff an die Doppelbildung erfolgt nur innerhalb gewisser Temperaturgrenzen; oberhalb derselben wird aus der gebildeten gesättigten Verbindung der Wasserstoff wieder abgespalten, es handelt sich um eine umkehrbare Reaktion mit dem Gleichgewicht:

$$CH_2 = CH_2 + H_2 \rightleftarrows CH_3 - CH_3,$$

welches bei niederer Temperatur und großem Überschuß von Wasserstoff, wie er in der Praxis angewandt wird, vollkommen nach der rechten Seite verschoben ist. Äthylen lagert bei ungefähr 200° Wasserstoff unter Bildung von Äthan an, welches über dieser Temperatur, ansteigend bis 300°, wieder in Äthylen und Wasserstoff zerfällt[2]. *Skita* und *Ritter*[3] behaupten, daß aus Gründen dieses Gleichgewichts eine vollkommene Hydrierung praktisch überhaupt nicht möglich ist.

Auch der Druck, unter dem die Aufnahme von Wasserstoff erfolgt, ist auf Grund des Massenwirkungsgesetzes maßgebend für die Geschwindigkeit der Hydrierung. ***Fokin*** berichtet, daß (bis auf 35 Atm) komprimierter Wasserstoff die Reduktion ungesättigter Verbindungen schneller, vollständiger und bei niedrigeren Temperaturen, als solcher von Atmosphärendruck, bewirkt; auch *Mayer* und *Altmayer*[4] finden, daß die Aufnahme von Wasserstoff dem Druck direkt proportional ist. In Berücksichtigung der Bedürfnisse der Technik hat *Shaw*[5] die Frage eingehend untersucht und gefunden, daß das Verfahren von *Sabatier* bei einem Druck von 100 mm nur 5 Proz., bei 150 mm 14 Proz., bei 200 mm 20 Proz. Stearinsäure liefert; ein Gleichgewichtszustand zwischen Ölsäure, Stearinsäure und Wasserstoff liegt, wie die Versuche ergeben, bei der angewandten, relativ niederen Temperatur nicht vor. Bei Atmosphärendruck und einer Temperatur von 275° ließ sich durch neunstündiges Einwirken die Ausbeute bis auf 45 Proz. steigern, erhöhter Druck vermehrte die Ausbeute, wie Versuche bei 5, 25, 50 Atm ergaben.

Technisch werden diese Erfahrungen durch ein Patent der *Badischen Anilin- und Soda-Fabrik*[6] verwertet, nach dem die Anlagerung von Wasserstoff an Fette mittels Nickel, Kobalt oder Eisen als Katalysatoren unter Drucken von wenigstens 30 Atm, zweckmäßig aber von über 50 Atm er-

---

[1] Über den Einfluß benachbarter Gruppen siehe *Skita*, Ber. d. d. chem. Ges. **43**, 3395 (1910); und *Harries*, Annal. d. Chem. **330**, 227 (1904).

[2] Über Wasserstoffabspaltung durch Katalyse siehe *Sabatier*, Die Katalyse, S. 139ff. (1914).

[3] Ber. d. d. chem. Ges. **44**, 670 (1911).

[4] Ber. d. d. chem. Ges. **41**, 3064 (1908).

[5] Seifens.-Ztg. **39**, 713 (1912).

[6] D. R. P. Anm. B. 73 304, Kl. 23 d. [Angew. Chem. **28**, II, 297.]

folgt. Es wird dadurch möglich, die Härtung selbst bei Anwendung des weniger gut wirkenden Eisens als Katalysator im Dauerbetrieb bei relativ niedriger Temperatur von 120° und darunter mit hoher Geschwindigkeit zu erzielen. Es ist dies von großer Wichtigkeit, da bei höherer Temperatur und längerer Einwirkungszeit leicht Nebenprodukte auftreten, deren Anwesenheit selbst in geringen Mengen für bestimmte Zwecke, z. B. für die Gewinnung von Speisefett, schädlich ist. Bei Verwendung aktivierter Kontaktmassen, vornehmlich nickelhaltiger, erfolgt die Wasserstoffanlagerung unter diesen Bedingungen auch bei sehr niedriger Temperatur, z. B. von 80° und darunter, ganz besonders rasch.

Für den technischen Betrieb von ausschlaggebender Bedeutung sind die chemische Reinheit und die Herstellungskosten des Wasserstoffes[1]. Früher nahm man allgemein an, daß die Hydrierung nur mit chemisch reinem Wasserstoff durchgeführt werden könne. Die Herstellung eines solchen ist heute so gut durchgebildet, daß seine Darstellung gar keine Schwierigkeiten macht. Ein großer Teil der gebräuchlichen Verfahren ist aber für den Gebrauch in der Fettindustrie zu teuer. Nach einer Mitteilung der *Ölwerke Germania*[2] arbeiten diese fast ausschließlich mit technischen Reagenzien, und auch der angewandte Wasserstoff ist nicht chemisch rein, sondern „technischer", der nur einer oberflächlichen Reinigung unterworfen ist. Von der Billigkeit desselben hängt die Rentabilität des ganzen Betriebes zum großen Teile ab. Die Darstellung durch Elektrolyse kommt allenfalls für kleinere Betriebe in Betracht; aber auch nur dann, wenn außerordentlich billige elektrische Energie zur Verfügung steht, oder wenn der Wasserstoff als unausgenutztes Produkt abfällt. Da aber die großen Betriebe nicht in der Lage sind, ihn so herstellen zu können, hat man sehr bald versucht, industriell leicht zu beschaffende Gase mit hohem Wasserstoffgehalt zu verwenden; darauf nehmen die meisten Patente Rücksicht und beziehen derartige Gase in den Patentanspruch ein. Die Entwicklung der Luftschiffahrt ist der Beschaffung billigen Wasserstoffes äußerst förderlich gewesen.

Als technische Gase mit hohem Wasserstoffgehalt kommen die Koksofengase und das Wassergas in Betracht. Erstere enthalten im Durchschnitt 46 Proz. Wasserstoff, letzteres etwa 50 Proz. Am leichtesten zu beschaffen und bei weitem am billigsten sind die Koksofengase, jedoch nur in der Nähe von Kokereien zu haben, weswegen ihre Benutzung in fast allen Fällen ausgeschlossen ist. Es verbleibt somit als einziges verwendbares technisches Gas das Wassergas. Seine Zusammensetzung ist etwa:

$$H = 48 - 52 \text{ Proz.}; \quad CO = 42 - 44 \text{ Proz.};$$
$$CO_2 = 2 - 5 \text{ Proz.}; \quad N = 3 - 5 \text{ Proz.}$$

Seine Nebenbestandteile CO, CO_2, N schädigen die Kontaktmasse an sich nicht; es ist aber Tatsache, daß die Wirkung des Katalysators bei Anwendung von Wassergas viel früher erlischt als bei Anwendung von reinem Wasserstoff.

---

[1] *Walter*, Seifens.-Ztg. **40**, 4 (1913).

[2] Seifens.-Ztg. **41**, 645 (1914).

Je konzentrierter der Wasserstoff angewandt wird, um so schneller verläuft der Hydrierungsprozeß. Aber selbst reiner Wasserstoff wird niemals vollkommen absorbiert, noch unvollkommener natürlich solcher, welcher durch andere Gase verdünnt ist. Bei Anwendung von Wassergas enthält das das Öl nach einmaligem Durchleiten verlassende Gas bereits so wenig Wasserstoff, daß seine weitere Wirkung gleich Null ist. Man braucht weit mehr Wassergas, als die Theorie erfordert. Von einem solchen mit 50 Proz. Wasserstoff wird etwa nur ein Drittel ausgenutzt, d. h. ein Sechstel vom ganzen Gasgemisch. Man muß demgemäß, um die gleiche Wirkung wie mit 100 cbm Wasserstoff ausüben zu können, 600 cbm Wassergas anwenden und erhält 500 cbm eines wasserstoffärmeren Gases. Dieses kann zwar als Heizgas leicht Verwendung finden, dagegen muß die ganze Apparatur zur Bewältigung der großen Gasmassen weit geräumiger gemacht werden, was den Betrieb erheblich verteuert.

Daß die beigemischten Fremdkörper Nebenreaktionen mit Fetten eingehen, ist bisher nicht beobachtet worden.

Für die Beurteilung der Wirkungsweise der Katalysatoren ist es nötig, das Verhalten der betreffenden Metalle gegenüber Wasserstoff zu kennen. Bei der Sonderstellung, die Nickel unter den Katalysatoren einnimmt, ist sein Verhalten zu Wasserstoff gut untersucht. Bei Temperaturen unter 200° nimmt reduziertes Nickel auch bei hohem Druck keinen Wasserstoff auf[1]. Über 200° beginnt die Absorption und nimmt mit steigender Temperatur zu, bis sie bei 1000° e i n Volumen beträgt[2]. Eine sehr eingehende Untersuchung von *Sieverts* und *Hagenacker*[3] über das Verhalten von Nickel zu Wasserstoff berücksichtigt nur Temperaturen, die höher als solche, wie sie für die Hydrierung von Fetten angewendet werden, liegen, und kommt daher nicht in Betracht. Platin, Nickel, Kobalt, Kupfer, Eisen vermögen nur ganz geringe Mengen von Wasserstoff zurückzuhalten. Anders als diese verhält sich bekanntlich das Palladium, das je nach der physikalischen Beschaffenheit und der Temperatur große Mengen von Wasserstoff aufnehmen kann und mit bemerkenswerter Festigkeit gebunden hält. Bei gewöhnlicher Temperatur entweichen selbst im Vakuum nur Spuren desselben. Leicht wird er aber durch Erhitzen auf 100° oder höhere Temperatur ausgetrieben. Wichtig ist der Nachweis von *Hoitsema*[4], daß bei niedrigem Druck der Wasserstoff im Palladium einatomig gelöst ist.

Eine allgemein anerkannte Erklärung für die Wirkungsweise der Katalysatoren ist noch nicht gefunden. Da eine Veränderung derselben während der Reaktion bisher noch nicht beobachtet worden ist, muß man annehmen, daß seine Wirkung nur an der Oberfläche stattfindet, besonders dann, wenn er kompakt ist. Um ihm eine im Verhältnis zu seiner Masse möglichst große Oberfläche zu geben, wendet man ihn daher in porösem Zustande an. Er

[1] *Ipatiew*, Journ. d. russ. phys.-chem. Ges. **40**, 1 (1908); Chem. Zentralbl. **1908**, II, 481.
[2] *Sieverts* und *Beckmann*, Zeitschr. f. phys. Chem. **60**, 129 (1907) [C. **1907**, II, 1769].
[3] Ber. d. d. chem. Ges. **42**, 338 (1909.)
[4] Zeitschr. f. phys. Chem. **17**, 1 (1895) [Ber. **28**, Ref. 1049].

wirkt in dieser Form weit energischer als ein kompakter. *Fokin*[1] ist der Ansicht, daß alle Reduktionsprozesse, die in Gegenwart von katalytisch wirkenden Metallen stattfinden, darauf zurückzuführen sind, daß die Metalle mit dem Wasserstoff unter Bildung von sehr leicht wieder zerfallenden Hydrüren zusammentreten. Die Aktivität derselben ist dadurch bedingt, daß, wie auch *van t'Hoff* annimmt, die Moleküle des aus Metallhydrüren entwickelten Wasserstoffes einatomig sind. Tatsächlich haben auch diejenigen Metalle, die Wasserstoff am reichlichsten okkludieren, die stärkste katalytische Wirkung; am leichtesten erfolgen die Reduktionsprozesse in Gegenwart von Palladium, mit abnehmender Leichtigkeit durch Platin, Nickel, Kobalt, Kupfer, Eisen. Bei letzteren muß man annehmen, daß die Bildung und der Zerfall der Okklusionsverbindungen sehr schnell erfolgen. Derselben Ansicht ist *Sabatier*[2], welcher sagt: „daß sich an der Oberfläche des Metalles beim Zutritt gasförmigen Wasserstoffes direkt und mit großer Geschwindigkeit ein Hydrid bildet, welches leicht wieder dissoziiert und seinen Wasserstoff an Substanzen, die solchen aufzunehmen vermögen, schnell abgibt, sobald es mit ihnen in Berührung kommt. Dabei bildet sich das Metall zurück und kann nun ohne Aufhören von neuem Wasserstoff abwechselnd binden und abgeben.“ Für Nickel nimmt er die Existenzfähigkeit mehrerer Hydride an; das stark aktive Nickel, wie es durch Reduktion des Oxydes bei niederer Temperatur gewonnen wird, gibt wahrscheinlich ein Perhydrid.

Dem entgegen glaubt *Wieland*[3], daß die Aktivierung des Wasserstoffes durch fein verteilte Metalle in der Spaltung der Wasserstoffmoleküle bzw. in der Bildung von atomarem Wasserstoff nicht begründet sein kann, weil die Wirkung von atomarem, d. h. nascentem Wasserstoff eine prinzipiell andersartige ist. Vielmehr wird der Palladiumwasserstoff (oder allgemein der Metallwasserstoff) als solcher an die Doppelbindung angelagert. Das dabei entstehende labile Additionsprodukt zerfällt weiterhin in die Dihydroverbindung und Palladium, das seinerseits wieder Wasserstoff aufnimmt:

$$—CH=CH— + PdH_2 = —CH_2—CH(PdH)— = —CH_2—CH_2— + Pd.$$

Ähnliche Anlagerungen wie *Wieland* nimmt *Fokin*[4] bei der Verwendung von Metalloxyden als Katalysatoren an. Beim Durchleiten von Wasserstoff durch eine Suspension des Metallhydroxydes in der ungesättigten Verbindung geht ersteres in Lösung, wobei sich komplexe Verbindungen zwischen beiden in Form von Solen bilden; diese Komplexe sollen den Wasserstoff übertragen.

Mit der Wirkungsweise der Metalloxyde als Katalysatoren hat sich besonders *Ipatiew*[5] beschäftigt und darauf hingewiesen, daß das Wasser bei der Reduktionskatalyse eine wesentliche Rolle spielt. Bei seinen Versuchen unter hohem Druck findet er, daß Nickeloxyd dem Metall vorzuziehen ist, da man bei seiner Verwendung größere Geschwindigkeit der Reaktion erzielt. Die

[1] Zeitschr. f. Elektrochemie **12**, 749 (1906) [C. **1906**, II, 1641].
[2] Die Katalyse in der organischen Chemie, S. 55. Leipzig 1914.
[3] Ber. d. d. chem. Ges. **45**, 487 (1912).
[4] Journ. d. russ. phys.-chem. Ges. **42**, 1074 (1910). [C. **1910**, II, 1743.]
[5] Journ. d. russ. phys.-chem. Ges. **40**, I (1908). [C. **1908**, II, 480.]

Reduktion verläuft in folgender Weise: Der Wasserstoff reduziert das Nickeloxyd zu Metall, wobei Wasser entsteht. Beide Produkte erscheinen im Entstehungszustande und können wieder aufeinander einwirken, wodurch Metalloxyd und nascierender Wasserstoff, welcher an die ungesättigte Bindung tritt, gebildet wird. *Bedford* und *Erdmann*[1], die gleichfalls die Wirkungsweise der Metalloxyde untersucht haben, ziehen zwei Möglichkeiten in Betracht: Entweder bildet sich aus Wasserstoff und Nickeloxyd über das Suboxyd die Additionsverbindung:

$$\begin{matrix} HNi \\ HNi \end{matrix}\!\!>\!O,$$

welche den Wasserstoff sehr lose gebunden enthält, oder es findet zunächst nur eine Reduktion des Nickeloxyds zu Nickelsuboxyd statt, welches das Wasser nach der Gleichung:

$$Ni_2O + H_2O = 2\,NiO + H_2,$$

zerlegt. Dabei entsteht Wasserstoff in statu nascendi, der sich an die ungesättigte Verbindung anlagert, während das zurückgebildete Nickeloxyd durch molekularen Wasserstoff wieder zu Suboxyd reduziert wird. Es sei aber darauf hingewiesen, daß nach neueren Untersuchungen, unter den Bedingungen, unter welchen *Erdmann* arbeitet, das Nickeloxyd in nachweisbarer Menge zu Metall reduziert wird, und daß mit großer Wahrscheinlichkeit in diesem Falle nicht das Oxyd, sondern das Metall die katalytische Wirkung ausübt. Nicht ausgeschlossen erscheint indes die Möglichkeit, daß Nickeloxyd nach der Gleichung $Ni\,O = \rightarrow Ni\!<\!\begin{smallmatrix} H \\ OH \end{smallmatrix}$ hydriert wird, und daß dieses Oxyhydrür nach zwei Richtungen $Ni\!<\!\begin{smallmatrix} H \\ OH \end{smallmatrix} \rightarrow Ni + H_2O$ und $Ni\!<\!\begin{smallmatrix} H \\ OH \end{smallmatrix} \rightarrow NiO + 2\,H$, etwa wie die Ameisensäure, zerfallen kann. Die zweite Form des Zerfalls würde den bei der Hydrierung wirksamen Wasserstoff liefern.

Auch über die Wirkungsweise eines Katalysators, der aus einem Gemisch zweier in ihrer Wirkung verschiedener Katalysatoren besteht, hat *Ipatiew*[2] Untersuchungen angestellt und gefunden, daß ein solches Gemisch andere Eigenschaften hat als jede einzelne der beiden Komponenten. Über die Einwirkung von Fremdstoffen auf Katalysatoren berichtet *Paal*[3]. Von Metallen sind Magnesium, Nickel, Kobalt ohne Einwirkung auf das auf ihre Oberfläche niedergeschlagene Palladium oder Platin, während andere Metalle als Antikatalysatoren wirken.

Es ist noch zu erwähnen, daß bei der katalytischen Hydrierung der Glyceride ungesättigter Fettsäuren, der Fette, bisweilen eine unerwünschte Spaltung in Glycerin und freie Säure eintritt. Diese Reaktion, welche eine normale Hydrolyse ist, kann aber unmöglich durch Einwirkung des Katalysators, sondern nur durch die Gegenwart von Wasser bedingt sein. Denn

---

[1] Journ. f. prakt. Chem. [2] **87**, 425 (1913).
[2] Ber. d. d. chem. Ges. **43**, 3387 (1910); **45**, 3205 (1912).
[3] Ber. d. d. chem. Ges. **44**, 1013 (1911).

derartige Spaltungen können vermieden werden, wenn man den zu reduzierenden Körpern oder dem Katalysator wasserbindende Substanzen, z. B. geglühtes Natriumsulfat, Magnesiumsulfat, vor oder während des Prozesses zusetzt[1]).

a) Katalysatoren.

Es ist bereits erwähnt, daß zur Hydrierung von Fetten und Ölen im wesentlichen zwei Verfahren angewandt werden, die sich durch das als Katalysator verwandte Metall voneinander unterscheiden. Das eine verwendet Nickel als Katalysator und stammt von *Sabatier* und *Senderens*; wegen seiner Billigkeit und der Zuverlässigkeit seiner Wirkung hat es die weiteste Verbreitung gefunden. Die häufig in den Patenten erwähnten Metalle Kobalt, Kupfer, Eisen kommen nicht zu praktischer Verwendung. Die andere Methode ist von *Paal* gefunden und von *Skita* erweitert worden. Im Gegensatz zur ersten besteht bei ihr der Katalysator aus einem Edelmetall der Platingruppe; als am zuverlässigsten hat sich Palladium erwiesen, bis zu einem gewissen Grad auch Platin. In neuester Zeit gewinnt die Verwendung des Palladiumkatalysators immer mehr Verbreitung, besonders nachdem man gefunden hatte, daß das Palladium nicht nur, wie ursprünglich angewandt, in kolloidaler Lösung, sondern auch in feiner Verteilung in dem Rohmaterial suspendiert, den Wasserstoff überträgt. In dieser neuen Form hat sich das Palladiumverfahren dem Nickelverfahren gleichartig gestaltet, was in den die Apparatur betreffenden Patenten dadurch zum Ausdruck kommt, daß stets beide Metalle in den Patentschutz einbezogen sind. Der hohe Preis des Metalls, von dem bei jeder Operation geringe Mengen in Verlust geraten, hat indes dem Palladium den Eintritt in die Großindustrie der Fetthärtung bisher so gut wie vollständig verwehrt, dagegen wird es für Hydrierungen wertvolleren Materials nicht nur für wissenschaftliche, sondern auch für technische Zwecke vielfach verwendet. Die Verschiedenheiten zwischen dem Nickel- und Palladiumverfahren kommen am besten zum Ausdruck, wenn man ihre Entwicklung betrachtet.

Nickelkatalysatoren.

Es ist das unbestreitbare Verdienst von *Sabatier* und *Senderens*, durch das von ihnen ausgearbeitete Verfahren mit Nickel als Katalysator die Hydrierung ungesättigter Verbindungen im technischen Betriebe ermöglicht zu haben. Nach demselben wird das Ausgangsmaterial im gasförmigen Zustande mit Wasserstoff über den erhitzten Katalysator geleitet. Als solcher wird in erster Linie Nickel verwandt. Es werden aber auch andere Metalle, z. B. Kobalt, Kupfer, Eisen und auch Platin, in Betracht gezogen. Obwohl in den meisten Patenten erwähnt, sind sie für die Ausbildung des Verfahrens ohne Bedeutung.

Da das Ausgangsmaterial im dampfförmigen Zustand in Reaktion gebracht wird, so muß die Hydrierung bei ziemlich hoher Temperatur, meistens über 100°, stattfinden. Für die Hydrierung nichtflüchtiger Fette und Öle,

---

[1] *Wimmer*, D. R. P. 271 985 [Pat.-Schr. 3722; *Frdl.* XI, 109].

die von *Sabatier* selbst nicht durchgeführt worden ist, ist das Verfahren in dieser Form unbrauchbar. Damit es für alle Zwecke verwendbar wurde, ist es so umgearbeitet worden, daß man den Katalysator in feinster Verteilung in dem flüssigen Fett suspendiert und durch die erwärmte Masse einen lebhaften Strom von Wasserstoff bei gewöhnlichem oder erhöhtem Druck leitet.

Das älteste geschützte Verfahren ist das von *Normann* ausgearbeitete und von der *Herforder Maschinenfett- und -Ölfabrik, Leprince & Siveke* genommene D. R. P. 149 021[1]. Der Patentanspruch lautet: „Verfahren zur Umwandlung ungesättigter Fettsäuren oder deren Glyceride in gesättigte Verbindungen, gekennzeichnet durch die Behandlung der genannten Fettkörper mit Wasserstoff bei Gegenwart eines als Kontaktsubstanz wirkenden, fein verteilten Metalles." Dieser Anspruch ist so weit gefaßt, daß eigentlich alle anderen Patente unter ihn fallen. Es hat daher lange patentrechtliche Streitigkeiten mit den Inhabern anderer Patente gegeben über die Frage, ob dies der Fall ist. Es werden also nach diesem Patent Fettsäuredämpfe mit Wasserstoff über das Kontaktmetall Nickel bzw. Eisen, Kobalt, Kupfer geleitet oder die Fettsäuren und deren Glyceride (das Fett) in flüssigem Zustand der Einwirkung von Wasserstoff und der Kontaktmasse ausgesetzt. *Lewkowitsch*[2], welcher das Verfahren nachprüfte, erhielt anfänglich kein befriedigendes Resultat, so daß er an die praktische Durchführbarkeit nicht glaubte. Vor allem stand seiner Durchführung im Großbetrieb zunächst die Schwierigkeit der Beschaffung von reinem Wasserstoff in genügender Menge und von hinreichender Billigkeit entgegen. Diese Frage ist jetzt in befriedigender Weise gelöst, und das Patent wird seit Jahren in großem Maßstab ausgeführt.

Die bei der Reduktion erzielte Ausbeute ist in höchstem Maße von der physikalischen und chemischen Beschaffenheit des angewandten Katalysatormetalles abhängig. Anfänglich legte man größten Wert auf chemische Reinheit des verwandten Metalles. In neuester Zeit wird aber mehrfach behauptet, daß die Kombinationen verschiedener Metalle und selbst solche von Metallen mit Metalloiden hervorragend aktive Katalysatoren liefern. Die Darstellung eines Katalysators von guter Wirksamkeit erfordert größte Sorgfalt. Sie gestaltet sich etwa folgendermaßen. Zunächst wird durch Glühen von Nickelnitrat Nickeloxyd oder durch Fällen von Nickelsalzen mit Alkali und nachfolgendes sehr sorgfältiges Auswaschen mit Wasser Nickelhydroxyd hergestellt. Das eine oder das andere bringt man in ein Rohr und leitet unter Erhitzen so lange Wasserstoff darüber, bis kein Wasser mehr entweicht. Die Reduktion beginnt bei 220°, ist aber bei 270° selbst nach langer Einwirkung von Wasserstoff noch nicht vollendet; 300 bis 325° gilt als beste Temperatur für die Reduktion. Die empfindlichsten Katalysatoren entstehen, wenn man die Temperaturen möglichst niedrig hält. In besonders wirksamer Form wird er erhalten nach einer Vorschrift der *Badischen Anilin- und Sodafabrik*[3],

[1] *Winther*, I, 1205. [C. **1903**, I, 1199.]
[2] Technologie der Fette, Öle und Wachse. Braunschweig 1905.
[3] D. R. P. Anm. B 73 697, Kl. 23 d [Angew. Chem. **28**, II, 297].

nach welcher die Reduktion der betreffenden Metallverbindung mittels Wasserstoff unter hohem Druck erfolgt. Das reduzierte Nickel ist pyrophor und muß vor Luft geschützt werden. Doch teilen die *Ölwerke Germania*[1] mit, daß der Nickelkatalysator durchaus nicht so empfindlich ist, wie immer behauptet wird.

Die Wirksamkeit des Katalysators steigt allmählich zu einem Maximum an, das bei sorgfältiger Behandlung wochen-, ja monatelang bestehen kann, und nimmt dann allmählich bis zum völligen Versagen der Reaktion ab; diese Abnahme erfolgt durch Katalysatorgifte oder durch Carburierung der Oberfläche des Nickels. Als Katalysatorgifte, die oft in unwägbarer Masse ihre zerstörende Wirkung ausüben, gelten nach *Sabatier* Halogene, Schwefel und Arsen. Es ist daher auf möglichste Reinheit sowohl des Wasserstoffes wie der zu hydrierenden Substanzen zu achten. Außerdem ist zu bemerken, daß Nickel gegen diese Gifte weit empfindlicher ist als andere Metalle, z. B. Kupfer oder die später zu besprechenden Nickeloxydkatalysatoren. Die Carburierung der Oberfläche des Nickels erfolgt beim Überleiten erhitzter organischer Substanzen dadurch, daß sich Kohleteilchen in feinster Verteilung oder teerartige Kondensationsprodukte auf dem Kontaktmaterial und an der Rohrwandung des Apparates niederschlagen und so die Berührung des Wasserstoffes und der zu hydrierenden Substanz mit dem Katalysator verhindern.

Es wird, wie schon erwähnt, nicht nur metallisches Nickel, sondern auch dessen Oxyd als Katalysator angewandt. Die Frage, ob während der Hydrierung das Nickeloxyd in Metall übergeführt wird, so daß man annehmen kann, daß die katalytische Wirkung durch letzteres und nicht durch Oxyd hervorgebracht wird, ist wegen ihrer patentrechtlichen Bedeutung von verschiedenen Seiten eingehend untersucht worden. Zu Reduktionen unter hohem Druck verwandte *Ipatiew*[2] Nickeloxyd und analysierte dasselbe nach beendeter Reaktion. Er fand, daß eine Reduktion zu Metall nur in sehr geringem Maße stattgefunden hat, so daß er den katalytischen Einfluß von metallischem Nickel in Zweifel ziehen mußte. Später[3] stellte er aber fest, daß Nickeloxyd durch Wasserstoff unter gewöhnlichem Druck bei 190 bis 200° zu Metall reduziert wird, während Nickeloxydul nicht angegriffen wird; um letzteres zu reduzieren, sind Temperaturen über 200° notwendig. Nach dem Glühen vor dem Gebläse geht dem Nickeloxyd diese leichte Reduzierbarkeit verloren, weshalb *Ipatiew* annimmt, daß das Fehlen von Wasser die Ursache dieser Erscheinung ist. Weiterhin teilt *Sieverts*[4] mit, daß es sehr schwer ist, Nickeloxyd durch Wasserstoff vollständig zu reduzieren, wenn die Temperatur nicht höher als 600° gesteigert wird, was auch *Mayer* und *Altmayer*[5] bestätigen. Dieselben Beobachtungen machten *Senderens* und *Aboulenc*[6]. Sie haben ver-

[1] Seifens.-Ztg. **41**, 645 (1914).
[2] Ber. d. d. chem. Ges. **40**, 1281 (1907).
[3] Journ. d. russ. phys.-chem. Ges. **40**, 1 (1908); Chem. Zentralbl. **1908**, II, 481.
[4] Zeitschr. f. phys. Chem. **60**, 131 (1907).
[5] Ber. d. d. chem. Ges. **41**, 3067 (1908).
[6] Bull. Soc. chim. de France [4] **11**, 641. [C. **1912**, III, 1003.]

schiedene wasserfreie Nickeloxyde, Nickelhydrate und oxydiertes pyrophorisches Nickel der Reduktion mittels Wasserstoff unterworfen und das Katalysierungsvermögen des dabei entstehenden Nickels untersucht. Die Temperatur für die Reduktion der verschiedenen Proben schwankt beträchtlich. Wenn sie unter 300° bleibt, ist die Reduktion unvollständig und ergibt ein Gemisch von Metall und Oxyd, das um so reicher an letzterem ist, je niedriger die Temperatur war. Das Gemisch ist aber bedeutend wirksamer als Metall, welches entsteht, wenn das Oxyd bei steigender Temperatur vollkommen reduziert wird. Erhitzt man das Nickel nach der Reduktion auf hohe Temperatur, so wird seine Aktivität vermindert, aber sie bleibt länger erhalten. Ähnlich sind die Resultate, welche *Sabatier* und *Espil*[1] erhielten. Bei 170° verlief die Reduktion von Nickeloxyd ganz gleichmäßig, doch konnte sie auch durch sehr lange Dauer nicht vollständig bis zum Metall getrieben werden. Sie nehmen daher[2] die Existenz eines Suboxydes an, welches zwischen NiO und Ni liegt. Da dasselbe bei derselben Temperatur wie das Nickeloxyd, aber langsamer als dieses, weiter zu Metall reduziert wird, so werden beide Reduktionsstufen stets gleichzeitig gebildet, und die Zusammensetzung des Suboxydes läßt sich nicht mit vollkommener Sicherheit ermitteln. Nach Annahme der Verfasser entspricht die Formel Ni_4O am besten der Zusammensetzung des Suboxydes.

Entgegen diesen Untersuchungen behaupten *Bedford* und *Erdmann*[3], daß Nickeloxyde unter den in Frage kommenden Temperaturbedingungen in einer bloßen Wasserstoffatmosphäre zwar teilweise zu Metall reduziert werden, in Gegenwart von Öl aber nicht. In diesem Falle geht die Reduktion nur bis zum Suboxyd Ni_2O, welches sich von metallischem Nickel durch die mangelnde elektrische Leitfähigkeit und dadurch unterscheidet, daß es mit Kohlenoxyd kein Nickelcarbonyl bildet. Nach ihrer Ansicht können daher die verschiedenen Oxydationsstufen sämtlich als Katalysatoren dienen, indem die höheren Oxyde während der Wasserstoffübertragung bis zum Nickelsuboxyd reduziert werden. Ein schon einmal gebrauchter Nickeloxydkatalysator wirkt infolge seines Gehaltes an Suboxyd aktiver; er überträgt den Wasserstoff schneller und bei niedrigeren Temperaturen als ein nicht gebrauchter. Weiter läßt sich die Geschwindigkeit der Reaktion dadurch beschleunigen, daß man ein sehr voluminöses Nickeloxydul anwendet oder geringe Mengen anderer Metalloxyde zusetzt.

Meigen und *Bartels*[4], welche die Angaben von *Bedford* und *Erdmann* geprüft haben, gelangten auf Grund ihrer Untersuchungen zu der Ansicht, daß Nickeloxyde nicht als Katalysatoren wirken können, vielmehr ihre Wirkung darauf beruhe, daß sie zu Metall reduziert werden. Sie stellten weiter fest, daß die Anlagerung von Wasserstoff bei Verwendung von metallischem Nickel bereits bei einer Temperatur von 180° vor sich geht, während man bei Anwendung von Nickeloxyd bis auf 250° erhitzen muß. Außerdem ist

[1] Vortrag vor der Soc. chim. de France in Toulouse. Chem.-Ztg. **1913**, 1121.
[2] Compt. rend. de l'acad. des sciences **158**, 668; **159**, 137. [C. **1914**, I, 1484; II, 692.]
[3] Journ. f. prakt. Chem. [2] **87**, 425 (1913). [C. **1913**, II, 240.]
[4] Journ. f. prakt. Chem. [2] **89**, 290. [C. **1914**, I, 2074.]

der Verlauf der Reaktion bei Anwendung von metallischem Nickel von Anfang an sehr viel schneller als mit Nickeloxyd. Auch *Normann* und *Pungs*[1] ist es in allen Fällen gelungen, nach dem Hydrieren in den Katalysatoren, die von vornherein kein freies Metall enthielten, solches nachzuweisen, und sie stellen die Behauptung auf, daß eine Fetthärtung in Abwesenheit von freiem Metall bisher noch nicht durchgeführt ist, und etwas anderes als das freie Metall nicht als Katalysator wirken kann. Auch die *Ölwerke Germania*[2] schließen sich in einer kurzen Notiz dieser Ansicht an.

Der Nachweis, ob der aus Nickeloxyd hergestellte Katalysator metallisches Nickel enthält oder nicht, ist mit absoluter Gewißheit nicht leicht zu führen. Gewöhnlich werden dazu zwei Methoden verwandt: die Bestimmung der elektrischen Leitfähigkeit des sorgfältig gewaschenen und getrockneten Katalysators oder die Überführung des etwa gebildeten metallischen Nickels in Nickelcarbonyl durch Überleiten von Kohlenoxyd in der Hitze. Beide sind aber nicht vollkommen zuverlässig. Die Leitfähigkeit der Metallpulver ist in hohem Maße von der Korngröße ihrer Teilchen abhängig, und bei der Carbonylreaktion ist zu berücksichtigen, daß auch das Kohlenoxyd selbst Nickeloxyd reduzieren kann, wodurch das zur Bildung des Nickelcarbonyls nötige metallische Nickel entstehen würde. *Bergius*[3] ist daher der Ansicht, daß es noch nicht endgültig entschieden ist, ob im Nickeloxydkatalysator metallisches Nickel vorhanden ist oder nicht.

Die beiden Parteien mit den Losungen hie Nickel — hie Nickelsuboxyd stehen sich noch heute in unentschiedener Kontroverse gegenüber, obwohl das Patentamt mit der Patenterteilung an *Erdmann* sein Verfahren als von der Nickelmethode verschieden anerkannt hat. Vom wissenschaftlichen Standpunkt aus betrachtet, haben aber auch die jüngsten Publikationen von *Normann*[4], *Meigen* und *Bartels*[5] auf der einen, *Erdmann*[6] und *Siegmund* und *Suida*[7] auf der anderen Seite, keine Klärung der äußerst schwierigen Frage gebracht. Es ist eben fast unmöglich, in den äußerst fein verteilten, d. h. mit großer Oberfläche ausgestatteten Katalysatoren festzustellen, ob sie aus einem niedrigen Oxyd des Nickels oder aus einem Gemisch von Nickel und Nickeloxyd bestehen. Auch der Vergleich der Hydrierungsgeschwindigkeiten gibt kein Resultat, weil hierbei vor dem chemischen Charakter der Verteilungszustand die erste Rolle spielt. Mit anderen Worten: eine nach *Erdmann* hergestellte Kontaktsubstanz könnte trotz nur geringem Gehalt an Nickelmetall einem reinen Metallkatalysator überlegen sein.

Ganz ebenso ist die Frage zu beantworten, worauf die Wirksamkeit der als Katalysatoren verwandten Salze von Metallen mit organischen Säuren

---

[1] Chem.-Ztg. **39**, 29, 41 (1915).
[2] Seifens.-Ztg. **41**, 645 (1914).
[3] Zeitschr. f. angew. Chem. **27**, I, 523 (1913).
[4] Chem.-Ztg. **39**, 577 (1915); **40**, 757 (1916).
[5] Journ. f. prakt. Chem. **89**, 290 (1914).
[6] Chem.-Ztg. **39**, 29, 41, 576; Journ. f. prakt. Chem. **91**, 469 (1915).
[7] Journ. f. prakt. Chem. **91**, 442 (1915).

(Nickelformiat[1]) beruht. Daß diese Salze nicht selbst die Anlagerung von Wasserstoff bewirken, steht fest. Dagegen kann man auch hier zweifelhaft sein, ob sich beim Überleiten des Wasserstoffes über das Salz in der Hitze das Oxyd allein oder auch metallisches Nickel bildet. *Erdmann*[2] vertritt auch in diesem Falle den Standpunkt, daß unter dem Einfluß der hohen Temperatur bei Gegenwart von Wasserstoff diese Salze sich so zersetzen, daß sich Nickeloxyde bilden, unter denen das Nickelsuboxyd in erster Linie die gute Wirkung des Katalysators bedingt. Die Entscheidung, ob der Katalysator von *Wimmer* und *Higgins* auch Metall enthält, war schon bei der Erteilung des Patentes Gegenstand eingehender Erörterung und hat erhebliche Schwierigkeiten bereitet. Es wurde damals angenommen, daß die Wirkung des Katalysators nicht auf der Gegenwart von Metall beruhe, da sonst das Verfahren unter das Patent von *Leprince & Siveke*[3] fallen würde und als selbständiges Patent nicht hätte erteilt werden können.

Eine besondere Erwähnung verdient der Vorschlag von *Schönfeld*[4], Nickelmetaborat als Katalysator zu verwenden. Dasselbe soll die Schwermetallkatalysatoren und deren Oxyde an Wirksamkeit bei weitem übertreffen. Auch hier ist die Frage offen, ob dieses Salz beim Erhitzen im Wasserstoffstrom ein niederes Nickeloxyd oder metallisches Nickel bildet. Zur Herstellung eines aktiven Katalysators wird das Nickelmetaborat, $NiB_2O_4 \cdot 6\,H_2O$, während einer halben Stunde auf 300° erhitzt, wobei es einen Teil des Krystallwassers verliert. Der dabei entstehende Körper besitzt annähernd die Zusammensetzung $NiB_2O_4 \cdot H_2O$ und geht bei der Einwirkung des Wasserstoffes in der Hitze in NiB_2O_3 über. *Schönfeld* vertritt den Standpunkt, daß dieser Körper die katalysatorische Wirkung hervorbringt. Diese Ansicht wird aber von *Erdmann* und *Rack*[5] bestritten. Nach ihnen wird das Nickelmetaborat in der Hitze in Nickeltetraborat und -oxyd gespalten nach der Gleichung:

$$2\,NiB_2O_4 = NiB_4O_7 + NiO\,.$$

Bei Einwirkung von Wasserstoff erleidet das Nickeloxyd, wie *Erdmann* auch sonst annimmt, die Umwandlung in Suboxyd, auf dessen Gegenwart auch hier die wasserstoffübertragende Wirkung beruht. Es tritt also die gleiche Erscheinung wie bei der Verwendung von Nickelsalzen organischer Säuren ein, und die angegebenen Vorzüge dieser Katalysatoren beruhen auf derselben Grundlage wie die des Nickeloxyds. Gegenüber diesem hat das Nickeltetraborat den Nachteil, daß die Borsäure als schädlicher und unnützer Ballast mitgeschleppt wird, was dadurch zum Ausdruck kommt, daß die Reaktionsgeschwindigkeit infolge des geringen Gehaltes an Nickelsuboxyd kleiner

---

[1] *Wimmer* und *Higgins*, D. R. P. Anm. W 36 864 und W 38 926, Kl. 12 o. [Pat.-Schr. 3669; *Frdl.* XI, 110.]

[2] Seifens.-Ztg. **40**, 607 (1913); Journ. f. prakt. Chem. [2] **87**, 425 (1913).

[3] D. R. P. 141 029. [*Winther*, I, 1205.]

[4] Seifens.-Ztg. **41**, 945; *C. & G. Müller, Speisefettfabrik, A.-G.* D. R. P. Anm. M. 51 830, Kl. 23 d [Angew. Chem. **27**, II, 449]. Seifens.-Ztg. **42**, 553 (1915).

[5] Seifens.-Ztg. **42**, 3 (1915).

als bei Nickeloxydkatalysatoren ist. Auch hier wieder vertritt *Normann*[1] den Standpunkt, daß die Wirkung auch dieses Katalysators auf der Gegenwart von metallischem Nickel beruhe, da beim Erhitzen von Nickelmetaborat im Wasserstoffstrom mehr oder weniger metallisches Nickel und freie Borsäure entstehe.

Schließlich sei noch ein Verfahren von *Lehmann*[2] erwähnt, welcher Osmiumdioxyd in der zu reduzierenden Flüssigkeit selbst erzeugt, indem er die ungesättigten Fettsäuren mit einer geringen Menge Osmiumtetroxyd anreibt und die Masse so lange erhitzt, bis eine klare tiefbraune Lösung von kolloidalem Dioxyd entstanden ist. Demgegenüber weisen *Normann* und *Schick*[3] nach, daß Öl allein auch bei Abwesenheit von Wasserstoff Osmiumtetroxyd nicht zum Dioxyd, sondern zum Metall reduziert, und daß letzteres als Wasserstoffüberträger anzusehen ist.

Überblickt man die in der Patentliteratur niedergelegten Verfahren zur Herstellung von Katalysatoren, so sieht man an ihrer großen Anzahl, in wie ausgedehntem Maße dieses beschränkte Gebiet bearbeitet ist. Sie werden wohl nicht sämtlich von gleicher Güte sein, und ein großer Teil von ihnen entspringt patentrechtlichen Erwägungen. Die in den meisten Patenten mit einbezogenen anderen Metalle treten hinter Nickel, welches als der billigste und wirksamste Katalysator in erster Linie verwandt wird, weit zurück.

Da das Nickel als kompaktes Metall weniger wirksam ist, so wird seine Oberfläche vergrößert, indem man es auf einen porösen Träger niederschlägt. Zu diesem Zwecke werden Bimsstein, Kieselgur, Tonscherben, Asbest, ferner Holzkohle oder Sägespäne mit einer Nickelsalzlösung getränkt. Zur Bildung des Hydroxyds wird diese Masse mit Alkali behandelt, sehr gut mit Wasser gewaschen, getrocknet und durch Erhitzen im Wasserstoffstrom reduziert. *Crossfield and Sons* und *Markel*[4] erhielten auf diese Weise aus Kieselgur und Asbest ein Pulver mit 30 Proz. Nickelgehalt; ähnlich stellen *Kayser*[5] und *Wilbuschewitsch*[6] ihren Katalysator her, letzterer indem er das Nickelcarbonat als Zwischenprodukt bildet und dieses durch Erhitzen auf 500° in das Oxyd überführt. *Ellis*[7] nimmt als Träger des Katalysators Holzkohle, die aber vorher durch eine Behandlung mit Salpetersäure gereinigt werden muß.

Das auf diese Weise dargestellte Kontaktmaterial ist außerordentlich pyrophor und muß vor Luft geschützt werden. Diesem Übelstande versuchen die folgenden Verfahren zu begegnen. Die *Bremen-Besigheimer Ölfabriken*[8] schlagen das Kontaktmetall auf Infusorienerde nieder, welche nach der Reduktion unter Vermeidung von Luftzutritt sofort mit Öl angerieben wird,

---

[1] Seifens.-Ztg. **42**, 46, 657 (1915).
[2] Arch. d. Pharm. **251**, 152 (1913) [C. **1913**, I, 1267].
[3] Arch. d. Pharm. **252**, 208 (1914) [C. **1914**, II, 442].
[4] Engl. Pat. 30 282 (1910) [Seifens.-Ztg. **1912**, 638].
[5] Amerik. Pat. 1 004 034 und 1 004 035 (1911).
[6] Amerik. Pat. 1 029 901. [Seifens.-Ztg. **1912**, 1067.]
[7] Amerik. Pat. 1 060 673 [Chem.-Ztg. Rep. **1913** 481]; 1 078 541 [Chem.-Ztg. Rep. **1914**, 132]; 1 088 673 [Seifens.-Ztg. **41**, 840 (1914)].
[8] D. R. P. 286 789 [Angew. Chem. **26**, II, 604].

bis eine dicke Emulsion entsteht. In dieser sind die Katalysatorteilchen so fein verteilt, daß sie sich nicht absetzen. Denselben Erfolg erzielt *Shukow*[1] dadurch, daß er das metallische Nickel aus Nickelcarbonyl erzeugt, indem er letzteres in das flüssige Ausgangsmaterial, das hydriert werden soll, bei einer Temperatur, die oberhalb seiner Zersetzungstemperatur liegt, einleitet. Auch hier scheidet sich das Nickelmetall in so feiner Verteilung aus, daß es sich nicht zu Boden setzt. Ganz ähnlich sind die Verfahren von *Kamps*[2] und *Lessing*[3], welche den Katalysator ebenfalls aus Nickelcarbonyl durch Einleiten in das erhitzte Rohmaterial in demselben selbst erzeugen. Um ihren Katalysator vor der Luft zu schützen, emulgieren *Wimmer* und *Higgins*[4] organische Metallsalze, besonders Formiate, aber auch Acetate und Lactate, mit Fetten oder Öl; praktisch wird aber nur Nickelformiat verwandt. Diese Emulsion wird in fein verteilter Form mit Wasserstoff unter Druck in der Hitze in Berührung gebracht. Über die Frage, ob dabei metallisches Nickel gebildet wird oder nicht, siehe Seite 23 u. f. Dieselben Autoren haben noch ein zweites Verfahren[5] zur Darstellung luftbeständiger Katalysatoren ausgearbeitet. Nach ihm wird der Ausgangskörper trocken, in Pastenform oder in Lösung mit einer umhüllenden Schicht umgeben, in der Weise reduziert, daß diese erhalten bleibt. Infolge der sie umgebenden Schutzhülle sollen die Katalysatoren wirksam bleiben.

Die Addition von Wasserstoff gelingt ferner[6], indem man basische, aus Ölsäure oder nichtflüchtigen Fettsäuren gebildete Schwermetallsalze in den zu behandelnden Fetten und Ölen auflöst, wodurch der Katalysator in absolut gleichmäßiger Weise durch die ganze Reaktionsmasse verteilt wird. Bei der Einwirkung des Wasserstoffes bei 100 bis 180° scheidet sich das Metall in kolloidaler Form aus und überträgt denselben auf die ungesättigten Verbindungen. Das bei der Reduktion entstehende Wasser muß aus dem Apparat entfernt werden.

Schließlich sind noch einige Verfahren zu erwähnen, nach welchen luftbeständige Katalysatoren durch Erhitzen der reduzierten Metalle im Kohlensäurestrom dargestellt werden; z. B. das von *Kayser*[7], welcher über das reduzierte Nickel bei 500 bis 600° so lange Kohlensäure leitet, bis sämtlicher Wasserstoff vertrieben ist. In ähnlicher Weise erhitzt die *C. & G. Müller A.-G.*[8] die reduzierten Metalle im Kohlensäurestrom zum Glühen. Dadurch sollen Hydrüre, welche sich bei der durch Erhitzen im Wasserstoffstrom stattfindenden Reduktion gebildet haben könnten, in Metall übergeführt

[1] D. R. P. 241 823 [*Frdl.*, X, 99].

[2] Belg. Pat. 246 975 [Seifens.-Ztg. **1912**, 1339].

[3] D. R. P. Anm. L 40 081 [Seifens.-Ztg. **41**, 865]; Engl. Pat. 18 998 (1912) [Chem. Ztg. Rep. **1914**, 132].

[4] D. R. P. Anm. W 36 864 und W 38 926, Kl 12 o [Pat.-Schr. 3669].

[5] D. R. P. Anm. W 39 127, Kl. 12 g [Seifens.-Ztg. **1913**, 556].

[6] *H.* und *O. Hausamann*, D. R. P. Anm. H 56 171, [Pat.-Schr. 3508; *Frdl.*, XI, 109].

[7] Amerik. Pat. 1 001 279 (1911).

[8] D. R. P. Anm. M 47 644 [Seifens.-Ztg. **1913**, 288] und M 48 110 [Seifens.-Ztg. **1913**, 611].

werden. Ein weiterer Vorteil des Verfahrens soll der sein, daß man an Stelle der pulverförmigen Katalysatoren, deren Darstellung und Anwendung mit mancherlei Schwierigkeiten verknüpft ist, stückartige, z. B. Drehspäne oder Schrotstücke, verwenden kann.

Das Arbeiten mit den Katalysatoren von metallischem Nickel bietet mancherlei Schwierigkeiten. Sie verlieren ihre Wirksamkeit leicht durch Vergiftung, und die Wirkung ist in außerordentlich hohem Maße abhängig von ihrer physikalischen Beschaffenheit; alle diese Übelstände sollen weniger ins Gewicht fallen, wenn man die Oxyde des Nickels anwendet, welche hohe Reaktionsgeschwindigkeit bewirken und weit weniger empfindlich sind. Die Frage, ob das Nickeloxyd selbst oder daraus gebildetes metallisches Nickel die katalytische Wirkung hervorbringt, ist Seite 25 erörtert worden. Tatsächlich muß zugegeben werden, daß das Nickeloxyd die Fähigkeit besitzt, sich als kolloidale Masse in dem Öle äußerst fein zu verteilen, was beim metallischen Nickel nicht der Fall ist. Dies ist für den Prozeß von großer Wichtigkeit, denn durch mechanische Durchmischung der reagierenden Substanzen (Katalysator, Wasserstoff und Öl), läßt sich bei weitem keine so innige Berührung erzielen. Die Reaktion erfolgt unter gewöhnlichem Druck bei etwa 180 bis 200°. Nickelseifen bilden sich nur in äußerst geringem Maße. Am Schluß der Hydrierung flockt das Nickeloxyd von selbst aus und läßt sich in der Wärme ohne Schwierigkeit von dem gehärteten Fett trennen. Ein schon einmal gebrauchter Katalysator wirkt besser als ein frischer; nach achtmaligem Gebrauch nahm seine Wirksamkeit ab. Zusätze geringer Mengen anderer Metalloxyde können die Aktivität noch erhöhen[1].

Damit die Metalloxyde eine möglichst energische Wirkung ausüben, stellen *Erdmann* und *Bedford*[2] sie so her, daß sie sich in einem sehr voluminösen Zustand befinden. Das wird dadurch erreicht, daß sie eine konzentrierte, wäßrige Lösung des betreffenden Nitrates mit einer wasserlöslichen, kohlenstoffreichen organischen Substanz (Zuckerlösung) mischen und diese Mischung bis zum Verbrennen der organischen Substanz und bis zur Zersetzung des Nitrates erhitzen, indem sie dieselbe in ein erhitztes Gefäß eintropfen lassen. Durch die hierbei stattfindende starke Gasentwicklung wird das Metalloxyd voluminös aufgetrieben und fein zerstäubt.

Ob Gemische von Metall und Oxyd als Katalysator gebraucht werden, ist von *Erdmann* und seinen Gegnern erörtert worden. Wie dort erwähnt, ist die Ansicht, daß die *Erdmann*schen Katalysatoren nicht ausschließlich aus Nickeloxyden, sondern aus einem Gemisch von Metall und Oxyd bestehen, heute weit verbreitet. Es besteht aber auch ein Patent von *Boberg* und *Techno-*

---

[1] *Bedford, Williams* und *Erdmann,* D. R. P. Anm B 62 366 [*Frdl.* XI, 110; Seifens.-Ztg. **1912**, 414]; *Bedford* und *Williams,* Engl. Pat. 29 612 (1910) und Amerik. Pat. 1 026 339 (1912) [Seifens.-Ztg. **1912**, 524]. Obwohl für die Durchführung des Verfahrens Wasserstoff allein genügt, wird hier auch die Verwendung eines Gemisches von Wasserstoff mit Luft oder Sauerstoff geschützt, damit zugleich Oxyfettsäuren gebildet werden sollen.

[2] D. R. P. 260 009 [Seifens.-Ztg. **1913**, 663].

chemical Lab. Ltd.[1], in welchem ausdrücklich eine Mischung von Nickelsuboxyd mit Metall, welche durch Reduktion von geglühtem Nickelcarbonat entsteht, als Katalysator bezeichnet wird. Dieser soll besser sein als ein solcher aus reinem Oxyd. Auch Gemische mit anderen Oxyden werden erwähnt. So verwendet die *Chemische Fabrik auf Aktien vormals E. Schering*[2] zur Herstellung der Katalysatoren Nickelnitrat mit einem Zusatz von $^1/_2$ bis 1 Proz. Natriumnitrat oder anderen Salzen und reduziert das geglühte Gemisch dieser Komponenten im Wasserstoffstrom. Das Nickel, welches auf diese Weise eine geringe Menge Natriumoxyd enthält, soll an Aktivität das reine Metall bedeutend übertreffen. Hierbei ist aber zu bemerken, daß in den Patentschriften nur die Reduktion von Derivaten des Camphers und nicht die von ungesättigten Säuren beschrieben ist.

Bei den bisher erwähnten Verfahren handelt es sich darum, das als Katalysator verwandte Metall in möglichst feiner Verteilung und infolgedessen mit möglichst großer Oberfläche zu gewinnen. Demgemäß schlagen *Hagemann* und *Baskerville*[3] vor, die als Katalysatoren gebrauchten Metalle in Form sehr dünner Bleche oder Films anzuwenden. Solche Folien in einer Stärke von 0,007 bis 0,015 mm lassen sich in großer Reinheit gewinnen und können sowohl im metallischen Zustand als auch mit oxydierter Oberfläche für katalytische Reaktionen benutzt werden.

An Stelle von Nickel werden selten andere unedle Metalle oder Oxyde als Kontaktsubstanzen benutzt. Energischer als Nickel wirkt Platin und vor allem Palladium; während ersteres aber nur in einer Form brauchbar ist, die eine möglichst große Oberfläche besitzt, wirkt das Palladium[4] auch in Form von zusammenhängendem Metall, insbesondere von Blechschnitzeln oder metallisch zusammenhängenden Überzügen auf geeigneten Trägern, die auch aus anderen Metallen, z. B. Nickel, Kupfer d. dgl., bestehen können. Die Verwendung des Palladiums als Katalysator soll weiter unten eingehend beschrieben werden; hier sei hervorgehoben, daß nach den heutigen Erfahrungen an Stelle von Nickel in jedem Falle Palladium verwendet werden kann.

Die Anwendung eines auf einem Träger niedergeschlagenen Edelmetalles als Katalysator ist ein Beweis dafür, daß man auch nicht einheitliche Katalysatoren brauchen kann. Die Wirkung von Nickel, Kobalt, Eisen oder Kupfer soll sogar erheblich gesteigert werden können, wenn man zu ihnen bestimmte Zusätze macht[5]. Als besonders aktivierend haben sich komplexe Verbindungen einiger Metalloide (Fluor, Selen, Antimon), z. B. Natrium-, Kalium-, Calcium-, Aluminium-Silicofluorid, Calciumborfluorid, Kaliumtitanfluorid oder ähnliche erwiesen. Mit einer Lösung derselben wird die zur Darstellung des Katalysators dienende Metallverbindung, z. B. das Nickelcarbonat, vor der Reduktion imprägniert.

---

[1] Engl. Pat. 4702 (1912) u. Franz. Pat. 454702 (1913).
[2] D. R. P. 219043; 219044 [*Frdl.* IX, 1174],
[3] Amerik. Pat. 1 083 930 [Chem.-Ztg. Rep. **1914**, 348].
[4] D. R. P. 272 340 [*Frdl*,, XI, 106].
[5] *B. A. S. F.*, D. R. P. 282 782 [C. **1915**, I, 717].

Ein scheinbar besonders interessantes Verfahren der Ölsäurehärtung, das sich angeblich keines Katalysators bedient, ist von *Kalnin* ausgearbeitet worden[1]. Danach soll Natriumoleat in überschüssiger Lauge bei 300° unter 30 Atm Wasserstoff quantitativ in Stearat verwandelt werden. Es liegt nahe, daß hierbei das Eisen des Druckgefäßes die Kontaktwirkung besorgt.

Die Verwendung von Nickel- (und Kobalt-) Katalysatoren bei Zimmertemperatur ist in jüngster Zeit von *C. Kelber*[2] eingeführt worden. Die Methode, die für verschiedene ungesättigte Verbindungen, auch für Ölseife, ausprobiert worden ist. besteht darin, daß das auf einem geeigneten Träger, wie Al- oder Mg-Silicat, niedergeschlagene basische Nickelcarbonat bei 450° mit Wasserstoff reduziert wird.

Die von *Paal*[3] und seinen Mitarbeitern ausführlich studierte Giftwirkung, die Fremdkörper auf Metallkatalysatoren ausüben, ist von dem genannten Autor auch an seiner neuen Kombination untersucht worden[4].

Über die Abhängigkeit der Hydrierungsgeschwindigkeit von Ölsäure und ihren Glyceriden bei Gegenwart von metallischem Nickel vom Wasserstoffdruck, liegt eine Arbeit von *T. W. A. Shaw* vor[5].

Nichtmetallische Katalysatoren werden so gut wie gar nicht angewandt, nur der Vollständigkeit halber seien die folgenden Patente erwähnt. *Schlinck & Co., A.-G.* und *Hildesheimer*[6] haben gefunden, daß auch Bor in derselben Weise wie Nickel als Katalysator verwendet werden kann. Die Anlagerung des Wasserstoffes vollzieht sich in glatter Weise wahrscheinlich unter intermediärer Bildung von Borwasserstoff BH_3. Man kann daher diesen auch selbst als Katalysator verwenden, außerdem auch Metallverbindungen des Bors, z. B. Aluminiumborid. Kohle als Katalysator wird von *Fresenius*[7] erwähnt. Vor der Behandlung mit Wasserstoff wird das Rohmaterial mit reinem Kohlenpulver innigst gemischt, danach erhitzt und mit Wasserstoff über Kontaktstoffe, wie poröse Kohle, Metallcarbide und andere bekannte Kontaktsubstanzen, geführt; ausdrücklich wird erwähnt, daß der Überträger des Wasserstoffes die Kohle ist; trotzdem hält der Verfasser ein Überleiten der fein verteilten erhitzten Massen über poröse Kohlenstücke, auch über Metallcarbide, z. B. des Aluminiums oder anderer Kontaktstoffe, zu Vervollständigung der Hydrierung für notwendig. Daß die Kohle an sich die Hydrierung nicht katalysiert, dürfte kaum zweifelhaft sein.

Bei den in großem Maßstabe durchgeführten Hydrierungen ist es wichtig, das als Katalysator verwendete Metall wieder zu gewinnen. Besteht derselbe aus einem Edelmetall, wie Palladium in kompakter Form, so geschieht

---

[1] *Bergius*, Zeitschr. f. angew. Chem. **27**, 524 (1914).

[2] Ber. **49**, 55 (1916). Eine frühere Angabe über katalytische Kalthydrierung mit Nickel findet sich bei *Brochet*, Compt. rend. de l'acad. des sciences **158**, 1351 (1914); Chem. Centralbl. **1914**, II, 19.

[3] Ber. **44**, 1013; **46**, 3069, 4010.

[4] *C. Kelber*, Ber. **49**, 1868 (1916).

[5] Angew. Chem. **28**, II, 459. Orig. Journ. Soc. chem. Ind. **33**, 771 (1914).

[6] D. R. P. Anm. Sch 41 408, Kl. 12 [Pat.-Schr. 3164; *Frdl.*, XI, 110].

[7] D. R. P. Anm. F 37 341, Kl. 12 g [Angew. Chem. **28**, II, 98].

dies dadurch, daß man den mit organischer Substanz vermischten, abgenutzten Katalysator an der Luft vorsichtig erhitzt zum Zwecke der Verbrennung der organischen Substanz[1]. Hierauf kann er ohne weiteres zur Reduktion wieder benutzt werden. Bei Nickelkatalysatoren läßt es sich nicht umgehen, dieselben zwecks Reinigung durch Behandeln mit Säuren in Lösung zu bringen. Das gelöste Metall wird dann wiederum auf einen anorganischen Träger als Oxyd niedergeschlagen und nach sorgfältigem Auswaschen mit Wasserstoff reduziert. Dagegen reinigt *Wilbuschewitsch*[2] den Katalysator durch Auswaschen mittels Benzin, Alkalilauge und Behandeln mit Säuren, worauf er ohne weiteres wieder gebrauchsfähig werden soll.

Platinmetallkatalysatoren.

Während bei der Verwendung von Nickelkatalysatoren die Anlagerung von Wasserstoff nur bei erhöhter Temperatur, welche bei leicht veränderlichen Körpern umlagernd wirkt, durchzuführen ist, findet sie mit kolloidalem Palladium als Katalysator bereits bei gewöhnlicher oder nur wenig erhöhter Temperatur statt, so daß unerwünschte Umlagerungen so gut wie ausgeschlossen sind. Dagegen haftet dem Verfahren der Nachteil an, daß das Rohmaterial in einem indifferenten Mittel, meist Wasser, gelöst sein muß. Die Verwendung eines Lösungsmittels ist äußerst unbequem, wenn es sich um Verarbeitung größerer Mengen handelt. Kleine Substanzmengen lassen sich dagegen sehr gut auf diese Weise verarbeiten, weshalb das Verfahren für wissenschaftliche Zwecke besonders geeignet ist. Es lassen sich nach ihm Wasserstoffadditionen auch dann ausführen, wenn andere Methoden versagen. Sein Anwendungsgebiet ist so gut wie unbegrenzt. Bei der Verwendung im technischen Betrieb ist auch der Verlust an Edelmetallen nicht zu unterschätzen. Er beträgt[3] bei der Hydrierung von 1 t Fett 1 g Palladium; da das verlorene Metall nicht wieder gewonnen werden kann, so wäre der Verlust bei großen Betrieben so bedeutend, daß der Palladiumpreis dadurch beeinflußt werden könnte; schließlich könnte sogar die relativ geringe Produktion an diesem Metall der Nachfrage nicht mehr genügen.

Die ersten systematischen Untersuchungen über die Verwendung von Edelmetallen als Katalysatoren rühren von *Fokin*[4] her. Er machte die Beobachtung, daß Oleinsäure und andere ungesättigte Säuren unter dem katalytischen Einfluß von Platinschwarz, des kolloidalen Platins oder des Platinhydroxyduls durch gasförmigen Wasserstoff leicht reduziert werden. Durch Palladiumschwarz wurde die Reduktion der Ölsäure bedeutend weniger beschleunigt, als durch Platinmohr. Er war somit der erste, welcher die Hydrierung bei gewöhnlicher Temperatur ausführte.

---

[1] D. R. P. Anm. N 13 908, Kl. 12 g [Seifens.-Ztg. **1914**, 169].

[2] Engl. Pat. 72 (1912) [Seifens.-Ztg. **1912**, 574].

[3] *Bergius*, Zeitschr. f. angew. Chem. **27**, I, 522.

[4] Journ. d. russ. phys.-chem. Ges. **38**, 419; **39**, 607; **40**, 276, 700; **42**, 1074; **44**, 653. Chem. Zentralbl. **1906**, II, 758; **1907**, II, 1324; **1908**, II, 1995, 2039; **1910**, II, 1743; **1912**, II, 2058.

Während er aber ungesättigte zyklische Verbindungen nicht zu reduzieren vermochte, gelang dies *Willstätter*[1], indem er *Löw*sches Platinschwarz anwandte, und er konnte auf diese Weise sogar Derivate des Benzols in solche des Cyclohexans überführen. Fast gleichzeitig mit ihm veröffentlichte *Paal*[2] im Anschluß an frühere Arbeiten Reduktionsversuche ungesättigter Verbindungen in wäßriger Lösung, indem er kolloidal gelöste Metalle als Katalysatoren verwandte. Da die Beschleunigung, welche eine Reaktion durch Katalysatoren erfährt, mit der Größe der Oberfläche desselben wächst, so muß auch ein in Lösung befindlicher Katalysator wirksamer sein als ein solcher, der sich selbst in feinst verteiltem, aber festem Zustand befindet. Dies ist bei den kolloidal gelösten Edelmetallen der Fall, welche tatsächlich in dieser Form die stärkste Wirkung bei der Übertragung des Wasserstoffes ausüben. *Paals* Katalysator ist eine Adsorptionsverbindung von kolloidalem Palladium mit protalbin- oder lysalbinsaurem Natrium[3]. Diese Salze üben auf das Palladium eine Schutzwirkung aus, so daß eine Gelbildung des Metalles in alkalischer Lösung verhindert wird. *Kalle & Co.* stellen nach den Angaben des Erfinders derartige Palladiumsolpräparate von guter Wirksamkeit her. Dieselben sind imstande, die 1000- bis 3000fache Volummenge Wasserstoff aufzunehmen.

Die wäßrige Lösung des Kaliumsalzes der Ölsäure nimmt, wenn sie mit kolloidalem Palladiumpräparat versetzt ist, schon beim Stehen in einer Wasserstoffatmosphäre fast die ganze durch die Theorie erforderte Menge Wasserstoff auf. Schneller erfolgt diese Aufnahme, wenn der Wasserstoff unter geringem Überdruck eingeleitet wird, oder wenn die wäßrige Lösung in einer solchen Wasserstoffatmosphäre geschüttelt wird. Die in Wasser unlöslichen Fette werden entweder in alkoholischer Lösung oder als Emulsion in einer wäßrigen Lösung von arabischem Gummi bei etwas erhöhter Temperatur (etwa 60°) hydriert. Später wurden verschiedene tierische oder pflanzliche Fette nach dieser Methode gehärtet; doch fand bei einmaliger Behandlung selten vollständige Hydrierung statt, sondern erst bei Wiederholung der Einwirkung des Wasserstoffs.

Während die Reduktionen nach *Paal* nur in alkalischer Lösung durchführbar sind, reduziert *Skita*[4] auch in saurer Lösung unter Anwendung von Gummi arabicum als Schutzkolloid. Dies ist eine wichtige Neuerung, die zunächst darin besteht, daß das immerhin schwierig zugängliche lysalbin- und protalbinsaure Natrium durch das leicht zu beschaffende Gummi arabicum ersetzt wird; ferner ist die Wirkung des Palladiums so gesteigert, daß ein Teil desselben 100 000 Tle. Fett zu hydrieren vermag. Den Nachteil einer bei einer kolloidalen Lösung stets zu fürchtenden Pektisation durch den zu hydrierenden Körper selbst vermeidet er nach seiner Impfmethode[5] dadurch,

[1] Ber. d. d. chem. Ges. **41**, 1475 (1908).
[2] Ber. d. d. chem. Ges. **41**, 2273, 2282 (1908).
[3] *Paal* und *Amberger*, Ber. d. d. chem. Ges. **37**, 124 (1902).
[4] Ber. d. d. chem. Ges. **44**, 2863 (1911).
[5] Ber. d. d. chem. Ges. **45**, 3588 (1912).

daß er eine homogene essigsaure Lösung von Platinchlorid, Gummi arabicum und dem zu hydrierenden Körper herstellt und diese dann durch Zusatz einer Spur schon kolloider Palladium- oder Platinlösung „impft". Der Wasserstoff wird in diese Lösung unter Druck eingeleitet, und zwar wird von demselben um so mehr aufgenommen, unter je höherem Druck er steht. Die Brauchbarkeit seiner Methode hat *Skita* an einer großen Reihe der verschiedensten Körper erwiesen, indem er alle möglichen Doppelbindungen, wie:

$$C = C;\ C = O;\ C = N;\ N = N,$$

reduzierte. Je nach dem zu erreichenden Zweck läßt sich das Verfahren in verschiedener Weise modifizieren, und das angewandte Palladium kann leicht regeneriert werden. Im übrigen verhalten sich auch diese Katalysatoren wie die von *Sabatier*, indem sie durch Katalysatorgifte ihre Wirksamkeit einbüßen.

Das Verfahren von *Paal* und *Skita*[1] ist in Deutschland und im Auslande durch Patente geschützt. Es besteht darin, daß man zur Lösung der zu reduzierenden Substanzen kleine Mengen von Palladiumchlorür und ein Schutzkolloid zusetzt, welches die Reduktion in saurer Lösung gestattet, z. B. Gummi arabicum, und die Lösung in einer Atmosphäre von Wasserstoff bei einem Überdruck von $^1/_2$ bis 1 Atm umschüttelt.

Eine praktische Anwendung dieses Verfahrens ist die Reduktion von Lecithinen nach *J. D. Riedel, A.-G.*[2]. Infolge ihres Gehaltes an ungesättigten Resten (Linolyl- und Oleylgruppen) haben die Lecithine verschiedene unangenehme Eigenschaften, die man, ohne die physiologische Wirkung wesentlich zu ändern, dadurch beseitigen kann, daß man Wasserstoff an sie anlagert. Die Reduktion findet in methylalkoholischer Lösung unter Verwendung von kolloidalem Palladium als Katalysator statt und wird durch Erwärmen sehr beschleunigt. Sie kann aber auch in wäßriger Lösung erfolgen[3], eine Arbeitsweise, welche die Anwendung konzentrierter Lösungen bei gewöhnlicher Temperatur gestattet. Als Katalysatoren werden fein verteilte Platinmetalle bei Gegenwart von Salzen der Chol- oder anderer Gallensäuren, die bei der Hydrierung nicht verändert werden, angewandt. Mit ebenfalls gutem Erfolg kann man sogar in wäßriger Supsension arbeiten[4]. Noch andere Lösungsmittel werden von *Maryott*[5] vorgeschlagen, welcher an ungesättigte Fettsäuren, die in Alkohol, Äther, Chloroform, Tetrachlorkohlenstoff aufgelöst oder emulgiert sind, Wasserstoff anlagert.

Für den technischen Betrieb im großen hat sich die Fettreduktion mit kolloidalem Palladium in wäßriger Lösung nicht bewährt. Um an ihrer Stelle ein brauchbares Verfahren und eine geeignete Anwendungsform der Platinmetalle zu finden, hat *Paal*[6] eine umfassende Untersuchung „über den

[1] D. R. P. 230 724 [*Frdl.*, X, 95].
[2] D. R. P. 256 998 [Pat.-Schr. 2958].
[3] D. R. P. 279 200 [Angew. Chem. **27**, II, 611].
[4] D. R. P. 280 695 [Angew. Chem. **28**, II, 18].
[5] Amerik. Pat. 1 097 456 [Chem.-Ztg. Rep. **1914**, 491].
[6] Ber. d. d. chem. Ges. **44**, 1013 (1911); **46**, 3069, 4010 (1913).

Einfluß von Fremdstoffen auf die Aktivität von Katalysatoren" vorgenommen. Er versuchte zunächst, welche Wirkung palladinierte Pulver von folgenden Metallen: Mg, Al, Fe, Ni, Co, Cu, Zn, Ag, Sn, Pb auf die Anlagerung von Wasserstoff an ungesättigte Verbindungen ausüben, wobei die Versuche ohne Lösungs- und Emulgierungsmittel bei gewöhnlicher Temperatur stattfanden. Bei Mg, Ni, Co ging die Wasserstoffübertragung auch nach Verlauf einer Stunde weiter und steigerte sich durch Druck und Wärme, bei den übrigen Metallen nicht. Es sind daher nur diese drei ohne Einfluß auf die katalytische Wirkung des auf ihnen niedergeschlagenen Palladiums; alle übrigen wirken als Antikatalysatoren. Ebenso wie die antikatalytisch wirkenden Metalle heben unter den gleichen Versuchsbedingungen auch ihre Oxyde, Hydroxyde oder Carbonate die wasserstoffaktivierende Wirkung des auf ihnen niedergeschlagenen Palladiums auf. Ähnlich verhalten sich Platin und seine Verbindungen. Von Metallen beeinflussen nur Mg und Ni seine Wirkung nicht, während Al, Co, Bi sie sehr stark abschwächen und Fe, Cu, Zn, Ag, Sn, Pb sie ganz aufheben. Es muß aber bemerkt werden, daß die Darstellung der Metallüberzüge auf Platin und Palladium nicht ganz gleich gewesen ist und auch die Reduktion zu Metall in verschiedener Weise stattgefunden hat, was erfahrungsgemäß für die Wirksamkeit eines Katalysators nicht gleichgültig ist.

Die technische Verwertung dieser Untersuchung ist durch drei Patente geschützt, welche von *Paal* auf die *Vereinigten Chemischen Werke, A.-G.* und von diesen auf die Firma *Crossfield* übertragen worden sind. Die späteren Patente sind von *Namloose Venootschap „Ant. Jurgens" Vereenigte Fabrieken in Oss* übernommen, welche in neuerer Zeit alle nach dem Palladiumverfahren arbeitenden Patente aufkauft. Nach dem ersten[1] dieser drei wird Palladium oder Palladiumhydroxydul angewandt, welches auf indifferenten Stoffen oder auf fein verteilte Metalle, die keine antikatalytische Wirkung ausüben, bzw. deren Oxyden und Carbonaten niedergeschlagen ist. Ferner kann man Katalysatoren dadurch erhalten, daß man indifferente Stoffe, welche nicht antikatalytisch wirken, mit Palladiumsalzlösungen tränkt und darauf mit Soda behandelt. Für die Fetthärtung wird die Mischung derartiger Katalysatoren mit Öl oder verflüssigtem Fett unter Druck und Erwärmen dem Wasserstoff so lange ausgesetzt, als noch Aufnahme erfolgt; dann wird das Fett vom Katalysator getrennt, der ohne weiteres von neuem benutzt werden kann. An Stelle von Palladium und Palladiumhydroxydul können auch Platin[2] und dessen Hydroxydul, ferner Platinmetalle oder deren Gemische ganz in derselben Weise gebraucht werden. Die Verwendung des Platinhydroxyduls als Katalysator hat zuerst *Fokin*[3] beschrieben und die Anwendung desselben durch ein russisches Patent geschützt. Es gebührt ihm demnach die Priorität dieser Erfindung. In dem zweiten Zusatzpatent[4] wird das Verfahren so be-

---

[1] D. R. P. 236 488 [*Frdl.*, X, 97].

[2] D. R. P. 256 500 [Angew. Chem. **26**, II, 228].

[3] Zeitschr. f. Elektrochemie **12**, 749 (1906); Russ. Pat. 22 629 [Chem.-Ztg. Rep. **1914**, 40].

[4] D. R. P. 260 885 [Angew. Chem. **26**, II, 451].

schrieben, wie es technisch angewandt werden soll. Durch Zusätze kleiner Mengen von ungelösten Salzen der Platinmetalle unter evtl. Zusatz von ungelösten Neutralisationsmitteln findet die Anlagerung von Wasserstoff bei Temperaturen unter 100° statt. Es können sowohl die einfachen Salze der Platinmetalle als auch Komplexverbindungen und ihre Metallsalze angewandt werden. Bei Verwendung der Doppelsalze ist darauf zu achten, daß antikatalytisch wirkende Stoffe, z. B. Blei, nicht in das Reaktionsgemisch gelangen. Ferner können auch Salze verwendet werden, deren Säureradikale oder sonstige Bestandteile selbst durch Wasserstoff reduziert werden, z. B. saures oxalsaures Platinoxydul. Die Ausführung der Reduktion gestaltet sich etwa folgendermaßen: Feste Salze der Platinmetalle werden in Pulverform mit den zu hydrierenden Ölen oder Fetten gemischt; in diese Mischung wird Wasserstoff bei einem Druck von mehreren Atmosphären und einer Temperatur unter 100° eingeleitet. Damit die Wirkung des Katalysators sicher eintritt, ist es nötig, daß die Platinsalze in fester Form vorhanden bleiben; zur Reduktion größerer Mengen von Fett genügen sehr geringe Mengen derselben, und die Reduktion ist in kurzer Zeit beendet. Damit die Bildung freier Mineralsäure, z. B. Salzsäure, aus den Chloriden verhindert wird, ist es nötig, ein Neutralisationsmittel, wie wasserfreie Soda, zuzusetzen.

Das so ausgebildete Verfahren hat bereits große Ähnlichkeit mit dem Nickelverfahren, wie es technisch angewandt wird. Der Katalysator befindet sich in feiner Verteilung, und die ungesättigte Verbindung wird ohne Lösungsmittel in Reaktion gebracht. Der einzige Unterschied neben dem Katalysator aus Edelmetall ist die niedrige Temperatur, bei der die Reaktion stattfindet. Das neueste Patent[1] dieser Gruppe benutzt das Palladium in Form von zusammenhängendem Metall, insbesondere in Form von Blechschnitzeln oder metallisch zusammenhängenden Überzügen auf geeigneten Trägern. Letztere können aus nichtmetallischem Material, wie Porzellan, bestehen, aber auch aus anderen Metallen, z. B. Nickel, Kupfer u. dgl. Die Ausführung des Verfahrens wird folgendermaßen beschrieben: In ein heizbares Gefäß, dessen Innenwandung mit Palladium überzogen ist, werden locker aufgerollte Palladiumschnitzel gebracht. Von oben her tritt das Rohmaterial und Wasserstoff ein, während die Temperatur auf 100 bis 170° erhalten wird. Durch Drehung des Gefäßes sorgt man für eine innige Mischung der reagierenden Substanzen. Die Hydrierung soll glatt vonstatten gehen, und die Trennung des gehärteten Öles vom Katalysator ist wesentlich leichter als bei fein verteiltem Metall; die Verluste an Palladium werden daher verschwindend gering. Der Katalysator ist lange brauchbar und kann, nachdem er unwirksam geworden ist, durch Ausglühen sehr leicht wieder regeneriert werden.

b) Apparate[2].

Für die Beschreibung der zur Ölhärtung angewandten Apparate ist man im wesentlichen auf die Patentliteratur angewiesen, da die Firmen die

[1] D. R. P. 272 340 [Pat.-Schr. 3853].
[2] *Ellis*, Seifens.-Ztg. **40**, 144 (1913).

von ihnen angewandten Apparate geheimhalten. Während die älteren in der Hauptsache durch europäische Patente geschützt sind, sind in neuerer Zeit in den Vereinigten Staaten von Amerika eine große Anzahl von Patenten darauf erteilt worden. Es ist ja auch die Hydrierung von Fetten dort im größten Maßstabe in Betrieb.

Das dem deutschen entsprechende englische Patent[1] von *Normann* beschreibt den Apparat als ein weites, mit den Katalysator tragenden Bimssteinstücken gefülltes Rohr, durch welches die Dämpfe der zu hydrierenden Substanz mit Wasserstoff gemischt geleitet werden. Auch hier wird zugleich darauf hingewiesen, daß es genügt, wenn das Öl oder die Fettsäure in flüssigem Zustande der Wirkung von Wasserstoff und Katalysator ausgesetzt wird. Es ist dies besonders wichtig, da diese Umwandlung des ursprünglichen Verfahrens von *Sabatier* die Industrie erst in den Stand setzt, auch die nichtflüchtigen Fette und Öle zu hydrieren.

Durch die Einwirkung des erhitzten Metalles auf die Fettsäuren bilden sich leicht teerartige Massen, welche sich auf dem Katalysator festsetzen und ihn dadurch unwirksam machen. Diesem Übelstande sucht *Schwoerer*[2] zu begegnen, indem er eine doppelwandige Heizkammer anwendet, in welche eine vom Deckel bis zum Boden reichende Schnecke mit aufgebogenem Rande eingespannt ist. Über diese fließt die Ölsäure herab. Um ein Ansetzen von Teer auf dem Katalysator (mit Nickel imprägnierter Asbest) zu verhindern, ist er auf der Unterseite der Schnecke angebracht. Beim Herabfließen der heißen Fettsäuren über die Schnecke verdampfen diese, und der Dampf tritt mit dem gleichzeitig eingeleiteten Wasserstoff unter Einwirkung des Katalysators in Reaktion. Wegen des hohen Siedepunktes der Fettsäuren versprach das Verfahren von Anfang an wenig Erfolg und ist überhaupt überflüssig geworden, seit man die nichtflüchtigen Öle in flüssigem Zustand mit dem Katalysator gemischt der Einwirkung des Wasserstoffes aussetzen kann.

Um eine möglichst innige Berührung der nichtflüchtigen Öle mit dem Wasserstoff und dem Katalysator zu erzielen, führt *Erdmann*[3] sie in fein zerstäubtem Zustand oder in möglichst feinen Tropfen zugleich mit Wasserstoffgas auf überschüssiges und auf großer Oberfläche verteiltes Nickel; außerdem strömt Wasserstoff unten durch den Apparat. Unter diesen Umständen verhalten sich auch nichtflüchtige Öle ebenso, als wären sie gas- oder dampfförmig, und die katalytische Wirkung ist außerordentlich intensiv, so daß selbst schwerer als Ölsäure reduzierbare Säuren, wie Linolsäure und Linolensäure, glatt in Stearinsäure übergehen. Die hydrierten Säuren werden in dem Maße ihrer Bildung unten abgelassen oder durch Destillation unter vermindertem Druck[4] aus dem Reaktionsraum entfernt. Das diesem Verfahren entsprechende englische Patent von *Bedford* und *Williams*[5] beschreibt

[1] Engl. Pat. 1515 (1903) [Seifens.-Ztg. **1913**, 166].
[2] D. R. P. 199 909 [C. **1908**, II, 465].
[3] D. R. P. 211 669 [*Frdl.*, IX, 91].
[4] D. R. P. 221 890 [*Frdl.*, X, 94].
[5] Engl. Pat. 2520 (1907).

einen Apparat, bei dem das betreffende Öl auf ein indifferentes Material, das mit dem Katalysator überzogen ist, gesprengt wird, z. B. auf Bimsstein oder porösen Töpferton.

Im allgemeinen sind die Nickelkatalysatoren, um die es sich hier stets handelt, auf einem nichtmetallischen Träger fixiert. Demgegenüber schlägt *Niedenführ*[1] ihn auf einen Metallkörper aus Gußeisen oder Kupfer, Zink, Aluminium nieder, und zwar, was eine weitere Neuerung ist, durch Elektrolyse. Infolge der besseren Wärmeleitungsfähigkeit dieser metallischen Träger soll im Kontaktraum eine gleichmäßige Temperatur schneller erzielt werden, besonders auch dann, wenn eine Kühlung von außen nötig ist.

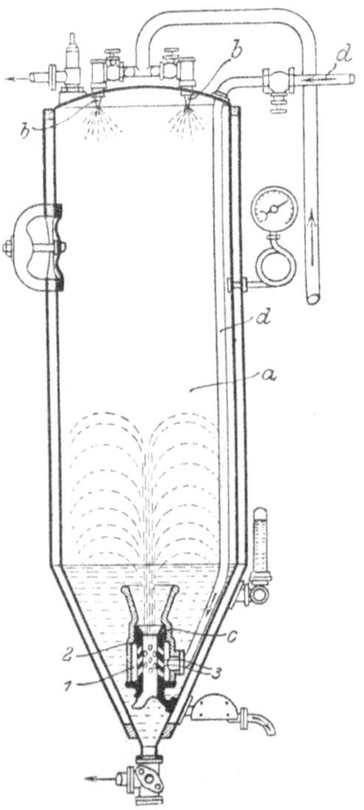

Fig. 1.

Der *Erdmann*sche Gedanke, die nichtflüchtigen Öle in möglichst feiner Verteilung der Einwirkung von Wasserstoff und Katalysator auszusetzen, ist durch eine ganze Reihe verschieden konstruierter Apparate technisch verwertet worden. *Testrup*[2] läßt das mit dem Katalysator vermischte Öl durch eine Streudüse unter Wasserstoffdruck von 15 Atm in einen Autoklaven, der ebenfalls Wasserstoffgas enthält, eintreten. Der Apparat besteht aus einer Reihe nacheinanderfolgender derartiger Autoklaven mit konstant abnehmendem Druck. Die wichtigste Neuerung dieses Verfahrens besteht in der Anwendung von Wasserstoff unter erhöhtem Druck, da bekanntlich die Geschwindigkeit der Hydrierung mit wachsendem Druck erheblich zunimmt. Ganz ähnlich wie diese Apparate sind diejenigen, welche *Wilbuschewitsch*[3] in verschiedenen englischen Patenten beschrieben hat. Da sein Verfahren in vielen großen Fabriken in fast allen Kulturländern in großem Maßstab ausgeführt wird, so sei an dieser Stelle die von ihm angewandte Apparatur, nach seinen in den Patentschriften gemachten Angaben, beschrieben. Es sei aber darauf hingewiesen, daß sich in der Praxis möglicherweise die Fabriken einer anderen Apparatur bedienen, die sie natürlich geheimhalten.

Als Katalysator dient auf Ton, Bimsstein oder Kieselgur niedergeschlagenes Nickel, welches mit einem Teil des zu hydrierenden Öles zu einer emulsionsartigen, zähflüssigen Masse verrieben wird. Eine innige Mischung dieser Emulsion mit dem übrigen Öl wird durch die Streudüsen *b* (Fig. 1) in den mit Heizmantel versehenen Autoklaven *a* eingeführt, in dem es auf

---

[1] D. R. P. 225 705 [C. **1910**, II, 1007].

[2] Engl. Pat. 7726 (1910) [Seifens.-Ztg. **1913**, 168].

[3] Engl. Pat. 72 (1912) [Seifens.-Ztg. **1912**, 574]; Engl. Pat. 30 014 (1910) [Seifens.-Ztg. **1912**, 638]; Engl. Pat. 15 439 (1911) [Chem. Ztg. Rep. **1912**, 305, 407].

100 bis 160° erhitzt wird. Der Autoklav ist unten mit einer weiteren Düse *c* versehen, durch welche mittels des Rohres *d* Wasserstoff unter Druck (bis 9 Atm) in die Flüssigkeit getrieben wird. Auf diese Weise entsteht eine außerordentlich innige Mischung von Katalysator und Öl. Bei der Darstellung im großen werden mehrere derartige Autoklaven hintereinander geschaltet (Fig. 2); das Öl passiert dieselben nacheinander und wird beim Austritt aus dem letzten

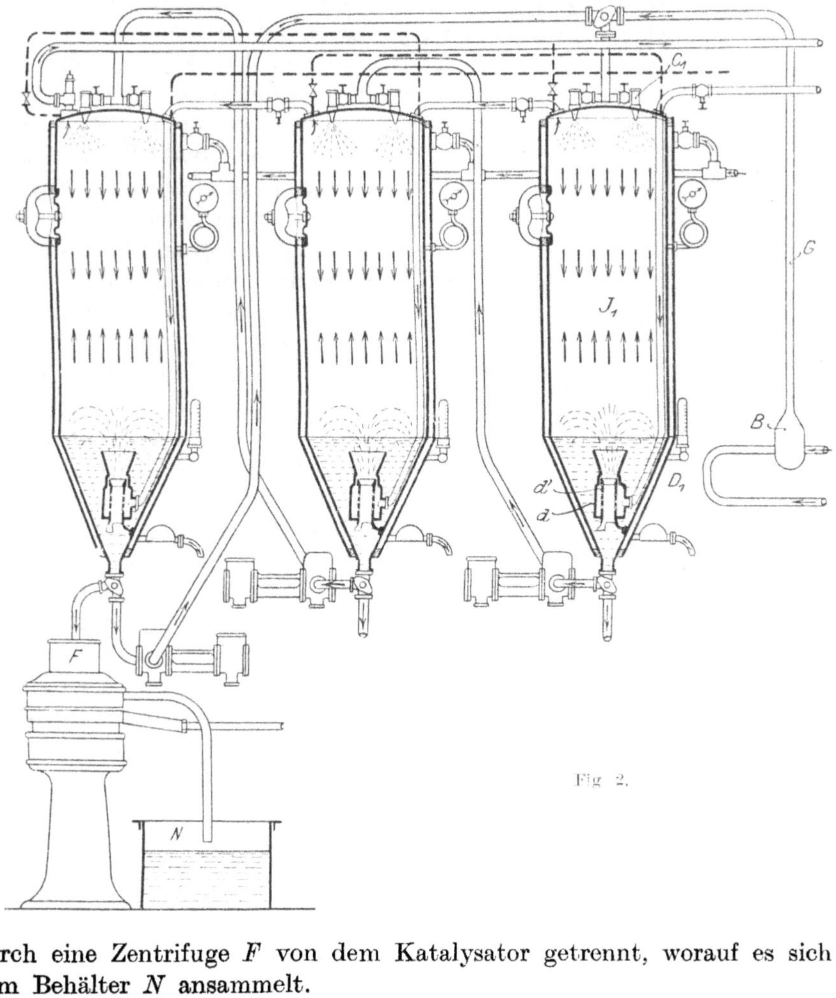

Fig. 2.

durch eine Zentrifuge *F* von dem Katalysator getrennt, worauf es sich in dem Behälter *N* ansammelt.

Eine andere Art, die Öle in möglichst feine Verteilung zu bringen, wenden *Schlinck & Co., A.-G.*[1] an, indem sie eine zentrifugenartige, rotierende Trommel benutzen, an deren durchlochter Wandung die Kontaktsubstanz angebracht ist. Beim gemeinsamen Durchschleudern von Öl und Wasserstoff erfolgt die Hydrierung, ohne daß es dabei nötig wäre, Wasserstoff unter Druck ein-

[1] D. R. P. 252 230 [Chem.-Ztg. Rep. **1912**, 673].

wirken zu lassen und höher als 110° zu erwärmen. Als Kontaktsubstanz wird am besten Palladium verwandt.

Im großen Maßstabe werden in amerikanischen Seifenfabriken die Patente von *Kayser*[1] ausgeführt. Nach ihnen werden Öl, Wasserstoff und Katalysator durch ein Schaufelrührwerk mit Drahtnetzwänden in innige Berührung gebracht, während der Wasserstoff unter Druck in den Autoklaven einströmt.

Eine ganze Reihe von Apparaten hat *Ellis* konstruiert und in zahlreichen Patenten beschrieben. Sie arbeiten mit Wasserstoff bei gewöhnlichem oder erhöhtem Druck und bringen auf die verschiedenste Weise das Öl mit dem Katalysator und Wasserstoffgas in innige Berührung. Meistens sind mehrere gleichartige Apparate hintereinander geschaltet; ihre Einrichtung ist so, daß das noch nicht hydrierte Ausgangsmaterial nach Art des Gegenstromprinzips zunächst mit größtenteils verbrauchtem Gas behandelt wird. Dagegen wird das Öl, welches bereits zum größten Teil hydriert ist, mit frischem Wasserstoffgas in Berührung gebracht. Durch diese Anwendung des Gegenstromprinzips wird eine möglichst gute Ausnutzung des Wasserstoffes erreicht. *Ellis*[2] ordnet zunächst den auf porösem Material niedergeschlagenen Katalysator in Röhren an, in welche das Öl von oben einfließt, während der Wasserstoff von unten entgegenströmt. Wenn aber der Katalysator eine einzige, lang ausgedehnte Schicht bildet, so wählt sich das Gas denjenigen Weg, welcher ihm am wenigsten Widerstand bietet, und kommt auf diese Weise nur mit einem Teil der Katalysatorschicht in Berührung, während ein anderer Teil von ihr wenig oder gar nicht zur Wirkung kommt.

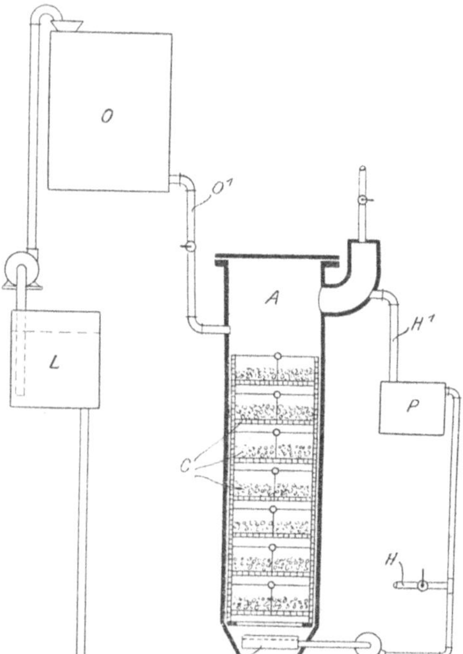

Fig. 3.

In einer weiteren Konstruktion[3] ordnet er deswegen den Katalysator in Körben oder Tellern *C* an, welche sich in einem Absorptionsturm übereinander befinden (Fig. 3).

[1] Amerik. Pat. 1 004 035 (1911) [Angew. Chem. **25**, 1498 (1912)]; 1 008 474 (1911) [Seifens.-Ztg. **1912**, 114].
[2] Amerik. Pat. 1 026 156 (1912) [Chem.-Ztg. Rep. **1912**, 449].
[3] Amerik. Pat. 1 040 531 (1912) [Chem.-Ztg. Rep. **1913**, 168].

Durch die auf diese Weise durchgeführte Trennung des Katalysators in Schichten wird erreicht, daß sowohl das von oben herabfließende Öl als auch der unten eintretende Wasserstoff den Katalysator gleichmäßig berühren. Das erwärmte Öl fließt aus dem Gefäß *O* durch das Rohr O^1, passiert den Apparat und wird durch *L* wieder nach *O* geführt. Auch der Wasserstoff wird in beständigem Kreislauf durch den Apparat getrieben, indem er von unten durch *B* einströmt und von oben durch H^1 abgesaugt wird, wodurch er wieder über *P* nach *B* gelangt. Der durch die Reaktion verbrauchte Wasserstoff wird durch *H* ergänzt und der Kreislauf von ihm und dem Öl so lange unterhalten, bis die Härtung auf das gewünschte Maß gebracht ist.

In dem folgenden Apparat[1] (Fig. 4) bleibt das Öl in dem Behälter *A*, der durch den Dampfmantel *S* geheizt werden kann. Der Katalysator wird dem Öle zugesetzt, sobald die geeignete Temperatur erreicht ist. Der ganze Apparat ist mit Wasserstoff gefüllt, der unter beliebigem Druck steht. Eine Pumpe *P* saugt ihn aus dem oberen Teile des Behälters ab und treibt ihn durch das Rohr *D* in den unteren Teil, in welchen er durch *I* eintritt. Durch das konstante Durchströmen des Wasserstoffes durch das mit dem Katalysator vermischte Öl tritt eine sehr innige Berührung der reagierenden Substanzen ein. Nach Beendigung der Reaktion wird eine poröse Platte, die an einem beweglichen Stiel *B* im oberen Teile des Apparates angeordnet ist und in den konischen Teil des Behälters *A* hineinpaßt, heruntergedrückt. Auf diese Weise wird beim Ablassen des gehärteten Öles durch *C* der Katalysator im Apparat zurückgehalten, ohne mit der Luft in Berührung zu kommen, und kann sofort zu einer neuen Hydrierung benutzt werden.

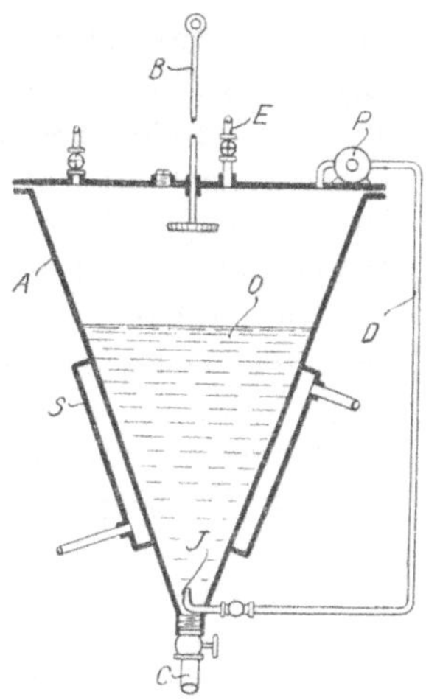

Fig. 4.

Es würde zu weit führen, die vielen verschiedenen Konstruktionen, die von *Ellis* und anderen stammen, einzeln aufzuführen; welche von ihnen die beste ist, läßt sich nicht ohne weiteres sagen; besonders da der Apparat dem besonderen Zweck, dem er dienen soll, in jedem Fall angepaßt werden muß.

c) Verwendung der gehärteten Fette.

Durch die Härtung ist man imstande, die physikalischen Konstanten der Fette in beliebiger Weise zu ändern. Aus einem Ausgangsmaterial kann man Produkte von den verschiedensten Jodzahlen, bis auf 0 herab, herstellen. In dem Maße, wie die Sättigung mit Wasserstoff fortschreitet, steigen das spezifische Gewicht und der Schmelzpunkt und nimmt der Brechungsindex ab. Dagegen wird die Verseifungszahl nur wenig geändert. Die weichen und mittelharten Produkte ähneln in Farbe und Konsistenz und zum Teil auch

[1] Amerik. Pat. 1 040 532 [Seifens.-Ztg. **1912**, 1363; **1913**, 195].

in Geruch und Geschmack dem Schweineschmalz, die stärker gehärteten dem Rinds- und Hammeltalg. Aber auch die übrigen analytischen Konstanten sind denen der Naturprodukte so ähnlich, daß sie zur Unterscheidung nicht herangezogen werden können. Zur Bestimmung der Herkunft eines Fettes genügt es daher nicht mehr, wie früher üblich, die physikalischen Konstanten zu bestimmen, sondern man kann dies nur durch eingehende wissenschaftliche Untersuchung feststellen. Gehärtete Öle in Gemischen mit natürlichen nachzuweisen ist äußerst schwer. Eine ausführliche Abhandlung von *Ellis*[1] behandelt die analytischen Konstanten der hydrierten Öle.

Zur Unterscheidung zwischen gehärteten tierischen und pflanzlichen Fetten können die Phytosterine in Form ihrer Acetylverbindungen dienen. Nach Untersuchungen von *Marcussohn* und *Meyerheim*[2] wird Cholesterin bei einer bei 200° stattfindenden Hydrierung zu 75 Proz. verharzt, während Phytosterin bei dieser Temperatur kaum angegriffen wird. Bei einer 250° überschreitenden Temperatur sind aus ersterem überhaupt keine krystallinischen Produkte mehr abscheidbar, während letztere noch beträchtliche Mengen Krystalle liefern. Die Phytosterine sind somit ein zuverlässiges Mittel, gehärtete Pflanzenöle in tierischen Fetten nachzuweisen.

Zum Härten werden alle tierischen und pflanzlichen Öle und Fette von niedrigem Schmelzpunkt angewandt, in allererster Linie die Trane der Wale, ferner pflanzliche Öle, wie Baumwollsaat-, Ricinus-, Sesam-, Erdnuß- und Sojabohnenöl. Der Grad des Härtens wird durch die Art der Anwendung der Hydrierungsprodukte bestimmt; sie werden zur Darstellung von Speisefetten, Seifen, Kerzen oder Maschinenölen verwandt.

Die Speisefettindustrie[3] hat den größten Nutzen von der Härtung der Fette. Es kommen für sie die gehärteten Öle nur als Zusätze in Betracht, und sie dienen dazu, der Pflanzenmargarine, welche bei erhöhter Temperatur leicht zerfließt, eine festere Konsistenz zu geben. Zur Anwendung kommen Palmkern-, Sesam-, Erdnuß-, Cotton- und Sojabohnenöl, in neuester Zeit auch gehärteter Tran.

Bömer[4] stellt folgende Bedingungen auf, denen gehärtete Öle bei der Verwendung zu Speisefetten genügen müssen:

1. Sie dürfen kein Nickel oder andere fremde, aus dem Härtungsprozeß herrührende Stoffe enthalten.
2. Sie müssen durch physiologische Versuche auf ihr Verhalten im menschlichen Körper geprüft werden und sich als unschädlich erwiesen haben.
3. Die verwandten Rohöle und Rohfette müssen an sich zur menschlichen Ernährung geeignet sein.

---

[1] Seifens.-Ztg. **41**, 262, 288; 314 (1914).
[2] Zeitschr. f. angew. Chem. **27**, I, 201.
[3] *Klimont* und *Mayer*, Zeitschr. f. angew. Chem. **27**, I, 645 (1914).
[4] Seifens.-Ztg. **39**, 1004 (1912).

Der Nickelgehalt[1] gehärteter Öle richtet sich im wesentlichen nach dem Gehalt an freier Säure. *Auerbach*[2] meint, daß ein Gehalt von 0,000002 Proz. Nickel in dem gehärteten Fett nicht mehr in Betracht komme. Ein hydriertes Sesamöl mit 2,5 Proz. freier Fettsäure enthielt 0,006 Proz. Nickeloxyd; Walöl mit 0,6 Proz. freier Fettsäure 0,0045 Proz. Die Frage, ob der Gehalt an Nickel die Verwendung eines Fettes zu Speisezwecken beeinträchtigt, hat *Lehmann*[3] eingehend untersucht. Nach ihm schwankt er zwischen 0,1 und 0,6 mg in 1 kg gehärtetem Öl; auf Grund von physiologischen Untersuchungen an Menschen und Tieren hält er ihn für zu gering, als daß er irgendwelche Bedenken gegen die Verwendung von gehärteten Fetten zur menschlichen Nahrung rechtfertigen würde.

Daß die gehärteten Fette, bevor sie zu Nahrungszwecken verwendet werden, durch physiologische Versuche zu prüfen sind, ist selbstverständlich. Es bleibt daher nur die weitere Frage offen, wie weit die gehärteten Fette im Körper ausgenutzt werden. Da ein festes Fett im allgemeinen der Verdauung schwerer zugänglich ist als ein flüssiges, so verbietet es sich von selbst, die Härtung zu weit zu treiben. Es ist besser, die Gesamtmasse wird nur bis zu mäßiger Festigkeit hydriert, als daß ein Teil bis zur größtmöglichen Härte gebracht und durch Zusatz von flüssigem Fett wieder weicher gemacht wird. Wenn man verlangt, daß die zur Reduktion verwendeten Rohprodukte an sich zur menschlichen Nahrung geeignet sein sollen, so würden von vornherein Walöle überhaupt ausgeschlossen sein, während sich gegen die Verwendung von hydrierten Pflanzenölen kaum etwas einwenden läßt. Tatsächlich werden aber auch in der Speisefettindustrie Walöle in großem Maßstabe verwandt; dabei ist zu bedenken, daß die gehärteten Fette mit dem Ausgangsmaterial nichts mehr gemein haben, sondern ganz neue chemische Körper sind, und daß zum Härten nur Trane allerbester Qualität genommen werden, so daß die Reinheit des Ausgangsmaterials gewährleistet ist.

In der Seifenindustrie werden gehärtete Fette ebenfalls in großem Maßstabe verbraucht. Durch das rapide Anwachsen des Seifenverbrauches hat sich ein fühlbarer Mangel an Rohmaterial eingestellt, um so mehr als auch die Industrie der Speisefette einen großen Teil der Rohmaterialien an sich zog. Infolge der Hydrierung liefern Öle, die sonst nur weiche Seifen ergeben, jetzt die viel wertvolleren harten Seifen. Obwohl man heute imstande ist, aus gehärteten Fetten Seifen von tadelloser Qualität herzustellen, so werden doch folgende Nachteile allgemein anerkannt: der Verseifungsprozeß dauert länger; die Seife hat geringere Schaumfähigkeit, so daß der Waschprozeß erschwert wird; der Geruch ist nicht einwandfrei und schadet den Parfüms. Vorteile sind größere Ergiebigkeit und Sparsamkeit im Gebrauch. Allgemein wird aber behauptet, daß gehärtete

[1] *Brunck*, Bestimmung des Nickels mit Dimethylglyoxin. Zeitschr. f. angew. Chem. **27**, I, 315 (1914).

[2] Chem.-Ztg. **37**, 299 (1913).

[3] Chem.-Ztg. **38**, 798 (1914).

Öle nur als Zusatzfette in einer Menge von höchstens einem Drittel zu verwenden sind.

Als Rohmaterial für die Seifenindustrie kommen besonders Walöle und Trane zur Verwendung. Früher war der Tran ein recht billiges Rohmaterial. Man war daher darauf bedacht, ihn bei der Herstellung billiger Seifensorten zu verarbeiten, jetzt ist jedoch infolge der Nachfrage auch sein Preis erheblich gestiegen. Das wichtigste Problem war, seinen üblen Geruch zu beseitigen. Die früher zu diesem Zwecke angewandten Methoden beruhten auf der Annahme, daß er von stickstoffhaltigen Substanzen stamme, und waren daher erfolglos. Nach *Tsujimoto*[1] rührt er von einer vierfach ungesättigten Fettsäure der Formel $C_{18}H_{28}O_2$, der Clupanodonsäure, her, welche die Fähigkeit besitzt, sich an der Luft unter Bildung übelriechender flüchtiger Substanzen zu oxydieren. *I. D. Riedel, A.-G.*[2] hat aber nachgewiesen, daß diese Säure nicht einheitlich ist, sondern aus verschiedenen Isomeren besteht. Zugleich mit der Härtung der Fette werden diese Säuren in gesättigte übergeführt, wodurch der üble Geruch beseitigt wird.

Im Anschluß hieran seien einige Verfahren, die Ähnliches bezwecken, erwähnt. *Lach*[3] stellt eine Emulsion des zu reinigenden Fettes mit Zinkstaub, Eisen-, Magnesium- oder Aluminiumpulver her und setzt dieser verdünnte Säure zu. Die *Badische Anilin- und Sodafabrik*[4] will dasselbe erreichen durch Einwirkung von Hydrosulfiten oder Sulfoxylaten in alkalischer Lösung, und *Stiepel*[5] destilliert die Fettsäure bei Gegenwart von schwefliger Säure.

Nur kurz sei erwähnt, daß das Hydrieren auch zur Verwertung von Abfallfetten von *Ellis* vorgeschlagen ist[6]. In die mit 1 bis 2 Proz. fein verteiltem Nickel versetzten Rohprodukte wird bei 160 bis 165° Wasserstoff unter Druck eingeleitet. Nach Beendigung der Hydrierung läßt man den Druck auf eine Atmosphäre fallen und treibt die Nebenprodukte mit Wasserdampf ab. Dadurch werden die Fette in geruchlosem Zustande und in der gewünschten Konsistenz erhalten. Von demselben Verfasser stammt ein zweites Verfahren[7], welches dazu dient, Wollfette, Lanolin oder ähnliche Produkte farb- und geruchlos zu machen. Durch Behandlung mit Wasserstoff bei Gegenwart eines Katalysators erhält das schmierige Rohprodukt eine festere Konsistenz und kann entweder direkt verwendet oder durch Waschen und Bleichen weiter gereinigt werden.

Die gehärteten Trane kommen unter verschiedenen Namen in den Handel. Ein halb gehärtetes Produkt, das sich als Ersatz von Baumwollsaatöl eingeführt hat, wird als „Krutolin" bezeichnet. Weitere Produkte sind „Talgol" und „Talgol extra" vom Schmelzp. 35 bis 37 und 42 bis 45°. Bei noch weiterer

---

[1] Chem. Zentralbl. **1909**, I, 1491, 1616.

[2] *Riedels* Berichte **1914**, 23; Chem. Zentralbl. **1914**, I, 1882.

[3] Österr. Pat. Anm. 1394 (1910) [Seifens.-Ztg. **1912**, 719].

[4] Franz. Pat. 431 294 (1911) [Chem.-Ztg. **1912**, Rep. 109].

[5] D. R. P. 283 216 [Angew. Chem. **28**, II, 250].

[6] Amerik. Pat. 1 043 912 (1912) [Chem.-Ztg. Rep. **1913**, 258].

[7] Amerik. Pat. 1 086 357 (1912) [Chem.-Ztg. Rep. **1914**, 348].

Härtung entstehen Produkte, die unter dem Namen „Candelite" und „Candelite extra" mit dem Schmelzp. 48 bis 50 und 50 bis 52° gehandelt werden; von diesen wird das erstere als vollwertiger Ersatz von Talg in der Seifenfabrikation benutzt, während die höher schmelzenden Produkte in der Kerzenfabrikation Anwendung finden. Die Verwendung hydrierter Öle zur Seifenfabrikation hat sich die Firma *Crossfield and Sons*[1] schützen lassen. Der Anspruch besagt, daß die hydrierten Öle den Vorteil aufweisen, daß zur Trennung des Kerns der damit bereiteten Seifen von dem Glycerin eine schwächere Salzlösung, als sonst gebräuchlich, genügt. Über die Vorteile, welche die Kerzenindustrie aus dem Härten von Fetten und Ölen ziehen kann, sind die Ansichten geteilt. Das aus gehärteten Ölen dargestellte Stearin ist amorph, von fettigem Griff, ohne Klang und Transparenz und daher in diesem Zustande zu Kerzen nicht geeignet. *Garth*[2] behauptet sogar, daß die hydrierten Fettsäuren trotz ihres hohen Schmelzpunktes nicht direkt zur Darstellung von Kerzen Verwendung finden können, sondern daß eine vorhergehende Trennung durch Pressen und Destillieren nicht umgangen werden kann, während *Luksch*[3] es direkt in Abrede stellt, daß die Kerzenfabrikation aus dem Härten von Ölen Vorteil ziehen könne.

Über die Eigenschaften der gehärteten Fette siehe die ausführliche, im Chem. Zentralbl. 1916, II, 526, referierte Abhandlung von *F. H. van Leent.*

3. Mehrfache Kohlenstoffbindungen in ringförmigen Systemen.

Von den ringförmigen Verbindungen wurden zuerst die Derivate der Benzolreihe hydriert. Anfänglich verwandte man für die Kohlenwasserstoffe, die mit keinem der anderen gebräuchlichen Reduktionsmittel hydriert werden können, Jodwasserstoff oder eine der verschiedenen Modifikationen dieses Reduktionsmittels; später für sauerstoffhaltige Benzolderivate Natriumamalgam und schließlich Natrium und Alkohol. Da diese Versuche nur wissenschaftliche Zwecke verfolgten, so genügten diese Reduktionsmittel; für den Betrieb im großen sind sie aber zu teuer. Abgesehen von dem Preis des metallischen Natriums gibt dieses nur bei Verwendung von absolutem Alkohol gute Resultate; schon 96proz. Alkohol gibt schlechte Ausbeuten. Trotzdem wird die Verwendung von Natrium und Alkohol in einigen Patenten[4] geschützt, bei denen es sich aber um Darstellung pharmazeutischer Präparate handelt; bei diesen spielt bekanntlich der Preis der verwandten Rohmaterialien und Reagenzien eine weit geringere Rolle als bei Farbstoffen und anderen technischen Präparaten. *Goldstein*[5] versucht leicht oxydable Reduktions-

---

[1] Engl. Pat. 13 042 (1907); Franz. Pat. 378 258.

[2] Seifens.-Ztg. **39**, 1146 (1912).

[3] Seifens.-Ztg. **39**, 717 (1912).

[4] *M. L. Br.*, D. R. P. 77 317; Reduktion von Resorcin zu Dihydroresorcin mit Natriumamalgam [*Frdl.*, IV, 1118]; *Einhorn*, D. R. P. 81 443, 82 441, 90 566, 91 812; Reduktion von Amino- und Oxybenzoesäuren durch Natrium und Alkohol.

[5] D. R. P. 268 657 [Pat.-Schr. 3653].

mittel, wie Natrium und ähnliche, indem er sie mit porösen Körpern zu einer kompakten Masse vereinigt, in eine Form zu bringen, die geeignet ist, ihre Handhabung zu erleichtern.

In sehr befriedigender Weise ist die Frage der Reduktion von Benzolderivaten, auch der Kohlenwasserstoffe selbst, durch die Verfahren von *Sabatier* und von *Paal* gelöst. Nach diesen sind die Derivate des Cyclohexans, welche, als „Naphtene" bezeichnet, sich im kaukasischen Petroleum vorfinden und aus diesem nur äußerst mühevoll rein darzustellen sind, leicht und in beliebigen Mengen herstellbar. Ihrer technischen Herstellung stand bisher nur der mangelnde Bedarf entgegen. Da sie in neuerer Zeit als Ausgangsmaterial für künstlichen Kautschuk eine gewisse Bedeutung gewonnen haben, sollen sie kurz besprochen werden.

Das Benzol selbst läßt sich nach den Verfahren von *Sabatier*[1] leicht mit einer Ausbeute von 80 Proz. bei 170 bis 200° in Cyclohexan überführen; ebenso sind alle Benzolhomologen bei Temperaturen bis höchstens 250° reduzierbar. Sind die Seitenketten länger als CH_3, so darf man mit der Temperatur höchstens bis 150° gehen, da sonst Abspaltungen eintreten und Gemische entstehen. Die Trennung der Cyclohexanderivate vom Ausgangsmaterial erfolgt in allen Fällen durch Behandlung des Reaktionsproduktes mit Nitriersäure, dem bekannten Gemisch von Salpeter- und Schwefelsäure, welches die aromatischen Kohlenwasserstoffe in Nitroverbindung überführt, jedoch die Cyclohexanderivate in der Kälte nicht verändert. Von anderen Methoden ist besonders diejenige mit Platinschwarz von *Willstätter*[2] hervorzuheben, dem es zuerst gelang, Benzol bei gewöhnlicher Temperatur zu reduzieren.

Wichtiger als die Hexahydrobenzolderivate sind die Tetrahydroverbindungen im Hinblick auf ihre Verwendung als Ausgangsmaterial zur Darstellung des Isoprens, von dessen billiger Beschaffung die technische Darstellung des künstlichen Kautschuks vorwiegend abhängt; solche sind z. B. das Dipenten, welches beim Erhitzen im Vakuum, am besten auf elektrischem Wege, in 2 Moleküle Isopren zerfällt[3]:

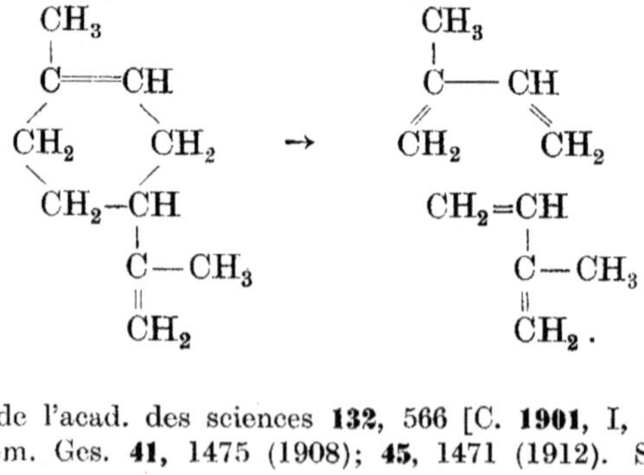

[1] Compt. rend. de l'acad. des sciences **132**, 566 [C. **1901**, I, 817].

[2] Ber. d. d. chem. Ges. **41**, 1475 (1908); **45**, 1471 (1912). Siehe auch *Wieland*, Ber. **45**, 2615.

[3] *Staudinger*, Ber. **44**, 2212 [1911]; *Harries* u. *Gottlob*, Annalen **383**, 157 [1911]; *Silberrad*, D. R. P. 240 074; *Gottlob*, D. R. P. 249 947 [*Frdl.*, X, 1029].

Nach demselben Prinzip zerfallen Tetrahydrobenzol in Erythren, d. i. Butadiën und Äthylen, und Tetrahydrotoluol in Isopren und Äthylen[1]:

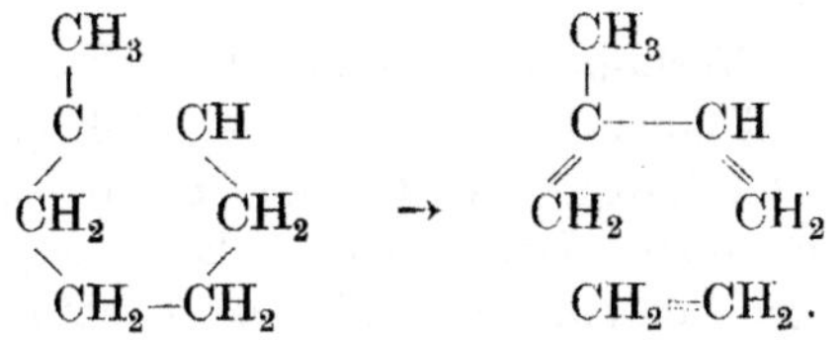

Derartige Tetrahydroverbindungen werden nun nicht durch direkte Hydrierung aus den Benzolderivaten dargestellt, sondern aus Chlorcyclohexanderivaten durch Abspaltung von Chlorwasserstoff[2] oder aus Cyclohexanolen durch Abspaltung von Wasser. Es ist aber nicht nötig, dieselben in reinem Zustande darzustellen, sie bilden sich vielmehr als Zwischenprodukte während der Reaktion beim Erhitzen von Chlorcyclohexan oder Cyclohexanol. Auch Cyclohexan selbst und seine Homologen geben bei der pyrogenen Zersetzung Erythren, d. i. Butadiën. Dabei werden bei den Derivaten die Alkylreste, wahrscheinlich als gesättigte Kohlenwasserstoffe, abgespalten. Diese Reaktionen erfolgen in der Weise, daß man die Ausgangsmaterialien in dampfförmigem Zustand über eine aus Aluminiumsilicat geformte Spirale, die auf Dunkelrotglut erhitzt ist, streichen läßt[3]. Weiter besteht die Möglichkeit, das kaukasische Petroleum, welches bekanntlich reich an hydrierten Benzolkohlenwasserstoffen ist, direkt in Derivate des Erythrens überzuführen, indem man die betreffenden Petroleumfraktionen mit Hilfe von heißen Kontaktkörpern zersetzt[4].

Im Anschluß hieran ist noch eine sich der Hydrierung bedienende Darstellungsweise des Isoprens[5] zu erwähnen, die mehr theoretisches Interesse als praktische Bedeutung besitzt. Durch Überleitung seiner Dämpfe mit Wasserstoff über erhitztes Kupfer soll α-Methylthiophen, das aus Lävulinsäure zu gewinnen ist, in Isopren übergehen, nach der Gleichung:

$$C_5H_6S + 2\,H_2 = C_5H_8 + H_2S.$$

Einerseits aber sind die Ausbeuten sehr geringe, andererseits ist es so gut wie sicher, daß der dabei entstehende Kohlenwasserstoff nicht Isopren (β-Methyldivinyl), sondern Piperylen (α-Methyldivinyl) ist.

Andere zyklische Kohlenwasserstoffe, welche sich ebenfalls sehr leicht durch katalytische Anlagerung von Wasserstoff hydrieren lassen, wie Anthracen, Naphtalin, Acenaphten usw., haben nach dieser Richtung keine größere technische Bedeutung, mit Ausnahme vielleicht des Naphtalins, dessen Tetrahydroprodukt unter dem Namen „Tetralin“ neuerdings als Lösungs-

---

1 *B. A. S. F.*, D. R. P. 252 499 [*Frdl.*, X, 1035].
2 *B. A. S. F.*, D. R. P. 254 473 und 255 538 [C. **1913**, I, 346, 477].
3 *Bayer & Co.*, D. R. P. 248 738 [*Frdl.*, X, 1033].
4 *Bayer & Co.*, D. R. P. 251 217 [*Frdl.*, X, 1034].
5 *Heinemann.* Kautschuksyndikat London. Chem. Zentralbl. **1911**, II, 1841.

mittel und für Heizzwecke hergestellt wird. Auch die Hydrierung der Terpene hat in erster Linie wissenschaftliches Interesse, obwohl sie in einigen Patenten erwähnt ist.

Sowohl nach dem Verfahren von *Paal* als nach *Sabatier* werden Terpene leicht in gesättigte Kohlenwasserstoffe übergeführt; Limonen, Terpinen, Sylvestren ergeben Menthan; auch Thujen, Pinen, Camphen gehen in gesättigte Verbindungen über. Leitet man z. B. in eine alkoholische Lösung von Camphen bei Gegenwart eines Palladiumkatalysators unter Druck Wasserstoff ein, so entsteht Dihydrocamphen[1].

Schwieriger ist es, den Wasserstoff an ungesättigte Aldehyde und Ketone so anzulagern, daß die Carbonylgruppe erhalten bleibt. Auch hierfür hat das Verfahren von *Paal* gute Dienste geleistet, wie *Wallach* gefunden hat. Doch muß es in jedem Falle der zu hydrierenden Verbindung angepaßt werden[2]. Auch nach dem Verfahren von *Sabatier* sollen sich nach *Darzens*[3] derartige Reduktionen ausführen lassen. Dabei ist auf die Darstellung des Katalysators besondere Vorsicht zu verwenden. Je nach der Natur der zu reduzierenden Substanz ist das auf Asbest niedergeschlagene Nickeloxyd bei einer zwischen 250 bis 300° schwankenden Temperatur zu reduzieren, während die Anlagerung des Wasserstoffes an das Ausgangsmaterial bei 180 bis 200° zu erfolgen hat.

Bei der Hydrierung der Phenole ist der Vollständigkeit halber zunächst ein älteres Patent zu erwähnen, welches keine technische Bedeutung erlangt hat. Es betrifft die Darstellung des Dihydroresorcins aus Resorcin durch Reduktion mit Natriumamalgam[4]. Von Wichtigkeit dagegen sind diejenigen Verfahren, welche die katalytische Hydrierung von Phenol und seinen Homologen behandeln, da, wie erwähnt, die Cyclohexanole als Ausgangsmaterial für die Darstellung künstlichen Kautschuks in Aussicht genommen sind.

Nach *Sabatier* und *Senderens*[5] geht Phenol bei 190 bis 200° in Cyclohexanol über, doch tritt bei dieser Temperatur teilweise Dehydrierung ein, welche sich durch das Auftreten von Cyclohexanon kundgibt. Will man den Alkohol rein erhalten, so muß man sein Gemisch mit dem Keton bei niedriger Temperatur (140 bis 150°) ein zweites Mal über Nickel reduzieren; dabei wird das Cyclohexanon in Cyclohexanol übergeführt, ohne daß dabei eine Dehydrierung des letzteren stattfinden kann. Leitet man dagegen obiges Gemisch über Kupfer, das auf 300 bis 320° erhitzt ist, so wird die Dehydrierung vollkommen, und man erhält fast reines Cyclohexanon. Man hat es auf diese Weise in der Hand, jeden der beiden Körper auf bequeme und billige Weise herzustellen. Die Firma Poulenc frères in

---

[1] *Skita* und *Boehringer & Söhne*, Amerik. Pat. 1 036 746 [Chem.-Ztg. **1913**, Rep. 479].

[2] Zeitschr. f. angew. Chem. **24**, 2192.

[3] Franz. Pat. 350 390 [Chem.-Ztg. **1906**, 157].

[4] *M. L. Br.*, D. R. P. 77 317 [*Frdl.*, IV, 1118].

[5] Compt. rend. de l'acad. des sciences **137**, 1025 [C. **1904**, I, 279].

Paris, die auch Cyclohexanon zuerst hergestellt hat, übt das Verfahren technisch aus. Ganz ähnlich verläuft die Hydrierung der Homologen des Phenols[1].

Tatsächlich aber handelt es sich bei der Anlagerung von Wasserstoff an Phenole um einen weit komplizierteren Vorgang. *Skita* und *Ritter*[2] haben ihn genau untersucht und dabei festgestellt, daß neben dem Keton-Alkohol-Gemisch sich mehr oder weniger hydrierte und sogar nichthydrierte Kohlenwasserstoffe vorfinden; so wurden bei der Hydrierung von Phenol folgende Körper erhalten: Cyclohexanol, Cyclohexanon, Cyclohexan, Tetrahydrobenzol und Benzol selbst, so daß man eine ganze Reihe verschiedener Gleichgewichte während des Reaktionsverlaufes annehmen muß:

$$\text{Phenol} \rightleftarrows \text{Cyclohexanon} \rightleftarrows \text{Cyclohexanol} \rightarrow \text{Tetrahydrobenzol} \rightarrow \text{Cyclohexan} \rightleftarrows \text{Benzol}.$$

Die Hydrierung aromatischer Carbonsäuren besitzt kein technisches Interesse. Die Reduktion einiger dieser Säuren durch Natrium in äthyl- oder amyl-alkoholischer Lösung hat sich *Einhorn* im Hinblick auf eine Verwendung der hydrierten Säuren als Anästhetica schützen lassen, doch haben die erteilten Patente nur einige Jahre bestanden[3].

Auch die Reduktion des Santonins oder der Santoninsäure möge an dieser Stelle erwähnt werden. Wenn auch seine Formel nicht völlig sichergestellt ist[4], so kann doch als feststehend betrachtet werden, daß es zwei Kohlenstoffdoppelbindungen enthält, von denen die eine sicher einem teilweise hydrierten Benzolkern angehört. Bei der Reduktion werden diese durch Anlagerung von 4 Wasserstoffatomen abgesättigt, ohne daß dabei die gleichfalls im Molekül befindlichen Carbonylgruppen reduziert werden. Die Arbeitsweise[5] ist die gewöhnliche nach *Paal*. Santonin oder santoninsaure Salze werden in Lösung oder Suspension bei Gegenwart eines Palladium- oder Platinkatalysators in einer Wasserstoffatmosphäre geschüttelt. Die dabei entstehenden Santonane sollen als Medikamente Verwendung finden.

Die Hydrierung pharmazeutisch wirksamer Stoffe, welche meist mit kolloidalem Palladium in wäßriger Lösung oder Suspension durchgeführt wird, wird neuerdings an den verschiedensten Rohmaterialien vorgenommen. Diese Versuche wurden durch das Bestreben veranlaßt, schon gebrauchte Arzneimittel von unangenehmen und schädlichen Nebenwirkungen zu befreien. Entsprechend der Tatsache, daß die meisten pharmazeutisch wirksamen Verbindungen der hetero-zyklischen Reihe angehören, nimmt ihre Reduktion in der Technik einen etwas breiteren Raum als die der carbozyklischen Verbindungen ein. Immerhin ist aber zu bemerken, daß die tech-

---

[1] *Sabatier* und *Mailhe*, Compt. rend. de l'acad. des sciences **140**, 350 [C. **1905**, I, 742].

[2] Ber. d. d. chem. Ges. **44**, 668 (1911).

[3] Siehe Seite 45, Anm. 4.

[4] *Wienhaus* und *v. Oettingen*, Annal. d. Chem. **397**, 219 (1913); *Wedekind* und *Berniers*, ebenda 246; *Asahina*, Ber. d. d. chem. Ges. **46**, 1775 (1913); *Wienhaus*, ebenda 2836.

[5] *Wienhaus* und *v. Oettingen*, D. R. P. Anm. W. 40722, Kl. 12 o [Pat.-Schr. 3127].

nische Bedeutung dieser Gruppe von Patenten nur gering ist. Im allgemeinen ist der Gang der Entwicklung dieser Verfahren so, daß man zuerst chemische Reduktionsmittel, wie Metalle und Säure oder Natrium und Alkohol, versucht hat; später treten elektrolytische Methoden hervor, und schließlich wird die katalytische Anlagerung mit kolloidalem Edelmetall bevorzugt.

Die Reduktion von Pyrrol und Pyrrolderivaten[1] läßt sich mittels Wasserstoff, welcher aus Metall und Säure entwickelt wird, durchführen. Da aber überschüssige Mineralsäuren auf Pyrrolderivate verharzend wirken, verläuft die Reduktion nur dann befriedigend, wenn man in das Wasserstoff entwickelnde, kühl gehaltene Reduktionsgemisch von Metall und Säure unter lebhaftem Schütteln die zu reduzierenden Pyrrolderivate eintropfen läßt, so daß sie stets mit einem großen Überschuß des Reduktionsmittels in Berührung kommen. Man kann aber auch umgekehrt die Säure allmählich in kleinen Portionen zu dem Gemisch von Pyrrol, Wasser und Zinkstaub hinzufügen. Besser scheint die elektrolytische Reduktion zu verlaufen, welche nach den Angaben von *Dennstedt*[2] beinahe quantitative Ausbeute ergibt. Sie erfolgt in stark verdünnter Schwefelsäure, indem die Anode durch ein Diaphragma vom Kathodenraum getrennt wird. Auch mit Natrium und Alkohol lassen sich Pyrrolkerne hydrieren[3]. Unterwirft man Pyrrolderivate mit einer Acylgruppe in α-Stellung

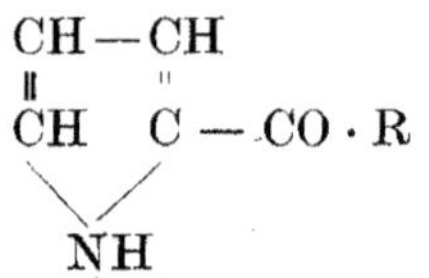

(R = Alkyl)

dieser Reduktion, so findet Hydrierung des Pyrrolringes statt, zugleich allerdings Reduktion der Carbonylgruppe zu einer sekundären Alkoholgruppe. Schließlich sei noch erwähnt, daß die Reduktion von Pyrrolderivaten auch nach dem Verfahren von *Paal* ausgeführt werden kann[4], und zwar derart, daß man zu einer Suspension des als Katalysator dienenden Metalles in einem geeigneten Lösungsmittel eine Lösung der zu reduzierenden Verbindung zufließen läßt und das Gemisch mit Wasserstoff, gegebenenfalls unter Druck, schüttelt. Das Verfahren dient zur Reduktion von Pyrrolderivaten, welche die Alkoholgruppe in einer Seitenkette enthalten, z. B. 1-Pyrrolidylisopropylalkohol und N-Propandiolpyrrolidin.

Pyridinbasen werden für wissenschaftliche Zwecke am besten mit Natrium und Alkohol reduziert, ein Verfahren, das im Großbetrieb nicht verwendbar ist. Es wurde daher zunächst die Methode der elektrolytischen Hydrierung ausgearbeitet. Trotz von verschiedenen Seiten[5] ausgeführter Untersuchungen konnten

[1] *Knorr* und *Rabe*, D. R. P. 116 335 [*Frdl.*, VI, 1214].

[2] D. R. P. 127 086 [*Frdl.*, VI, 1215].

[3] *Bayer & Co.*, D. R. P. 282 456 [Angew. Chem. **28**, II, 690].

[4] *Bayer & Co.*, D. R. P. 283 333 [Angew. Chem. **28**, II, 17].

[5] *Ahrens*, Zeitschr. f. Elektrochemie **2**, 577 (1896) [C. **1896**, I, 1125]; Jahrb. f. Elektrochemie **4**, 361; *Pincussohn*, Zeitschr. f. anorg. Chem. **14**, 379 (1897)[C. **1897**, II, 311]; *Tafel*, Ber. d. d. chem. Ges. **33**, 2209 (1900).

jedoch die damit verbundenen Schwierigkeiten nicht alsbald behoben werden. Die Reduktion[1] findet erfolgreich in saurer Lösung unter Verwendung von Bleielektroden und einem Diaphragma statt; auch Kathoden von Thallium liefern gute Resultate[2]. Merkwürdigerweise unterbleibt die Bildung von Piperidin bei zu geringem Gehalt an Säure. Es ist daher dafür zu sorgen, daß während der Reduktion ein Überschuß von Säure vorhanden ist, der auf ein Äquivalent Piperidin mindestens vier Äquivalente Säure betragen soll. Im übrigen ist, wie bei den meisten elektrolytischen Reduktionen, für Reinheit aller verwandten Materialien, insbesondere Abwesenheit fremder Metalle, zu sorgen. Man erhält auf diese Weise Piperidin von großer Reinheit und kann in gleicher Weise auch die Homologen des Pyridins reduzieren. Die sonst so zuverlässige Methode von *Sabatier* und *Senderens* versagt in diesem Falle, da das Pyridin durch sie zu Amylamin aufgespalten und bei 220° sogar zu Pentan reduziert wird[3]. Dagegen kann mit gutem Erfolg das Verfahren von *Paal* und *Skita*, durch welches das Pyridin quantitativ in sein Hexahydroderivat, das Piperidin, übergeführt wird, angewandt werden.

Die Reduktion der Chinolinderivate verläuft der des Pyridins analog; je nach der Behandlung gehen sie in Tetra- oder Dekahydroverbindungen über. Ihre Reduktion ist fast immer in denselben Patenten, wie die der entsprechenden Pyridinderivate, beschrieben. Zunächst entsteht im allgemeinen das Dihydrochinolin, welches weiterhin leicht zur Tetrahydroverbindung reduziert wird; durch Destillation mit Wasserdampf wird Tetrahydrochinolin von der (wahrscheinlich dimolekularen) Dihydroverbindung getrennt. Natürlich ist auf die Chinolinderivate auch die Methode von *Sabatier* angewandt worden. Nimmt man die Hydrierung bei 160 bis 180° vor, so erhält man Tetrahydrochinolin[4]; in neuester Zeit ist es *Sabatier* und *Murat* gelungen, das Dekahydrochinolin darzustellen, indem sie mit stark aktivem Nickel die Reduktion bei 135° vornahmen. Auch hier liefert das Verfahren von *Paal* und *Skita* quantitativ je nach der Behandlung Tetra- oder Dekahydroverbindungen.

Alle diese Versuche wurden, technisch betrachtet, im Hinblick darauf unternommen, ein Ersatzmittel für Chinin zu finden. Die daran geknüpften Hoffnungen haben sich jedoch nicht erfüllt; die Derivate zeigen nicht einmal die spezifischen Chininwirkungen, weshalb sie überhaupt nicht mehr dargestellt werden. Die Anregung dazu ging von Untersuchungen von *Filehne* aus, welche ergaben, daß die am Stickstoff alkylierten Tetrahydrochinoline möglicherweise eine brauchbare pharmazeutische Wirkung haben könnten. Enthalten diese Hydroxylgruppen, so tritt die Wirkung rascher ein, verschwindet aber auch um so plötzlicher. Auf Grund dieser Überlegung wurden das N-Methyl- und N-Äthyltetrahydrochinolin, welche als saures Sulfat unter den Namen „Kairolin M" und „A" in den Handel kamen, durch *Königs*

---

[1] *Merck*, D. R. P. 90308 [*Frdl.*, IV, 1239]; 104664 [*Frdl.*, V, 797].
[2] *Zerbes*, Zeitschr. f. Elektrochemie **18**, 619 (1912) [C. **1912**, II, 1187].
[3] Compt. rend. de l'acad. des sciences **144**, 784 [C. **1907**, II, 73].
[4] *Darzens*, Compt. rend. de l'acad. des sciences **149**, 1001 [C. **1910**, I, 363].

und *Hoffmann* und das N-Methyl- und N-Äthyl-8-Oxychinolin, das „Kairin M“ und „A“ durch *Otto Fischer*[1] dargestellt. Die Verwendung des 5-Methoxytetrahydrochinolins, dessen Sulfat unter dem Namen „Thallin“ als antifebriles Mittel empfohlen worden ist, wurde von *Skraup*[2] vorgeschlagen. Seine Darstellung erfolgt entweder durch Reduktion des p-Chinanisols mit Zinn und Salzsäure oder durch Methylierung des 5-Oxytetrahydrochinolins, das seinerseits durch Reduktion des 5-Oxychinolins dargestellt wird.

Im wesentlichen nur wissenschaftliches Interesse hat die Reduktion von Alkaloiden. Die neuesten Arbeiten[3] bringen die *Paal-Skita*sche Reduktionsmethode auf diese Körperklasse in Anwendung. Wie vorauszusehen, hat sie auch hierbei den Erwartungen entsprochen; alle angewandten Verbindungen wurden teilweise sogar stufenweise hydriert, Strychnin z. B. konnte in die Di- und Tetrahydroverbindung übergeführt werden, was früher nicht möglich war. Bei der Reduktion durch Elektrolyse, die *Tafel*[4] bearbeitet hat, werden diese Alkaloide direkt in Tetrahydrokörper unter gleichzeitigem Ersatz der Hydroxylgruppe durch Wasserstoff[5] übergeführt.

Die in den Chinarinden neben den bekannten Chinaalkaloiden in kleinen Mengen natürlich vorkommenden Hydroalkaloide (Hydrochinin, Hydrochinidin, Hydrocinchonin und Hydrocinchonidin) unterscheiden sich von den nichthydrierten Körpern durch einen Mehrgehalt von zwei Wasserstoffatomen, welche zweifellos an der Vinylgruppe fixiert sind. Dargestellt werden sie aus den ungesättigten Alkaloiden (Chinin usw.) nach dem Verfahren von *Paal-Skita* unter Verwendung von Palladium als Katalysator und arabischem Gummi als Schutzkolloid[6]. Eine interessante Modifikation der gewöhnlichen katalytischen Anlagerung von Wasserstoff ist folgendes Verfahren[7]: Durch fein verteilte Platinmetalle wird Ameisensäure in Wasserstoff und Kohlendioxyd zerlegt; ersterer kann unter Verwendung der katalysatorischen Wirkung dieser Metalle an ungesättigte Verbindungen angelagert werden, während die gebildete Kohlensäure gasförmig entweicht. Löst man z. B. Chininsulfat in 2proz. Ameisensäure auf und setzt Palladiummohr hinzu, so beginnt sofort die Entwicklung von Kohlendioxyd, wobei der gleichzeitig frei werdende Wasserstoff direkt zur Hydrierung des Chinins verbraucht wird.

Nachdem festgestellt ist, daß bei den Hydroderivaten des Morphins und Kodeins seine pharmakologischen Eigenschaften erhalten bleiben, werden auch diese technisch dargestellt, am besten durch katalytische Reduktion nach *Paal*. Im allgemeinen werden zwei Wasserstoffatome angelagert, es ist jedoch nicht sicher, an welcher Stelle. Nimmt man die ältere Formulierung für Morphin an, so würden die Wasserstoffatome an den Phenanthrenring

---

[1] D. R. P. 21 150 [*Frdl.*, I, 177].
[2] *B. A. S. F.*, D. R. P. 30 426; 42 871 [*Frdl.*, I, 180].
[3] *Skita* und *Franck*, Ber. d. d. chem. Ges. **44**, 2862 (1911).
[4] Annal. d. Chem. **301**, 315 (1898); Ber. d. d. chem. Ges. **34**, 3291 (1901).
[5] *Freund* und *Bredenberg*, Annal. d. Chem. **407**, 43 (1915).
[6] *Zimmer & Co.*, D. R. P. 234 137 [*Frdl.*, X, 1204].
[7] *Zimmer & Co.*, D. R. P. 267 306 [Pat.-Schr. 3459].

treten, während bei der von *Wieland* in Betracht gezogenen Vinylformel[1] der Wasserstoff an die Vinylbindung treten muß. Beim Schütteln einer wäßrigen Lösung des salzsauren Morphins oder Kodeins mit dem Palladiumkatalysator in einer Atmosphäre von Wasserstoff verläuft die Reduktion äußerst glatt[2]. Auch Dihydrodionin und -thebain sowie Tetrahydrothebain lassen sich auf dieselbe Weise darstellen. Man braucht aber nicht vom isolierten Morphin auszugehen, die Darstellung des Dihydromorphins auf dem gleichen Wege[3] gelingt auch aus sauren oder neutralen wäßrigen oder wäßrig-alkoholischen Opiumauszügen. Man muß in diesem Falle nach der Hydrierung die eingedampfte Lösung mit absolutem Alkohol behandeln, wobei das Dihydromorphinsalz ungelöst zurückbleibt. Das salzsaure oder weinsaure Salz des Dihydrokodeins wird unter dem Namen „Paracodin" als hustenstillendes Mittel in den Handel gebracht; seine Wirkung soll rascher und nachhaltiger als die des Kodeins sein.

Sowohl beim Morphin als auch beim Kodein werden die beiden Wasserstoffatome an dieselbe Stelle angelagert. Das Dihydrokodein kann daher auch aus Dihydromorphin durch Methylieren dargestellt werden[4].

Die Hydrierung des Thebains, die in jüngster Zeit von *Freund*[5] wieder aufgenommen worden ist, hat zu wichtigen Schlußfolgerungen für die Konstitution dieses Alkaloids und damit der Opiumalkaloide, soweit sie Phenanthrenderivate sind, geführt. Auch das Colchicin[6] addiert bei der Behandlung mit Wasserstoff in Gegenwart von Palladium in kolloidaler Lösung 4 Atome Wasserstoff und geht dabei in Tetrahydrocolchicin über, welches weniger giftig als Colchicin selbst ist und an seiner Stelle in der Medizin verwendet werden soll.

---

[1] *Wieland* und *Kappelmeier*, Annal. d. Chem. **382**, 313 (1911).

[2] *H.* und *B. Oldenberg*, D. R. P. 260 233 [C. **1913**, II, 104]; *Skita* und *Franck*, Ber. d. d. chem. Ges. **44**, 2864 (1911).

[3] *Hoffmann-La Roche & Co.*, D. R. P. 278 107 [Pat.-Schr. 3718].

[4] *Knoll & Co.*, D. R. P. 278 111 [Angew. Chem. **27**, II, 611; C. **1914**, II, 900].

[5] Berichte **49**, 1287 (1916).

[6] *Hoffmann-La Roche & Co*, D. R. P. 279 999 [C. **1914**, II, 1214].

II. Reduktion von alkoholischen Hydroxylgruppen.

Das allgemein gebräuchliche Reduktionsmittel für Hydroxylgruppen ist Jodwasserstoff, welcher durch die Fähigkeit, in Wasserstoff und Jod zu zerfallen, die Möglichkeit bietet, Wasserstoff in statu nascendi bei hohen Temperaturen anzuwenden. Mit diesem Mittel, das auch bisweilen unter Zusatz von rotem Phosphor verwendet wird, können alle Arten von Hydroxylen reduziert werden; sein eigentliches Anwendungsgebiet ist jedoch die Reduktion von Phenolen. Bei dieser leistet auch die in älteren Zeiten vielfach angewandte Destillation mit Zinkstaub nach *v. Baeyer* gute Dienste. Bei Cyclohexanderivaten wird der Ersatz von Hydroxyl durch Wasserstoff oft auf einem Umwege erreicht, indem man durch Erhitzen mit Halogenwasserstoff das Hydroxyl zunächst durch Halogen ersetzt und dieses dann durch Einwirkung von Wasserstoff reduziert. Die Anwendung aller dieser Reduktionen in der Technik ist äußerst gering. Einige Bedeutung besitzt nur die Reduktion tertiärer Hydroxylgruppen, da zu ihnen die Phenole der aromatischen Reihe und die Basen der Triphenylmethanfarbstoffe gehören.

Von Reduktionen primärer Hydroxylgruppen ist mir nur ein Fall bekannt. Es handelt sich dabei um die Reduktion der 7-Oxymethylharnsäure zu 7-Methylharnsäure[1], die man durch Methylieren auf gewöhnlichem Wege nicht darstellen kann. Läßt man in wäßriger Lösung Formaldehyd auf Alkalisalze der Harnsäure[2] einwirken, so tritt an das Stickstoffatom in Stellung 7 eine Oxymethylgruppe, welche durch Reduktion äußerst leicht in die Methylgruppe übergeführt werden kann.

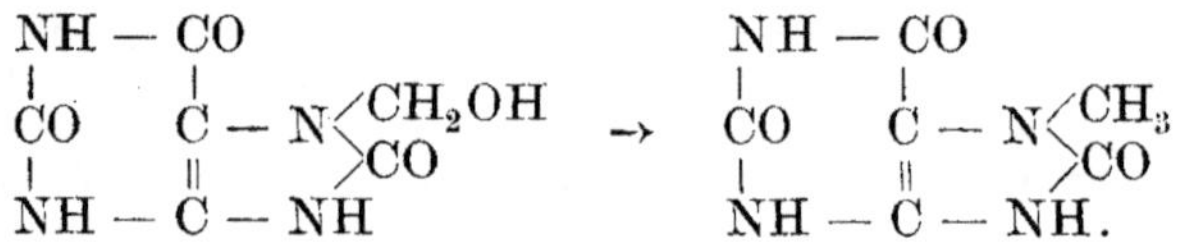

Die Reduktion erfolgt am besten in saurer Lösung mit Zinn und Salzsäure. Man braucht aber nicht die fertigen Oxymethylverbindungen zu verwenden, sondern es genügt, die Harnsäure (oder auch Alkylderivate derselben) direkt bei Gegenwart von Formaldehyd zu reduzieren, so daß die Bildung des Oxymethylderivats und dessen Reduktion in einer Operation erfolgen.

Hier mag auch die technische Darstellung von Trimethylamin aus Salmiak und Formaldehyd Erwähnung finden. Sie führt sukzessive über die Oxymethylverbindungen $H_2N—CH_2OH \rightarrow NH—(CH_2OH)_2 \rightarrow N—(CH_2OH)_3$, deren CH_2OH dann durch überschüssigen Formaldehyd zu Methylgruppen

[1] *C. F. Boehringer & Söhne,* D. R. P. 105 345; 109 665 [*Frdl.,* V, 831/2].
[2] *C. F. Boehringer & Söhne,* D. R. P. 102 518 [*Frdl.,* V, 827].

reduziert werden. Vgl. auch dazu die Darstellung von Trimethylamin aus Trioxymethylen nach *K. H. Schmitz.* D. R. P. 270 260. [Frdl. XI, III].

Als sekundär gebundene Hydroxylgruppen sind die aus Ketonen, namentlich aus zyklischen, durch Einwirkung von Formaldehyd entstehenden Oxymethylenverbindungen mit der Gruppe $C = C\langle^{H}_{OH}$ aufzufassen. Bei ihrer Reduktion findet zugleich Aufhebung der doppelten Bindung statt, so daß die Oxymethylengruppe in eine Methylgruppe übergeht. Man hat damit ein Mittel gewonnen, Methylierungen unter Umständen auf bequemere Weise als mit Hilfe von Natrium und Jodmethyl durchzuführen.

Bei der Einwirkung von Natrium in äthyl- oder amylalkoholischer Lösung erfolgt Reduktion der Doppelbindung und der Carbonylgruppe, während die Hydroxylgruppe erhalten bleibt. Eine neue von *Kötz* und *Schaeffer*[1] beschriebene Methode wendet aber die katalytische Reduktion mit Platinmetallen nach den verschiedenen in der Literatur beschriebenen Verfahren an. Hierbei bleibt im Gegensatz zu der vorigen Methode die Carbonylgruppe erhalten, dagegen wird die Oxymethylen- in eine Methylgruppe übergeführt. In der Patentschrift[2] ist die Darstellung von 1-Methylcyclohexan-2-on, Methylkampher und Methylacetessigester aus den entsprechenden Oxymethylenverbindungen beschrieben; auch Methylmenthon, Methylisothujon, Methyldihydrocarvon lassen sich nach diesem Verfahren mit Leichtigkeit darstellen.

Die Reduktion der tertiären Hydroxyle verlangt eine etwas eingehendere Besprechung. Zu ihnen gehören zunächst die Carbinole der Triphenylmethanreihe, welche sich sehr leicht durch Eisessig und Zink, Jodwasserstoff-Eisessig[3], zum Teil auch mit Ameisensäure[4] reduzieren und dadurch quantitativ in die zugehörigen Kohlenwasserstoffe überführen lassen; z. B. gibt Triphenylcarbinol auf diese Weise Triphenylmethan oder Oxytriphenylcarbinol geht in Oxytriphenylmethan über. Der Unterschied zwischen tertiär alkoholischem und phenolischem Hydroxyl zeigt sich dabei deutlich[5]. Daraus ist zu entnehmen, daß man bei Körpern mit mehreren verschiedenen Hydroxylgruppen es in der Hand hat, je nach dem verwendeten Reduktionsmittel auf die eine oder andere einzuwirken.

Bei Verbindungen mit phenolischem Hydroxyl gelingt die Reduktion in verschiedenartiger Weise, die technische Ausnützung ist aber äußerst gering, und es ist eigentlich nur die Reduktion des Indoxyls zu Indol:

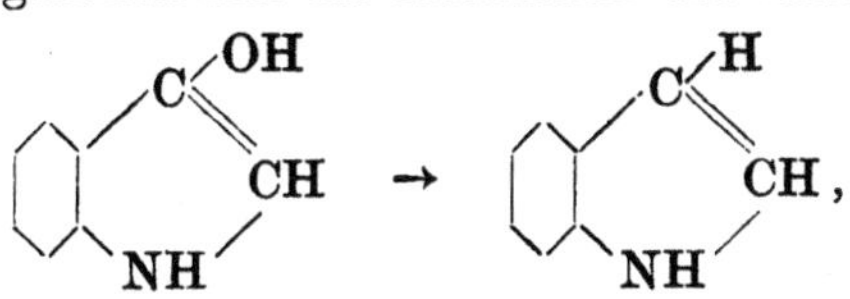

[1] Journ. f. prakt. Chem. **88**, 604 (1913).
[2] *J. D. Riedel*, D. R. P. 266 405 [*Frdl.*, XI, 1184].
[3] *Tschitschibabin*, Ber. **44**, 441. (1911).
[4] *H. Kauffmann*, Ber. **45**, 766. (1912).
[5] *Bistrzycki* und *Herbst*, Ber. **35**, 3137. (1902).

die hier zu erwähnen ist. Diese Verbindung ist für die Herstellung von Parfüms von praktischem Interesse, seit ihre Anwesenheit in verschiedenen Ölen als integrierender Bestandteil erkannt wurde. Das als Ausgangsmaterial dazu dienende Indoxyl (resp. seine Carbonsäure) entsteht bekanntlich bei der für die Darstellung des künstlichen Indigos angewandten Alkalischmelze von Phenylglycin oder Phenylglycin-o-carbonsäure und deren Derivaten. Wird nun die Lösung derselben mit Reduktionsmitteln, wie Eisenpulver, Zinkstaub, schwefligsauren Salzen oder Natriumäthylat erhitzt, so erfolgt die Reduktion zu Indol zwar nicht glatt, aber doch in einer einigermaßen befriedigender Ausbeute. Indol entsteht auch ohne Anwendung eines Reduktionsmittels, stets bei der Schmelze, besonders aber, wenn man die Lösung der Schmelze, wenn nötig unter Zusatz von alkalischen Erden mit Wasser auf 150° oder darüber erhitzt[1].

Theoretisch wie praktisch wichtig ist die Reduktion von Hydroxylgruppen in der Anthrachinonreihe. Die Fähigkeit, in Stellung 2 befindlicher negativer Substituenten, mehr oder weniger leicht durch Wasserstoff ersetzt zu werden, ist eine allgemeine Eigenschaft aller Anthrachinonderivate. Halogene, Nitro-, Sulfo-, sogar Aminogruppen lassen sich leicht durch Wasserstoff ersetzen[2]. Von besonderer Bedeutung für die Darstellung einiger Polyoxyanthrachinone ist die Reduktion in Stellung 2 befindlicher Hydroxylgruppen. 1-, 2-, 4-Trioxyanthrachinon (Purpurin) liefert je nach der angewandten Reduktionsmethode zwei verschiedene Dioxyanthrachinone:

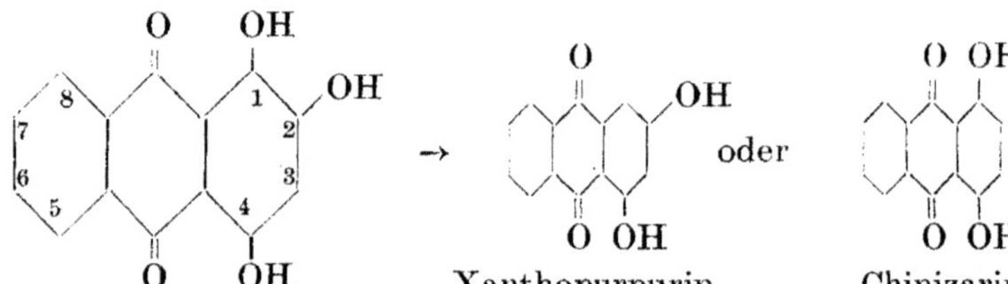

Purpurin (1, 2, 4-Trioxyanthrachinon) — Xanthopurpurin (1, 3-Dioxyanthrachinon) — Chinizarin (1, 4-Dioxyanthrachinon).

Bei vorsichtiger Reduktion in alkalischer Zinnoxydullösung geht es in 1-, 3-Dioxyanthrachinon (Xanthopurpurin) über, wobei das in Stellung 1 befindliche orthoständige Hydroxyl eliminiert wird. An Stelle des kostspieligen und unhandlichen Zinnoxyduls, welches außerdem nur geringe Ausbeuten gibt, wird in neuerer Zeit[3] für diesen Zweck Alkalihydrosulfit in alkalischer Lösung mit sehr gutem Erfolge angewandt. Merkwürdig ist dabei, daß hier eine Hydroxylgruppe leichter reduziert wird, als zwei in demselben Molekül befindliche Carbonyle, welche sonst in erster Linie den Angriffspunkt für Wasserstoff bilden. Nimmt man aber die Reduktion in schwach alkalischer, neutraler

---

[1] *B. A. S. F.*, D. R. P. 152 683 [*Frdl.*, VII, 290]; Engl. Pat. 14 943 (1912). [Chem.-Ztg. **1913**, Rep. 681].

[2] *M. L. Br.*, D. R. P. 148 792; 183 332 [*Frdl.*, VII, 186; VIII, 271].

[3] *M. L. Br.*, D. R. P. 212 697 [*Frdl.*, IX, 691].

oder saurer Lösung oder am besten mit Zinkstaub und Eisessig [1] vor, so entsteht 1-, 4-Dioxyanthrachinon (Chinizarin), welches im Gegensatz zu dem vorigen Vorgang, zugleich an den Carbonylgruppen zu Leukochinizarin I (goldgelbe Plättchen) und Leukochinizarin II (Chinizarinhydrür von *Liebermann* [2]) reduziert wird. Aus diesem muß dann durch Oxydation das Chinizarin wieder dargestellt werden.

Es ist dies eine Reaktion, welche allgemein bei Oxyanthrachinonen, die drei Hydroxylgruppen in Purpurinstellung, d. h. in Stellung 1, 2, 4 haben, eintritt. Bei der Reduktion wird das in Stellung 2 befindliche Hydroxyl durch Wasserstoff ersetzt und die dabei entstehenden Derivate des Chinizarins an den Carbonylgruppen reduziert. Höhere Hydroxylderivate, z. B. das 1-, 2-, 4-, 5-, 6-, 8-Hexaoxyanthrachinon oder das durch Oxydation des Alizarinbordeaux entstehende Alizarinhexacyanin geben bei der Reduktion ebenfalls 2 Leukoderivate des Pentaoxyanthrachinons (Alizarinpentacyanins), aus dem dieses durch Oxydation entsteht [3].

Die in 2-Stellung befindliche Hydroxylgruppe wird übrigens nur dann reduziert, wenn sich Hydroxyle auch in Stellung 1 und 4 befinden. 1-, 2-, 5-, 8-Tetraoxyanthrachinon (Alizarinbordeaux) geht mit alkalischen oder sauren Reduktionsmitteln in ein Derivat des Anthrahydrochinons

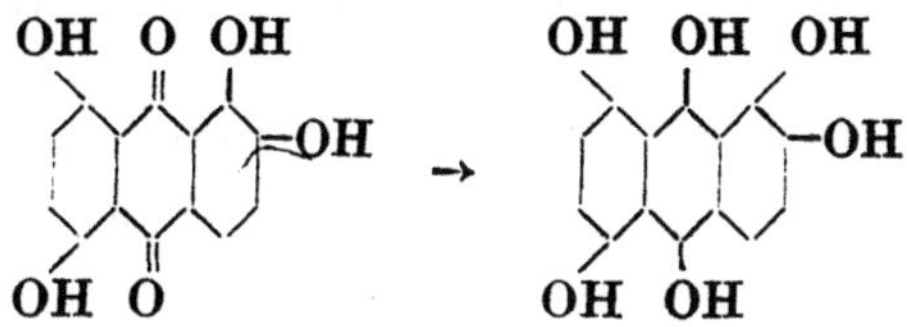

über, indem es alle 4 Hydroxylgruppen behält [4]. Ebenso verhält sich das Alizarin selbst, welches bei der Reduktion sowohl die Dihydroverbindung

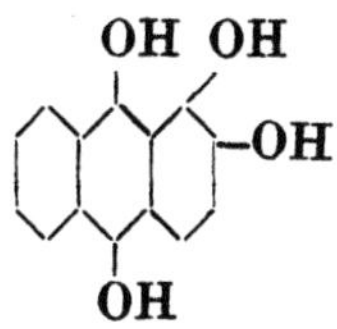

als das höhere Reduktionsprodukt

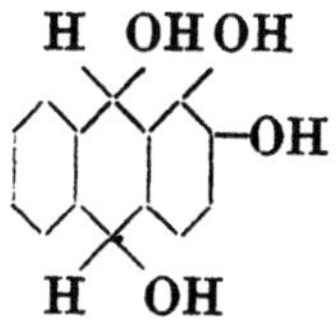

liefert [5].

---

[1] *Bayer & Co.*, D. R. P. 89 027 [*Frdl.*, IV, 322].
[2] Annal. d. Chem. **212**, 14 (1882).
[3] *Bayer & Co.*, D. R. P. 89 027 [*Frdl.*, IV, 322].
[4] *Bayer & Co.*, D. R. P. 90 722 [*Frdl.*, IV, 324].
[5] *Prud'homme*, Bull. soc. chim. [3] **35**, 71 [C. **1906**, I, 938].

III. Reduktion von Carbonylgruppen.

1. Aldehyde.

Bei der Reduktion lagert die Aldehydgruppe $-C\langle^{O}_{H}$ ein Molekül Wasserstoff an und geht dabei in einen primären Alkohol $-CH_2OH$ über. Da die Alkohole fast ausnahmslos leichter zugänglich sind, als die Aldehyde und in den meisten Fällen das Ausgangsmaterial für sie bilden, so hat diese Reaktion nur in wenigen Fällen eine praktische Bedeutung. Immerhin spielte sie eine gewisse Rolle in der Frage des sog. „Mineralspiritus", als es sich bei der rapiden Entwicklung der Carbidindustrie darum handelte, ein weites Anwendungsfeld für Acetylen zu finden. Der Weg

Acetylen — Acetaldehyd — Äthylalkohol

$$HC \equiv CH \rightarrow H_3C - \overset{H}{C} = O \rightarrow H_3C - CH_2OH$$

erwies sich aber als zu kostspielig, als daß er der biologischen Gewinnung von Spiritus hätte erfolgreich Konkurrenz machen können. Von der Reduktion eines Aldehyds zum Alkohol wird dagegen bei der Darstellung von α-γ-Dioxybutan (β-Butylenglykol) aus Aldol durch elektrolytische Reduktion in saurer Lösung[1]:

$$CH_3 \cdot CHOH \cdot CH_2 \cdot CHO \rightarrow CH_3 \cdot CHOH \cdot CH_2 \cdot CH_2OH,$$

welches für die Herstellung von Butadien von Bedeutung ist, Gebrauch gemacht. Das entstehende Glykol wird durch Einwirkung von Salzsäure in α-γ-Dichlorbutan übergeführt, aus dem dann durch Abspaltung von 2 Molekülen Salzsäure Butadien gewonnen wird, das als Ausgangsmaterial für die Darstellung von künstlichem Kautschuk Bedeutung besitzt.

Die Reduktion eines anderen Aldehyds, der Glucose, entspricht ebenfalls keinem technischen Bedürfnis, obwohl sie durch Patent[2] geschützt ist. Sie geht dabei in einen 6-wertigen Alkohol von der Formel $C_6H_{14}O_6$, den Mannit, über. Die ihm entsprechende Aldose ist die Mannose und die zugehörige Ketose die Fructose, aus denen beiden er leicht durch Reduktion mit Natriumamalgam in neutraler oder schwachsaurer Lösung dargestellt werden kann. Unterwirft man die Glucose in 1 bis 3proz. schwefelsaurer Lösung unter

[1] *Bayer & Co.*, D. R. P. 274 201 [Angew. Chem. **27**, II, 405].
[2] *O'Brien Gunn* D. R. P. 140 318 [*Frdl.*, VII, 711].

Verwendung eines Diaphragmas und von Graphitelektroden der elektrolytischen Reduktion, so kann die Ausbeute an Mannit bis 98 Proz. gesteigert werden.

Bei aromatischen Aldehyden erfolgt neben der Reduktion zum primären Alkohol zugleich die Verbindung zweier Moleküle des Aldehyds unter Bildung einer neuen Kohlenstoffbindung, was erreicht werden kann durch elektrolytische Reduktion bei Gegenwart von Titanosalzen. Die nach diesem Verfahren[1] beschriebene Überführung des Benzaldehyds in Hydro- und Isohydrobenzoin

$$2\,C_6H_5CHO + H_2 = C_6H_5CH(OH)\cdot CH(OH)\cdot C_6H_5$$

ist aber technisch ohne Bedeutung.

In ähnlicher Weise können auch aliphatische Aldehyde durch Reduktion zu disekundären Glykolen kondensiert werden, wenn man in saurer Lösung an metallischen Kathoden elektrolytisch reduziert[2]. Von Wichtigkeit ist noch die Pinakonreduktion der einfachsten Aldehydsäure, der Glyoxylsäure, die in wäßriger Lösung bei Gegenwart von Neutralsalzen auf elektrolytischem Weg in inaktive Weinsäure übergeführt werden kann[3].

$$2\,HOOC-\overset{H}{C}=O \rightarrow HOOC-CHOH-CHOH-COOH\,.$$

2. Ketone.

Weit wichtiger als die Reduktion der Aldehyde ist für die Technik die der Ketone. Im allgemeinen geben diese Körper bei der Reduktion sekundäre Alkohole oder Pinakone:

$$\begin{matrix}R_1\\R_2\end{matrix}\!\!>CO + H_2 = \begin{matrix}R_1\\R_2\end{matrix}\!\!>CHOH \quad \text{oder} \quad 2\,\begin{matrix}R_1\\R_2\end{matrix}\!\!>CO + H_2 = \begin{matrix}R_1\\R_2\end{matrix}\!\!>C(OH)\cdot C(OH)<\!\!\begin{matrix}R_1\\R_2\end{matrix},$$

oft auch ein Gemisch beider. Bei der alkalischen Reduktion wird weniger Pinakon gebildet, als bei der sauren; durch Elektrolyse kann die Reduktion sogar bis zu den Kohlenwasserstoffen getrieben werden. In jüngster Zeit hat *E. Clemmensen*[4] in der Anwendung von amalgamiertem Zink bei Gegenwart von verdünnter Salzsäure ein allgemein brauchbares Mittel gefunden, um Aldehyd- und Ketongruppen glatt zur Methyl- und Methylengruppe zu reduzieren.

Am wichtigsten ist die Reduktion des Acetons im Hinblick darauf, daß das dabei entstehende Pinakon Zwischenprodukt für die Darstellung des künstlichen Kautschuks ist. Außer diesem wird noch Isopropylalkohol, der aber nur eine beschränkte Bedeutung (für die Riechstoffindustrie) besitzt, gebildet. Aus dem Pinakon entsteht durch Abspaltung von 2 Molekülen

---

[1] Chem. Zentralbl. **1907**, I, 340; *M. L. Br.*, D. R. P. 168 273 [*Frdl.*, VIII, 115].
[2] *Bayer & Co.*, D. R. P. Anm. F 36 435 [Angew. Chem. **27**, II, 195].
[3] *Royal Baking Powder Company*, New York, D. R. P. 292 865.
[4] Ber. **46**, 1837 (1913); **47**, 51, 681 (1914).

Wasser, welche durch katalytisch wirkende Substanzen oder durch Erhitzen mit verschiedenen sauren Salzen und Säuren erfolgt, Dimethylbutadien[1]:

$$\begin{matrix}CH_3\\CH_3\end{matrix}\!>\!C(OH) - C(OH)\!<\!\begin{matrix}CH_3\\CH_3\end{matrix} = 2\,H_2O + \begin{matrix}CH_2\\CH_3\end{matrix}\!\gg\!C - C\!\ll\!\begin{matrix}CH_2\\CH_3\end{matrix}.$$

Das alte Reduktionsverfahren für Aceton besteht in der Einwirkung von Natrium oder Natriumamalgam, wodurch es hauptsächlich in Isopropylalkohol übergeführt wird. Diese Methode, die nur sehr geringe Ausbeuten an Pinakon liefert, ist dadurch verbessert worden, daß das Natrium nicht auf das Aceton allein, sondern bei Gegenwart eines Verdünnungsmittels (Äther oder niedrigsiedendes Ligroin) einwirkt. Es werden z. B. in ein Gemisch von Aceton in Äther, das mit Natronlauge unterschichtet ist, unter beständigem Umrühren Natriumstücke eingetragen, wobei die Temperatur auf 13° zu halten ist[2]. Hierbei erhält man in der Hauptsache Pinakon, daneben aber auch Isopropylalkohol. Bessere Erfolge scheint man durch elektrolytische Reduktion zu erzielen. In alkalischer Lösung sind die Materialausbeuten allerdings ungünstig, da durch das vorhandene Alkali Gelegenheit zur Bildung von Kondensationsprodukten (Phoron und Mesityloxyd) gegeben ist. Dagegen verläuft sie in saurer Lösung in befriedigender Weise[3]. Bezüglich der Mengenverhältnisse von Aceton, Wasser und Säure ist man an keine bestimmte Konzentration gebunden. Als vorteilhaft wird folgende Zusammensetzung angegebèn:

Kathodenlauge	9,0 kg	Aceton
	5,7 ,,	Schwefelsäure von 66° Bé
	16,5 ,,	Wasser
Anodenlauge	1,0 ,,	Schwefelsäure von 66° Bé
	10,0 ,,	Wasser.

Unter Verwendung einer präparierten Bleiplatte als Kathode geben 100 kg Aceton in saurer Lösung ungefähr 40 kg Isopropylalkohol und 20 kg Pinakon, während man in alkalischer Lösung aus ebensoviel Ausgangsmaterial nur 30 kg Isopropylalkohol und sehr wenig Pinakon erhält. Die Verwendung von Kathoden aus kupferhaltigem Blei, die viel dauerhafter als reine Bleikathoden sein sollen, wird von *Bayer & Co.*[4] beschrieben.

Bei Anwendung von Quecksilberkathoden erhielt *Tafel*[5] in 40proz. Schwefelsäure bei sorgfältiger Eiskühlung nur Isopropylalkohol, ohne daß nennenswerte Mengen von Pinakon sich bilden; dagegen entstehen bei höheren Temperaturen quecksilberhaltige Körper. Später fand er jedoch, daß bei dieser Reduktion auch erhebliche Mengen von Propan entstehen und daß

---

[1] *B. A. S. F.*, D. R. P. 235 311; *Bayer & Co.*, D. R. P. 246 660, 249 030, 250 086, 253 081, 253 082 [*Frdl.*, X, 1003 ff.].

[2] *B. A S. F.*, D. R. P. 248 252 [*Frdl.*, X, 999].

[3] *Merck*, D. R. P. 113 719 [*Frdl.*, VI, 22].

[4] Zeitschr. f. Elektrochemie **8**, 288 (1902).

[5] D. R. P. 252 759 [C. **1912**, II, 1756].

es gelingt, durch Anwendung von Cadmiumkathoden Aceton fast vollkommen in Propan überzuführen.

Chlor- oder Bromwasserstoff sind als Elektrolyten ungeeignet. Durch Substitutionsprozesse, die an der Anode stattfinden, wird dabei halogeniertes Aceton gebildet.

Zu durchweg befriedigenden Ergebnissen hat die elektrolytische Reduktion nicht geführt. In neuerer Zeit hat man sich daher wieder den rein chemischen Reduktionsmitteln zugewandt; solche sind Metalle, die durch Quecksilber aktiviert sind, bei Gegenwart von Wasser. Nach *Bayer & Co.*[1] wird das mit Benzol oder Toluol verdünnte Aceton durch mit Sublimatlösung amalgamiertes Magnesium oder Aluminium reduziert. Merkwürdigerweise wird die Reaktion unterstützt durch Zusatz von Halogenen, Chloroform, Bromoform, Tetrachlorkohlenstoff, Antimontrichlorid und ähnlichen. Auch überschüssiges Quecksilberchlorid scheint in günstigem Sinne einzuwirken[2]. Selbstredend ist auch die katalytische Reduktion von Aceton untersucht worden[3], hat aber in der Technik keine Anwendung gefunden.

Homologe des Acetons, deren Reduktion früher Schwierigkeiten bot, werden auf dieselbe Weise[4] in Homologe des Pinakons übergeführt, z. B. Diäthylketon, in Tetraäthylglykol:

$$2\,C_2H_5COC_2H_5 + H_2 \rightarrow \begin{array}{l} C_2H_5 - C(OH) - C_2H_5 \\ \qquad\quad | \\ C_2H_5 - C(CH) - C_2H_5\,. \end{array}$$

Methyläthylketon gibt Dimethyldiäthylglykol, ebenso Methylpropylketon Dimethyldipropylketon. Auch Triacetondiamin kann durch Natriumamalgam zu Triacetonalkadiamin:

$$CO = [CH_2 \cdot C(CH_3)_2 \cdot NH_2]_2 + H_2 \rightarrow CH(OH) = [CH_2 \cdot C(CH_3)_2 \cdot NH_2]_2$$

reduziert werden[5]), eine Reaktion, die allerdings technisch ohne Bedeutung ist.

Aliphatische Ketone geben bei der Reduktion stets Pinakone als Nebenprodukt; in der aromatischen Reihe dagegen bleibt die Pinakonbildung häufig aus, während im übrigen, veranlaßt durch den benachbarten Kern, eine auffallende Erleichterung der Reduktion zu beobachten ist. Beim Benzophenon z. B. geht dieReduktion durch Natrium und Alkohol oder durch Jodwasserstoff und Phosphor bis zum Diphenylmethan:

$$(C_6H_5)_2 = CO + 2\,H_2 = (C_6H_5)_2 = CH_2 + H_2O\,.$$

[1] D. R. P. 233 894, 241 896 [*Frdl.*, X, 1000].

[2] *Kautschukgesellschaft „Bogatyr"*, Franz. Pat. 459 313 (1913) [Chem.-Ztg. Rep. **1914**, 271].

[3] *Jpatiew u. Balatschinsky*, Ber. d. d. chem. Ges. **44**, 3459 (1911); *Vavon*, Compt. rend. de l'acad. des sciences **155**, 286 (1912); *Lassieur*, Compt. rend. de l'acad. des sciences **156**, 795 (1913).

[4] *Bayer & Co.*, D. R. P. 251 330: 251 351 [*Frdl.* X, 1001 f.]

[5] *Schering*, D. R. P. 98 705 [*Frdl.*, V, 794].

Dagegen wird *Michlers* Keton (Tetramethyldiaminobenzophenon) oder die entsprechende Tetraäthylverbindung nur bis zum Hydrol, welches als Ausgangsmaterial für die Darstellung von Triphenylmethanfarbstoffen wichtig ist, reduziert. Die Reduktion erfolgt durch Natriumamalgam in alkoholischer[1], durch Natrium in amylalkoholischer[2] und durch Zinkstaub in amylalkoholisch-alkalischer Lösung[3]. Im Gegensatz dazu liefert die saure Reduktion (mit Zinn in Salzsäure) unter Verkupplung von 2 Molekülen ein Derivat des Tetraphenylaethylens:

$$\begin{matrix}(CH_3)_2NC_6H_4\\(CH_3)_2NC_6H_4\end{matrix}\Big\rangle C = C\Big\langle\begin{matrix}C_6H_4N(CH_3)_2\\C_6H_4N(CH_3)_2\end{matrix}$$

dessen Bildung aber ebenfalls über das Hydrol führt[4]. Auch die elektrolytische Reduktion[5] dieser Ketone ist versucht worden, anscheinend aber ohne befriedigenden Erfolg; bei Gegenwart von Titansalzen entsteht ausschließlich das Hydrol, während ohne dieselben erhebliche Mengen von Pinakon gebildet werden.

In der Technik erfolgt die Darstellung von Tetramethyldiaminobenzhydrol nicht durch Reduktion des Ketons, sondern durch vorsichtige Oxydation des Tetramethyldiaminodiphenylmethans in möglichst neutraler Lösung. Letzteres wird mit größer Leichtigkeit aus Dimethylanilin und Formaldehyd gewonnen.

Wegen ihrer Verwandtschaft zum Adrenalin, das neuerdings wegen seiner pharmakologischen Eigenschaften wichtig geworden ist, werden Aminoalkohole von folgender Konstitution dargestellt:

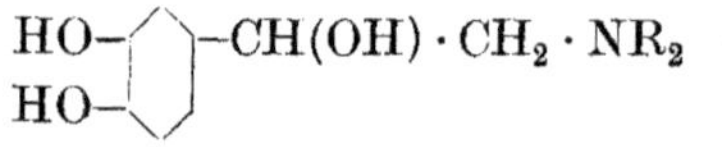

(R = H od. Alkyl).

Ihre Bildung erfolgt durch Reduktion der entsprechenden Aminoketone

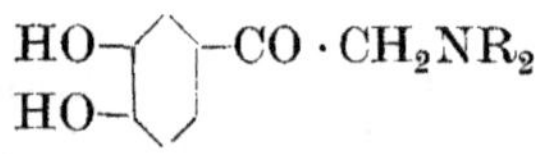

mittels Aluminiumspänen bei Gegenwart von Mercurisulfat, was einer Reduktion mit Aluminiumamalgam gleichkommt. Es sind aber auch andere Reduktionsmittel, wie Natriumamalgam oder Elektrolyse durch Patent[6] geschützt. Neuerdings wird das Verfahren, welches *Skita* und seine Mitarbeiter zur Reduktion von Ketonen anwandten, auch auf die hierhergehörigen Verbindungen ausgedehnt. Man unterwirft die betreffenden Aminoketone der Einwirkung von Wasserstoff bei Gegenwart der Metalle der Platingruppe

---

[1] *Michler* und *Dupertuis*, Ber. d. d. chem. Ges. **9**, 1900 (1876).
[2] *Möhlau* und *Klopfer*, Ber. d. d. chem. Ges. **32**, 2148 (1899).
[3] *B. A. S. F.*, D. R. P. 27 032 [*Frdl.*, I, 75].
[4] *Willstätter* und *Goldmann*, Ber. d. d. chem. Ges. **39**, 3765 (1906).
[5] *M. L. Br.*, D. R. P. 168 273 [*Frdl.*, VIII, 115, 117].
[6] *M. L. Br.*, D. R. P. 157 300 [*Frdl.*, VII, 689].

in kolloidaler oder feinverteilter Form, wobei die Reduktion in außerordentlich glatter Weise erfolgt[1]. So entsteht aus α-Aminopropionylbrenzcatechin

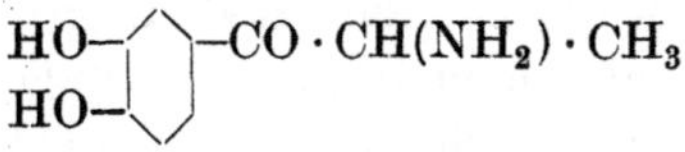

und seinem Dimethyläther, dem α-Aminopropionylveratrol das α-(3, 4-Dioxyphenyl)-α-oxy-β-aminopropan oder die entsprechende Dimethoxyverbindung

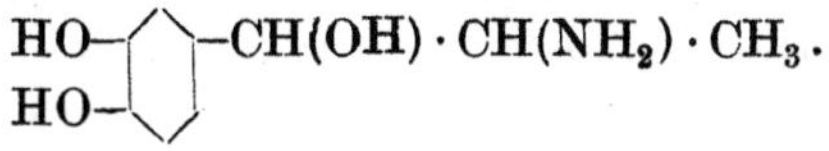

Ganz ebenso reagieren die der Chinolinreihe angehörigen Aminoketone[2] von der allgemeinen Formel:

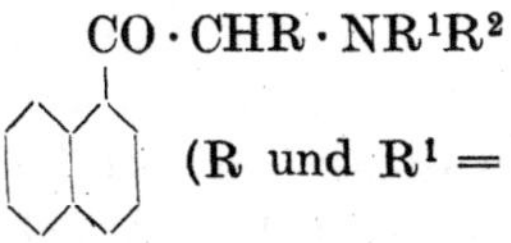
(R und R^1 = Wasserstoff oder Alkyl; R^2 = Alkyl).

Da α-β- ungesättigte Ketone nicht zu den entsprechenden Alkoholen reduziert werden können — die Kohlenstoffdoppelbindung wird hierbei zuerst hydriert —, so führt folgender Umweg zum Ziel[3]. Man lagert ein sekundäres Amin an die Doppelbindung, reduziert dann die Ketongruppe und spaltet den basischen Rest nach erschöpfender Methylierung ab.

$$\underset{\text{R}}{\text{R} - \text{CO} - \text{CH}} = \text{CH}_2 \rightarrow \text{R} - \text{CO} - \text{CRH} - \text{CH}_2\text{NR}_2$$
$$\rightarrow \text{R} \cdot \text{CHOH} - \text{CRH} - \text{CH}_2\text{NR}_2 \rightarrow \text{R} \cdot \text{CHOH} - \text{CR} = \text{CH}_2.$$

Für die Riechstoffindustrie ist die Reduktion einiger **zyklischer Ketone** von Interesse. Es handelt sich dabei um zyklische Oxymethylenketone vom Typus:

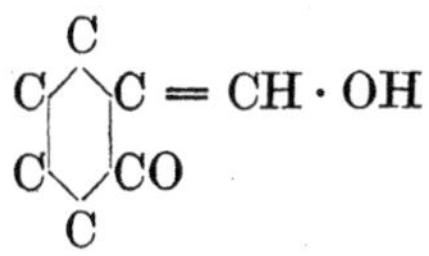

welche durch Reduktion mit Natrium und Alkohol in 2-wertige zyklische Alkohole (Terpinglykole)

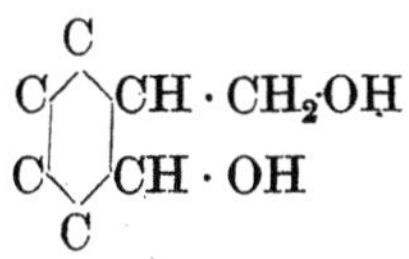

übergeführt werden. Dabei erfolgt die Reduktion zugleich an zwei Stellen, an der Doppelbindung und an der Carbonylgruppe. Auf diese Weise entsteht aus Oxymethylenmenthol Menthylglykol und aus Oxy-

---

[1] *Bayer & Co.*, D. R. P. 254 438, 256 750 [Angew. Chem. **26**, II, 34, 201; C. **1913**, I, 351].
[2] *Kaufmann*, D. R. P. 283 512 [C. **1915**, I, 1102].
[3] *Bayer & Co.*, D. R. P. 233 519 [*Frdl.*, X, 1011].

methylencampher Camphylglykol[1]. Dagegen begegnet die Reduktion von anderen Derivaten des Camphers anscheinend keinem technischen Interesse. Als bemerkenswert ist die Reduktion der Camphocarbonsäure zu erwähnen, die auf chemischem Wege nicht, dagegen leicht durch Elektrolyse in alkalischer Lösung ausführbar ist. Sie wird dadurch in zwei isomere Borneolcarbonsäuren übergeführt:

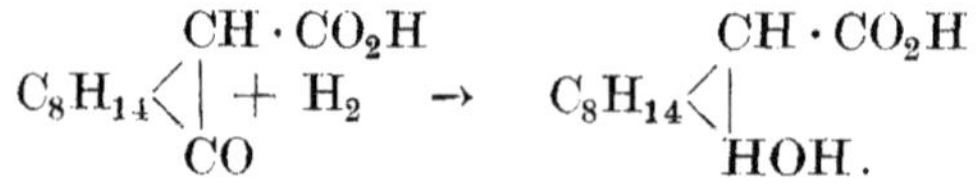

Auch die Reduktion des Camphers selbst zu Borneol wird anscheinend in der Technik nicht durchgeführt. Sie erfolgt[2] nach dem Verfahren von *Sabatier* und *Senderens*, wenn man die Temperatur unter 170° hält, während bei höherer Temperatur kein Borneol entsteht. Wissenschaftlich von Interesse sind die Untersuchungen von *Ipatiew*[3]. Nach demselben gibt Campher bei Gegenwart von Nickeloxyd und Wasserstoff unter hohem Druck bei einer Temperatur von 320 bis 350° Borneol. Letzteres dagegen wird beim Erhitzen mit Tonerde auf 350 bis 360° unter hohem Druck in Campher und Wasserstoff gespalten. Hydriert man aber Campher bei gleichzeitiger Gegenwart von Nickeloxyd und Tonerde unter hohem Druck, so entsteht unter vollkommener Reduktion Isocamphan, während Carvomenthon unter diesen Umständen Menthan liefert.

Die Reduktion von Ketonen heterozyklischer Verbindungen bietet nur wenig technisches Interesse. Derivate des Piperidons vom Typus des Triacetonamins gehen dabei in sekundäre Alkohole, Triacetonalkamine über:

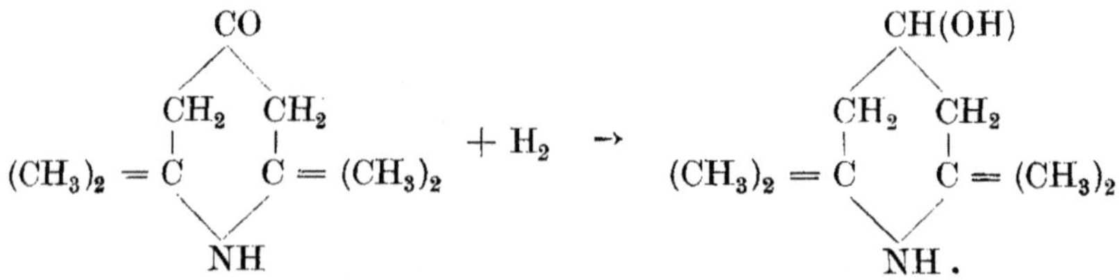

Die Reduktion[4] erfolgt in wässeriger, freies Ammoniak enthaltender Ammonsulfatlösung durch Elektrolyse unter Anwendung eines Diaphragmas, wobei Stromspannung und -dichte in weiten Grenzen geändert werden können. Während aber das Triacetonamin ohne gleichzeitige Bildung von Pseudotriacetonalkamin reduziert wird, gehen unsymmetrische Acetonaminbasen (Vinyl-, Benzal-, Valer-, Oenanth-, Piperonylendiacetonamin) in die labile Form der betreffenden Alkamine über.

---

[1] *M. L. Br.*, D. R. P. 123 909 [*Frdl.*, VI, 1268].
[2] *Schering*, D. R. P. 213 154 [*Frdl.*, IX, 1175].
[3] Ber. d. d. chem. Ges. **45**, 3206 (1912).
[4] *Schering*, D. R. P. 95 623 [*Frdl.*, V, 795].

Die Reduktion[1] von Tropinon

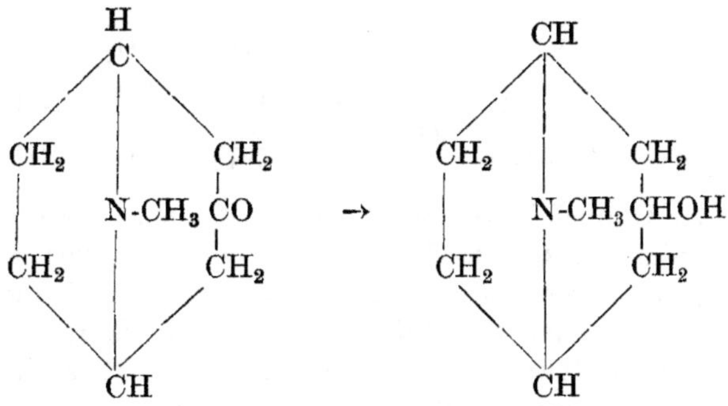

zu Tropin verläuft ebenso. Auch hier entsteht bei elektrolytischer Reduktion in alkalischer Lösung nur Tropin, während man in saurer Lösung oder mit Natriumamalgam Pseudotropin erhält. Bei Verwendung einer Bleikathode entsteht ein Gemisch beider. Die *Firma Merck* behauptet dagegen, daß man nach dem Verfahren von *Schering* nicht allein Tropin, sondern stets ein Gemisch dieses Körpers mit Pseudotropin erhält, und hat die elektrolytische Reduktion in schwachsaurer Lösung sich zur Darstellung von Pseudotropin schützen lassen[2]. Sie wurde im Hinblick darauf unternommen, daß sich das Pseudotropin durch Benzoylieren in Tropacocain überführen läßt, welches vor dem Cocain den Vorzug geringerer Giftigkeit, größerer Haltbarkeit und stärker anästhesierender Wirkung hat. Zum gleichen Zwecke hat die *Firma Merck*[3] ein zweites Verfahren sich schützen lassen. Dasselbe beruht auf dem Unterschied zwischen Tropin und Pseudotropin, der darin besteht, daß ersteres durch anodische Oxydation sehr leicht in Tropinon übergeführt wird, während letzteres dadurch keine Veränderung erleidet. Man unterwirft Tropin in schwachsaurer Lösung unter Anwendung einer diaphragmenlosen Zelle der Einwirkung des elektrischen Stromes. Das an der Anode sich bildende Tropinon wird kathodisch sofort wieder zu Tropin und Pseudotropin reduziert. Von diesen entsteht das zweite entsprechend dem vorhergehenden Patent in größerer Menge und bleibt überdies erhalten, während das Tropin von neuem zu Tropinon oxydiert wird. Es findet daher eine fortwährende Anreicherung von Pseudotropin statt, und der ganze Prozeß ist im Grunde eine Umlagerung von Tropin zu Pseudotropin über mehrere Zwischenprodukte.

Schließlich bleibt noch die Reduktion einiger Xanthinbasen zu erwähnen, die von *Tafel* und seinen Mitarbeitern untersucht ist. Reduziert man Harnsäure[4], deren rein chemische Reduktion noch nicht gelungen ist, mit präparierten Bleikathoden bei 20° in 80proz. Schwefel-

[1] *Schering*, D. R. P. 96 362 [*Frdl.*, V, 796].
[2] D. R. P. 115 517 [*Frdl.*, VI, 1149].
[3] D. R. P. 128 855 [*Frdl.*, VI, 1150].
[4] Ber. d. d. chem. Ges. **34**, 258 (1901).

säure und bei niedriger Stromkonzentration, so geht sie in Puron und Isopuron über:

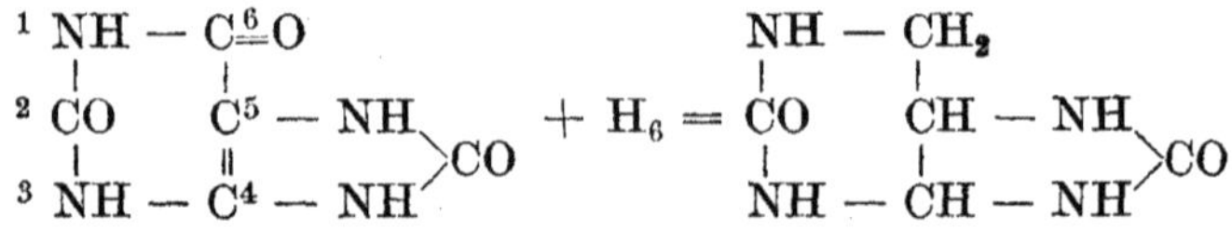

indem neben der Doppelbildung zwischen den Kohlenstoffatomen 4 und 5 zugleich die in Stellung 6 befindliche Carbonylgruppe zur Methylengruppe reduziert wird, während die beiden in Stellung 2 und 8 befindlichen Carbonyle erhalten bleiben. Als Nebenprodukt entsteht dabei Tetrahydroharnsäure.

Tafel und seine Mitarbeiter haben eine ganze Reihe von Harnsäurederivaten (zyklische Ureide und Xanthinbasen) der elektrischen Reduktion in Schwefelsäure an Bleikathoden unterworfen. Im allgemeinen wird dabei eine Carbonylgruppe zur Methylengruppe reduziert, während die Doppelbindungen erhalten bleiben. Die entstehenden Basen werden als Desoxyxanthine bezeichnet und unterscheiden sich von den Xanthinen durch ihre größere Löslichkeit und stärkere Basizität. Sie geben daher gut krystallisierende Salze, welche im Gegensatz zu den Salzen der Xanthinbasen durch Wasser nicht hydrolytisch gespalten werden. Das *Tafel*sche Verfahren, das der Firma *Boehringer & Söhne*[1] geschützt ist, bezweckt die Darstellung von Basen, wie Desoxycoffein, Desoxytheobromin und ähnlicher im Hinblick auf ihre Verwendung als Arzneimittel.

3. Chinone.

Benzo- und Naphtochinone.

Die Chinone der para-Reihe sind ungesättigte 1—4-Diketone, bei denen der Angriff des Hydrierungsmittels in 1—6-Stellung erfolgt:

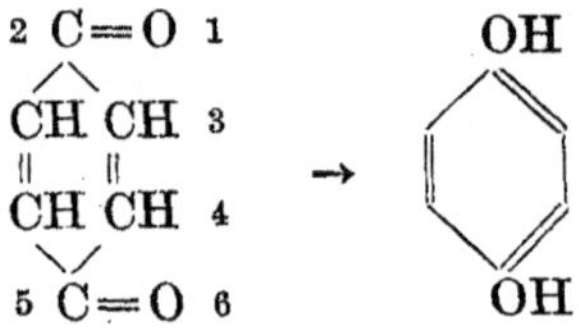

Die Reduktion zu Hydrochinon gelingt durch die verschiedensten Reduktionsmittel. Das am meisten gebrauchte ist Schwefeldioxyd und in neuerer Zeit Hydrosulfit. Leitet man durch wäßrige Chinonlösungen Schwefeldioxyd, so färbt sich die Lösung zuerst infolge der Bildung von Chinhydron tief dunkelbraun, später entfärbt sie sich wieder, wenn dieses in Hydrochinon übergegangen ist. Da Nitrogruppen durch Schwefeldioxyd nicht reduziert werden, hat man damit ein Mittel zur Hand, Nitrohydrochinone darzustellen. Je reicher aber an Halogen ein Chinon ist, um so schwieriger ist es zu reduzieren. Z. B. wird Chloranil nur äußerst schwer durch Schwefeldioxyd reduziert.

[1] D. R. P. 108 577 [*Frdl.*, V, 862].

Für die Darstellung von Hydrochinon gibt es verschiedene Methoden. Die einfachste, die zugleich die älteste ist, ist die Darstellung aus Anilin. Anilin wird durch kalte Chromsäurelösung in stark saurem Medium zu Chinon oxydiert und dieses ohne vorherige Isolierung durch Zugabe von Sulfit oder Hydrosulfit in Hydrochinon übergeführt. Elektrolytisch[1] erfolgt die Reduktion in saurer Lösung an Platin oder anderen indifferenten Kathoden in Gegenwart von Titanchlorid, welches als katalytischer Überträger des kathodisch entwickelten Wasserstoffes wirkt; ohne diesen Zusatz geht die Reduktion nur bis zum Chinhydron.

Besondere Wichtigkeit auch in technischer Hinsicht hat die Einwirkung von schwefelhaltigen Verbindungen auf Chinone. Durch Schwefelammonium in alkoholischer Lösung werden Benzochinon und Toluchinon sehr leicht reduziert; in der Kälte entstehen Hydrochinon und in der Wärme je nach der Temperatur, bei der die Einwirkung stattfindet, blauviolette bis schwarze Schwefelfarbstoffe[2]). Da dieselben auch aus p-Dioxybenzolen entstehen, so ist man zu der Annahme berechtigt, daß vor der Bildung derselben eine Reduktion der Chinone stattfindet. Aber auch bei Behandlung von Chinon mit anderen Schweflungsmitteln tritt Reduktion ein, die sich in diesen Fällen sehr gut in den einzelnen Phasen verfolgen läßt[3]. Läßt man Körper, wie Schwefelwasserstoff, Thiosulfat, Schwefelkalium, Rhodanate, Xanthogenate und ähnliche mit Chinon reagieren, so erhält man unter gleichzeitigem Übergang des Chinons zum Hydrochinon Anlagerungsprodukte der Formel:

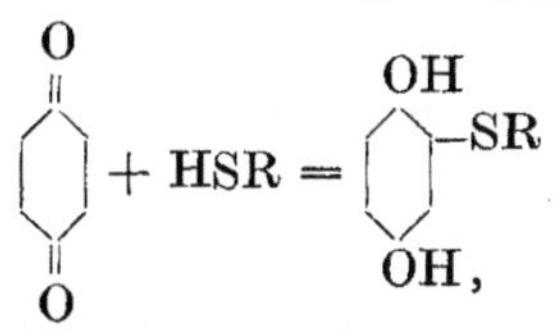

wobei R einen negativen Rest, wie —Aryl; —SO_3H; —CN; —$CSOC_2H_5$, bedeutet. Dieses monosubstituierte Hydrochinon geht durch Oxydation mit größter Leichtigkeit in das Chinon

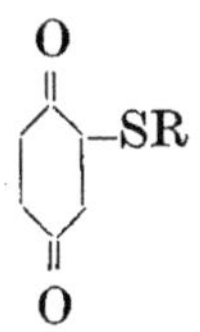

über, das dieselbe Reaktionsfolge ein zweites Mal durchmachen kann.

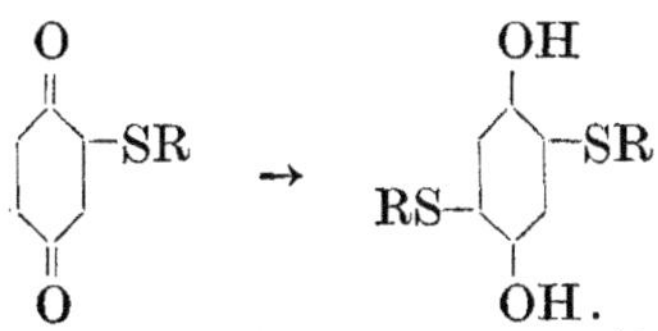

[1] *M. L. Br.*, D. R. P. 168 273 [*Frdl.*, VIII, 115ff.].
[2] *Vidal*, D. R. P. 84 632 [*Frdl.*, IV, 1048].
[3] *B. A. S. F.*, D. R. P. 175 070 [*Frdl.*, VIII, 140].

Das so entstehende zweifach geschwefelte Chinon kann zum dritten- und auch zum viertenmal in der gleichen Weise reagieren, so daß schließlich Körper, wie

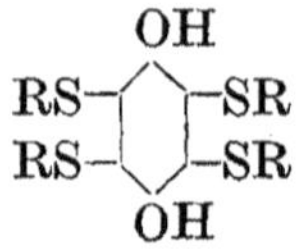

entstehen. Für die Darstellung von Schwefelfarbstoffen werden aber nur solche Derivate gebraucht, welche höchstens zwei schwefelhaltige Reste haben.

Wichtig ist die Tatsache, daß auch halogenierte Chinone so zu reagieren vermögen. Dabei werden die im Kern stehenden Halogene nicht nur nicht herausgenommen, sondern begünstigen geradezu den Eintritt der Schwefelreste. Man erhält z. B. auf diese Weise aus 2,6-Dichlorchinon die folgenden beiden Thiosulfosäuren:

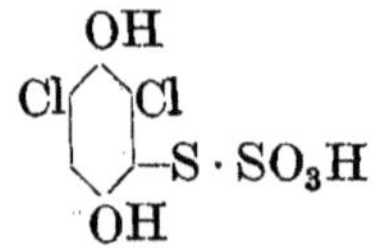

und

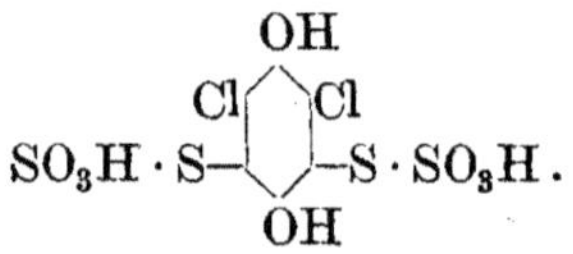

Reduziert man derartige Schwefelprodukte, so erhält man schließlich Mercaptane, z. B.:

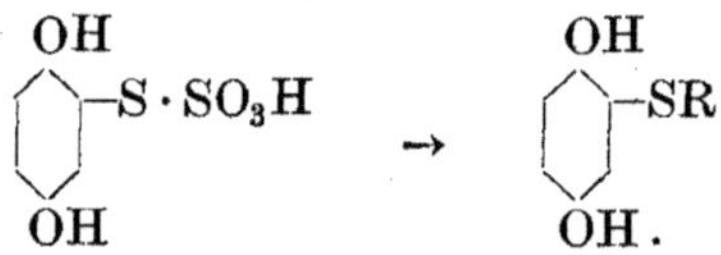

Für die Darstellung von Schwefelfarbstoffen werden diese Thiohydrochinone nicht abgeschieden, sondern ihre Kondensation mit monoalkylierten oder asymmetrisch dialkylierten Phenylendiaminthiosulfosäuren in einer Reaktion durchgeführt, wobei man an Stelle der letzteren auch ein Gemenge von alkyliertem Phenylendiamin und Thiosulfat in stöchiometrischem Verhältnis anwenden kann.

Die beiden Naphtochinone

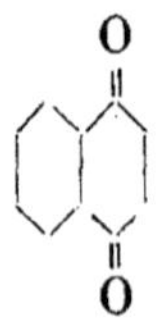

α-Naphtochinon, und

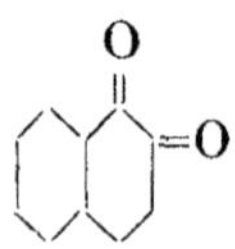

β-Naphtochinon

lassen sich sehr leicht reduzieren, und zwar das erstere mit Zinnchlorür und sehr verdünnter Salzsäure [1] und das letztere schon durch Schwefeldioxyd [2]. Auch ihre Sulfosäuren können so reduziert werden, z. B. die aus β-Naphto-

[1] *Russig*, Journ. f. prakt. Chem. [2] **62**, 32.
[2] *Paul*, Zeitschr. f. angew. Chem. **17**, 24.

chinon durch Sulfonieren entstehende Naphtochinon (1, 2)-Sulfosäure-6 geht durch Reduktion mit Schwefeldioxyd in 1, 2-Dioxynaphtalin-6-sulfosäure [1]) über:

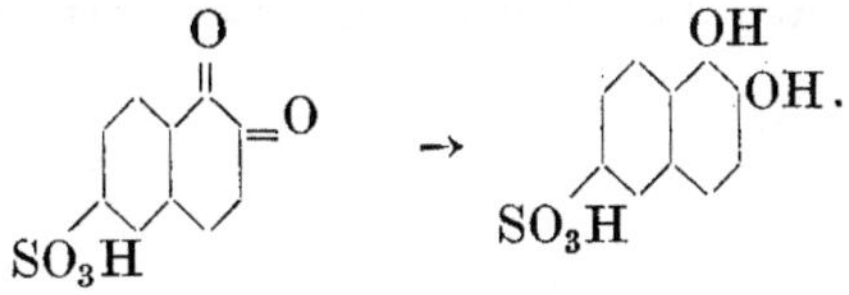

Aus *β*-Naphtochinon läßt sich durch Anlagerung von Bisulfit noch eine zweite Sulfosäure, und zwar die 1, 2-Dioxynaphtalin-4-sulfosäure herstellen. Man trägt *β*-Naphtochinon in kalte Natriumbisulfitlösung ein, wobei sich ein Additionsprodukt des Chinons mit Bisulfit bildet, das ohne äußere Einwirkung eine Umlagerung in das Alkalisalz der 1, 2-Dioxynaphtalin-4-sulfosäure erleidet. Diese Umlagerung entspricht derjenigen der Sulfaminsäuren, wie sie bei der Reduktion von Nitroverbindungen mittels Bisulfit auftreten.

Bei höher molekularen Chinonen, z. B. bei Phenanthren-, Chrysen-, Retenchinon, gibt die Reduktion mit Schwefeldioxyd, keine guten Resultate. Man stellt zu ihrer Reduktion[2] zunächst ihre Bisulfitverbindung her und behandelt die neutrale wäßrige Lösung derselben mit Eisenfeile oder Zinkstaub. Das reduzierende Agens ist in diesem Falle natürlich Hydrosulfit, welches bei der Einwirkung des Metallstaubes auf die Bisulfitverbindung als Zwischenprodukt entsteht. In saurer oder alkalischer Lösung ist die Reduktion nicht ausführbar, weil die Bisulfitverbindungen durch Säure und Alkali zerlegt und die Chinone zurückgebildet werden.

Kalle & Co.[3] ist es gelungen, ein Zwischenprodukt festzuhalten, über welches die Reduktion des Acenaphtenchinons zum Hydrochinon führt. Läßt man mild wirkende Reduktionsmittel, wie Schwefelalkali, Zinkstaub oder Traubenzucker und Alkali auf das genannte Chinon einwirken, so erhält man einen wohlcharakterisierten Körper, welcher die Formel

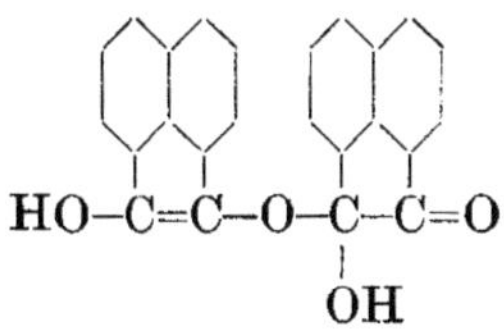

besitzt und durch Reduktion in sauren, neutralen oder alkalischen Medien in die zweite Reduktionsstufe, das Acenaphtenhydrochinon,

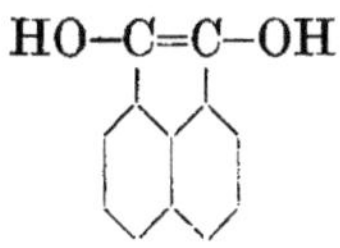

übergeht.

---

[1] *Witt*, D. R. P. 50 506 [*Frdl.*, II, 272].
[2] *Knesch*, D. R. P. 151 381 [*Frdl.*, VII, 104].
[3] D. R. P. 224 979 [*Frdl.*, X, 196].

Reduktion des Anthrachinons und seiner Derivate.

Bei der gemäßigten Reduktion kann das Anthrachinon folgende Produkte liefern:

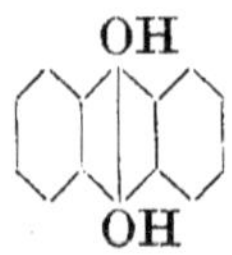 Anthrahydrochinon oder 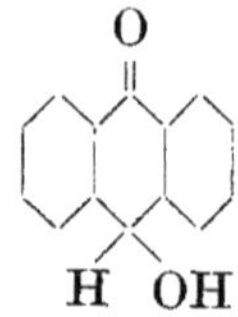 Oxanthron,

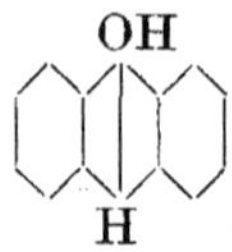 Anthranol oder 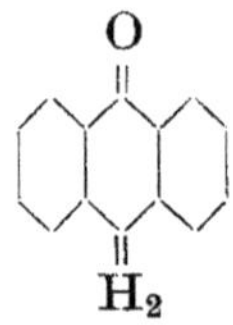 Anthron,

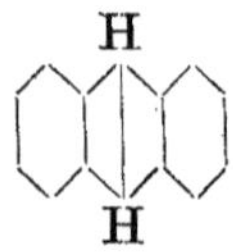 Anthracen.

Anthron bzw. das tautomere Anthranol entsteht durch vorsichtige Einwirkung von Jodwasserstoff und Phosphor, am besten mit Zinn und Salzsäure in Eisessiglösung[1]. Bei weitgehender Reduktion durch Erhitzen mit der vierfachen Menge dieses letzteren Reduktionsmittels wird Anthrapinakon und schließlich Bianthryl gebildet:

$$CH_2{<}{}^{C_6H_4}_{C_6H_4}{>}C(OH) - C(OH){<}{}^{C_6H_4}_{C_6H_4}{>}CH_2 \rightarrow CH{\lessgtr}{}^{C_6H_4}_{C_6H_4}{>}C - C{<}{}^{C_6H_4}_{C_6H_4}{>}CH\,.$$

Bei energischer Einwirkung von Jodwasserstoff und Phosphor tritt totale Reduktion zu Anthracen und Hydroprodukten desselben ein[2]. An Stelle dieser für die Technik unbrauchbaren Methoden wird nun vorgeschlagen[3], das Anthrachinon in konzentrierter Schwefelsäure zu lösen und mit Metallen, wie Kupfer oder Aluminiumpulver, bei niedriger Temperatur, nicht über 40°, zu reduzieren. Noch besser soll die Reduktion gelingen[4], wenn man in wäßriger oder essigsaurer Suspension mit Eisen und Salzsäure, mit Eisen und Eisenchlorür oder mit Eisenchlorür allein erhitzt. In dem D. R. P. 201 542 haben *Bayer & Co.* darauf hingewiesen, daß man durch Reduktion des Anthrachinons zu Küpenfarbstoffen gelangen kann. Zur Ausführung des Ver-

---

[1] *Liebermann,* Ber. d. d. chem. Ges. **20,** 1854 (1887); *Meyer,* Annal. d. Chem. **379,** 37 (1911).

[2] *Liebermann,* Annal. d. Chem. **212,** 3 (1882).

[3] *Bayer & Co.,* D. R. P. 201 542 [*Frdl.,* IX, 682].

[4] *Griesheim-Elektron,* D. R. P. 249 124 [*Frdl.,* X, 575].

fahrens[1] ist es nötig, die Temperatur bis auf 120° zu steigern, während der Ansatz zur Reaktion derselbe bleibt. Aufgeklärt ist der Verlauf der Reaktion aber noch nicht, ebensowenig wie die Natur der dabei entstehenden Küpenfarbstoffe. Bei der Einwirkung von Schwefelsäure auf Anthranol oder seine Derivate werden nämlich dieselben Küpenfarbstoffe erhalten[2], woraus geschlossen werden kann, daß auch die Bildung der anderen Farbstoffe über die Anthranole geht. Zieht man zum Vergleich die Bildung des Helianthrons von *Scholl* heran, so würde man zur Konstitution des Dianthrons

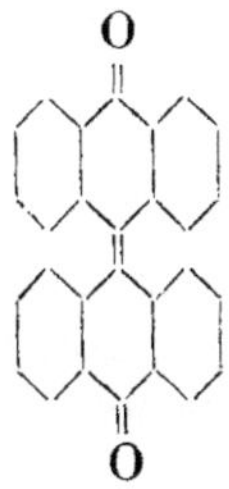

für das Reduktionsprodukt des Anthrachinons selbst kommen.

1, 1'-Dianthrachinonyl geht nämlich beim Behandeln mit sauren, alkalischen oder neutralen Reduktionsmitteln, am besten mit konzentrierter Schwefelsäure und Kupferpulver in Helianthron[3] über:

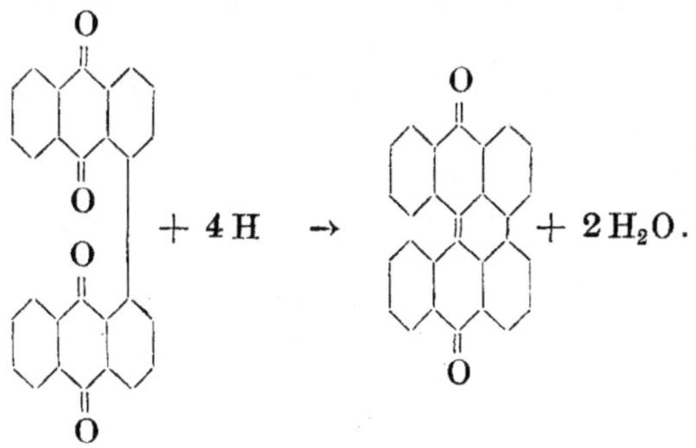

Der Unterschied zwischen beiden Reaktionen würde also nur darin bestehen, daß im Falle des Helianthrons beide Anthrachinonreste bereits miteinander verbunden sind, was beim Dianthron nicht der Fall ist.

Über das Verhalten dieses Körpers bei der Reduktion siehe unten. Hier interessiert seine Bildung, welche die Umwandlung eines Ketons in einen Äthylenkörper ausdrückt. Ähnliche Reaktionen bei Benzophenonderivaten

---

[1] *Bayer & Co.*, D. R. P. 203 436, 205 422 [*Frdl.*, IX, 803 ff.]; *B. A. S. F.*, D. R. P. 190 656 [*Frdl.*, IX, 786].

[2] *Bayer & Co.*, D. R. P. 194 197 [*Frdl.*, IX, 805].

[3] *Scholl*, D. R. P. 190 799, 197 933 [*Frdl.*, IX, 800 ff.].

hat *Willstätter*[1] untersucht und die wichtige Feststellung gemacht, daß die Reduktion nicht über das Hydrol, $\genfrac{}{}{0pt}{}{C_6H_4}{C_6H_4}\!>\!CH(OH)$, sondern über das Pinakon $\genfrac{}{}{0pt}{}{C_6H_4}{C_6H_4}\!>\!C(OH)-C(OH)\!<\!\genfrac{}{}{0pt}{}{C_6H_4}{C_8H_4}$ verläuft. Obwohl diese Tatsache den Erfahrungen, welche im D. R. P. 194 197 gemacht sind, widerspricht, dürfte doch die Ansicht *Willstätters* die richtige sein. Ganz ebenso verläuft ja auch die Bildung[2] von Dixanthylen

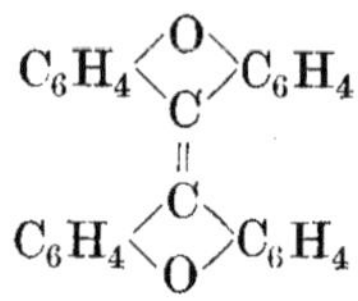

aus Xanthon. Löst man dieses in Eisessig und fügt Zinkstaub und von Zeit zu Zeit einige Tropfen Salzsäure hinzu, so beginnt in ganz kurzer Zeit die Ausscheidung des sehr schwerlöslichen Dixanthylens, das so gut wie quantitativ entsteht.

In jeder Hinsicht wichtiger als die saure ist die alkalische Reduktion der Anthrachinonderivate. Mit Schwefelammonium erhält man Anthranol und sogar Anthracen[3], während bei der Einwirkung von Natronlauge und Zinkstaub Anthrahydrochinon, früher als Oxanthranol bezeichnet, entsteht[4]. Es ist dies ein grüngelber Körper, der von Alkalien mit blutroter Farbe gelöst wird, aber nur mit besonderen Vorsichtsmaßregeln[5] dargestellt werden kann. Nimmt man die Reduktion mit Essigsäureanhydrid, Natriumacetat und Zinkstaub vor, so erhält man Reduktionsprodukte, die zugleich acetyliert sind. Die bequemste Methode zur Darstellung des Anthrahydrochinons ist die Reduktion mit Natriumhydrosulfit in alkalischer Lösung[6]. Seine Bedeutung besteht darin, daß es die Grundsubstanz derjenigen Verbindungen ist, welche beim Verküpen der Anthrachinonfarbstoffe in die alkalische Lösung eingehen. Die starkgefärbte Lösung dieser Körper wird beim Schütteln mit Luft außerordentlich leicht oxydiert, wobei sie völlig entfärbt wird, indem sich Anthrachinon bzw. die entsprechenden Abkömmlinge von ihm abscheiden. Da fast alle Anthrachinonderivate durch alkalische Reduktion starkgefärbte Lösungen liefern, so ist diese Reaktion dazu verwandt worden, um auf Anthrachinonderivate zu prüfen. Es gibt aber auch Ausnahmen hiervon, z. B. wenn das Reduktionsprodukt unlöslich in verdünntem Alkali ist; oder wenn infolge von sterischer Hinderung überhaupt keine Reduktion eintritt (siehe unten).

[1] Ber. d. d. chem. Ges. **39**, 3765 (1906).
[2] *Gurgenjanz* und *v. Kostanecki*, Ber. d. d. chem. Ges. **28**, 2310 (1895).
[3] *Willgerodt*, Ber. d. d. chem. Ges. **20**, 2470 (1887).
[4] *Graebe* und *Liebermann*, Annal. d. Chem. **160**, 126 (1871); *Liebermann*, Annal. d. Chem. **212**, 65, 118 (1882).
[5] *Meyer*, Annal. d. Chem. **379**, 37 (1910).
[6] *Grandmougin*, Ber. d. d. chem. Ges. **39**, 3563 (1906).

Erhitzt man bei der Reduktion mit Zink und Alkali längere Zeit auf höhere Temperatur (über 100°), so erhält man aus dem als Zwischenprodukt entstehenden Anthrahydrochinon als nächstes Reduktionsprodukt das Dianthranol[1] $C_{28}H_{18}O_2$:

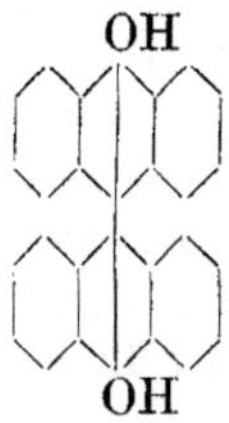

, jedenfalls über das Pinakon des Oxanthrons

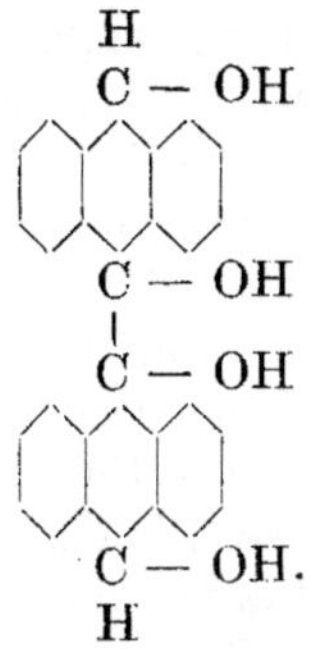

Dieser Körper wird übrigens auch bei Anwendung anderer alkalischer Reduktionsmittel, ausgenommen Schwefelammonium, erhalten und entsteht außerdem durch vorsichtige Oxydation von Anthron[2]. Wieder anders verläuft die Reduktion mit Zinkstaub und Ammoniak. Es entstehen nebeneinander:

Dihydroanthranol[3] $C_{14}H_{12}O$

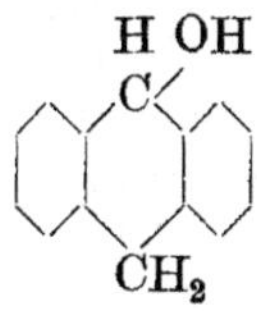

Anthrapinakon[4] $C_{28}H_{22}O_2$

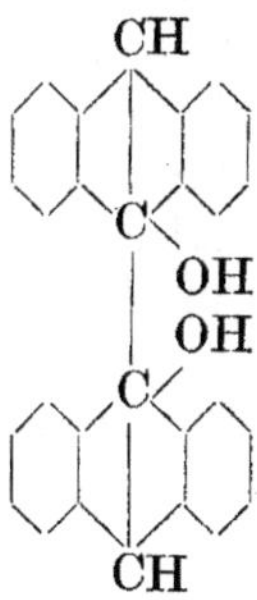

Anthranol $C_{14}H_{10}O$

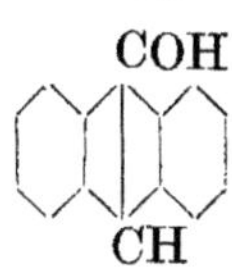

Die Fähigkeit des Anthrachinons, sehr leicht reduziert zu werden und in reduziertem Zustand den Wasserstoff ebenso leicht wieder abzugeben, be-

[1] *Kinzlberger & Co.*, D. R. P. 223 209 [*Frdl.*, X, 575].
[2] *Dimroth*, Ber. d. d. chem. Ges. **34**, 222 (1901).
[3] *v. Perger*, Journ. f. prakt. Chem. [2] **23**, 139 (1881).
[4] *Schultze*, Ber. d. d. chem. Ges. **18**, 3034 (1885).

dingt seine wichtige Anwendung als Wasserstoffüberträger. Setzt man bei der Reduktion von Indigo und anderen Farbstoffen in der Küpe Anthrachinon hinzu, so wird diese in auffallender Weise beschleunigt[1]. Auch bei anderen Reduktionsprozessen, z. B. beim Ätzen von Indigo oder Azofarbstoffen, beschleunigt ein Zusatz von Anthrachinon den Prozeß sehr erheblich (vgl. dazu S. 96, 138).

Das Verhalten verschiedener Anthrachinonderivate bei der Reduktion hat *Seer* untersucht[2]. Er fand, daß bestimmte, in Nachbarstellung zum Carbonyl befindliche Atomgruppen infolge von sterischer Hinderung dieses vor dem Angriff von Reduktionsmitteln schützen. Während das 1, 3-Dimethylanthrachinon durch Ammoniak und Zinkstaub reduziert wird[3], wird das 1, 3, 5, 7-Tetramethylanthrachinon weder durch Natriumhydrosulfit, noch durch Zinkstaub angegriffen[4]. Weiterhin wird 1, 4-Dimethylanthrachinon reduziert, die 1-Methyl-4-p-Tolylverbindung dagegen nicht.

Von besonderer technischer Bedeutung ist die Reduktion der Oxyanthrachinone. Von dem Ersatz von Hydroxylgruppen in diesen durch Wasserstoff war schon bei der Reduktion von Hydroxylen die Rede. An dieser Stelle sind die Leukoverbindungen der Oxyanthrachinone zu besprechen. Es sind dies Hydroxylderivate des Anthrahydrochinons, welche durch Reduktion der beiden Carbonylgruppen entstehen. Merkwürdigerweise erlangen durch den Übergang der Carbonyle in Alkoholgruppen die in Stellung 1 und 4 befindlichen Hydroxyle eine ganz auffallende Reaktionsfähigkeit. Z. B. lassen sich die Hydroxylgruppen des 1, 4-Dioxyanthrachinons nur schwer oder gar nicht methylieren, leicht dagegen diejenigen des 1, 4-Dioxyanthrahydrochinons[5]. Auch bei der Umsetzung mit allen möglichen anderen Körpern tritt eine auffällige Reaktionssteigerung dieser beiden Gruppen zutage. Beim Erhitzen mit primären aromatischen Basen unter Zusatz von Kondensationsmitteln treten an ihre Stelle 2 Arylaminreste ein[6]. Es entsteht z. B. aus Chinizarin und 2 Molekülen Toluidin der als Chinizaringrün bekannte Farbstoff, wobei natürlich durch Anwendung verschiedener Derivate beider Komponenten die Reaktion mannigfach variiert werden kann[7]. Wesentlich leichter erfolgt diese Reaktion, wenn man bei der Darstellung des Farbstoffes das als Leukochinizarin II bezeichnete Reduktionsprodukt des Chinizarins, das 1,4-Dioxyanthrahydrochinon

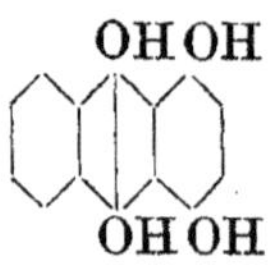

[1] *M. L. Br.*, D. R. P. 240 266 [*Frdl.*, X, 424].
[2] Monatshefte f. Chem. **33**, 535 (1912) [C. **1912**, II, 512].
[3] *Elbs*, Journ. f. prakt. Chem. [**2**], **41**, 15 (1890) [Ber. **23**, Ref. 198].
[4] *Seer*, Monatshefte f. Chem. **33**, 33 (1912) [C. **1912**, I, 1118].
[5] *Graebe*, Annal. d. Chem. **249**, 201 (1906).
[6] *Bayer & Co.*, D. R. P. 86 150 [*Frdl.*, IV, 308].
[7] *Grandmougin*, Chem. Zentralbl. **1908**, I, 2178.

anwendet. Als Kondensationsmittel leistet Borsäure die besten Dienste; sie hat sich bei allen derartigen Reaktionen der Oxyanthrachinone in hervorragender Weise bewährt,

Ebenso leicht wie diese Farbstoffe sich bilden, tritt auch die umgekehrte Reaktion ein; erhitzt man Leukochinizaringrün mit Säuren, so wird Leukochinizarin unter Abspaltung der Toluidinreste regeneriert[1].

Läßt man den Kondensationsprozeß unter Ausschluß von Luft oder Oxydationsmitteln vor sich gehen, so erhält man das Chinizaringrün in Form seiner Leukoverbindung[2]. Bei Zutritt von Sauerstoff verläuft er in zwei Phasen, zuerst bildet sich aus Leukochinizarin und Toluidin das Leukochinizaringrün, welches dann in der zweiten Phase durch den Sauerstoff der Luft oder zugesetzte Oxydationsmittel zum Farbstoff oxydiert wird[3].

Man kann als Oxydationsmittel auch das Chinizarin selbst gebrauchen und braucht dann nur wenig Leukochinizarin zur Schmelze zuzusetzen[4]. Der Verlauf der Reduktion ist in diesem Falle folgender: Die aus Leukochinizarin und p-Toluidin gebildete Leukoverbindung geht in Chinizaringrün über, während der dabei freiwerdende Wasserstoff zur Reduktion weiterer Mengen von Chinizarin zu Leukochinizarin verbraucht wird. Es dient also hier die Leukoverbindung des Farbstoffes als Reduktionsmittel für das Chinon. Eine Vereinfachung des Verfahrens besteht noch darin, daß man ein Oxyanthrachinon mit einem Amin in einem geeigneten Lösungsmittel, als welches auch die betreffende Basis selbst verwandt werden kann, unter Zusatz eines Reduktions- und Kondensationsmittels erhitzt. Auch hier dient die bewährte Borsäure als Kondensationsmittel, während als Reduktionsmittel Zinnoxydulsalze oder Metalle wie Zinkstaub oder Eisenfeile zugesetzt werden[5].

Die Darstellung[6] des Leukochinizarins erfolgt durch Reduktion von Purpurin

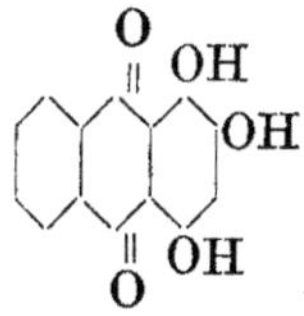

mit Zinkstaub oder anderen Metallen in saurer Lösung, wobei zugleich eine Hydroxylgruppe durch Wasserstoff ersetzt wird. Wesentlich verbessert soll die Ausbeute werden, wenn man bei diesem Prozeß Borsäure hinzusetzt und mit Aluminium in konzentrierter[7] schwefelsaurer Lösung arbeitet. Läßt man die Reduktion des Purpurins bei Gegenwart von aromatischen Aminen vor sich gehen, so kann man die Darstellung des Leukochinizarins

[1] *Schmidt*, Amerik. P. 599 426/7.
[2] *Bayer & Co.*, D. R. P. 91 152 [*Frdl.*, IV, 318].
[3] *Bayer & Co.*, D. R. P. 91 149 [*Frdl.*, IV, 315].
[4] *Bayer & Co.*, D. R. P. 91 150 [*Frdl.*, IV, 316].
[5] *Bayer & Co.*, D. R. P. 92 591 [*Frdl.*, IV, 319].
[6] *Bayer & Co.*, D. R. P. 89 027 [*Frdl.*, IV, 322].
[7] *Bayer & Co.*, D. R. P. 246 079 [C. **1912**, I. 1598].

und Kondensation zum Farbstoff in einem Vorgang vereinigen[1]. Andere Darstellungen sind noch die durch Reduktion von 2-Arylamino-1, 4-Dioxyanthrachinon[2] oder von 4-Nitro-1-oxy-2-bromanthrachinon[3]. Höhere Oxyverbindungen von gleicher Art werden aus Alizarinbordeaux[4] oder aus 1, 2, 4, 5, 6, 8-Hexaoxyanthrachinon[5] erhalten.

Ebenso wie die Reaktionsfähigkeit der beiden Hydroxylgruppen in den 1,4-Dioxyanthrahydrochinonen gegenüber derjenigen der 1,4-Dioxyanthrachinone gesteigert ist, ist dies auch bei den entsprechenden Substituenten der 1-Amino-4-oxy- und 1, 4-Diaminoanthrahydrochinone der Fall.

Während das 1-Amino-4-oxyanthrachinon durch Kochen mit Säuren nicht verändert wird, tauscht das entsprechende Hydrochinon mit großer Leichtigkeit die Aminogruppe gegen Hydroxyl aus und wird dabei in Leukochinizarin übergeführt. Diese Reaktion wird zur Darstellung desselben aus 1-Nitro-4-oxyanthrachinon verwandt[6], indem man letzteres mit einer größeren Menge des Reduktionsmittels, als zur Bildung der Aminoverbindungen erforderlich ist, behandelt. Es entsteht so das 1-Amino-4-oxyanthrahydrochinon, welches, ohne isoliert zu werden, durch Erhitzen mit Säure direkt in Leukochinizarin übergeführt wird.

Enthalten derartige Verbindungen in Stellung 2 oder 3 eine weitere Hydroxyl- oder Aminogruppe, ein Halogenatom oder eine Sulfogruppe, so sind auch diese außerordentlich leicht beweglich, werden aber im Verlauf der Reduktion nicht durch Hydroxyl, sondern durch Wasserstoff ersetzt. Durch Reduktion von 1, 3-Diamino-4-oxyanthrachinon entsteht Leukochinizarin, indem die Aminogruppe in Stellung 1 durch Hydroxyl und diejenige in Stellung 3 durch Wasserstoff ersetzt wird. Natürlich kann man dabei auch von den Nitroverbindungen ausgehen, z. B. von 1, 3-Dinitro-4-oxyanthrachinon[7]. Dies ist technisch von besonderer Bedeutung, da dasselbe ein leicht zugänglicher Körper ist, während das 1-Nitro-4-oxyanthrachinon nicht direkt erhalten werden kann. Vollkommen analog verhalten sich die Sulfosäuren. Reduziert man[8] z. B. die Diaminoanthrarufindisulfosäure (4, 8-Diamino-1;5-dioxyanthrachinon-2,6-disulfosäure) mit Eisessig und Zinkstaub, so werden beide Carbonyle reduziert, und zugleich findet Abspaltung der in Stellung 6 befindlichen Sulfogruppe statt. Aus der Disulfosäure entsteht demnach eine Leukomonosulfosäure:

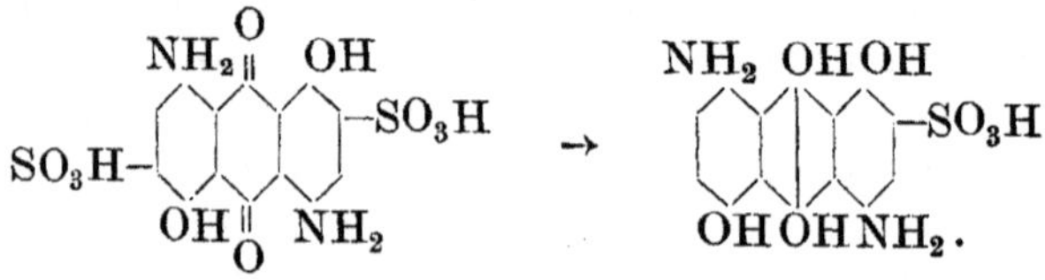

[1] *Bayer & Co.*, D. R. P. 95 494 [*Frdl.*, V, 294].
[2] *Bayer & Co.*, D. R. P. 95 271 [*Frdl.*, V, 293].
[3] *M. L. Br.*, D. R. P. 148 792 [*Frdl.*, VII, 186].
[4] *Bayer & Co.*, D. R. P. 90 722, 95 625 [*Frdl.*, IV, 324; V, 294].
[5] *Bayer & Co.*, D. R. P. 89 027 [*Frdl.*, IV, 322].
[6] *M. L. Br.*, D. R. P. 148 792 [*Frdl.*, VII, 186].
[7] *M. L. Br.*, D. R. P. 183 332 [*Frdl.*, VIII, 271].
[8] *Bayer & Co.*, D. R. P. 108 578 [*Frdl.*, V. 252].

Diese Leukoverbindung kann durch Oxydation in alkalischer Lösung in das zugehörige Anthrachinonderivat übergeführt werden[1]; es bildet daher die Reaktion den Übergang einer Di- in eine Monosulfosäure. Ebenso verhält sich auch die Diaminochrysazindisulfosäure (4, 5-Diamino-1, 8-dioxyanthrachinon-2, 6-disulfosäure). Außerdem kann man natürlich auch die entsprechenden Nitroverbindungen der Reduktion unterwerfen, für welchen Zweck Zinnchlorür und Salzsäure das geeignete Reduktionsmittel ist.

Die Überführung von Farbstoffen der Anthrachinonreihe in eine lösliche Form, wie sie in der Küpenfärberei im größten Maßstab durchgeführt wird, beruht gleichfalls auf der Reduktion von Derivaten des Anthrachinons zu solchen des Anthrahydrochinons. Sie müßte daher an dieser Stelle besprochen werden. Es ist jedoch zweckmäßiger, sie im Zusammenhang mit den anderen Küpenfarbstoffen zu behandeln[2].

Die zweite Stufe der Reduktion besteht in der Anlagerung von 2 Molekülen Wasserstoff; es entsteht dabei aus Anthrachinon das Anthranol bzw. Anthron:

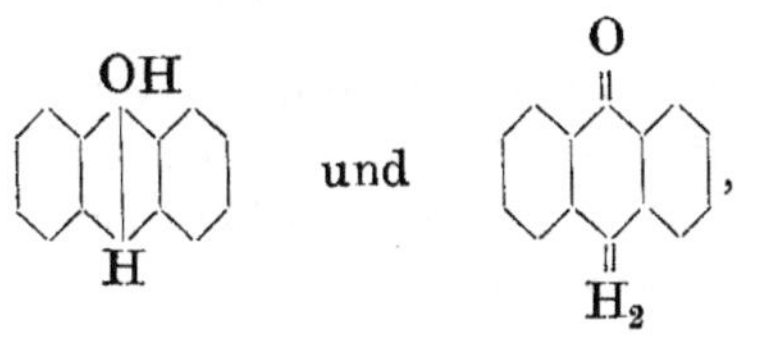

von denen das erstere sich in der alkalischen Lösung als Alkalisalz befindet. Diese alkalischen Lösungen nehmen mit größter Leichtigkeit Sauerstoff auf und liefern dabei das ursprüngliche Chinon zurück. Ebenso wie das Anthrachinon selbst verhalten sich seine Derivate. So entsteht aus Alizarin das Desoxyalizarin:

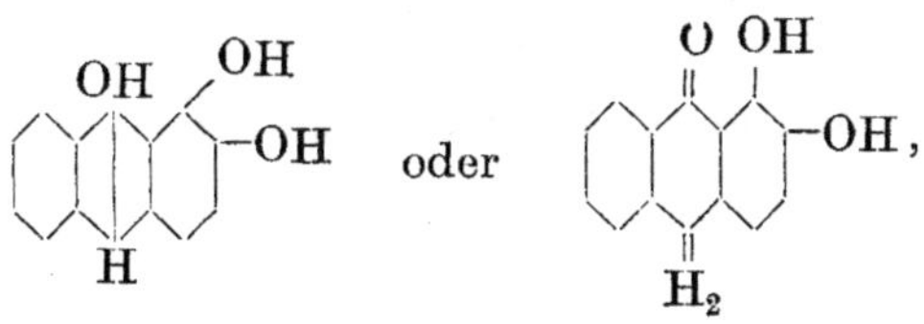

wenn es mit Zinkstaub und Ammoniak reduziert wird[3]. Auch aus Flavopurpurin (1, 2, 6-Trioxyanthrachinon) und aus Anthrapurpurin (1, 2, 7-Trioxyanthrachinon) entstehen die entsprechenden Desoxyderivate, welche *Liebermann,* angeregt durch Untersuchungen über das Chrysarobin, dargestellt hat[4]. Sie kommen als Anthrarobine in den Handel und werden in der therapeutischen Praxis als Mittel gegen Hauterkrankungen angewandt: sie werden in neuester Zeit auch zur Verwendung als Beizenfarbstoffe für

---

[1] *Bayer & Co.,* D. R. P. 110 880 [*Frdl.,* V, 254].
[2] s. S. 114.
[3] *Roemer,* Ber. d. d. chem. Ges. **14**, 1259 (1881).
[4] *Liebermann,* Ber. d. d. chem. Ges. **21**, 447 (1888).

Chrombeizen vorgeschlagen[1]. Das am längsten bekannte derartige Derivat ist das Chrysarobin:

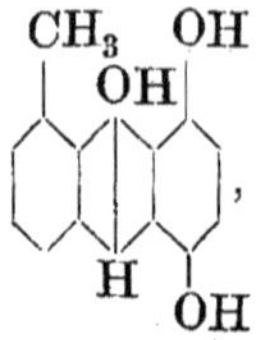

das aus verschiedenen Drogen, besonders aus dem Holz des brasilianischen Baumes Andira Araroba Aguiar, gewonnen wird und bei der Oxydation ebenfalls das zugehörige Chinon, die Chrysophansäure

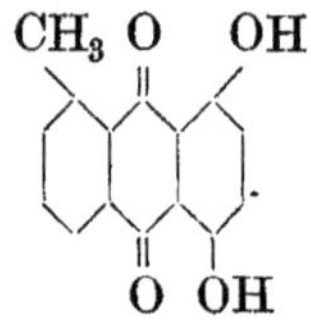

liefert. Derartige Derivate des Anthranols werden beim Erhitzen mit Eisessig leicht in polymere Produkte verwandelt, was natürlich auch bei ihrer Acetylierung der Fall ist[2]. Es kann daher nicht wundernehmen, daß die Acetylverbindungen des Chrysarobins, welche vor diesem selbst verschiedene Vorzüge haben sollen und unter dem Namen Eurobin als Triacetylverbindung und Lenirobin als Tetraacetylverbindung in den Handel gebracht werden, nicht einheitlich sind[3]. Diese Tatsache wird durch eine Untersuchung von *Hirosé*[4] bestätigt, welcher bei der Acetylierung reduzierter Anthrachinonderivate ebenfalls nicht immer einheitliche Produkte erhalten konnte.

Die bisher behandelten Reduktionen wurden an Anthrachinonderivaten vorgenommen, welche den Chinonkomplex einmal im Molekül enthalten. Daneben sind nun noch einige Fälle zu erwähnen, bei denen es sich um Reduktion von Derivaten eines Anthradichinons handelt.

Derartige Dichinone enthalten zwei Paare von Carbonylgruppen mit verschiedenem chemischen Charakter. Das eine Paar ist eine richtige Chinongruppe, welche durch Schwefeldioxyd reduziert wird, während das andere Paar, die beiden Carbonylgruppen des Anthrachinons, in ihren Reaktionen mehr Ketoncharakter zeigen. 1—4, 9—10-Anthradichinon ist durch Oxydation von Chinizarin dargestellt worden[5]); die Isolierung des 1—2, 9—10-Anthradichinons aus Alizarin ist nicht gelungen.

Es ist eine bekannte Reaktion, nach der aus Anthrachinon und seinen niedriger hydroxylierten Derivaten solche mit größerer Anzahl von Hydroxylen

---

[1] *Bayer & Co.*, D. R. P. 232 778, 236 592 [*Frdl.*, X, 768ff.].

[2] *Knoll & Co.*, D. R. P. 105 871 [*Frdl.*, V, 748].

[3] *Hesse*, Annal. d. Chem **309**, 68 (1899).

[4] Ber. d. d. chem. Ges. **45**, 2474 (1912).

[5] *R. Lesser*, Ber. **47**, 2526 (1914); *Dimroth* und *Schultze*, Annal. d. Chem. **411**, 345 (1916).

entstehen, wenn man sie mit konzentrierter Schwefelsäure bei Gegenwart von Borsäure erhitzt[1]. Ferner entstehen solche Körper durch Einwirkung von Schwefelsäure auf Dinitroanthrachinone[2]. Bei diesen Reaktionen erhält man Produkte, welche durch schweflige Säure oder Bisulfit zu Polyoxyanthrachinonderivaten reduziert werden, weshalb sie als Dichinone aufgefaßt werden[3]. Aus Oxychrysazin (1, 2, 5-Oxyanthrachinon) wird das Dichinon

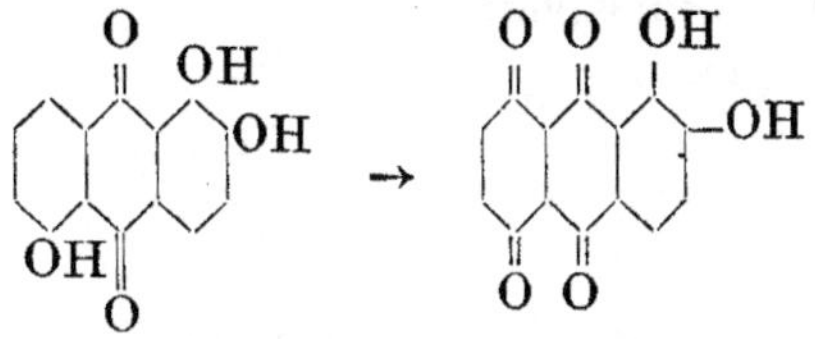

gebildet, wenn man die Oxydation bei niedriger Temperatur vor sich gehen läßt, während bei energischer Einwirkung noch zwei weitere Hydroxylgruppen eingeführt werden[4]. Ebenso geht das Anthrachryson (1, 3, 5, 7-Tetraoxyanthrachinon) in 1, 3, 4, 5, 7, 8-Hexaoxyanthrachinon über[5].

Wie die Dichinone verhalten sich auch einige wichtige Trichinone der Anthrachinonreihe. Aus 1, 5-Dinitroanthrachinon entsteht durch Einwirkung von rauchender Schwefelsäure oder Schwefelsesquioxyd und nachfolgendes Erwärmen mit Wasser eine Hexaoxyanthrachinondisulfosäure. Auch hier ist man berechtigt, in der Schwefelsäureschmelze ein Zwischenprodukt anzunehmen, dem nach seinem Verhalten die Konstitution eines Trichinonderivates zukommt von der Formel:

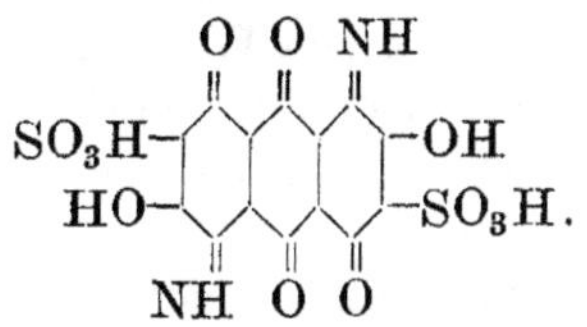

Bei vorsichtiger Reduktion in alkalischer Lösung geht dieser Körper in 1, 5-Diamino-2, 6-dioxyanthrachinon-3, 7-disulfosäure über. Die alkalische Lösung des Dichinonimids ist aber selbst sehr unbeständig und liefert unter Abspaltung von 2 Molekülen Ammoniak den Körper:

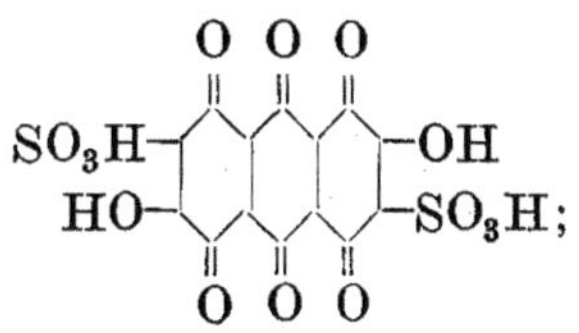

---

[1] *Bayer & Co.*, D. R. P. 81481, 81959, 81960, 81961, 81962, 86968 [*Frdl.*, IV, 272ff.].

[2] s. S. 251.

[3] *Bayer & Co.*, D. R. P. 66153 [*Frdl.*, III, 215].

[4] *Bayer & Co.*, D. R. P. 68114 [*Frdl.*, III, 220].

[5] *Bayer & Co.*, D. R P. 68123 [*Frdl.*, III, 222].

auch diese Verbindung ist in wäßriger Lösung nicht beständig, sondern geht auf Zusatz eines im Reaktionsgemisch vorhandenen Reduktionsmittels (SO_2) in Hexaoxyanthrachinondisulfosäure über[1]. Über die weitere Erörterung dieser komplizierten Reaktion siehe S. 251.

Eine vollkommene Reduktion eines Anthrachinonderivates findet sich in dem Übergang von β-Amidoanthrachinon in β-Anthramin bei Einwirkung von Jodwasserstoff und Phosphor[2]:

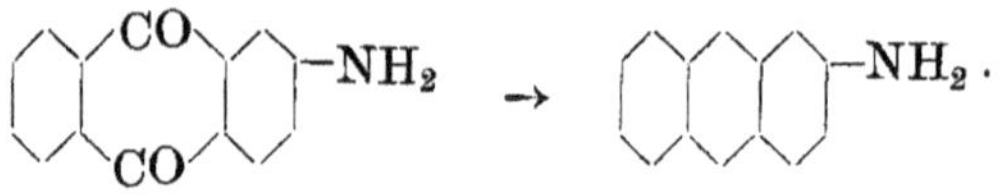

4. Küpenfarbstoffe.

Das in technischem Maßstab bei weitem am häufigsten durchgeführte Reduktionsverfahren für Carbonylgruppen ist die Reduktion der Küpenfarbstoffe. Man bezeichnet als solche Farbstoffe, welche in Wasser unlöslich sind und infolge ihres indifferenten chemischen Charakters und ihrer Unlöslichkeit weder von der tierischen noch von der pflanzlichen Faser fixiert werden; nur in Form ihrer Hydroverbindungen[3], welche durch alkalische Reduktion aus ihnen entstehen, werden sie von der Faser adsorbiert. Bei darauffolgender Oxydation schon durch den Sauerstoff der Luft, wird die von der Faser aufgenommene Hydroverbindung in den Farbstoff zurückverwandelt, wodurch eine sehr echte Färbung erzielt wird. Darauf beruht der technische Wert dieser Farbstoffe. Sie zeichnen sich durch größte Widerstandsfähigkeit ihrer Färbungen gegen Waschen, Seifen, Walken, gegen Licht und gegen verdünnte Chlorlösungen aus. Verhältnismäßig am geringsten ist ihre Reibechtheit, doch werden die Färbungen beim Reiben nicht mißfarbig, sondern nur heller.

Zur Klasse der Küpenfarbstoffe gehört in erster Linie der Indigo und seine Derivate, ferner eine große Anzahl von Verbindungen der Anthrachinonreihe, weiterhin der Thioindigo und seine Derivate; letzterer bildet den Übergang zu der großen Gruppe der Schwefelfarbstoffe, von denen auch einige in der Küpe gefärbt werden können. Da aber an dieser Stelle die Reduktionsmethoden von Körpern, welche Carbonylgruppen enthalten, zu besprechen sind, so soll die Reduktion der Schwefelfarbstoffe in einem späteren Kapitel behandelt werden.

Alle Küpenfarbstoffe haben im Molekül mindestens zwei Carbonylgruppen, welche in mehrfacher Hinsicht chinonartige Reaktionen zeigen und bei der Hydrierung zwei Atome Wasserstoff anlagern. Die dabei entstehenden Dihydrokörper tragen vielfach die Bezeichnung „Leukoverbindungen", die aber nur in den wenigsten Fällen ihrer wahren Farbe gerecht wird. Denn nur in der Indigogruppe nähert sich die Küpe zumeist der Farblosigkeit,

---

[1] *Bayer & Co.*, D. R. P. 105 567, 113 724, 115 002 [*Frdl.*, V, 277; VI, 344, 348].
[2] *Beilstein*, II, 639.
[3] Vgl. dazu *Binz* und *Schädel*, Ber. d. d. chem. Ges. **45**, 595 (1912).

während die Verküpung der meisten Anthrachinonfarbstoffe zu Lösungen führt, die tiefer gefärbt sind als der Farbstoff selbst. Dafür hat man ja im Anthrachinon, dem theoretisch einfachsten Küpenfarbstoff, ein lehrreiches Beispiel.

Während weiterhin die Indigoküpen nur schwach alkalisch sind, so daß man auch Wolle mit ihnen färben kann, können die Anthrachinonfarbstoffe nur in stark alkalischer Lösung reduziert werden. Sie sind daher für Ausfärbungen auf die tierische Faser bis auf wenige Ausnahmen nicht zu brauchen und können nur für Baumwolle verwandt werden. Noch ein dritter prinzipieller Unterschied zwischen beiden Gruppen sei hier erwähnt. Durch Sulfonieren büßt der Indigo seine guten Eigenschaften zum großen Teil ein. Das Indigocarmin, die Sulfonsäure des Indigos, besitzt die Echtheit des gewöhnlichen Indigos nicht mehr und zeigt außerdem eine Aufhellung der Nuance von Dunkelblau nach Carmin. Anders verhalten sich die Sulfonsäuren der Anthrachinonfarbstoffe, z. B. des Indanthrens. Diese haben die guten Eigenschaften, insbesondere die hervorragende Lichtechtheit der Muttersubstanz, beibehalten und färben in derselben Nuance.

Die Zahl der bis heute dargestellten Küpenfarbstoffe beträgt bereits mehrere hundert, und es würde den Rahmen dieser Monographie weit überschreiten, wenn diese alle hier aufgeführt werden sollten. Was die Farbe anlangt, so sind unter ihnen alle Nuancen vertreten, so daß in dieser Beziehung nichts zu wünschen übrigbleibt. Dabei zeichnen sich die Färbungen ausnahmslos durch große Schönheit und, was besonders hervorzuheben ist, durch hervorragende Lichtechtheit aus. Es gibt heute Küpenfarbstoffe von einer Lichtechtheit, die so groß ist, daß eher das Gewebe der Zerstörung durch den Gebrauch anheimfällt, als daß der Farbstoff verschießt. Man könnte diese Farbstoffe als schlechtweg ideal bezeichnen, wenn ihr teilweise sehr hoher Preis ihrer allgemeinen Verwendung nicht hinderlich wäre. Sie werden daher überall da angewandt, wo an Dauerhaftigkeit der Färbung die größten Ansprüche gestellt werden, und zwar nicht nur für Kleidungsstücke (Militär) oder Wäsche, sondern auch für mannigfache Erzeugnisse des Kunstgewerbes. Ein weiteres, in neuester Zeit bearbeitetes Gebiet ist ihre Verwendung als Pigmentfarben, wozu sie sich als lebhaft gefärbte, in den gebräuchlichen Lösungsmitteln unlösliche Pulver gut eignen. So wird Indanthren mit Erfolg als Ersatz für Ultramarin verwandt.

a) Indigo und seine Derivate.

Der Indigo ist nicht nur der am längsten bekannte Küpenfarbstoff sondern vielleicht der älteste Farbstoff überhaupt. Der natürliche Farbstoff enthält neben dem Indigblau Indigrot, Indigbraun, Indigleim und anorganische Bestandteile, die sämtlich für die Färberei wertlos sind. Das gilt besonders für Indigrot, aus dessen Vorkommen im natürlichen Indigo früher vielfach geschlossen wurde, daß der natürliche Farbstoff bessere Färbungen als der künstliche liefere. Nachdem aber heute nachgewiesen ist, daß das Indigrot bei der Reduktion aufgespalten wird und bei der nachfolgenden

Oxydation den normalen Indigo liefert[1], so muß dies Bedenken als nicht stichhaltig bezeichnet werden, was aber nicht hindert, daß auch heute noch das Fehlen des Indirubins dem künstlichen Indigo zum Vorwurf gemacht wird. Der künstliche Indigo, der von den großen chemischen Fabriken in größtem Maßstabe hergestellt wird, ist so billig, daß die Darstellung von Naturindigo kaum mehr rentabel ist; über 75 Proz. des Weltverbrauches werden heute durch das Kunstprodukt gedeckt.

Man hat zahlreiche Substitutionsprodukte des Indigos dargestellt in der Hoffnung, eine wesentliche Änderung der Farbnuance zu erzielen; großen Erfolg haben aber diese Versuche nicht gehabt, die Nuance bleibt im wesentlichen blau und geht höchstens nach grün und rot. Von allen dargestellten Derivaten sind die Halogenverbindungen, besonders diejenigen des Broms, die wichtigsten. Sie haben, abhängig von der Stellung des Broms, klarere und rötere oder grünere Nuancen wie der reine Indigo und werden auch fabrikmäßig hergestellt[2]. Wissenschaftliches Interesse hat der 6-, 6[1]-Dibromindigo von *Friedlaender*[3]:

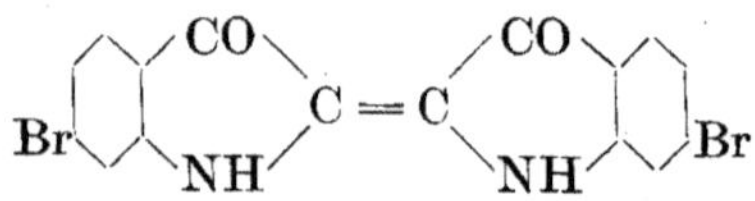

einerseits deswegen, weil er der antike Purpur aus der Purpurschnecke ist, andererseits, weil durch ihn zum Ausdruck gebracht wird, welchen Einfluß die Stellung eines Substituenten im Molekül auf die Nuance des Farbstoffes ausübt. Während sich die 4, 4[1], 5, 5[1] und 7, 7[1]-Dibromindigo in Lösung und Ausfärbung von gewöhnlichem Indigo nur wenig unterscheiden (sie sind blau bis grünstichig blau), ist das 6, 6[1]-Derivat rotviolett. Die Substitution in p-Stellung zur Carbonylgruppe ist von wesentlichem Einfluß auf die Nuance, eine Erfahrung, die auch beim Thioindigo gemacht worden ist. Von hervorragender Schönheit und Lebhaftigkeit der Farbe sind die Halogenderivate mit 4 und mehr Atomen Halogen; sie übertreffen den reinen Indigo sogar durch Wasch- und Lichtechtheit. Über eine fünffache Substitution mit Halogen hinauszugehen empfiehlt sich jedoch nicht, da die Leukoverbindungen dann so schwer löslich werden, daß die Verküpung schwierig wird.

Mehr chemisch interessant als technisch wichtig ist die Beobachtung[4], daß sich Indigo bei Abwesenheit von Wasser in Nitroderivate, welche die Nitrogruppen wahrscheinlich in 5, 5[1]-Stellung enthalten, überführen läßt. Bei der Reduktion in der Küpe können diese bis zum Aminoindigweiß reduziert werden, das Baumwolle in blaugrünen Tönen anfärbt. Von anderen Derivaten des Indigos sei die als Indigcarmin im Handel befindliche Sulfosäure, welche als Säurefarbstoff gefärbt werden kann, erwähnt[5] und die aus

[1] *Fasal*, Mitteil. d. Technol. Gewerbemuseums Wien **95**, N. F. **5**, 307.
[2] Cibablau, Brillantindigo, Bromindigo.
[3] Ber. d. d. chem. Ges. **42**, 765 (1909).
[4] *B. A. S. F.* D. R. P. 242 149 [*Frdl.*, X, 397].
[5] *Gerland*, D. R. P. 180 097 [*Frdl.*, VIII, 440].

Indigo durch Einwirkung von Benzoylchlorid und Benzotrichlorid entstehenden neuen Farbstoffe, die als reingelb färbende, aus der Indigoreihe hervorgehende Küpenfarbstoffe bemerkenswert sind[1] (Indigogelb 3 G oder Cibagelb G). Sie entstehen aus 1 Molekül Indigo und 2 Molekülen Benzoylchlorid, welche beide unter Bildung neuer Ringe sich miteinander verketten. Ihre Konstitution ist noch nicht ermittelt; es ist aber sicher, daß sie nicht mehr die Konstitution des Indigos haben. Von der Tatsache aus, daß sie eine violettrote Küpe bilden, ist die Annahme von dem Vorhandensein eines Anthrachinonringes gemacht worden. Dagegen erteilt *Engi* ihnen eine andere Formel.

Auch mit anderen Ringsystemen als dem des Indols sind Körper mit analoger Konstitution dargestellt worden; praktische Bedeutung haben sie aber nicht erlangt.

Das gleiche gilt für den Dehydroindigo, das von Kalb[2]) entdeckte, interessante rotbraune Oxydationsprodukt des Indigos von der Konstitution

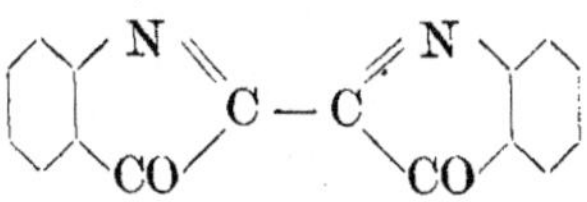

Durch gelinde Hydrierung wird es in Indigo zurückverwandelt, und diese Beziehung schien der Bisulfitverbindung des Dehydroindigos Aussicht auf praktische Verwertbarkeit zu geben.

b) Thioindigo und seine Derivate.

Durch Dehydrierung des dem Indoxyl entsprechenden 3-Oxythionaphtens

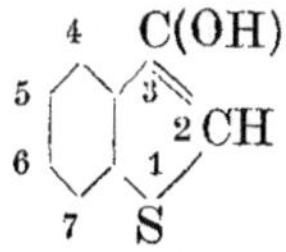

entsteht der Thioindigo. Die Überführung dieses Körpers in den Farbstoff erfolgt ebenfalls durch den Sauerstoff der Luft bei Gegenwart von Alkali, aber langsamer als beim Indoxyl, momentan und quantitativ bei Einwirkung von Oxydationsmitteln, wie Eisenchlorid, Chromaten, Ferricyankalium, aromatischen Nitroverbindungen, wobei sich im Gegensatz zum Indigo zwei Phasen unterscheiden lassen. Zunächst bildet sich das dem α, α'-Dinaphtol und dem Indigweiß entsprechende Thioindigweiß:

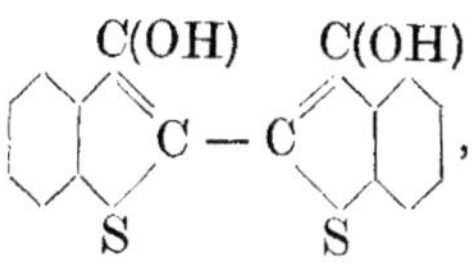

[1] *Engi*, Zeitschr. f. angew. Chem. 27, I, 144.

[2] Ber. d. d. chem. Ges. 42, 3642 (1909).

das dann je nach der Wahl des Oxydationsmittels mehr oder weniger schnell zum Thioindigo oxydiert wird. Auch vom Thioindigo existiert eine außerordentlich große Anzahl von Derivaten (Methyl-, Alkoxy., Alkylthio-, Amino-). Der gleiche Substituent verschiebt in Stellung 6 die Nuance nach Gelb, in 5 dagegen stark nach Blau. Die Stellungen 4 und 7 sind von geringerer Bedeutung. Auch hier sind die Halogenderivate besonders wichtig; die Nuance ist bei ihnen im allgemeinen nach Blaurot verschoben (Thioindigorot, -scharlach; Cibabordeaux; Helindonorange).

Außer diesen dem Indigblau entsprechenden Verbindungen lassen sich aus 3-Oxythionaphten durch Kondensation mit Aldehyden, Ketonen und Diketonen noch eine große Zahl unsymmetrischer gefärbter Körper darstellen, von denen namentlich die mittels Isatin und seinen Derivaten Verwendung finden (Thioindigoscharlach R). Durch Kondensation mit Acenaphtenchinon entsteht daraus ein schöner roter Farbstoff mit guten Eigenschaften (Thioindigoscharlach 2 G; Cibascharlach G):

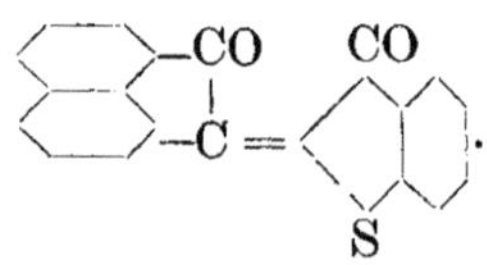

Dieser Farbstoff verdient deswegen Interesse, weil durch ihn zum erstenmal ein bisher unbenutztes Produkt des Steinkohlenteers, das Acenaphten, Anwendung findet. Der praktischen Anwendbarkeit steht jedoch die Schwierigkeit der Beschaffung dieses Körpers entgegen.

c) Derivate des Anthrachinons.

Die ersten vom Anthrachinon sich ableitenden Farbstoffe waren Beizenfarbstoffe, die Polyoxyanthrachinone, deren wichtigster Vertreter das Alizarin[1] ist. Später ging man dazu über, stickstoffhaltige Derivate von ihm darzustellen. Es sind dies Alkylderivate von Di- oder Tetraaminoverbindungen, die zwar ebenfalls als Beizenfarbstoffe gefärbt werden konnten, meist aber als saure Wollfarbstoffe mit blaugrüner bis grüner Nuance in Form ihrer Sulfonsäuren angewandt wurden. Als letzte Gruppe treten zu diesen die Küpenfarbstoffe der Anthrachinonreihe, welche eine außerordentlich große Anzahl ebenso wichtiger wie hervorragend schöner Farbstoffe liefern. Die Art ihrer Anwendung als Küpenfarbstoffe stellt sie neben die Farbstoffe der Indigogruppe; denn wie diese enthalten auch sie zwei Carbonylgruppen, welche bei der Verküpung hydriert werden. Die charakteristischen Merkmale, durch welche sie sich in bezug auf ihre Anwendung als Farbstoffe von dem Indigo unterscheiden, sind bereits auf Seite 81 erwähnt.

Früher hatte man Küpenfarbstoffe nur für blaue Nuancen zur Verfügung, heute kann man alle möglichen Farben mit Anthrachinonderivaten erzielen. Die Anzahl der heute dargestellten und patentierten Anthrachinonfarbstoffe ist so groß, daß es ganz unmöglich ist, sie sämtlich hier aufzuführen. Das ist um so weniger nötig, als die Anzahl der praktisch verwerteten verhältnismäßig recht gering ist. Obwohl fast alle Derivate des Anthrachinons alkalilösliche Reduktionsprodukte bilden, die meist sehr leicht wieder oxydiert werden, so besitzen nicht alle eine genügende Verwandtschaft zur Faser, so daß sie leicht und fest auf derselben fixiert werden. Dadurch wird die Zahl der praktisch brauchbaren Farbstoffe bereits erheblich eingeschränkt. Ob und in welcher Hinsicht das Aufziehen der Küpe von konstitutionellen Faktoren abhängt, darüber ist man sich vollkommen im unklaren.

Gesetzmäßigkeiten im Zusammenhang zwischen Nuance und Konstitution sind verschiedentlich beobachtet worden; man ist aber noch nicht imstande, mit Sicherheit vorauszusagen, welche Nuance ein neuer Körper haben wird. Wenn Anthrachinonkomplexe durch heterozyklische Ringe miteinander verbunden sind, tritt Aufhellung der Nuance in der Richtung Grün, Blau, Violett, Rot, Orange, Gelb ein, wenn man das entsprechende Glied des heterozyklischen Ringes der Reihe nach durch NH, S, O ersetzt. Diese Gesetzmäßigkeit läßt sich bei allen Anthrachinonderivaten nachweisen.

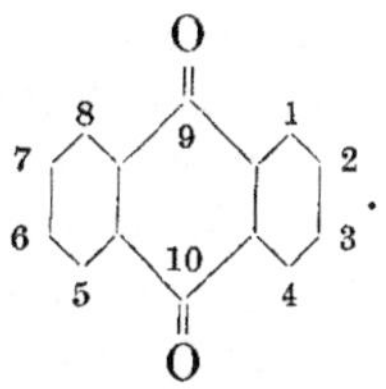

Einen besonderen Rang nehmen die Stellungen 1, 4, 5, 8 ein, welche bei fast allen wichtigen Farbstoffen in irgendeiner Weise gebunden oder besetzt sind. Farbstoffe, in denen ein Ringsystem an den Anthrachinonkomplex angegliedert ist, tragen dieses stets an der Stelle 1 und 2 und fast nie in Stellung 2 und 3, z. B. gibt das Anthrachinon-2-, 3-Acridon

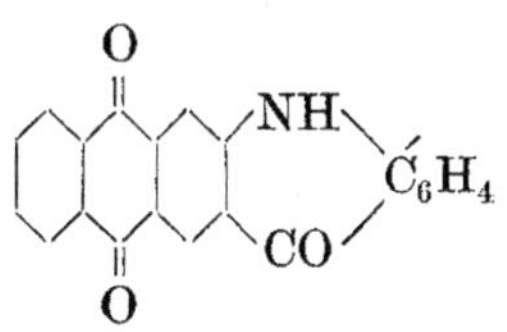

und das N-Dihydro-Anthrachinon 2-, 3-Azin

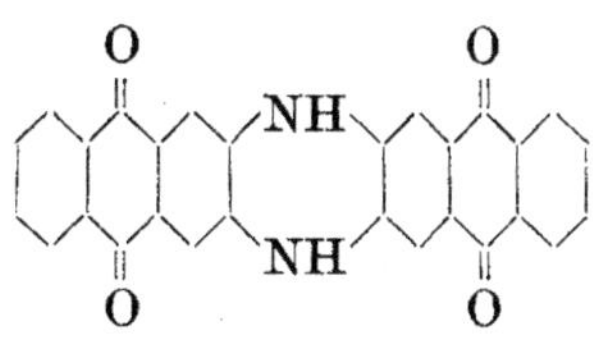

keine brauchbaren Farbstoffe.

Große Unterschiede machen sich auch in der Reihenfolge der Substituenten bemerkbar; während z. B. bei Acridon- und Thioxanthonderivaten, die 2, 1-Derivate

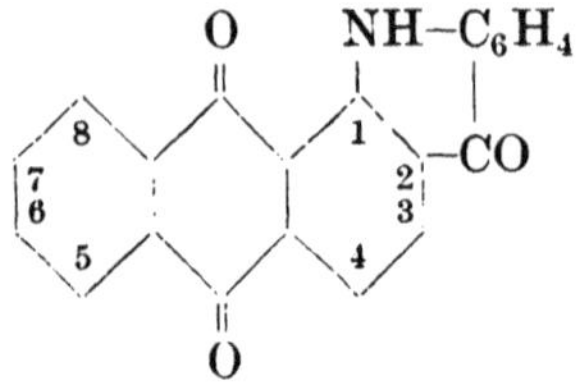

und

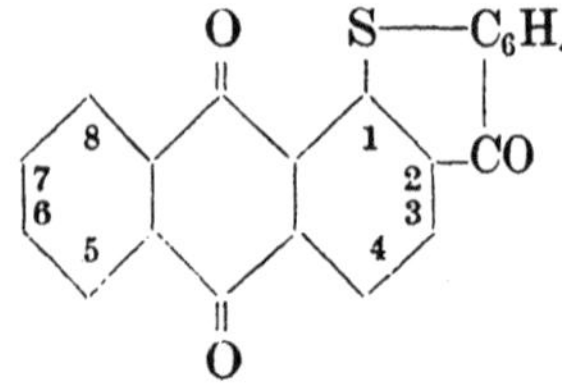

brauchbare Farbstoffe liefern, ist dies bei den 1, 2-Derivaten

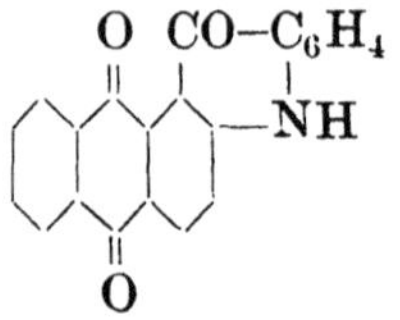

und

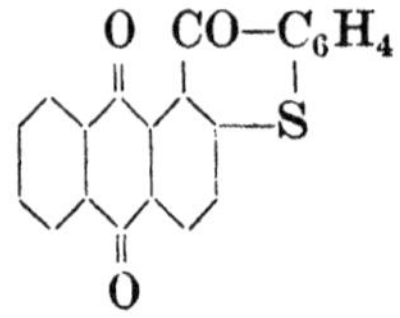

nicht der Fall.

Bei der Einführung eines neuen Substituenten in den Anthrachinonkern wird sein Einfluß auf die Nuance am stärksten, wenn er in die Stellung 4 tritt, weniger in 8 und noch weniger in 5, während er in einer der übrigen Stellungen, 2, 3, 6, 7, in gleicher Weise sehr geringen Einfluß ausübt.

Die Größe des Moleküls übt keinen Einfluß darauf aus, ob ein Anthrachinonderivat als Küpenfarbstoff gebraucht werden kann oder nicht. Früher war vielfach die Meinung verbreitet, daß es nötig sei, möglichst große Molekularkomplexe darzustellen, um gute Farbstoffe zu erzielen. Die Fähigkeit eines Körpers, als Küpenfarbstoff zu dienen, beruht ja zum Teil darauf, daß sein Hydroprodukt in der Küpe mehr oder weniger kolloidartig gelöst ist, in welcher Form es besonders große Affinität zur Faser besitzt. Aus diesem Gesichtspunkt sind viele Farbstoffe dargestellt worden, z. B. Indanthren und Flavanthren. Demgegenüber hat die neuere Zeit erwiesen, daß auch Farbstoffe mit verhältnismäßig kleinen Molekülen brauchbar sind, z. B. Benzoylaminoanthrachinone oder die Mercaptanäther der Thioanthrachinone.

Die Systematik der Küpenfarbstoffe der Anthrachinonreihe macht einige Schwierigkeiten, weswegen auch die Einteilung verschieden gemacht wird. Man kann sie in folgende Gruppen einteilen:

I. Farbstoffe, die ganze Anthrachinonkerne enthalten.

1. Acylderivate der Aminoanthrachinone (Harnstoff und Thioharnstoffderivate, Amidine). Algolfarben von *Bayer & Co.*, Helindonmarken von *M. L. Br.*

2. Alkylderivate der Konfiguration A · NH · R · NH · A, wobei A = Anthrachinonyl und R ein aliphatischer oder aromatischer Ring mit zwei freien Valenzen ist.

3. Anthrachinonylimide (Indanthrenbordeaux B; — rot R und G. Algolbordeaux 3 B; — rot R).

4. Derivate aus Diazoanthrachinonen; Pseudoazimide und Pyrazolanthron.

5. Anthrachinonthioäther und schwefelhaltige Derivate unbekannter Konstitution; Selenderivate.

6. Acridone, Xanthone, Thioxanthone.

7. Imidazole, Thiazole, Oxazole.

8 Azine (Indanthren), Oxazine, Thiazine.

II. Farbstoffe, die aus mehreren Anthrachinonringen durch innere Kondensation. entstehen; bei denen die beiden im Molekül befindlichen Carbonylgruppen nicht mehr im gleichen Anthrachinonkomplex sich befinden.

9. Flavanthren.

10. Carbocyclische Derivate; Helianthron, Pyranthron, Benzanthronderivate.

11. Pyrimidine, Anthrapyridone und verschiedene ringförmige Verbindungen, die sich von Anthrachinoncarbonsäure und -aldehyd ableiten.

Neben den Grundsubstanzen der einzelnen Gruppen werden sehr zahlreiche Substitutionsprodukte angewandt. Diese entstehen entweder dadurch, daß man von substituierten Anthrachinonen ausgeht, oder daß man in die fertiggebildeten Farbstoffe Substituenten einführt. Als solche kommen zur Verwendung: Halogen, SO_3H, NO_2, welches zu NH_2 reduziert werden kann. Durch die Sulfogruppe wird ein Küpenfarbstoff stets in einen sauren Wollfarbstoff umgewandelt. Oft enthält ein Farbstoff mehrere verschiedene Gruppen im Molekül, von denen jede einzelne schon genügt, aus einem Anthrachinonderivat einen Küpenfarbstoff zu machen, z. B. wird Anthrachinon dadurch zu einem brauchbaren Küpenfarbstoff, daß in die Stellung 1 eine Benzoylaminogruppe eintritt (Algolgelb G. W.). Es werden aber in Derivate des Benzanthrons, Xanthons, Thioxanthons, Acridons, die an sich schon Küpenfarbstoffe sind, ebenfalls Benzoylaminogruppen eingeführt.

5. Reduktion indigoider Farbstoffe.[1])

Damit die Farbstoffe der Indigogruppe die Eigenschaft, von tierischen oder pflanzlichen Fasern aufgenommen zu werden, annehmen, werden sie durch Reduktion in eine lösliche Form übergeführt. Dieser Vorgang findet bei allen Indigoderivaten, sowohl Substitutionsprodukten, als Analogen (Thioindigo und seinen Derivaten) und den Küpenfarbstoffen der Anthrachinonreihe in gleicher Weise statt. Obwohl in den folgenden Ausführungen nur vom Indigo die Rede sein wird, so sind dieselben stets auf alle obigen Körper zu beziehen. Sollten sich in einigen wenigen Fällen besondere Eigenschaften der Derivate bemerkbar machen, so wird besonders darauf aufmerksam gemacht werden.

Die Farbstoffe der Indigoreihe, deren Hauptvertreter der Indigo

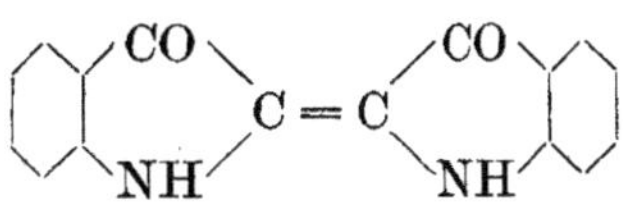

mit dem Chromogen

$$—O=C—\underset{|}{C}=\underset{|}{C}—C=O—$$

1 Über die technische Seite siehe: Indigorein B. A. S. F. der *Badischen Anilin- und Soda-Fabrik.*

ist, verhalten sich bei der Reduktion wie Chinone. Sie lagern dabei an diesen Komplex in 1,6-Stellung (nach *Thiele*) 2 Atome Wasserstoff an und gehen unter Verschiebung der doppelten Bindungen in Indigweiß:

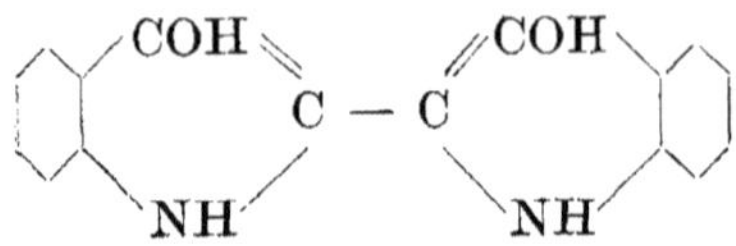

über, welches in freiem Zustande wasserunlöslich, dagegen als Alkalisalz leichtlöslich ist.

Befinden sich im Indigomolekül Nitrogruppen, so werden diese ebenfalls reduziert und es entsteht Diaminoindigweiß[1].

Als Alkalien, welche dasselbe in Lösung halten, werden Ätznatron oder -kalk gebraucht; auch Pottasche wird in gewissen Küpen dazu verwandt. Dagegen vermag Ammoniak das Indigweiß nur in geringen Mengen und Soda nur spurenweise aufzulösen. Zu diesen kommt in neuester Zeit noch das Magnesiumsalz hinzu, welches trotz seiner Unlöslichkeit in Wasser leichter und vollständiger als die Alkalisalze auf die Faser ziehen soll[2]. Aus Indigo und den anderen Küpenfarbstoffen ist noch ein zweites, von dem normalen abweichendes Reduktionsprodukt erhalten worden. Dasselbe entsteht nach *Chartscheff*[3] bei der Einwirkung eines Reduktionsmittels, welches durch Einwirkung von Schwefelnatrium auf Formaldehyd-Natriumbisulfit entsteht. Es ist aber die Konstitution weder dieses Reduktionsproduktes noch des Reduktionsmittels aufgeklärt.

Das Indigweiß besitzt in alkalischer Lösung die gewünschte Eigenschaft, sehr leicht von der Faser aufgenommen zu werden. Eine weitere nicht minder wichtige Eigenschaft ist die, daß es bereits durch den Sauerstoff der Luft wieder zu Indigo zurückoxydiert wird. Dies geschieht auch dann, wenn es von der Faser adsorbiert ist, worauf die Anwendung des Indigos in der Färberei beruht. Durch Reduktion des Indigos in der Küpe stellt man eine Lösung von Indigweißalkali her und zieht das zu färbende Gewebe hindurch. Nachdem das Indigweiß von der Faser aufgenommen ist, setzt man die Ware der Luft aus, wobei das Indigweiß wieder in den Farbstoff zurückoxydiert wird. Diese allmähliche Entwicklung der blauen Farbe durch Oxydation wird „Vergrünen" genannt, und zwar deshalb, weil sich anfangs aus dem blauen Farbstoff und der gelbstichigen Küpe eine grüne Mischfarbe bildet.

Der Vorgang, welcher in der Küpe bei der Reduktion des Indigos stattfindet, wird allgemein als Anlagerung von zwei Atomen Wasserstoff an 1 Molekül Indigo gedeutet. Dagegen ist *Binz*[4], welcher zusammen mit verschiedenen

---

[1] R. *A. S. F.*, D. *B.* P. 242149 [*Frdl.*, X, 397].

[2] *Wedekind & Co.*, D. R. P. 283356 [C. **1915**, I, 965]; *v. Iljinsky*, Zeitschr. f. angew. Chem. **27**, I, 357 (1914).

[3] Färber-Ztg. **24**, 254 [C. **1913**, II, 916.]

[4] *Binz*, Zeitschr. f. angew. Chem. **22**, 1757 (1909); *Binz* und *Mandowsky*, Ber. d. d. chem. Ges. **44**, 1225 (1911); *Binz* und *Schädel*, Ber. d. d. chem. Ges. **45**, 586 (1912).

Mitarbeitern diese Reaktion untersucht hat, der Ansicht, daß die Reduktion des Indigos nicht auf einer Anlagerung von Wasserstoff beruht, sondern auf Entziehung von Sauerstoff aus einem Anlagerungsprodukt von Alkali (Natron oder Kalk) an Indigo, welches sich in der ersten Phase des Vorganges bilden soll. Je nachdem man die Anlagerung von einem oder 2 Molekülen Alkali annimmt, können folgende zwei Formeln dafür aufgestellt werden:

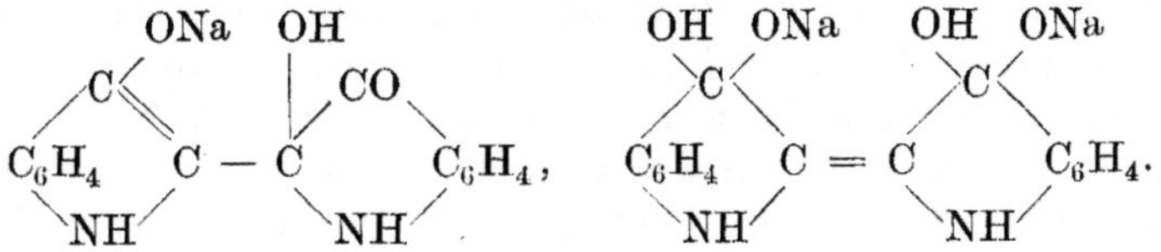

Erstere stammt von *Friedlaender*[1] und ist mit Rücksicht auf die alkalischen Spaltungsprodukte des Indigos aufgestellt worden. Bei der geringen Alkalikonzentration in der Küpe sind derartige Anlagerungsprodukte allerdings sehr schwer nachzuweisen, was aber nicht direkt gegen diese Theorie spricht, denn derartige Verbindungen können ja stets in dem Maße, wie sie durch Reduktion verbraucht werden, von neuem gebildet werden[2]. In neuerer Zeit ist es *Binz* und *Walter*[3] gelungen, derartige Anlagerungsprodukte zu isolieren und zu beschreiben.

Unter Abgabe von einem Molekül Wasser und Entziehung von einem Atom Sauerstoff werden nach obiger Auffassung diese Körper in der Küpe in Indigweiß übergeführt:

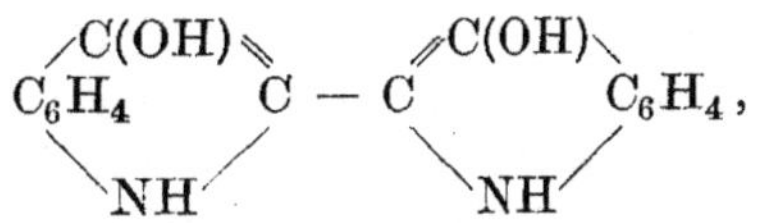

welches Mono- und Dialkalisalze zu bilden vermag, da es 2 Hydroxylgruppen enthält. Von diesen ist das Monosalz leicht, das Disalz schwerer löslich[4],

Als Zwischenprodukt bei der Reduktion soll ein roter Körper auftreten, welchen *Vaubel*[5] für Dihydroindigo, ein zwischen Indigo und Indigweiß liegendes Reduktionsprodukt mit doppeltem Molekulargewicht, hält, während *Binz*[6] der Ansicht ist, daß sich durch einen Oxydationsvorgang in der Küpe mikroskopisch kleine Indigokrystalle bilden, die einen roten Reflex geben.

Bei zu energischer Einwirkung des Reduktionsmittels wird das Indigomolekül an der Stelle der Doppelbindung gespalten. Es bilden sich 2 Moleküle Indoxyl, die bei der nachfolgenden Oxydation nur zum Teil wieder in Indigo übergehen. Ein anderer Teil des Indigweiß geht in einen unlöslichen gelben

---

[1] Ber. d. d. chem. Ges. **41**, 1035 (1908).

[2] *Binz* und *Walter*, Zeitschr. f. Farben- u. Textilchem. **2**, 435 (1903) [C. **1904**, I, 102].

[3] Zeitschr. f. angew. Chem. **19**,1415 (1906) [C. **1906**, II, 1129]; *B. A. S. F.*, D. R. P. 158 625 [*Frdl.*, VIII, 442].

[4] *Binz* und *Rung*, Zeitschr. f. angew. Chem. **15**, 627 (1902).

[5] Zeitschr. f. Farben- u. Textilchem. **1**, 39 (1902).

[6] Zeitschr. f. Farben- u. Textilchem. **1**, 229 (1902).

Körper über, der sich im Küpenschlamm vorfindet und nicht wieder in Indigo übergeführt werden kann[1].

Die Fixierung des Indigos auf der Faser erfolgt in zwei Phasen[2]: 1. Aufnahme von Indigweiß aus der alkalischen Lösung; 2. Oxydation auf der Faser. Aus der alkalischen Indigweißlösung nimmt die Faser nur das freie Indigweiß auf, während das Alkali in der Lösung zurückbleibt. Man ist daher berechtigt, anzunehmen, daß die Indigweißalkaliverbindungen in der Küpe hydrolytisch gespalten sind; vielleicht befindet sich das Indigweiß darin in einem mehr oder weniger kolloidalen Zustand, wie solcher häufig durch eine gewisse Größe des Moleküls bedingt wird. Dies wird bestätigt durch die Tatsache, daß Halogenderivate, die ein größeres Molekül besitzen, leichter auf die Faser gehen und echtere Färbungen geben, und daß die Affinität des freien Indigweiß zur Faser größer ist, als die der Indigweißalkaliverbindungen[3]. Je stärker also das Indigweiß hydrolytisch gespalten ist, d. h. je weniger freies Alkali die Küpe enthält, um so schneller und leichter wird es von der Faser aufgenommen. Andererseits wird entsprechend dem Massenwirkungsgesetz die Trennung von Indigweiß und Alkali um so langsamer erfolgen, je mehr freies Alkali in der Küpe vorhanden ist. Die Färbungen sind aber um so haltbarer und echter, je langsamer sich der Farbstoff auf der Faser ablagert. Es darf daher der Gehalt an Alkali in der Küpe nicht zu gering werden, weil sonst die Ablagerung des Farbstoffes zu schnell erfolgen würde. Die richtige Mitte im Alkali einzuhalten, ist für die Führung der Küpe von größter Bedeutung, wobei zu bemerken ist, daß ein Zuviel an Ätznatron schädlicher wirkt als ein solches von Kalk[4]. Zwischen tierischer und pflanzlicher Faser macht sich ein Unterschied bemerkbar. Färbungen auf Wolle müssen warm hergestellt werden, vermutlich weil zum Eintreten der Bindung eine stärkere Hydrolyse des Indigweißnatrium erforderlich ist, als bei Baumwolle, welche man in kalter Küpe färben kann. Zugleich sei darauf hingewiesen, daß Wolle auch aus saurer Lösung freies Indigweiß aufnimmt, was bei Baumwolle nicht der Fall ist. Der bei der Aufnahme des Farbstoffes sich abspielende Vorgang kann teils als Adsorption, bei Wolle aber auch teils als chemische Reaktion aufgefaßt werden. Je nach den Umständen wird nur ein Teil des Farbstoffes fest gebunden, während ein anderer mechanisch eingelagert bleibt und Reibunechtheit verursacht[5].

Für die Praxis der Küpenfärberei ist folgendes zu berücksichtigen: Eine rationelle Verküpung des Indigos ist nur möglich bei Einhaltung einer gewissen Temperatur und Konzentration der Küpe, die aber ungeeignet zum Ausfärben ist. Es ist daher zweckmäßig, die Herstellung der Küpe von dem

---

[1] *Reinking*, Lehnes Färber-Ztg. **23**, 250 (1912) [C. **1912**, II, 928].

[2] *Binz* und *Schädel*, Ber. d. d. chem. Ges. **45**, 593 (1912).

[3] *B. A. S. F.*, D. R. P. 137 884; *M. L. Br.*, D. R. P. 144 788 [*Frd.*, VII, 299, 297].

[4] *Binz* und *Rung*, Zeitschr. f. angew. Chem. **13**, 412 [C. **1900**, I, 1174].

[5] *Binz* und *Schädel*, Ber. d. d. chem. Ges. **45**, 596; *Schwalbe*, Neuere Färbetheorien in der „Sammlung chemischer und chemisch-technischer Vorträge", Band **12**, 229 (1908). bei Enke in Stuttgart.

eigentlichen Färbeprozeß zu trennen. Das erstere geschieht in der sog. Stammküpe. In dieser wird der Indigo in verhältnismäßig konzentrierter Lösung zu Indigweiß reduziert, worauf ein entsprechender Teil von ihr zum Ansetzen des Färbebades verwandt wird. Da nun in dem Wasser, aus welchem das Bad besteht, stets Sauerstoff gelöst ist, der das Indigweiß oxydieren würde, so wird dasselbe, um diesen unschädlich zu machen, mit einer geringen Menge des angewandten Reduktionsmittels versetzt, bevor man die Indigweißlösung zufügt. Sowohl die Stamm-, als auch die Färbeküpe kann fortlaufend benutzt werden, die erstere, indem man je nach Bedarf Farbstoff oder Reduktionsmittel zusetzt, die letztere dadurch, daß man ihr von neuem aus der Stammküpe Indigweißlösung zufügt, wenn sie erschöpft ist, ein Vorgang, den man als „Speisen“ bezeichnet. In neuerer Zeit hat man versucht, fertige Indigweißpräparate in den Handel zu bringen, um das Ansetzen der Stammküpe, das in den chemischen Fabriken im großen zweckentsprechender durchgeführt werden kann, zu umgehen. Über dieselben soll weiter unten ausführlich berichtet werden.

Eine in gutem Zustande befindliche Stammküpe besitzt eine Farbe, welche je nach dem angewandten Reduktionsmittel zitronen- bis dunkelgelb, mehr oder weniger ins Oliv spielend, ist. Ihre Oberfläche ist mit einer lockeren Schicht von reoxydiertem Indigo, der „Blume“ bedeckt. In der Flüssigkeit selbst sieht man eine große Menge blauer Adern, am Grund derselben setzt sich eine reichliche Menge Bodensatz ab, der stets nicht reduzierten Indigo enthält. Da bei großen Betrieben daraus ein nicht zu unterschätzender Verlust entsteht, so gibt es verschiedene Methoden, denselben wieder zurückzugewinnen. Am besten löst man ihn durch Anwendung eines starken Reduktionsmittels auf und fällt ihn aus der filtrierten Lösung durch Oxydation wieder aus.

Die Reduktion des Indigos in der Küpe kann dadurch beschleunigt werden, daß man Verbindungen, die als Wasserstoffüberträger wirken können, hinzusetzt; schon eine ganz geringe Menge von diesen genügt, um eine wesentliche Beschleunigung der Reduktion hervorzurufen. Diese Wirkung tritt nicht nur bei Verwendung von rein chemischen Reduktionsmitteln in Erscheinung, sondern auch bei der Gärungsküpe. Näheres darüber siehe S. 96.

Tiefe Färbungen von Indigo in einer Färbeoperation, „in einem Zuge“, herzustellen, ist nicht möglich. Diese Erscheinung beruht darauf, daß das Indigweiß in den gebräuchlichen Küpen nur in beschränktem Maße Affinität zur tierischen oder pflanzlichen Faser besitzt, so daß bei einem einmaligen Zuge nur ein kleiner Teil des in der Küpe befindlichen Indigweiß auf die Faser aufzieht und dementsprechend nur eine Färbung von geringer Tiefe erhalten wird. Durch starke Konzentration der Küpe gelingt es zwar, tiefere Färbungen herzustellen, die aber nicht reib- und waschecht sind, da der Farbstoff nur oberflächlich fixiert ist. Der einzige Weg, mit Indigo reib- und waschechte Färbungen von tiefen Nuancen zu erzielen, besteht darin, durch mehrfache Wiederholung der Färbeoperation, d. h. „in mehreren Zügen“ zu färben. Dies geschieht dadurch, daß stets mehrere Küpen (gewöhnlich drei, aber auch bis sechs) verwendet werden. Die frische Ware wird zunächst in der schwächsten Küpe, die nur noch wenig Farbstoff enthält, gefärbt, dann in einer oder mehreren mittelstarken und schließlich in einer frischangesetzten. Neben einer besseren und dauerhaften Färbung erzielt man zugleich als nicht zu unterschätzenden Vorteil eine bessere Ausnützung des Farbstoffes. Im allgemeinen gilt der Grundsatz, schwache Küpen und lange Züge, d. h. langes Eintauchen der Ware in das Farbbad färben die Ware am besten; denn je langsamer das Indigweiß auf die Faser aufzieht, um so fester sitzt es auf derselben, und um so besser wird daher die Färbung.

Die Verküpung des Indigos kann mit Hilfe sehr verschiedener Reduktionsmittel, stets in alkalischem Medium, durchgeführt werden. Jede dieser Methoden hat ihre eigenen Vorzüge und wird mit Vorteil für einen bestimmten Zweck verwandt.

Als Reduktionsmittel dienen: Zinkstaub, Ferrohydroxyd, Manganohydroxyd, Hydrosulfit, Eisenpulver, Zinnoxydul, Schwefelarsen (Opperment), Schwefelantimon, Arsenik, Traubenzucker, Gallussäure und viele andere. Dazu kommen als neueste Methoden, die noch keine praktische Verwendung gefunden haben, die elektrolytische Reduktion mit Hilfe einer aus fein verteiltem Indigo und Graphit bestehenden Kathode[1] und die katalytische Reduktion durch Wasserstoff in Gegenwart von fein verteilten oder kolloidalen Metallen in wäßrig alkoholischer Suspension[2]. Man kann die heute gebräuchlichen Küpen in folgender Weise einteilen:

1. Biologische Küpe, Gärungsküpe (Waid-, Soda-, Pottasche-, Sirup-, Urin-, Wollschweißküpe).
2. Küpe mit anorganischen Reduktionsmitteln:
   a) Hydrosulfit (Hydrosulfitküpen, Natron-, Ammoniak-, Kalkküpen); Zink-Bisulfit (Natron- oder Kalkküpe); Elektrolyse in Gegenwart von Sulfiten.
   b) Fein verteilte Metalle bei Gegenwart von Alkali (Zinkstaub, Eisen, Silicium).
   c) Ferrohydroxyd bei Gegenwart von Alkali.
3. Küpen mit organischen Reduktionsmitteln ohne Gärung (Traubenzucker, Indoxyl, Sulfitcelluloseablauge).

Mit Ausnahme der Hydrosulfitküpe haben sämtliche Küpen einen Niederschlag, den sog. „Küpenschlamm", der die zur Reduktion nötigen Reagenzien enthält, und in welchem infolge der Unlöslichkeit des Farbstoffes die Reduktion stattfindet. Die darüber stehende Lösung, die „Flotte", enthält nur Indigweißalkali neben freiem Alkali. Die Hydrosulfitküpe, welche keine wesentlichen Mengen von Küpenschlamm hat, enthält im Gegensatz zu den übrigen auch noch das als Reduktionsmittel gebrauchte Hydrosulfit. Daraus ergeben sich einige Unterschiede für die Behandlung der Ware nach dem Färben.

Gärungs- und Hydrosulfitküpen wurden früher als warme Küpen, die übrigen als kalte bezeichnet, und die warmen für tierische, die kalten für vegetabilische Fasern angewandt. Heute bei der vorherrschenden Stellung der Hydrosulfitküpe ist diese Einteilung nicht mehr richtig, denn auch sie

---

[1] *Chaumat*, D. R. P. 223143 [*Frdl.*, X, 416].

[2] Compt. rend. de l'acad. des sciences **160**, 306 (1915) [C. **1915**, I, 1000].

wird zur Färbung von Pflanzenfasern benützt. Als einzige Küpe, die in den Kulturstaaten ausschließlich für tierische Faser Anwendung findet, bleibt die Gärungsküpe übrig.

Im folgenden soll eine Übersicht über die gebräuchlichen Küpen gegeben werden, wobei nur die leitenden Gesichtspunkte hervorgehoben werden können. Ausführliche Vorschriften für das Ansetzen derartiger Küpen geben die Fabriken, welche Indigo fabrizieren; insbesondere die *Badische Anilin- und Sodafabrik* in ihrem Buch „Indigorein B. A. S. F.", ferner *Bottler* in „Färbemethoden der Neuzeit"[1].

a) Gärungsküpe.

Die Gärungsküpe ist diejenige Art, den Indigo zu reduzieren, die am längsten in ununterbrochenem Gebrauch ist. Eine Zeitlang wurde sie hauptsächlich in den Ländern des Orients angewandt, doch kommt sie heute auch bei uns in Europa immer mehr wieder in Aufnahme, da sie sich bei ihrer schwachen Alkalität ganz besonders zum Färben feinster, loser Wolle eignet, welche dabei am wenigsten angegriffen und zugleich weit schöner als in anderen Küpen gefärbt wird.

Die Reduktion in ihr erfolgt durch den Lebensprozeß von Bakterien[2], welche die Gärung und Verbrennung der zur Bereitung der Küpe dienenden Kohlehydrate und zuckerhaltiger Zusätze (Kleie, Mehl, Sirup, Brot, aufgeschlossene Malztreber[3], zuckerhaltige Früchte usw.) hervorrufen[4]. Den zur Verbrennung nötigen Sauerstoff beziehen diese Bakterien normalerweise aus der Luft, nur wenn ihnen dies nicht möglich ist, greifen sie andere Wasserstoffacceptoren[5] an, in diesem Falle die Carbonylgruppen des Indigos. Unbewußt hat die Praxis dieser Tatsache Rechnung getragen, indem die Färber ihre Gärungsküpen durch sorgfältiges Zudecken mit Tüchern vor dem Zutritt der Luft schützten. Die verbreitete Ansicht, daß dadurch ein Wärmeverlust verhindert werden muß, ist demnach nicht richtig. Denselben Erfolg hat übrigens auch die aus der Gärungsküpe sich bildende Indigoblume, die durch Reoxydation des Indigweiß an der Luft entsteht; sie schließt die darunter liegende Flüssigkeit fast vollkommen von dem Sauerstoff der Luft ab. Bei der Gärung bilden sich nebenbei Essigsäure, Milchsäure, Buttersäure, Kohlensäure, welche durch allmähliche Zugabe von Alkali in dem Maße, wie sie sich bilden, neutralisiert werden müssen.

Die die Gärung hervorrufenden Mikroorganismen kommen allenthalben in der Natur vor, so auch an den natürlichen Färbematerialien, wie Waid,

---

[1] Wilh. Knapp, Halle a. S. 1910.

[2] *Fitz*, Ber. d. d. chem. Ges. **11**, 1892, Anm. 1 (1878); *Wendelstadt* und *Binz*, Ber. d. d. chem. Ges. **39**, 1627 (1906).

[3] D. R. P. 286 338 [Angew. Chem. **28**, II, 468].

[4] Nach D. R. P. Anm. D 27 094, Kl. 8 m, der *Diamalt A.-G.* soll die Herstellung und Führung der Gärungsküpe erleichtert werden, wenn man derselben ein diastasereiches Malzprodukt außer den sonst nötigen Reagenzien zusetzt.

[5] Vgl. dazu die Arbeiten von *Wieland*: Zur Kenntnis der Oxydationsvorgänge. Ber. 45, 484, 679, 2606 [1912]; Ber. 46, 3327 [1913]; Ber. 47, 2085 [1914].

Krapp, Pflanzenindigo und der Kleie; bei einer Temperatur von über 80° sterben sie ab. Für die Praxis wäre es außerordentlich wichtig, die Küpen mit Reinkulturen ansetzen zu können. Sie könnten weit reinlicher und sicherer geführt werden als bisher; namentlich würden die unberechenbar plötzlichen Umschläge ausbleiben, die dem Überwuchern eines schädlichen Mikroorganismus zuzuschreiben sind. *Wendelstadt* und *Binz*[1] haben daher versucht, aus kleinen, eigens zu diesem Zwecke angesetzten Küpen die Mikroorganismen zu isolieren. Die Reinkultur dieser Bakterien ist ihnen jedoch nicht gelungen.

Es ist im allgemeinen leichter, eine große als eine kleine Küpe richtig zu führen. Früher nahm man sogar an, daß man kleine Küpen überhaupt nicht ansetzen könne. Demgegenüber haben *Wendelstadt* und *Binz*[1] gezeigt, daß man auch ganz kleine Küpen im Laboratorium ansetzen kann, wenn man dafür Sorge trägt, daß der Sauerstoff der Luft so vollkommen wie nur möglich ausgeschlossen bleibt.

Alle diejenigen Ingredienzien, welche nötig sind, um eine Gärungsküpe in Gang zu bringen, nennt man „Ansatz". Das Ansetzen und Führen der Küpen geschieht nach von alters her bekannten empirischen Regeln, und es lassen sich dafür keine rezeptmäßigen Vorschriften geben; vielmehr muß der Küpenführer auf Grund praktischer Erfahrungen mit Hilfe fortlaufend entnommener Proben beurteilen, welche Zusätze und wieviel davon zu machen sind. Das Aussehen, der Geruch, der Geschmack der Flotte, das Verhalten der Blume, die Stärke der Gärung (des „Triebes") sind solche Merkmale. Die Stärke der alkalischen Reaktion wird mit Phenolphtaleinpapier geprüft.

Vor Einführung des Pflanzenindigos wurde in Deutschland die Waidküpe, angesetzt mit den Blättern der Isatis tinctoria, zum Blaufärben benutzt. Heute wird der Waid[2], welcher als Kugelwaid sich im Handel befindet, zwar nicht mehr als Farbstoff, dagegen als ein geschätztes Gärungsmittel verwandt.

Es würde zu weit führen, den Ansatz einer Gärungsküpe an dieser Stelle ausführlich zu beschreiben. Es sei verwiesen auf die beiden obengenannten Bücher der *Badischen Anilin- und Sodafabrik* und von *Bottler*. Hier sei nur soviel bemerkt, daß man den zerstoßenen und längere Zeit mit Wasser eingeweichten Waid zunächst mit Wasser erwärmt und dann erst die anderen Zusätze, Kleie, Krapp, Indigo, Alkali, zugibt, von letzterem aber nur die Hälfte. Durch Erwärmen wird die Gärung befördert, durch Kalk verlangsamt, und der Färber erkennt an dem Aussehen und Geruch der Küpe, in welchem Stadium sich die Gärung befindet. Bei normalem Verlauf ist eine angesetzte Küpe nach 2 bis 3 Tagen fertig und wird sofort zum Färben verwandt. Nach dem Färben setzt man nach Bedarf wieder Kleie oder Sirup, Kalk und Indigo zu und kann so aus einer Küpe monatelang färben, wenn man dafür Sorge trägt, sie in gutem Zustand zu erhalten.

Anfänglich wurde als Alkali nur Kalk verwandt, später ein Teil desselben durch Pottasche oder Soda ersetzt. Diese Küpen, Bastardküpen genannt, kamen in der zweiten Hälfte des 18. Jahrhunderts in Aufnahme und

[1] Ber. d. d. chem. Ges. **39**, 1627 (1906).
[2] *Wedekind*, Chem.-Ztg. **28**, 1229 (1904).

wurden gern gebraucht, weil sie leichter als die Waidküpe zu führen sind. Die Pottascheküpe färbt rascher, tiefer und walkechter als die Waidküpe, während sich die Sodaküpe nur zum Färben von leichten Tönen eignet. Von ganz geringer Bedeutung ist die Urinküpe, bei der das durch Faulen des Urins entstehende Ammoniumkarbonat das Alkali ist, welches das Indigweiß in Lösung erhält; ferner die Wollschweißküpe, bei welcher Rohwolle direkt zum Färben verwandt wird, so daß Wäsche und Färben der Ware in einer einzigen Operation vorgenommen wird.

Für Zwecke, bei denen auf rein chemischem Wege dargestellte Küpen zur Anwendung kommen (Hydrosulfitküpen), hat der künstliche Indigo den natürlichen schnell verdrängen können. Hier genügt die Form, in welcher das Indigblau durch Ausblasen der Indoxyllösung mittels Luft erhalten wird, wobei er aus verhältnismäßig konzentrierter Lösung krystallinisch ausfällt. Infolge seiner festen physikalischen Form setzt er gelinden Reduktionsmitteln, wie sie in der Gärungsküpe vorhanden sind, großen Widerstand entgegen, so daß er sich darin nicht nur sehr langsam, sondern auch unvollständig auflöst. Die Gärungsküpe dagegen verlangt einen Farbstoff von außerordentlich feiner Verteilung, wie sie bis jetzt nur der Naturindigo besitzt, welcher aus dem Glucosid des Indigweiß aus großer Verdünnung in Form eines unendlich feinen amorphen Pulvers ausgeschieden wird. Seine Teilchen sind so zart und unfühlbar, daß sie der reduzierenden Wirkung der Agenzien in der Küpe nur einen sehr geringen Widerstand entgegensetzen, weshalb er sich spielend leicht in der Gärungsküpe auflöst. Aus diesen Gründen und, da gerade im Orient, wo der natürliche Indigo produziert wird, vorzugsweise die Gärungsküpe verwandt wird, stößt die Einführung des künstlichen Indigos in diesem Gebiete auf Schwierigkeiten. Um sie zu überwinden, sind die chemischen Fabriken seit langem bemüht, den künstlichen Indigo in so feine Verteilung zu bringen, daß seine Verarbeitung in der Gärungsküpe ebenso leicht und glatt erfolgt wie die des natürlichen Farbstoffes. Dies wird erreicht durch Mahlen in Desintegratoren oder durch Zusammenpressen des Indigos mit Stärke, Laminariapulver oder ähnlichen, so daß die Stücke bei der Berührung mit Wasser zu sehr feinen Partikeln zerfallen[1].

Neben diesen mechanischen Verfahren, den Indigo oder andere Küpenfarbstoffe in feine Verteilung zu bringen, werden auch einige auf chemischer Grundlage beruhende vorgeschlagen. Ein solches ist das Ausfällen des Farbstoffes aus seiner Lösung in konzentrierter Schwefelsäure durch Eingießen in Wasser[2]. Die Feinheit des ausgefällten Farbstoffes kann dadurch, daß man zugleich mit ihm verschiedene organische Substanzen, wie aromatische Sulfon- oder Carbonsäuren[3] oder auch aromatische Basen und deren Derivate, wie Arylglycine[4], ferner Aldehyde[5] in der Schwefelsäure auflöst, noch erhöht

---

[1] *B. A. S. F.*, D. R. P. 147 162, 149 460, 157 541 [*Frdl.*, VII, 294ff.].
[2] *M. L. Br.*, D. R. P. 121 450, 272 223, 275 290 [C. **1914**, I, 1388; II, 281].
[3] *M. L. Br.*, D. R. P. 239 337 [*Frdl.*, X, 409].
[4] *M. L. Br.*, D. R. P. 241 140 [*Frdl.*, X, 412].
[5] *M. L. Br.*, D. R. P. 242 532, 246 580 [*Frdl.*, X, 415].

werden. Außerdem wird der Indigo in äußerst feiner, ja kolloidartiger Verteilung erhalten, wenn man der alkalischen Lösung der Leukoverbindung, aus welcher durch Einblasen von Luft der Farbstoff abgeschieden wird, verschiedene organische Säuren und andere Körper zusetzt. Solche sind: Sulfitcelluloseablauge[1], aromatische Sulfon-[2] und Carbonsäuren[3], Phenole[4], Aldehyde[5].

Das beste Produkt war lange Zeit ein Teig mit 20 Proz. Indigogehalt, welcher direkt fabriziert werden konnte und für die chemischen Küpen überall den Naturindigo verdrängt hat, für die Gärungsküpe aber doch nicht geeignet war. Außer seiner schwierigen Reduzierbarkeit ist die Teigform hinderlich, welche einerseits den Transport verteuert, andererseits die Haltbarkeit des Präparates beeinträchtigt. Infolge ihres feuchten Zustandes geht sie leicht in Fäulnis über, welche die Zerstörung des Farbstoffes zur Folge hat. Als ein Mittel dagegen wird ein Zusatz von Alkali, besonders Kalk, empfohlen.

Es werden daher jetzt Präparate hergestellt, welche den Indigo in reduziertem Zustand, also als Indigweißalkalisalz, enthalten. Diese können ohne weiteres dem Färbebad zugesetzt werden, und man erspart damit den Zeitverlust, welcher dadurch entsteht, daß der Farbstoff durch den langsam verlaufenden Gärungsprozeß in Lösung gebracht wird. Die Herstellung haltbarer Indigweißpräparate, welche mit Hilfe von Hydrosulfiten als Reduktionsmittel hergestellt werden, ist bei diesen eingehend beschrieben[6]. Hier seien nur einige speziell für die Gärungsküpe hergestellte Präparate erwähnt. Ein solches[7] besteht aus einer Paste von Indigweiß, welche mit Melasse, Sirup, Zuckerarten oder deren technischen Ersatzprodukten, ferner Milchsäure und deren Salzen imprägniert ist. Sie ist in dieser Form gegen die oxydative Einwirkung der Luft und zugleich gegen Fäulnis und Gärung geschützt; letzteres durch den Einfluß des Indigweiß, welches in freiem Zustande infolge seines Phenolcharakters antiseptisch wirkt. Weitere Vorzüge dieser Pasten sind, daß sie nicht eintrocknen und sehr leicht anteigbar sind.

In allen gebräuchlichen Vorschriften für den Ansatz einer Gärungsküpe wird ein Zusatz von Krapp gemacht, da es eine Erfahrungstatsache ist, daß die durch Gärung hervorgerufene Reduktion des Indigos durch Zusatz einer Reihe von Körpern mit chinon- oder chinonimidartiger Konstitution wesentlich gefördert wird. Alle diese Körper wirken als Katalysatoren, da sie imstande sind, mit großer Leichtigkeit Wasserstoff aufzunehmen und diesen ebenso leicht wieder für Reduktionszwecke abzugeben. Zugleich vermögen diese Körper die Oxydation der Küpe durch den Sauerstoff der Luft zu ver-

---

[1] *B. A. S. F.*, D. R. P. 222 191 [*Frdl.*, X, 407].
[2] *M. L. Br.*, D. R. P. 237 368 [*Frdl.*, X, 408].
[3] *M. L. Br.*, D. R. P. 239 336 [*Frdl.*, X, 408].
[4] *M. L. Br.*, D. R. P. 239 339 [*Frdl.*, X, 411].
[5] *B. A. S. F.*, D. R. P. 168 395 213 472 [*Frdl.*, VIII, 445; IX, 623].
[6] s. S. 108.
[7] *M. L. Br.*, D. R. P. 192 872, 200 914, 265 832 [*Frdl.*, VIII, 1366; IX, 619; Pat. Schr. 3343].

hindern. Am meisten wird für derartige Zwecke Anthrachinon oder Derivate desselben, wie Alizarin, Krapp, angewandt[1]. Die Wirkung[2] beruht darauf, daß Anthrachinon durch Reduktionsmittel sehr leicht in sein Hydrochinon, welches durch den vorhandenen Indigo wieder zu Anthrachinon oxydiert wird, übergeht und daß sich abwechselnd Oxydation und Reduktion so lange wiederholen, als Farbstoff und Reduktionsmittel vorhanden sind. Weiter wurde gefunden, daß auch die Chinone der Benzol- und Naphtalinreihe oder höherer Kohlenwasserstoffe die Küpenführung erleichtern[3]. Es können aber auch eine große Zahl anders zusammengesetzter Körper zu diesem Zweck gebraucht werden, wenn ihnen nur die Eigenschaft zukommt, schneller wie die angewandten Küpenfarbstoffe reduzierbar und im reduzierten Zustand leicht dehydrierbar zu sein. Solche sind Nitrosonaphthole, Indophenole, Isatin oder deren Sulfosäuren, außerdem gewisse Triphenylmethanfarbstoffe. Als besonders wirksam wird von der *Badischen Anilin- und Sodafabrik*[4] Indulinscharlach empfohlen und darauf hingewiesen, daß selbst Indigo, der sonst für die Gärungsküpe nicht fein genug ist, durch einen geringen Zusatz dieses Farbstoffes leicht und glatt reduziert wird.

b) Hydrosulfitküpe.

Die Gärungsküpe ist die älteste, technisch im großen Maßstab angewandte Küpe, die neueste ist die Hydrosulfitküpe; beide sind diejenigen, welche heute am meisten in Gebrauch sind. Das Hydrosulfit, welches in diesen Küpen als Reduktionsmittel dient, und alle für dasselbe in Betracht kommenden Fragen sind ausführlich behandelt von *Jellinek* in seinem Buch „Das Hydrosulfit"[5], so daß ich mich hier auf eine kurze zusammenfassende Besprechung beschränken kann.

In wäßriger Lösung wurde es bei der Einwirkung von Zink auf Schwefeldioxyd von *Schützenberger*[6] entdeckt. Dieser und *Lalande* erkannten auch bereits seine Fähigkeit, den Indigo und andere Farbstoffe zu reduzieren[7]. Dies ist auch heute seine hauptsächlichste Anwendungsform, während seine Verwendung für andere Reduktionszwecke nicht sehr groß ist. Seine Darstellung erfolgt durch Einwirkung von Zink, Zinkstaub oder eines anderen Reduktionsmittels auf Bisulfitlösung, wobei die Substanzen durch Umrühren vermischt werden:

$$4\,NaHSO_3 + Zn = Na_2S_2O_4 + ZnSO_3 + Na_2SO_3 + 2\,H_2O.$$

Außer dem Natriumhydrosulfit und Zinksulfit bildet sich auch stets Zinkoxyd; jedenfalls kann theoretisch nicht mehr als die Hälfte der vorhandenen

[1] *M. L. Br.*, D. R. P. 240 266 [*Frdl.*, X, 424].
[2] *Planowsky*, Zeitschr. f. Farben- u. Textilind. **4**, 192 (1905).
[3] *M. L. Br.*, D. R. P. 248 037 [*Frdl.*, X, 425].
[4] *B. A. S. F.*, D. R. P. 243 743 [*Frdl.*, X, 423].
[5] Sammlung chemischer und chemisch-technischer Vorträge **17**, 1 bis 182; **18**, 1 bis 224 (1912), bei Enke, Stuttgart; s. a. *Wäser*, Chem.-Ztg. **37**, 1578 (1913).
[6] Compt. rend. de l'acad. des sciences **69**, 196 (1869); Bull. soc. chim. [2] **12**, 121 bis 126 (1869).
[7] Bull. soc. chim. [2] **19**, 152 bis 156; **20**, 145 bis 159 (1873).

schwefligen Säure in Hydrosulfit umgewandelt werden. Die Ausbeute kann aber durch Zusatz von Schwefelsäure erhöht werden[1]. Spätere Darstellungen sind Einstellen von Zinkstreifen in wäßrige schweflige Säure und darauffolgendes Umsetzen mit Kalkmilch und Verrühren von Natriumbisulfit mit Zinkstaub und Natronlauge oder Ammoniak. Die Darstellung durch Elektrolyse[2] soll in der Weise geschehen, daß man konzentrierte Lösungen der Bisulfite der alkalischen Erden oder des Magnesiums der elektrolytischen Reduktion unterwirft. Dabei scheiden sich die entstandenen Hydrosulfite in fester Form aus und werden so der zersetzenden Wirkung des Stromes entzogen. *Elbs* und *Becker*[3] erklären aber diese Angabe für unrichtig und behaupten, daß man nur ganz verdünnte Lösungen so gewinnen könne; dem widerspricht jedoch *Frank*[4]. Auch die *Badische Anilin- und Sodafabrik*[5] hat sich die elektrolytische Reduktion von Bisulfiten zu Hydrosulfiten durch Patente schützen lassen.

Auf diese Weise erhielt man stets nur Lösungen von Hydrosulfit, deren Haltbarkeit zwar durch Zusatz von Alkali erhöht wird, die aber trotzdem stets unmittelbar vor Gebrauch frisch hergestellt werden mußten. Diese Nachteile standen der größeren Verbreitung des Hydrosulfits hindernd im Wege, was besonders unangenehm empfunden wurde, als seit Einführung des künstlichen Indigos von 1897 ab die Nachfrage nach Hydrosulfit erheblich stieg, da die Hydrosulfitküpe in bezug auf einfache Behandlung allen anderen überlegen ist und der künstliche Indigo leicht und glatt durch sie reduziert wird. Es wurde daher eifrigst an dem Problem gearbeitet, das Hydrosulfit in eine haltbare Form zu bringen, ein Problem, mit dem sich besonders die *Badische Anilin- und Sodafabrik* befaßte. Anfänglich stellte man sehr konzentrierte Hydrosulfitlösungen und -pasten her, die mit Alkohol und Glycerin versetzt und zur Erhöhung der Haltbarkeit sehr stark alkalisch waren (Hydrosulfit fest oder konzentriert der *B. A. S. F.* oder Hydrosulfit O von *M. L. B.*). Die Herstellung von festem Natriumhydrosulfit versuchte bereits *Schützenberger*[6] durch Fällen einer konzentrierten Lösung mit Alkohol. Die vielversuchte Aufgabe gelang aber erst im Jahre 1900 durch Fällen mit Kochsalzlösung[7]. Bald darauf hat *Großmann*[8] die Darstellung von Calciumhydrosulfit und Doppelsalzen desselben angegeben. Feste Hydrosulfite werden erhalten, wenn man die mit Zinkstaub reduzierten Lösungen von Zink-, Calcium-, Magnesiumbisulfit durch Zusatz von Salzlösungen ausfällt[9]. Dabei bilden sich Doppelsalze von der allgemeinen Formel $Me^{I}NaS_2O_4$, die in Wasser leicht löslich und luftbeständig sind. Keines desselben kann jedoch für die Färberei ver-

---

[1] *Großmann*, D. R. P. 84 507 [C. **1896**, I, 464].
[2] *Frank*, D. R. P. 125 207 [C. **1901**, II, 1099].
[3] Zeitschr. f. Elektrochem. **10**, 361 (1904) [C. **1904, II, 11**].
[4] Zeitschr. f. Elektrochem. **10**, 450 (1904) [C. **1904**, II, 394].
[5] D. R. P. 276 058, 276 059 [C. **1914**, II, 364].
[6] *Bernthsen*, Annal. d. Chem. **208**, 164 (1881).
[7] *Bernthsen* und *Bazlen*, Ber. d. d. chem. Ges. **33**, 126 (1900); *B. A. S. F.*, D. R. P. 112 483 [C. **1900**, II, 614].
[8] D. R. P. 113 949 [C. **1900**, II, 793].
[9] *B. A. S. F.*, D. R. P. 125 303, 144 632 [C. **1901**, II, 1100; **1903**, II, 694].

wandt werden, da sie mit den Farbstoffen schwerlösliche Verbindungen (Lacke) bilden. Es blieb daher nichts anderes übrig, als das allein brauchbare Natriumsalz in eine haltbare Form zu bringen. Dies wurde dadurch erreicht, daß man den Hydraten das Krystallwasser mit Alkohol, Aceton oder Äther entzog [1] und die wasserfreien Salze dann im Vakuum oder in einem Strom indifferenter Gase trocknete [2].

Weiterhin können wasserfreie Hydrosulfite dadurch dargestellt werden, daß man konzentrierte wäßrige Hydrosulfitlösungen bei Gegenwart von überschüssigem Anilin oder ähnlichen hochsiedenden Basen oder auch ohne dieselben im Vakuum bis zur völligen Trocknung verdampft [3].

Das Natriumhydrosulfit hat die Formel $Na_2S_2O_4$ und krystallisiert mit 2 Molekülen Wasser [4]. Eine Reihe von Salzen ist von *Bazlen* [5] beschrieben. Als Konstitutionsformeln kommen die beiden folgenden in Betracht:

$$\begin{array}{r} SONa \\ | \\ O \\ | \\ O = SONa \end{array} \qquad \text{oder} \qquad \begin{array}{l} O = S - Na \\ \;\;\;\;\;| \\ \;\;\;\;\;O \\ \;\;\;\;\;| \\ O_2 \equiv S - Na, \end{array}$$

von denen wahrscheinlich der zweiten wegen der leichten Bildung von Sulfonen bei der Einwirkung von Dimethylsulfat der Vorzug zu geben ist. Auf die sehr verwickelte Strukturchemie der hydroschwefligen Säure kann hier nicht eingegangen werden.

Die freie hydroschweflige Säure, die auch in Lösungen nicht beständig ist, ist demnach ein gemischtes Anhydrid der schwefligen Säure und der Sulfoxylsäure:

$$H_2SO_3 + H_2SO_2 = H_2S_2O_4 + H_2O.$$

Alle bisher erwähnten Hydrosulfitverbindungen haben die Unbeständigkeit gegen Luft als unangenehme Eigenschaft, die allerdings bei den außerordentlich wichtigen Doppelverbindungen, welche die Hydrosulfite mit Aldehyden und Ketonen bilden, und bei den daraus dargestellten Sulfoxylaten wegfällt. Da diese aber nur in der Wärme (beim Dämpfen) ihre Reduktionswirkung entfalten, unter den bei der Küpenfärberei vorhandenen Bedingungen aber nicht, so kommen sie für letztere nicht zur Verwendung, sondern nur in der Druckerei, worüber am Schluß des Kapitels über die Reduktion des Indigos berichtet werden soll [6].

Die Reduktionswirkung der hydroschwefligen Säure beruht zweifellos auf der leichten Abspaltbarkeit ihrer beiden Wasserstoffatome; der übrig-

---

[1] *B. A. S. F.*, D. R. P. 133 040 [C. **1903**, II, 693].

[2] *Jellinek*, Das Hydrosulfit. In der Sammlung chemischer und chemisch-technischer Vorträge **18**, 137ff. (1912); Enke Stuttgart.

[3] *Elektron*, D. R. P. 267 872, 280 555 [Pat.-Schr. 3140; C. **1915**, I, 70].

[4] *Bernthsen*, Annal. d. Chem. **208**, 142 (1881); Ber. d. d. chem. Ges. **38**, 1048 (1905).

[5] Ber. d. d. chem. Ges. **38**, 1057 (1905).

[6] s. S. 127.

bleibende Rest S_2O_4 hydratisiert sich zu schwefliger Säure bzw. zu 2 Molekülen Sulfit. Die Gleichung ist folgende:

$$Na_2S_2O_4 + 2\,H_2O = H_2 + 2\,NaHSO_3.$$

Es reduziert also 1 Molekül dieses Körpers gerade 1 Molekül Indigo. und zwar quantitativ, so daß darauf eine Methode zur Gehaltsbestimmung des Indigos und auch von Hydrosulfit aufgebaut ist.

Schützenberger und *Lalande*[1] waren die ersten, welche die Hydrosulfitküpe anwandten. Zum Färben in der Hydrosulfitküpe wird heute nur noch künstlicher Indigo verwandt. Von den drei gebräuchlichen Formen, Indigopulver, Indigopaste und reduzierter Indigo, den die großen Fabriken liefern, wird die 20proz. Paste am meisten verwandt, und zwar sowohl für tierische wie für pflanzliche Fasern; für Baumwolle als Natron-, Pottasche- oder Kalkküpe, für Wolle als Ammoniak-, Natron-, Pottasche- oder Kalkküpe. Auch bei diesen Küpen wird zunächst eine Stammküpe angesetzt und von dieser aus das Farbbad mit reduziertem Farbstoff beschickt. Ein kleiner Überschuß von Hydrosulfit muß in letzterem vorhanden sein, da sonst das Vergrünen des gefärbten Stoffes an der Luft zu rasch vor sich geht und infolge davon der Farbstoff sich auf der Faser nicht reibecht abscheidet. Anderseits ist aber auch ein zu großer Überschuß des Reduktionsmittels zu vermeiden, wodurch auf der Faser befindlicher Farbstoff wieder abgezogen werden kann. Hydrosulfit ist sogar ein gutes Mittel, um ungleichmäßige Färbungen gleichmäßig zu machen und zu dunkle heller, indem man die gefärbte Ware in eine Lösung dieses Reduktionsmittels einbringt. Der dabei in Lösung gehende Indigo kann aus dieser direkt wieder aufgefärbt werden.

Eine Stammküpe für das Färben von Baumwollware wird folgendermaßen angesetzt[2]: 50 kg Indigo rein, 20 Proz. werden mit 100 l heißem oder kaltem Wasser angerührt und mit 30 l Natronlauge von 40° Bé versetzt, worauf man unter gutem Umrühren 8,5 kg Hydrosulfit conc., B. A. S. F.-Pulver portionsweise einträgt und auf etwa 45° erwärmt. Nach $^1/_2$ Stunde ist bei richtigem Arbeiten die Küpe fertig und soll gelb aussehen und von einem eingetauchten Glasstreifen klar und gelb ablaufen. Zeigt sie noch dunkle Punkte, so ist noch ungelöster Indigo vorhanden; man muß in diesem Falle noch Hydrosulfit zugeben. Ist die Stammküpe trübe und grünlichweiß, so enthält sie zu wenig Alkali, und es hat sich Indigweiß ausgeschieden, was durch vorsichtigen Zusatz von Alkali wieder in Lösung gebracht werden muß. Der richtige Gehalt an letzterem wird durch Phenolphthaleinpapier festgestellt.

Bei der Kalkküpe, welche sich für Wolle besser eignet als die Natronküpe, tritt an die Stelle der Natronlauge Kalk. Sie ist weniger alkalisch als die erstere und daher für Wolle weniger schädlich, hat aber einen Bodensatz, der folgende Nachteile mit sich bringt: die Küpenflotte kann nicht ganz ausgenutzt werden; ein Teil des Farbstoffes wird vom Bodensatz zurück-

[1] Engl. Pat. 3377 (1871) [„Indigo rein“, S. 126].
[2] Vorschrift der *B. A. S. F.* in „Indigo rein B. A. S. F.“, S. 91.

gehalten und geht verloren; beim Nachspeisen mit Stammküpe muß man warten, bis sich der Schlamm abgesetzt hat; nach dem Färben muß die Wolle abgesäuert werden.

Trotz aller Vorsicht ist der ungünstige Einfluß, den das überschüssige Alkali auf die tierische Faser ausübt, nicht vollkommen auszuschalten. Man hat aus diesem Grunde versucht, Lösungen von Indigweiß ohne Gegenwart von Alkali herzustellen, indem man entweder die alkalische Lösung mit überschüssiger Borsäure versetzt[1] oder das Ausfallen von Indigweiß aus der sauren Lösung durch Zusatz von Leim, Dextrin, Gummi usw. verhindert[2]. Diese beiden Verfahren haben jedoch keine große Anwendung gefunden, vielmehr benutzt man jetzt gewöhnlich zum Färben von Wolle die Hydrosulfitammoniakküpe. Ihr Vorzug besteht darin, daß der ungünstige Einfluß der fixen Alkalien hier wegfällt. Anfangs scheiterte die Verwendung des Ammoniaks daran, daß Indigweiß in diesem nur schwer und unvollständig löslich ist. Dem kann aber abgeholfen werden durch Zusatz von Leim, Proteinstoffen, Stärke, Gummi, Dextrin, Albumin oder ähnlichem. Man erhält so eine schwach ammoniakalische Küpe von großer Haltbarkeit und guter Färbkraft[3]. In neuester Zeit wird von den *Farbwerken vorm. Meister, Lucius & Brüning* die „Höchster Sodahydrosulfitküpe" empfohlen, welche vor der Ammoniakküpe verschiedene Vorzüge haben soll.

Die bei der Reduktion des Indigos durch Hydrosulfit sich abspielenden Vorgänge haben *Binz* und *Rung*[4] untersucht und dabei festgestellt, daß der Farbstoff bei dieser am besten von allen Reduktionsmethoden und fast quantitativ ausgenutzt wird. Der Verlust von Farbstoff beträgt bei ihr nur 1 bis 2 Proz., während bei anderen Küpen solche bis zu 25 Proz. eintreten[5].

Das in der Hydrosulfitküpe vorliegende Reduktionsprodukt des Indigos besteht nach *Reinking*[6] vorwiegend aus dem Mononatriumsalz des Indigweiß. Ist ein Überschuß von Alkali vorhanden, so bildet sich ein Dinatriumsalz, welches Veranlassung zu Verlusten an Indigo infolge von zu weitgehender Reduktion gibt.

Im Anschluß hieran sollen einige Reduktionsverfahren des Indigos beschrieben werden, die gewöhnlich nicht als Hydrosulfitküpen bezeichnet werden, bei denen aber doch intermediär gebildetes Hydrosulfit die Reduktion bewirkt. Bei ihnen wird die Bildung des Hydrosulfits und die Reduktion des Indigos in einer Operation vereinigt. Es sind dies die: Bisulfit-Zink-Natronküpe, elektrolytische Reduktion bei Gegenwart von Sulfiten.

Die Bisulfit-Zink-Natron-(Kalk-)Küpe unterscheidet sich von der gewöhnlichen Hydrosulfitküpe dadurch, daß man an Stelle von fertigem

---

[1] *B. A. S. F.*, D. R. P. 137 884 [*Frdl.*, VII, 299].

[2] *M. L. Br.*, D. R. P. 144 788 [*Frdl.*, VII, 297].

[3] *B. A. S.*, *F.* D. R. P. 152 907 [*Frdl.*, VII, 300].

[4] Zeitschr. f. angew. Chem. **11**, 957 (1898); **15**, 616 (1902) [C. **1898**, II, 1226; **1902**, II, 408).

[5] „Indigo rein B. A. S. F.", S. 90.

[6] Chem.-Ztg. **36**, 622 (1912). Orig.

Hydrosulfit ein Gemenge von Natriumbisulfit und Zinkstaub bei Gegenwart von freiem Alkali zur Reduktion des Indigos verwendet; und zwar für Zwecke der Baumwollfärberei Natron, für Wolle Kalk. Ihre Nachteile sind: viel Bodensatz, rasche Anreicherung von Salzen, geringe Ausnutzung des Indigos. Außerdem können bei zu langem Stehen der Stammküpe sehr leicht größere, bis zu 30 Proz. betragende Verluste an Indigo eintreten, was eine Folge der schädlichen Einwirkung des Zinkstaubes ist; bei zu weitgehender Reduktion bildet sich Anthranilsäure[1]. Trotzdem wird diese Küpe noch bisweilen zum Färben von Baumwolle, hauptsächlich in der Garnstrangfärberei, angewandt.

Ebenfalls auf intermediärer Bildung von Hydrosulfit beruht die Reduktion des Indigos durch Elektrolyse bei Gegenwart von erwärmten Sulfitlösungen[2]. Gegenüber der Verwendung von elektrolytisch hergestelltem Hydrosulfit hat das Verfahren den Vorteil, daß das Hydrosulfit durch die sofortige Umsetzung mit Indigo der zersetzenden Wirkung des elektrischen Stromes entzogen wird. Sorgt man durch Einleiten von schwefliger Säure dafür, daß die Flüssigkeit während der Elektrolyse nur schwach alkalisch wird, so erhält man ein an der Luft ziemlich beständiges Indigweiß.

Noch eine chemisch interessante Methode sei erwähnt[3]. Schweflige Säure und Ameisensäure sind jede für sich nur schwache Reduktionsmittel, die einzeln Indigo nicht zu reduzieren vermögen. Werden beide Körper gleichzeitig zur Einwirkung gebracht, so tritt starke Reduktionswirkung auf, die auf der Bildung von hydroschwefliger Säure beruht:

$$CHO_2Na + 2\,NaHSO_3 = Na_2S_2O_4 + NaHCO_3 + H_2O.$$

Technische Bedeutung dürfte dem Verfahren wohl kaum zukommen.

Als eine besondere Reduktionsmethode ist noch das Verfahren von *Chartscheff*[4] aufzuführen. Er läßt Natriumsulfid auf die Bisulfitverbindung des Formaldehyds einwirken und erhält dabei eine weiße, aus wäßriger Lösung in feinen Nadeln krystallisierende Verbindung von unbekannter Konstitution, welche außerordentlich beständig gegen Alkalien ist und Küpenfarbstoffe reduziert. Ihre Reduktionswirkung ist jedoch schwächer als die der Hydrosulfitverbindungen und verläuft in zwei scharf getrennten Phasen, während Küpenfarbstoffe durch Hydrosulfitverbindungen oder Sulfoxylate direkt in die normalen Leukoverbindungen übergeführt werden.

c) Reduktion mit Metallen und Alkali.
(Zinkstaubküpe und ähnliche.)

Die wichtigste von diesen Küpen ist die Zinkstaubküpe, in welcher die Reduktion des Indigos durch Zinkstaub bei Gegenwart von Kalk oder Natronlauge bewirkt wird. Sie wurde zuerst von *Leuchs* im Jahre 1845 angewandt,

---

[1] *Ehrhardt*, Zeitschr. f. angew. Chem. **27**, II, 144 (1914).
[2] *M. L. Br.*, D. R. P. 139 567, 145 602 [*Frdl.*, VIII, 287, 296].
[3] *Kapff*, D. R. P. 175 582 [*Frdl.*, VIII, 94].
[4] Färber-Ztg. **24**, 254 (1913) [C. **1913**, II, 916].

später mit Ammoniak im Jahre 1866 von *Stahlschmiedt*, schließlich 1867 von *Cohen* patentiert. Früher war sie für die Baumwollfärberei außerordentlich wichtig, hat aber heute infolge der Verbreitung der Hydrosulfitküpe ihre Bedeutung eingebüßt; für Wolle kann sie nicht gebraucht werden.

Die von *Binz* stammende Theorie, daß die Reduktion des Indigos zu Indigweiß nicht eine Anlagerung von Wasserstoff, sondern eine Entziehung von Sauerstoff ist, hat er[1] für die Zinkstaubküpe durch folgende Versuche zu beweisen versucht.

1. Indigo ist an einer Zinkanode in Natronlauge auch dann verküpbar, wenn die an der Kathode stattfindende Wasserstoffentwicklung in einen besonderen Kathodenraum, in welchem sich kein Farbstoff befindet, verlegt wird. Man erhält so im Anodenraum eine Küpe, obgleich dort Sauerstoff frei wird. Dieser wird von überschüssigem Zink aufgenommen, während andere Teile des Metalles den Natronindigo reduzieren. Tatsächlich geht mehr Zink in Lösung, als dem *Faraday*schen Gesetz entspricht[2]. Diese Ansicht wird von *Haber*[3] bestritten, aber von *Binz*[4] aufrechterhalten.

2. Die Verküpung mittels Zinkstaub und Natronlauge wird durch Alkohol außerordentlich beschleunigt, obgleich alkoholisches Natron allein ohne Wirkung ist. Die Beschleunigung beruht darauf, daß der Alkohol durch Zurückdrängen der Hydrolyse die Bildung von Natronindigo erleichtert.

3. Zinkstaub, Eisenpulver und namentlich das langsam wirkende Magnesium wirken viel rascher auf Natronindigo ein als auf Indigo bei Gegenwart der gleichen Menge noch nicht an den Farbstoff gebundenen Alkalis.

Es ist *Binz* (a. a. O.) auch gelungen, den Indigo bei vollkommenem Ausschluß von Wasser durch Zinkstaub zu reduzieren, indem er auf seine Lösung in siedendem Naphthalin Zinkstaub unter sorgfältigem Ausschluß von Sauerstoff einwirken ließ. Es entsteht dabei eine smaragdgrüne Lösung, in der er das Vorhandensein von Indigweißzink nachweisen konnte.

Zur Bereitung einer Stammküpe wird der Farbstoff zusammen mit Zinkstaub in warmem Wasser angerührt und diese Mischung mit der entsprechenden Menge Alkali (meistens Ätzkalk) versetzt. Manchmal wird ein Teil des Kalkes durch Natronlauge ersetzt, hauptsächlich deswegen, weil eine solche Küpe länger benutzt werden kann, doch färbt eine mit Ätznatron angesetzte Küpe langsamer und nicht so rein als eine solche, die nur Kalk enthält. Vor der nachher zu besprechenden Vitriolküpe hat sie den Vorteil, geringeren Bodensatz zu haben und schneller zu färben, sie wird aber rascher erschöpft als diese. Auch die Reduktion mit Zinkstaub kann katalytisch beschleunigt werden durch Zusatz von Indulinscharlach und ähnlichen Farbstoffen[5].

---

[1] *Binz* und *Schädel*, Ber. d. d. chem. Ges. **45**, 586 (1912).

[2] *Binz*, Zeitschr. f. Elektrochemie **5**, 5, 103 (1898) [C. **1898**, II, 517, 834]; ***Binz*** und *Hagenbach*, Zeitschr. f. Elektrochemie **6**, 261 (1899) [C. **1899**, II, 1086].

[3] *Haber*, Zeitschr. f. phys. Chem. **32**, 285 (C. **1900**, I, 578].

[4] *Binz*, Zeitschr. f. prakt. Chem. [2] **13**, 497 (1901) [C. **1901**, II, 426].

[5] *B. A. S. F.*, D. R. P. 243 743 [*Frdl.*, X, 423].

Über die Ausnutzung des Farbstoffes in der Zinkstaubküpe berichten *Binz* und *Rung*[1], daß mit einer Zinkstaubätznatronküpe und 20proz. Indigoteig mit ungefähr gleichen Teilen aller Reagenzien etwa 96 Proz. Ausbeute erreicht werden, wenn die Küpe 48 Stunden steht; bei längerer Dauer der Einwirkung wächst die Ausbeute noch etwas, erreicht aber nie 100 Proz. Bei größerer Verdünnung, wie sie in der Farbküpe vorhanden ist, sind die Ausbeuten aber erheblich niedriger. Überhaupt ist es nötig, Zinkstaub und Indigo innig zu mischen, denn aus Zinkstaub und Lauge wird bei Abwesenheit von Indigo ganz erheblich weniger Wasserstoff entwickelt, als bei gleichen Mengen dem reduzierten Indigo äquivalent ist. Wird die Natronlauge durch Kalk ersetzt, so geht die Ausbeute etwas zurück und beträgt höchstens 91 Proz., doch kann durch vermehrte Zugabe von Zinkstaub die geringere Wirkung des Kalkes bis zu einem gewissen Grade ausgeglichen werden. Die *Badische Anilin- und Sodafabrik*[2] sagt darüber, daß bei kalter Reduktion Verluste bis zu 20 Proz. der Indigomenge eintreten können, während die warme, rasch verlaufende Reduktion einen Ausfall von 8 bis 12 Proz. aufweist. Den bei der Zinkstaubküpe sich bildenden Schlamm hat ebenfalls *Binz*[3] untersucht, ohne bisher zu einem sicheren Resultat gekommen zu sein.

Man hat versucht, den der Zinkstaubküpe anhaftenden Nachteil, der darin besteht, daß durch die stark alkalische Reaktion die Textilfaser leidet und die Fixierung des Farbstoffes auf derselben beeinträchtigt wird, zu umgehen, indem man an Stelle von fixem Alkali Ammoniak und als Metalle Zink, Zinn oder Eisen in feiner Verteilung anwandte[4]. Da jedoch ein Gemeng von Zinkstaub und Ammoniak so energisch reduziert, daß durch die Reaktionswärme das gebildete Indigweiß wieder zerstört wird, so muß man das Ammoniak vorsichtig einem Gemenge von Farbstoff und Zinkstaub zusetzen oder die Erhitzung dadurch mäßigen, daß man die Reduktion bei einer Temperatur von 5° oder darunter vornimmt. Technische Bedeutung haben diese Verfahren jedoch nicht erlangt, ebensowenig wie die folgenden[5], bei denen an Stelle der konzentrierten wäßrigen Ammoniaklösung eine schwache alkoholische oder eine solche in indifferenten Lösungsmitteln, wie Äther, Petroleum, tritt. Als Reduktionsmittel werden feste Metalle in beliebiger Form besonders als Bleche oder Draht, oder Metallpaare angewandt.

E i s e n, welches bei Gegenwart von Alkali auf verschiedene Körper reduzierend wirkt, ist gleichfalls zur Verküpung des Indigos herangezogen worden. Mit verdünnter Natronlauge reduziert es den Indigo nicht, wohl aber in Pulverform mit solcher von 10° Bé und stärkerer[6] oder mit konzentrierten Lösungen von Soda, Alkaliphosphat und -sulfid[7]. Behandelt man

[1] Zeitschr. f. angew. Chem. **12**, 489, 515 [C. **1899**, II, 235f.].

[2] „Indigo rein B. A. S. F.“, S. 80.

[3] Ber. d. d. chem. Ges. **45**, 590 (1912).

[4] *Chem. Fabrik Opladen, vorm. Gebr. Flick*, D. R. P. 131 118, 131 425 [*Frdl.*, VI, 599].

[5] *Holtschmidt*, D. R. P. 231 325, 239 834, Anm. H 57 993, Kl. 12b. [*Frdl.*, X, 418, 420; Pat.-Schr. 2858].

[6] *B. A. S. F.*, D. R. P. 165 429 [*Frdl.*, VIII, 454f.].

[7] *B. A. S. F.*, D. R. P. 171 785 [*Frdl.*, VIII, 454f.].

das Eisenpulver vorher mit Säuren, so wird seine Reduktionskraft erhöht[1]. Durch alle diese Methoden erhält man jedenfalls Lösungen von Indigweißalkali, die kein anderes Metall enthalten.

Mit Eisen in saurer Lösung läßt sich die Reduktion von Indigo nicht durchführen, wohl aber in neutraler und in schwachsaurer Lösung, wenn man in der Wärme oder unter Druck operiert und geringe Mengen von Bisulfit-Eisen-, Zink- oder Zinnsalzen zusetzt. Auch kann man Zink, Zinn oder Kupfer als Wasserstoffüberträger anwenden[2].

In neuester Zeit wurde gefunden[3], daß man Indigo beim Behandeln mit Silicium in Gegenwart von Ätzalkalien reduzieren kann. Die Reduktion wird ebenso wie mit Zinkstaub ausgeführt und soll von dieser Methode einige wirtschaftliche Vorteile bieten, darin bestehend, daß der Reduktionswert des Siliciums infolge von seinem niedrigen Atomgewicht und der Vierwertigkeit fast genau fünfmal so groß ist wie derjenige des Zinks. Freilich ist auch sein Preis ein wesentlich höherer.

d) Reduktion mit Metalloxyden und Alkali.
(Eisenvitriol- und Zinnoxydulküpe.)

Auch die Eisenvitriolküpe, die früher zum Färben von Baumwolle in großem Maßstabe angewandt wurde, ist durch die Hydrosulfitküpe ziemlich verdrängt worden. Das reduzierende Mittel in ihr ist Ferrohydroxyd, welches aus dem Eisenvitriol durch Kalk freigemacht wird und dabei in Ferrihydroxyd übergeht:

$$\underset{\text{(Indigo)}}{C_{16}H_{10}O_2N_2} + 2Fe(OH)_2 + 2H_2O = \underset{\text{(Indigoweiß)}}{C_{16}H_{12}O_2N_2} + 2Fe\,(OH)_3\,.$$

Das Indigweiß wird durch überschüssigen Kalk in Lösung erhalten. Der Eisenvitriol muß möglichst rein sein und darf namentlich weder Kupfervitriol, noch Ferri- oder Aluminiumsulfat enthalten; auch der Kalk soll möglichst rein und frei von Magnesia sein. Weiterhin wird der Färbprozeß ungünstig beeinflußt, wenn man einen Teil des Kalkes durch Natronlauge ersetzt. Dagegen haben *Binz* und *Marx*[4] nachgewiesen, daß es zweckmäßig ist, den Farbstoff zunächst mit Eisenvitriol und Ätznatron zu reduzieren und dann die Natronküpe durch Zusatz von Calciumacetat in eine Kalkküpe umzuwandeln. Wie sie durch eine ganze Reihe von Versuchen nachwiesen, verläuft die Reduktion mit Ferrosulfat und Kalk unter beträchtlichen Verlusten. Die durchschnittliche Ausbeute betrug 60 Proz., die maximale 75 Proz. Auch die *Badische Anilin- und Sodafabrik*[5] gibt an, daß der Verlust nur in seltenen Fällen unter 20 Proz. heruntergeht. Es hat den Anschein, als ob die

---

[1] *B. A. S. F.*, D. R. P. 233 272 [*Frdl.*, X. 423].
[2] *M. L. Br.*, D. R. P. 199 375 [*Frdl.*, IX, 618].
[3] *M. L. Br.*, D. R. P. 262 833 [Pat.-Schr. 3050].
[4] Zeitschr. f. angew. Chem. **21**, 529 [C. **1908**, I, 1808].
[5] Indigo rein B. A. S. F., S. 83.

Hydroxyde des Eisens und auch des Magnesiums der Küpe Indigweiß in Form von basischen Salzen entziehen[1]; möglicherweise wird auch ein Teil des Farbstoffes durch das entstandene Ferrihydroxyd zerstört. Ein Nachteil der Eisenvitriolküpe ist die reichliche Menge Bodensatz, welche fünfmal so groß wie bei der Zinkstaubküpe ist und das Nachspeisen der Färbeküpe sehr erschwert. Seine Zusammensetzung versuchte *Binz*, aber ohne Erfolg, aufzuklären.

Eine Eisenvitriolküpe wird ungefähr folgendermaßen angesetzt: Der Indigo wird mit Wasser verrührt und mit gelöschtem Ätzkalk versetzt, darauf Eisenvitriol in Wasser gelöst hinzugefügt. Unter öfterem guten Umrühren, um Klumpenbildung zu verhindern, bleibt der Ansatz, durch gutes Zudecken möglichst vor Luft geschützt, 12 Stunden stehen. Auch hier wird die Färbeküpe nach Bedarf von der Stammküpe gespeist. An Stelle von Eisenhydroxydul, das aus Eisenvitriol und Alkali gebildet ist, wird auch Eisenoxydul, welches durch Reduktion von Eisenoxyd mit Wasserstoff bei niederer Temperatur gewonnen wird, oder ein Gemisch desselben mit Eisenspänen vorgeschlagen[2]. Dadurch soll die Ausbeute an reduziertem Farbstoff nahezu quantitativ werden.

Die Anwendung von Zinnoxydul als Reduktionsmittel für Indigo ist heute äußerst gering. Früher wurde es in der Druckerei angewandt, ist heute aber auch hier kaum mehr in Gebrauch. In dieser Küpe[3] wird der Farbstoff dadurch reduziert, daß man essigsaures Zinn oder andere Zinnverbindungen mit Zusatz von Essigsäure oder ähnlich wirkenden Säuren anteigt und unter Zusatz von Alkalilauge miteinander in Berührung bringt. Die Zinnoxydulküpe soll die Herstellung von tiefen Nuancen in einem Zuge ermöglichen, wobei das Vergrünen nach einer kurzen Luftpassage durch Behandlung mit angesäuerter Bichromatlösung beschleunigt wird. In neuerer Zeit bedient man sich mit Vorteil einer gemischten Indigoindophenolküpe, in der eine Mischung von 1 Tl. Indophenol mit 3 Tl. Indigo wirksam ist, welche im allgemeinen mit Zinnoxydul reduziert wird.

e) Organische Reduktionsmittel.

Die älteste Anwendung von organischen Reduktionsmitteln ohne Gärung zur Herstellung einer Indigoküpe ist diejenige mit Traubenzucker bei Gegenwart von Alkali[4]. Da sie aber mit großen Verlusten verknüpft ist[5], so wird sie für Zwecke der Färberei nicht verwandt, spielt aber in der Druckerei als *Schlieper*- und *Baum*sches Verfahren eine wichtige Rolle und soll später in dem Kapitel über Druckerei besprochen werden. Ein zweites Verfahren, das nur für die Zwecke der Druckerei in Betracht kommt, ist die Reduktion

[1] *Binz* und *Schädel*, Ber. d. d. chem. Ges. **45**, 590 (1912).
[2] *B. A. S. F.*, D. R. P. 230 306 [*Frdl.*, X, 422].
[3] *Müller*, D. R. P. Anm. M 23 333, Kl. 8 m [*Frdl.*, VIII, 456].
[4] Annal. d. Chem. **44**, 290 (1842).
[5] Zeitschr. f. Chem., N. F. **1**, 671 (1865).

durch Glycerin und Alkali nach *Prudhomme*. Neben diesen ist die Verwendung von Sulfitcelluloseablauge vorgeschlagen worden[1], sie hat aber den großen Nachteil, daß sie viel wertlose Fremdkörper und nur wenig reduzierende Stoffe enthält, so daß selbst von der konzentrierten Lauge 45 Tl. auf 20 Tl. Indigo verwendet werden müssen, ohne daß ein Küpenpräparat von mehr als 20 Proz. Indigweiß entsteht.

Ein mehr wissenschaftlich als technisch interessantes Verfahren ist die Reduktion von Indigo durch Indoxyl[2] nach der Gleichung:

$$\underset{\text{Indoxyl}}{2\,C_8H_7ON} + \underset{\text{Indigo}}{C_{16}H_{10}O_2N_2} = 2\,C_{16}H_{12}O_2N_2.$$

Zu einer Suspension von feinverteiltem Indigo in heißem Wasser wird allmählich die notwendige Menge Indoxylschmelze zugefügt, es ist aber gar nicht einmal nötig, fertiggebildeten Indigo zu verwenden, sondern es genügt, das Indoxyl (oder die Indoxylsäure) mit einer für die Oxydation zu Indigo unzureichenden Menge eines Oxydationsmittels zu behandeln, indem man z. B. in eine heiße Lösung der Schmelze eine beschränkte Menge von Luftsauerstoff einleitet. Aber auch hier kann man nur mit stark verdünnten Lösungen arbeiten, welche überdies reichliche Mengen von Nebenprodukten und überschüssigem Alkali enthalten, was natürlich den Färbeprozeß ungünstig beeinflußt.

Ebenso zu bewerten ist die Reduktion von Halogenindigo durch Indigweiß[3]. Reduziert man nämlich Halogenindigo durch die gewöhnlich gebräuchlichen Mittel, so wird ihm leicht ein Teil des Halogens unter Bildung von gewöhnlichem Indigo entzogen, wodurch ein erheblicher Verlust an dem wertvolleren Halogenindigo entsteht. Dies läßt sich vermeiden durch Anwendung von Indigweiß als Reduktionsmittel; dabei wird der Halogenindigo fast quantitativ reduziert und geht in Lösung, während der Indigo sich in Substanz abscheidet.

Bei allen diesen Verfahren ist man gezwungen, in zum Teil stark verdünnten Lösungen zu arbeiten. Demgegenüber ermöglicht das folgende Verfahren[4], hochkonzentrierte Lösungen von Indigweiß darzustellen. Nach ihm erwärmt man Indigo mit Alkalien bei Gegenwart von organischen Stoffen alkoholischer Natur, mit oder ohne Zusatz von Wasser oder anderen indifferenten Lösungsmitteln, wobei jedoch solche Verbindungen ausgenommen sind, die wie Glucose neben den alkoholischen noch Aldehydgruppen enthalten. Erhitzt man ein trockenes Gemisch von Indigo und Natriumäthylat, so destilliert Alkohol und Aldehyd ab und es bleibt eine trockene Masse zurück, die sich im Wasser zu einer Indigoküpe auflöst. Die Reduktion des Farbstoffes findet dabei auf Kosten des Alkohols statt, und man kann die so erhaltenen Präparate durch Behandlung mit Kohlensäure luftbeständig machen.

---

[1] *Österreich. Verein f. Cellulosefabrikation*, D. R. P. 104 359 [*Frdl.*, V, 415].
[2] *B. A. S. F.*, D. R. P. 164 509 [*Frdl.*, VIII, 452].
[3] *B. A. S. F.*, D. R. P. 176 617 [*Frdl.*, VIII, 436].
[4] *von Heyden*, D. R. P. 245 623, 245 624 [*Frdl.*, X, 430f.].

f) Haltbare Indigweißpräparate.

Reduziert man den Indigo nach einem der beschriebenen Verfahren, so erhält man eine alkalische Lösung von Indigweiß. Das freie Indigweiß[1] bildet farblose Krystallblättchen, die an stark lichtbrechende Glimmerschüppchen erinnern, im Wasser ist es unlöslich und kann daher durch Ansäuren irgendeiner nicht verdünnten Küpe ausgefällt werden. Seine Darstellung erfolgt am besten dadurch[2], daß man den Indigo in alkoholischer Suspension mit Zinkstaub und schwefliger Säure, Bisulfiten oder Hydrosulfiten reduziert. Dabei verwendet man den Alkohol in solcher Menge und Konzentration, daß das gebildete Indigweiß in Lösung bleibt, während die anorganischen Salze ausfallen. Seine Reaktion ist neutral und sein chemisches Verhalten entspricht dem eines Phenols. Entsprechend den beiden vorhandenen Hydroxylgruppen vermag es zwei Reihen von Salzen zu bilden; das Monoalkalisalz ist leicht, das Dialkalisalz schwer in Wasser löslich, mit Schwermetallsalzen kann man daraus Niederschläge herstellen. Bei Abwesenheit von Alkali zeigt es keine Neigung zur Oxydation, um so unbeständiger ist seine alkalische Lösung; mit größter Leichtigkeit nimmt sie den Sauerstoff der Luft auf, wobei sich der Indigo in Form eines feinen blauen Pulvers („Blume") ausscheidet. Diese Eigenschaft der Indigweißlösung, auf welcher die Färberei mit Indigo beruht und die daher von unendlichem Wert ist, schließt aber zugleich einen Nachteil ein. Die Küpenfärberei ist dann sehr einfach, wenn die reduzierte Lösung sofort nach ihrer Darstellung zum Färben verwandt werden kann. Daraus folgt, daß der von den chemischen Fabriken gelieferte Farbstoff in unzähligen Kleinbetrieben reduziert werden muß, während es offenbar technisch rationeller wäre, wenn die Reduktion im Großbetrieb vorgenommen werden könnte, so daß der Färber den reduzierten Indigo geliefert bekäme. Es war also das Problem zu lösen, das technisch leicht zugängliche Indigweiß in eine haltbare Form zu bringen, was bis zu einem gewissen Grad in praktisch brauchbarer Weise gelungen ist.

Ein großer Teil des künstlichen Indigos, besonders soweit er in der Wollfärberei verwandt wird, kommt in Form einer 20 proz. teigigen Küpe, welche Mono- und Dinatriumsalze von Indigweiß enthält, in den Handel. Dadurch erhält der Färber den Farbstoff bereits in reduzierter Form und spart sich das Ansetzen einer Stammküpe; vor allem kann er mit einem bestimmten Alkaligehalt dieser Lösung rechnen, was für die so alkaliempfindliche Wolle von großer Bedeutung ist.

Diese Küpenpräparate haben aber den immerhin zu berücksichtigenden Nachteil, daß sie nur von beschränkter Haltbarkeit sind. Um zu verhindern, daß der Indigo aus dem Indigweißpräparat sich in einer Form ausscheidet, die schwer zu reduzieren ist, werden dieselben Zusätze gemacht, die zur Darstellung von feinverteiltem Indigo verwandt werden[3]. Früher sind schon

[1] *Binz* und *Rung*, Zeitschr. f. angew. Chem. **13**, 416 [C. **1900**, I, 1174].
[2] *B. A. S. F.*, D. R. P. 204 568 [*Frdl.*, IX, 621].
[3] *M. L. Br.*, D. R. P. 241 802, 244 738 [*Frdl.*, X, 413f.]; s. S. 95.

viele Versuche gemacht worden, haltbare Präparate herzustellen, zunächst indem man beständige Derivate von Indigweiß, die sehr leicht wieder in dasselbe übergeführt werden können, darstellte. Dies geschieht durch Kondensation mit Formaldehyd in alkalischer Lösung[1]; durch Einwirkung von Phosgen, Chlorameisensäureester oder ähnlichen auf Indigweißalkali[2]; durch Darstellung von Diacetindigweiß[3]. Alle diese sind feste, luftbeständige Körper, die durch Einwirkung von Alkali sehr leicht in Indigweiß, resp. dessen Salze zurückverwandelt werden können. Trotzdem ist durch sie die Frage des haltbaren Indigweiß nicht gelöst, da sie einerseits sich als zu teuer erwiesen, andererseits einem vorherigen von der Küpenführung getrennt durchzuführenden Spaltungsprozeß unterworfen werden mußten.

Die wäßrigen Lösungen von freiem Indigweiß, die durch Versetzen der Küpe mit überschüssiger Borsäure[4], oder indem man das Ausfallen aus saurer Lösung durch Zusatz von Leim, Dextrin usw. verhindert[5], sind nicht um haltbare Präparate zu erhalten, sondern weil das freie Indigweiß Wolle besser als die Alkaliverbindung färben soll, dargestellt worden.

Der Gedanke, mit Hilfe von Gummi, Leim usw. ein haltbares Präparat zu gewinnen, ist schon alt und hauptsächlich für die Zwecke der Druckerei ausgeführt worden. Vor langer Zeit hat *Depierre*[6] ein solches Präparat dargestellt, welches aber eine sehr große Menge Gummi und nur sehr wenig (7,5 Proz.) Indigweiß enthielt. Auch *Perscz*[7] beschreibt eine Kombination, die allerdings außerdem Zinnoxydul enthielt. Weiterhin sei erwähnt[8], daß Hydrosulfitküpen, welche einen Zusatz von Leim, Stärke, Gummi, Proteinstoffen od. dgl. enthalten und bei denen durch Zusatz von Ammoniaksalzen die Anwesenheit von freiem Alkali ausgeschlossen ist, luftbeständiger und haltbarer sind als andere ohne diesen Zusatz. In praktisch brauchbarer Form werden haltbare Indigweißpräparate (Pasten von 30, 40, 50 und mehr Prozent Indigweiß) dadurch hergestellt[9], daß man dasselbe mit Melasse, Sirup oder Körpern ähnlicher Herkunft imprägniert. Man erhält so Produkte, die nicht nur gegen die oxydative Wirkung der Luft, sondern auch gegen die Fäulnis und Gärung beständig sind, ferner den Vorzug haben, daß sie an der Luft nicht eintrocknen und leicht anteigbar sind; auch können sie bis zur Trockne gebracht werden, ohne diese Eigenschaften zu verlieren. Andere derartige Zusätze sind Mehl, Kleie, Waid[10], Milchsäure oder milchsaure Salze[11] oder

---

[1] *B. A. S. F.*, D. R. P. 120 318 [*Frdl.*, VI, 593ff.].
[2] *B. A. S. F.*, D. R. P. 121 866 [*Frdl.*, VI, 593ff.].
[3] *Vorländer* (übertragen auf *B. A. S. F.*), D. R. P. 126 799 [*Frdl.*, VI, 593ff.].
[4] *B. A. S. F.*, D. R. P. 137 884 [*Frdl.*, VII, 299].
[5] *M. L. Br.*, D. R. P. 144 788 [*Frdl.*, VII, 297].
[6] Traité de la teinture de l'impression **3**, 352.
[7] L'impressions de tissus **3**, 76 (1886).
[8] *B. A. S. F.*, D. R. P. 152 907 [*Frdl.*, VII, 300].
[9] *M. L. Br.*, D. R. P. 192 872 [*Frdl.*, VIII, 1366]; *B. A. S. F.*, D. R. P. Anm. B. 73 911, Kl. 8m [Angew. Chem. **27**, II, 719].
[10] *B. A. S. F.*, D. R. P. 213 472 [*Frdl.*, IX, 623].
[11] *M. L. Br.*, D. R. P. 265 832, 265 833 [Angew. Chem. **26**, II, 672].

andere Oxy- und Ketosäuren, wie Glykol-, Saccharin-, Laevulin-, Glyoxyl-, Tartronsäure, sowie deren Salze und Anhydride[1].

Zur Erhöhung der Haltbarkeit werden auch noch weitere Zusätze gemacht. Man erhält[2] z. B. gut haltbare Präparate, wenn man derartige Präparate außerdem noch mit Alkalien oder anderen Mitteln versetzt, wobei man es in der Hand hat, durch Zusatz von 1 oder 2 Molekülen Alkali die Konsistenz des Präparates zu beeinflussen. Ein Zusatz von anorganischen Reduktionsmitteln, wie Zinkstaub, Zinnchlorür, Zinnoxydul mit oder ohne Zusatz von Alkali soll ebenfalls die Haltbarkeit erhöhen[3]. Zu erwähnen bleibt noch, daß durch Eindunsten der mit Glycerin versetzten Indigweißsalzlösung zur Trockne es gelingt, feste Produkte von vollkommener Haltbarkeit zu erzeugen[4]. Die so dargestellten Produkte sind an der Luft absolut haltbar, bilden in der Hitze eine teigig formbare Masse, die beim Erkalten eine äußerst kompakte Beschaffenheit annimmt, sich aber trotzdem sehr leicht in Wasser auflöst.

Die zweite Gruppe von Verfahren beruht darauf, daß man Salze des Indigweiß, meist der Alkalien, entweder in Pastenform oder in festem Zustand herstellt. Schüttelt man[5] eine Lösung von Indigweißalkali, z. B. eine Hydrosulfitküpe mit Äther durch, so bilden sich drei Schichten, oben der überschüssige Äther, unten eine Lösung, welche die anorganischen Salze neben sehr wenig Indigweiß enthält und in der Mitte eine klare braune Schicht. Diese ist eine reine Lösung von Indigweißalkali mit etwas Äther und enthält keine anderen Salze. Aus ihr lassen sich die Alkalisalze leicht gewinnen; schon beim Abdestillieren des Äthers scheiden sie sich zum Teil aus. Ferner kann man eine aus Indigweißalkalisalz bestehende Paste erhalten[6], wenn man Indigweißpreßkuchen mit der 1 Äquivalent entsprechenden Menge Ätzalkali versetzt und die so entstehende dünnflüssige Lösung eindunstet.

Unter gewissen Umständen begegnet die Herstellung solcher Pasten einigen Schwierigkeiten. Die Alkalisalze des halogenierten Indigweiß sind nämlich so schwer in Wasser löslich, daß es nicht mehr möglich ist, klar bleibende Salzlösungen oder homogene Pasten, wie sie als Handelsprodukte gefordert werden, herzustellen. Diese Alkalisalze werden nun mit auffallender Leichtigkeit durch leichtlösliche Seifen, wie Türkonöl, Monopolseife usw. oder auch Glycerin in den Zustand von dickflüssigen homogenen Lösungen gebracht[7]. Dieselben Schwierigkeiten bestehen auch bei den Thioindigopräparaten und können auch hier mit denselben Mitteln behoben werden[8].

Nach den bisher erwähnten Verfahren werden meist Pasten von Indigweißsalzen hergestellt, die Herstellung fester Alkalisalze soll im folgenden beschrieben werden. Sie werden erhalten nach dem erwähnten Ver-

[1] *M. L. Br.*, D. R. P. 280 370 [C. **1914**, II, 1369].
[2] *M. L. Br.*, D. R. P. 200 914 [*Frdl.*, IX, 619].
[3] *B. A. S. F.*, D. R. P. 235 047, 235 048 [*Frdl.*, X, 427].
[4] *M. L. Br.*, D. R. P. 254 067 [Angew. Chem. **26**, II, 149].
[5] *B. A. S. F.*, D. R. P. 166 835 [*Frdl.*, VIII, 453].
[6] *M. L. Br.*, D. R. P. 174 127 [*Frdl.*, VIII, 448].
[7] *M. L. Br.*, D. R. P. 251 569, 251 570 [Pat.-Schr. 2846, 2834].
[8] *M. L. Br.*, D. R. P. 231 927, 234 306 [*Frdl.*, X, 429].

fahren[1] des Ausschüttelns konzentrierter Lösungen mit Äther. Dampft man Lösungen von Indigweißsalzen im Vakuum zur Trockne ein, so erhält man dieselben in luftbeständigem Zustand[2]. Hierbei werden bisweilen Zusätze gemacht, welche das Präparat vor der Oxydationswirkung des Sauerstoffes schützen sollen, oder die Abscheidung des Wassers erleichtern, z. B. Sulfitcelluloseablauge[3] oder Hydrosulfitlösung[4], oder man zerstäubt zusatzfreie Lösungen zu feinstem Nebel und führt diesem einen heißen Gasstrom entgegen[5]. Weiter kann man feste Alkalisalze darstellen, indem man Indigo mit Natriumäthylat erwärmt[6]; nachdem der überschüssige Alkohol und der entstehende Aldehyd abdestilliert sind, steigert man die Temperatur, bis die blaue Farbe des Indigos verschwunden und ein trockenes Pulver, das aus dem Natriumsalz des Indigweiß besteht, entstanden ist (vgl. oben).

Ein nur theoretisch wichtiges Salz ist das Indigweißzink. Es kann[7] aus Indigweißcalcium (Kalkküpe) durch Fällen mit Chlorzink oder Zinkacetatlösung dargestellt werden und bildet krystallinische stark glänzende Blättchen, die sehr oxydabel sind. Es entsteht ferner durch Eintragen von trockenem Indigweiß und Zinkoxyd in eine siedende Naphtalinlösung und ist das Hauptprodukt, wenn man Indigo durch Zinkstaub in siedendem Naphtalin unter Ausschluß von Wasser reduziert. Dagegen hat es den Anschein, als ob das Magnesiumsalz praktische Bedeutung gewinnen würde. Es wird dargestellt[8], indem man die Farbstoffe in alkalischer Lösung verküpt und darauf mit Magnesiumchlorid oder -sulfat versetzt, oder indem man die fein suspendierten Küpenfarbstoffe in Gegenwart von Magnesiumhydroxyd in die Leukoverbindungen überführt. Die Magnesiumleukoverbindungen sind in Wasser wenig löslich, ziehen aber trotzdem leichter und vollständiger auf die Faser, als die Alkaliverbindungen[9]. Andere Metallverbindungen lassen sich durch doppelte Umsetzung aus den Alkalileukoverbindungen darstellen, z. B. Aluminium-, Zink-, Chrom-, Eisen-, Zinnleukoverbindung[10].

g) Reduktion von Thioindigoderivaten.

Die Reduktion des Thioindigos verläuft derjenigen des Indigos vollkommen analog. Er nimmt dabei ebenfalls zwei Atome Wasserstoff auf und geht in Thioindigoweiß über:

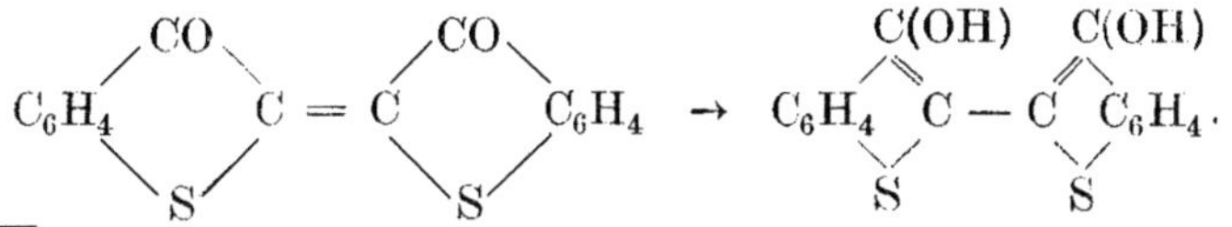

[1] *B. A. S. F.*, D. R. P. 166 835 [*Frdl.*, VIII, 453].
[2] *B. A. S. F.*, D. R. P. 197870 [*Frdl.*, IX, 620].
[3] *B. A. S. F.*, D. R. P. 197 391 [*Frdl.*, IX, 621].
[4] *B. A. S. F.*, D. R. P. 227 319 [*Frdl.*, X, 426].
[5] *B. A. S. F.*, D. R. P. 285 322 [C. **1915**, II, 212].
[6] *v. Heyden*, D. R. P. 245 623 [*Frdl.*, X, 430].
[7] *Binz*, Zeitschr. f. prakt. Chem. [2] **63**, 497 (1901) [C. **1901**, II, 427].
[8] *Wedekind & Co.*, D. R. P. 270 520, 275 121 [C. **1914**, I, 926; II, 179].
[9] Dies., D. R. P. 283 356 [C. **1915**, I, 965].
[10] Dies., D. R. P. 284 888 [C. **1915**, II, 211].

Diese Reaktion kann mit allen für Indigo gebräuchlichen Reduktionsmitteln ausgeführt werden, z. B. Traubenzucker mit Alkali, Eisenoxydulsalzen, Hydrosulfit usw. Man erhält so eine goldgelbe Lösung, aus der durch Oxydation der Farbstoff wieder regeneriert werden kann und welche ebenso wie Indigoküpen zum Färben gebraucht wird. Außer nach dieser gewöhnlichen Methode der Verküpung kann der Thioindigo auch nach Art der Schwefelfarbstoffe gefärbt werden, indem er mit alkalischer Lösung von Schwefelnatrium in Lösung gebracht wird. Die weitaus gebräuchlichste Art ist aber die der Reduktion mit Hydrosulfiten. Da die beim Indigo aufgeführten Patente zum großen Teil die Reduktion der Thioindigoderivate mit einschließen, sollen hier nur diejenigen Verfahren aufgeführt werden, welche sich von den auch für Indigo gebräuchlichen unterscheiden.

Diese Unterschiede sind dadurch bedingt, daß Thioindigo und sein Reduktionsprodukt sich zum Teil anders verhalten, als die entsprechenden Indigoderivate. Wie sich bei den Halogenderivaten des Indigos die schwere Löslichkeit der Alkalisalze der Leukoverbindung unangenehm bemerkbar macht, so tritt dies in verstärktem Maße beim Thioindigo in Erscheinung. Konzentriertes Ätzalkali im Überschuß fällt aus Thioindigolösungen ein schwer lösliches Natriumsalz aus[1]. Die mittels Alkalilauge und der Leukoverbindung hergestellten Lösungen krystallisieren selbst bei einer Verdünnung, die unter 20 Proz. geht. In verdünnter Lösung haben die Alkalisalze Neigung, hydrolytisch zu dissoziieren, so daß freies Thioindigweiß ausfällt, welches vollkommen unlöslich ist. Es ist daher, um die Leukoverbindung in Lösung zu erhalten, wesentlich mehr Alkali, als beim Indigweiß angewandt wird, erforderlich. Die Leukoverbindungen selbst besitzen große Verwandtschaft zur Faser und haften sehr fest auf derselben. Für die Färberei ist das naturgemäß ein Vorteil, da dadurch sehr echte Färbungen entstehen. Dagegen macht diese Eigenschaft beim Ätzdruck einige Schwierigkeiten; nur mit Hilfe besonderer Verfahren ist es möglich, rein weiße Ätzeffekte zu erzielen.

Als Reduktionsmittel für Thioindigo kommt praktisch wohl nur Hydrosulfit in Betracht, durch welches man den Farbstoff in der Wärme oder besser bei gewöhnlicher Temperatur reduziert[2]. Außer nach diesen gewöhnlichen, bei allen Küpenfarbstoffen gebräuchlichen Methoden, lassen sich Thioindigweißlösungen noch auf anderem Wege erhalten. Die Darstellung des Thioindigos durch Oxydation von 3-Oxy-(1)-thionaphten-2-carbonsäure läßt sich so leiten, daß man die dabei als Zwischenprodukt auftretende Leukoverbindung erhält. Dies geschieht dadurch, daß man die Oxydation in einer Lösung, welche auf 1 Tl. dieser Säure 3 Tl. freies Ätzkali enthält, mit der theoretischen Menge Hypochlorit durchführt[3]. Eine zweite Darstellungsweise ist folgende. Erhitzt man 3 Oxy-(1)-thionaphten-2-carbonsäure (oder auch im Benzolkern substituierte Derivate derselben) mit Thiosulfaten in Gegenwart von Wasser auf Temperaturen über 100°, so entsteht Thioindigorot. Nimmt man diese Reaktion

[1] *Friedlaender*, Monatsh. f. Chem. **29**, 359 (1908) [C. **1908**, II, 515].
[2] *Kalle & Co.*, D. R. P. 197 150, 201 970, 202 798 [*Frdl.*, IX 636ff.].
[3] *M. L. Br.*, D. R. P. 198 692 [*Frdl.*, IX, 587].

bei Gegenwart von Glycerin vor, so entsteht Thioindigweiß[1]. Eine dritte Methode führt zu unsymmetrischen Derivaten des Thioindigweiß, nicht zu diesem selbst. Man erhitzt z. B. Dioxindol mit 3-Oxythionaphten (oder im Benzolkern substituierten Derivaten) in wäßriger Lösung am besten in Gegenwart von kohlensauren Alkalien[2]. Dabei findet Kondensation zu einer Leukoverbindung statt nach der Gleichung:

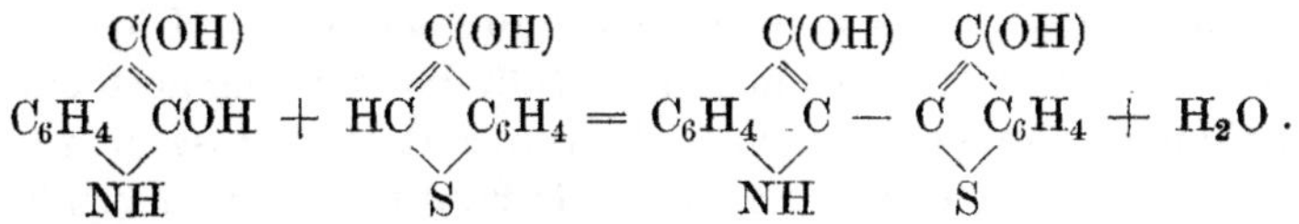

tautomere Form des Dioxindols — Oxythionaphten

Um den Thioindigo und seine Derivate der Reduktion in der Küpe leichter zugänglich zu machen, werden sie in derselben Weise wie der Indigo in feine Verteilung gebracht. Zum größten Teile sind diese Farbstoffe in die für Indigo angeführten Patente mit eingeschlossen[3], und es sind nur einige wenige, die sich ausdrücklich auf Thioindigo beziehen, ohne aber besondere Neuerungen gegenüber dem Indigo[4] zu bringen.

Die Herstellung haltbarer konzentrierter Küpen macht beim Thioindigo die Anwendung einiger Kunstgriffe nötig. Sie lassen sich erhalten, wenn man alkalische Thioindigweißlösungen mit Melasse, Sirup und ähnlichem versetzt[5] in derselben Weise, wie dies beim Indigo zur Herstellung von für die Gärungsküpen geeigneten Indigweißpräparaten beschrieben ist. Man kann ferner Türkischrotöl oder Seife zur Küpe zusetzen[6]. Während aber beim Indigo dadurch die Alkalileukoverbindung in Lösung gehalten wird, fällt die entsprechende Verbindung des Thioindigos zusammen mit der Seifenlösung aus. Es entstehen zwei Schichten, von denen die untere Schicht eine Lösung von Alkalithioindigweiß in starker Seifenlösung ist. Säuert man die ganze Flüssigkeit an[7], so fällt ein Gemisch von freier Leukoverbindung und Fettsäure aus, das sich gut von der übrigen Flüssigkeit trennen läßt. Das so entstehende Gemisch kann man in Alkali auflösen, wodurch man eine nicht absetzende homogene konzentrierte Küpe erhält. Von anderen Metallverbindungen sind die des Magnesiums erwähnenswert, welche am einfachsten aus dem Natriumsalz durch doppelte Umsetzung mit Magnesiumsalzen dargestellt werden. Sie sind schwer löslich und scheiden sich aus der wäßrigen Lösung als Niederschläge aus[8].

Auch die freie Leukoverbindung kann bei den Thioindigoderivaten leichter dargestellt werden, als bei denen des Indigos. Sie ist in Wasser schwer löslich und oxydiert sich, besonders in trockenem Zustande nur langsam an der

---

1 *M. L. Br.*, D. R. P. 199 551, 204 763 [*Frdl.*, IX, 588f.].
2 *Kalle & Co.*, D. R. P. 213 714 [*Frdl.*, IX, 593].
3 s. S. 95.
4 *M. L. Br.*, D. R. P. 239 338, 241 141 [*Frdl.*, X, 410 412].
5 *M. L. Br.*, D. R. P. 208 698 [*Frdl.*, IX, 588].
6 *M. L. Br.*, D. R. P. 231 927 [*Frdl.*, X, 428].
7 *M. L. Br.*, D. R. P. 234 306 [*Frdl.*, X, 429].
8 *Wedekind & Co.*, D. R. P. 270 520 [Pat.-Schr. 4091].

Luft. Zu ihrer Darstellung läßt man die reduzierte Farbstofflösung unter Luftabschluß in Säure einfließen, wobei sich die Leukoverbindung fest abscheidet[1].

Die beschriebenen Methoden können für Färbungen sämtlicher Gewebe verwandt werden; sie sind sehr licht-, wasch-, seifen-, wasser- und säureecht und besonders beständig gegen Oxydationsmittel. Mit Thioindigo entsteht ein blaustichiges Rot, wenn man mit einer der erwähnten Küpen färbt; aus einer Lösung mit Schwefelnatrium gefärbt, fällt die Färbung noch blaustichiger aus. Zur Erzielung anderer Nuancen, die vom zartesten Rosa bis zum tiefsten Blaurot gehen, verwendet man entweder Derivate oder man kombiniert das Thioindigorot mit anderen Farbstoffen, die keine Küpenfarbstoffe zu sein brauchen, wenn sie nur beständig gegen Reduktionsmittel sind. Von diesen ist die Kombination von Thioindigorot B und Indigo, welche man in einer oder in getrennten Küpen färben kann und die mit Primulin besonders zu erwähnen. Eine besondere Behandlung der gefärbten Baumwollenware erfordern die Dithioalkylthioindigofarbstoffe[2]. Es hat sich nämlich gezeigt, daß die Festigkeit der pflanzlichen Faser, die mit diesen Farbstoffen gefärbt ist, durch längeres Belichten stark vermindert wird. Wird aber die Ware nach dem Färben einer Behandlung mit Kupfer- oder Eisensalzen unterzogen, so wird die Widerstandsfähigkeit der Faser gegen Licht, sowie die Lichtechtheit und Schönheit der Färbung beträchtlich erhöht.

Eine besondere Art, mit Thioindigo zu färben, die allerdings mehr theoretisches als praktisches Interesse besitzt, findet sich in einer Arbeit von *Danaila*[3]. Durch Oxydation läßt sich Thioindigo in drei neue Verbindungen unbekannter Konstitution überführen, welche 1, 2 oder 3 Atome Sauerstoff mehr als das Ausgangsmaterial enthalten. Von diesen besitzt der Körper $C_{16}H_8O_3S_2$[4] für Anwendung in der Färberei besondere Bedeutung. Reduziert man ihn mit einem der gewöhnlich gebräuchlichen Mittel, so erhält man eine Lösung, aus der durch Oxydation der ursprüngliche Farbstoff nicht wieder hergestellt werden kann. Es scheidet sich dabei vielmehr ein roter, in Alkalien unlöslicher Farbkörper aus. Löst man dagegen den Körper $C_{16}H_8O_3S_2$ in neutralen Alkalisulfiten, so erhält man eine gebrauchsfertige Lösung von unbegrenzter Haltbarkeit, aus der sich beim Kochen mit Säuren Thioindigo abscheidet[5]. Bringt man diese Lösung auf die Faser, trocknet und entwickelt den Farbstoff mittels verdünnter Mineralsäure in der Wärme, so erhält man auf diesem Wege eine beständige Ausfärbung von Thioindigo.

6. Reduktion der Küpenfarbstoffe der Anthrachinonreihe.

Alle Derivate des Anthrachinons, welche als Farbstoffe gebraucht werden, bestehen aus einem oder mehreren Anthrachinonkernen. Wie aus der syste-

[1] *Kalle & Co.*, D. R. P. 196 501 [*Frdl.*, IX, 586].
[2] *M. L. Br.*, D. R. P., 206567, 206 568 [*Frdl.*, IX, 639].
[3] Bull. soc. chim. [4] **7**, 359 [C. **1910**, I, 2096].
[4] *M. L. Br.*,D. R. P. 202 707, 202 708 [*Frdl.*, IX, 590f.].
[5] *M. L. Br.*, D. R. P. 207 574, 209 576 [*Frdl.*, IX, 637f.].

matischen Übersicht[1] zu ersehen ist, zerfallen sie in zwei große Gruppen, von denen die eine noch Anthrachinonkerne mit allen ihren charakteristischen Eigenschaften enthält, während die andere durch Vereinigung zweier Anthrachinonmoleküle in der Weise entsteht, daß ein Sauerstoffatom je einer Carbonylgruppe dabei durch andere Atome (C oder N) ersetzt ist. Jedenfalls enthalten sie aber stets zwei reduzierbare Carbonylgruppen. Durch Reduktion, welche nur noch durch Hydrosulfit vorgenommen wird, werden die vorher unlöslichen Farbstoffe in Verbindungen übergeführt, welche mit tiefer Farbe in die alkalische Küpe gehen. Die intensiv gefärbten Alkalisalze werden als substantive Farbstoffe von der Faser aufgenommen, in diesem Zustande aber außerordentlich leicht wieder oxydiert. Übrigens kommt die Eigenschaft, als Alkaliverbindung in hydriertem Zustand von der Faser aufgenommen zu werden, nicht allen Derivaten in genügender Weise zu.

Alle diejenigen Körper, welche zur ersten Gruppe der Anthrachinonfarbstoffe gehören, werden durch die Reduktion in Körper übergeführt, deren Grundsubstanz das Anthrahydrochinon, früher „Oxanthranol" genannt, ist:

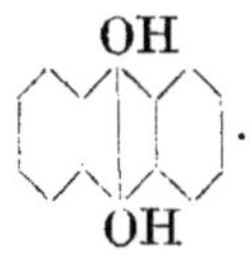

Seine Bildung ist bereits bei der Reduktion des Anthrachinons besprochen. Obwohl es selbst resp. sein Oxydationsprodukt, das Anthrachinon, kein Küpenfarbstoff ist, zeigt es alle Eigenschaften, welche für diese charakteristisch sind, d. h. es entsteht durch Reduktion in alkalischer Lösung; seine Lösung in Alkali ist tiefdunkelrot und wird beim Schütteln mit Luft oxydiert, wobei Anthrachinon als farbloser Körper ausfällt. Die Reduktionsprodukte der Farbstoffe der Anthrachinonreihe sind bei den wenigsten wirklich untersucht und dargestellt worden, zum Teil auch deswegen nicht, weil bei vielen dieser Farbstoffe die Konstitution noch unbekannt ist. Bei denjenigen, welche nur einen Anthrachinonkern im Molekül enthalten, macht die Entscheidung dieser Frage keine Schwierigkeiten, man muß in diesem Falle annehmen, daß der Anthrachinonkern durch Anlagerung zweier Atome Wasserstoff in Anthrahydrochinon übergeht. In den Fällen, in welchen zwei und mehrere Anthrachinonkerne im Farbstoffmoekül enthalten sind, z. B. bei den Di- und Trianthrachinonimiden, ist es schwieriger zu entscheiden, ob einer oder mehrere Kerne oder welcher von ihnen der Reduktion anheimfallen. Bei dem Indanthren, welches zwei Anthrachinonkerne enthält, sind beide Möglichkeiten untersucht worden und zwei verschiedene Reduktionsprodukte, die durch Anlagerung von 1 und 2 Molekülen Wasserstoff entstehen, dargestellt worden. Zugleich konnte man feststellen, daß das normale Verküpungsprodukt nur einen der beiden Kerne in reduziertem Zustand enthält, während der andere intakt geblieben ist. Ob das aber bei allen denjenigen Farbstoffen, welche

[1] s. S. 86.

zwei und mehrere Kerne enthalten, ebenso ist, ist bisher noch nicht mit Sicherheit festgestellt.

Im folgenden sollen diejenigen Farbstoffe und ihre Reduktionsprodukte besprochen werden, deren Konstitution untersucht und bekannt ist. Zu ihnen gehört in erster Linie das

Indanthren[1].

Die Konstitution des von *R. Bohn* in der *Badischen Anilin- und Sodafabrik* entdeckten Indanthrens ist durch Scholl[2], welcher zusammen mit vielen Mitarbeitern dieses Gebiet eingehend bearbeitet hat, aufgeklärt worden. Es ist N-Dihydro-1, 2, 1', 2'-anthrachinonazin:

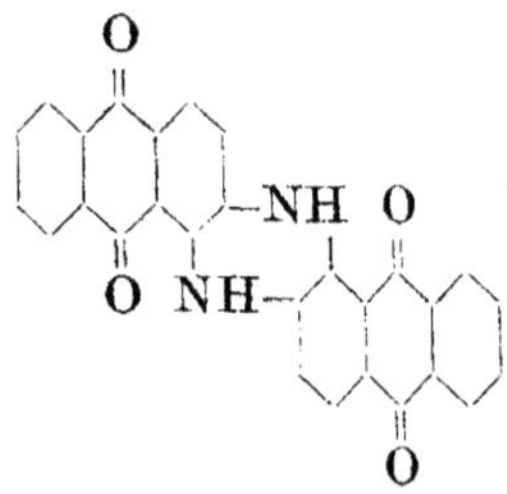
.[3]

Unter den Azinderivaten der Anthrachinonreihe ist es der einzig technisch wichtige Farbstoff, zugleich der erste aus Anthrachinon dargestellte Küpenstoff, ferner der echteste bekannte Küpenfarbstoff, schöner und lichtechter als selbst Indigo[4]. Er ist ein indigoblauer Körper, der in kupferglänzenden Nadeln kristallisiert und in den meisten organischen Lösungsmitteln beinahe unlöslich ist. Als schwachbasischer Körper bildet er nur mit konzentrierten Säuren Salze, die durch Wasser sofort zerlegt werden. Charakteristisch für ihn ist, daß die beiden am Stickstoff befindlichen Wasserstoffatome nicht acyliert werden können[5].

Dargestellt wurde er zuerst von Bohn durch Verschmelzen von 2-Aminoanthrachinon mit Ätzkali bei 250 °. Bei dieser Schmelze wird Wasserstoff frei, der zur Reduktion verbraucht wird. Es ist daher in ihr neben dem Indanthren auch das Kaliumsalz des blauen Dihydroindanthrens enthalten, außer diesen noch ein zweiter Farbstoff, der aber wertlos ist. Um diese Reduktion zu verhindern, setzt man zur Schmelze vorteilhaft ein Oxydationsmittel, gewöhnlich Salpeter, hinzu[6]. Läßt man die Alkalischmelze bei höherer Temperatur vor sich gehen, so entsteht unter andersartiger Kondensation der

---

[1] Handelsbezeichnung: Indanthrenblau RS der *B. A. S. F.*

[2] Ber. d. d. chem. Ges. **36**, 3410, 3427 (1903).

[3] Das isomere 2, 2, 2', 3'-Anthrachinonazin liefert keine brauchbaren Farbstoffe.

[4] *B. A. S. F.*, D. R. P. 210 223 [*Frdl.*, IX, 848].

[5] *Scholl, Steinkopf* und *Kabaczník*, Ber. d. d. chem. Ges. **40**, 395 (1907).

[6] *Scholl* und *Berblinger*, Ber. d. d. chem. Ges. **36**, 3427 (1903); *B. A. S. F.*, D. R. P. 129 845 [*Frdl.*, VI, 412]; Zusammenstellungen der Patente siehe *Frdl.*, VI, 294; VII, 158; VIII, 225; IX, 664; X, 568.

beiden Aminoanthrachinonmoleküle Flavanthren [1]. Eine ganze Reihe anderer Darstellungsweisen [2] vermochte die Alkalischmelze nicht zu verdrängen.

Das Indanthren und seine Reduktionsprodukte sind Glieder einer Reihe von 12 Körpern, deren Anfangskörper das Anthrachinonazin $C_{28}H_{12}O_4N_2$ ist

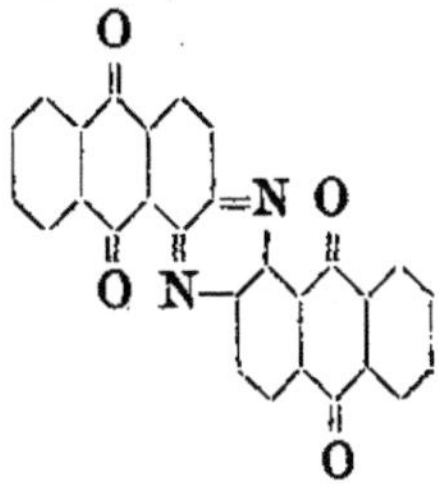

und deren letzte Stelle das N-Dihydro-1, 2, 1', 2'-anthrazin $C_{28}H_{18}N_2$ einnimmt:

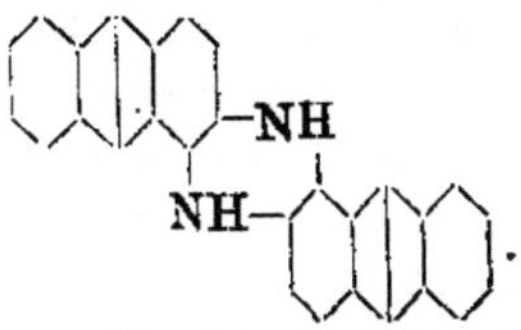

Zwischen diesen beiden liegen alle dargestellten Reduktionsprodukte, soweit es sich um diejenigen handelt, welche aus nichthydrierten Anthrachinonkernen gebildet sind. Das Anthrachinonazin ist ein gelbgrün gefärbter Körper, der durch energische Oxydation von Indanthren entsteht, am besten durch Kochen mit Salpetersäure [3]. Er ist eine schwache Base, die mit starken Mineralsäuren Salze gibt, die mit kaltem Wasser nur langsam dissoziieren. Das interessante an diesem Körper ist, daß seine Bildung durch Oxydation des Indanthrens auch dann erfolgt, wenn letzteres auf der Faser fixiert ist. Die damit zusammenhängende Chlorunechtheit bildet einen störenden Nachteil des schönen Farbstoffes. Durch Einwirkung von Salpetersäure oder von Hypochlorit auf blaugefärbte Baumwolle, entsteht das gelbgefärbte Azin auf der Faser, das seinerseits wieder durch Reduktion in das blaugefärbte Indanthren übergehen kann. Diesen auf Reduktion beruhenden Vorgang kann man auch durch Belichten hervorrufen, wobei das Azin in einigen Wochen über ein grüngefärbtes Zwischenprodukt (Azhydrin) in das Indanthren zurückverwandelt wird. Was in diesem Falle als Reduktionsmittel wirkt, konnte allerdings bisher noch nicht festgestellt werden, möglicherweise ist die Zellulose [4] dabei beteiligt. Das grüngefärbte Azhydrin bildet sich übrigens auch, wenn man auf Baumwolle gefärbtes Indanthren bei Gegenwart von Natronlauge dem Sauerstoff der Luft aussetzt, wobei nach kurzer Zeit die Baumwolle säurebeständig grün wird; auch diese Färbung geht durch Einwirkung des Lichtes nach Wochen wieder in blau über. Indanthren in Substanz zeigt dagegen diese Erscheinungen nicht [5].

---

[1] s. S. 119.
[2] *Friedländer*, Fortschritte der Teerfabrikation, VIII, 218ff.
[3] *Scholl, Berblinger* und *Mansfeld*, Ber. d. d. chem. Ges. **40**, 321 (1907).
[4] *Scholl*, Ber. d. d. chem. Ges. **44**, 1312 (1911).
[5] *Scholl* und *Stegmüller*, Ber. d. d. chem. Ges. **40**, 925 (1907).

Betrachtet man, vom Anthrachinonazin ausgehend, die Reduktionsprodukte, so erhält man, abgesehen von den sauerstofffreien Körpern (Anthrazin und N-Dihydroanthrazin) drei Reihen, welche sich von folgenden Azinen ableiten:

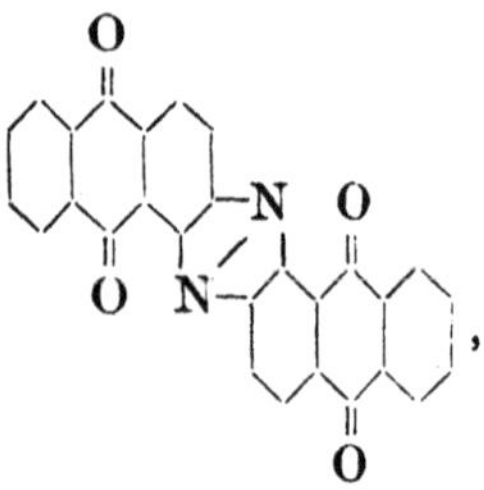

Anthrachinonazin

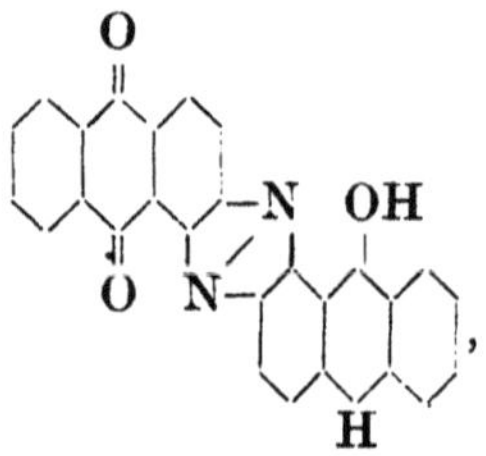

Antrachinonanthranolazin

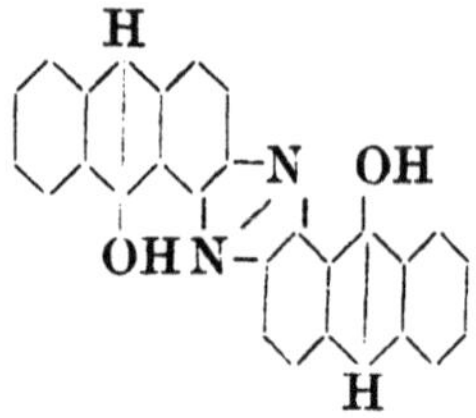

Anthranolazin

Wie aus diesen Formeln[1] zu ersehen ist, sind das erste und dritte symmetrisch und das zweite unsymmetrisch. Ein Reduktionsprodukt des ersten Azins, das 2 Anthrachinonkerne enthält, ist das Indanthren, das dritte Azin besteht aus 2 Anthranol- (resp. Anthron) kernen. Zwischen beiden steht das Anthrachinonanthranolazin mit einem Anthrachinon- und einen Anthranolkern. Soweit diese Körper, die sämtlich aus Indanthren dargestellt werden können, Anthrachinonkerne enthalten, lassen sie sich durch alkalische Reduktion in Derivate der Anthrahydrochinone überführen, welche durch Oxydation mit großer Leichtigkeit wieder in Anthrachinonderivate übergehen. Technisches Interesse besitzen aber nur die der ersten Reihe angehörigen Derivate, weshalb auf die Besprechung derjenigen der zweiten und dritten Reihe verzichtet werden soll. Durch kräftige neutrale oder alkalische Reduktionsmittel geht das Anthrachinonazin direkt in Indanthren über. Die Reduktion erfolgt aber stets unter vorübergehender Bildung eines dimolekularen chromgrünen chinhydronartigen Zwischenproduktes, des Anthrachinonazhydrins $C_{56}H_{26}O_8N_4$[2]. Es ist das erste Reduktionsprodukt des Anthrachinonazins, aus dem es durch Anlagerung von $^1/_2$ Molekül Wasserstoff entsteht. Bei weiterer Reduktion nimmt dieser Körper 1 Molekül Wasserstoff auf und bildet 2 Moleküle Indanthren $C_{28}H_{14}O_4N_2$.

Fügt man nun an das Indanthren wiederum 1 Molekül Wasserstoff an, so erhält man das blaue Dihydroindanthren $C_{28}H_{16}O_4N_2$:

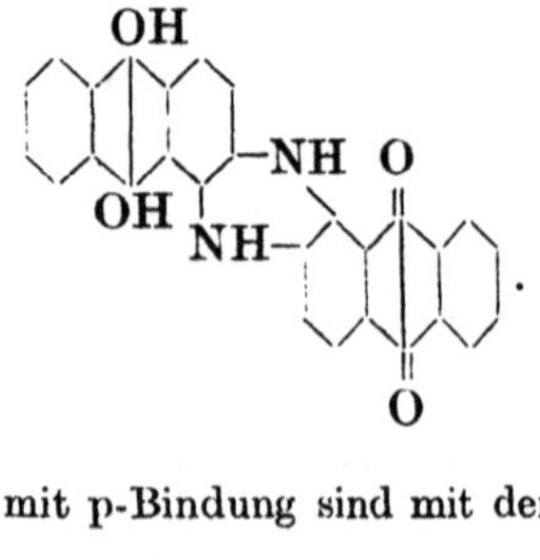

[1] Die Strukturformeln mit p-Bindung sind mit der oben gebrauchten o-chinoiden tautomer.

[2] *Scholl* und *Berblinger*, Ber. d. d. chem. Ges. **36**, 3432 (1903).

Dieses ist der wichtigste Körper von den Reduktionsprodukten des Indanthrens; denn es ist derjenige, welcher in der Küpe gelöst ist, und auf dem somit die Färberei mit Indanthrenfarbstoffen beruht. Seine Küpe wird von Baumwolle ebenfalls mit blauer Farbe aufgenommen, durch Oxydation an der Luft wird ohne wesentliche Farbänderung der Farbstoff gebildet. Die Reduktion des Indanthrens erfolgt am besten durch alkalische Hydrosulfitlösung bei 60 bis 70°[1]. In der blauen Küpe ist das Dinatriumsalz des Dihydroindanthrens gelöst. Aus kalter konzentrierter Lösung kristallisiert dieses aus und kommt in Form einer wässerigen Paste als „Indanthren S" in den Handel. Aus seiner Lösung läßt sich eine O-Dibenzoylverbindung gewinnen, wodurch seine Konstitution bewiesen ist.

Führt man die Reduktion des Indanthrens mit alkalischem Hydrosulfit weiter, indem man Zinkstaub zusetzt, so tritt ein sprunghafter Farbenwechsel von Blau nach Braun ein. Es ist dies ein Zeichen, daß ein weiteres Wasserstoffmolekül an das Dihydroindanthren getreten und Tetrahydroindanthren[2] $C_{28}H_{18}O_4N_2$

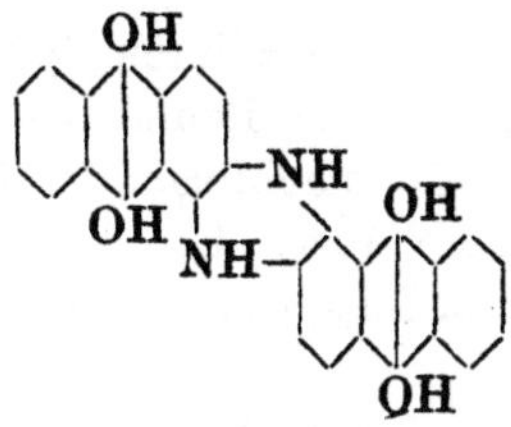

[3]

entstanden ist. Bei ihm sind beide Anthrachinonkerne reduziert, und die Anwesenheit von 4 Hydroxylgruppen wird durch die Bildung einer Tetrabenzoylverbindung bewiesen. Seine alkalische Lösung ist ebenfalls außerordentlich leicht oxydabel, wobei auch hier Indanthren zurückgebildet wird; sie ist aber zum Färben nicht zu brauchen.

Die im folgenden zu besprechenden Farbstoffe enthalten in ihrem Molekül keine Anthrachinonkerne mehr. Sie entstehen aber ebenfalls aus 2 Anthrachinonmolekülen, und zwar durch mehrfache Kondensation in der Weise, daß aus 2 Molekülen Anthrachinon zunächst 1 Molekül Bianthrachinonyl entsteht, aus welchem dann die beiden Sauerstoffatome je einer Karbonylgruppe eines jeden Anthrachinonkernes durch andere zweiwertige Gruppen ersetzt oder durch doppelte Bindung miteinander verknüpft werden. Strenge genommen gehören sie daher nicht zu den Anthrachinonfarbstoffen. Trotzdem werden sie aber am besten hier eingefügt, da sie chemisch und entsprechend der Art ihrer Anwendung in der Färberei zu dieser Gruppe gehören. Der wichtigste von ihnen, das

Flavanthren,

das Indanthrengelb des Handels, entsteht ebenso, wie das Indanthren durch oxydative Kondensation von 2 Molekülen 2-Aminoanthrachinon. Dies ge-

---

[1] *Scholl*, *Steinkopf* und *Kabacznik*, Ber. d. d. chem. Ges. **40**, 390 (1907).
[2] Ebenda S. 393.

geschieht bei der Alkalischmelze bei hoher Temperatur[1]. Technisch dargestellt wird es durch Verbacken mit wasserfreiem Aluminiumchlorid[2] oder durch Oxydation mit Antimonpentachlorid in siedendem Nitrobenzol[3]. Eine große Anzahl später gefundener Synthesen[4] hat auch hier, wie beim Indanthren, die ursprüngliche Darstellungsweise nicht zu verdrängen vermocht. Seine Konstitution ist von *Scholl*[5] aufgeklärt worden; sie ist mit der Zusammensetzung $C_{28}H_{12}O_2N_2$: die nachstehende:

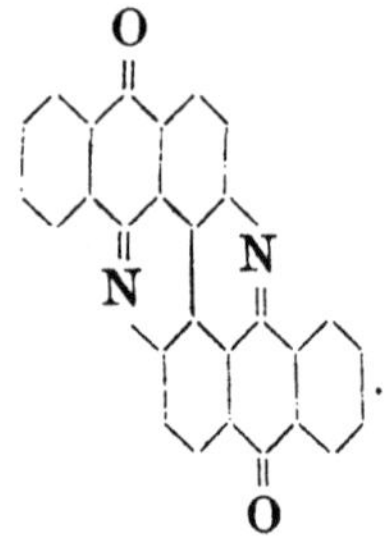

Die technische Reduktion erfolgt durch Hydrosulfit[6], wobei eine prächtig violettblaue Küpe entsteht, aus der Baumwolle in der gleichen Nuance substantiv angefärbt wird; bei der nachfolgenden Oxydation an der Luft geht die Farbe in leuchtendes Gelb über. Der in der dunkelblauen Küpe gelöste Körper ist das erste Reduktionsprodukt des Flavanthrens, das Dihydroflavanthren[7] $C_{28}H_{14}O_2N_2$

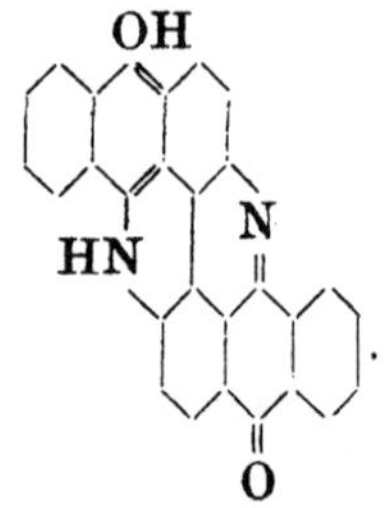

Die Reduktion setzt demnach an einem der beiden vorhandenen Chinonimidsysteme ein. In der alkalischen Lösung befindet sich nur eine Hydroxylgruppe in phenolartiger Bindung; denn das Dihydroflavanthren liefert kein Dibenzoylderivat, sondern nur eine Monobenzoylverbindung, die in Alkali unlöslich ist. Die beim Übergang des Flavanthrens in Dihydroflavanthren auftretende Vertiefung der Farbe von Gelbbraun nach Blau beruht darauf, daß durch die Addition von 2 Atomen Wasserstoff aus dem einen der beiden Anthrachinonimidchromophore des Flavanthrens eine Iminogruppe und eine Hy-

---

[1] *B. A. S. F.*, D. R. P. 133 686 [*Frdl.*, VI, 417].
[2] *B. A. S. F.*, D. R. P. 136 015 [ebenda].
[3] *B. A. S. F.*, D. R. P. 138 119 [*Frdl.* VII, 228].
[4] *Scholl*, Ber. d. d. chem. Ges. **40**, 1694, Fußnote 1 (1907).
[5] Ber. d. d. chem. Ges. **40**, 1691 (1907).
[6] *B. A. S. F.*, D. R. P. 139 835 [*Frdl.*, VII, 232].
[7] *Scholl*, Ber. d. d. chem. Ges. **41**, 2304 (1908).

droxylgruppe entsteht, die beide den Charakter eines Auxochroms haben. Im Sinne *Willstätters* gesprochen, geht durch Reduktion der einen chinoiden Gruppe das schwachfarbige holochinoide System in ein tiefer farbiges merichinoides über.

Bei der Einwirkung von Natronlauge und Zinkstaub entstehen der Reihe nach Dihydro-, α-Tetrahydro- und α-Hexahydroflavanthren, schließlich Flavanthrinol und Flavanthran. Eine zweite Reihe isomerer Reduktionsprodukte erhält man bei der Reduktion von Flavanthren mit Jodwasserstoff und Phosphor. Das zuerst entstehende β-Tetrahydroflavanthren geht durch Reduktion mit Natronlauge und Zinkstaub in β-Hexahydroflavanthren über. Alle Reduktionsprodukte unterscheiden sich durch ihre größere Basizität von dem Ausgangsmaterial. Technisches Interesse besitzen sie nicht, weshalb sich ihre eingehende Besprechung erübrigt. Es genügt, auf die eingehenden Untersuchungen von *Scholl*[1], der das Gebiet aufgeklärt hat, hinzuweisen.

Es folgen nun stickstofffreie Küpenfarbstoffe, welche Derivate des 1,1'-Dianthrachinonyls

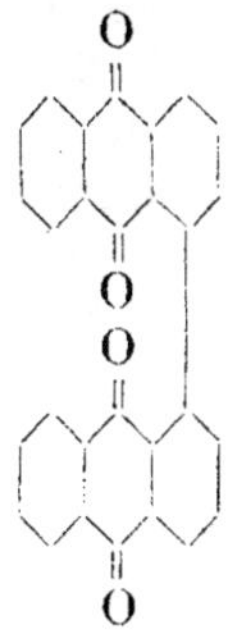

sind. Durch intramolekulare Kondensation unter Entfernung von 2 Molekülen Sauerstoff entsteht eine neue Doppelbindung. Der einfachste hierhergehörige Farbstoff ist das

Helianthron und Verwandte.

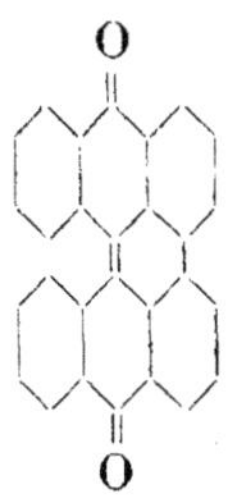

(1, 9, 1', 9'-Benzdianthron). Es entsteht aus 1, 1'-Dianthrachinonyl bei der Einwirkung von sauren Reduktionsmitteln, am besten von Kupferpulver und konzentrierter Schwefelsäure; doch kann es auch mit Hilfe von alkalischen Reduktionsmitteln dargestellt werden[2]. Es besitzt gelbe Farbe und gibt

---

[1] Ber. d. d. chem. Ges. **41**, 2304, 2534 (1908).

[2] *Scholl*, D. R. P. 190799; 197933 [*Frdl.*, IX, 800]. — *Scholl* und *Mansfeld*, Ber. d. d. chem. Ges. **43**, 1734 (1910).

beim Erwärmen mit alkalischer Hydrosulfitlösung eine smaragdgrüne Küpe, aus welcher Baumwolle nach Oxydation an der Luft gelb angefärbt wird. In der Küpe befindet sich eine Dihydroverbindung[1] von der Konstitution:

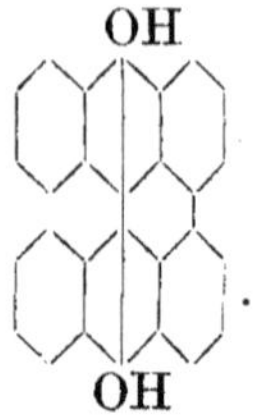

Diese ist in alkalischer Lösung außerordentlich luftempfindlich und läßt sich daraus nicht isolieren, wohl aber kann man aus ihr eine Di-p-brombenzoylverbindung herstellen. Die Diacetylverbindung erhält man bei der Reduktion mit Essigsäureanhydrid und Zinkstaub bei gewöhnlicher Temperatur. Läßt man die Reduktion des Helianthrons in siedender Lösung vor sich gehen, so entsteht das Tetrahydro-1, 9, 1′, 9′-benzdianthron und schließlich bei langdauernder Einwirkung Hexahydrobenzdianthron.

Höher kondensierte Anthrachinonkerne haben kein färberisches Interesse mehr, sondern nur wissenschaftliches. Durch Erhitzen mit Aluminiumchlorid läßt sich aus Helianthron das 1, 9, 8, 1′, 9′, 8′-Naphtodianthron[2] $C_{28}H_{12}O_2$ darstellen:

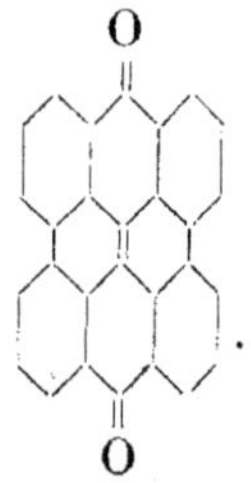

Dieser Körper ist deswegen interessant, weil er sich durch alkalische Hydrosulfitlösung nicht mehr in Lösung bringen läßt, sondern nur unter Zusatz von Zinkstaub ganz allmählich. Aus der dabei entstehenden orangeroten Küpe wird Baumwolle nach der Oxydation an der Luft gelb angefärbt. Wichtiger als diese Verbindung ist das Pyranthron[3], $C_{30}H_{14}O_2$, das Indanthrengoldorange des Handels:

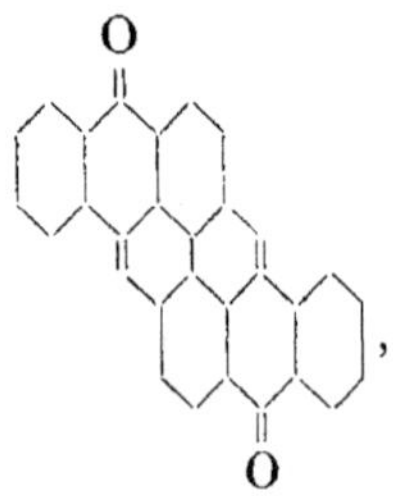

---

[1] *Scholl*, D. R. P. 195076 [*Frdl.*, IX, 802].
[2] *Scholl* und *Mansfeld*, Ber. d. d. chem. Ges. **43**, 1745 (1910).
[3] *Scholl*, Ber. d. d. chem. Ges. **43**, 346 (1910).

das stickstofffreie Analogon des Flavanthrens. Besonderes Interesse verdient der Körper deswegen, weil er der erste Küpenfarbstoff von gelber bis gelbroter Nuance ist, der nur aus Kohlenstoff, Wasserstoff und Sauerstoff besteht. Dargestellt wird er aus 2, 2′-Dimethyl-1, 1′-dianthrachinonyl[1] durch Abspaltung von 2 Molekülen Wasser, die sich durch Einwirkung von Kondensationsmitteln mit großer Leichtigkeit vollzieht. Eine weitere auf einem Reduktionsprozeß beruhende Synthese ist die aus 1, 1′-Dianthrachinonyl-2, 2′-Dialdehyd[2]; wichtig, weil zugleich die Konstitution aufklärend, ist noch die von *Scholl*[3] aufgefundene Synthese aus Dibenzoylpyren durch Dehydrierung.

Durch alkalische Hydrosulfitlösung in der Wärme entsteht aus dem Pyranthron eine fuchsinrote Küpe[4]. Da, wie *Scholl* nachgewiesen hat, auch bei langdauernder Einwirkung von Hydrosulfit in der Wärme sich die Farbe nicht mehr ändert, so ist man berechtigt, anzunehmen, daß in ihr das Tetrahydropyranthron $C_{30}H_{18}O_2$

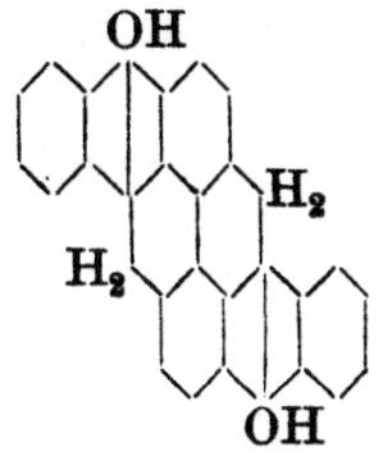

als Alkalisalz gelöst ist; von dieser Verbindung ist ein p-Brombenzoylderivat isoliert. Bei vorsichtiger Einwirkung von Hydrosulfit in der Kälte auf Pyranthron erhält man ebenfalls eine kirschrote Küpe, die aber kein Dihydropyranthron, sondern nach *Scholl* Pyranthron als kolloidalen Komplex mit Tetrahydropyranthron kombiniert enthält[5]. Ersteres bildet sich aber aus Tetrahydropyranthron beim Stehen an der Luft. Zweifellos bilden bei der Verküpung auch der Farbstoffe mit dislozierten Carbonylgruppen die beiden Sauerstoffatome den ersten Angriffspunkt für den aufgenommenen Wasserstoff, so daß sich beim Pyranthron unter 1—12 Addition und unter totaler Verschiebung des Doppelbindungssystems wohl zuerst das durch die Formel ausgedrückte Dihydropyranthron bildet[6]:

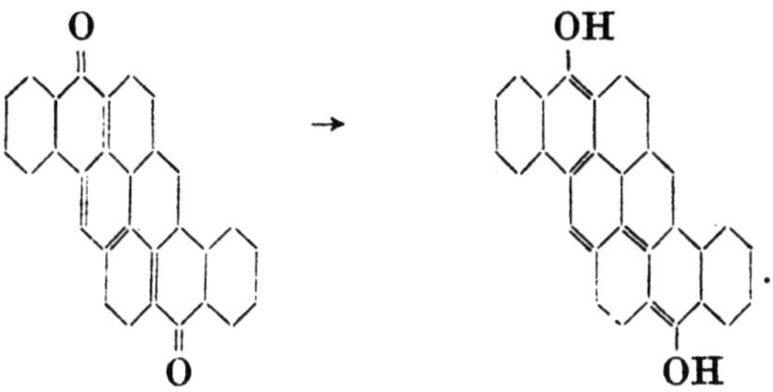

[1] *B. A. S. F.*, D. R. P. 175 067, 212 019 [*Frdl.*, VIII, 356; IX, 797].
[2] *B. A. S. F.*, D. R. P. 238 980 [*Frdl.*, X, 688].
[3] D. R. P. 239 761 [*Frdl.*, X, 682].
[4] *B. A. S. F.*, D. R. P. 174 494 [*Frdl.*, VIII, 359].
[5] *Scholl*, Ber. d. d. chem. Ges. **44**, 1448 (1911).
[6] In den Formeln sind absichtlich nur die an der Verschiebung beteiligten Doppel-

Die sauerstofffreie Muttersubstanz dieser Reihe, das Pyranthren $C_{30}H_{18}$ entsteht bei energischer Reduktion mit Jodwasserstoff und Phosphor[1].

Ein weiteres hochmolekulares Kondensationsprodukt des Anthrachinons, das Küpenfarbstoffe liefert, das

Benzanthron

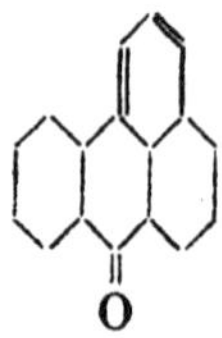

entsteht aus Anthrachinon durch Kondensation mit Glycerin[2]. Dieser Körper selbst ist eine kaum gefärbte Verbindung, er liefert aber gute Farbstoffe bei Kondensation zweier Moleküle durch Verschmelzen mit Alkali oder alkoholischem Kali[3].

Unter Austritt von 4 Atomen Wasserstoff treten 2 Moleküle Benzanthron bzw. seiner Derivate zu einem neuen Komplex zusammen, der dann 2 Carbonylgruppen enthält. Der dabei freiwerdende Wasserstoff entweicht oder wird teilweise zu Reduktionswirkungen verbraucht. Die dabei entstehenden Farbstoffe von dunkelblauer bis violetter Nuance sind außerordentlich wertvoll und von hervorragenden Eigenschaften. Es sind die ersten Küpenfarbstoffe von blauer bis violetter Nuance, welche nur aus Kohlenstoff, Wasserstoff und Sauerstoff bestehen. Aus Benzanthron selbst entstehen zwei isomere Verbindungen:

Violanthren[4] (Indanthrendunkelblau BO) 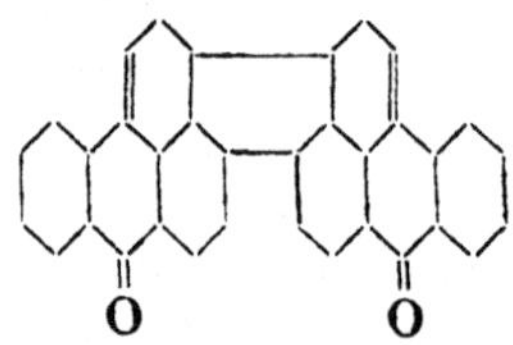,

Isoviolanthren[2] (Indanthrenviolett R extra) 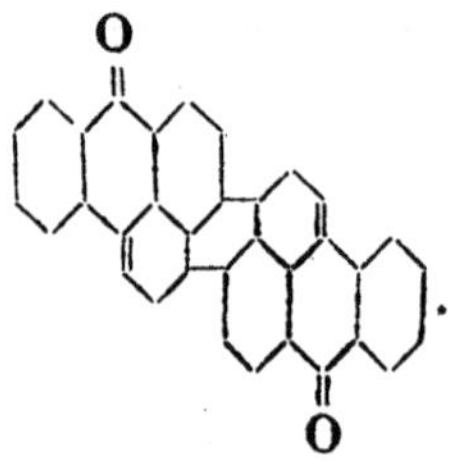.

Benzanthron gibt bei der Reduktion je nach den Bedingungen[5]

---

bindungen eingezeichnet. Parabindung und o-chinoide Struktur werden im Anthracen als gleichwertig betrachtet.

[1] Ber. d. d. chem. Ges. **43**, 352 (1910).

[2] *B. A. S. F.*, D. R. P. 176 018, 176 019 [*Frdl.*, VIII, 372ff.].

[3] *B. A. S. F.*, D. R. P. 185 221, 194 252 [*Frdl.*, IX, 824ff.].

[4] *Scholl*, Annal. d. Chem. **394**, 126ff. (1912); D. R. P. 239 761 [*Frdl.*, X, 682].

[5] *Bally* und *Scholl*, Ber. d. d. chem. Ges. **44**, 1661, 1666 (1911).

Dihydrobenzanthron $C_{17}H_{12}O$ 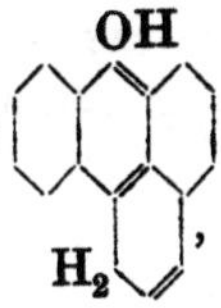

Benzanthren $C_{17}H_{12}$ 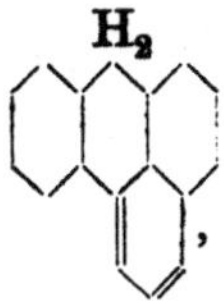

Dihydrobenzanthren $C_{17}H_{14}$ 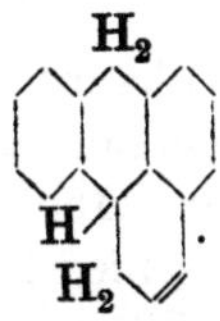

Beim Erwärmen von Benzanthron mit alkalischem Hydrosulfit oder mit Zinkstaub und Alkali entsteht Dihydrobenzanthron. Die Muttersubstanz der ganzen Gruppe, das sauerstofffreie Benzanthren, entsteht durch Destillation von Benzanthron über Zinkstaub, während das Dihydrobenzanthren durch Erhitzen mit Jodwasserstoff und Phosphor dargestellt wird.

Wichtig von diesen dreien ist aber nur das Dihydrobenzanthron. Seine grüngelbe alkalische Lösung, wie sie bei der Reduktion erhalten wird, oxydiert sich mit größter Leichtigkeit an der Luft unter Rückbildung von Benzanthron. Von den Küpen des Violanthrens und des Isoviolanthrens, die anscheinend nicht näher untersucht sind, ist anzunehmen, daß sie Hydroxylgruppen enthalten, die durch Aufnahme zweier Wasserstoffatome an den Carbonylgruppen, also in sehr entfernter Stellung, entstanden sind.

Hier bedarf noch ein in jüngster Zeit von *Kalb*[1] hergestellter schöner und echter roter Küpenfarbstoff, der einfachste der nur C, H und O enthaltenden, der Erwähnung, das Anthanthron. Es entsteht aus 1, 1′-Binaphtyldicarbonsäure durch Wasserabspaltung, z. B.:

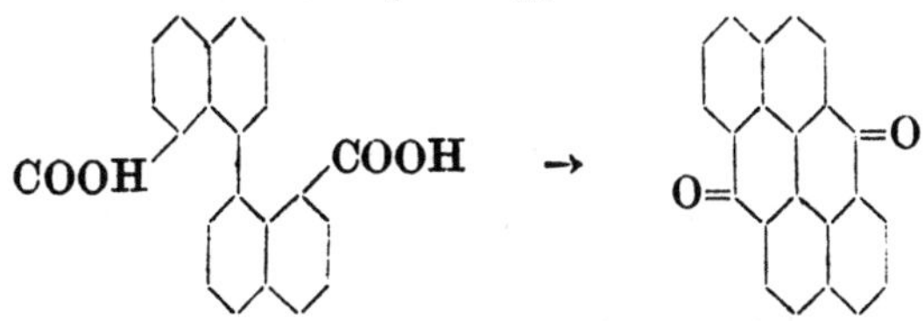

Anthanthron

und ist als Derivat des amphi- oder 2, 6-Naphtochinons[2]

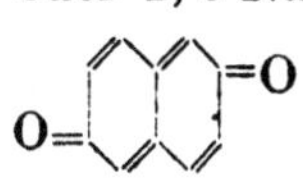

aufzufassen.

[1] Ber. d. d. chem. Ges. 47, 1724 (1914).

[2] *Willstätter* und *Parnas*, ebenda 40, 1406 (1907).

Der Verküpungsvorgang, der zu einer rotvioletten Küpe führt, wird durch das folgende Formelbild veranschaulicht:

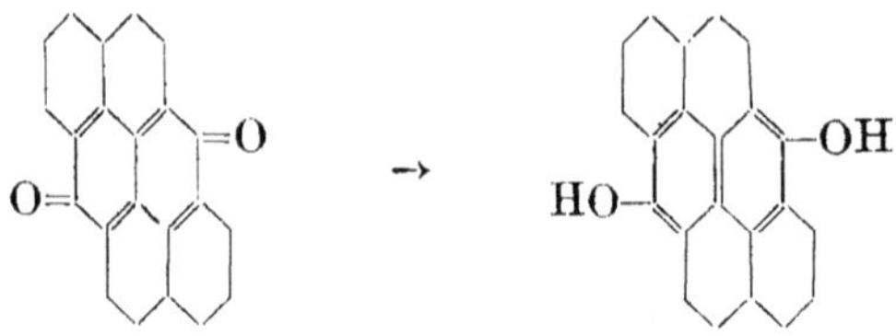

Küpen für Anthrachinonfarbstoffe.

Die Reduktion der Küpenfarbstoffe der Anthrachinonreihe geschieht für Zwecke der Färberei ausschließlich durch Hydrosulfit; er kann daher hier auf das über die Reduktion von Indigoderivaten mittels Hydrosulfit Gesagte verwiesen werden. Ein Unterschied ist aber hervorzuheben, darin bestehend, daß die Anthrachinonfarbstoffe nur in wesentlich stärker alkalischer Lösung als die Indigofarbstoffe reduziert werden können; ihre Verwendung in der Wollfärberei ist daher ausgeschlossen, und sie werden nur für Baumwolle gebraucht.

Die Herstellung einer Küpe für Indanthrenfarbstoffe erfolgt etwa in folgender Weise[1]. Eine Suspension von 1 kg Farbstoff in Teigform in 500 bis 1000 l Wasser von 50 bis 60° wird mit 20 bis 30 l Natriumhydrosulfit von 10° Bé und mit 10 bis 15 kg Natronlauge von 10° Bé versetzt; nach Verlauf einer halben Stunde ist der Farbstoff in Lösung gegangen. In derselben Weise werden auch die Küpen für die übrigen zu dieser Klasse gehörigen Farbstoffe hergestellt.

Die Darstellung haltbarer Präparate von reduzierten Farbstoffen geschieht auch bei ihnen nach den beim Indigo besprochenen Verfahren. Ein Zusatz von Seifen, wie Türkonöl oder Monopolseife, übt eine außerordentlich löslichmachende Wirkung auf die konzentrierten Leukoalkalisalze, so daß es mit Hilfe dieser Seifen gelingt, handelsfähige Küpenlösungen herzustellen[2]. In neuester Zeit werden auch hier die Magnesiumverbindungen zur Herstellung solcher Präparate vorgeschlagen. Sie sind in Wasser schwer löslich und können dargestellt werden, indem man die Farbstoffe in gewöhnlicher Weise mit Hydrosulfit reduziert und die Leukoverbindung dann mit Magnesiumsalz ausfällt oder indem man die Reduktion in Gegenwart von Magnesiumhydroxyd vornimmt[3]. Derart gewonnene Pasten können nach entsprechender Verdünnung direkt zum Färben gebraucht werden.

Es bleibt noch übrig, eine besonders interessante Färbemethode anzuführen[4]. Wie viele andere wasserunlösliche Farbstoffe, so ziehen auch die Küpenfarbstoffe der Anthrachinonreihe in wässeriger Suspension schon in

---

[1] *B. A. S. F.*, D. R. P. 139 834, 139 835 [*Frdl.*, VII, 232].
[2] *M. L. Br.*, D. R. P. 281 353 [C. **1915**, I, 228; Angew. Chem. **28**, II, 107].
[3] *Wedekind & Co.*, D. R. P. 270 520 [Pat.-Schr. 4091].
[4] *Wedekind & Co.*, D. R. P. 275 570 [Pat.-Schr. 2938].

der Kälte auf ungebeizte Baumwolle und gehen dabei mit der Faser eine Art labiler Verbindung ein. Die Überführung in die eigentliche stabile Färbung wird in einer weiteren Operation vorgenommen, die darin besteht, daß durch Einbringen der Ware in alkalische Hydrosulfitlösung der Farbstoff auf der Faser verküpt und zugleich fixiert wird; nennenswerte Mengen des Farbstoffes werden dabei nicht heruntergelöst. Zum Schluß wird der Farbstoff durch den Sauerstoff der Luft entwickelt. Die in der Imidgruppe substituierten Indanthrene und ihre Derivate besitzen die Eigenschaft, die Faser auch in kalter Küpe kräftig anzufärben [1], während die nichtsubstituierten Indanthrene und deren Derivate vornehmlich nur in warmer Küpe (über 50°) gute Färberesultate liefern. In manchen Fällen, wie beim N-Methylindanthren, wird die Faser in kalter Küpe sogar bedeutend kräftiger angefärbt als bei den für die nichtsubstituierten Indanthrene gebräuchlichen höheren Temperaturen.

Andere in kalter Küpe färbbare Anthrachinonderivate sind z. B. Benzoylaminoanthrachinone.

7. Drucken und Ätzen von Küpenfarbstoffen.

Die bisher beschriebenen Reduktionsmethoden für Küpenfarbstoffe werden in der Färberei, durch welche der Ware eine gleichmäßige Farbe erteilt wird, angewandt. Im Gegensatz dazu wird in der Druckerei das Gewebe mit einem ein- oder mehrfarbigen Muster versehen, welches entweder weiß bzw. bunt auf farbigem Grund oder ein- bzw. mehrfarbig auf weißem Grund ist. Die Druckmethoden zerfallen in drei Gruppen. Die erste umfaßt die Methoden des direkten Druckes, bei denen der Farbstoff als Druckfarbe auf das farblose Gewebe aufgetragen wird. Die zweite und dritte Gruppe enthalten diejenigen Verfahren, durch welche auf dem gleichmäßig gefärbten Stoffe weiße oder bunte Muster erzeugt werden. Dies geschieht (zweite Gruppe) durch Reservagedruck, bei dem die Stellen des Stoffes, welche ein farbloses Muster zeigen sollen, vor dem Färben mit Präparaten bedruckt werden, die diese Stellen gegen die reduzierte Farbstofflösung (Küpe) unempfindlich machen. Die dritte Gruppe enthält die Ätzverfahren. Bei ihnen wird auf dem gleichmäßig gefärbten Grund durch chemische Einwirkung an den Stellen, die das Muster zeigen sollen, der Farbstoff wieder entfernt, weggeätzt. Damit die Farben beim Druck nicht auslaufen, sondern scharfe Ränder zeigen, werden ihnen Verdickungsmittel (Gummi arabicum, Dextrin, Stärke, Traganthschleim, Albumin) zugesetzt. Bunte Muster werden dadurch erzeugt, daß man den Druckpasten Farbstoffe zusetzt, deren Befestigung auf der Faser durch die bei den Druckverfahren vorherrschenden Bedingungen nicht beeinträchtigt wird.

a) Direkter Druck.

Beim direkten Druck wird der Farbstoff mit einem geeigneten Fixierungs- und Verdickungsmittel, als sog. Druckfarbe aufgedruckt. Benutzt man dazu

[1] *Bayer & Co.*, D. R. P. 240 265 [*Frdl.*, X, 700].

Küpenfarbstoffe, so müssen diese in Lösung gebracht werden, wozu man ein Reduktionsmittel anwendet, welches bei Anwesenheit starker Alkalien den Farbstoff bei gewöhnlicher Temperatur unverändert läßt, beim Dämpfen aber rasch und ohne Verluste reduziert. Es werden daher für Druckereizwecke Verfahren angewandt, die sonst zur Herstellung von Küpen nicht gebräuchlich sind.

Ältere Verfahren sind das sog. Pinsel- oder Schilderblau, eine konzentrierte Oppermentküpe des Indigos, oder das Fayenceblau, bei dem der Indigo durch Eisenvitriol und Kalk reduziert wird. Länger als diese beiden war das in England erfundene Solidblauverfahren in Gebrauch, bei dem der Farbstoff durch frischgefälltes Zinnoxydulhydrat, Zucker und Alkalilauge reduziert wird. Später kommt noch ein von *Prud'homme* erfundenes Verfahren hinzu, nach dem ein Gemenge von Indigo, Glycerin, Soda, Zinnoxydulhydrat und Senegalgummi aufgedruckt wird. Bei allen diesen Verfahren wird nach dem Druck der Farbstoff durch irgendein Oxydationsverfahren (Dämpfen) zur Entwicklung gebracht und die überschüssige Druckpaste durch Einbringen in heißes Wasser abgelöst.

Ein sehr gutes Druckblau wird erzeugt nach dem Glukosedruckverfahren von *Schlieper*[1], bei dem die Reduktion des Farbstoffes durch ein Gemisch von Glucose, und Alkali erfolgt. Dabei ist folgendes zu bemerken: Fertiges Indigweiß fixiert sich unter den beim Drucken herrschenden Bedingungen nicht gut auf der pflanzlichen Faser; wenn aber der Indigo als solcher auf die Faser gebracht und dann plötzlich reduziert und gelöst wird, unter Bedingungen, bei denen ein Auswaschen des Indigweiß nicht stattfindet, so wird leicht eine vollständige Fixierung des Farbstoffes erreicht. Bei dem *Schlieper* und *Baum*schen Verfahren wird daher das Gewebe zuerst mit Traubenzucker imprägniert und dann die alkalische Farbpaste aufgedruckt. Letztere muß außerordentlich dick sein, damit sie nicht ins Gewebe eindringt, was eine Mischung des Indigos mit dem Reduktionsmittel (Traubenzucker) und mithin eine vorzeitige Reduktion des ersteren zur Folge haben würde. Traubenzucker und alkalische Druckfarbe müssen daher übereinander zu liegen kommen. Unmittelbar hinter dem Aufdrucken wird das Gewebe bei einer 75° nicht übersteigenden Temperatur getrocknet und dann sofort kurze Zeit (eine Minute lang) gedämpft, wobei die Reduktion des Farbstoffes und Fixierung auf der Faser erfolgt. Als Reduktionsmittel an Stelle von Glucose wird von der *Badischen Anilin- und Sodafabrik*[2] eine Maltoselösung, die man aus Weizenstärke durch Einwirkung von Diastase oder von „Diastafor" erhält, vorgeschlagen. Das Verfahren liefert zwar gute Resultate, ist aber in seiner praktischen Durchführung ziemlich kompliziert; außerdem müssen die Reaktionsbedingungen genau eingehalten werden, weil leicht zu weitgehende Reduktion des Farbstoffes stattfindet. Eine Verbesserung des Verfahrens

---

[1] Bull. de la soc. ind. de Mulhouse **53**, 585 (1883); Dingler **250**, 733 (1883). Eine ausführliche Darstellung der Entwicklung dieses Verfahrens befindet sich in „Indigo rein B. A. S. F.", S. 128.

[2] D. R. P. 168 288 [*Frdl.*, VIII, 460].

besteht darin[1], daß mit trockenem Dampf bei 104° und darüber gedämpft wird. Auf diese Weise soll auch bei langdauernder Einwirkung des Dampfes keine Überreduktion erfolgen.

Für Farbstoffe der Anthrachinonreihe, Indanthren und Flavanthren, werden folgende Verfahren gebraucht: Entweder werden die Farbstoffe mit dem Reduktionsmittel unter Zusatz von Alkali aufgedruckt und hierauf gedämpft, oder sie werden ohne Zusatz von Alkali aufgedruckt und durch eine heiße alkalische Lösung durchgeführt, wobei das Dämpfen gespart wird. Als Reduktionsmittel werden aufgeführt Zinnsalz, Traubenzucker, Eisensulfat, Hydrosulfit, von denen das letzte am wichtigsten ist[2]. Dabei hat man gefunden, daß bei Verwendung von Zinnoxydul oder Zinnsalz als Reduktionsmittel wesentlich tiefere Nuancen erzielt werden, wenn man zur Druckfarbe einwertige Alkohole allein oder besser zusammen mit β-Naphthol zusetzt, wodurch die Farbstoffe viel rascher reduziert werden[3].

Es gibt nun noch eine dritte Möglichkeit zu drucken. Dabei wird der Farbstoff mit Verdickung aufgedruckt und der entsprechend präparierte Stoff mit der alkalischen Reduktionslösung behandelt[4].

Gegenüber diesen Verfahren bedeutet die Einführung von Hydrosulfit in die Druckerei einen großen Fortschritt, der aber erst durch Anwendung der Sulfoxylate (Rongalit C pat.) vollkommen geworden ist. Die erste Anwendung der Hydrosulfite in der Druckerei stammt von *Schützenberger*[5], welcher allerdings nur Lösungen von Hydrosulfit zum Druck verwandte. Auch die Entdeckung der festen Salze der hydroschwefligen Säure brachte noch keine wirklich befriedigende Lösung des Problems, denn alle diese Verbindungen reduzieren den Indigo bereits in der Kälte, so daß man bei ihrer Anwendung fertiggebildetes Indigweiß aufdrucken muß, während der Farbstoff auf der pflanzlichen Faser fester haftet, wenn er als Indigo aufgedruckt und erst auf der Faser zur Leukoverbindung reduziert wird.

Alle diese Mißstände wurden durch die Einführung der Formaldehydsulfoxylate, welche die außerordentlich wichtige Eigenschaft besitzen, auch bei Gegenwart von starkem Alkali den Indigo erst in der Hitze zu reduzieren, behoben. Ein weiterer Vorteil dieses Reduktionsmittels besteht darin, daß die Reduktion nur bis zum Indigweiß geht, während bei der Glucose und ähnlichen leicht Überreduktion eintritt, wodurch Verluste entstehen. Der Vorgang des Druckens ist ungefähr folgender: Man benutzt als Druckfarbe etwa Indigopaste von 20 Proz. mit Formaldehydsulfoxylat (Rongalit C pat.) im Verhältnis 2 : 1, der zur Verdickung Gummi- oder Dextrinlösung zugesetzt wird. Nach dem Drucken wird der Stoff gut getrocknet und darauf bei 100° etwa 1 Minute lang trocken und luftfrei gedämpft; aber auch längeres, bis

---

1 *Kalle & Co.*, D. R. P. 122 033 [*Frdl.*, VI, 605].
2 *B. A. S. F.*, D. R. P. 132 402, 140 573 [*Frdl.*, VI, 418; VII, 233].
3 *B. A. S. F.*, D. R. P. 209 429 [*Frdl.*, IX, 845].
4 *B A. S. F.*, D. R. P. 177 952 [*Frdl.*, VIII, 361].
5 Bull. soc. chim. [2] **20**, 7 (1873).

5 Minuten dauerndes Dämpfen beeinträchtigt die Färbung nicht. Ein geringer Zusatz von Glucose zur Druckfarbe soll die Dauer des Dämpfens verkürzen[1]. Unter dem Einfluß des Dampfes bildet sich eine lokale Küpe, ohne daß der Stoff vorher in seiner ganzen Ausdehnung mit einem besonderen Reduktionsmittel präpariert zu werden braucht. In der bekannten Weise wird dann das auf der Faser fixierte Indigweiß oxydiert.

Zunächst wandte man das zur Bindung des Indigweiß' dienende Alkali in Form von Salzen flüchtiger Säuren, wie Kohlensäure oder Essigsäure an. Später erkannte man[2], daß erst bei Verwendung von starken Alkalien im Überschuß gute Ausnutzung des Farbstoffes und eine wesentliche Ersparnis an Reduktionsmittel erzielt wird. Gegenüber dem Glucoseverfahren bietet das Drucken mit Sulfoxylaten mehrfache Vorteile[3]. Die für ein sicheres Arbeiten notwendigen Versuchsbedingungen sind leichter einzuhalten, weil keine Überreduktion des Farbstoffes erfolgt. Das Verfahren besitzt aber auch größere Einfachheit, weil Farbstoff und Reduktionsmittel in einer Operation auf die Faser gebracht werden. Das Reduktionsmittel wird außerdem besser ausgenützt, da bei dem Glucoseverfahren das auf den nichtbedruckten Stellen befindliche Reduktionsmittel verloren geht, während bei dem Sulfoxylatverfahren nur diejenigen Stellen bedruckt werden, welche den Farbstoff tragen sollen. Nach diesem Verfahren kann man sowohl auf weißen als auch auf gefärbten Grund drucken. Im zweiten Falle muß der Farbstoff ein solcher sein, der entweder, wie Azofarbstoffe, durch Reduktion spaltbar ist oder, wie Alizarinfarbstoffe, durch starkes Alkali herausgenommen wird; man erhält dann ein blaues Muster auf buntem Grund.

Infolge der Anwesenheit der starken Alkalien ist dieses Verfahren für die tierische Faser und auch für Baumwolle bei Kombinationen mit dem Aufdruck von alkaliempfindlichen Farbstoffen nicht zu brauchen. Bei tierischen Fasern tritt insofern eine Erleichterung ein, als das Indigweiß von diesen viel leichter aufgenommen wird als von pflanzlichen. Man kann sogar direkt Indigweiß aufdrucken, welches gut von der Faser aufgenommen wird. Dabei verfährt man am besten so, daß man statt das Indigweiß in der Druckpaste mit Alkali in Lösung zu halten, Lösungsmittel für dasselbe, wie Acetin, Glycerin, Türkischrotöl zusetzt[4]. Man kann aber auch für den Druck auf Wolle Hydrosulfite oder Sulfoxylate verwenden, wenn man ganz schwache Basen anwendet. Man druckt z. B. den Indigo zusammen mit festen Doppelsalzen der hydroschwefligen Säure, z. B. Zinknatrium- oder Zinkcalciumhydrosulfit, einem Verdickungsmittel und einem schwach alkalisch wirkenden Agens, wie Magnesiaalkalicarbonat, Bicarbonat, Borax, Wasserglas[5]. Bei Anwendung von Formaldehydsulfoxylaten ist es vorteilhaft, als Basen solche Substanzen

---

[1] *M. L. Br.*, D. R. P. 179 454 [*Frd.*, VIII, 462].

[2] *M. L. Br.*, D. R. P. 173 878, 180 069 (für Indanthren und Flavanthren) [*Frdl.*, VIII, 461f.].

[3] *Stark*, Zeitschr. f. Farbenind. 7, 391 (1908).

[4] *B. A. S. F.*, D. R. P. 141 450 [*Frdl.*, VI, 1317].

[5] *B. A. S. F.*, D. R. P. 139 217 [*Frd.*, VI, 1318].

zu wählen, die erst in der Hitze basisch wirken, wie Magnesia, Zinkcarbonat oder -sulfit[1].

Eine neue Methode zum direkten Druck stammt von *Chartscheff*[2]. Als Reduktionsmittel wird dabei eine Verbindung verwandt, welche erhalten wird, wenn man unter gewissen Vorsichtsmaßregeln Schwefelnatrium in eine Lösung von Formaldehydbisulfit einträgt. Die Reduktion verläuft anders als mit Sulfoxylaten, und zwar in zwei getrennten Phasen; in der Druckfarbe findet eine Vorreduktion zu einer eigentümlichen Leukoverbindung statt, während beim Dämpfen die vollständige Reduktion erfolgt.

b) Reservagedruck.

Durch den Reservagedruck wird ein meist kleineres, weißes Muster auf farbigem Grund erzeugt. Dies geschieht dadurch, daß man den Stoff mit Präparaten, welche die von ihnen bedeckten Stellen unempflindich gegen Farbstofflösung machen, mit sog. Reserven- oder Schutzpapp bedruckt und darauf die ganze Ware in der Küpe färbt. Nach Entfernen des Schutzpappes erscheint an den bedruckten Stellen das weiße Muster auf gefärbtem Grunde. Es ist dies ein Verfahren, das heute unter dem Namen Batik wieder in Aufnahme gekommen ist, in der Form des aus Indien stammenden Wachsdruckes die älteste Art des Druckens überhaupt. Bei ihm wird das Muster mit Hilfe von Wachs oder Harz aufgedruckt. In der Technik verwendet man an seiner Stelle komplizierte Gemische, etwa gebrannte Stärke, Mehl, Chinaclay, Gummi, Bleisulfat, Wachs, Talg, Pfeifenton. Setzt man dem Schutzpapp einen Farbstoff zu, so besteht die Möglichkeit, auch bunte Reserven aufzudrucken, die aber meist nur gelbe oder orange Nuancen besitzen. Neben diesen mechanisch wirkenden Mitteln kommen auch chemisch wirkende zur Verwendung. Es sind dies Körper, die infolge ihrer sauren oder oxydierenden Eigenschaften den Farbstoff unlöslich als Indigweiß oder Indigo ausscheiden, so daß er von der Faser nicht aufgenommen werden kann. Von diesen sind am wichtigsten Kupfersalze und Schwefel. Letzterer ist einer der ältesten für diesen Zweck gebräuchlichen Mittel und wird zur Erzeugung von Buntreserven mit anderen Substanzen, z. B. Cadmiumsulfat, Schwefelfarbstoffen, kombiniert.

Auch unter Verwendung von Zinksalzen lassen sich gute Reserveeffekte erzielen, wenn man dem Färbebad Schwefelnatrium oder Polysulfide zusetzt[3]. Außer diesem werden verwandt die Sulfosäuren aromatischer Nitroverbindungen[4], von denen das m-nitrobenzolsulfosaure Natrium als „Lugidol" im Handel ist; sowie tertiäre Basen, wie Dimethylphenylbenzylammoniumchlorid[5], welche auch als „Leukotrop" als Ätzmittel gebraucht werden. Derartige

---

[1] *B. A. S. F.*, D. R. P. 196 693 [*Frdl.*, IX, 632]; dasselbe Verfahren für Küpenfarbstoffe der Anthrachinonreihe *Bayer & Co.*, D. R. P. 263 419 [Pat.-Schr. 3302].

[2] Zeitschr. f. angew. Chem., **26**, III, 468 (1913).

[3] *B. A. S. F.*, D. R. P. 237 018 [*Frdl.*, X, 771].

[4] *Kalle & Co.*, D. R. P. 210 682, 211 526 [*Frdl.*, **IX**, 641, 846].

[5] *B. A. S. F.*, D. R. P. Anm. B 60 303, Kl. 8n [Pat.-Schr. 2617].

Zusätze verhindern, daß sich der reduzierte Farbstoff an den bedruckten Stellen auf das Gewebe fixieren kann. Für den Reservagedruck mit Thioindigo haben sich Salze der Metalle Cu, Cr, Pb, Zn, Cd, Co, Ni, Fe, Mn, Al bewährt, welche unter Verwendung von Verdickungsmitteln aufgedruckt werden [1]. Darauf wird der Stoff getrocknet, mit einer alkalischen Thioindigodruckfarbe überflatscht und einige Minuten gedämpft.

c) Reduktionsätzen [2].

Wie beim Reservagedruck wird auch durch den Ätzdruck ein Muster auf gefärbtem Grund erzeugt. Im Gegensatz zu ersterem wird das dadurch erreicht, daß der Stoff zunächst im ganzen mit einem Küpenfarbstoff gefärbt wird und dieser dann an den Stellen, welche das Muster bilden sollen, wieder entfernt wird. Das geschieht durch Aufdrucken einer Paste, welche bei dem nachfolgenden Dämpfen die Farbe zerstört (Ätzpapp, Enlevage). Fügt man diesen Pasten irgendeinen gegen die Ätzung beständigen Farbstoff hinzu, so kann man ihn durch geeignete Behandlung zugleich an den geätzten Stellen fixieren. Man erhält dann kein weißes, sondern ein buntes Muster auf gefärbtem Grund (Buntätzen). Die älteren Verfahren, von denen die wichtigsten das Ätzverfahren nach *Mercer* mit Blutlaugensalz, die *Köchlin*sche Chromatätze, die *Jeanmaire*sche Chlorat-Prussiatätze, die *Binder-Brandt*sche Bromatätze und die Nitratätze von *Freiberger* sind, beruhen sämtlich auf Oxydation des Indigos zu Isatin, welches durch Alkali von der Faser abgelöst werden kann.

Nach den jetzt gebräuchlichen Verfahren wird der Farbstoff durch das in der Ätzpaste enthaltene Reduktionsmittel in die Leukoverbindung übergeführt, in diesem Zustand von dem darin enthaltenen überschüssigen Alkali aufgenommen und von der Faser entfernt. Außer für sämtliche Küpenfarbstoffe sind die hier erwähnten Verfahren noch für eine große Reihe anderer Farbstoffe zu gebrauchen, z. B. für Schwefelfarbstoffe, besonders aber für Azofarbstoffe, welche durch die Reduktion in ungefärbte Verbindungen übergeführt werden. In die meisten angeführten Patente sind alle diese Farbstoffe mit eingeschlossen, weshalb an dieser Stelle das ganze Gebiet im Zusammenhang zu besprechen ist und bei den einzelnen Gruppen nur die speziellen Verfahren angegeben werden sollen.

Es ist ohne weiteres einleuchtend, daß alle diejenigen Reduktionsmittel, welche zum Herstellen einer Küpe gebraucht werden, auch zum Ätzdruck zu verwenden sind, denn dieser ist eigentlich weiter nichts als die Herstellung einer lokalen Küpe auf dem Gewebe. Tatsächlich kommt aber nur ein einziges Reduktionsmittel, das Hydrosulfit und seine verschiedenen Derivate, zur Verwendung. Auf keinem anderen Gebiet ist seine Stellung eine so beherrschende, wie hier.

Vor der Betrachtung der Reduktionsätze mit Hydrosulfit und Sulfoxylaten sollen ganz kurz einige ältere Ätzverfahren mit anderen Reduktionsmitteln erwähnt werden. Lange ist für diesen Zweck Zinnchlorür bekannt. Seine

[1] *Kalle & Co.*, D. R. P. 196 658 [*Frdl.*, IX, 640].

[2] *B. A. S. F.*, Das Leukotropätzverfahren in seiner Anwendung auf Indigo und indigoide Küpenfarbstoffe.

Anwendung erfolgte zunächst in mehr oder weniger saurer Lösung, was eine Schwächung der Faser zur Folge hatte. Hingegen hat sich gezeigt, daß Küpenfarbstoffe sich sehr gut, auch bei dunklen Ausfärbungen, zu reinem Weiß ätzen lassen, wenn man eine Ätzfarbe aus Zinnoxydul und Alkali verwendet[1]. In der gleichen Weise und für dieselben Zwecke kann übrigens auch Glucose oder andere Zuckerarten angewandt werden[2]. Ein zweites Ätzverfahren mit Zinnoxydul[3] besteht darin, daß man eine Paste aus Glucose, Zinkoxyd und Zinnsalz oder Zinnoxydul aufdruckt, trocknet und hierauf den Stoff durch ein 20° Bé starkes, siedendes Bad von Natron- oder Kalilauge durchzieht, darauf trocknet und wäscht. Diese Ätzverfahren mit Zinnoxydul oder Traubenzucker werden heute aber nicht mehr angewandt; trotzdem sind sie auch in die neuen Patente, welche das Leukotropverfahren[4] der *Badischen Anilin- und Sodafabrik* behandeln, mit einbezogen. Durch dieses wird die Ätzwirkung des Zinnoxyduls oder Traubenzuckers ebenso erhöht, wie diejenige der Sulfoxylate, für welche das Leukotropverfahren in erster Linie in Betracht kommt. Als weiteres Ätzmittel von ebenfalls nur geringer Bedeutung sei noch das Eisenoxydulsulfat bei Gegenwart von Alkali[5] und Titanosulfocyanür[6] erwähnt

Erst seit Einführung des Hydrosulfits und besonders seiner Aldehydderivate hat das Reduktionsätzen praktische Bedeutung erlangt. Diese Art der Verwendung von Hydrosulfitderivaten war anfänglich mit mancherlei Schwierigkeiten verknüpft, die zunächst in der geringen Konzentration der zuerst zugänglichen Natriumhydrosulfitlösungen und in der leichten Oxydierbarkeit des Präparates lagen. Später fand man, daß Hydrosulfite in konzentrierter, sowie in fester Form[7], besonders aber als Doppelsalze, vermöge ihrer Beständigkeit und verhältnismäßig guten Löslichkeit sich für Ätzzwecke eignen, indem es bei ihrer Verwendung möglich ist, genügend große Mengen des Reduktionsmittels der Druckpaste einzuverleiben. Von Vorteil hat sich auch ein Zusatz von Bisulfit zur Ätzmasse erwiesen, welche in diesem Zustand auch die schwerer ätzbaren Farbstoffe mit großer Leichtigkeit angreift. Es war aber technisch ein außerordentlich wichtiger Fortschritt, als man von verschiedenen Seiten fast gleichzeitig die Beobachtung machte, daß die Salze der hydroschwefligen Säure mit Aldehyden und Ketonen, besonders mit Formaldehyd beständige und gutkrystallisierbare Doppelverbindungen geben.

Als erster beschrieb *Kurz*[8] ein Ätzverfahren mit Hydrosulfit und Formaldehyd; es ist ihm aber nicht gelungen, eine feste Verbindung dabei zu isolieren.

---

1 *B. A. S. F.* D. R. P. 213 474, [*Frdl.*, IX, 645].
2 *B. A. S. F.*, D. R. P. 214 715 [*Frdl.*, IX, 646].
3 *Sunder* und *Moritz Ribbert, A-G.*, D. R. P. 267 408 [Pat.-Schr. 3485].
4 D. R. P. 240 513 [*Frdl.*, X, 442].
5 *Hirsch Pomeranz*, D. R. P. 253 155 [Pat.-Schr. 2849]; *Moritz Ribbert A.-G.*, D. R. P. 264 243 [Angew. Chem. **26**, II, 598].
6 *Knecht* und *Spence & Sons*, Engl. Pat. 19 117 (1910).
7 *B. A. S. F.*, D. R. P. 186 442, 186 443, 191 495 [*Frdl.*, VIII, 869ff.].
8 Versiegeltes Schreiben Nr. 1357 vom 1. Dezember 1902, niedergelegt bei der Industriellen Gesellschaft in Mülhausen.

Die feste Hydrosulfit-Formaldehydverbindung haben zuerst die Chemiker *Schwarz, Baumann, Sünder* und *Thesmar* der Firma *E. Zündel* in Moskau[1] beschrieben. Es sind dann eine große Anzahl verschiedener Verbindungen von Hydrosulfiten mit Aldehyden und Ketonen dargestellt worden, von denen aber eigentlich nur die Verbindungen mit Formaldehyd zu allgemeinem Gebrauch gelangt sind. Bei gewöhnlicher Temperatur zeigen sie keinerlei Reduktionsvermögen; in Abwesenheit von Oxydationsmitteln ertragen sie sogar nach Zusatz von etwas Säure das Kochen ohne merkbare Zersetzung. Im Vakuum können sie unzersetzt konzentriert, ja selbst zur Trockne verdampft werden. Auf reduzierbare Stoffe, z. B. Indigo, wirken sie in der Kälte nicht ein; es kann daher deren vollständige Reduktion nur bei Siedehitze ausgeführt werden. Dabei werden die Hydrosulfit-Formaldehydverbindungen gespalten und gelangen zu kräftiger Reduktionswirkung. Vollständiger Zerfall findet beim Dämpfen statt, aber auch dabei verhalten sich die verschiedenen Produkte nicht gleich. Am leichtesten spaltet sich das Natriumsalz, viel schwerer das Zinksalz. Außer durch Dampf wird die Spaltung durch Einwirkung von Bisulfiten der Alkalien bewirkt. Diese haben eine größere Verwandtschaft zu dem Aldehyd, als die Hydrosulfite, und setzen daher unter Bildung einer Aldehydbisulfitverbindung das Hydrosulfit in Freiheit. Auch überschüssige Alkalien zerlegen beim Erhitzen diese Körper.

Die Formaldehydhydrosulfitverbindung ist kein chemisches Individuum, sondern ein molekulares Gemenge, trotzdem sie in anscheinend einheitlichen Krystallen sich ausscheidet, wenn man die beiden Komponenten in dem Verhältnis $Na_2S_2O_4 \cdot H_2O + 2\,CH_2O$ bei Gegenwart von Alkali mischt[2]; ferner entsteht sie durch Reduktion von Formaldehydnatriumbisulfit mit Zinkstaub und Essigsäure[3] oder auch ohne Säure[4]. Bald nach ihrer Darstellung konnten *Baumann, Thesmar* und *Frossard*[5] feststellen, daß man die Formaldehydhydrosulfitverbindung durch fraktionierte Krystallisation zerlegen kann. Man kann auch die Trennung beider durch Einwirkung von Methylalkohol in der Wärme bewirken, wobei das Natriumformaldehydsulfoxylat in Lösung geht, während die Bisulfitverbindung ungelöst zurückbleibt[6]. Sie zerfällt dabei in Formaldehydbisulfit, dem keine Reduktionskraft zukommt, und die Verbindung

$$NaO - \overset{\overset{\displaystyle O}{\|}}{S} - CH_2OH \text{ bezw. } NaO - S - O - CH_2\,OH$$

Dieses ist die Formaldehydverbindung des Natriumsalzes $NaHSO_2$ der nicht isolierten Sulfoxylsäure H_2SO_2; Natriumformaldehydsulfoxylat krystallisiert

---

[1] Versiegeltes Schreiben Nr. 1361, vom 15. Dezember 1902; Bull. soc. ind. de Mulhouse **73**, 183 (1903); Chem.-Ztg. **1903**, 1244.

[2] *Bazlen*, Ber. d. d chem. Ges. **38**, 1064 (1905).

[3] *Reinking, Dehnel, Labhart*, Ber. d. d. chem. Ges. **38**, 1077 (1905); *M. L. Br.*, D. R. P. 165 280, 162 875, 165 808 [*Frdl.*, VIII, 41 bis 46].

[4] *Englert* und *Becker*, Österr. Pat. 63 823 [Pat.-Schr. 3800].

[5] Bull. soc. ind. de Mulhouse **74**, 348 bis 360 [C. **1905**, I, 796]; *B. A. S. F.*, D. R. P. 168 729 [*Frdl.*, VIII, 48].

[6] *B. A. S. F.*, Franz. Pat. 350 607 [Chem.-Ztg. **1905**, 752].

in großen farblosen luftbeständigen Prismen, die in Wasser und Alkoholen, besonders Methylalkohol, leicht löslich sind. Durch Säuren wird es rasch zersetzt; gegen Alkalien ist es in der Kälte beständig, doch genügt bereits eine mäßige Temperatursteigerung, um Spaltung in Formaldehyd und Sulfoxylat herbeizuführen. Die Trennung mit Methylalkohol kann man dadurch umgehen, daß man die Formaldehydhydrosulfitverbindung mit der entsprechenden Menge Zinkstaub und Säure bis zum Sulfoxylat weiter reduziert[1]. Auf eine weitere Darstellung von Sulfoxylat aus Formaldehydzinkbisulfit durch Erhitzen mit Zinkformiat, Chlorzink und Wasser unter Druck auf über 100° sei noch hingewiesen[2].

Läßt man auf gleiche Moleküle Natriumhydrosulfit und Natronlauge nur 1 Molekül Formaldehyd einwirken[3], so bildet sich neutrales Sulfit und Formaldehyd-Natriumsulfoxylat nach der Gleichung:

$$Na_2S_2O_4 + CH_2O + NaOH = Na_2SO_3 + CH_2(OH) - O \cdot S \cdot ONa.$$

Entsprechend der Wichtigkeit des Formaldehydnatriumsulfoxylats existiert eine sehr ausgedehnte Patentliteratur darüber. Prinzipiell Neues wird darin nicht gebracht. Es sei deshalb auf die Zusammenstellung der betreffenden Patente verwiesen[4].

Wegen ihrer leichteren Zersetzlichkeit sind die Ketonverbindungen weniger wichtig, als die Formaldehydderivate. Da die Ketone größere Verwandtschaft zur schwefligen als zur hydroschwefligen Säure haben, werden die Ketonhydrosulfitverbindungen in der Kälte bereits durch Bisulfitlösung oder schweflige Säure zerlegt. Man kann sie daher in der Küpenfärberei verwenden[5], was bei den Aldehydderivaten bekanntlich nicht möglich ist. Die im Handel befindlichen Formaldehydhydrosulfitderivate, welche für Zwecke des Ätzdruckes dargestellt werden, sind sehr zahlreich und tragen je nach ihrer Herkunft verschiedene Namen, obwohl sie teilweise die gleiche chemische Zusammensetzung haben. Die gebräuchlichsten sind folgende[6]:

1. Wasserfreies Natriumhydrosulfit: Hydrosulfit konz. B. A. S. F. Pulver.
2. Doppelverbindung von Formaldehyd-Natriumsulfoxylat und Formaldehyd-Natriumbisulfit
$$(NaHSO_2 + CH_2O + 2\,H_2O) + (NaHSO_3 + CH_2O + H_2O).$$
Rongalit C. einfach; Hydrosulfit N. F.; Hyraldit A.
3. Dasselbe mit Zusatz von Zinkoxyd. Rongalit C. W. einfach; Hydrosulfit N. F. W.; Hyraldit W.

---

[1] *Reinking, Dehnel, Labhardt*, Ber. **38**, 1070 (1905); *B. A. S. F.*, D. R. P. 165 807 [*Frdl.*, VIII, 47].
[2] *Rohner & Cie.*, Franz. Pat. 456 151 [Chem.-Ztg. **1914**, Rep. 40].
[3] *Bazlen*, Ber. d. d. chem. Ges. **38**, 1068 (1905); *B. A. S. F.*, D. R. P. 180 529 [*Frdl.*, VIII, 50].
[4] *Jellinek*, Das Hydrosulfit, in Sammlung chemischer und chemisch-technischer Vorträge **18**, 154 ff. und 216 ff. (1912); *Friedlaender*, Fortschritte VIII, 10; IX, 12; X, 8
[5] *M. L. Br.*, D. R. P. 164 880 [*Frdl.*, VIII, 450].
[6] *Schmidt*, Chem.-Ztg. **1908**, 347.

4. Natriumsulfoxylat und Formaldehyd $NaHSO_2 + CH_2O + 2\,H_2O$. Rongalit C.; Hydrosulfit N. F., konz.; Hyraldit C. extra.
5. Dasselbe mit Zusatz von Zinkoxyd. Rongalit C. W.; Hydrosulfit N. F. W., konz.; Hyraldit C. W. extra.
6. Dasselbe mit Zusatz einer katalytisch wirkenden Substanz wie Indulinscharlach. Rongalit spez.; Hydrosulfit N. F., konz. spez.; Hyraldit spez.
7. Basisches Formaldehyd-Zinksulfoxylat $Zn(OH)HSO_2 + CH_2O$. Decrolin; Hydrosulfit A. Z.; Hyraldit Z.

Die Präparate mit der Bezeichnung Rongalit stammen von der *Badischen Anilin- und Sodafabrik*, die mit der Bezeichnung Hydrosulfit von *Meister, Lucius & Brüning*; die mit der Bezeichnung Hyraldit von *Cassella & Co.*

Nach *Reinking*[1] muß ein brauchbares Ätzmittel folgende Eigenschaften haben: es darf die Faser nicht merklich schwächen; es muß sich ohne Schwierigkeit drucken lassen; es muß den Farbstoff rasch und vollständig in eine unempfindliche und leichtlösliche Verbindung, die sich durch die technisch möglichen Waschoperationen von der Faser vollständig entfernen läßt, überführen. Die ersten beiden Anforderungen erfüllen die Sulfoxylate gut; schwieriger war die dritte Bedingung zu erfüllen, denn die alkalische Lösung der Küpenfarbstoffe, die beim Drucken entsteht, ist nicht vollkommen luftbeständig, und es gelingt nicht leicht, den Leukokörper vollkommen von der Faser herunterzulösen, ohne daß er sich teilweise wieder zum Farbstoff oxydiert. Doch kann auch dieser Nachteil heute als überwunden angesehen werden. Alle diese Ätzmittel werden nicht nur für Küpenfarbstoffe, sondern auch für Azofarbstoffe angewandt, so daß später bei der Reduktion der letzteren auf das hier Gesagte verwiesen werden kann.

Die Anwendung des Hydrosulfits als Ätzmittel ist ziemlich alt. Das älteste Verfahren ist bereits im Jahre 1896 der *Badischen Anilin- und Sodafabrik* durch Patent[2] geschützt worden. Sie benutzt als Ätzmittel eine Paste aus Zinkstaub und Bisulfit, welche mit Acetin oder ähnlichem versetzt ist. Da aber bereits bei gewöhnlicher Temperatur Bisulfit mit Zinkstaub reagiert, so ist es im wesentlichen neutrales Sulfit, welches in der Paste durch Einwirkung des Zinkstaubes in Hydrosulfit übergeführt wird. Das gebildete Hydrosulfit geht bei der Reduktion des Farbstoffes wieder in Sulfit über, aus dem der überschüssige Zinkstaub von neuem Hydrosulfit erzeugt. Aus diesem Grunde ist von vornherein Kaliumsulfit an Stelle des Bisulfits vorgeschlagen worden[3]. Eine Schwierigkeit des Verfahrens besteht darin, daß die Gravüren der Druckwalzen durch Absetzen des Zinkstaubes verstopft werden. *Kalle & Co.*[4] verwenden deshalb an Stelle desselben Aluminiumpulver als Reduktionsmittel für das Bisulfit.

Man hat natürlich auch versucht, feste Hydrosulfite oder konzentrierte Lösungen als Ätzmittel zu verwenden mit oder ohne Zusatz von Lösungs-

---

[1] Färber-Ztg. **1910**, 25 bis 32 und 243 bis 246.
[2] D. R. P. 97 593 [*Frdl.*, V, 412].
[3] *Neue Augsburger Kattunfabrik*, D. R. P. 143 048 [*Winther*, II, 1346].
[4] D. R. P. 121 338 [*Frdl.*, VI, 1067].

mitteln für die Spaltungsprodukte der Farbstoffe, wie Acetin oder Glycerin, oder von Alkalien[1]. Doch wird auch in diesem Falle durch einen Zusatz von Bisulfit die Haltbarkeit und Wirkung erhöht. Die von den Chemikern der *Zündel*schen *Manufaktur*[2] zuerst vorgeschlagene Verwendung von Zinkhydrosulfit resp. von Zinknatriumhydrosulfit ist von den *Farbwerken Meister, Lucius & Brüning*[3] übernommen worden. Zinkhydrosulfit allein würde infolge seiner zu großen Beständigkeit beim Dämpfen schlecht reagieren; dagegen tritt es leicht bei Gegenwart von Alkalisalzen, wie Carbonaten, Acetaten, Chloriden, in Reaktion. Bei gewöhnlicher Temperatur wirken diese auf das Zinksalz nicht ein, beim Dämpfen aber erfolgt die Umsetzung in Natriumhydrosulfit glatt. Zur Verstärkung der Ätzkraft wird bisweilen Zinnoxydulnitrat zugesetzt, wodurch man ein Präparat erhält, welches auch die am schwersten ätzbaren Azofarbstoffe, z. B. das α-Naphtylaminbordeaux angreift. Aber auch diese Ätzung hat den Nachteil, die Gravierung der Druckwalzen leicht zu verstopfen. Andere Präparate, die beim Dämpfen Hydrosulfite bilden, sind eine trockene Mischung von Zinkstaub, Alkalisulfiten und Weinsäure[4]. Auch eine aus Natriumformiat und Bisulfit bestehende Ätzpaste dürfte hierher gehören[5].

Eine wirkliche Lösung des Problems wurde erst durch Einführung der Formaldehydsulfoxylate gebracht. Nur die Rückoxydation des durch die Ätze gelösten Farbstoffes bot anfangs einige Schwierigkeiten, die aber auch überwunden sind. Druckt man eine verdickte 10 proz. Sulfoxylatlösung allein ohne Zusatz auf und dämpft länger, als sonst üblich ist, so erhält man nach dem Abziehen des reduzierten Farbstoffes durch kochendes stark verdünntes Alkali gute weiße Muster[6]. Zunächst machte man verschiedene Zusätze zur Ätzpaste, um die Lösung des beim Dämpfen gebildeten Leukofarbstoffes zu beschleunigen.

Saure Zusätze, selbst Acetin, sind nicht verwendbar, da die Sulfoxylate selbst gegen schwache organische Säuren recht empfindlich sind. Ein Zusatz von Ätzalkali besitzt den Nachteil, daß die Leukoverbindungen in der alkalischen Lösung erheblich unbeständiger, als in neutraler sind; am besten sind ganz schwach alkalisch wirkende Zusätze, wie Seife[7], neutrales Alkalisulfit, oder Oxyde und Carbonate von Metallen, wie Zink und Magnesium[8]. Zinkoxyd wirkt aber noch in anderem Sinne günstig, indem es die Leukofarbstoffe in

---

[1] *B. A. S. F.*, D. R. P. 133 478 135 725 [*Frdl.*, VI, 1065f.]; 186 442, 186 443, 191 495 [*Frdl.*, VIII, 869ff.].

[2] Versiegeltes Schreiben Nr. 1345 vom 7. Oktober 1902, niedergelegt bei der Industriellen Gesellschaft zu Mülhausen; Chem.-Ztg. **1913**, 1244.

[3] D. R. P. Anm. F 17 441 (22. Aug. 1903).

[4] Engl. Pat. 1116 (1902); *v. Heyden A.-G.*, D. R. P. 205 075 [C. **1909**, I, 232].

[5] *Kapff*, D. R. P. 175 582 [*Frdl.*, VIII, 94].

[6] *Aubert*, Versiegeltes Schreiben Nr. 1588 vom 23. Dezember 1905, und Nr. 1624 vom 6. April 1906, niedergelegt bei der Industriellen Gesellschaft in Mülhausen; Chem.-Ztg. **1907**, 1087.

[7] *Haller*, D. R. P. 194 878 [*Frdl.*, IX, 629].

[8] *Cassella & Co.*, D. R. P. 166 783 [*Frdl.*, VIII, 877].

schwer lösliche und deshalb weniger oxydable Zinkverbindungen überführt. Auch einen Zusatz von Formaldehyd hat man dafür in Betracht gezogen[1]. Zur Erhöhung der Ätzwirkung hat die *Badische Anilin- und Sodafabrik* Metallsalze des Eisens, Zinns oder Nickels mit oder ohne Zusatz von Alkalinitriten oder diese Metalle selbst in feiner Verteilung zugesetzt[2]. Ferner erfährt die Ätzwirkung eine überraschende Steigerung, wenn man vor dem Aufdruck der Ätze die Ware mit Alkalien oder alkalischen Salzen behandelt[3].

Diese Verfahren sind aber nicht mehr in Gebrauch, seit die Beobachtung gemacht wurde, daß eine große Anzahl organischer Verbindungen und Farbstoffe eine ähnliche aber weit energischere Wirkung ausüben, für die allerdings zum Teil eine Erklärung bisher noch nicht gegeben werden kann. Solche sind: Farbstoffe der Triphenylmethan- und Pyroninreihe, welche im Kern orthoständig zum bindenden Methankohlenstoff eine Sulfo- oder Carboxylgruppe enthalten[4]; ferner Anthrachinon[5] und verschiedene Anthrachinonfarbstoffe, z. B. Nitroalizarin und sogar Indigo[6], ferner die unter dem Namen Solidogen im Handel befindlichen Aminobenzylbasen[7] und Einwirkungsprodukte von Formaldehyd auf Xylidin und ähnliche primäre Basen[8]. Von allen diesen Zusätzen ist Anthrachinon bei weitem am wichtigsten. Es geht durch Einwirkung des Sulfoxylates in Anthrahydrochinon über, das seinerseits den Farbstoff reduziert[9]. Es ist daher in einer Druckpaste, die aus Sulfoxylat und Anthrachinon zusammengesetzt ist, nach einiger Zeit kein Anthrachinon mehr, sondern Anthrahydrochinon enthalten.

Nach dem Aufdrucken läßt man diese Pasten eintrocknen und setzt die Ware möglichst trocknem, luftfreiem Dampf aus, der am besten schwach überhitzt ist. Dadurch wird aus dem Formaldehydsulfoxylat freies Sulfoxylat, das nun seine Reduktionswirkung ausüben kann, abgespalten. Nach dem Austritt aus dem Dämpfer muß der gebildete Leukofarbstoff möglichst schnell von der Faser abgezogen werden, was in einem aus verdünntem Ätzalkali bestehenden Abziehbad geschieht. Um ein vollständiges und schnelles Abziehen des Farbstoffes zu ermöglichen, muß es in genügend großer Quantität zur Anwendung kommen.

Ein diesem Verfahren anhaftender Fehler war der, daß die Drucke außerordentlich empfindlich gegen Luft und Feuchtigkeit waren. Dieser wird durch das sog. Leukotropverfahren überwunden, welches von der *Badischen Anilin- und Sodafabrik*[10] ausgearbeitet worden ist. Unter dem Einfluß von zugesetzten Ammoniumbasen werden die bei der Reduktion entstandenen

[1] *B. A. S. F.*, D. R. P. 120 318 [*Frdl.*, VI, 593].
[2] *B. A. S. F.*, D. R. P. 167 530, 172 675, 172 676 [*Frdl.*, VIII, 878f.].
[3] *Cassella & Co.*, D. R. P. 274 866 [Angew. Chem. **27**, II, 199].
[4] *M. L. Br.*, D. R. P. 188 700 [*Frdl.*, VIII, 882].
[5] *Sünder*, D. R. P. 186 050 [*Frdl.*, VIII, 886].
[6] *Wilhelm*, Bull. soc. ind. Mulhouse **76**, 75 bis 93 (1906).
[7] *M. L. Br.*, D. R. P. 180 727 [*Frdl.*, VIII, 880].
[8] *Bonn*, Zeitschr. f. Farbenind. **5**, 221 (1906)
[9] *Planowsky*, Zeitschr. f. Farbenind. **6**, 109 (1907); [C. **1907**, II, 954].
[10] D. R. P. 184 381 [*Frdl.*, VIII, 884]; D. R. P. 231 543 [*Frdl.*, X, 439].

Leukoverbindungen in haltbare, meist gelb gefärbte Körper übergeführt, welche in diesem Zustande von dem Sauerstoff der Luft nicht mehr angegriffen werden. In diese Körperklasse gehören Farbstoffe wie Indulinscharlach, besonders aber eine große Menge quartärer Ammoniumverbindungen, wie Tetraalkyl-, Trimethylphenyl- oder Trimethyltolylammoniumchlorid, von denen das wichtigste das Dimethylphenylbenzylammoniumchlorid ist; ferner verschiedene Farbstoffe, welche ihrer Konstitution nach Salze von Ammoniumverbindungen sind; diese sind aber ohne technische Bedeutung.

Fertige Mischungen von Sulfoxylaten mit derartigen Basen für Ätzzwecke kommen unter verchiedenen Bezeichnungen in den Handel.

Beim Dämpfen spaltet sich die betreffende Ammoniumverbindung, und je nach den Bedingungen wird das eine oder beide Wasserstoffatome im Chromogen der Leukoverbindung des Küpenfarbstoffes durch Alkarylgruppen (Benzylreste) ersetzt. Wird die Reaktion, wie es in der Praxis immer der Fall ist, bei Gegenwart eines Schwermetalles, z. B. Zink ausgeführt, so wird nur ein Wasserstoff des Chromogens durch die Alkarylgruppe ersetzt, während an Stelle des zweiten Metall tritt. Derartigen Verbindungen gibt *Reinking*[1] die Konstitution:

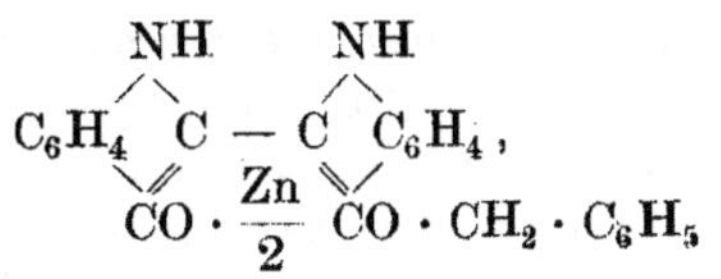

während *Tschilikin*[2] die Formel

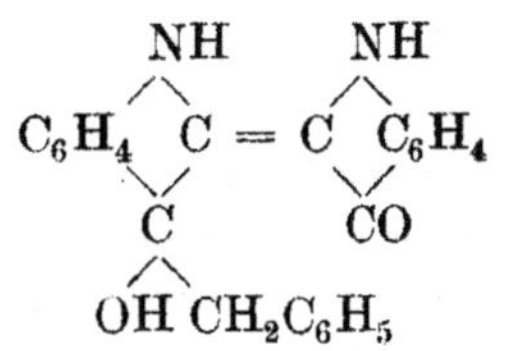

für richtiger hält.

Die einen Benzylrest enthaltenden Ammoniumverbindungen sind technisch am wichtigsten. Unter ihnen das Dimethylphenylbenzylammoniumchlorid, welches als Leukotrop O in den Handel gebracht wird. Es spaltet sich beim Dämpfen in Dimethylanilin und Benzylchlorid, von denen das erstere dazu dient, den bei der Substitution des Leukofarbstoffes gebildeten Chlorwasserstoff aufzunehmen und so die Faser vor seinem Angriff zu schützen. Aus dem Leukofarbstoff entsteht dabei ein gelber Körper mit einem Benzylrest, der übrigens auch erhalten werden kann, wenn man Benzylchlorid allein auf die alkalische Lösung von Küpenfarbstoffen einwirken läßt. Derartige Körper haben die Eigenschaften von Farbstoffen und werden auf der Faser fixiert,

[1] Färber-Ztg. **1910**, [Angew. Chem. **1910**, 1275].
[2] Journ. d. russ. phys.-chem. Ges. **45**, 1834; Chem. Zentralbl. **1914**, **I**, 1508.

weshalb man bei ihrer Anwendung auf dem gefärbten Grund gelbe Effekte erzielt. Will man weiße Ätzmuster erhalten, so muß man Ammoniumverbindungen, welche einen Sulfonsäurerest in der Benzylgruppe enthalten[1], anwenden. Die daraus entstehenden Verbindungen der Küpenfarbstoffe sind dann alkalilöslich und können im alkalischen Bad abgezogen werden, ehe sie auf der Faser fixiert werden. Ihr Handelsname ist Leukotrop W, das mit Rongalit gemischt als beständiges, leicht lösliches Pulver unter der Bezeichnung Rongalit CL im Handel ist. Statt der Sulfonsäure des Trimethylphenylbenzylammoniumchlorids kann man auch höher substituierte Derivate anwenden, welche neben dem Sulfonsäurerest eine oder mehrere saure Gruppen in freier oder verdeckter Form, etwa $-SO_2Cl$; -COCl; -O-Acyl[2], oder eine oder mehrere salzbildende Gruppen, z. B. -COOH[3] haben. Besonders zu erwähnen ist das laktonartige Kondensationsprodukt aus Benzalchlorid-O-Sulfonsäure[4] von der Konstitution:

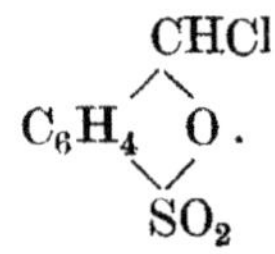

Da bei dem Leukotropverfahren die Ammoniumverbindungen sich mit den Leukoverbindungen der Farbstoffe kombinieren, so wird zu der angewandten Ätzpaste ein Reduktionsmittel (Sulfoxylat) zugesetzt. Unbedingt nötig ist das aber nicht, denn derartige Ammoniumverbindungen können unter Umständen bei Gegenwart von Alkali beim Dämpfen, auch ohne Zusatz eines Reduktionsmittels ätzend wirken[5]. Die Ätzwirkung ist aber schwach und genügt nur für ganz helle Färbungen.

Die Ätzpasten, welche beim Leukotropverfahren angewandt werden, enthalten neben den üblichen Verdickungen (Dextrin, Gummi usw.) als wichtigste Bestandteile Sulfoxylat als Reduktionsmittel und quartäre Ammoniumbase, die dazu dient, das Indigweiß in eine haltbare Verbindung überzuführen; daneben aber stets Zusätze, welche diese beiden Reaktionen befördern. Diese dienen einerseits zur Beschleunigung der Reduktion, wie Anthrachinon, (vgl. oben Indigo), andererseits zur Erleichterung des Substitutionsvorganges, wie Metalloxyde, von denen Zinkweiß für die meisten Zwecke angewandt wird. Setzt man andere Metalloxyde zu, so kann unter Umständen die Nuance des beim Dämpfen sich bildenden Farbstoffes beeinflußt werden.

Die Wirkung des Zinkweiß, dessen Anwesenheit in der Ätzpaste unbedingt nötig ist[6], ist eine mehrfache; es nimmt als Base alle bei dem Druck-

---

[1] *B. A. S. F.*, D. R. P. 229 023, 235 879, 235 880 [*Frdl.*, X, 964, 441/2].
[2] *B. A. S. F.*, D. R. P. 246 252 [*Frdl.*, X, 443].
[3] *B. A. S. F.*, D. R. P. 247 101 [*Frdl.*, X, 444].
[4] *B. A. S. F.*, D. R. P. 247 099 [*Frdl.*, X, 445].
[5] *Ges. f. chem. Ind.*, D. R. P. 245 218 [*Frdl.*, X, 446].
[6] *Bude*, Färber-Ztg. **23**, 470 (1912) [Angew. Chem. **26**, II, 296; C **1913**, I, 753].

vorgang sich etwa bildenden Säuren auf und fördert durch seine schwach alkalische Reaktion die Reduktion der Küpenfarbstoffe beim Dämpfen, indem es sie zugleich in die schwer löslichen Zinksalze der Leukoverbindungen überführt. Die Benzylierung der freien Leukoverbindungen erfolgt wesentlich schwerer, als die ihres Zinksalzes. Und während die erstere zwei Benzylreste aufnimmt, entsteht aus dem Zinksalz nur ein Monobenzylderivat; man braucht also bei Gegenwart von Zinkoxyd nur die Hälfte der Ammoniumverbindung. Schließlich wird noch das beim Färbevorgang nicht verbrauchte Zinkoxyd teilweise von der Faser als Pigment festgehalten und wirkt auf die weißen Ätzeffekte günstig ein.

Die nach dem Leukotropverfahren hergestellten gelben oder orangefarbenen Reserven lassen bisweilen an Lichtechtheit zu wünschen übrig; dem soll durch einen Zusatz von Schwefelcadmium zur Hydrosulfitätze abgeholfen werden[1]. Man kann entweder das fertig gebildete Schwefelcadmium mit Albumin als Lack fixieren, oder man setzt der Hydrosulfitätze ein lösliches Cadmiumsalz zu, ätzt den Indigo durch Dämpfen weg und passiert nachträglich durch ein Schwefelnatriumbad zur Fällung des Schwefelcadmiums auf der Faser. Ein Zusatz von Leukotrop O ist dabei nicht unbedingt erforderlich, allein vorteilhaft, weil der Küpenstoff dabei besser gelöst wird; es ist wichtig, daß derselbe vollkommen entfernt wird, damit das Gelb lebhaft zum Vorschein kommt.

Die bisher beschriebenen Verfahren, soweit sie Buntätzen betreffen, beruhen darauf, daß zur Ätzdruckfarbe ein Farbstoff zugesetzt wird, der durch die übrige Behandlung, besonders auch durch die Reduktion nicht angegriffen wird. Demgemäß sollte man meinen, daß Küpenfarbstoffe dazu nicht gebraucht werden können. Und doch kann man auch solche zum Buntätzen verwenden, und zwar sind es die Farbstoffe der Indanthrenreihe, die sich am besten hierfür eignen. Ein solches Verfahren stammt von *Hirsch-Pommeranz*[2]. Es verwendet als Reduktionsmittel Eisenoxydulhydrat, welches durch Zusatz von Anthrachinon und Zinnoxydul verstärkt wird. Vorteilhaft wirkt auch ein Zusatz von Chlorzink. Setzt man zu dieser Druckpaste einen anderen Küpenfarbstoff, z. B. einen Indanthrenfarbstoff und die nötige Menge Zinnoxydulverbindung zu, so wird dieser in der alkalischen Passage fixiert, ohne daß ein Dämpfen nötig wäre. Demgegenüber behauptet die Firma *Moritz Ribbert, A.-G.*[3], daß das Verfahren unzuverlässig sei und die Ätzung unvollkommen und unsicher. Man soll aber befriedigende Resultate erhalten, wenn man Chlorzink wegläßt und dagegen Leukobrop W mit geringen Mengen organischer Säuren zusetzt, welch letztere auch durch Sulfite ersetzt werden können. Besonders zweckmässig erscheint die Arbeitsweise der Firma *Gebr. Enderlin, A.-G.*[4]. Nach ihr wird eine in bekannter Weise mit Reduktionsmitteln, wie Rongalit CL und den üblichen Zusätzen, z. B. Anthrachinon und Zinkoxyd,

---

[1] *M. L. Br.*, D. R. P. 245 308 [*Frdl.*, X, 447].
[2] D. R. P. 253 155 [Pat.-Schr. 2849].
[3] D. R. P. 264 243 [Angew. Chem. **26**, II, 598]
[4] D. R. P. 263 647 [Pat.-Schr. 3269]; 270 124 [Pat.-Schr. 4089].

hergestellte Ätzfarbe mit Eisensalzen oder Zinnoxydul und dem aufzudrukkenden Küpenfarbstoff der Indanthrenreihe gemischt. Mit dieser Farbe wird die Ware bedruckt, dann gedämpft; durch eine Natronlaugepassage mit nachfolgender Säurepassage wird der beigemengte Küpenfarbstoff zur Entwicklung gebracht. Es wird also an den bedruckten Stellen der Indigo weggeätzt und zugleich ein der Druckpaste beigemengter Küpenfarbstoff an seine Stelle gesetzt. Es ist aber nicht einmal nötig, daß der in der Ätzfarbe enthaltene Küpenfarbstoff durch ein besonderes Reduktionsmittel in die Leukoverbindung übergeführt wird, sondern es genügt dazu ein Überschuß von Rongalit in der Ätzpaste.

Auch für den Ätzdruck von Thioindigo sind die für Indigo gebräuchlichen Methoden zu verwenden. Wegen der Widerstandsfähigkeit des Farbstoffes gegen Oxydationsmittel führen allerdings Oxydationsätzen nicht zum Ziele. Dagegen können alle Reduktionsmittel dafür gebraucht werden, in erster Linie Hydrosulfit und Sulfoxylate, es sind aber auch Zinnoxydul und Alkali[1] sowie Traubenzucker und Alkali[2] aufgeführt. Diese Reduktionsmittel erzeugen auf der Faser beim Dämpfen die Leukoverbindung des Farbstoffes. Da diese aber fester auf der Faser haftet als Indigoweiß, so gelingt es nicht, sie nach einem der üblichen Verfahren von der Faser zu entfernen, ohne daß ein Teil der Leukoverbindung reoxydiert wird. Mittels einer kurzen Passage durch kochendes Wasser, dem vorteilhaft ganz geringe Mengen verdünnter Alkalien zugesetzt werden, läßt sich die Leukoverbindung rasch genug entfernen, daß keine Rückbildung des Farbstoffes auf der Faser eintreten kann[3]. Statt durch kochendes Wasser läßt sich die Leukoverbindung auch durch ein Bad von verdünntem, schwach angesäuertem Alkohol, der nur auf 40 bis 50° erwärmt zu sein braucht, von der Faser abziehen[4]. Ferner kann man die Reoxydation verzögern, wenn man einen Zusatz von Anthrachinon zur Druckfarbe macht[5].

---

[1] *B. A. S. F.*, D. R. P. 213 474 [*Frdl.*, IX, 645].
[2] *B. A. S. F.*, D. R. P. 213 475 [*Frdl.*, IX, 646].
[3] *Kalle & Co.*, D. R. P. 200 927 [*Frdl.*, IX, 642].
[4] *Kalle & Co.*, D. R. P. 212 791 [*Frdl.*, IX, 643].
[5] *Kalle & Co.*, D. R. P. 209 122 [*Frdl.*, IX, 643].

IV. Reduktion von Carboxylgruppen.

Die Reduktion der Carboxylgruppe erfolgt in zwei Phasen, indem zuerst ein und dann ein zweites Paar von Wasserstoffatomen an die Kohlenstoff-Sauerstoffdoppelbindung angelagert wird. Aus einer Carbonsäure entsteht ein Aldehyd nach folgenden Reaktionsgleichungen:

$$\mathrm{R\cdot C\genfrac{}{}{0pt}{}{OH}{O} + 2\,H = R\cdot C\genfrac{}{}{0pt}{}{OH}{H}\!-OH = R\cdot C\genfrac{}{}{0pt}{}{O}{H} + H_2O}.$$

Im weiteren Verlauf der Reduktion wird der Aldehyd in einen primären Alkohol übergeführt:

$$\mathrm{R\cdot C\genfrac{}{}{0pt}{}{O}{H} + 2\,H = R\cdot C\genfrac{}{}{0pt}{}{OH}{H_2}}.$$

Schließlich kann die Reduktion bis zur Methylgruppe gehen, eine Reaktion, die im allgemeinen selten beobachtet worden ist und nur wissenschaftliches Interesse hat. (Reduktion der Fettsäuren durch Jodwasserstoff und Phosphor bei hoher Temperatur zu Paraffinen.)

Dasselbe gilt von der eleganten Methode von *Bouveault*[1], die sich bei Konstitutionsermittlungen schon häufig als nützlich erwiesen hat und die Ester von Carbonsäuren jeglicher Art zu den entsprechenden Alkoholen zu reduzieren gestattet. Sie besteht darin, daß man den Ester in höchst konzentrierter, meist alkoholischer Lösung auf metallisches Natrium auftropfen läßt.

1. Aliphatische Carbonsäuren.

Die einfachste hierher gehörige Verbindung ist das Kohlendioxyd CO_2', das Anhydrid der Kohlensäure. Seine Reduktion zu Kohlenhydraten in der Chlorophyll führenden Pflanzenzelle, im sog. Assimilationsprozeß, bildet die Voraussetzung für alles organische Leben. Der Mechanismus dieser elementaren Reaktion, die nach der Gleichung $CO_2 + H_2O \rightarrow COH_2 + O_2$ verläuft, ist noch in völliges Dunkel gehüllt. *Baeyer* sieht bekanntlich im Formaldehyd das primäre Assimilationsprodukt. Die umfangreichste technische Anwendung wird von dieser Reduktion des Kohlendioxyds in den landwirtschaftlichen Gewerben mit der Produktion kohlenhydrathaltiger Stoffe gemacht. Die chemische Industrie hat sich mit der Reduktion des Kohlendydioxs bis jetzt kaum beschäftigt. Es entsteht aus ihm Methan, wenn man

[1] D. R. P. 164294 [Winther I, 26].

es mit überschüssigem Wasserstoff bei 300 bis 400° über Nickel leitet[1]. Bei elektrolytischer Reduktion[2] entsteht Ameisensäure, unter Umständen mit quantitativer Stromausbeute; leicht reduzierbar ist aber die Kohlensäure nur in Form von Bicarbonat, während sie in saurer oder alkalischer Lösung nicht angegriffen wird. Die Reduktion erfolgt ausschließlich an Kathoden aus Zink oder Quecksilber, während sich an anderen Metallen, z. B. Fe, Pt, Cu, Ni, Pb, keine Wirkung erzielen läßt. Außerdem lassen sich Carbonate und Bicarbonate dadurch reduzieren, daß man sie in Gegenwart von Katalysatoren, z. B. Platinmetall, mit Wasserstoff unter hohem Druck behandelt, wobei das Reaktionsgemisch durch Rühren od. dgl. in lebhafter Bewegung zu halten ist[3]. Auf diese Weise sollen 75 Proz. des angewandten Carbonates in Formiat übergeführt werden können.

Von aliphatischen Säuren lassen sich durch Elektrolyse nur die niedrigsten Glieder, wie Kohlensäure, Ameisensäure, Oxalsäure, reduzieren, bereits Essigsäure wird nicht mehr angegriffen. Dagegen werden naturgemäß Ketonsäuren und ihre Ester, wie Brenztraubensäure, Acetessigester oder Oxalessigester, an der Carbonylgruppe sehr leicht reduziert. Andere Verfahren für einfache Säuren, wie die Reduktion von Säurechloriden und Anhydriden mit Natriumamalgam oder Zink-Kupfer, geben schlechte Ausbeuten und unreine Produkte.

Ameisensäure liefert als erstes Reduktionsprodukt Formaldehyd. Trotzdem für die Darstellung des letzteren ein zuverlässiges, wenn auch nicht billiges Verfahren in der Oxydation des Methylalkohols durch den Sauerstoff der Luft vorhanden ist, sind auch einige andere Darstellungsweisen aus Ameisensäure, die ja aus Wassergas sehr leicht zugänglich ist, durch Patente geschützt. Leitet man Ameisensäure in Dampfform mit Wasserstoff gemischt bei 300° über Metalle, wie Fe, Ni, Zn, Sn, Pb, Ag usw., in kompakter Form oder über andere Kontaktstoffe, wie Glas, Bimsstein, Kochsalz, so wird sie in Formaldehyd übergeführt[4]. In gleicher Weise entsteht übrigens aus Essigsäure Acetaldehyd. Auch durch elektrolytische Reduktion[5] kann die Ameisensäure in Formaldehyd übergeführt werden, doch entsteht dabei auch Methylalkohol, besonders wenn man mit hoher Stromdichte arbeitet. Meist entstehen aber beide Reduktionsprodukte nebeneinander. Die einfachste Formaldehydsynthese, die aus Kohlenoxyd und Wasserstoff (Wassergas) $C = O + H_2 \rightarrow OCH_2$, ist trotz vieler Bemühungen technisch nicht gelöst. Die bei Gegenwart metallischer Katalysatoren äußerst große Hydrierbarkeit des Formaldehyds liefert stets in der Hauptsache Methan. Dieser Umstand

[1] Franz. Pat. 356 471 v. 17. VI. 05.

[2] *Coehn* und *Jahn*, Ber. d. d. chem. Ges. **37**, 2836 (1904); *Ehrenfeld*, Ber. d. d. chem. Ges. **38**, 4138 (1905).

[3] *Bredig* und *Carter*, D. R. P. 283 895 [C. **1915**, I 1190]. Die Reduktion der Kohlensäure zu Ameisensäure auf katalytischem Wege mit kolloidalem Palladium ist zuerst von *Wieland*, Ber. **45**, 684 (1912) beschrieben worden.

[4] *B. A. S. F.*, D. R. P. 185 932 [C. **1907**, II, 655].

[5] *Ellis* und *McElroy*, Amerik. Pat. 867 575 (1907); Elektrochem. Zeitschr. **15**, 19 (1908).

erregt auch starke Bedenken gegenüber der Brauchbarkeit des oben angeführten Verfahrens.

Die Reduktion der Oxalsäure verläuft ebenfalls in zwei Phasen. Bei gelinder Einwirkung des Reduktionsmittels entsteht unter Anlagerung von zwei Atomen Wasserstoff Glyoxylsäure:

$$\begin{array}{c} COOH \\ | \\ COOH \end{array} + H_2 = \begin{array}{c} C\!\begin{smallmatrix} \diagup H \\ \diagdown O \end{smallmatrix} \\ | \\ COOH \end{array} + H_2O\,,$$

welche durch Anlagerung eines zweiten Moleküls Wasserstoff in Glykolsäure übergeführt wird. Weiter geht aber die Reduktion nicht, insbesondere wird die zweite Carboxylgruppe nicht angegriffen. Als Reduktionsmittel können Natriumamalgam oder elektrolytisch abgespaltener Wasserstoff angewandt werden; ersteres bietet aber keinen praktischen Vorteil, da man nach dem zweiten Verfahren beide Reduktionsprodukte genügend leicht und billig herstellen kann. Da aber vorläufig ein passendes Anwendungsgebiete für beide Säuren nicht vorhanden ist, so ist die Bedeutung dieser Verfahren äußerst gering. Allenfalls kommen beide Körper für die Darstellung pharmazeutischer Produkte oder Riechstoffe in Betracht, aber auch hier nur in beschränktem Maße.

Die Reduktion der Oxalsäure durch Natriumamalgam [1] erfolgt am leichtesten in Form ihres Esters und liefert neben Glyoxylsäure Mesoxalsäure, Desoxalsäure, Traubensäure und Glykolsäure, alle in Form ihrer Ester. Den Angriffspunkt für die Reduktion bildet die Gruppierung — CO · CO — der Oxalsäure, denn bei anderen zweibasischen Säuren gelingt diese Reduktion nicht. Sehr glatt, mit einer Ausbeute von 87,5 Proz., erfolgt der Übergang in die Glyoxylsäure durch Elektrolyse, am besten in schwefelsaurer Lösung an Quecksilber- oder Bleikathoden bei niedriger Temperatur [2]. Bei höherer Temperatur entsteht weniger und schließlich keine Glyoxylsäure mehr, so daß man nur noch Glykolsäure erhält [3]. Als Elektrolyt dient Schwefelsäure, deren Konzentration so stark sein muß, daß eine wesentliche Anteilnahme der Oxalsäure, welche ebenfalls elektrolytisch stark dissoziiert ist, an der Leitung des Stromes ausgeschlossen wird, da dieselbe sonst an der Anode durch Oxydation zerstört wird. Verwendet man als Elektrolyten statt der Schwefelsäure 20 proz. Salzsäure, so hat man dadurch den Vorteil, daß die gewonnene Lösung zur Abscheidung der Glykolsäure eingedampft werden kann [4]. Man kann die Reduktion auch kontinuierlich gestalten, indem man während der Elektrolyse dem Katholyten frische Oxalsäure gelöst oder in festem Zustande zuführt, so daß der kathodisch entwickelte Wasserstoff stets Oxalsäure vorfindet [5]. Wie bereits bemerkt, wird die gebildete Glykolsäure nicht weiter reduziert und ist elektrolytisch so wenig dissoziiert, daß sie nicht an der Stromleitung

---

[1] *Bayer & Co.*, D. R. P. 201 895 [*Frdl.*, IX, 81].
[2] *Kinzlberger & Co.*, D. R. P. 163 842 210 693 *Frdl.*, VIII, 74; IX, 80].
[3] *Roeßler*, D. R. P. 194 038 [*Frdl.*, VIII, 1352].
[4] *Roeßler*, D. R. P. 204 787 [*Frdl.*, IX, 81].
[5] *Roeßler*, D. R. P. 239 312 [Pat.-Schr. 2455].

teilnimmt. Auf diese Weise findet eine allmähliche Anreicherung an dieser Säure statt, die bis 40 und mehr Prozent betragen kann. Beschleunigt werden kann die Reduktion noch durch Anwendung großer Stromdichten und besonders präparierter Bleiplatten als Kathoden[1]. Eine fast quantitative Ausbeute an Glyoxylsäure soll erhalten werden, wenn man Oxalsäure bei 20° bei Gegenwart von freier Mineralsäure mit elektrolytisch gebildetem Alkali- oder Erdalkaliamalgam reduziert[2].

Aminocarbonsäuren lassen sich in freier Form nicht reduzieren, sondern nur in Form ihrer Ester. Dabei entstehen Aminoaldehyde der aliphatischen Reihe in Form der mineralsauren Salze. Als Reduktionsmittel kommt in erster Linie Natriumamalgam zur Anwendung, es werden aber auch andere, z. B. Metalle und Zinnchlorür, erwähnt[3]. Dargestellt werden nach diesem Verfahren Aminoacetaldehyd, Oxyphenylaminopropionaldehyd und ähnliche Körper.

2. Aromatische Carbonsäuren.

Bei der Reduktion aromatischer Monocarbonsäuren, z. B. der Benzoesäure, ist ein auffallender Unterschied in der Einwirkung verschiedener Reduktionsmittel zu beobachten. Bei Anwendung von alkalischen Reduktionsmitteln (Natriumamalgam) bleibt die Carboxylgruppe erhalten, und der Kern wird hydriert. Dagegen wird durch saure Reduktionsmittel, z. B. Elektrolyse in saurer Lösung, die Carboxylgruppe in die Carbinolgruppe übergeführt, während der Benzolkern nicht angegriffen wird. Die Reduktion erfolgt aber nur dann, wenn die Carboxylgruppe unmittelbar mit dem Benzolkern verbunden und wenn der Kern nicht hydriert ist. Phenylessigsäure oder Cyclohexancarbonsäure lassen sich auf diese Weise nicht reduzieren. Dagegen werden aromatische Bicarbonsäuren, z. B. Phthalsäuren, auch in saurer Lösung im Kern hydriert[4]. Mettler[5], welcher dieses Gebiet bearbeitet hat, ging zunächst von Estern aromatischer Carbonsäuren aus und reduzierte unter ähnlichen Bedingungen, wie sie wiederholt bei der elektrolytischen Reduktion schwer reduzierbarer Substanzen eingehalten worden sind. Als Kathodenmaterial muß ein Metall mit hoher kathodischer Überspannung angewandt werden, also Blei. Als Lösungsmittel, das zugleich als Elektrolyt dient, kommt fast nur konzentrierte Schwefelsäure, die den Verhältnissen entsprechend mit Wasser, Alkohol oder Eisessig verdünnt werden kann, in Betracht. Man erhält so aus Carbonsäureestern Benzylalkohole oder deren Äther. Vorteilhafter ist es, zur Reduktion die leichter zugänglichen Carbonsäuren zu verwenden, aus denen man ausschließlich Alkohole erhält. Ein großer Vorteil dieses Verfahrens besteht darin, daß substituierte Benzoesäuren,

---

[1] *Roeßler*, D. R. P. 243 746 [Pat.-Schr. 2571].

[2] *Royal Baking Powder Company*, New York, D. R. P. 292 866.

[3] *Byk*, D. R. P. 217 385 [*Frdl.*, IX, 1103].

[4] Vgl. dazu die für das Benzolproblem so bedeutsamen Arbeiten *A. v. Baeyers*.

[5] Ber. d. d. chem. Ges. **37**, 3692 (1904); **38**, 1745 (1905); **39**, 2933 (1906); D. R. P. 166 181, 177 490 [*Frdl.*, VIII, 144, 148].

z. B. Chlor- oder Brombenzoesäuren, denen sonst schon durch gelinde Reduktionsmittel, wie Natriumamalgam, das Halogen entzogen wird, ausschließlich an der Carboxylgruppe angegriffen werden. Substituierte Benzylalkohole, die sonst schwer zugänglich sind, lassen sich leicht aus den zugehörigen Carbonsäuren darstellen. Da ferner die Benzylalkohole durch passende Oxydationsmittel in die zugehörigen Aldehyde übergeführt werden können, so kann man das Verfahren auch zur Darstellung von Aldehyden, die nach anderen Methoden nur schwer darzustellen sind, anwenden. Anthranilsäure kann ebenfalls auf diese Weise reduziert werden und gibt o-Aminobenzylalkohol. Bei der m-Nitrobenzosäure wird zugleich die Nitrogruppe reduziert, es entsteht m-Aminobenzylalkohol, dagegen versagt die Methode bei der Salicylsäure, deren Überführung in Salicylaldehyd technisch lohnend wäre. Man kann aber Salicylsäure zu Salicylaldehyd reduzieren [1], wenn man in borsaurer Lösung mit Natriumamalgam arbeitet und gleichzeitig dafür Sorge trägt, daß der entstandene Aldehyd möglichst sofort aus der Lösung entfernt wird. Dies wird dadurch erreicht, daß man ihn an Amine, z. B. p-Toluidin, bindet. Will man elektrolytisch reduzieren [2], so muß man eine Quecksilberkathode anwenden. Da aber nicht freie Salicylsäure, sondern ihr Natriumsalz in borsaurer Lösung reduziert wird, so ist es nicht unwahrscheinlich, daß auch hierbei die Reduktion durch Natriumamalgam und nicht durch den elektrolytisch entwickelten Wasserstoff stattfindet. Um bei der elektrolytischen Reduktion den Aldehyd zu entfernen, überschichtet man die Flüssigkeit mit Benzol und bringt dieses durch starkes Umrühren emulsionsartig in derselben zur Verteilung.

Schwieriger ist die Reduktion von Carboxylgruppen, welche an teilweise hydrierten Benzolkernen sich befinden [3]. Als Beispiel möge die Reduktion der Δ^2-Cyclohexen-4-on-1-carbonsäure dienen:

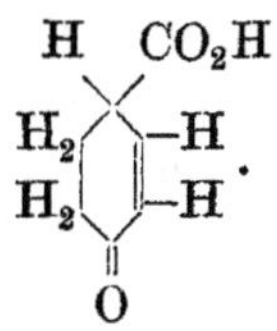

An ihr kann die Reduktion an drei Stellen angreifen, an der Doppelbindung, am Carbonyl und am Carboxyl. Bei der Reduktion mit Natrium und Alkohol werden in erster Linie Carbonyl und Doppelbindung angegriffen. Bei energischer Wirkung geht aber auch die Carboxylgruppe in die Carbinolgruppe über. Es entsteht daher aus 2, 6-Dimethyl-Δ^2-cyclohexen-4-on-1-carbonsäure:

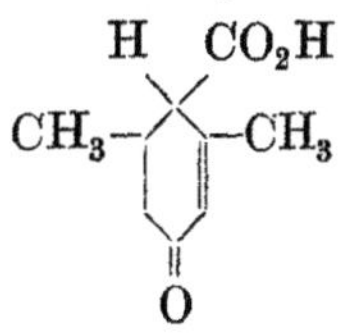

[1] *Weil,* Ber. d. d. chem. Ges. **41**, 5 (1908); D. R. P. 196 239 [*Frdl.,* IX, 158].
[2] *Mettler,* Ber. d. d. chem. Ges. **41**, 4148 (1908).
[3] *M. L. Br.,* D. R. P. 148 207 [*Frdl.,* VII, 747].

oder deren Ester, sowohl 2, 6-Dimethylcyclohexan-4-ol-1-carbonsäure als auch 2, 6-Dimethyl-4-oxycyclohexylcarbinol. Analog verläuft die Reaktion beim Isophoroncarbonsäureester (2, 6, 6-Trimethyl-Δ^2-cyclohexen-4-on-1-carbonsäureester):

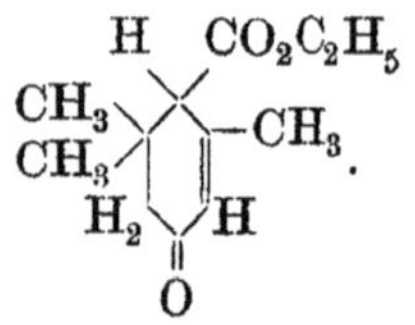

Auch aus diesem Körper entstehen je nach dem angewandten Reduktionsmittel verschiedene Körper; durch Reduktion mit Natrium und Alkohol bzw. Natriumamalgam erhält man 2, 6, 6-Trimethyl-4-oxycyclohexan-1-carbonsäure und 2, 6, 6-Trimethyl-4-oxycyclohexyl-1-carbinol; durch Elektrolyse in alkalischer Lösung oder durch saure Reduktionsmittel, wie Chlorwasserstoff und Zinkstaub in Eisessig, Metalle oder Natriumamalgam und Säure, nur die Carbonsäure.

Im Anschluß hieran ist die Reduktion einiger Derivate der Carbonsäuren zu erwähnen, deren technische Bedeutung allerdings äußerst gering ist; soweit man überhaupt von einer solchen sprechen kann, kommt die Reduktion von Säureamiden oder -imiden in Betracht.

Ebenso leicht wie die Oxalsäure selbst lassen sich die amidartigen Derivate derselben, z. B. Phenyloxaminsäure, reduzieren. Es ist damit versucht worden, einen bequemen Weg zur Darstellung des für die Indigosynthese wichtigen Phenylglykokolls zu finden, indem man als Reduktionsmittel Zinkstaub in wäßriger Lösung oder Natriumamalgam bei Gegenwart von Säure auf sie einwirken ließ[1]. Da das Verfahren unbefriedigende Resultate lieferte, versuchte man die Reduktion auf elektrolytischem Wege[2]. Während so aus Phenyloxaminsäure Phenylglycin und aus Oxalylanthranilsäure Phenylglycin-o-carbonsäure entsteht, verläuft die Reduktion beim Oxamid so, daß unter Abspaltung einer Amidgruppe die frei werdende Carboxylgruppe reduziert wird, so daß das Amid der Glyoxylsäure entsteht.

Besser sind die Resultate, wenn man statt der freien Säure ihre Ester reduziert[3]. Bei elektrolytischer Reduktion unter Verwendung einer Quecksilberkathode soll man dabei vorzügliche Ausbeute von Phenylglycin erhalten. Da man aber heute auf anderen Wegen zu diesen Körpern billiger und bequemer gelangen kann, werden diese Verfahren nicht ausgeführt.

Von größerer Bedeutung ist die Reduktion einiger zyklischer Imide oder Anhydride von Dicarbonsäuren. Durch Destillation mit Zinkstaub im Wasserstoffstrom, werden beide Carbonylgruppen reduziert. Es findet dabei aber

[1] *Koepp & Co.*, D. R. P. 64 909 [*Frdl.*, III, 284].
[2] *Kinzlberger & Co.*, D. R. P. 163 842 [*Frdl.*, VIII, 74].
[3] *Kinzlberger & Co.*, D. R. P. 210 693 [*Frdl.*, IX, 80].

keine totale Reduktion statt, sondern es entsteht aus Succinimid Pyrrol und nicht Pyrrolidin:

$$\begin{array}{l} CH_2 - CO \\ | \\ CH_2 - CO \end{array} \!\!>\! NH \;\rightarrow\; \begin{array}{l} CH = CH \\ | \\ CH = CH \end{array} \!\!>\! NH$$

oder aus Homophthalimid Isochinolin. Das sind aber keine technisch brauchbaren Methoden, vielmehr ist das allgemein gebrauchte Reduktionsmittel für zyklische Imide von Dicarbonsäuren, zu denen auch die zyklischen Ureide gehören, die Elektrolyse. Dabei besteht die Möglichkeit, eine oder beide Carbonylgruppen zu reduzieren[1]. Succinimid gibt bei der Elektrolyse in schwefelsaurer Lösung unter Verwendung von präparierten Bleikathoden und hohen Stromdichten in einer Ausbeute von 60 Proz. Pyrrolidon:

$$\begin{array}{l} CH_2 - CO \\ | \\ CH_2 - CO \end{array} \!\!>\! NH \;\rightarrow\; \begin{array}{l} CH_2 - CO \\ | \\ CH_2 - CH_2 \end{array} \!\!>\! NH.$$

Es wird also nur eine der beiden Carbonylgruppen reduziert, und es entsteht so gut wie kein Pyrrolidin.

Das dem Succinimid analog zusammengesetzte Camphersäureimid kann ebenfalls elektrolytisch reduziert werden[2]. Es werden bei ihm aber sowohl je eine als auch beide Carbonylgruppen zugleich reduziert, so daß man neben den beiden isomeren Camphidonen auch das vollkommen reduzierte Camphidin erhält:

$$C_8H_{14}\!<\!\begin{array}{c} CO \\ CO \end{array}\!>\!NH \;\rightarrow\; C_8H_{14}\!<\!\begin{array}{c} CH_2 \\ CO \end{array}\!>\!NH \quad \text{und} \quad C_8H_{14}\!<\!\begin{array}{c} CH_2 \\ CH_2 \end{array}\!>\!NH.$$

Ein besonderes Verhalten zeigt das Phthalimid. Wird dasselbe durch Zinkstaub und Alkali in der Kälte reduziert, so entsteht, selbst bei Anwendung eines Überschusses von Zinkstaub, Oxyphthalimidin:

$$C_6H_4\!<\!\begin{array}{c} CO \\ CO \end{array}\!>\!NH \;\rightarrow\; C_6H_4\!<\!\begin{array}{c} CH \cdot OH \\ CO \end{array}\!>\!NH,$$

in der Wärme dagegen erhält man nach diesem Verfahren unter gleichzeitiger Verseifung der Imidgruppe Phthalid:

$$C_6H_4\!<\!\begin{array}{c} CH_2 \\ CO \end{array}\!>\!O$$ [3].

---

[1] *Baillie* und *Tafel*, Ber. d. d. chem. Ges. **32**, 68 (1899); *Merck*, D. R. P. Anm. M 17.884, Kl. 12 (zurückgezogen) [*Frdl.*, VI, 1215].

[2] *Tafel* und *Eckstein*, Ber. d. d. chem. Ges. **34**, 3274 (1901); *Tafel* und *Breblitz*, Ber. d. d. chem. Ges. **38**, 3806 (1905); *Boehringer & Söhne*, D. R. P. 126 196 [*Frdl.*, VI, 1230].

[3] *Kalle & Co.*, D. R. P. 267 596 [Pat.-Schr. 3165].

V. Anlagerung von Wasserstoff an Kohlenstoff-Stickstoffbindungen.

1. Nitrile.

Im allgemeinen lagern Nitrile leicht Wasserstoff an und gehen dabei in Amine über. Dabei ist anzunehmen, daß die Reduktion in zwei Phasen verläuft:

$$R \cdot C \equiv N + 2\,H = R \cdot CH = NH.$$

Es bildet sich zunächst ein Körper vom Typus des Azomethins, ein Imin, der entweder sofort zwei weitere Atome Wasserstoff anlagert:

$$RCH = NH + 2\,H = RCH_2 \cdot NH_2$$

und dabei in primäres Amin übergeht oder mit Wasser reagiert:

$$RCH = NH + H_2O = R \cdot CHO + NH_3,$$

wodurch ein Aldehyd entsteht. Als Reduktionsmittel können alle gebräuchlichen verwandt werden, doch ist zu bemerken, daß durch Einwirkung von Zink und Säure oder Natrium und Alkohol die Reaktion gewöhnlich bis ans Ende, und zwar bis zum Amin, geführt wird. Anders verläuft dieselbe in neutraler Lösung mit aktivierten Metallpaaren, z. B. mit dem Magnesiumkupferpaar, welches durch kurzes Eintauchen von Magnesiumpulver in 1 proz. Kupferlösung erhalten wird, oder besser mit einer Legierung von 50 Proz. Kupfer, 45 Proz. Aluminium, 5 Proz. Zink (*Devarda*sche Legierung[1]). Hierbei entstehen, wenn auch nicht in guter Ausbeute, die freien Aldehyde neben Ammoniak.

Zu diesen kommt als neuestes Verfahren die Reduktion durch freien Wasserstoff mit Katalysatoren hinzu. Beim Überleiten von Nitrilen in Dampfform, zusammen mit Wasserstoff über erhitztes Nickel, entsteht zunächst das primäre Amin:

$$R \cdot CN + 2\,H_2 = RCH_2 \cdot NH_2,$$

welches aber unter Abspaltung von Ammoniak häufig in sekundäres oder tertiäres übergeht. Das Hauptprodukt ist gewöhnlich das sekundäre Amin. In geringem Umfang tritt sogar Reduktion bis zum Kohlenwasserstoff ein[2].

---

[1] *Brunner* und *Rapin*, Schweiz. Wochenschr. f. Chem. u. Pharm. **46**, 465; Chem. Zentralbl. **1908**, II, 676.

[2] *Sabatier* und *Senderens*, Compt. rend. de l'acad. des sciences **140**, 482 (1905) [C. **1905**, I, 860].

Diese Reaktion verläuft bei den aliphatischen Nitrilen und auch bei der Blausäure in der beschriebenen Weise; die aromatischen Nitrile reagieren im allgemeinen anders. Benzonitril zerfällt z. B. bei 200° fast ausschließlich in Ammoniak und Toluol[1].

Am besten aber verläuft die Reduktion der Nitrile, wenn man nach dem Verfahren von *Paal* und *Skita* in die saure Lösung bei Gegenwart kolloidaler Metalle der Platingruppe Wasserstoff unter Druck einleitet. Sehr glatt kann man auf diese Weise die Blausäure zu Methylamin reduzieren[2]. Dies ist um so auffallender, als dieselbe nach *Bredig* ein heftiges Katalysatorgift ist. Noch brauchbarer wird das Verfahren dadurch, daß die weit billigere Ferrocyanwasserstoffsäure ebenfalls und sogar in besserer Ausbeute nach diesem Verfahren in Methylamin übergeführt werden kann. Auch dies ist überraschend, nachdem *Paal* und *Amberger*[3] bei Verwendung von kolloidalem Palladium Ferricyankalium in neutraler Lösung nicht weiter als bis zum Ferrocyankalium reduzieren konnten. Es scheint, daß damit ein Verfahren gefunden ist, nach welchem Methylamin wirklich billig herzustellen ist, wenn nicht der Umstand, daß man in wäßriger Lösung arbeiten muß, ein technischer Nachteil ist. Auch bei der Reduktion des Acetonitrils zum Äthylamin gibt das Verfahren von *Paal* und *Skita*[4] die besten Resultate. Bei der Reduktion nach *Sabatier* entstehen dagegen neben Äthylamin auch beträchtliche Mengen Di- und Triäthylamin.

Die Reduktion von Nitrilen zyklischer Verbindungen ist technisch ohne Bedeutung. Zu erwähnen wäre noch die Überführung des 4-Cyanchinolins in Aminomethylchinolin[5], eine bei der leichten Reduzierbarkeit der Methingruppen im Pyridinkern des Chinolinmoleküls auffallende Reaktion[6]:

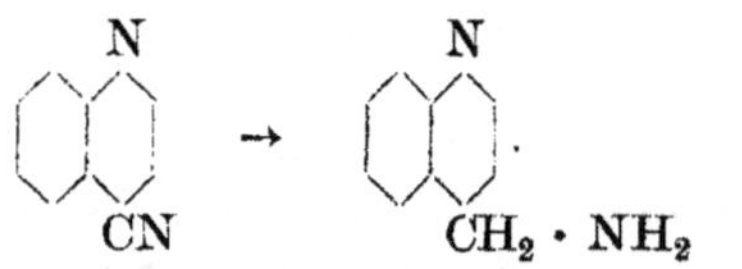

Auch hier erfolgt die Reduktion am besten beim Einleiten von Wasserstoff unter Druck in Gegenwart von kolloidalem Palladium in die verdünnte salzsaure Lösung, doch wird auch bei Einwirkung von Zinkstaub in Eisessig oder Zinn und Salzsäure in erster Linie die Cyangruppe reduziert.

2. Azomethinverbindungen (Imine).

Die einfachsten Repräsentanten der Gruppe der Azomethinverbindungen. welche durch Kondensation von Aldehyden mit Ammoniak oder Aminen entstehen, sind die Verbindungen von Formaldehyd mit Basen. Obwohl

---

[1] *Sabatier* und *Senderens*, Ann. Chim. Phys. [8] **4**, 319 [C. **1905**, **I**, 1004].
[2] *J. D. Riedel, A.-G.*, D. R. P. 264 528 [Pat.-Schr. 3059].
[3] Ber. d. d. chem. Ges. **38**, 1404 (1905).
[4] D. R. P. 230 724 [*Frdl.*, X, 95].
[5] *Zimmer & Co.*, D. R. P. 279 193 [C. **1914**, **II**, 1174; Angew. Chem. **27**, **II**, 650].
[6] *Weller*, Ber. d. d. chem. Ges. **44**, 2106 (1911).

ihre Konstitution meist nicht sichergestellt ist und sie sehr wahrscheinlich ein größeres Molekül haben, sollen auch sie wegen ihres Zusammenhanges mit anderen Aldehydverbindungen an dieser Stelle besprochen werden. Ihr Verhalten bei der Reduktion ist ein derartiges, daß dasselbe ebensogut durch die molekulare Formel $CH_2 = NR$ zum Ausdruck gebracht werden kann. Bei ihrer Reduktion erhält man Amine, welche eine Methylgruppe am Stickstoff tragen, so daß die ganze Reaktion eine Alkylierung von Stickstoffbasen bedeutet.

Die Aldehydverbindungen aromatischer Basen lassen sich leicht mit Natronlauge und Zinkstaub reduzieren. So entsteht aus den Formaldehydverbindungen von Anilin, Toluidin, Phenylhydrazin und ähnlichen Methylanilin, Methyltoluidin und symm. Methylphenylhydrazin[1]. Da aber heute weit bequemere Methoden zur Methylierung aromatischer Basen zur Verfügung stehen, hat das Verfahren keine praktische Bedeutung mehr. Dagegen ist die Reduktion der Formaldehydderivate aliphatischer Basen, insbesondere die des Hexamethylentetramins auch heute noch aktuell. Sie führt zum Mono-, Di- und Trimethylamin, für die es vorläufig kein bequemes und billiges Darstellungsverfahren gibt. In saurer Lösung bei der Reduktion mit Zinkstaub geht Hexamethylentetramin in Methyl- und Dimethylamin über[2]. Dagegen behaupten *Grossi* und *Motta*[3], daß bei der Reduktion in saurer Lösung Methyl- und Trimethylamin und kein Dimethylamin gebildet werde.

Erhitzt man Formaldehyd und Ammoniak mit verdünnter Natronlauge, so bildet sich Ameisensäure und Methylamin[4], ebenso kann man in der Lösung irgendeines Ammoniumsalzes durch Erhitzen mit überschüssigem Formaldehyd Methylamin erzeugen. Auch wenn man eine neutrale Lösung von Formaldehyd mit einer neutralen Lösung eines Ammonsalzes zusammenbringt, entsteht Hexamethylentetramin, so daß man jene Reaktion stets als eine Reduktion von Hexamethylentetramin auffassen kann. Beim Erhitzen einer solchen Lösung bis zum Sieden, findet regelmaßige Entwicklung von Kohlensäure statt; um Verluste von Formaldehyd zu vermeiden, nimmt man das Erhitzen am besten in geschlossenen Gefäßen vor. Als Hauptprodukt entsteht Trimethylamin, daneben aber auch Mono- und Dimethylamin, wobei das Verhältnis so ist, daß auf zwei zu ersetzende Ammoniakwasserstoffatome 3 Moleküle Formaldehyd kommen (vgl. dazu S. 54). Das Verfahren läßt sich auch auf andere aliphatische Basen und Diamine und sogar auf zyklische sekundäre Basen, wie Piperazin und Piperidin ausdehnen[5]. Es hat sich sogar gezeigt, daß das Verwendungsgebiet ganz wesentlich größer ist und daß z. B. auch Stickstoffverbindungen, welche keinen basischen Charakter haben, auf diese Weise

[1] *Geigy & Cie.*, D. R. P. 75 854 [*Frdl.*, III, 22].
[2] *M. L. Br.*, D. R. P. 73 812 [*Frdl.*, III, 15].
[3] Gaz. chim. ital. **29**, I, 33 (1899); Chem. Zentralbl. **1899**, I, 879.
[4] *Plöchl*, Ber. d. d. chem. Ges. **21**, 2117 [1888).
[5] *Eschweiler*, Ber. d. d. chem. Ges. **38**, 880 (1905); D. R. P. 80 520 [*Frdl.*, IV, 30]; *Koeppen*, Ber. d. d. chem. Ges. **38**, 882 (1905).

methyliert werden können. Eine wesentliche Vereinfachung des Verfahrens besteht darin, daß man die betreffenden trockenen Ammoniumsalze mit den trockenen Polymerisationsprodukten des Formaldehyds, wie Trioxymethylen oder Paraformaldehyd innig mischt und auf 120 bis 170° erhitzt[1]. Die Masse schmilzt zu einer homogenen Flüssigkeit und unter reichlicher Entwicklung von CO_2 verläuft die Reaktion glatt in 1 bis 2 Stunden. Von geringerer Bedeutung ist die elektrolytische Reduktion des Hexamethylentetramins[2]. Dabei hat sich gezeigt, daß Verbindungen vom Typus des Aldehydammoniaks, welche beim Auflösen in starken Säuren bei gewöhnlicher Temperatur in Aldehyd und Ammoniak zerfallen, genügend beständig sind, wenn man sie in die stark gekühlte Säure langsam einträgt[3]. Unter Zuhilfenahme eines Tondiaphragmas wird die Lösung unter sorgfältiger Kühlung mit Kältemischung an einer Bleikathode reduziert, wobei niedrige Stromdichten die besten Strom- und Substanzausbeuten geben. Auch andere Aldehydammoniake können auf diese Weise reduziert werden. *Knudsen* nimmt nun an, daß das Hexamethylentetramin in der sauren Lösung zum Trimethylentriamin gespalten wird und daß dieser Körper erst reduziert wird. Dem widerspricht aber die Erfahrung[4], daß man die Reduktion auch in neutraler oder ammoniakalischer Lösung vornehmen kann und dabei gute Ausbeuten erhält. Es ist sogar nicht einmal nötig, fertiggebildete Aldehydammoniake zur Reduktion zu bringen, sondern es genügt, wenn man die Gemische von Aldehyden mit Ammoniak oder Ammoniumsalzen elektrolytisch behandelt. Zur Darstellung von Methylamin benutzt man z. B. als Kathodenflüssigkeit eine Lösung von Formaldehyd und chlorfreiem Ammoniumsulfat. *Knudsen*[5], der das Verfahren nachprüfte, hat aber gefunden, daß die Ausbeute weniger gut ist. Benutzt man[6] als Elektrolyten an Stelle von Schwefelsäure Salzsäure, so hat man den Vorteil, daß man nach Beendigung der Reduktion die Endlaugen ohne weiteres im Vakuum eindunsten kann, wobei man die Amine als salzsaure Salze gewinnt. Die Reduktion verläuft aber nicht in allen Fällen so glatt, wie in schwefelsaurer Lösung. Gute Ausbeuten erhält man aber bei dem wichtigsten Körper der Reihe, dem Hexamethylentetramin, bei dem man außerdem durch Zusatz von Formaldehyd die Bildung von Di- und Trimethylamin begünstigen kann. Es sei noch bemerkt, daß alle diese Verfahren auch auf andere Aldehydammoniake oder *Schiff*sche Basen, die stets in die Patentansprüche eingeschlossen sind, Anwendung finden können. So läßt sich z. B. mit Leichtigkeit das Benzalanilin zu Benzylanilin reduzieren.

Die Möglichkeit, durch die Reduktion derartiger *Schiff*scher Basen Alkyl in die Aminogruppe von Basen einführen zu können, bleibt nicht auf die niedrigsten Glieder der Reihe beschränkt. Es entstehen alkarylierte Amino-

---

[1] *Schmitz*, D. R. P. 270 260 [Pat.-Schr. 3695].
[2] *Knudsen*, Ber. d. d. chem. Ges. **42**, 3994 (1909).
[3] *Knudsen*, D. R. P. 143 197 [*Frdl.*, VII, 24].
[4] *M. L. Br.*, D. R. P. 148 054 [*Frdl.*, VII, 26].
[5] Ber. d. d. chem. Ges. **42**, 3997 (1909).
[6] *Boehringer & Söhne*, D. R. P. 175 071 [*Frdl.*, VIII, 54].

phenole, z. B. Benzyl- oder Methoxybenzylaminophenole, wenn man die Kondensationsprodukte des Benz- bzw. Anisaldehyds mit p-Aminophenol durch Zinkstaub und Alkali reduziert[1]. Ebenfalls durch alkalische Reduktion liefert der Anil des 5(4)-Methylimidazol-4(5)-aldehyds das 5(4)-Methyl-4(5)-(anilinomethyl)-imidazol[2]:

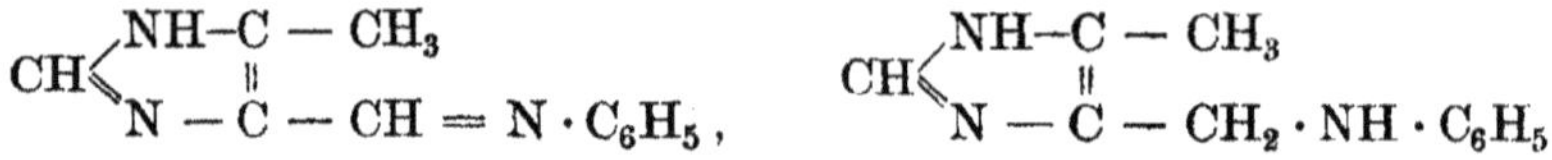

3. Oxime und Hydrazone.

Die Reduktion von Oximen und Hydrazonen führt zu Aminen. Da sich diese Körper aus Aldehyden und Ketonen mit größter Leichtigkeit durch Einwirkung von Hydroxylamin oder Hydrazinderivaten (Phenylhydrazin) gewinnen lassen, so ist dadurch ein Mittel gegeben aus Aldehyden und Ketonen Amine zu gewinnen. Von der Besprechung an dieser Stelle sollen die Oxime von Chinonen und chinonartigen Körpern, welche ebenfalls durch Einwirkung von Hydroxylamin entstehen, ausgenommen sein. Da dieselben auch als Nitrosoverbindungen der entsprechenden Phenole aufgefaßt werden können, so sollen sie später zusammen mit den Nitrosaminen und anderen Nitrosokörpern abgehandelt werden.

Obwohl beide Körperklassen, Oxime und Hydrazone, in durchaus glatter Reaktion Amine liefern, so empfiehlt es sich trotzdem, bei der Darstellung von Aminen von den Oximen auszugehen. Bei ihrer Reduktion erhält man neben der Base nur Wasser:

$$\begin{matrix}R_1\\R_2\end{matrix}\!\!>\!C = NOH + 2\,H_2 = \begin{matrix}R_1\\R_2\end{matrix}\!\!>\!CHNH_2 + H_2O\,,$$

während bei der Reduktion von Phenylhydrazonen neben dem gewünschten Amin zugleich Anilin entsteht:

$$\begin{matrix}R_1\\R_2\end{matrix}\!\!>\!C = N\cdot NHC_6H_5 + 2\,H_2 = \begin{matrix}R_1\\R_2\end{matrix}CHNH_2 + C_6H_6NH_2\,,$$

so daß man zur Trennung zweier Basen gezwungen ist. Bei der Unbeständigkeit dieser Körper gegen Säuren, wäre die Anwendung alkalischer Reduktionsmittel das Gegebene. Tatsächlich aber nimmt man die Reduktion am besten mit Natriumamalgam in schwach essigsaurer Lösung vor[3]. Auch wenn die Reduktion in siedendem Alkohol mittels metallischem Natrium ausgeführt wird, setzt man zweckmäßig kleine Mengen Essigsäure zu, so daß die Reaktion stets sauer bleibt. Zur technischen Verwendung ist die Reduktion durch Elektrolyse in saurer Lösung vorgeschlagen worden, die aber unter starker Kühlung bei einer 20° nicht übersteigenden Temperatur an Kathoden aus Blei oder Quecksilber vor sich gehen muß. Bei der großen Empfindlichkeit

---

[1] *Schering*, D. R. P. 211 869 [*Frdl.*, IX, 154].
[2] *Gerngross*, D. R. P. 276 541 [C. **1914**, II, 446; Angew. Chem. **27**, II, 529].
[3] *Goldschmidt*, Ber. d. d. chem. Ges. **19**, 3232 (1886).

dieser Körper gegen Säure ist die Reduktion in saurer Lösung nur deshalb möglich, weil die elektrolytische Angreifbarkeit dieser Substanzen ihrer Säureempfindlichkeit parallel geht, d. h. je leichter ein Oxim oder Phenylhydrazon durch Säure zersetzt wird, um so schneller wird es auch reduziert[1]. Es lassen sich auf diese Weise die verschiedensten Amine in bequemer Weise darstellen, z. B. Isopropylamin aus Acetoxim:

$$\begin{matrix}CH_3\\CH_3\end{matrix}\!\!>C=NOH \rightarrow \begin{matrix}CH_3\\CH_3\end{matrix}\!\!>CH\cdot NH_2;$$

ebenso Benzylamin aus Benzaldoxim, Benzhydrylamin aus Benzophenonoxim und Bornylamin aus Campheroxim. Auch Bornylendiamin läßt sich auf diesem Wege darstellen[2] durch Reduktion von Aminocampheroxim oder Isonitrosocampheroxim.

Die elektrolytische Reduktion in schwefelsaurer Lösung hat den Vorteil, daß man eine Lösung erhält, welche neben der entstehenden Base nur noch Schwefelsäure, die bekanntlich am leichtesten und vollständigsten aus einer Lösung entfernt werden kann, enthält. Nimmt man die Reduktion in salzsaurer Lösung vor[3], so hat man den Vorteil, daß man die Lösung nur einzudunsten braucht, um die salzsauren Salze der Basen zu gewinnen.

Die Reduktion von Oximen zu Aminen verläuft so glatt, daß man in der aromatischen Reihe sogar Körper reduzieren kann, bei denen die Beständigkeit der entstehenden Aminoverbindung durch den Einfluß anderer Substituenten, die sich meist in p-Stellung dazu befinden, bedeutend herabgemindert ist. Solche Gruppen sind hauptsächlich die Amino- und substituierte Aminogruppen. Z. B. ist das Oxim des p-Dialkylaminobenzophenons aus diesem Grunde an sich nur schwierig zu reduzieren:

$$\underset{\|\atop NOH}{C_6H_5\cdot C\cdot C_6H_4N(C_2H_5)_2} \rightarrow C_6H_5\cdot CH(NH_2)\cdot C_6H_4N(C_2H_5)_2.$$

Trotzdem gelingt seine Reduktion sowie die anderer Ketonderivate (Hydrazone, Phenylhydrazone, Semicarbazone) in alkalischer, neutraler oder schwachsaurer Lösung durch Natrium oder Natriumamalgam oder auch durch elektrolytisch entwickelten Wasserstoff[4].

Technische Bedeutung hat diese Reaktion insofern, als mit ihrer Hilfe einige pharmazeutisch wichtige Präparate hergestellt werden können. So sollen die eben erwähnten p-Dialkylaminobenzhydrylamine als Anästhetika Verwendung finden. Als ein wertvolles Zwischenprodukt für die Darstellung des Hydrastinins ist das Homopiperonylamin anzusehen:

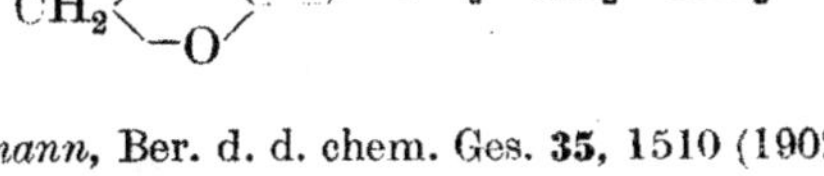

[1] *Tafel* und *Pfeffermann*, Ber. d. d. chem. Ges. **35**, 1510 (1902); *Boehringer & Söhne*, D. R. P. 141 346 [*Frdl.*, VII, 23].

[2] *Duden*, D. R. P. 160 103 [*Frdl.*, VIII, 983].

[3] *Boehringer & Söhne*, D. R. P. 175 071 [*Frdl.*, VIII, 54].

[4] *Merck*, D. R. P. 167 053 [*Frdl.*, VIII, 1047].

In guter Ausbeute und glatt läßt sich diese Base aus Homopiperonaloxim:

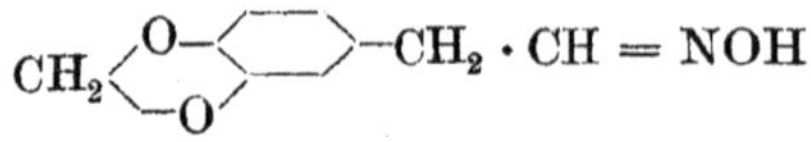

durch Reduktion auf einem der besprochenen Wege gewinnen. Solche sind: Natriumamalgam und Eisessig, Alkalimetalle oder Calcium in alkoholischer Lösung und Elektrolyse in saurer Lösung oder Suspension[1].

Ferner sollen als Ausgangsstoffe für die Herstellung pharmazeutischer Produkte einige Aminoalkylchinoline dienen, welche durch Reduktion der Oxime von Alkylchinolylketonen nach einer der gewöhnlichen Methoden dargestellt werden[2], z. B.:

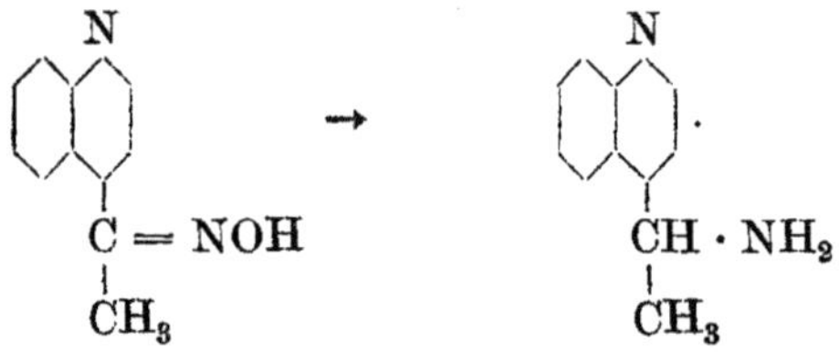

Als Reduktion einer Isonitrosogruppe in ringförmigen Körpern sei angeführt die Reduktion von 4-Amino-5-isonitroso-2,6-dioxypyrimidin zu 4,5-Diamino-2,6-dioxypyrimidin:

Sie kann ausgeführt werden durch Metalle (Fe oder Zn) und Säure oder auch durch Elektrolyse in schwefelsaurer Lösung[3].

4. Chinonimine und -diimine.

Die Anfangsglieder der Reihe der Chinonimine, die ohne technische Bedeutung sind, hat *Willstätter*[4] dargestellt; beide, das Chinonimin

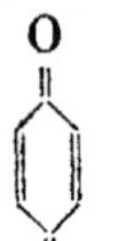

und das Chinondiimin

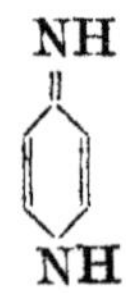

[1] *Bayer & Co.*, D. R. P. 245 523, 248 046, 254 860 [*Frdl.*, X, 1192; C. **1912**, II, 214; Pat.-Schr. 2883].

[2] *Zimmer & Co.*, D. R. P. 285 637 [Angew. Chem. **28**, II, 430; C. **1915**, II, 509].

[3] *Merck*, D. R. P. 161 493, 166 267 [*Frdl.*, VIII, 1137].

[4] Ber. d. d. chem. Ges. **37**, 1494, 4605 (1904).

sind sehr unbeständige Körper und gehen durch Reduktion in p-Aminophenol und p-Phenylendiamin über. Alkalibisulfite und schweflige Säure bei Gegenwart von Wasser wirken nicht direkt reduzierend, sondern unter Addition auf das Chinondiimin ein. Aus diesem und schwefliger Säure entsteht p-Phenylendiaminsulfosäure[1]:

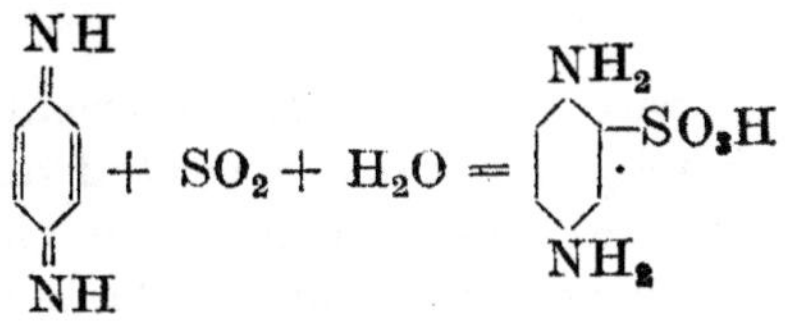

Dagegen wird das Chinondichlorimid

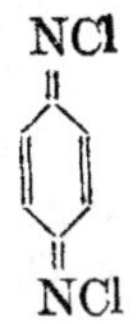

durch 2 Moleküle Bisulfit zum Chinondiimin reduziert, worauf dann noch ein drittes Molekül schwefliger Säure in der beschriebenen Weise angelagert wird. Die Neigung, Additionsreaktionen einzugehen, ist eine charakteristische Eigenschaft dieser Körperklasse; so wird Thioschwefelsäure mit großer Leichtigkeit angelagert, was für die Bildung des Methylenblaus und von Schwefelfarbstoffen von großer Bedeutung ist.

Die Reduktion von Chinoniminen und -diiminen ist eine Reaktion, welche in der Naphtalin- und Anthrachinonreihe häufig durchgeführt wird. Bei der Einwirkung von rauchender Schwefelsäure auf Dinitroverbindungen dieser Körperklassen entstehen Zwischenprodukte mit chinonimidartiger Konstitution, welche durch Reduktion in Aminooxykörper oder unter gleichzeitiger Verseifung und Reduktion in Dioxyverbindungen übergehen. Diese Reaktion ist später im Zusammenhang mit der Reduktion der Dinitroverbindungen zu besprechen, weshalb hier auf das dort Gesagte verwiesen sei.

Wichtiger, als die nicht substituierten Chinonimide, sind diejenigen, welche am Stickstoff aromatische Reste tragen, die Indophenole und Indamine. Mit dem Namen Indophenol bezeichnet man neben dem technisch unwichtigen eigentlichen Indophenol von der Konstitution

$$HO \cdot C_6H_4 \cdot N = C_6H_4 = O,$$

einen zweiten Körper, welcher die Formel

$$NH_2 \cdot C_6H_4 \cdot N = C_6H_4 = O$$

besitzt und früher Indoanilin genannt wurde[2]. Dieser Körper wird durch Zusammenoxydieren von Phenol und p-Phenylendiamin unter bestimmten Vorsichtsmaßregeln dargestellt[3], und obwohl er ein Farbstoff ist, als solcher

[1] *E.* und *H. Erdmann*, D. R. P. 64 908 [*Frdl.*, III, 40].

[2] *Heller*, Annal. d. Chem. **392**, 16ff. (1912).

[3] *A.-G. f. Anilinfabrikation*, D. R. P. 179 294, 179 295 [*Frdl.*, VIII, 497f.]

nicht gebraucht. Der einzige hierher gehörige Farbstoff ist das aus Nitrosodimethylanilin und α-Naphtol entstehende α-Naphtolblau[1], auch „Indophenol“ schlechthin genannt:

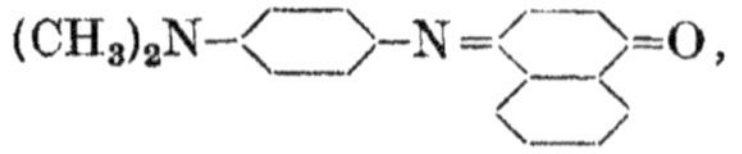

Durch Reduktionsmittel wird es in ein Leukoderivat übergeführt, welches außerordentlich leicht, bereits durch den Sauerstoff der Luft, wieder in den Farbstoff zurückoxydiert wird. Es verhält sich demnach, wie ein Küpenfarbstoff, kann aber als solcher für sich nicht gebraucht werden, da es wohl sehr licht- und seifenecht, dagegen außerordentlich säureunecht ist. Als Zusatz von Indigo gefärbt, liefert es aber Färbungen von außerordentlicher Echtheit und wird in dieser Kombination vielfach angewandt.

Unter den Indaminen gibt es einen Farbstoff von irgendwelcher Bedeutung nicht. Das einfachste Indamin $NH_2 \cdot C_6H_4 \cdot N = C_6H_4 = NH$ entsteht durch Zusammenoxydieren eines Gemenges gleicher Moleküle p-Phenylendiamin und Anilin. Ein hochmolekulares Derivat davon, ein Indamin aus 8 Molekülen Anilin, ist nach *Willstätter* das Anilinschwarz[2]. Das einzige Anwendungsgebiet für Indamine ist die Färberei von Pelzen und Haaren. Da aber die freien Indamine oft giftige Wirkung auf die Haut ausüben, so verwendet man zum Färben ihre Reduktionsprodukte (Diphenylaminderivate) und stellt dann nach dem Färben durch Oxydation mit Wasserstoffsuperoxyd auf der Faser selbst die Indamine wieder her[3].

Zwei charakteristische Eigenschaften haben Indophenole und Indamine. Durch Reduktionsmittel wird die chinoide Konstitution in eine benzoide übergeführt, es entstehen dabei Derivate des Diphenylamins, welche das Bestreben haben, durch Oxydation wieder in den chinoid konstituierten Farbstoff überzugehen. Weiterhin sind sie ausgezeichnet durch große Empfindlichkeit gegen verdünnte Mineralsäuren, durch die sie oft bereits in der Kälte, stets beim Erwärmen in Chinone bzw. Chinonimine und p-Diamine zerlegt werden:

$$NH_2 \cdot C_6H_4 \cdot N = C_6H_4 = NH + H_2O = C_6H_4(NH_2)_2 + O = C_6H_4 = NH.$$

Die dabei entstehenden Chinonimine werden weiterhin zu Chinon und Ammoniak hydrolytisch gespalten. Gegen konzentrierte Säuren sind sie dagegen beständiger. Den für Zwecke der Färberei genügenden Grad von Beständigkeit erhalten sie, wenn die beiden Benzolringe weiterhin miteinander verknüpft sind, etwa durch zweiwertige Atome und Reste, wie NH, O, S. Dadurch entstehen neue heterocyclische 6-gliedrige Ringe von außerordentlicher Festigkeit, welche die Grundsubstanzen der großen Farbstoffklassen der Azine, Oxazine und Thiazine bilden.

---

[1] *Koechlin* und *Witt*, D. R. P. 15 915 [*Frdl.*, I, 283].

[2] Ber. d. d. chem. Ges. **44**, 2162 (1911); eine andere Konstitutionsformel nimmt *Bucherer*, Ber. d. d. chem. Ges. **42**, 2931 (1909) an.

[3] *Wolffenstein* und *Colman*, D. R. P. 196 674 [*Frdl.*, IX, 856]; *Colman*, D. R. P. 234 462 [*Frdl.*, X, 952].

Bei der Reduktion liefern Indophenole und Indamine unter Anlagerung eines Moleküles Wasserstoff p-substituierte Diphenylaminderivate, z. B. α-Naphtolblau den Körper:

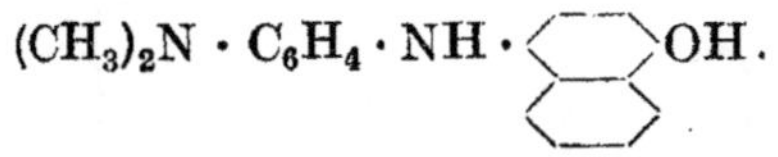

Die Reduktion erfolgt nach den für Küpenfarbstoffe gebräuchlichen Methoden, am besten mit Hydrosulfit, Zinnoxydulnatrium oder mit Schwefelnatrium. Von besonderer Bedeutung ist die letztere, weil auf ihr die Überführung dieser Körper in Schwefelfarbstoffe beruht. Es ist das ausschließliche Anwendungsgebiet vieler dargestellter Indophenole, und die meisten derartigen Körper sind in Hinblick auf ihre Anwendung als Schwefelfarbstoffe dargestellt worden; eine Zeitlang wurden zahlreiche Patente für eine glatte und billige Darstellung derselben genommen.

Bereits bei Einwirkung von Schwefelwasserstoff in starksaurer Lösung gehen Chinone und Chinonimide in dunkelbraune bis schwarze Körper über, deren Konstitution unbekannt ist und welche die Eigenschaften von Schwefelfarbstoffen besitzen[1]. Auch Chinonchlorimid und Dichlorimid geben bei der Einwirkung von Thiosulfaten in saurer Lösung ähnliche Körper[2]. Zur Darstellung der Schwefelfarbstoffe werden entweder die substituierten Indophenole und Indamine selbst oder ihre Leukoderivate mit Polysulfiden erhitzt. In beiden Fällen gelangt man zu denselben Produkten, so daß man berechtigt ist, anzunehmen, daß die Indophenole und Indamine in der Schwefelschmelze zunächst zu Diphenylaminderivaten reduziert werden. Bisweilen ist es aber vorteilhaft, wenn man die Leukoverbindung in reinem Zustand isoliert und dann erst der Polysulfidschmelze unterwirft. Man erzielt dadurch häufig einen Schwefelfarbstoff von reinerer Nuance.

Die Darstellung von Indophenolen und ihre Reduktion zu Diphenylaminderivaten wird meist in einer Operation vorgenommen[3]. Um das für die Darstellung des wichtigen Schwefelfarbstoffes „Immedialindon" als Ausgangsmaterial gebrauchte 3-Methyl-4-amino-4'-oxydiphenylamin

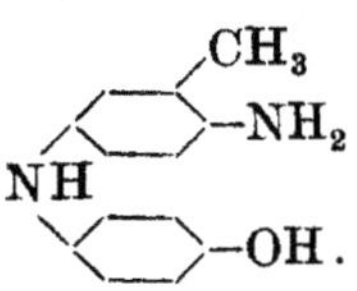

zu gewinnen, oxydiert man p-Aminophenol und o-Toluidin in der Kälte durch Chromsäure, setzt sofort nach der Oxydation überschüssige Schwefelnatriumlösung hinzu und erhitzt zum Sieden[4]. Man erhält auf diese Weise obiges Diphenylaminderivat, ohne das als Zwischenprodukt auftretende Indophenol isoliert zu haben. Derartige Leukoindophenole können übrigens auch direkt

[1] *Clayton Co.*, Engl. Pat. 22 460 (1898) [*Lange* 365].
[2] *A.-G. f. Anilinfabrikation*, D. R. P. 124 872, 127 834 [*Frdl.*, VI, 778].
[3] *A.-G. f. Anilinfabrikation*, D. R. P. 204 596 [*Frdl.*, IX, 134].
[4] *Cassella & Co.*, D. R. P. 139 204 [*Frdl.*, VII, 73].

ohne Reduktion dargestellt werden, wenn man Chinonimide mit aromatischen Aminen oder Chinondiimide mit Phenolen mit freier Parastellung kondensiert[1]:

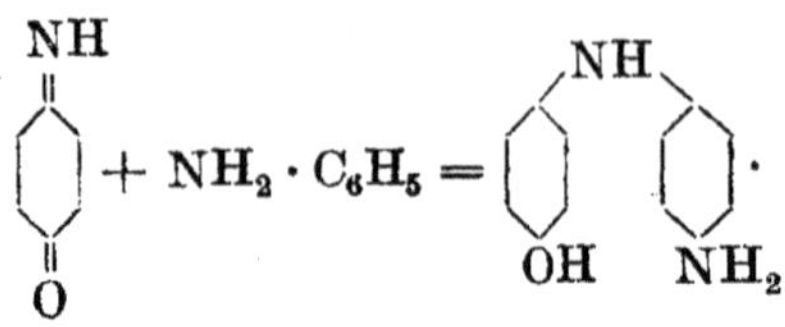

Wichtige Schwefelfarbstoffe, welche aus Indophenolen bzw. Indaminen oder deren Leukoverbindungen dargestellt werden, sind z. B.:

Immedialindonfarbstoffe und Immedialreinblau aus:

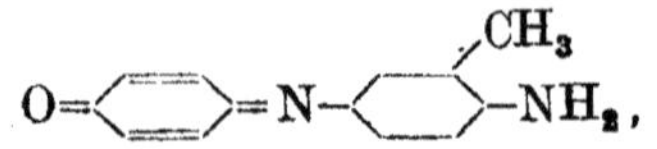

Pyrogenindigo aus:

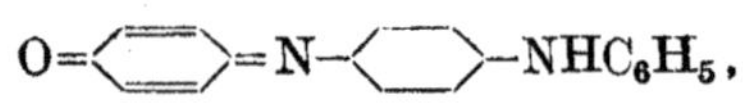

Thionalgrün und Thionalbrillantgrün aus:

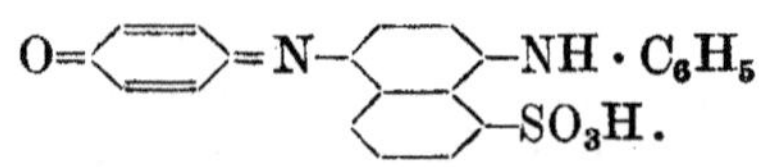

Bei allen diesen kann man durch Änderung der Einwirkungsbedingungen des Schwefels, indem man z. B. die Reaktionstemperatur herabsetzt, die Nuancen der entstehenden Farbstoffe verändern. In neuester Zeit werden Indophenole aus Carbazol und seinen Derivaten (Chlor-, Carboxyl-, N-Alkyl-) hergestellt, indem man Nitrosophenol auf dieselben in Lösung von starker Schwefelsäure in der Kälte einwirken läßt[2]. Es entstehen Indophenole von der Konstitution:

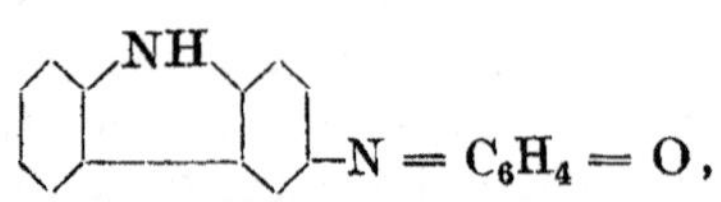

welche die Grundkörper für wichtige und hervorragend schöne Schwefelfarbstoffe von blauer Nuance und großer Echtheit bilden, die unter dem Namen Hydronblau[3] im Handel sind. Es scheint, daß damit ein Anwendungsgebiet für Carbazol erschlossen ist, für das man lange, aber vergeblich ein solches gesucht hat.

Von den Farbstoffen der Azine, Oxazine und Thiazine, soweit sie in Form ihrer Reduktionsprodukte angewandt werden, sind nur solche der Oxazingruppe in Gebrauch. Der wichtigste von ihnen ist das Gallocyanin, das in Form seiner Leukoverbindung vielfach in der Färberei und Druckerei ver-

[1] *A.-G. f. Anilinfabrikation*, D. R. P. 184 601, 184 651 [*Frdl.*, IX, 228 f.].

[2] *Cassella & Co.*, D. R. P. 224 951, 227 323, 230 119, 235 836, 241 899, 246 714 [*Frdl.*, X, 256 ff.]

[3] *Cassella & Co.*, D. R. P. 218 371, 221 215, 222 640, 224 590, 224 591, 235 364, 238 857, 247 443 [*Frdl.*, X, 301 ff.].

wandt wird. Es wird durch Kondensation von Nitrosodimethylanilin und Gallussäure dargestellt und hat die Konstitution:

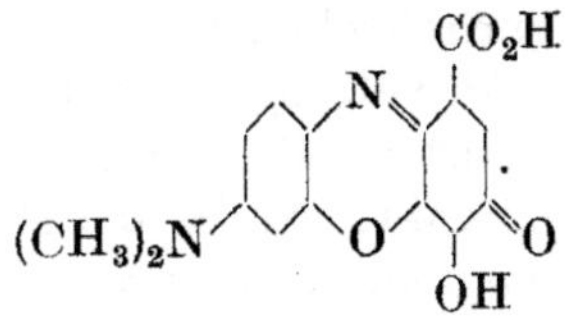

Durch Veresterung oder anderweitige Substitution der Carboxylgruppe erhält man Derivate dieses Körpers mit anderer Nuance und teilweise besseren tinktoriellen Eigenschaften. Solche sind Gallaminblau = Amid, Gallanilviolett = Anilid; Prune pure oder Parme R = Methylester; das Amid der aus Nitrosodiäthylanilin und Gallussäure entstehenden Carbonsäure

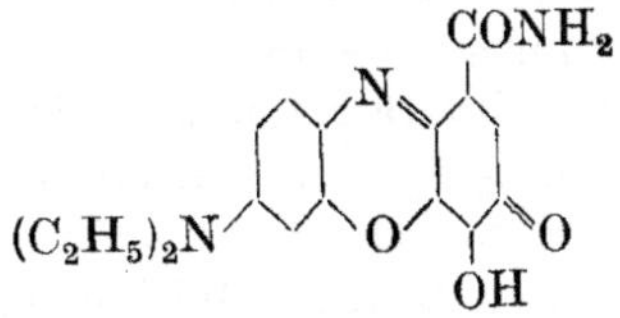

ist das wichtige Coeleinblau B (Corein RR). Auch an den fertiggebildeten Farbstoffen können zahlreiche Umsetzungen vorgenommen werden, welche wiederum zu neuen Farbstoffen führen. Die Konstitution derselben ist aber zum großen Teil nicht bekannt, wie überhaupt das ganze Gebiet wissenschaftlich noch nicht vollkommen durchforscht ist. Es hat sich aber ergeben, daß alle Leukogallocyanine brauchbarer als Farbstoffe und reaktionsfähiger bei allen möglichen Umsetzungen als die nichtreduzierten Farbstoffe sind.

Bei der Reduktion, welche mit einem der üblichen Mittel erfolgen kann, entstehen die Leukoverbindungen:

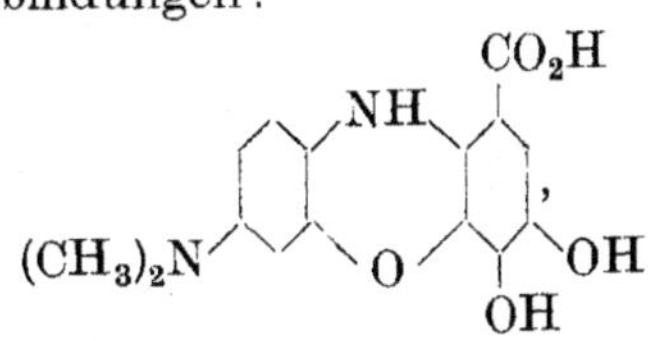

deren Salze wesentlich leichter löslich als die der nichtreduzierten Farbstoffe sind und welche vielfach in der Färberei und Druckerei angewandt werden.

Die Gallocyanine verhalten sich dabei wie Küpen- und Beizenfarbstoffe zugleich; jene Eigenschaft beruht auf dem Vorhandensein des Chinonimidkomplexes im Molekül, diese auf dem zweier Hydroxylgruppen in Orthostellung zueinander. Die Leukoverbindungen werden auf chromgebeizte Baumwolle gedruckt oder gefärbt, wobei sie als Chromlacke auf die Faser gehen. In diesem Zustande werden sie mit größter Leichtigkeit wieder zum Gallocyanin oxydiert, welches sich dann als Chromlack von violetter bis blauer Nuance auf der Faser befindet. Die Reduktion[1], bei der sowohl saure als auch alkalische Mittel dieselben Produkte liefern, findet in normaler Weise durch Zink, Zinn, Zinnchlorür,

[1] *Durand, Huguenin & Co.*, D. R. P. 108 550, 164 320 [*Frdl.*, V, 338; VIII, 500].

Natriumstannit, Glucose oder Schwefelalkalien, besonders aber durch Hydrosulfite statt; doch ist auch die Reduktion durch Elektrolyse vorgeschlagen worden.

Läßt man das Reduktionsmittel länger oder bei höherer Temperatur einwirken, so entstehen unter Abspaltung von CO_2 neue Körper, die sich nicht mehr in das Gallocyanin zurückoxydieren lassen.

Vom chemischen Standpunkte aus ist die Reduktion[1] durch Thiosulfat sehr bemerkenswert. Läßt man auf die Lösung des Gallaminblaus, des Carbonsäureamids vom Gallocyanin in konzentrierter Ameisen- oder Essigsäure Natriumthiosulfat einwirken, so wird der Farbstoff in die Leukoverbindung übergeführt. Die freie Ameisen- oder Essigsäure führt das neutrale Thiosulfat in das saure Natriumsalz über, welches unter Abgabe von zwei Atomen Wasserstoff in Natriumtetrathionat übergeht. Der frei werdende Wasserstoff wird dabei zur Reduktion des Farbstoffes verwandt. Macht man eine in Wasser gelöste Probe der Reaktionsmasse alkalisch, so wird die Leukoverbindung momentan oxydiert, da das Natriumtetrathionat selbst ein Oxydationsmittel ist.

Auch ein chinhydronartiges Zwischenprodukt (Ultraviolett LGP) aus Gallocyanin und seiner Leukoverbindung kann hergestellt werden, indem man die Reduktion so leitet, daß auf 1 Molekül Gallocyanin nur $^1/_2$ Molekül Wasserstoff kommt. Andere Darstellungen sind teilweise Oxydation der Leukoverbindung oder Einwirkung von Farbstoff und Leukoverbindung in molekularem Verhältnis aufeinander[2].

Das Gallocyanin und das entsprechende Diäthylderivat haben große Neigung, im freien Zustande oder auch in alkalischer Lösung die Carboxylgruppe abzupalten. Dabei entstehen Oxazine von der Konstitution:

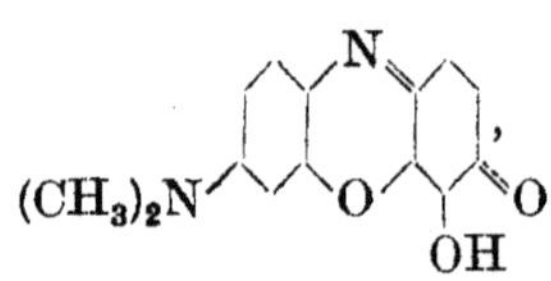

welche als Abkömmlinge des Pyrogallols aufzufassen sind. Diese Abspaltung der Carboxylgruppe findet statt, wenn man eine Lösung oder Suspension der Gallocyaninbase oder deren Alkalisalze in Wasser oder anderen hochsiedenden Flüssigkeiten, wie Amylalkohol, Nitrobenzol, erhitzt[3]; oder indem man das Chlorhydrat mit Wasser unter Zusatz von alkalischen- oder neutralen Salzen erhitzt[4]. Einige dieser Farbstoffe kommen unter der Bezeichnung „Violet moderne N" als Leukoderivat in den Handel. Um ihrer Neigung, sich an der Luft zu oxydieren und dann auszufallen, zu begegnen, macht man einen Zusatz von Hydrosulfit, welches die Leukoverbindung vor Oxydation schützt.

Leichter aber erfolgt die Abspaltung der Carboxylgruppe aus der Leukoverbindung. Läßt man[5] z. B. ein alkalisch wirkendes Reduktionsmittel, wie

---

[1] *Geigy*, D. R. P. 233 179 [*Frdl.*, X, 267].
[2] *Sandoz*, D. R. P. Anm. C 16 071, Kl. 22c [*Frdl.*, IX, 254].
[3] *Bayer & Co.*, D. R. P. 192 971, 200 074, 222 993 [*Frdl.*, IX, 249, 250; X, 271].
[4] *Durand, Huguenin & Co.*, D. R. P. 201 149, 205 215 [*Frdl.*, IX, 243f.].
[5] *Bayer & Co.*, D. R. P. 188 820 [*Frdl.*, VIII, 513].

Schwefelnatrium, unter Zusatz von Soda oder Natronlauge auf den Farbstoff einwirken und erhitzt längere Zeit, als zur Bildung des Leukokörpers allein nötig ist, so findet einerseits Reduktion des Leukokörpers statt, andererseits aber wird CO_2 abgespalten, was man daran erkennt, daß das erhaltene Reduktionsprodukt sich nicht mehr in Soda löst. Man kann aber auch die Abspaltung der Kohlensäure an der fertig reduzierten Leukoverbindung vornehmen, indem man sie auf 100° erhitzt[1].

Auch aus Gallocyaninderivaten lassen sich neue Leukokörper gewinnen. Erhitzt man[2] Coelestinblau B

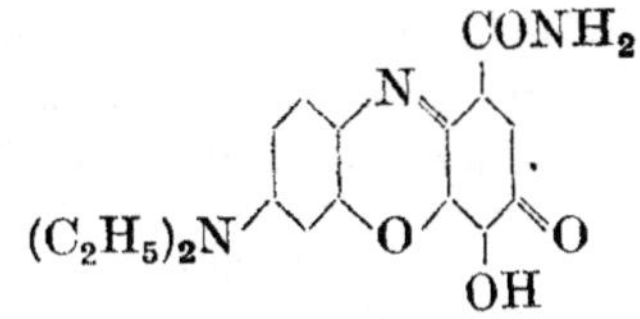

mit konzentrierten Mineralsäuren, welche nicht oxydierend wirken, so findet unter Abspaltung von NH_3 und CO_2 Bildung eines neuen Farbstoffes in Form seiner Leukoverbindung statt. Es liegt nahe, anzunehmen, daß dabei zunächst Verseifung zur freien Carbonsäure stattfindet; welche dann in der eben beschriebenen Weise reagiert. Auf andere Reaktionen, bei denen durch Erhitzen ebenfalls Leukokörper von unbekannter Konstitution, wahrscheinlich polymere Produkte, entstehen, sei nur hingewiesen[3].

Eine große Anzahl von Derivaten dieser Farbstoffe wurden einesteils zur Erweiterung der Farbenskala von Blau über Violett bis Grünblau, andererseits um sie durch Erhöhung ihrer Löslichkeit für die Druckerei und Färberei geeigneter zu machen, dargestellt. Die Reaktionen, nach denen das geschieht, sind Anlagerungen, wie sie für Chinone und Chinonimide charakteristisch sind. Da dieselben aber bei höherer Temperatur stattfinden, so können nur Derivate des Gallocyanins, bei denen die Carboxylgruppe durch Veresterung oder durch Überführung in die Amidgruppe geschützt ist, dazu verwandt werden, wenn nicht zugleich Abspaltung von CO_2 erfolgen soll. Für die Anlagerung kommen drei Körperklassen zur Verwendung: Amine, Phenole und schweflige Säure.

Erhitzt man Gallocyanin, die freie Carbonsäure, mit Anilin auf höhere Temperatur[4], so wird 1 Molekül CO_2 und 1 Molekül H_2 abgespalten, und zugleich tritt ein Anilinorest in das Molekül ein:

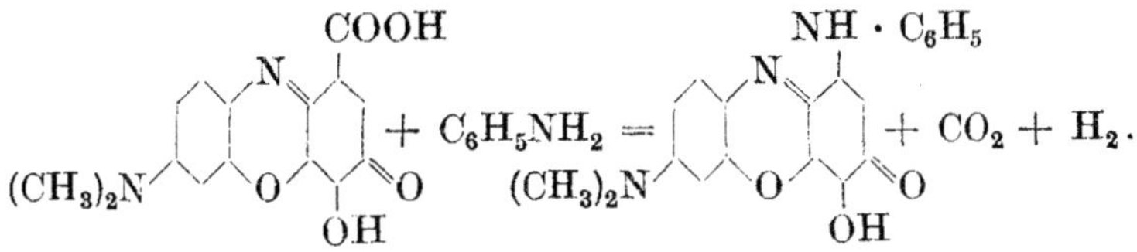

[1] *Durand, Huguenin & Co.*, D. R. P. 212 918 [*Frdl.*, IX, 244].
[2] *Sandoz*, D. R. P. 229 400 [*Frdl.*, X, 268].
[3] *Bayer & Co.*, D. R. P. 200 016, 216 925 [*Frdl.*, IX, 251; X, 273].
[4] *Nietzki* und *Bossi*, Ber. d. d. chem. Ges. **25**, 2994 (1892).

wobei aber nicht bewiesen ist, ob der Anilinorest tatsächlich die Stelle des Carboxyls einnimmt. Der Wasserstoff wird entweder durch den Sauerstoff der Luft oxydiert oder von dem Ausgangsmaterial aufgenommen; jedenfalls aber entsteht die Anilinoverbindung nicht im reduzierten Zustand. Ebenso reagieren auch andere Basen der aromatischen oder aliphatischen Reihe. Eine auffallende Ausnahme bilden jedoch solche Amine, welche einen Glycinrest enthalten, wie Phenyl-, Naphtyl-, Aminophenyl-, Oxyphenylglycin und ähnliche. Diese addieren sich glatt an Gallocyaninverbindungen unter Bildung von Leukogallocyaninderivaten[1]. Bei den Derivaten des Gallocyanins, bei denen die Carboxylgruppe verestert oder amidiert ist, wird diese beim Erhitzen mit Basen nicht abgespalten; der basische Rest tritt dann in normaler Weise neben den Chinonsauerstoff. Der Körper:

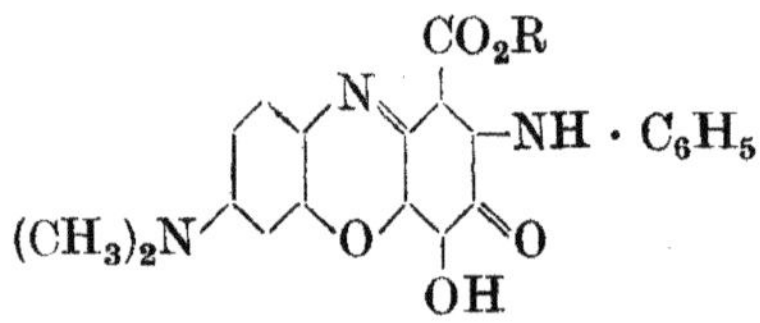

entsteht durch Erhitzen von Gallocyaninmethylester (Prune) mit Anilin[2]. Bei der einfachen Addition zur Leukoverbindung bleibt es auch hier nicht. Der frei werdende Wasserstoff wird vielmehr zur Reduktion eines Moleküls des Ausgangsmateriales verwandt, das dann als Leukoverbindung nicht mehr mit Anilin zu reagieren vermag. Es kann daher nur die Hälfte des Gallocyaninmethylesters mit Anilin in Reaktion treten. Um auch die andere Hälfte nutzbar zu machen, setzt man ein Oxydationsmittel der Schmelze zu; als solches dient Nitrobenzol oder auch der Sauerstoff der Luft, welcher eventuell unter Zusatz von Eisen-, Mangan- oder Vanadinverbindungen durch dieselbe geleitet wird.

Ebenso wie die Kondensation mit Anilin verläuft auch die mit anderen aromatischen und aliphatischen Basen, welche in zahlreichen Patenten beschrieben ist. Im allgemeinen ist aber die Brauchbarkeit dieser Derivate gering, weshalb man sie in Sulfosäuren überführt[3]. Ein anderes Mittel, sie nutzbar zu machen, ist die Reduktion in die Leukoverbindungen. Nimmt man diese mit überschüssiger Säure bei 100° vor, dann wird zugleich ein Aminrest abgespalten und durch Hydroxyl ersetzt[4]:

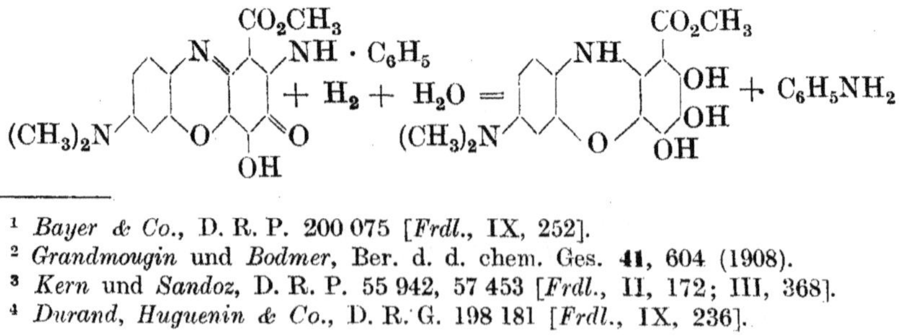

---

[1] *Bayer & Co.*, D. R. P. 200 075 [*Frdl.*, IX, 252].

[2] *Grandmougin* und *Bodmer*, Ber. d. d. chem. Ges. **41**, 604 (1908).

[3] *Kern* und *Sandoz*, D. R. P. 55 942, 57 453 [*Frdl.*, II, 172; III, 368].

[4] *Durand, Huguenin & Co.*, D. R. G. 198 181 [*Frdl.*, IX, 236].

Dagegen erhält man die Leukoderivate der Anilinverbindungen, wenn man in neutraler Lösung, d. h. mit Hydrosulfiten oder Sulfoxylatverbindungen mit der entsprechenden Menge Säure, reduziert[1] oder indem man die Reduktion in saurer Lösung in der Kälte vor sich gehen läßt[2]. Bei denjenigen Kondensationsprodukten, welche aus Gallocyanin und Diaminen gebildet werden, ist diese Vorsichtsmaßregel nicht nötig. Bei ihnen erfolgt die Reduktion ohne weiteres mit einem der gebräuchlichen chemischen Reduktionsmittel oder auch durch Elektrolyse[3].

Wie die Amine, so lagern sich auch die Phenole direkt an Gallocyanine an, wobei Leukogallocyaninderivate entstehen[4]. Kondensiert man Gallocyanin selbst mit Resorcin, so tritt, wie bei der Einwirkung von Anilin, Abspaltung von CO_2 ein, während der Resorcinrest an Stelle der Carboxylgruppe tritt. Im Gegensatz zu der Reaktion mit Anilin entsteht aber hier die Leukoverbindung:

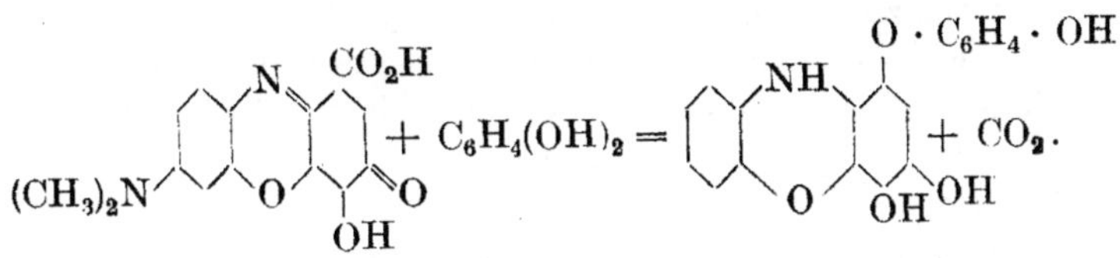

Ist die Carboxylgruppe dagegen durch Veresterung oder Amidierung geschützt, so bleibt sie erhalten:

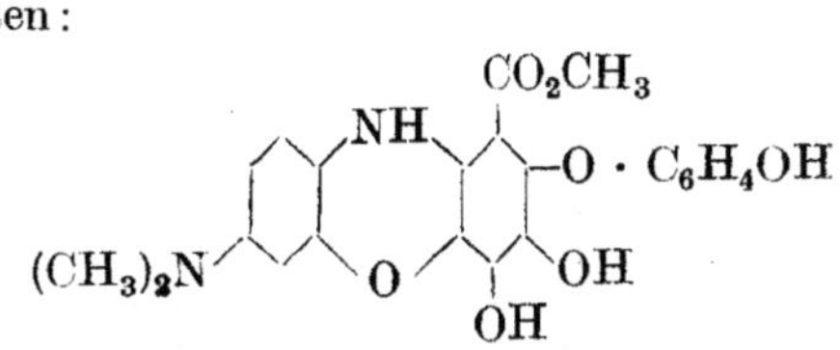

und das Resorcin lagert sich in normaler Weise an. Die dabei entstehenden Körper sind die wichtigen „Phenocyanine" genannten Farbstoffe, bzw. deren Leukoverbindungen.

Von erheblicher praktischer Bedeutung ist die Einführung von Sulfosäuregruppen in Gallocyaninderivate, wodurch sie in allen Fällen wasserlöslich werden. Bei der gewöhnlichen Sulfonierung mittels konzentrierter Schwefelsäure macht sich wiederum der Unterschied in der Reaktionsfähigkeit bei den reduzierten und nichtreduzierten Gallocyaninen bemerkbar. Die nichtreduzierten, soweit sie keine freien aromatischen Reste, z. B. Anilino- oder Resorcinreste, enthalten, lassen sich durch Einwirkung von Schwefelsäure nicht sulfonieren; die Leukogallocyanine dagegen mit größter Leichtigkeit schon in der Kälte[5] (Gallocyanin MS Pulver). Zu anders konstituierten Sulfon-

---

[1] *Durand, Huguenin & Co.*, D. R. P. 207 669 [*Frdl.*, IX, 241].
[2] *Durand, Huguenin & Co.*, D. R. P. 207 670 [*Frdl.*, IX, 242].
[3] *Durand, Huguenin & Co.*, D. R. P. 189 941 [*Frdl.*, IX, 235].
[4] *Möhlau* und *Klimmer*, Zeitschr. f. Farben- u. Textilchemie **1**, 65 (1902) [C. **1902**, I, 939]; *Durand, Huguenin & Co.*, D. R. P. 77 452, 79 839, 84 775 [*Frdl.*, IV, 495ff.].
[5] *Durand, Huguenin & Co.*, D. R. P. 118 393 [*Frdl.*, VI, 495]; *Vauches*, Bull. Soc. ind. de Mulhouse **1901**, 403.

säuren gelangt man, wenn man die freie Gallocyaninbase unter Druck mit Bisulfiten oder schwefliger Säure erhitzt. Sie entstehen dadurch, daß die Gallocyanine entsprechend ihrer chinonimidartigen Konstituion $SO_2 + H_2O$ addieren, wobei sie in Leukoverbindungen übergehen[1]. Die Reaktion verläuft aber durchaus nicht einheitlich, und es entstehen mehrere verschiedene Sulfosäuren nebeneinander. Auch die als Farbstoffe im Handel befindlichen Leukogallocyaninsulfosäuren: Chromocyanin, Brillantgallocyanin, Blau PRC sind nicht einheitlich.

Auch bei der Einwirkung von Aldehyden und ähnlichen Körpern (Dioxywein- oder Tartronsäure[2]) zeigt sich die größere Reaktionsfähigkeit der Leukoverbindungen. Mit Formaldehyd in saurer Lösung reagieren alle Gallocyaninfarbstoffe[3], andere Aldehyde der aliphatischen und aromatischen Reihe nur mit den Leukoverbindungen[4]. Die Entwicklung der Farbstoffkondensationsprodukte aus Oxazinen, im besondern Gallocyanin mit Aminen, Phenolen u. dgl. auf der Faser ist durch ein neues Patent geschützt[5]. Die besprochenen Kondensationen sollen nicht nur mit den Oxazinen selbst, sondern auch mit ihren Leukoverbindungen möglich sein[6].

Die Additionen an das Chinonimidsystem sind hier behandelt worden auf Grund der Tatsache, daß sie in gewissem Sinne auch einen Reduktionsvorgang darstellen.

---

[1] *Durand, Huguenin & Co.*, D. R. P. 104 625, 105 736, 118 394, 138 420 [*Frdl.*, V, 335ff.; VI, 497; VII, 335].

[2] *B. A. S. F.*, D. R. P. 235 531 [*Frdl.*, X, 269].

[3] *Durand, Huguenin & Co.*, D. R. P. 167 805, 171 459 [*Frdl.*, VIII, 501].

[4] *Durand, Huguenin & Co.*, D. R. P. 266 599 [Pat.-Schr. 3139].

[5] *Heilmann* und *Battegay*, D. R. P. 284 877 [C. **1915**, II, 213].

[6] *Heilmann* und *Battegay*, D. R. P. 286 946 [C. **1915**, II, 676].

VI. Reduktion der Nitroverbindungen[1].

Eine Nitrogruppe kann an Kohlenstoff oder Stickstoff gebunden sein; an Stickstoff ist sie in den Nitraminen $RNH \cdot NO_2$ und Nitriminen:

$$\begin{matrix}R_1\\R_2\end{matrix}\!\!>N \cdot NO_2,$$

welche im nächsten Abschnitt behandelt werden sollen, gebunden. Die an Kohlenstoff gebundenen Nitrogruppen sind primär:

$$R \cdot CH_2NO_2,$$

sekundär:

$$\begin{matrix}R_1\\R_2\end{matrix}\!\!>CHNO_2$$

oder tertiär:

$$\begin{matrix}R_1\diagdown\\R_2-\\R_3\diagup\end{matrix}\!CNO_2 \quad \text{oder} \quad \begin{matrix}R_1\\R_2\end{matrix}\!\!\gg CNO_2.$$

Technisch bei weitem am wichtigsten sind die aromatischen Nitroverbindungen, bei denen die Nitrogruppe tertiär gebunden ist und denen gegenüber die Bedeutung der anderen äußerst gering ist.

Aus systematischen Gründen sollen jedoch die aliphatischen Nitroverbindungen zuerst behandelt werden.

1. Aliphatische Nitroverbindungen.

Im Gegensatz zu den äußerst zahlreichen aromatischen Nitroverbindungen, welche technisch reduziert werden, ist die Zahl der aliphatischen Nitroverbindungen von technischer Bedeutung nur sehr klein. Ihre Reduktion zu Aminen gelingt nicht immer glatt; vielmehr scheint sie eine gewisse Neigung, auf der Stufe des Hydroxylamins stehen zu bleiben, zu haben. Bei der Einwirkung von Zinnchlorür und Salzsäure auf Nitromethan erhält man neben Methylamin auch Methylhydroxylamin; Zinkstaub und Wasser führt Nitromethan ausschließlich in letzteres über. Auch bei der elektrolytischen Reduktion entsteht vorzugsweise Methylhydroxylamin, das bei niederer Temperatur nur träge weiter reduziert wird, dagegen erfolgt bei 70 bis 75° ziemlich glatte

---

[1] *Brand*, „Die elektrochemische Reduktion organischer Nitrokörper und verwandter Verbindungen.“ Band 13 der Sammlung *Ahrens-Herz*, Stuttgart bei *Enke* 1908.

Reduktion zu Methylamin[1]. Ebenso verhalten sich Nitroäthan und -propan, welche bei gewöhnlicher Temperatur die Hydroxylaminverbindungen, bei Siedehitze aber die Amine geben. Dementsprechend liefert Phenylnitromethan in wässeriger Suspension oder in alkoholischer Lösung bei Gegenwart von Salzsäure an Kathoden von Zinn Benzylamin[2], doch hat das Verfahren bei der geringen Verwendung von Benzylamin nur wenig praktische Bedeutung.

Auch die neueste Reduktionsmethode, die Anlagerung von Wasserstoff unter dem Einfluß von Katalysatoren, ist nur von wissenschaftlichem Interesse. Bei 150 bis 180° wird Nitromethan quantitativ und ohne Nebenreaktion zu Methylamin reduziert, über 200° aber, besonders in der Nähe von 300°, zerfällt dieses in Methan und Ammoniak, während zugleich Di- und Trimethylamin gebildet werden[3].

Von Interesse ist die Reduktion der Nitroäthylene:

$$\begin{array}{c} \mathrm{H} \\ \mathrm{R - C = } \end{array}\begin{array}{c} \\ \mathrm{CH.} \\ | \\ \mathrm{NO_2} \end{array}$$

Nitroäthylen selbst ist noch unbekannt. Dagegen ist das durch Kondensation von Benzaldehyd mit Nitromethan leicht erhältliche Phenylnitroäthylen:

$$\mathrm{C_6H_5CH =} \begin{array}{c} \mathrm{CH} \\ | \\ \mathrm{NO_2} \end{array}$$

von *Bouvault* und *Wahl* reduziert worden[4], mit dem Erfolg, daß bei Anwendung von amalgamiertem Aluminium eine glatte Überführung in Phenylacetaldoxim

$$\mathrm{C_6H_5CH_2 \cdot} \begin{array}{c} \mathrm{CH} \\ \| \\ \mathrm{NOH} \end{array}$$

erfolgte.

Diese Reaktion entspricht dem Übergang des Nitrobenzols in Phenylhydroxylamin. In der aromatischen Reihe wird durch die Stabilität des Benzolrings die Hydroxylaminogruppe aufrecht erhalten, an der Äthylendoppelbindung findet die Umlagerung:

$$\mathrm{C_6H_5 \cdot CH =} \begin{array}{c} \mathrm{CH} \\ | \\ \mathrm{NHOH} \end{array} \quad \text{zu} \quad \mathrm{C_6H_5 \cdot CH_2 -} \begin{array}{c} \mathrm{CH} \\ \| \\ \mathrm{NOH} \end{array}$$

statt. Eine technische Anwendung findet diese Reaktion bei der Reduktion des ω-Nitro-methylen-3, 4-dioxystyrols

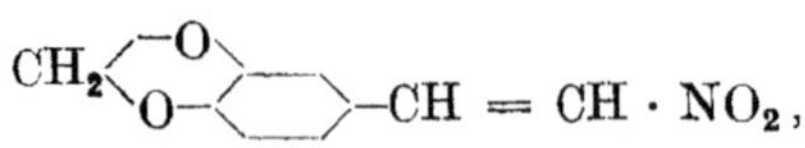

[1] *Pierron*, Bull. soc. chim. Paris [3] **21**, 780 (1899) [C. **1899**, II, 700].

[2] *Boehringer & Söhne*, D. R. P. 116 942 [*Frdl.*, VI, 66].

[3] *Sabatier* und *Senderens*, Compt. rend. de l'acad. des sciences **135**, 226 (1902) [C. **1902**, II, 636].

[4] Compt. rend. de l'acad. des sciences **134**, 1145 (1902).

dem Kondensationsprodukt von Piperonal und Nitromethan[1]. Dieser Körper liefert bei der Einwirkung von Zinkstaub und Eisessig oder von aktiviertem Aluminium in alkoholischer Lösung Homopiperonaloxim:

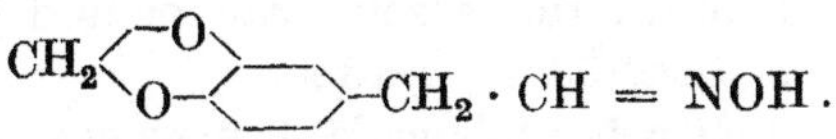

Dieses Oxim wird durch Natriumamalgam in essigsaurer Lösung mit größter Leichtigkeit zum Homopiperonylamin:

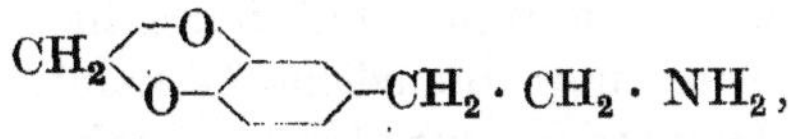

welches als Zwischenprodukt für die Darstellung von Hydrastinin wichtig ist, weiterreduziert; man kann aber ebensogut die Nitroverbindung ohne Isolierung des Zwischengliedes in das Amin überführen, wenn man einen Überschuß der Reduktionsmittel anwendet oder elektrolytisch in saurem Medium reduziert[2].

Auch kompliziertere Verbindungen mit mehreren Nitrogruppen lassen sich leicht reduzieren. α, β-Diphenyl-α, β-dinitroäthylen und -äthan gehen beide, wenn man sie in essigsaurer Lösung in der Siedehitze mit Zinkstaub reduziert, in die entsprechenden Diaminoverbindungen über[3].

$$\begin{array}{c} C_6H_5 \cdot C \cdot NO_2 \\ \| \\ C_6H_5 \cdot C \cdot NO_2 \end{array} \quad \text{und} \quad \begin{array}{c} C_6H_5 . CH \cdot NO_2 \\ | \\ C_6H_5CH \cdot NO_2 \end{array} \quad \text{geben} \quad \begin{array}{c} C_6H_5 - CHNH_2 \\ | \\ C_6H_5 - CHNH_2 \end{array} .$$

Das dabei entstehende α, β-Diphenyl-α, β-diaminoäthan wird durch Eindampfen in saurer Lösung in $\alpha, \beta, \gamma, \delta$-Tetraphenylpiperazin übergeführt, welches zur Darstellung pharmazeutischer Präparate dienen sollte, aber keine technische Bedeutung erlangt hat.

2. Aromatische Nitrokörper.

a) Nitrobenzol.

Der Repräsentant der Nitroverbindungen im allgemeinen und der tertiären im speziellen ist das Nitrobenzol. Entsprechend seiner Bedeutung als Ausgangsmaterial für Anilin ist seine Reduktion wie kaum ein anderes Arbeitsgebiet durchforscht, und merkwürdigerweise hat sich dabei ergeben, daß die älteste und am längsten gebrauchte Reduktionsmethode (mit Eisen und Säure) heute noch immer das Feld beherrscht. Trotz zahlreicher und sehr eingehender Versuche mit modernen und modernsten Reduktionsmethoden hat sich immer wieder herausgestellt, daß diese Methode die beste ist.

Alle für das Nitrobenzol angewandten Verfahren sind auch für seine Homologen und Substitutionsprodukte sowie für Derivate anderer Ringsysteme zu gebrauchen. Darauf nehmen die meisten genommenen Patente Rücksicht

---

[1] *Bayer & Co.*, D. R. P. 245 523 [*Frdl.*, X, 1192].
[2] *Bayer & Co.*, D. R. P. 254 861 [Pat.-Schr. 2884].
[3] *Schmidt*, D. R. P. 126 798 [*Frdl.*, VI, 1212].

und schließen diese Körper in der Patentschrift ein. Es ist daher zweckmäßig, zunächst die Reduktion des Nitrobenzols ausführlich zu beschreiben und die für Nitroverbindungen allgemeingültigen Reduktionsmethoden aufzuführen; im folgenden Teil sollen dann die für einzelne Körper und Körperklassen speziell gebrauchten Methoden geschildert werden.

Die Reduktion des Nitrobenzols verläuft über eine Anzahl von Zwischenprodukten, deren Zusammenhang von *Haber* auf Grund eigener und älterer Versuche ursprünglich für die elektrolytische Reduktion klargelegt worden ist. Die dabei gefundenen Tatsachen hat *Haber* in sein bekanntes Schema[1] zusammengefaßt, welches eine vorzügliche Übersicht über die bei der Reduktion von Nitroverbindungen auftretenden Reaktionen gibt. Dasselbe ist in fast allen ausführlichen Abhandlungen über dieses Gebiet[2] zu finden, so daß eine eingehende Beschreibung an dieser Stelle sich erübrigt. Erhöht wird sein Wert dadurch, daß sich später seine Geltung auch für die rein chemischen Reduktionsmethoden herausgestellt hat und daß man damit alle bei der Reduktion stattfindenden Umsetzungen erklären kann.

Die Reduktion des Nitrobenzols verläuft in saurer Lösung in gerader Linie über die folgenden Zwischenstadien zum Anilin:

$$RNO_2 \rightarrow RNO \rightarrow RNHOH \rightarrow RNH_2.$$

Als erstes Reduktionsprodukt des Nitrobenzols ist demnach das Nitrosobenzol C_6H_5NO anzusehen, worauf zuerst *Bamberger*[3] aufmerksam gemacht hat, welcher dieses Zwischenprodukt auch bei der Reduktion anderer Nitrokörper nachwies. Infolge seiner großen Reduktionsgeschwindigkeit ist jedoch die Menge des isolierbaren Nitrosokörpers äußerst gering. Der Nachweis dieser ersten Stufe ist daher äußerst schwierig. Sein Auftreten kann man an der grünen Farbe der ätherischen Lösung des Rohproduktes bei der Darstellung von Phenylhydroxylamin erkennen und sein Vorhandensein bei der elektrolytischen Reduktion beweisen. Fügt man bei dieser Reduktion des Nitrobenzols Hydroxylamin und α-Naphthol zum Elektrolyten, so tritt bei sehr schwacher Stromstärke das gebildete Nitrosobenzol, bevor es weiter reduziert wird, teilweise mit Hydroxylamin zu Diazobenzolhydrat zusammen:

$$C_6H_5NO + H_2NOH = C_6H_5N = NOH + H_2O$$

dieses giebt mit α-Naphtol das beständige Benzolazo-α-naphtol.

Die zweite Reduktionsstufe ist das Phenylhydroxylamin, welches sowohl als solches isoliert wird, als auch in Form von Umlagerungsprodukten (p-Aminophenol) gewonnen werden kann. Es ist dasjenige Reduktionsprodukt, dessen weitere Umsetzung auf den Erfolg der Reduktion von maßgebendem Einfluß ist. Erfolgt nämlich die Reduktion schnell und energisch, so wird es bis zum Amin reduziert, ehe es die Möglichkeit hat, Kondensationsreaktionen einzugehen. Das ist in saurer Lösung der Fall. In alkalischer Lösung

---

[1] Zeitschr. f. Elektrochemie **4**, 506 (1897); **5**, 77 (1898).

[2] *Wieland*, Die Hydrazine, S. 48ff.; Band 5 der „Chemie in Einzeldarstellungen", herausgegeben von *Schmidt*. Stuttgart, Enke, 1913.

[3] Ber. d. d. chem. Ges. **27**, 1550 (1894); **39**, 4252 (1906).

dagegen verläuft die Kondensationsreaktion des Phenylhydroxylamins mit Nitrosobenzol schneller als die weitere Reduktion zum Amin. Die dritte Reduktionsstufe in saurer Lösung bildet schließlich das Anilin, das in den meisten Fällen erstrebte Endprodukt der Reduktion. Auch in alkalischer Lösung führt die Reduktion zunächst über Nitrosobenzol zum Phenylhydroxylamin, welches aber in diesem Falle aus den angedeuteten Gründen nur in geringem Maße zu Anilin weiter reduziert wird.

Neben diesem einfachen Verlauf der Reduktion spielen sich nämlich eine Reihe von Kondensationsreaktionen ab, die zu gepaarten Stickstoffverbindungen führen. Diese können ebenfalls der weiteren Reduktion anheimfallen und schließlich Anilin liefern, doch bleibt die Reduktion meist auf einer der Zwischenstufen stehen, wodurch man je nach den angewandten Bedingungen Azoxy-, Azo-, Hydrazobenzol erhält.

Anilin, welches bei alkalischer Reduktion nur in untergeordnetem Maße entsteht, kann außer durch Reduktion noch in folgender Weise aus Phenylhydroxylamin entstehen:

$$\text{I.}\quad 2\,R\cdot NHOH = RNO + RNH_2 + H_2O$$

$$\text{oder II.}\quad 3\,RNHOH = R\cdot \underset{\diagdown O \diagup}{N - N}\cdot R + R\cdot NH_2 + 2\,H_2O.$$

Aber auch diese beiden Reaktionen treten nur in geringem Umfange ein. Als Hauptreaktion findet die Umsetzung von Phenylhydroxylamin und von Nitrosobenzol zu Azoxybenzol statt:

$$\text{III.}\quad RNHOH + RNO = \underset{\diagdown O \diagup}{RN - NR} + H_2O.$$

Der Vorgang ist so zu erklären[1], daß das Nitrosobenzol leichter mit Phenylhydroxylamin als mit Wasserstoff reagiert. Das erklärt zugleich, warum die Reaktionen I und II gegenüber III so stark zurücktreten, denn das Phenylhydroxylamin wird sofort bei seiner Bildung durch die bevorzugte Umsetzung mit Nitrosobenzol jeder weiteren Reaktion entzogen.

Das entstehende Azoxybenzol geht durch Reduktion in Hydrazobenzol über:

$$R\cdot \underset{\diagdown O \diagup}{N - N}\cdot R + 2\,H_2 = RNH - NH\cdot R + H_2O,$$

wobei *Haber* und *Schmidt*[2] das Oxyhydrazobenzol:

$$R\cdot \underset{\diagdown O \diagup}{N - N}\cdot R + H_2 = RN(OH)\cdot NH\cdot R$$

als Zwischenstufe, die aber hypothetisch ist, annehmen. Im allgemeinen wird das Hydrazobenzol nicht weiter reduziert und kann als Endprodukt der alkalischen Reduktion angesehen werden. Wenn bei dieser Anilin auftritt, so verdankt dies seine Entstehung den obigen Kondensationsreaktionen.

---

[1] *Bamberger*, Ber. d. d. chem. Ges. **30**, 2278 (1897).

[2] Zeitschr. f. physik. Chem. **32**, 274 (1900).

Eine Sonderstellung unter den Reduktionsprodukten des Nitrobenzols nimmt das Azobenzol RN = NR ein, von dem *Haber* glaubt, daß es kein direktes Reduktionsprodukt des Nitrobenzols ist, sondern aus Hydrazobenzol durch sekundäre Reaktionen entsteht. Die Kondensation

$$RNO + RNH_2 = RN = NR + H_2O$$

kommt nicht in Betracht, da sie zu langsam verläuft. Das Azoxybenzol, welches schon in freiem Zustande, ganz besonders aber in alkalischer Lösung äußerst leicht reduziert wird, geht dabei nicht in Azobenzol, sondern in Hydrazobenzol über. Nach *Manchot*[1] kann im Sinne der Auffassung von *Haber* das Azobenzol durch Oxydation des Hydrazobenzols gebildet werden, wobei als Oxydationsmittel Nitrobenzol, Nitrosobenzol, Azoxybenzol oder in ganz geringem Maße auch der Sauerstoff der Luft wirksam sein können:

$$3\,RNH-NH\cdot R + 2\,RNO_2 = RN\underset{\diagdown O \diagup}{-}NR + 3\,RN = NR + 3\,H_2O$$

$$RNH-NH\cdot R + 2\,RNO = RN\underset{\diagdown O \diagup}{-}NR + RN = NR + H_2O$$

$$RNH-NH\cdot R + RN\underset{\diagdown O \diagup}{-}N\cdot R = 2\,RN = NR + H_2O.$$

Gegen diese Anschauung erheben sich aber einige Bedenken, in erster Linie das, daß Nitrobenzol leichter als Azoxybenzol reduziert wird, weshalb es unwahrscheinlich ist, daß eine Reduktion von Azoxybenzol stattfindet, solange noch Nitrobenzol vorhanden ist. Auch die von *Löb*[2] durch gemeinschaftliche Reduktion verschiedener Nitrokörper dargestellten gemischten Azoverbindungen sprechen dagegen. *Goldschmidt* und *Eckardt*[3] ziehen daher zur Erklärung der Azobenzolbildung den Phenylstickstoff C_6H_5N von *Bamberger*[4], welcher diesen hypothetischen Körper bei der Umlagerung von Phenylhydroxylamin in p-Aminophenol annimmt, heran. Die Bildung der Azokörper würde dann nach folgendem Schema verlaufen:

$$RNO_2 \rightarrow RNO \rightarrow RN;\; 2\,RN \rightarrow RN = NR.$$

Es besteht noch eine Möglichkeit, den Übergang von Phenylhydroxylamin zum Azobenzol zu erklären, nämlich die Anhydrisierung in alkalischer Lösung nach *Bamberger*[5]:

$$2\,RNH\cdot OH = RN = NR + 2\,H_2O.$$

In seiner Monographie über die Hydrazine führt *Wieland*[6] an, daß diese Reaktion die Ursache für die Bildung der gemischten Azokörper von *Löb*

[1] Annal. d. Chem. **314**, 193 (1901).
[2] Ber. d. d. chem. Ges. **31**, 2201 (1898). D. R. P. 127 727 [*Frdl.* VI, 78].
[3] Zeitschr. f. physik. Chem. **56**, 450 (1906).
[4] Ber. d. d. chem. Ges. **33**, 3600 (1900).
[5] Ber. d. d. chem. Ges. **33**, 272 (1900).
[6] Seite 49 in Band V der „Chemie in Einzeldarstellungen", herausgegeben von *Schmidt*. Stuttgart bei *Enke* 1913.

sein kann; zugleich bemerkt er jedoch, daß die Anhydrisierung so langsam verläuft, daß es plausibler erscheint, die direkte Entstehung der gemischten Azoverbindungen unter bestimmten Bedingungen aus den Azoxykörpern anzunehmen:

$$R^1-\underset{\diagdown O \diagup}{N-N}-R^2 \rightarrow R^1-\underset{OH}{\overset{|}{N}}-\underset{H}{\overset{|}{N}}-R^2 \rightarrow R^1-N=N-R^2.$$

Dafür spricht auch das Verfahren[1], nach welchem Azoxybenzol durch Eisen und Alkali zu Azobenzol reduziert werden kann.

Schließlich bleibt noch die Reaktion:

$$2\,RNH\cdot NHR = R\cdot N = N\cdot R + 2\,RNH_2$$

zu erwähnen, welche das Verhalten des Hydrazobenzols bei trockenem Erhitzen darstellt[2].

Zum Zwecke der Reduktion werden die Nitroverbindungen entweder in Lösung oder — in sehr seltenen Fällen — in Dampfform angewandt. Die Reduktion in Lösung erfolgt in saurem, alkalischem oder neutralem Medium. Wenn auch in jedem dieser Fälle sämtliche Reduktionsprodukte neben- oder nacheinander entstehen, so kann man die Reduktion so leiten, daß immer nur eines derselben als Hauptprodukt entsteht. Demgemäß wird die Reduktion in saurer Lösung zur Darstellung von Aminen, in alkalischer Lösung zur Darstellung von Azoxy-, Azo-, Hydrazoverbindungen und in neutraler Lösung zur Darstellung von Phenylhydroxylamin ausgeübt. Phenylhydroxylamine entstehen zwar auch in saurer Lösung, sie können aber daraus nicht selbst erhalten werden, sondern nur in Form ihrer Umlagerungsprodukte als Aminophenole.

Die Schnelligkeit und Leichtigkeit, mit der Nitroverbindungen reduziert werden, ist nicht nur von der Beschaffenheit des Lösungsmittels, sondern auch von der chemischen Konstitution des betreffenden Körpers abhängig. Nitrobenzol z. B. läßt sich außerordentlich leicht reduzieren, Di- und Polynitroverbindungen bereits viel schwerer, und 1, 8-Dinitronaphtalin ist ein Körper, der äußerst schwer zu reduzieren ist. Selbst isomere Verbindungen zeigen in dieser Hinsicht oft Unterschiede; so ist p-Nitrotoluol bedeutend leichter als o-Nitrotoluol zu reduzieren. Diese Verhältnisse sollen später[3] ausführlich besprochen werden. Die Reduktionsprodukte der Nitroverbindungen sollen in der Reihenfolge behandelt werden, wie sie aus Nitrobenzol entstehen, also 1. Nitrosobenzol, 2. Phenylhydroxylamin, 3. Azoxy-, Azo- und Hydrazobenzol und 4. Anilin.

Die Nitrosokörper, soweit sie Reduktionsprodukte von Nitroverbindungen sind, haben technisch keine Bedeutung. Dagegen werden dieselben häufig auf anderem Wege gewonnen — durch Einwirkung von salpetriger Säure auf Phenole oder tertiäre Amine — und spielen eine wichtige Rolle als Zwischen-

---

[1] *Weiler ter Meer*, D. R. P. 138 496 [*Frdl.*, VI, 1290]. Siehe auch S. 278.

[2] *Stieglitz* und *Curme*, Ber. **46**, 911 (1913); Am. Chem. Journ. **35**, II, 1143; *Wieland*, Ber. **48**, 1100 (1915).

[3] Siehe S. 202 u. f.

produkte für die Darstellung von Aminen, besonders in der Naphtalinreihe. Ihre Reduktion wird später in einem besonderen Kapitel beschrieben.

Nitrosobenzol.

Das erste Reduktionsprodukt des Nitrobenzols, das Nitrosobenzol, wird bei den gewöhnlich angewandten Reduktionsmethoden entweder sofort weiter reduziert (in saurer Lösung) oder durch Kondensationsreaktionen verändert (in alkalischer Lösung). Zu seiner Darstellung soll sich das Verfahren der Oxydation von Phenylhydroxylamin eignen, von dem *Diefenbach*[1] Gebrauch macht, indem er die elektrolytische Reduktion des Nitrobenzols ohne Diaphragma durchführt. An der Kathode entsteht primär Phenylhydroxylamin, welches, da die Reduktion bei niederer Temperatur und möglichst neutraler Reaktion vorgenommen wird, einigermaßen beständig ist. Gelangt das Phenylhydroxylamin zur Anode, was, da ohne Diaphragma gearbeitet wird, möglich ist, so fällt es der Oxydationswirkung derselben anheim und wird in Nitrosobenzol übergeführt. Man kann aber auch durch verschiedene Änderungen des Apparates die Reduktion unter Verwendung eines Diaphragmas durchführen. Über die Brauchbarkeit des Verfahrens ist zu bemerken, daß ein Neutralhalten des Katholyten, namentlich in nächster Nähe der Kathoden, wo sich die Reduktions- und Umwandlungsprozesse abspielen, nicht möglich ist, denn sofort bei Stromschluß bildet sich in unmittelbarer Nähe der Kathode eine alkalische Zone, deren Wirkung auf die Reduktionsprodukte auch durch fortgesetztes Zutropfenlassen von Säuren zum Katholyten nicht ganz aufgehoben werden kann. Die bewährteste Methode ist die von dem Entdecker des Nitrosobenzols, *Bamberger*, angegebene, die der Oxydation von Phenylhydroxylamin mit Chromsäure. Auch durch Oxydation von Anilin mit *Caro*scher Säure kann Nitrosobenzol erhalten werden.

Phenylhydroxylamin und seine Umwandlungsprodukte.

Nach Untersuchungen von *Haber*[2] ist das Phenylhydroxylamin ein schlechter Depolarisator, der verhältnismäßig langsam weiterreduziert wird. Bei weitem schneller, als die Reduktion, verläuft in alkalischer Lösung die Kondensation mit Nitrosobenzol, in stark saurer oder in verdünnt saurer Lösung bei erhöhter Temperatur die Umlagerung zu p-Aminophenol. Die Geschwindigkeit der Reduktion ist von der Konzentration der Wasserstoffionen abhängig und in verdünnt saurer Lösung größer, als die der Umlagerung zum p-Aminophenol.

Will man die Reduktion auf der Stufe des Hydroxylamins festhalten, so muß man besondere Vorsichtsmaßregeln anwenden, von denen die Ausführung der Reduktion in neutraler Lösung am einfachsten ist. Dies ist aber nur bei rein chemischen Methoden möglich. Bei der kathodischen Reduktion läßt sich ein Neutralhalten des Katholyten in nächster Nähe der Kathode nicht erreichen, da die Lösung der Nitroverbindung zur Leitung des elek-

---

[1] D. R. P. 192 519 [*Frdl.*, IX, 111].

[2] Zeitschr. f. Elektrochemie **4**, 506 (1897); **5**, 77 (1898).

trischen Stromes mit einem Elektrolyten versetzt werden muß. Um die Azidität oder Alkalität des Elektrolyten möglichst gering zu halten, arbeitet *Brand*[1] in schwach essigsaurer Lösung.

Daß Zinkstaub und Wasser Nitrobenzol zu reduzieren vermögen, hat bereits *Kremer*[2] nachgewiesen; bei mehrstündigem Erhitzen entstehen neben Azoxy- und Azobenzol erhebliche Mengen Anilin. Später zeigte *Dechend*[3], daß Zinkstaub mit oder ohne Eisen durch Vermittlung wässeriger Salzlösungen aus Nitrobenzol ein Gemenge von Azoxybenzol und Anilin erzeugt. Man erhitzt das Gemenge des Nitrobenzols mit der wässerigen Salzlösung zum Sieden und trägt dann allmählich Zinkstaub ein; man kann aber auch ein Gemisch der drei Reagenzien zugleich erhitzen. Am besten sind Salzlösungen von Chlorcalcium, doch können auch andere Salze verwandt werden. Diejenigen Salzlösungen, deren Siedepunkte zwischen 100 und 130° liegen, sind am besten, doch erhält man bei diesen hohen Temperaturen nicht die eigentlichen Reduktionsprodukte des Nitrobenzols, sondern bereits deren Umsetzungsprodukte. Unter geeigneten Umständen läßt sich die Reaktion so leiten, daß die Bildung von Azoxy- und Azoverbindungen verhindert wird und nur Phenylhydroxylamin entsteht. Die erste Beobachtung des Auftretens desselben bei der Reduktion von Nitrobenzol durch Zinkstaub und Wasser stammt von *Wohl*[4]. Am besten verläuft die Reduktion, wenn der Nitrokörper von vornherein vollständig in Wasser oder verdünntem Alkohol gelöst ist. Der Alkohol erleichtert zwar die Berührung der Reagenzien miteinander, setzt aber auch die Siede- und Reaktionstemperatur herab, wodurch die Einwirkung verzögert wird. Ein Zusatz von Chlorcalcium oder anderer Neutralsalze, wie $MgCl_2$, $ZnCl_2$, NaCl, welche mit Zinkhydroxyd lösliche Doppelsalze bilden können, wirkt beschleunigend auf den Vorgang der Reduktion. Bei andauerndem Erhitzen werden die entstandenen Hydroxylaminderivate in Aminoverbindungen übergeführt, was sich aber leicht verhindern läßt, wenn die Reaktion rechtzeitig unterbrochen wird. Übrigens wirkt auch feinverteiltes Eisen bei Gegenwart von Chlorcalcium in wässeriger Lösung auf Nitrobenzol ein, doch ist dabei bis jetzt nur die Bildung von Anilin nachgewiesen worden. Später hat *Wohl* ein Patent[5], dessen Inhalt sich im wesentlichen mit dem der obengenannten Anmeldung deckt, genommen. Von den darin aufgeführten Metallen Al, Pb, Zn, Mg kommt für die Darstellung im großen nur Zinkstaub in Betracht. Zugleich ist die Darstellung einer großen Reihe von substituierten Hydroxylaminderivaten, z. B. Tolyl-, m-Nitro-, m-Aminophenyl-, α-Naphtylhydroxylamin, ferner m-Hydroxylaminobenzoesäure, -benzolsulfonsäure und 1-Hydroxylaminonaphtalin-3, 8-disulfosäure beschrieben. Die Wirkung des Zinkstaubes kann dadurch erhöht werden,

---

[1] Ber. d. d. chem. Ges. **38**, 3076 (1905).

[2] Jahresber. über d. Fortschritte d. Chem. (Gießen, Ricker) **1863**, 410.

[3] D. R. P. 43 230 [*Frdl.*, I, 462].

[4] Ber. d. d. chem. Ges. **27**, 1432 (1894); D. R. P. Anm. W 9319, Kl. 12 [*Winther*, I, 435].

[5] D. R. P. 84 138 [*Frdl.*, IV, 44].

daß er mit elektropositiven Metallen in Berührung gebracht wird, wobei sich das bekannte Zinkkupferpaar als am besten erweist[1].

Die Entstehungsbedingungen für das Hydroxylamin und die Bedingungen für dessen weitere Reduktion zu Anilin liegen bei diesem Verfahren sehr nahe beieinander; weiterhin ist das Phenylhydroxylamin nur in kalter wässeriger Lösung relativ beständig, während es in warmer Lösung rasch zersetzt wird. Dagegen verläuft die Reduktion glatt, wenn man bei Gegenwart verdünnter wässeriger Lösungen von Ammoniaksalzen mit Zinkstaub in der Kälte reduziert[2]. Die Anwendung von Ammoniaksalzen ist Grundbedingung für einen glatten Verlauf der Reduktion, da andere Salze, z. B. $CaCl_2$, NaCl, $ZnCl_2$, in der Kälte keine Wirkung ausüben. Daß sich diese Reaktion auch auf die verschiedensten Derivate anwenden läßt, insbesondere auch auf solche mit leicht reduzierbaren Gruppen, wie p-Nitrobenzaldehyd oder p-Nitrophenylmilchsäuremethylketon, sei noch erwähnt. Nach diesem Verfahren hat *Bamberger* fast gleichzeitig mit *Wohl* und unabhängig von ihm zuerst Phenylhydroxylamin dargestellt. Auch die alte Reduktionsmethode von *Zinin*, Schwefelwasserstoff und Ammoniak, kann unter geeigneten Bedingungen zur Darstellung von Phenylhydroxylamin angewandt werden[3].

Das Nitrosoderivat des Phenylhydroxylamin

$$C_6H_5 - N\begin{matrix} \diagup NO \\ \diagdown OH \end{matrix}$$

kann in einer Operation aus Nitrobenzol gewonnen werden, wenn man die Reduktion mit Zinkstaub und Ammoniak bei Gegenwart von Amylnitrit vornimmt[4].

Bei der Einwirkung von starken Säuren in der Kälte und von verdünnten in der Wärme lagert sich das Phenylhydroxylamin in p-Aminophenol um[5]. Andere Reaktionen, welche daneben in geringem Maße vor sich gehen, sind für das Ergebnis ohne Bedeutung. Den Verlauf der Reaktion erklärt *Bamberger*[6] dahin, daß Phenylhydroxylamin unter Wasserabspaltung Phenylstickstoff gibt. Dieses addiert wiederum 1 Molekül Wasser und liefert p-Iminochinol, welches sich schließlich in p-Aminophenol umlagert:

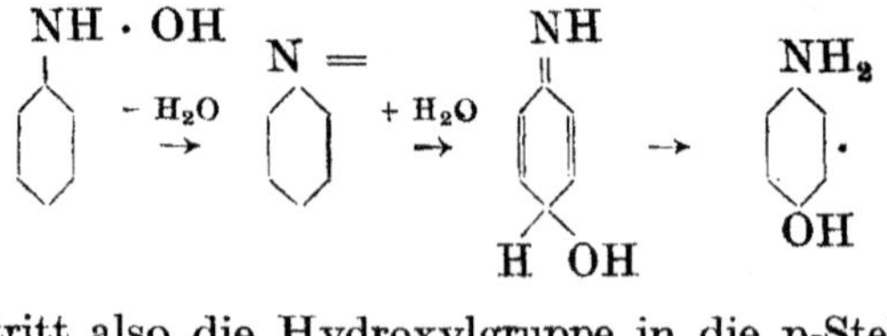

Im allgemeinen tritt also die Hydroxylgruppe in die p-Stellung zur Aminogruppe und nur, wenn diese besetzt ist, in die o-Stellung. Die Umlagerung

[1] *Wohl*, D. R. P. 84 891 [*Frdl.*, IV, 46].
[2] *Kalle & Co.*, D. R. P. 89 978 [*Frdl.*, IV, 47].
[3] *Willstätter* und *Kubli*, Ber. d. d. chem. Ges. **41**, 1936 (1908).
[4] *Baudisch*, D. R. P., 227 659 [*Frdl.*, X, 125].
[5] *Bamberger*, Ber. d. d. chem. Ges. **27**, 1552 (1894).
[6] Ber. d. d. chem. Ges. **40**, 1893 (1907).

des Phenylhydroxylamins in diesem Sinne erfolgt am besten durch Kochen mit Säuren[1]; doch entstehen bei Einwirkung alkoholischer Salzsäure als Nebenprodukte auch o-Aminophenol oder Derivate davon[2]. Die Reaktion kann nicht allein auf Nitrobenzol, sondern auf Nitrotoluole, Nitrobenzolcarbonsäuren, kurz, auf alle möglichen Nitroverbindungen, auch auf Di- und Polynitrokörper angewandt werden. Bei den guten Resultaten, welche das Verfahren liefert, dürfte wohl ein Teil des p-Aminophenols, welches als Ausgangsmaterial für Schwefelfarbstoffe und als photographischer Entwickler (Rhodinal) dient, auf diese Weise dargestellt werden. Es gibt aber auch andere sehr bequeme, wenn auch kostspieligere Darstellungsweisen für diesen Körper, z. B. die Reduktion von p-Nitrophenol.

Die Darstellung der p-Aminophenole aus Nitrobenzolen findet sowohl durch Elektrolyse[3], als auch auf chemischem Wege durch die Einwirkung von Metall (am besten Zinkstaub) und Säure statt[4], indem in beiden Fällen konzentrierte Säure als Lösungsmittel dient. Das wichtigere und ältere Verfahren ist das durch Elektrolyse, welches auf Versuchen von *Gattermann*[5] beruht. Eine Lösung der Nitrokörper in der 5 bis 10fachen Gewichtsmenge konzentrierter Schwefelsäure wird unter Benutzung eines Diaphragmas der Einwirkung des elektrischen Stromes ausgesetzt; dabei tritt lebhafte Erwärmung ein, die 80° nicht übersteigen soll, und allmählich erstarrt die Flüssigkeit zu einem Brei von p-Aminophenolsulfat. Es ist dies eines der wenigen elektrolytischen Reduktionsverfahren, die im technischen Großbetrieb angewandt werden können, besonders auch deswegen, weil man nach ihm nur p- und keine o-Aminoderivate erhält. Unterwirft man Sulfosäuren von Nitroderivaten in dieser Weise der elektrolytischen Reduktion, so entstehen Aminophenolsulfosäuren[6]; 3-Nitrobenzolsulfosäure gibt 3-Amino-6-oxybenzolsulfosäure und 4-Methyl-3-nitrobenzolsulfosäure 4-Methyl-3-amino-6-oxybenzolsulfosäure. Wichtig ist diese Reaktion für die Naphtalinreihe. Verschiedene Aminonaphtolsulfosäuren, die als Azofarbstoffkomponenten dienen, können mit Hilfe derselben dargestellt werden. Solche sind 1-Amino-4-oxynaphtalin 5-(6- oder 7-) sulfosäure und 1-Amino-4-oxynaphtalin-3, 6- (oder 3, 7-) disulfosäure.

Bei normalem Verlauf beträgt die Ausbeute an p-Aminophenol 20 bis 50 Proz. der Theorie; die Verluste sind z. T. durch Bildung von p-Aminophenolsulfosäuren bedingt. Nimmt man die *Gattermann*sche Reaktion bei erhöhter Temperatur, etwa 100° vor, oder ersetzt man die konzentrierte Schwefelsäure durch rauchende, so erhält man in ersterem Falle reichlich, im letzteren als Hauptprodukt p-Aminophenolsulfosäure[7]. Auch Nitrochinoline geben bei der elektro-

---

[1] *Wohl*, D. R. P. 83 433 [*Frdl.*, IV, 53].
[2] *Bamberger* und *Lagutt*, Ber. d. d. chem. Ges. **31**, 1501 (1898).
[3] *Bayer & Co.*, D. R. P. 75 260 [*Frdl.*, III, 53].
[4] *M. L. Br.*, D. R. P. 96 853 [*Frdl.*, V, 58].
[5] Ber. d. d. chem. Ges. **26**, 1844 (1893).
[6] *Bayer & Co.*, D. R. P. 81 621 [*Frdl.*, IV, 58]; *Gattermann*, Ber. d. d. chem. Ges. **27**, 1938 (1894).
[7] *Noyes* und *Clement*, Ber. d. d. chem. Ges. **26**, 990 (1893).

lytischen Reduktion Aminooxyverbindungen[1]. 5-Nitrochinolin liefert 5-Amino-8-oxychinolin, 8-Nitrochinolin das isomere 8-Amino-5-oxychinolin.

Das *Gattermann*sche Verfahren besitzt den Nachteil, daß als Kathodenmaterial das teure Platin verwandt wird, welches außerdem, wie alle Metalle, die weitere Reduktion des Phenylhydroxylamins zum Anilin begünstigt. Bei Verwendung von Kathoden aus Kohle, die widerstandsfähiger gegen die Einwirkung starker Säuren sind, soll das nicht der Fall sein; außerdem soll man bessere Ausbeuten an p-Aminophenol erhalten[2].

Unter Anwendung besonderer Vorsichtsmaßregeln läßt sich dies Verfahren aber auch bei Verwendung von verdünnter Schwefelsäure als Lösungsmittel durchführen[3]. Die Umlagerung des primär gebildeten Phenylhydroxylamins in p-Aminophenol erfolgt in sehr konzentrierter Schwefelsäure augenblicklich, aber auch verdünnte Säure wirkt bei Siedetemperatur umlagernd, und zwar um so langsamer, je dünner die Säure ist; um so größer ist aber auch die Gefahr, daß das Phenylhydroxylamin weiter zu Anilin reduziert wird. Diese weitergehende Reduktion kann auf ein geringes Maß beschränkt werden, wenn man mit einem Überschuß von Nitrobenzol arbeitet, so daß bei kräftigem Rühren nie Mangel daran an der Kathode eintritt. Der elektrische Strom reduziert dann in erster Linie Nitrobenzol, und bei entsprechender Temperatur wird das gebildete Phenylhydroxylamin umgelagert, bevor es weiter zu Anilin reduziert werden kann. Man kann die Reduktion so leiten, daß das gebildete p-Aminophenolsulfat sich in einer Ausbeute von 88 Proz. abscheidet. Will man allgemein Körper, welche in Wasser nicht löslich sind, der elektrolytischen Reduktion unterwerfen, so kann man dies erreichen, wenn man sie unter Verwendung einer besonderen Apparatur in emulsionsartige Verteilung bringt[4].

Nach den beschriebenen Verfahren erhält man das Phenylhydroxylamin selbst, wenn man die Reduktion bei niedriger Temperatur vornimmt. Läßt man sie in Gegenwart von Aldehyden, die sich mit Hydroxylaminderivaten kondensieren, vor sich gehen, so vereinigen sich beide Körper unter Bildung von Azoxymethinen[5]. Man erhält bei der Reduktion von Nitrobenzol in konzentrierter Schwefelsäure und Eisessig bei Gegenwart von Benzaldehyd N-Phenylsynbenzaldoxim:

$$\underset{\diagdown O \diagup}{C_6H_5N - CH \cdot C_6H_5}\,.$$

Nicht so einfach verläuft die Reaktion[6], wenn man bei Gegenwart von Formaldehyd reduziert, da dieser auch mit den Benzolringen Kondensationsreaktionen eingehen kann, indem er in die Parastellung zum Stickstoff eingreift. Aus

[1] D. R. P. 80 978 [*Frdl.*, IV, 57].
[2] *Darmstädter*, D. R. P. 150 800 [*Frdl.*, VII, 90].
[3] *Darmstädter*, D. R. P. 154 086 [*Frdl.*, VII, 91].
[4] *Boehringer & Söhne* und *Messinger*, D. R. P. 109 051 [*Frdl.*, V, 56].
[5] *Gattermann*, Ber. d. d. chem. Ges. **29**, 3040 (1896); *Bayer & Co.*, D. R. P. 96 564 [*Frdl.*, V, 58].
[6] *Löb*, Zeitschr. f. Elektrochemie **4**, 428 (1898).

Nitrobenzol und Formaldehyd entsteht bei Reduktion in salzsaurer Lösung an einer Bleikathode polymerer Anhydro-p-hydroxylaminobenzylalkohol:

$$\left(C_6H_4\begin{matrix}\diagup NH \cdot OH \\ \diagdown CH_2 \cdot OH\end{matrix} - H_2O\right)_n .$$

Bei niederer Stromdichte entsteht unter gleichen Bedingungen ein Kondensationsprodukt aus Anilin und Formaldehyd, Methylendi-p-anhydroaminobenzylalkohol:

$$CH_2\begin{matrix}\diagup NH \cdot C_6H_4 \cdot CH_2\diagdown \\ \diagdown NH \cdot C_6H_4 \cdot CH_2\diagup\end{matrix}O ,$$

indem 2 Moleküle Anilin mit 3 Molekülen Formaldehyd reagieren[1]. Ist jedoch die p-Stellung zur Aminogruppe wie beim p-Nitrotoluol besetzt, so kann an derselben der Formaldehyd nicht angreifen, und es entsteht Trimethylentri-p-toluidin und Dimethyl-p-toluidin.

Eine Erweiterung dieser Reaktion besteht darin, daß man eine aromatische Nitroverbindung bei gleichzeitiger Gegenwart von Formaldehyd und einem tertiären aromatischen Amin reduziert[2], sei es durch Eintragen eines Reduktionsmittels, wie Zinkstaub, Aluminiumpulver, Eisenspänen in ein Gemisch dieser drei Körper mit konzentrierter Schwefelsäure oder indem man auf das Gemisch elektrolytisch sich entwickelnden Wasserstoff einwirken läßt.

Auch hierbei geht das als Zwischenprodukt gebildete Phenylhydroxylamin[3] eine Kondensation ein, an welcher zugleich das tertiäre Amin beteiligt ist. Sie erfolgt nach dem Schema:

$$C_6H_5NH \cdot OH + CH_2O + C_6H_5NR_2 \xrightarrow{-H_2O} C_6H_5N \cdot (OH) \cdot CH_2 \cdot C_6H_4 \cdot NR_2$$
$$\xrightarrow{-H_2O} C_6H_5N = CH \cdot C_6H_4 \cdot NR_2 .$$

Das Endprodukt der Reaktion ist also hier eine *Schiff*sche Base, welche durch saure Spaltung neben Anilin einen p-Dialkylaminobenzaldehyd liefert.

Azoxy-, Hydrazo- und Azobenzol.

Auch bei der Reduktion des Nitrobenzols in alkalischer Lösung werden zunächst Nitrosobenzol und Phenylhydroxylamin gebildet. Durch die Einwirkung des Alkalis wird aber die Kondensation dieser beiden derart beschleunigt, daß sie fast momentan verläuft, und daß als Hauptprodukt zuerst Azoxybenzol[4] entsteht.

---

[1] *Löb*, D. R. P. 99 312, 100 610 [*Frdl.*, V, 59, 61].

[2] *Geigy & Co.*, D. R. P. 105 103 [*Frdl.*, V, 106].

[3] *Geigy & Co.*, D. R. P. 103 578 [*Frdl.*, V, 101].

[4] Zur Konstitution der Azoxyverbindungen vgl. *Angeli*. *Ahrens* Sammlung **19**, **447** (1913). Von *Angeli* wird die Struktur:

$$\begin{matrix}RN = N \cdot R \\ \quad\;\; \| \\ \quad\;\; O\end{matrix}$$

der symmetrischen vorgezogen. Er hat durch Oxydation asymmetrischer Azoverbindungen isomere Azoxykörper, seiner Meinung nach

$$\begin{matrix}R - N = N - R_1 \\ \| \qquad\qquad \\ O \qquad\qquad\end{matrix} \quad \text{und} \quad \begin{matrix}R - N = N - R_1 \\ \qquad\quad \| \\ \qquad\quad O\end{matrix}$$

erhalten, die aber bei der *Wallach*schen Umlagerung mit konz. Schwefelsäure das gleiche Oxyazoprodukt liefern.

$$RNH \cdot OH + RNO = \underset{\diagdown O \diagup}{RN - N} \cdot R + H_2O.$$

Dieses selbst läßt sich nur bei der Anwendung bestimmter Reduktionsmittel, z. B. methylalkoholischen Alkalis, festhalten, da es große Neigung besitzt, durch Anlagerung von Wasserstoff in Hydrazobenzol $C_6H_5NH \cdot NH \cdot C_6H_5$ überzugehen. Alle anderen Körper, welche außer Azoxybenzol bei der alkalischen Reduktion entstehen, wie Azo-, Hydrazobenzol und Anilin, werden durch sekundäre Reaktionen gebildet.

Das bei der alkalischen Reduktion erwünschte Produkt ist das Hydrazobenzol, welches kaum weiterreduziert wird und als Endprodukt meist in guter Ausbeute entsteht. Seine Bedeutung besteht darin, daß es durch starke Säuren in Benzidin oder seine Derivate, sehr wichtige Ausgangsmaterialien für Baumwollazofarbstoffe, umgelagert wird.

$$C_6H_5NH \cdot NH \cdot C_6H_5 \rightarrow NH_2C_6H_4 \cdot C_6H_4NH_2.$$

Bisweilen wird die Umlagerung mit der Reduktion kombiniert, so daß man direkt das Benzidin als Endprodukt erhält. Man reduziert zunächst alkalisch bis zum Azoxy- oder Azobenzol, säuert dann an und reduziert in saurer Lösung weiter. Das dabei entstehende Hydrazobenzol wird im Moment seines Entstehens in Benzidin umgelagert.

Bei der Reduktion in alkalischer Lösung entsteht das Hydrazobenzol aus dem Azoxybenzol oder dem Azobenzol, ohne daß eine Spaltung durch weitere Reduktion eintritt. Nur bei den Derivaten, welche in p-Stellung zum Stickstoff eine Hydroxyl- oder Aminogruppe tragen, ist dies der Fall. Diese kommen aber für alkalische Reduktion nicht in Betracht, denn die ihnen zugrunde liegenden p-Nitrophenole oder p-Nitroaniline geben bei der Reduktion überhaupt keine Azoxy-, Azo- und Hydrazoverbindungen, sondern liefern auch bei alkalischer Reduktion stets Amine. Dagegen liefert z. B. m-Nitrophenol in normaler Weise 3, 3'-Dioxyazobenzol. Wenn man berücksichtigt, in wie hohem Maße Kondensationsreaktionen von der Konstitution beeinflußt werden und wie in der alkalischen Lösung eine ganze Anzahl derartiger Reaktionen nebeneinander verläuft, so kann dieses verschiedene Verhalten nicht überraschen.

Schon durch Einwirkung von trockenem Alkali auf Nitrobenzol bildet sich Azoxybenzol[1]. Damit ist aber technisch nichts anzufangen, sondern es ist nötig, noch ein Reduktionsmittel zuzusetzen. Das einfachste wäre ein Alkohol, z. B. Äthylalkohol, welcher besser wirkt als Methylalkohol, da er leichter dehydriert wird. Schon *Zinin*[2] stellte Azoxybenzol auf diesem Wege her, indem er Nitrobenzol mit Natriumalkoholat zum Kochen erhitzte. Zur technischen Benzidinerzeugung werden bei Gegenwart von Alkali billigere Reduktionsmittel angewandt. Solche sind 1. Metalle oder Metalloxyde und Alkali, 2. Sulfide der Alkalien oder Schwermetalle, 3. organische Substanzen, bei Gegenwart von Alkali 4. Elektrolyse.

---

[1] *Zerewitinoff* und *Ostromisslensky*, Ber. d. d. chem. Ges. **44**, 2402 (1911).
[2] Journ. f. prakt. Chem. [**1**] **36**, 98 (1845).

α) Metalle oder Metalloxyde und Alkali.

Mit Hilfe von Metallen und namentlich Metalloxyden bei Gegenwart von Alkali, lassen sich aus Nitrobenzol alle Reduktionsstufen mit gepaartem Stickstoff darstellen. Die meisten hierhergehörigen Verfahren haben die Darstellung von Azoverbindungen zum Zweck. Dasjenige Metall, welches dafür in erster Linie in Betracht kommt, ist Zink in Form von Zinkstaub. Die Methode, welche aus der Technik[1] hervorgegangen ist, ist später in mannigfacher Weise für den Gebrauch im Laboratorium modifiziert worden. Es hat sich dabei herausgestellt, daß Natronlauge bessere Resultate als Kalilauge gibt; bisweilen wird auch Ammoniak als Alkali angewandt. Seine Wirkung ist eine viel energischere. Außer Wasser können Alkohole als Lösungsmittel dienen.

Zur Darstellung von Azoxy- und Hydrazobenzol erhitzt man Nitrobenzol in starker Natronlauge im Rührkessel unter Rückfluß und trägt allmählich Zinkstaub ein, bis Entfärbung eingetreten ist. An Stelle von Zinkstaub ist feinverteiltes Blei vorgeschlagen worden[2]. Dasselbe wirkt etwas träger, so daß man seine Wirkung durch längeres Erhitzen und stärkeres Alkali beschleunigen muß, was auch durch Zusatz von Natriumacetat oder Verreiben des Bleies mit Sand geschehen kann. Im Gegensatz zum Zink hat dieses Metall aber den Vorteil, daß es mit Hilfe von Eisen leicht wieder regeneriert werden kann.

Auch hier ist das Zink durch das viel billigere Eisen verdrängt worden, von dem außerdem infolge seines niedrigeren Molekulargewichtes, sowie seiner Fähigkeit, eine höhere Oxydationsstufe (Fe_2O_3) zu geben, wesentlich weniger zur Reduktion gebraucht wird, als wie von Zink, welches sich nur zu ZnO zu oxydieren vermag. Weiter kann man das bei der Reduktion verbrauchte Alkali ohne weiteres wieder verwenden, während es bei der Reduktion durch Zink verloren geht. Als Lösungsmittel können Wasser oder Alkohole dienen und man hat je nach der Arbeitsweise die Möglichkeit, die verschiedenen Reduktionsstufen bis zum Amin zu gewinnen oder auch die Zwischenstufen ineinander überzuführen. Die Reduktion des Nitrobenzols verläuft etwa folgendermaßen[3]: zu einem Gemisch von Eisen und Nitrobenzol setzt man allmählich Natronlauge von 40° Bé zu und erwärmt unter gutem Umrühren allmählich auf 110°; sodann werden nach und nach weitere Mengen von Natronlauge zugeführt, wobei die Temperatur nicht über 120° steigen soll. Nachdem der Geruch des Nitrobenzols verschwunden ist, läßt man das entstandene Hydrazobenzol in Vorlagen abfließen, in denen es bald erstarrt. Bei Anwendung höherer Temperaturen entstehen Amine, während bei Temperaturen unter 100° vorzugsweise Azoverbindungen gebildet werden. Schließlich sei noch erwähnt, daß man auch reduziertes Nickel zur Reduktion von Nitrobenzol anwenden kann, wenn man bei 100° und 10 bis 15 Atm. Druck

[1] *Clemm* in der B. A. S. F. 1868.
[2] *Wohl*, D. R. P. 81 129 [*Frdl.*, IV, 43].
[3] *Weiler ter Meer*, D. R. P. 138 496 [*Frdl.*, VI, 1290].

die Reduktion vor sich gehen läßt[1]. Man erhält dann in alkalischem Medium vorzugsweise Azoxybenzol; doch dürfte das Verfahren technisch ohne Bedeutung sein.

Außer Eisen selbst ist sein Oxydulhydrat zu Reduktionen in alkalischer Lösung geeignet. Man verwendet für diesen Zweck Ferrosalze bei Gegenwart von überschüssigem Alkali, z. B. Ferrosulfat oder Ferroacetat. Diese Reduktionsverfahren werden meist für spezielle Zwecke, z. B. für Nitroanthrachinone und o-Nitrobenzaldehyd verwandt. Obwohl sie auch für Nitrobenzol sehr gute Resultate, eine Ausbeute von 100 Proz.[2], geben, werden sie praktisch nicht angewandt.

Sehr glatt läßt sich Nitrobenzol zu Azoxy- und Azobenzol reduzieren, wenn man es mit starker Alkalilauge und einem keine wesentlichen Mengen metallisches Eisen enthaltenden Eisenoxyduloxyd (Fe_3O_4) auf höhere Temperatur, nötigenfalls unter Druck erhitzt[3]. Der bei der Reduktion des Nitrobenzols durch Eisen und Säure entstehende Eisenschlamm, welcher hauptsächlich aus Eisenoxyduloxyd entsteht, ist dafür besonders geeignet. Die feine Verteilung, in welcher sich das Eisenoxyduloxyd in dem Reduktionsschlamm befindet, bewirkt eine äußerst rasche und glatte Reduktion, ohne daß dabei Anilin in wesentlicher Menge gebildet wird. Über die Wirkungsweise dieses Reduktionsmittels sind aufklärende Beobachtungen nicht gemacht worden. Man wird aber kaum fehlgehen, wenn man auch hier Eisenoxydulhydrat ($Fe(OH)_2$), als das eigentlich reduzierende Agens annimmt.

Noch einige andere Metallhydroxyde können zur Reduktion von Nitrobenzol dienen. Rasch und sicher kommt man im Laboratorium zum Ziel mit Hilfe von Zinnoxydulnatron, welches durch Auflösen von Zinnchlorür in überschüssiger, kalter Natronlauge entsteht[4], wobei man zweckmäßig die Reduktion auf siedendem Wasserbad vor sich gehen läßt. Zur technischen Verwendung ist die arsenige Säure, die in Form ihrer Alkalisalze ein starkes Reduktionsmittel ist, vorgeschlagen[5]. Sie ist eines der besten Mittel zur Dar stellung von Azoxyverbindungen und man erhält damit quantitative Ausbeuten, wenn man die der Reaktionsgleichung

$$2\,RNO_2 + 3\,As(ONa)_3 = R\cdot \underset{\diagdown O \diagup}{N - N}\cdot R + 3\,AsO(ONa)_3$$

entsprechenden Mengen anwendet. Nach diesem Verfahren wird Nitrobenzol mit arseniger Säure und wässerigem Alkali 6 bis 10 Stunden unter Umrühren zum Sieden erhitzt. Das dabei gebildete Azoxybenzol wird nach dem Erkalten abfiltriert und durch Umkrystallisieren gereinigt. Obwohl das Verfahren technisch ohne Bedeutung und das Patent daher erloschen ist, ist es doch von wissenschaftlichem Interesse, da es zur Reindarstellung von

---

[1] *Brochet*, Zusatz 17 914 zum Franz. Pat. 458 033 [Chem.-Ztg. **1914**, Rep. 300].
[2] *Camp Allen*, Journ. of Physic. Chem. **16**, 131 (1912); Chem. Zentralbl. **1912**, I 1302.
[3] *M. L. B.*, D. R. P. 245 081 [*Frdl.*, X, 125].
[4] *Witt*, Ber. d. d. chem. Ges. **18**, 2912 (1885).
[5] *Lösner*, D. R. P. 77 563 [*Frdl.*, IV, 42].

o-Nitrotoluol[1], welches durch dieses Reduktionsmittel nicht angegriffen wird, verwandt werden kann.

β) Sulfide der Alkalien und Schwermetalle.

Die Sulfide des Ammoniums, der Alkalien und alkalischen Erden sind starke Reduktionsmittel, welche in der Wärme Nitrobenzolderivate bis zum Amin reduzieren; in der Kälte gelingt es, die Reduktion bei den Zwischenprodukten zum Stillstand zu bringen. So entsteht durch Einwirkung von Schwefelammonium in der Kälte aus Nitrobenzol Phenylhydroxylamin. Durch eine siedende Lösung von Schwefelnatrium wird Nitrobenzol zu Anilin reduziert[2]. Dagegen bilden sich bei gleichzeitiger Einwirkung von Alkalisulfiden und starker Alkalilauge bei 140° primäre Basen nur in Spuren und je nach der Menge des verwandten Alkalisulfids und der Dauer der Einwirkung bleibt die Reduktion beim Azoxy- oder Azobenzol stehen, welche in einer Menge bis 90 Proz. der Theorie gewonnen werden können[3].

Außer den Schwefelalkalien können auch Sulfide der Schwermetalle zur Reduktion dienen[4] für welchen Zweck man die in der Natur vorkommenden Sulfide (Eisenkies, Zinkblende oder andere Kiese und Blenden) verwenden kann. Man hat damit das denkbar billigste Reduktionsmittel, welches in der Weise zur Anwendung kommt, daß man ein Gemisch von Nitrobenzol, Eisenkies und Natronlauge längere Zeit zum Sieden erhitzt. Als Hauptprodukt erhält man Azoxybenzol, kann aber auch Azobenzol darstellen, indem man längere Zeit und auf höhere Temperaturen erhitzt.

γ) Organische Substanzen bei Gegenwart von Alkali.

Mit der Verwendung der natürlich vorkommenden Sulfide als Reduktionsmittel in Parallele zu stellen sind einige andere in der Natur vorkommende organische Substanzen, deren praktische Bedeutung zwar nicht groß ist, die aber immerhin aus theoretischem Interesse verdienen aufgeführt zu werden. Man kann z. B. Nitrobenzol durch Erhitzen mit Stein- oder auch anderer Kohle (Ruß) bei Gegenwart von Natronlauge reduzieren[5]. Dabei besteht auch hier die Möglichkeit, je nach der Dauer des Erhitzens Azoxy- oder Azobenzol zu erhalten. Nimmt man als Reduktionsmittel stärke- oder cellulosehaltige Stoffe, wie Sägemehl oder Melasse[6], so muß man die Einwirkung unter Druck vornehmen, wobei dieselben Endprodukte entstehen; nebenbei findet aber stets Bildung von Aminen statt.

Um zu Azoxykörpern zu gelangen, welche frei von diesen sind, läßt man Nitro- und Hydrazokörper derart miteinander reagieren, daß man sie

---

1 *Lösner*, D. R. P. 78 002 [*Frdl.*, IV, 32].
2 *Kunz*, D. R. P. 144 809 [*Frdl.*, VII, 57].
3 *M. L. B.*, D. R. P. 216 246 [*Frdl.*, IX, 116].
4 *Bayer & Co.*, D. R. P. 204 563 [*Frdl.*, IX, 114].
5 *Bayer & Co.*, D. R. P. 210 806 [*Frdl.*, IX, 115].
6 *Chemikalienwerk Griesheim*, D. R. P. 225 245, 228 722 [*Frdl.*, IX, 1180; X, 124].

in neutraler Suspension miteinander erhitzt[1]. Dabei findet die Reaktion im Sinne folgender Gleichung statt:

$$2C_6H_5NO_2 + 3C_6H_5NH\cdot NH\cdot C_6H_5 = C_6H_5\cdot \underset{\diagdown O \diagup}{N-N}\cdot C_6H_5 + 3C_6H_5\cdot N{=}N\cdot C_6H_5 + 3H_2O.$$

Läßt man Nitro- und Hydrazokörper mit verschiedenen Radikalen aufeinander einwirken, so liefert der Hydrazokörper die Azoverbindung, während der Nitrokörper in die Azoxyverbindung übergeht. Aus 1-Nitronaphtalin und Hydrazobenzol entstehen auf diese Weise 1-Azoxynaphthalin und Azobenzol. Auffallenderweise liefert dieses Verfahren bessere Resultate bei Substitutionsprodukten des Nitrobenzols als bei diesem selbst. Es ist damit gezeigt, daß die scheinbar direkte Bildung von Azokörpern aus Nitroverbindungen, z. B. mit Hilfe von Zinkstaub und Natronlauge, über die Azoxy-Hydrazoverbindung zustande kommen kann, wie dieses von *Haber* zuerst angenommen worden ist

δ) Elektrolytische Reduktion.

Für die elektrolytische Reduktion in alkalischer Lösung ist die Tatsache wichtig, daß das Depolarisationsvermögen des Nitrobenzols in alkalischer Lösung größer, als in saurer ist. Entsprechend der an der Kathode sich entwickelnden Reduktionsenergie findet Bildung von Azoxybenzol oder auch Reduktion bis zum Amin statt. Wie Nitrobenzol verhalten sich Halogenderivate, Sulfosäuren und Carbonsäuren[2]; über Nitrophenole und Nitroaniline siehe Seite 220 u. 223. Mit schwach reduzierenden Kräften, d. h. mit hohem Kathodenpotential entsteht im wesentlichen Azoxybenzol, während bei Steigerung der reduzierenden Kräfte, bei tiefem Kathodenpotential[3], Hydrazobenzol gebildet wird. Von wesentlichem Einfluß auf das Resultat bei der Reduktion ist daher das Kathodenmaterial. In alkalisch wässeriger Suspension wird an Kupferkathoden vorzugsweise Anilin gebildet, dagegen geht die Reduktion an Zink-, Zinn- oder Bleikathoden bei gleicher Temperatur und Beschaffenheit des Elektrolyten und derselben Stromdichte nur bis zum Hydrazobenzol. An Kathoden aus Nickel, Quecksilber, Platin oder Kohle entstehen im wesentlichen Azoxy-, Azo- und Hydrazokörper. Nach dem ältesten Verfahren[4] arbeitet man mit einem Diaphragma in einer mit Ätzalkali versetzten alkoholischen Lösung bei Siedetemperatur. Die Menge des anzuwendenden Elektrolyten muß dabei so groß sein, daß die entstehenden Azo- und Azoxyverbindungen in Lösung gehalten werden. An Stelle des verschiedene Nachteile bietenden Ätzalkalis kann man auch Natriumacetat verwenden[5], wodurch man mit konzentrierteren Lösungen der Nitroverbindungen arbeiten kann und schnellere Reduktion erzielt. Auch hier findet

---

[1] *Dieffenbach,* D. R. P. 197 714 [*Frdl.*, IX, 112].
[2] *Anilinölfabrik A. Wülfing,* D. R. P. 108 427 [*Frdl.*, V, 65].
[3] *Haber,* Zeitschr. f. Elektrochemie **4,** 510 (1898) [C. **1898,** II, 25].
[4] *Straub,* D. R. P. 79 731 [*Frdl.*, IV, 63].
[5] *Anilinölfabrik A. Wülfing,* D. R. P. 100 234 [*Frdl.*, V, 63].

natürlich die eigentliche Reduktion in alkalischer Lösung statt, da in der Nähe der Kathode die Flüssigkeit immer alkalisch ist.

Statt das zu reduzierende Nitrobenzolderivat in Lösung zu bringen, kann man die elektrolytische Reduktion auch so vornehmen, daß man die alkalische Lösung des Oxydes eines Metalles, wie Zink, Zinn oder Blei, verwendet, in welcher die Nitroverbindung durch kräftiges Rühren in Suspension gehalten wird[1]; dabei wird als Kathode entweder dasjenige Metall verwandt, dessen alkalische Lösung den Elektrolyten bildet, oder Eisen, Nickel, Platin und ähnliche. Als Reduktionsprodukte erhält man Azo- und Hydrazoverbindungen. Diesem Verfahren haften aber verschiedene Nachteile an, die darin bestehen, daß im Verlauf des Reduktionsprozesses die entstehenden Reduktionsprodukte sich ausscheiden und auf den Kathoden und Diaphragmen einen festen Überzug bilden, welcher den Stromdurchgang erschwert und öfter ein starkes Ansteigen der Spannung veranlaßt. Es wird daher vorgeschlagen[2], Lösungsmittel für die entsprechenden Reduktionsprodukte, wie Benzol, Toluol, Xylol, zur Kathodenflüssigkeit zuzusetzen. Diese schwimmen, da sie unlöslich sind, oben auf der Flüssigkeit und nehmen die Reduktionsprodukte auf, wodurch zugleich die Trennung derselben erheblich erleichtert wird. Die Behauptung, daß nach diesem Verfahren bei Verwendung von Nickelkathoden Azo- und Hydrazobenzol entstehen, zieht *Moser*[3] in Zweifel, indem er darauf hinweist, daß sowohl das Patent 127 727[4], als auch Versuche von *Löb*[5] dem widersprechen. Nach denselben entsteht hierbei nur Azoxybenzol, das unter den obwaltenden Bedingungen selbst bei großem Stromüberschuß nicht weiter reduziert werden kann. Läßt man die Reduktion an einer Nickelkathode von großer Oberfläche, ohne Anwendung eines Diaphragmas bei einer Temperatur von über 80° vor sich gehen[6], so erhält man in einer Ausbeute bis zu 90 Proz. der Theorie Azoxybenzol. Bei höherer Temperatur (105 bis 115°) und bei Gegenwart konzentrierter Alkalilauge (40 bis 50° Bé) entsteht unter denselben Bedingungen nicht Azoxy-, sondern Azobenzol[7]. Dabei ist es aber wichtig, der Kathode eine möglichst große Oberfläche zu geben, was man dadurch erreicht, daß man das Gefäß, in dem die Reduktion stattfindet, selbst zur Kathode macht. Dagegen muß die Anode möglichst klein sein, damit die oxydierende Wirkung an derselben eingeschränkt wird.

Eine wichtige Kombination von alkalischer und saurer Reduktion ist die Darstellung des Benzidins. Dieses wird dadurch dargestellt, daß man Nitrobenzol zunächst in alkalischer Lösung bis zur Azoverbindung redu-

---

[1] *Bayer & Co.*, D. R. P. 121 899, 121 900 [*Frdl.*, VI, 74].

[2] *Darmstädter*, D. R. P. 181 116 [*Frdl.*, VIII, 112].

[3] „Die elektrolytischen Prozesse der organischen Chemie," S. 152, Anm. 2, in Band **36** der „Monographien über angewandte Elektrochemie"; herausgegeben von *Engelhardt*. (Knapp, Halle a. S., 1910).

[4] Siehe S. 172 Fußnote 2.

[5] Zeitschr. f. Elektrochemie **7**, 336.

[6] *M. L. Br.*, D. R. P. 127 727 [*Frdl.*, VI, 78].

[7] *M. L. Br.*, D. R. P. 141 535 [*Frdl.*, VII, 57]

ziert, hierauf die Lösung ansäuert und die Reduktion fortsetzt. Es findet dann in der sauren Lösung einerseits Reduktion der Azoverbindung zum Hydrazokörper, andererseits Umlagerung des letzteren in Benzidin statt. Da es sich bei diesem Vorgang hauptsächlich um Reduktion einer Gruppe gepaarter Stickstoffverbindungen handelt, so soll der Vorgang später bei der Reduktion der Azokörper näher besprochen werden.

Anilin.

Entsprechend den riesigen Quantitäten von Anilin, welche heute verarbeitet werden, ist die Reduktion des Nitrobenzols zu diesem Körper immer noch eine der wichtigsten Reaktionen der chemischen Großindustrie und zugleich das älteste, technisch in größerem Maßstab durchgeführte Reduktionsverfahren. Infolge der Leichtigkeit, mit der aromatische Amine über die Nitroverbindungen aus den Kohlenwasserstoffen dargestellt werden können, sind die Abkömmlinge des Anilins in weit größerer Anzahl bekannt und viel genauer untersucht, als irgendeine Körperklasse der organischen Chemie. Da ferner die ersten Farbstoffe aus Anilin und seinen Homologen dargestellt wurden, so beruht die ganze Farbstoffindustrie auf der Reduktion der aromatischen Nitroverbindungen in saurer Lösung.

Während die erste bekannt gewordene Reduktion einer Nitro- zur Aminogruppe[1] mit Hilfe von Schwefelammonium durchgeführt wurde, bediente sich die Industrie von Anfang an der von *Béchamp*[2] aufgefundenen Methode der Reduktion mit Eisen und Säure. Allerdings benutzte er Essigsäure, an deren Stelle heute die viel billigeren Mineralsäuren getreten sind. Es ist dies eine der wenigen in der Industrie gebrauchten Methoden, welche von Anfang an ihre Stellung behauptet hat. Sie beherrscht noch heute unbestritten das Feld, und obwohl andere Methoden auf das genaueste durchgearbeitet worden sind, hat keine dagegen aufkommen können. Vorzüge des Eisens sind, daß es mit Basen keine Doppelverbindungen eingeht, leicht aus der Lösung zu entfernen ist und seine große Billigkeit. Neben ihm kommt von Metallen für ganz bestimmte Zwecke nur noch das wesentlich reaktionsfähigere, aber auch erheblich teurere Zink zur Verwendung. Andere Metalle, wie Natrium, Magnesium, Aluminium finden kaum Verwendung. Zinn oder Zinnchlorür in salzsaurer Lösung sind die teuersten Reduktionsmittel und kommen nur für ganz wertvolle Präparate in Betracht. Als neuestes Reduktionsmittel zur Gewinnung von Anilin aus Nitrobenzol ist Wasserstoff, welcher elektrolytisch entwickelt oder mit Hilfe von Katalysatoren in Reaktion gebracht wird, anzuführen. Aber auch sie haben, wenigstens soweit sich dieses zur Zeit übersehen läßt, die chemischen Methoden nicht zu verdrängen vermocht.

Metalle und Säuren.

In der Technik wird zur Reduktion von Nitrobenzol und seinen Derivaten ausschließlich Eisen und Säure angewandt, sowohl zur Darstellung von Anilin,

[1] *Zinin*, Annal. d. Chem. **44**, 286.
[2] Annal. d. Chim. [3] **42**, 186 (1854); Annal. d. Chem. **92**, 402 (1854).

als auch von Homologen desselben, z. B. Toluidin und Xylidin. Bei höheren Homologen, von Xylidin aufwärts, ist infolge der schwierigen Isolierung der höheren Benzolkohlenwasserstoffe die Darstellung der Amine auf diesem Wege nicht mehr ausführbar, dagegen erfolgt die Gewinnung von Aminen kondensierter Ringsysteme, z. B. von α-Naphtylamin, ebenfalls in dieser Weise. Bei Verarbeitung einheitlicher Nitroverbindungen erhält man auch einheitliche und fast chemisch reine Basen. Aber schon bei der Darstellung von Toluidinen wird häufig, bei Xylidinen stets ein Gemisch isomerer Nitroverbindungen angewandt, weshalb dann die Basen noch besonders getrennt werden müssen. Um eine gute Ausbeute an Aminen zu erhalten, sind die Versuchsbedingungen so zu wählen, daß Umsetzungsreaktionen von Zwischenprodukten untereinander möglichst ausgeschaltet werden, denn einerseits wird durch sie ein Teil der Nitroverbindungen der Überführung in das Amin direkt entzogen, andererseits erschweren etwa auftretende Azoxy-, Azo- und Hydrazoverbindungen die Reindarstellung der Amine ganz erheblich, was auch eine Verminderung der Ausbeute zur Folge hat. Es muß dafür gesorgt werden, daß die Reduktion schnell und energisch verläuft, damit das als Zwischenprodukt auftretende Phenylhydroxylamin weiterreduziert wird, ehe es Zeit findet, Kondensationsreaktionen einzugehen. Das Phenylhydroxylamin kann aber noch weitere Komplikationen veranlassen. Bei zu langsam verlaufender Reduktion kann nämlich durch Einwirkung von Salzsäure aus ihm Phenylchloramin entstehen, welches sich im weiteren Verlauf in o- und p-Chloranilin umlagern kann:

$$C_6H_5NHOH \rightarrow C_6H_5NHCl \rightarrow C_6H_4ClNH_2.$$

Man erhält auf diese Weise chlorhaltige Reduktionsprodukte, deren Auftreten seit langem bekannt[1] und deren Entstehung durch *Blanksma*[2] aufgeklärt ist. Nach seinen Versuchen kann man aus Nitrobenzol mit Zinn und Salzsäure unter bestimmten Umständen ein Öl erhalten, das nur zu 45 Proz. aus Anilin, im übrigen aber aus einem Gemenge von o- und p-Chloranilin besteht.

Die Reduktion des Nitrobenzols durch Eisen und Salzsäure wird durch folgende Gleichung zum Ausdruck gebracht:

$$C_6H_5NO_2 + 3\,Fe + 6\,HCl = C_6H_5NH_2 + 2\,H_2O + 3\,FeCl_2.$$

In der Praxis kommt man aber mit einer ganz bedeutend geringeren Menge von Säure aus. Zugleich sei bemerkt, daß neuerdings meistens Schwefelsäure an Stelle von Salzsäure angewandt wird. Die praktische Ausführung der Reduktion wird dadurch nicht verändert, dagegen wird die Bildung chlorhaltiger Derivate verhindert, was als großer Vorteil anzusehen ist. Eine solche Reduktion wird im großen etwa in folgender Weise ausgeführt: In

---

[1] *Kock*, Ber. d. d. chem. Ges. **20**, 1567 (1887); *Gabriel* und *Stelzner*, Ber. d. d. chem. Ges. **29**, 306, Anm. 1 (1896); *Hurst* und *Thorpe*, Journ. Chem. Soc. London **107**, 934 (1915); [C. **1915**, II, 697].

[2] *Bamberger*, Ber. d. d. chem. Ges. **28**, 251 (1895); Rec. trav. chim. Pays-Bas **25**, 365 (1907); Chem. Zentralbl. **1907**, I, 463.

einem durch Dampf heizbaren und mit Rührwerk versehenen eisernen Kessel werden gußeiserne Späne (Schmiedeeisen liefert schlechtere Ausbeuten) mit Wasser übergossen und dann so viel Schwefelsäure hinzugesetzt, daß das Wasser eine deutliche Ferrosalzreaktion gibt. Zu der zum Kochen erhitzten Lösung läßt man das Nitrobenzol langsam zufließen; die sich entwickelnde Reaktionswärme genügt dazu, das Gemisch weiterhin im Sieden zu erhalten. Normalerweise verläuft die Reduktion energisch und in kurzer Zeit, und das Eisen geht dabei in tiefschwarzes, pulverförmiges Oxyduloxyd (Fe_3O_4), welches sich absetzt, über. Der gute Verlauf der Reaktion läßt sich daran erkennen. Fehlerhaft ist er, wenn Ferrihydroxyd auftritt, das als braune und schleimige Masse durch die Flüssigkeit verteilt ist und sich nur schwierig von ihr trennen läßt. Nach der Reduktion wird aus der abgelassenen und durch Kalk alkalisch gemachten Flüssigkeit das Anilin durch Wasserdampf abgeblasen. Aus dem Destillat, das aus Anilin und seiner wässerigen Lösung von etwa 3 Proz. Gehalt besteht, wird ersteres durch Absitzen getrennt. Das Anilin ist fast ganz rein und braucht für die meisten Zwecke nicht weiterhin gereinigt zu werden; in chemisch reinem Zustande wird es durch Destillation im Vakuum gewonnen. Das Anilinwasser wird zum Speisen der Kessel verwandt, die den Dampf für die Destillation erzeugen. Neuerdings wird vorgeschlagen[1], das Anilin daraus durch Ausschütteln mit Nitrobenzol, welches dann wieder zur Reduktion verwandt wird, zu gewinnen; ein anderes Verfahren[2], das aber von Anfang an ohne technische Bedeutung war, besteht darin, das Anilin durch geeignete Reagenzien in schwer- oder unlösliche Verbindungen überzuführen.

In größerem Maßstab als reines *Anilin* werden in der Technik die sog. Anilinöle verwandt, unreine Produkte, deren Zusammensetzung je nach der zu ihrer Darstellung verwandten Nitroverbindung verschieden ist. Fast reines Anilin ist das für Anilinblau nötige „Anilinöl für Blau“ oder „Blauanilin“, aus welchem die Alkylaniline, Sulfanilsäure, Chinolin, Chinaldin und zahlreiche Farbstoffe dargestellt werden. „Anilinöl für Rot“ oder „Rotanilin“ ist ein Gemisch von etwa 1 Tl. Anilin und 2 Tl. o- und p-Toluidin und dient in der Hauptsache zur Darstellung von Fuchsin. Als drittes ist das „Anilinöl für Safranin“ zu erwähnen, ein Gemisch von 35 bis 50 Proz. Anilin und 50 bis 60 Proz. o-Toluidin. Es wird von der Fuchsinschmelze abdestilliert, weshalb man diese Abfälle als Fuchsinéchappée bezeichnet.

Über die Theorie des Vorganges bei der Reduktion sind verschiedene Erklärungen gegeben worden. Es ist dabei zu bedenken, daß die Reduktion des Nitrobenzols zu Anilin mittels Eisen in Gegenwart einer nur geringen Menge von Säure erfolgt, welche bei weitem nicht der Gleichung:

$$C_6H_5NO_2 + 3\,Fe + 6\,HCl = C_6H_5NH_2 + 3\,FeCl_2 + 2\,H_2O$$

entspricht. Schon mit 3 Proz. der danach erforderlichen Menge Säure kann eine glatte Reduktion erzielt werden. Es ist daher ausgeschlossen, daß das

[1] *Weiler ter Meer*, D. R. P. 282 531 [C. **1915**, I, 585; Angew. Chem. **28**, II, 212].
[2] *Grassler*, D. R. P. 27 274 [*Frdl.*, I, 12].

Nitrobenzol durch Wasserstoff, aus Eisen mittels Säure entwickelt, reduziert wird. Vielmehr muß man annehmen, daß das Ferrosalz das eigentlich reduzierende Agens ist. In welcher Weise dieses wirkt, darüber sind die Ansichten verschieden. Die von *E. v. Meyer*[1] stammende, die durch die Gleichungen

$$\begin{matrix} FeCl_2 + 2\,C_6H_5NH_2 + 2\,H_2O = Fe(OH)_2 + 2\,(C_6H_5NH_2 \cdot HCl) \\ 2(C_6H_5NH_2 \cdot HCl) + Fe = FeCl_2 + 2\,C_6H_5NH_2 + H_2 \end{matrix} \qquad (I)$$

ausgedrückt wird, ist abgesehen von anderen Einwänden, welche man dagegen machen kann, schon aus dem Grund nicht richtig, weil Anilin mit Eisenchlorür kein Ferrohydroxyd gibt. Nach *Witt*[2] geht dasselbe bei der Reduktion der Nitroverbindung in basisches Chlorid über, entsprechend der Gleichung:

$$6\,FeCl_2 + C_6H_5NO_2 + H_2O = 3\,Fe_2OCl_4 + C_6H_5NH_2.$$

Aus dem basischen Chlorid (Fe_2OCl_4) wird durch metallisches Eisen Oxyduloxyd und Eisenchlorür gebildet, nach der Gleichung:

$$4\,Fe_2OCl_4 + 3\,Fe = Fe_3O_4 + 8\,FeCl_2.$$

Das regenerierte Eisenchlorür wirkt dann wieder auf die Nitroverbindung ein und beide Reaktionen wechseln in fortgesetztem Kreislauf miteinander ab. *Bucherer*[3] weist darauf hin, daß die ganze Reaktion darauf hinausläuft, daß der Sauerstoff des Nitrobenzols auf das Eisen übergeht, wobei das Ferrochlorid als Kontaktsubstanz wirkt. Man kann daher die Reaktion auch folgendermaßen formulieren:

$$4\,C_6H_5NO_2 + 9\,Fe + 4\,H_2O \xrightarrow{\text{in Gegenwart von } FeCl_2} 4\,C_6H_5NH_2 + 3\,Fe_3O_4. \qquad (II)$$

Eine dritte Theorie ist die von *Wohl*[4], welcher nicht in dem Eisenchlorür, sondern in dem feinverteilten Metall bei Gegenwart von Wasser das unmittelbar reduzierende Agens erblickt. Seiner Ansicht nach findet die Reduktion nach der Gleichung:

$$C_6H_5NO_2 + 2\,Fe + 4\,H_2O = C_6H_5NH_2 + 2\,Fe(OH)_3$$

statt. Das entstehende Ferrihydroxyd setzt sich mit Eisenchlorür in ein basisches Doppelsalz um, das entsprechend der *Witt*schen Ansicht bei der Einwirkung von metallischem Eisen in $FeCl_2$ und Fe_3O_4 übergeht.

Die treibende Kraft für die nach der obigen Gleichung (II) zu formulierende Reaktion sieht *Raikow*[5] in der „Aktivierung“ des überschüssigen Eisens durch $FeCl_2$.

Auch Essigsäure gibt unter Umständen sehr gute Resultate. Bekanntlich wurde ja diese Methode zuerst von *Béchamp* angewandt, welcher damit das Nitrobenzol in saurer Lösung reduzierte. Ihr eigentliches Anwendungsgebiet ist die Reduktion der Nitronaphtalinsulfosäuren, weshalb sie später[6] bei

[1] *Muspratt*, Techn.-chem. Handbuch I, S. 942 (1888).
[2] Chem. Ind. **1887**, 218. *Witt* stellt die Reaktionsgleichung für Naphtylamin auf.
[3] Lehrbuch der Farbenchemie, S. 185; Leipzig, Spamer, 1914.
[4] Ber. d. d. chem. Ges. **27**, 1436, 1817 (1894).
[5] Zeitschr. f. Angew. Chem. **29**, 196, 239 [1916].
[6] Siehe S. 243.

der Behandlung der Naphtalinderivate zu besprechen ist. Auch bei ihr liegen die Verhältnisse so, daß bei weitem nicht so viel Essigsäure, als der einfachen Reaktionsgleichung entsprechen würde, nötig ist, um die Reduktion durchzuführen.

Das Anwendungsgebiet dieser Methode ist unbegrenzt; außer Anilin werden seine Homologen, besonders die Toluidine und Xylidin mit ihrer Hilfe dargestellt. Auch Di- und Polynitroverbindungen werden durch Säure und Metall bis zu den Aminokörpern reduziert. Die Fälle, in denen Nitrogruppen in zyklischen Verbindungen reduziert werden, sind so zahlreich in der chemischen Literatur beschrieben, daß es ganz ausgeschlossen ist, sie einzeln aufzuführen. Ganz ohne Einfluß sind außer den Alkylen die Sulfonsäuregruppen. Nitrobenzolmono-[1] und -disulfosäuren[2] gehen glatt in die entsprechenden Aminosäuren über. Auch wenn im Molekül Gruppen vorhanden sind, die als leicht reduzierbar gelten, so wird trotzdem die Nitrogruppe bei geeigneter Wahl des Reduktionsmittels zuerst reduziert, bevor die anderen Reste des Moleküls angegriffen werden. o- und m-Nitrozimmtsäure und deren Ester gehen bei der Reduktion mit Zinn und Salzsäure in die entsprechenden Aminozimmtsäuren über[3], 2-Nitrostyrylaminoameisensäuremethylester:

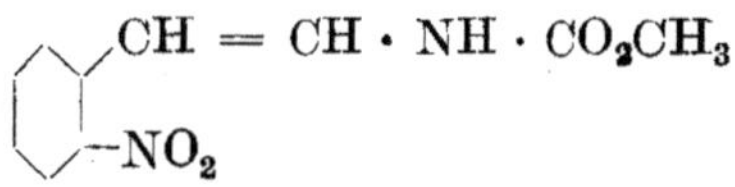

in die entsprechende Aminoverbindung[4]. Nicht nur an Phenylresten, sondern auch an anderen carbo- und heterozyklischen Ringen haftende Nitrogruppen werden durch Metall und Säure reduziert. Hierher gehört als wichtigstes Produkt das α-Naphtylamin, welches aus 1-Nitronaphtalin dargestellt wird. In neuerer Zeit gewinnt die Reduktion von Nitrocarbazolderivaten Bedeutung[5]. Selbst ein so empfindlicher Körper wie 2-Nitrothiophen läßt sich unter bestimmten Vorsichtsmaßregeln mit Zinn und Säure reduzieren[6]. Dagegen werden für Nitroanthrachinonderivate die für Benzolderivate gebräuchlichen Reduktionsmittel nicht angewandt, sondern Schwefelnatrium oder Zinnchlorür und Salzsäure[7]. Benutzt man statt Salzsäure Chloressigsäure bei Gegenwart von Eisen zur Reduktion von Nitrobenzol und seinen Homologen in der Wärme, so tritt das gebildete Amin im Moment seines Entstehens mit der Chloressigsäure in Reaktion unter Bildung von Phenylglycin[8]. In Anbetracht der Tatsache, daß man heute in der Lage ist, diesen Körper auf anderen Wegen viel billiger herzustellen, wird das Patent praktisch nicht angewandt.

---

[1] *Obermiller*, D. R. P. 281 176 [Angew. Chem. 28, II, 60].
[2] *B. A. S. F.* D. R. P. 77 192 [*Frdl.*, IV, 37].
[3] *M. L. Br.*, D. R. P. 101 685 [*Frdl.*, V, 824].
[4] *Weerman*, D. R. P. 213 713 [*Frdl.*, IX, 510].
[5] *Cassella & Co.*, D. R. P. Anm. C 23 593, Kl. 12p [Pat.-Schr. 4097].
[6] *Steinkopf* und *Lützkendorf*, D. R. P. 257 462 [*Frdl.*, XI, 146].
[7] Siehe S. 250.
[8] *M. L. Br.*, D. R. P. 175 797 [*Frdl.*, VIII, 390].

Ein jüngst angemeldetes Verfahren benutzt zur Reduktion aromatischer Nitroverbindungen die bei Rotglut durch Kohle oder reduzierende Gase gewonnenen rohen Reduktionsprodukte oxydischer Eisenerze[1].

Außer Eisen kommt für technische Zwecke als Reduktionsmittel nur noch Zink in Frage. Im Verein mit Säuren, als welche hauptsächlich Essigsäure oder verdünnte Schwefelsäure gebraucht werden, wird es sowohl als Staub als auch in festem Zustande angewandt. Reduktionen mit Zink und Salzsäure werden fast gar nicht ausgeführt, da man in den meisten Fällen chlorhaltige Produkte erhält[2]. Schon wegen des höheren Preises kann das Zink für ganz große Betriebe das Eisen nicht ersetzen. Über seine Anwendung in neutraler und alkalischer Lösung sowie mit konzentrierter Schwefelsäure siehe Seite 181 u. 177.

Alle zur Reduktion von Nitrobenzol bei Gegenwart von Säuren verwandten Metalle, wie Eisen, Zink, Zinn, sind in derselben löslich. Aber auch Kupfer, welches sonst in Säuren unlöslich ist, geht bei Gegenwart von Nitrobenzol in Lösung, indem dieses dabei zu Anilin reduziert wird. Erwärmt man ein Gemisch von Nitrobenzol, Kupfer und konzentrierter Salzsäure zum Sieden, so entsteht Anilin in quantitativer Ausbeute[3]. Ein Vorzug des Verfahrens ist, daß das in Lösung gegangene Metall durch Elektrolyse leicht wieder gewonnen werden kann.

Elektrolytische Reduktion.

Über elektrolytische Reduktion des Nitrobenzols zu Phenylhydroxylamin und gleichzeitige Umlagerung desselben zu p-Aminophenol ist bereits Seite 177 berichtet. Es ist leicht einzusehen, daß mit dem Emporblühen der Elektrochemie das Verlangen entstand, die Reduktion organischer Nitroverbindungen bis zum Amin mit Hilfe des elektrischen Stromes durchzuführen. Entsprechend der Wichtigkeit des Problems ist die elektrolytische Reduktion aromatischer Nitroverbindungen vielleicht das am besten durchforschte Gebiet der organischen Elektrochemie. Wenn auch diese Versuche keinen technischen Erfolg gezeitigt haben, so ist ihre wissenschaftliche Bedeutung um so größer, denn die Aufklärung der überaus verwickelten Vorgänge, die sich bei der Reduktion von Nitroverbindungen abspielen, ist durch das Studium der elektrochemischen Reduktion zuerst gelungen (*Habers* Schema); die bei dieser Reaktion sich abspielenden Vorgänge sind so gut aufgeklärt wie sonst bei keiner anderen.

In technischer Hinsicht hat man auf sie die größten Hoffnungen gesetzt; tatsächlich haben sie aber keinen durchdringenden Erfolg gehabt, die elektrochemische Reduktion ist der rein chemischen unterlegen. Für einzelne ganz bestimmte Zwecke mögen wohl auch elektrische Methoden zur Verwendung kommen, sie können aber höchstens dann konkurrieren, wenn man sonst

[1] *Rhenania*, D. R. P. Anm. C 20620 [*Frdl.*, XI, 148].
[2] *Kock*, Ber. d. d. chem. Ges. **20**, 1567 (1887).
[3] *Boehringer & Söhne*, D. R. P. 127815 [*Frdl.*, VI, 73].

nur mit Hilfe ganz teurer Reduktionsmittel zum Ziele gelangen würde. Das ist aber bei dem wichtigsten Ausgangsmaterial, dem Nitrobenzol, nicht der Fall. Um die elektrolytische Reduktion gewinnbringend zu gestalten, hat man den Versuch gemacht, die Reduktion des Nitrobenzols mit der elektrolytischen Zerlegung des Alkalichlorids derartig zu vereinigen, daß der dabei frei werdende Wasserstoff für Reduktionszwecke nutzbar gemacht wurde[1]. Aber auch diese Versuche sind erfolglos geblieben, hauptsächlich deswegen, weil die allzu komplizierten Apparate, die für derartige Prozesse erforderlich wären, unrentabel sind.

Immerhin muß man zugeben, daß die elektrolytische Reduktion verschiedene Vorteile vor der chemischen hat. Diese sind: das Reduktionsmittel braucht nicht erst dargestellt zu werden; es fallen alle Zwischenoperationen fort, und man erhält eine Lösung, die außer dem gewünschten Reduktionsprodukt nur den zur Stromleitung nötigen Elektrolyten enthält; die Reindarstellung der Reduktionsprodukte gestaltet sich daher sehr einfach, und man erhält diese meist sehr rein. Durch die Dauer der Einwirkung, durch Begrenzung des Kathodenpotentials und durch Anwendung besonderer Elektrodenmetalle läßt sich die Reduktion genau abstufen und regulieren; weiterhin bleibt die reduzierende Wirkung während der ganzen Versuchsreihe die gleiche und wird nicht gegen Ende hin schwächer, wie es bei der chemischen meist der Fall ist. Die Nachteile der Elektroreduktion liegen in allererster Linie in der Apparatur, durch welche das Verfahren so umständlich wird, daß die Vorteile mehr als ausgeglichen sind. Daß ein Teil des Ausgangsmaterials oder auch des Reduktionsproduktes infolge von Oxydation an der Anode zerstört wird, wird dadurch verhindert, daß beide Elektrodenräume durch ein Diaphragma getrennt werden. Dabei stellt sich aber sofort wieder eine Schwierigkeit ein, die darin besteht, daß die Diaphragmen in stark saurer Lösung schnell unbrauchbar werden[2]. Man hat dann weiterhin versucht, das Diaphragma ganz fortzulassen und durch Verwendung einer Anode von möglichst kleiner Oberfläche die Oxydationswirkung zu beschränken. Doch haben auch diese Versuche zu keinem befriedigenden Ergebnis geführt.

Das normale und erstrebte Endprodukt bei der elektrolytischen Reduktion in saurer Lösung ist das Amin. Unter dem reduzierenden Einfluß der Kathode findet also die bekannte Reaktionsfolge statt:

$$RNO_2 \rightarrow R \cdot NO \rightarrow RNHOH \rightarrow RNH_2.$$

Man hat es zwar in der Hand, durch Wahl eines geeigneten Kathodenpotentials und der übrigen Versuchsbedingungen die Reduktion auf irgendeiner Stufe dieser Reihe festzuhalten. In diesem Falle kommt es aber darauf an, daß das entstehende Phenylhydroxylamin möglichst schnell weiterreduziert wird, bevor es seiner großen Neigung zu Kondensationsreaktionen zum Opfer

---

[1] *Buchner*, Bericht des. V. internat. Kongresses f. angew. Chemie zu Berlin 1903, Sektion X, Band IV, 594. [*Ahrens* Sammlung, *Brand* 211.]

[2] Ein säurefestes Diaphragma beschreibt *Le Blanc*, Zeitschr. f. Elektrochemie **7**, 290, 653 [C. **1901**, I, 3; II, 81].

fällt. Sonst ist der Einfluß, den die Konstitution des angewandten Nitrokörpers ausübt, im allgemeinen gering, mit Ausnahme derjenigen Fälle, bei denen Ringschluß stattfindet.

Am schnellsten verläuft die Reduktion an Kathoden aus Zink, Kupfer, Blei oder Zinn oder auch an beliebigen anderen Kathoden bei Gegenwart von Salzen dieser Metalle, viel träger an solchen von Platin, Nickel oder Kohle. Es entsteht daher bei Verwendung dieser häufig ein Gemisch von Amin, Benzidin und Aminophenol. Der Einfluß, den die Kathodenflüssigkeit ausübt, hängt in erster Linie von der Konzentration der Säure ab. Je konzentrierter sie ist, um so schneller erfolgt die Umlagerung des Phenylhydroxylamins in p-Aminophenol, ein Vorgang, der nur in saurer Lösung stattfindet. Die Vereinigung von Nitrosobenzol und Phenylhydroxylamin zu Azoxybenzol findet dagegen sowohl in saurer wie in alkalischer Lösung statt, und zwar in alkalischer fast momentan, in saurer dagegen sehr langsam. Bei der weiteren Reduktion geht das Azoxybenzol in Hydrazobenzol über, welches sich in saurer Lösung in Benzidin umlagert und so der weiteren Reduktion zum Anilin entzogen wird. Da aber in saurer Lösung die Bildung von Azoxybenzol nur äußerst gering ist, so fällt die Benzidinumlagerung als die Ausbeute verschlechterndes Moment kaum ins Gewicht.

Der Einfluß des Elektrodenmaterials auf die Reduktionsgeschwindigkeit ist sowohl von der chemischen Natur desselben als auch von seiner Oberflächenbeschaffenheit abhängig. Die stärksten Reduktionswirkungen lassen sich an Kathoden aus Zink oder Blei erzielen, doch beruht dies nach *Elbs*[1] nicht auf elektrischer, sondern auf chemischer Wirkung. Das reduzierende Agens ist Wasserstoff, der dadurch entsteht, daß sich das Metall in Gegenwart von Nitrobenzol in der verdünnten Säure auflöst, worauf das aufgelöste Metall durch Einwirkung des elektrischen Stromes auf der Kathode in schwammförmigem Zustand niedergeschlagen wird. Auflösung und Abscheidung wiederholen sich so lange, bis sämtliches Nitrobenzol reduziert ist; von diesem Zeitpunkt an wird das noch in Lösung befindliche Metall auf der Kathode niedergeschlagen und bleibt ungelöst. An rauhen und schwammigen Flächen, also an Metallen mit möglichst großer Oberfläche, erfolgt die Reduktion gewöhnlich schneller als an glatten. Es ist durchaus nicht gleichgültig, ob man gewalztes oder galvanisch niedergeschlagenes Metall als Kathodenmaterial anwendet. Sehr energische Reduktionswirkungen lassen sich an Kathoden von Zinn[2] oder anderen Metallen mit schwammiger Oberfläche, wie platiniertes Platin oder palladiniertes Palladium, erzielen. Sehr wirksam sind auch frisch vernickelte oder frisch verkupferte Elektroden, wobei zu bemerken ist, daß bei Gegenwart von Kupfersalzen im Elektrolyten Kathoden aus beliebigem Metall verwandt werden können, da sich dieselben sofort beim Durchgang des Stromes mit einem Schwamm jenes Metalles überziehen. In hohem Maße hängt der Erfolg vom Reinheitsgrad

---

[1] Chem. Zeitg. **17**, 209; Zeitschr. f. Elektrochemie **2**, 472 (1896).

[2] *C. F. Boehringer Söhne,* D. R. P. 116 942 [*Frdl.* VI, 66].

der Metalle ab, denn bereits geringe Spuren von anderen Metallen heben die Überspannung und damit die Reduktionswirkung auf. Es genügt z. B. ein Zusatz von 3 mg Kupfer, 0,5 mg Silber oder 0,04 mg Platin auf den Quadratdezimeter Elektrodenfläche von Blei bei 200 ccm Elektrolytflüssigkeit, um die Reduktion vollständig zum Stillstand zu bringen, wobei dann an die Stelle derselben Wasserstoffentwicklung tritt.

Bleielektroden werden entweder in Metallformen gegossen oder aus Walzblei zusammengelötet, wobei selbstverständlich jedes fremde Metall zu vermeiden ist. Um die in Handelsblei stets vorkommenden Fremdmetalle zu entfernen, hat sich eine von *Tafel*[1] zuerst angewandte elektrolytische Vorbehandlung als geeignet erwiesen. Bei derselben werden die in den äußersten Schichten des Bleies befindlichen Fremdmetalle herausgelöst und zugleich wird demselben eine schwammige Oberfläche verliehen[2]. Als Anoden dienen ebenfalls präparierte Bleiplatten. Platinanoden dürfen keinesfalls angewandt werden, da hierbei Spuren des schädlichen Metalles in den Elektrolyten gelangen können.

Das erste Patent, welches für die Darstellung von Anilin und Toluidin erteilt worden ist, stammt von *Kendall*[3] aus dem Jahre 1882. In einem porösen Gefäß wird eine Mischung von Nitrobenzol mit verdünnter Schwefelsäure oder einer Salzlösung durch den an der negativen Elektrode frei werdenden Wasserstoff zu Anilin reduziert. Da das Ausgangsmaterial in der Elektrolytflüssigkeit nicht gelöst war, wurde eine Kathode aus Kohle benutzt, welche durch besondere Präparierung eine möglichst innige Berührung des Nitrobenzols mit sich zustande brachte. Praktische Bedeutung hat das Verfahren aber nie gewonnen, besonders auch deshalb nicht, weil Körper, welche in der Elektrolytflüssigkeit vollkommen unlöslich sind, nur sehr schwer reduziert werden. Man setzte daher später, um die Löslichkeit des Nitrobenzols zu erhöhen, stets Alkohol zu oder man bringt es durch angewandte Rührwerke in eine emulsionsartige Verteilung. Da ferner bei dem *Kendall*schen Verfahren ohne Diaphragma gearbeitet wird, so dürfte das entstehende Anilin kaum der Oxydationswirkung der Anode entgehen, worauf natürlich bei neueren Konstruktionen ebenfalls Rücksicht genommen ist. Trotzdem hat es lange Zeit gedauert, bis ein einigermaßen brauchbares Verfahren aufgefunden wurde, da vorher erst eine gründliche wissenschaftliche Durchforschung des ganzen Gebietes stattfinden mußte[4].

---

[1] Zeitschr. f. phys. Chem. **34**, 187 (1900); Ber. d. d. chem. Ges. **33**, 2209 (1900).

[2] Im D. R. P. 252 759 [C. **1912**, II, 1756; *Frdl.*, XI, 538] von *Bayer & Co.* wird ausgeführt, daß Elektroden aus Blei, welche einen geringen Kupfergehalt haben, sowohl als Kathoden wie als Anoden dauerhafter als reine Bleielektroden sind und außerdem reinere Produkte liefern. Als Beispiel wird aber nur die Reduktion von Aceton zu Pinakon angeführt; wie es bei Nitroverbindungen ist, wird nicht erwähnt.

[3] D. R. P. 21 131 [*Frdl.*, I, 12].

[4] *Brand*, „Die elektrochemische Reduktion organischer Nitrokörper und verwandter Verbindungen", in Band **13**, S. 83ff. der „Sammlung chemischer und chemisch-technischer Vorträge"; herausgegeben von *Herz*, Stuttgart, Enke, 1908. — *Löb*, „Die Elektrochemie der organischen Verbindungen", 3. Aufl., S. 143ff.; Halle a. S., Knapp, 1905.

Das erste Verfahren, welches darauf Anspruch machen kann, ein technisch brauchbares genannt zu werden, stammt von der Firma *Boehringer & Söhne*[1]. Nach demselben findet die Reduktion in saurer Lösung oder Emulsion unter Anwendung von Zinnkathoden oder auch bei Verwendung von Kathoden aus indifferenten Metallen, wie Platin, Blei, Kohle, Nickel, unter Zusatz einer geringen Menge eines Zinnsalzes zum Katholyten statt, wobei man am besten hohe Stromdichten bei gleichzeitiger Kühlung verwendet. Bei Verwendung einer Zinnkathode geht, solange unveränderte Nitroverbindung vorhanden ist, fortwährend Zinn in Lösung, das aber im selben Augenblick wieder abgeschieden wird, indem es sich an der verwendeten Zinnkathode in Form von Flitterchen oder Schwamm abscheidet. Verwendet man eine indifferente Kathode bei Gegenwart von Zinnchlorür, so erfolgt die Abscheidung von metallischem Zinn in derselben Weise an der Kathode, die sich dann weiterhin wie eine reine Zinnkathode verhält. Nach Beendigung der Reduktion, die man an der beginnenden Entwicklung von Wasserstoff erkennt, ist die Lösung frei von Zinn, so daß man beim Eindunsten die Basen als salzsaure Salze erhält. An Stelle des Zinns können aber auch andere Metalle (Cu, Pb, Fe, Cr, Hg) angewandt werden[2], wobei es gleichgültig ist, ob ein Salz der genannten Metalle oder das betreffende Metall selbst in feinverteiltem Zustand zum Katholyten hinzugefügt wird. Während der Reduktion wird das Metall entweder fortgesetzt abgeschieden und wieder aufgelöst, oder aber es geht als Salz in Lösung und wirkt dadurch reduzierend, daß seine Ionen fortwährend ihren Wertigkeitszustand ändern, wie z. B. Eisen durch Übergang von Ferro- in Ferrisalz reduzierend wirkt.

Als ein solches Metall wird auch Titan angewandt[3], welches durch abwechselnden Übergang von der Titano- in die Titanistufe und umgekehrt die Reduktion bewirkt, dabei ist als Kathodenmaterial Blei am geeignetsten. Bleielektroden allein ohne Zusatz von anderen Metallen[4] haben nur dann stark reduktive Wirkung, wenn man ihnen eine möglichst große Oberfläche erteilt, was dadurch geschehen kann, daß man im Kathodenraum ein lockeres Gefüge von Granalien, Drähten oder Spänen (Bleiwolle) anwendet.

Bei allen diesen Verfahren bietet, wie schon kurz erwähnt, der Umstand, daß man es meist mit Substanzen zu tun hat, welche in der Elektrolytflüssigkeit nicht löslich sind, einige Schwierigkeiten. Da es eine absolute Unlöslichkeit zweier Körper ineinander nicht gibt, so ist man imstande, dadurch, daß man die zu reduzierende Substanz durch mechanische Vorrichtungen in der als Katholyten dienenden wässerigen Lösung in emulsionsartige Verteilung bringt, genügende Mengen davon aufzulösen. Wenn dabei der Körper auch nur spurenweise in Lösung

---

[1] D. R. P. 116 942 [*Frdl.*, VI, 66].

[2] *Boehringer & Söhne*, D. R. P. 117 007 [*Frdl.*, VI, 69]. Die beiden Verfahren sind von *Chilesotti*, Zeitschr. f. Elektrochemie **7**, 768 (1901) [C. **1901**, II, 465] geprüft und bestätigt.

[3] *M. L. Br.*, D. R. P. 168 273 [*Frdl.*, VIII, 115].

[4] *Otin* und *Wäser*, D. R. P. 235 955 [*Frdl.*, X, 130].

geht, so wird er doch in dem Maße, wie er durch die Reduktion aus der Lösung verschwindet, von neuem wieder aufgenommen, und die Reduktion verläuft in glatter Weise. Es ist demnach das Ganze eine Frage der Apparatur, welche in verschiedener Weise gelöst worden ist. Die einfachste Methode besteht darin, daß man den Katholyten durch ein gut wirkendes Rührwerk in energischer Bewegung erhält, was auch dadurch erreicht werden kann, daß man die Kathode selbst als Rührer ausbildet[1]. Nach einem anderen Vorschlag[2] soll das Ausgangsmaterial, in flüssigem Zustand oder in einem indifferenten Lösungsmittel gelöst, durch einen als Kathode dienenden porösen Körper, z. B. Kohle, hindurchgepreßt werden. Schließlich[3] soll der zu reduzierende Körper mit feinstgepulverter Kohle zu Platten oder Stäben gepreßt werden, die selbst als Kathoden verwandt werden. Praktisch werden diese Verfahren wohl kaum angewandt, trotzdem sind ihnen einige Vorzüge nicht abzusprechen.

Neben der Erleichterung der Reduktion bietet das Suspensionsverfahren auch sonst einige Vorteile, welche darin bestehen, daß die Aufarbeitung des Rohproduktes wesentlich erleichtert wird, indem es nach Beendigung der Reduktion aus dem wässerigen Elektrolyten ohne weiteres isoliert werden kann. Auch verringert der Wegfall des Alkohols als Lösungsmittel die Kosten, wenn es sich um Reduktionen in großem Maßstabe handelt.

Neben der Darstellung von Anilin durch Reduktion in saurer Lösung oder Suspension ist die Reduktion in alkalischer Suspension so gut wie bedeutungslos. Trotzdem sind verschiedene Versuche gemacht worden, auch derartige Verfahren in technisch brauchbarer Weise auszugestalten. Setzt man zum Katholyten Kupferpulver[4], so wird die Reduktion des Phenylhydroxylamins auch in der alkalischen Lösung so beschleunigt, daß seine Kondensation mit anderen Reduktionsprodukten des Nitrobenzols vollkommen zurücktritt. Am besten verwendet man dabei eine Kupferkathode oder eine verkupferte Kathode von beliebigem Metall, beide in Gegenwart von Kupferpulver oder Kupfersalzen[5]. In gleicher Weise lassen sich Nitrotoluole, α-Nitronaphtalin und besonders m-Nitroanilin, dessen Reduktion sonst nicht in befriedigender Weise gelingt, in die entsprechenden Aminoverbindungen überführen. An diese Verfahren wurden seinerzeit große Hoffnungen geknüpft, da man erwartete, daß nach ihnen die Darstellung von Aminen mit der Elektrolyse der Alkalichloride verbunden werden könnte. Diese Hoffnungen haben sich aber nicht erfüllt.

Katalytische Reduktion.

Neben die rein chemischen und elektrolytischen Reduktionsmethoden ist in neuerer Zeit als dritte die katalytische Reduktion von Nitrokohlenwasser-

---

[1] *Kolsky*, D. R. P. 257 559 [C. **1913**, I, 1245].
[2] *Boehringer & Söhne* und *Messinger*, D. R. P. 109 051 [*Frdl.*, V, 56].
[3] *Nithack*, D. R. P. 123 554 [*Frdl.*, VI, 1288].
[4] *Chilesotti*, Zeitschr. f. Elektrochemie **7**, 768 (1901); **8**, 590 (1902).
[5] *Boehringer & Söhne*, D. R. P. 130 742, 131 404 [*Frdl.*, VI, 71ff.].

stoffen zu Aminen getreten. Die Entwicklung dieses wichtigen Verfahrens, welches bekanntlich auf den Arbeiten von *Sabatier* und *Senderens*[1] beruht, ist bei der Reduktion der ungesättigten aliphatischen Säuren ausführlich beschrieben worden. Es sei auf die dort gemachten Ausführungen verwiesen und hier nur bemerkt, daß fast alle diese Verfahren auch zur Reduktion von Nitroverbindungen angewandt worden sind. Im großen Maßstabe werden sie wohl kaum ausgeführt, und meist ist es bei den wissenschaftlichen Versuchen geblieben. Zur Reduktion können alle Nitroverbindungen, die sich verflüchtigen lassen, angewandt werden; bei Nitrochlorbenzolen wird zugleich mit der Reduktion der Nitrogruppe das Chlor durch Wasserstoff ersetzt[2]. Beim katalytischen Reduktionsprozeß wird das Ausgangsmaterial in Dampfform, mit Wasserstoff gemischt bei erhöhter Temperatur über den Katalysator geleitet; dieser kann aus Nickel, Kupfer, Eisen oder Edelmetallen bestehen. Infolge des hohen Siedepunktes des Nitrobenzols (205°) und der anderen aromatischen Nitroverbindungen kann die Reduktion nur bei Temperaturen, die über 200° liegen, stattfinden, falls man mit Nitroverbindungen in Dampfform arbeiten will. Bei diesen Verhältnissen findet mit Nickel als Katalysator eine energische Reduktion statt. Da aber Anilin, wenn es bei 190° oder höherer Temperatur über Nickel geleitet wird, mannigfache Umwandlungen erleidet, so erhält man dabei nicht nur Anilin, sondern eine ganze Reihe anderer Körper. Gleichzeitig erleidet das entstehende Anilin weitergehende Hydrierung bis zum Cyclohexylamin, und außerdem entsteht unter Entwicklung von Ammoniak ein Gemenge von Dicyclohexylamin und Phenylcyclohexylamin, daneben in geringer Menge Benzol, Cyclohexan und Diphenylamin. Über 250° wird ein Teil des Nitrobenzols in Benzol und Ammoniak verwandelt, und oberhalb 300° geht die Reduktion so weit, daß Methan entsteht. Nur bei Verwendung von schwach aktivem Nickel bleibt die Ringhydrierung aus, und man erhält lediglich Anilin. Alle diese unerwünschten Nebenreaktionen können vermieden werden, wenn man die betreffende Nitroverbindung mit Hilfe von Wasserdampf verflüchtigt, indem man sie zugleich mit Wasserstoff über den Katalysator leitet[3]. Man braucht dann nur auf Temperaturen zu erhitzen, die wesentlich unterhalb des Siedepunktes der Nitroverbindung liegen, und erhält die Amine frei von anderen Zersetzungsprodukten. Eine weitere Anwendungsform von Nickel sind organische Nickelsalze. Was bei diesen eigentlich die katalysatorische Wirkung hervorbringt, darüber hat sich eine langdauernde Diskussion eröffnet[4], und auch heute herrscht noch keine vollkommene Klarheit darüber. Die Reduktion der Nitroverbindungen läßt sich aber mit Hilfe von Nickelsalzen, insbesondere Nickelformiat, bereits

[1] Compt. rend. de l'acad. des sciences **133**, 321 (1901); **135**, 225 (1902) [C. **1901**, II, 681; **1902**, II, 636].

[2] *Sabatier* und *Mailhe*, Compt. rend. de l'acad. des sciences **138**, 245 (1904) [C. **1904**, I, 720].

[3] *M. L. Br.*, D. R. P. 282 492 [C. **1915**, I, 585].

[4] Siehe S. 25.

bei etwa 120° durchführen[1]. Trotzdem erhält man aber auch hier neben o-Toluidin, das in der Patentschrift als Beispiel angeführt ist, auch noch Toluol.

Kupfer ist, als einer der schwächsten Katalysatoren, nicht imstande, aromatische Ringe zu hydrieren. Man muß bei Anwendung desselben als Katalysator die Temperatur auf 300 bis 400° steigern und erhält ziemlich glatt und ohne erhebliche Nebenreaktionen Anilin. Bei ungenügender Zufuhr von Wasserstoff entsteht Azoxybenzol. Ein großer Vorteil des Kupfers besteht aber darin, daß es auch dann gute Resultate gibt, wenn man Wasserstoffgas in verdünntem Zustand, etwa als Wassergas, zur Einwirkung bringt[2]. Entsprechend den Gleichungen:

$$C_6H_5NO_2 + 3\,H_2 = C_6H_5NH_2 + 2\,H_2O$$
$$C_6H_5NO_2 + 2\,CO + H_2 = C_6H_5NH_2 + 2\,CO_2,$$

wird von dem Gas nicht nur sämtlicher Wasserstoff, sondern auch das Kohlenoxyd für die Reduktion ausgenutzt, und das dabei entstehende Anilin ist für die meisten Zwecke genügend rein. Andere Metalle, wie Nickel, Kobalt, Eisen, können in dieser Weise nicht gebraucht werden. Die Darstellung von Kupferkatalysatoren[3] erfolgt durch Erhitzen von Kupfersalzen, wie Carbonat, Formiat, Oxalat oder Nitrat, für sich oder in einem reduzierenden Gasstrom bei Temperaturen, welche wesentlich unter Rotglut liegen. Dabei kann das Metall auch auf Trägern (Bimsstein, Asbest, Kieselgur) niedergeschlagen werden. Seine Wirkung wird durch Aktivatoren, als welche Alkaliverbindungen oder Oxyde wie Magnesia, Aluminiumoxyd, ferner Schwermetalloxyde gebraucht werden, erhöht. Auch für die Hydrierung ungesättigter Verbindungen sind solche bereits vorgeschlagen worden[4]. Diese Kontaktmassen zeigen eine besondere Reaktionsfähigkeit und Haltbarkeit.

Eisen ist unter den üblichen Bedingungen als Katalysator nicht zu brauchen. Läßt man aber die Reaktion unter hohem Druck und bei hoher Temperatur vor sich gehen, so gelingt sogar mit Hilfe von kompaktem Metall, wie Eisendrehspänen, die Reduktion ohne Schwierigkeit und Nebenreaktionen[5]. Eine andere Form, das Eisen zu verwenden, ist fein verteiltes Eisenoxydul oder Eisenoxyduloxyd[6]. Dabei ist es zweckmäßig, möglichst unter Luftausschluß bei nicht zu hoher Temperatur zu arbeiten.

Weniger gebräuchlich sind Katalysatoren, die aus Edelmetall bestehen. Palladium reduziert Nitrobenzol in Gegenwart von Wasserstoff bei 150° zu Anilin; die Ausbeute ist aber sehr gering, da sich bei dieser Temperatur flüssiges Nitrobenzol auf den Katalysator niederschlägt, wodurch seine Einwirkung verhindert wird. Aus diesem Grunde und in Anbetracht des hohen

---

[1] *Wimmer* und *Higgins*, D. R. P. Anm. W 38 926, Kl. 12o [Pat.-Schr. 3669].
[2] *Senderens, d'Andoque de Sériège* und *Chefdebien*, D. R. P. 139 457 [*Frdl.*, VII, 55].
[3] *B. A. S. F.*, D. R. P. 282 568, 283 449 [Angew. Chem. **28**, II, 212, 267].
[4] Siehe S. 27, 30.
[5] *v. Girsewald*, D. R. P. 281 100 [Angew. Chem. **28**, II, 60].
[6] *Weiler ter Meer*, D. R. P. 273 322 [Angew. Chem. **27**, II, 195].

Preises des Palladiums ist seine Verwendung in technischen Betrieben ausgeschlossen.

Ähnlich wie Kupfer wirkt Platin, das ebenfalls bei einer Temperatur zwischen 300 und 400° das Nitrobenzol mit Hilfe von Wassergas reduziert. Es wird dabei jedoch nur der Wasserstoff und nicht auch das Kohlenoxyd zur Reduktion verbraucht, so daß die Menge des reduzierenden Gases auf das Doppelte steigt. So vorteilhaft diese Verfahren zu sein scheinen, so würden sie größere praktische Bedeutung erlangt haben, wenn nicht die genaue Einhaltung ziemlich engbegrenzter Versuchsbedingungen technische Schwierigkeiten böte, die nur schwer zu überwinden sind. Diese sind nicht vorhanden, wenn man als Katalysatoren Gold oder Silber anwendet, die bisher bei derartigen Reaktionen überhaupt noch nicht gebraucht worden sind und auch in kolloidaler Lösung keinen Wasserstoff übertragen[1]. Beide Metalle werden entweder für sich oder auch in Mischung miteinander oder mit anderen Metallen mit und ohne Anwendung von Kontaktträgern angewandt[2]. Dabei verläuft die Reaktion glatt und schon bei 230 bis 250°, also wesentlich niedriger als mit Kupfer, wobei man ebenfalls sowohl mit reinem Wasserstoff als auch mit Wassergas arbeiten kann. Das Amin wird in nahezu quantitativer Ausbeute und vorzüglicher Reinheit erhalten.

Die Reduktion von Nitroverbindungen in gelöstem Zustande, unter Verwendung von kolloidalen Metallen der Platingruppe, wie sie nach dem von *Paal* angegebenen Verfahren stattfindet, ist für technischen Betrieb nicht geeignet. Palladiumhydrosol nach *Paal* übt in alkoholischer Lösung nur eine geringe Wirkung aus, die beste Temperatur dafür ist 65 bis 85°[3]. Nach *Fokin*[4] lassen sich aber Nitroverbindungen bei Gegenwart von kolloidalem Platin oder Palladium reduzieren, besonders wenn man dem Reaktionsgemisch $PdCl_2 \cdot 2\,NaCl$ oder Platinhydroxyd zur Steigerung der Solbildung zusetzt. Man kann dem Reaktionsgemisch auch ungesättigte Fettsäuren oder deren Glyceride zufügen.

Nitrobenzol kann auf katalytischem Weg (mit Nickel und Wasserstoff) auch zu Azoxy-, Azo- und Hydrazobenzol reduziert werden, wenn der Prozeß bei Gegenwart von Alkalien vorgenommen wird[5].

Sulfide der Alkalien, Hydrosulfit und Bisulfit.

Das älteste hierhergehörige Reduktionsmittel ist zugleich dasjenige, mit dem zum ersten Male eine Nitrogruppe reduziert worden ist, das Schwefelammonium. Bekanntlich hat mit seiner Hilfe *Zinin*[6] das Nitrobenzol zu Anilin reduziert. Es ist ein starkes Reduktionsmittel und führt bei Ein-

---

[1] *Paal* und *Gerum*, Ber. d. d. chem. Ges. **40**, 2219 (1907).

[2] *B. A. S. F.*, D. R. P. 263 396 [*Frdl.*, XI, 146].

[3] *Paal* und *Amberger*, Ber. d. d. chem. Ges. **38**, 1406 (1905).

[4] Russ. Pat. 22 629; Chem.-Ztg. **1914**, Rep. 40.

[5] *Brochet*, Compt. rend. de l'acad. des sciences **158**, 1353 (1914); Pat.-Anm. B 71 732, 73 475, Kl. 12q [*Frdl.*, XI, 147].

[6] Ann. d. Chem. **44**, 286 (1842).

wirkung in der Wärme ohne Zwischenprodukte bis zum Amin, während in der Kälte die Reduktion nur bis zum Hydroxylamin geht. Mit besonderem Vorteil wird es bei der partiellen Reduktion von Dinitroverbindungen angewandt[1].

Bereits bei niederen Temperaturen ist das Schwefelnatrium ($Na_2S + 9\,H_2O$) ein starkes Reduktionsmittel. Es geht dabei in Thiosulfat und Ätznatron über, während Natriumdisulfid dabei nur Thiosulfat liefert und Polysulfide unter Bildung von Thiosulfat und Schwefel reduzieren. Aus diesem Grunde sind die beiden ersten bequemer als Reduktionsmittel, da der bei den letzteren entstehende Schwefel meist schwer von den gebildeten Reduktionsprodukten zu trennen ist. Für den technischen Gebrauch ist Natriumdisulfid (Na_2S_2) vorzüglich geeignet, seitdem man es fertig im Handel bekommt. Sein Reduktionsvermögen ist stark, besonders wenn man es in Lösung bei Temperaturen von 110° und höher zur Einwirkung bringt. Man kann dadurch aus Nitrobenzol Anilin auch in alkalischer Lösung in befriedigender Ausbeute herstellen[2], indem man Nitrobenzol zusammen mit einer Lösung von Natriumdisulfid 12 Stunden lang sieden läßt. Will man die Zwischenprodukte wie Azoxy- und Azobenzol darstellen, so verwendet man starke Alkalilauge und beschränkt die Dauer der Einwirkung[3].

Das eigentliche Anwendungsgebiet des Natriumsulfids und seiner verschiedenen Schwefelungsstufen ist die Darstellung von Schwefelfarbstoffen. Dabei findet neben der Reduktion der Nitrogruppe die Schwefelung statt. Welcher dieser beiden Vorgänge zuerst eintritt, läßt sich nicht immer nachweisen; oft aber erhält man in der Polysulfidschmelze aus Nitroderivaten andere Farbstoffe, als wenn man die entsprechenden Aminokörper verschmilzt. Meistens werden Di- und Polynitroverbindungen, besonders des Diphenylamins, zur Darstellung von Schwefelfarbstoffen verwandt; Mononitroderivate kommen dafür nur in ganz geringem Maße in Betracht[4].

Es ist ganz natürlich, daß auch das Natriumhydrosulfit zur Reduktion von Nitrobenzol herangezogen worden ist[5]. Da aber das Nitrobenzol in der alkalischen Lösung so gut wie unlöslich ist, so erfolgt seine Reduktion verhältnismäßig schwierig, dagegen verläuft sie glatt bei Derivaten des Nitrobenzols, welche in Alkali löslich sind, wie bei Nitrophenolen, Sulfon- und Carbonsäuren. Zuerst wurde nicht fertiges Hydrosulfit angewandt, sondern dasselbe in der Reduktionsflüssigkeit erzeugt, indem man Ameisensäure oder Formaldehyd und schweflige Säure in freiem Zustande oder in Form ihrer Salze gleichzeitig zur Einwirkung brachte[6]. Statt der Natronsalze können

---

[1] *Beilstein* und *Kuhlberg*, Annal. d. Chem. **155**, 14 (1870).

[2] *Kunz*, D. R. P. 144 809 [*Frdl.*, VII, 57].

[3] *M. L. Br.*, D. R. P. 216 246 [*Frdl.*, IX, 116].

[4] *Bayer & Co.*, D. R. P. 97 541 [*Frdl.*, V, 448]; *B. A. S. F.*, D. R. P. 135 636 [*Frdl.*, VI, 747]; *M. L. Br.*, D. R. P. 143 455 [*Frdl.*, VII, 545].

[5] *Goldberger*, Österr. Chem.-Ztg. **3**, 470 (1900); Chem. Zentralbl. **1900**, II, 1014; *Aloy* und *Frébault*, Bull. Soc. chim. Paris [3] **33**, 495 [C. **1905**, I, 1602]; *Aloy* und *Rabaut*, Bull. Soc. chim. Paris [3] **33**, 654 [C. **1905**, II, 229].

[6] *Kapff*, D. R. P. 175 582 [*Frdl.*, VIII, 94].

auch andere Salze, wie ameisensaures Zink oder Anlagerungsprodukte, wie Formaldehydbisulfit, Acetonbisulfit, gebraucht werden. Aus Ameisensäure und schwefliger Säure bildet sich beim Erhitzen nach folgender Gleichung:

$$H_2CO_2 + 2\,SO_2 = H_2S_2O_4 + CO_2$$

Hydroschweflige Säure. Erhitzt man z. B. eine Mischung von Natriumformiat, Natriumbisulfit und Nitrobenzol bei Gegenwart von Salzsäure im geschlossenen Gefäß, so erhält man Anilin; bei Gegenwart von Alkalien ist die Reduktionswirkung die gleiche.

Das Verfahren ist in erster Linie für Zwecke des Reduktionsätzens von Küpenfarbstoffen ausgearbeitet worden und hat für die Reduktion von Nitroverbindungen keine Bedeutung. In großem Maßstabe kann es mit den gewöhnlichen Reduktionsverfahren nicht konkurrieren. Dagegen wird in der Anthrachinonreihe und auch sonst, wenn es sich um Präparate, die in geringeren Mengen dargestellt werden, handelt, das Hydrosulfit häufig angewandt. In diesem Falle wird es aber in der Form seines Natriumsalzes, welches im Handel ist, gebraucht.

Technisch wichtiger ist die Einwirkung von Bisulfit auf Nitroverbindungen, besonders bei solchen der Naphtalinreihe. Während Nitrobenzol von neutralem Alkalisulfit nicht angegriffen wird[1], wird es rasch und glatt durch Einwirkung wässeriger Lösung von Bisulfiten reduziert. Dabei entsteht zuerst die Sulfaminsäure $C_6H_5NH \cdot SO_3H$, deren Isolierung infolge ihrer Löslichkeit und leichten Hydrolysierbarkeit, besonders bei den einfacher zusammengesetzten Körpern, nicht immer gelingt. Möglich ist sie z. B. beim Acetyl-p-nitroanilin[2] und bei der p-Tolyl- oder Xylylsulfaminsäure[3]. Die Menge der erhaltenen Sulfaminsäure steigt mit der Zahl der im Benzolkern vorhandenen Alkylgruppen und beträgt z. B. beim technischen Nitroxylol 95 Proz. der Theorie. In Parastellung zur Nitrogruppe vorhandene Alkyle wirken günstiger auf die Ausbeute an Sulfaminsäure, als die entsprechenden Substituenten in Orthostellung.

Bei Anwendung von Natriumbisulfit verläuft die Reduktion nach der Gleichung:

$$C_6H_5NO_2 + 3\,NaHSO_3 = C_6H_5NH \cdot SO_3Na + 2\,NaHSO_4,$$

wendet man aber nur die dieser Gleichung entsprechende Menge Bisulfit an, so wird durch die Einwirkung des sauren Sulfates das sulfaminsaure Salz gespalten und man erhält schwefelsaures Amin. In verdünnter Bisulfitlösung verläuft die Reaktion rascher, als in konzentrierter. Nitrobenzol wird z. B. beim Kochen mit 10proz. Bisulfitlösung in etwa $^3/_4$ Stunden reduziert, mit 40proz. erst in 10 Stunden. Am besten verläuft die Reaktion dann, wenn man zugleich neutrales Sulfit zusetzt. Es ergibt sich dann die Reaktionsgleichung:

$$C_6H_5NO_2 + NaHSO_3 + 2\,Na_2SO_3 = C_6H_5NH \cdot SO_3Na + 2\,Na_2SO_4,$$

---

[1] *Nietzki* und *Helbach*, Ber. d. d. chem. Ges. **29**, 2448 (1896).
[2] *Weil* und *Weisse*, D. R. P. 221 301 [*Frdl.*, X, 129].
[3] *Weil*, D. R. P. 151 134 [*Frdl.*, VII, 61].

nach welcher das neutrale Sulfat, welches nicht imstande ist, auf die Sulfaminsäure hydrolysierend einzuwirken, entsteht. Letztere läßt sich in Form ihres Natriumsalzes aus genügend konzentrierter Lösung durch Kochsalz mit Leichtigkeit ausscheiden.

Der bei der Reduktion eigentlich stattfindende Vorgang ist noch nicht vollkommen aufgeklärt. *Bamberger*[1] hat bei der Einwirkung von schwefliger Säure auf Phenylhydroxylamin Phenylsulfaminsäure und o-Sulfanilsäure erhalten. Daraus zieht *Bucherer*[2] den Schluß, daß auch bei der Einwirkung von Bisulfit auf Nitrobenzol zunächst Phenylhydroxylamin entsteht, welches mit einem zweiten Molekül Bisulfit Phenylsulfaminsäure gibt:

$$RNHOH + NaHSO_3 = RNH \cdot SO_3Na + H_2O.$$

Erwärmt man die Sulfaminsäure in saurer Lösung, so tritt rasch und glatt eine Umlagerung ein, indem die am Stickstoff haftende Sulfonsäuregruppe in den Kern wandert. Die Stellung, welche sie im Kern einnimmt, hängt natürlich neben den Reaktionsbedingungen auch von den übrigen Substituenten ab; in erster Linie tritt sie in die p-Stellung, und nur wenn diese besetzt ist, kommt auch die o-Stellung in Betracht. In vielen Fällen genügt schon das schwach sauer reagierende Bisulfit dazu, die Umlagerung der Sulfaminsäure herbeizuführen. Unter ganz bestimmten Bedingungen läßt sich dieselbe auch so leiten, daß aus Phenylsulfaminsäure Anilin-o-sulfosäure entsteht, deren technische Darstellung ein schon lange bearbeitetes Problem ist. Eine Umlagerung in diesem Sinne findet statt, wenn man Phenylsulfaminsäure bei niederer Temperatur in Eisessiglösung der Einwirkung von wenig Schwefelsäure aussetzt[3].

b. Andere Nitroverbindungen der Benzolreihe.

Es ist ausgeschlossen und auch überflüssig, alle diejenigen Derivate aufzuführen, in denen eine am Benzolkern sitzende Nitrogruppe reduziert wird. Eine derartige Reduktion ist die am häufigsten in der organischen Chemie ausgeführte Reaktion und verläuft im allgemeinen stets in derselben Weise, wie die Reduktion des Nitrobenzols. Ohne weiteres findet das dort Gesagte auf alle diese Verbindungen Anwendung. An dieser Stelle sollen daher nur solche Reduktionen substituierter Nitroverbindungen besprochen werden, welche zu technisch besonders wichtigen Aminen führen, und bei denen im Molekül vorhandene andere Gruppen diese beeinflussen oder selbst an der Reduktion beteiligt sind.

Nitrotoluole und deren Sulfosäuren.

Die Toluidine entstehen durch Reduktion der entsprechenden Nitrotoluole durch dieselben Reaktionen, wie das Anilin aus Nitrobenzol. Bei der Nitrierung liefert das Toluol etwa 60 Proz. o- und etwa 35 Proz. p-Nitro-

[1] Ber. d d. chem. Ges. **30**, 654, 2274 (1897).
[2] Lehrbuch der Farbenchemie, S. 144; Leipzig, Spamer, 1914.
[3] *Bamberger* und *Kunz*, Ber. d. d. chem. Ges. **30**, 2277 (1897).

toluol, während m-Nitrotoluol in ganz untergeordneter Menge (1 bis 2 Proz.) entsteht. Das wertvollste von ihnen ist die p-Verbindung, welche auf Grund ihres höheren Schmelzpunktes von der o-Verbindung getrennt wird. Dem o-Nitrotoluol ist längere Zeit großes Interesse entgegengebracht worden, da man hoffte, es durch Überführung in o-Nitrobenzaldehyd als ein bequemes Ausgangsmaterial für die Darstellung des Indigos anwenden zu können. Diese Überführung ist zwar mit gutem Erfolg geglückt, aber erst zu einer Zeit, als Nitrobenzaldehyd für die Indigosynthese praktisch nicht mehr in Betracht kam. Da die Trennung der homologen Toluidine Schwierigkeiten bereitet, wird das Gemisch der Nitroverbindungen zunächst in die Isomeren zerlegt, neuerdings durch fraktionierte Destillation im Vakuum, und diese dann einzeln der Reduktion unterworfen. Es ist auch versucht worden, reine, von Isomeren freie Toluidine auf anderem Wege zu gewinnen. Das p-Nitrobenzylchlorid, welches durch Nitrieren von Benzylchlorid leicht in reinem Zustand zu gewinnen ist, sollte als Ausgangsmaterial dienen und wird durch Reduktion mit Zinkstaub in salzsaurer Lösung in p-Toluidin übergeführt[1]. Doch verläuft diese Reduktion durchaus nicht glatt und ist schon aus diesem Grunde nicht rentabel. Eine andere Methode, die der partiellen Reduktion der Nitroverbindungen in alkalischer Lösung, die sich auch nicht durchzusetzen vermochte, wird auf Seite 205 besprochen werden. Auch die Xylidine werden aus den Nitroxylolen in der üblichen Weise dargestellt. Das durch Nitrieren des aus dem Steinkohlenteer gewonnenen Xylols dargestellte Nitroxylol ist ein Gemisch verschiedener Isomeren, das im Gegensatz zu den Nitrotoluolen gewöhnlich nicht zerlegt, sondern als Rohprodukt der Reduktion unterworfen wird. Man erhält so das Xylidin des Handels, dessen Hauptbestandteil das 2, 4-Dimethyl-1-aminobenzol (m-Xylidin) ist. Vermittels seines gutkrystallisierenden essigsauren Salzes wird es aus der Mutterlauge gewonnen, aus der sich dann noch das 2, 5-Dimethyl-1-aminobenzol (p-Xylidin) isolieren läßt[2]. Beide sind wichtig als Komponenten für Azofarbstoffe. Die nächsthöheren Homologen werden nicht mehr durch Reduktion des zugehörigen Nitrokörpers gewonnen. Das wichtige 2, 4, 5-Trimethyl-1-aminobenzol (Pseudocumidin) entsteht z. B. aus p-Xylidin durch Erhitzen mit Methylalkohol und Salzsäure.

Die Reduktion der Nitrotoluole in saurer Lösung verläuft im allgemeinen normal, und es ist bereits erwähnt, daß die Reduktionsgeschwindigkeit bei der o- und p-Verbindung verschieden ist. Dabei macht sich in besonderen Fällen das Bestreben bemerkbar, auch die Methylgruppe in die Reaktion miteinzubeziehen. Reduziert man p-Nitrotoluol in konzentrierter schwefelsaurer Lösung mittels des elektrischen Stromes nach der *Gattermann*schen Methode[3], so kann sich das als Zwischenprodukt gebildete p-Tolylhydroxylamin, da die p-Stelle besetzt ist, nicht in einen dem p-Aminophenol entsprechenden Körper umlagern. Trotzdem wandert die Hydroxylgruppe und tritt auf-

---

[1] *Rudolph,* D. R. P. 34 234 [*Frdl.*, I, 15].
[2] Über Trennung der Xylidine s. *Frdl.*, XI, 4.
[3] *Bayer & Co.*, D. R. P. 75 261 [*Frdl.*, III, 54].

fallenderweise nicht in die o-Stellung zur Aminogruppe, sondern in das p-ständige Methyl ein:

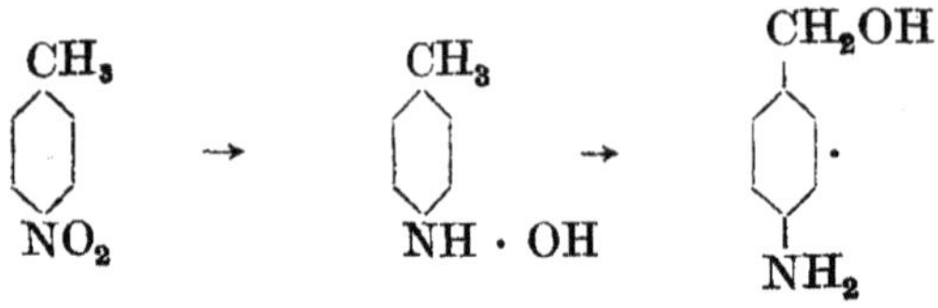

Es bildet sich p-Aminobenzylalkohol, welcher allerdings nicht selbst gewonnen werden kann, sondern in Form eines Kondensationsproduktes, das er im Moment seines Entstehens mit einem Molekül nicht reduzierten Ausgangsmaterials bildet, entsprechend der Gleichung:

$$C_6H_4\left\langle\begin{matrix}NH_2\\CH_2OH\end{matrix}\right. \rightarrow C_6H_4\left\langle\begin{matrix}NO_2\\CH_3\end{matrix}\right. \rightarrow (4)NH_2 \cdot C_6H_4 \cdot CH_2 \cdot C_6H_3\left\langle\begin{matrix}CH_3\,(2)\\NO_2\,(5)\end{matrix}\right. .$$

Das so gebildete 2-Methyl-4′-amino-5-nitrodiphenylmethan wird bei weiter fortgesetzter Reduktion in normaler Weise in 2-Methyl-4′, 5-diaminodiphenylmethan übergeführt.

Ganz ebenso ist der Vorgang bei der Reduktion von Derivaten des Triphenylmethans, welche eine Nitrogruppe in p-Stellung zum Zentralkohlenstoffatom enthalten, wie solche bei der Einwirkung von p-Nitrobenzaldehyd auf primäre, sekundäre oder tertiäre aromatische Amine entstehen. Sie gehen dabei in Aminoverbindungen, welche sich vom Triphenylcarbinol ableiten, über:

$$C_6H_4\left\langle\begin{matrix}NO_2\quad(1)\\CH(R)_2\,(4)\end{matrix}\right. \rightarrow C_6H_4\left\langle\begin{matrix}NH_2\\C(OH)(R)_2\end{matrix}\right. .$$

Diese Reaktion ist zur Darstellung des p-Rosanilins oder seiner Alkylderivate aus 4, 4′-Diamino-4″-nitrotriphenylmethan angewandt worden, indem man dasselbe mit reduzierenden Metallsalzen, wie festem Eisenchlorür, auf 160 bis 180° erhitzte[1], oder indem man sie in saurer Lösung der elektrochemischen Reduktion unterwarf[2].

Die Wanderung eines Sauerstoffatoms vom Stickstoff der Nitrogruppe in eine p-ständige Methylgruppe ist eine auch sonst beim Nitrotoluol häufig vorkommende Reaktion. Sie findet auch bei Abwesenheit eines Reduktionsmittels beim bloßen Erhitzen mit konzentrierten Alkalien statt. So entstehen aus p-Nitrotoluol und besonders aus dessen Sulfosäuren Dibenzyl- oder Stilbenderivate[3]. Läßt man die Einwirkung bei Gegenwart eines Reduktionsmittels, z. B. Zinkstaub vor sich gehen, so bilden sich unter gleichzeitiger Reduktion der Nitrogruppen Aminostilbenderivate. Ganz anders verläuft die Reaktion, wenn an die Stelle des Alkalis eine Lösung von Schwefel in

---

[1] *Fischer*, D. R. P. 16 750 [*Frdl.*, I, 57].

[2] *Gesellschaft f. chem. Ind.*, D. R. P. 84 607 [*Frdl.*, IV, 182].

[3] *Fischer* und *Hepp*, Ber. d. d. chem. Ges. **26**, 2231 (1893); vgl. dazu auch den Übergang von p-Nitrotriphenylmethan in p-Nitrosotriphenylcarbinol (*Prudhomme*, Chem. Zentralbl. **1897**, II, 416).

Alkali tritt[1]. Dabei unterbleibt die Bildung eines Stilbenderivates; dagegen findet eine Wanderung des Sauerstoff von der Nitrogruppe zur Methylgruppe und zugleich vollkommene Reduktion der ersteren statt. So entsteht aus p-Nitrotoluol p-Aminobenzaldehyd; aus 1, 3-Dimethyl-4-nitrobenzol 3-Methyl-4-aminobenzaldehyd:

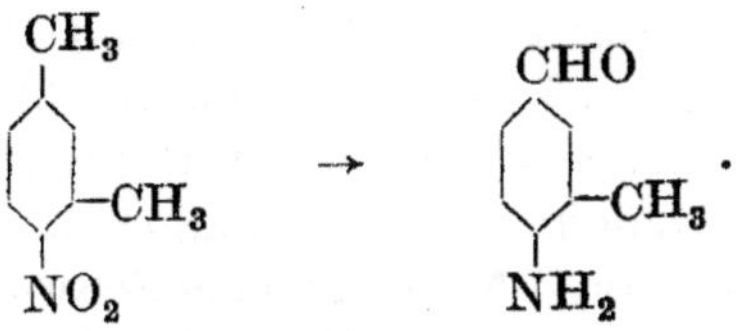

Merkwürdiger- und sehr auffallenderweise findet diese Reaktion auch in saurer Lösung statt, etwa bei Einwirkung von Schwefel in rauchender Schwefelsäure (Schwefelsesquioxyd). Nur werden in diesem Falle leicht Sulfonsäuregruppen eingeführt.

Auch beim o-Nitrotoluol beeinfluß die Methylgruppe die Reduktion, was sich zunächst bei der Einwirkung von alkalischen Reduktionsmitteln, wie Natriumarsenit zeigt. Dieses reduziert Nitroverbindungen zu Azoxykörpern[2] nur dann, wenn die o-Stellung zur Nitrogruppe nicht besetzt ist. In diesem Falle bleibt die reduzierende Wirkung aus. Man hat vorgeschlagen, dieses Verhalten zur Reindarstellung des o-Nitrotoluols zu verwenden, indem man das bei der Nitrirung von Toluol entstehende Gemisch der o- und p-Verbindung der Reduktion mit Natriumarsenit unterwirft[3]. Dabei wird die p-Verbindung zu Azoxytoluol reduziert, während das o-Nitrotoluol unverändert bleibt und mit Wasserdampf abgeblasen werden kann. Die Methode hat jedoch die viel bequemere Trennung der beiden Nitrotoluole durch Auskrystallisierenlassen oder fraktionierte Destillation nicht verdrängen können. Anscheinend ist es aber nur Natriumarsenit, durch welches o-Nitrotoluol nicht reduziert wird. Bei der Einwirkung von anderen Reduktionsmitteln, wie alkoholischem Kali[4] oder Eisen und Alkali[5] entsteht auch aus o-Nitrotoluol die Azoxy- bzw. Azoverbindung; auch das bei der Chlorierung des o-Nitrotoluols entstehende 4-Chlor-2-nitrotoluol geht durch alkalische Reduktion mit Zinkstaub in die Azoxyverbindung über.

Bei der Einwirkung von Natriumpolysulfiden werden beide Nitrotoluole reduziert, die p-Verbindung aber schneller als die o-Verbindung. Auch darauf ist eine Trennung beider begründet worden[6]. Das Gemisch der Nitrotoluole wird mit Sulfiden und Hydrosulfiden der Alkalien oder alkalischen Erden (*Leblanc*sche Sodarückstände) in einer nur zur Reduktion der p-Verbindung genügenden Menge erhitzt, wodurch diese in p-Toluidin übergeht, während das o-Nitrotoluol erhalten bleibt.

---

[1] *Geigy & Co.*, D. R. P. 86 874, 87 255 [*Frdl.*, IV, 136, 138].
[2] *Lösner*, D. R. P. 77 563 [*Frdl.*, IV, 42].
[3] *Lösner*, D. R. P. 78 002 [*Frdl.*, IV, 32].
[4] *Perkin*, Chem. soc. **1880**, 546; Ref. davon Ber. d. d. chem. Ges. **23**, 1874.
[5] *Weiler ter Meer*, D. R. P. 145 063 [*Frdl.*, VII, 80].
[6] *The Clayton Aniline Company Limited*, D. R. P. 92 991 [*Frdl.*, IV, 32].

Festes Alkali oder eine stark konzentrierte wässerige Lösung davon wirken beim Erhitzen äußerst stürmisch auf o-Nitrotoluol ein; bei Verwendung von verdünntem Alkali bilden sich neben Spuren von Anthranilsäure als Hauptprodukte o-Azo- und o-Azoxybenzoesäure[1]. Durch Einwirkung von alkoholischem Kali werden als Nebenprodukte ebenfalls Anthranilsäure, o-Azo- und o-Azoxybenzoesäure gebildet, während als Hauptprodukt o-Azotoluol entsteht. Es ist versucht worden, diese Reaktion zur Darstellung von Anthranilsäure nutzbar zu machen[2]; das Verfahren konnte aber schon aus dem Grunde nicht mit dem Phthalimidverfahren konkurrieren, weil die Beschaffung großer Mengen von o-Nitrotoluol auf Schwierigkeiten stoßen würde. Auch verläuft beim o-Nitrotoluol die Reduktion durchaus nicht glatt, selbst wenn man dasselbe mit Natronlauge von 40° Bé unter Druck erhitzt. Läßt man die Einwirkung bei Siedetemperatur vor sich gehen, so muß man sogar nachträglich ein Reduktionsmittel (Schwefelammonium) zusetzen, damit die als Nebenprodukt auftretenden Zwischenstufen ebenfalls in Anthranilsäure übergeführt werden. Viel glatter verläuft die Reduktion bei Derivaten des o-Nitrotoluols, z. B. der 2-Nitrotoluol-4-sulfosäure[3]:

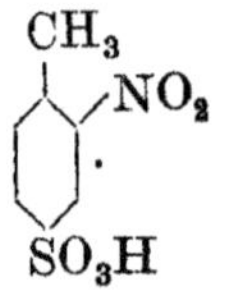

Schon die Einwirkung von wässerigem Alkali bei einer Temperatur von unter 100° führt zu Sulfoanthranilsäure, wobei Zusatz von Reduktionsmitteln überflüssig ist. Man erhält auf diese Weise 2-Aminobenzol-1-carbon-4-sulfosäure, welche sich durch Abspaltung der Sulfogruppe leicht in Anthranilsäure überführen läßt. Auch bei der Reduktion des o-Nitrotoluols durch Eisen und Alkali[4], macht sich die Bildung von Anthranilsäure neben Azoxy- und Azotoluol bemerkbar. Als Hauptprodukt entsteht dabei durch Kondensation von o-Nitrotoluol bzw. intermediär auftretendem Nitrosotoluol mit Anthranilsäure, die 2-Methylazobenzol-2'-carbonsäure:

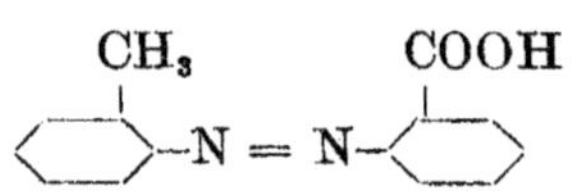

Eine besondere Besprechung erfordert die Reduktion der 4-Nitrotoluol-2-sulfosäure

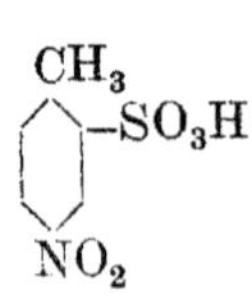

[1] *Preuss* und *Binz*, Zeitschr. f. angew. Chem. **13**, 385 (1900) [C. **1900**, I, 1098].
[2] *B. A. S. F.*, D. R. P. 114 839 [*Frdl.*, VI, 149].
[3] *Kalle & Co.*, D. R. P. 138 188 [*Frdl.*, VI, 1302].
[4] *Weiler ter Meer*, D. R. P. 145 063 [*Frdl.*, VII, 80].

da sie das Ausgangsmaterial für eine Reihe wichtiger substantiver gelber Baumwollfarbstoffe, der Stilbenfarbstoffe ist. Zahlreiche verschiedene Handelsmarken, wie Curcumin S, Direktgelb, Stilbengelb, Mikadoorange und andere, sämtlich mit verschiedenen Nuancenbezeichnungen versehen, sind aus ihr dargestellt worden. Sie alle entstehen durch intramolekulare Reduktion der Nitrogruppen bei der Einwirkung von Natronlauge auf 4-Nitrotoluol-2-sulfosäure und sind je nach den eingehaltenen Bedingungen, wie Konzentration der Lösung, Temperatur oder Dauer der Einwirkung untereinander verschieden. Die zu ihrer Bildung führende Reaktion verläuft jedoch nie einheitlich, so daß die gebräuchlichen Farbstoffe stets Gemische mehrerer Komponenten sind. Im allgemeinen sind es normale Reduktionsprodukte mit gepaartem Stickstoff. Es ist aber nicht unwahrscheinlich, daß die Gemische auch Körper mit Azomethinbindungen enthalten; doch sind solche noch nicht isoliert. Bei der Ermittlung der Konstitution[1] kann es sich daher stets nur um diejenige des Hauptkomponenten handeln. Ihr stehen aber noch andere Schwierigkeiten entgegen. Die Farbstoffe sind äußerst schwer zu reinigen und von Nebenprodukten zu trennen. Bei der Größe des Moleküls und den geringen Verschiedenheiten in der Konstitution vermag auch die Elementaranalyse keinen Anhalt zu geben. Man hat daher versucht, auf anderen Wegen die Konstitution zu ermitteln. Dieses ist geschehen durch Bestimmung[2] der Wasserstoffmenge, die nötig ist, um die Farbstoffe bis zur Diaminostilbendisulfosäure zu reduzieren (durch Titration mit Titanchlorid); der Permanganatmenge, die nötig ist, um die Äthylenbindung durch Oxydation zu trennen, wobei aus einem Stilbenderivat 2 neue Moleküle, die je eine Aldehydgruppe enthalten, gebildet werden (Oxydation in kalter verdünnter wässeriger Lösung); durch Isolierung und Charakterisierung der entstehenden Aldehyde.

Bei der Einwirkung von Alkalien erleidet die 4-Nitrotoluol-2-sulfosäure durch innere Oxydation eine komplizierte Veränderung, indem durch den Sauerstoff der Nitrogruppen je 2 Wasserstoffatome der Methylgruppen wegoxydiert und 2 Moleküle durch Bildung einer Äthylenbindung aneinandergelagert werden. Als erstes Einwirkungsprodukt bei 80°[3] entsteht 4, 4'-Dinitrosostilben-2, 2'-disulfosäure:

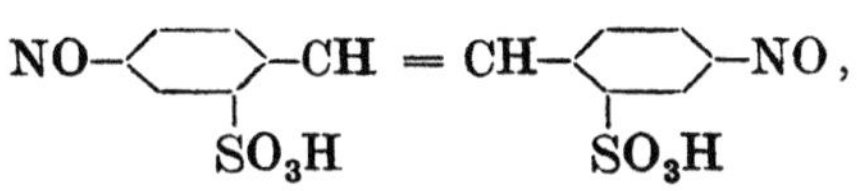

deren Bildung nach folgender Gleichung erfolgt:

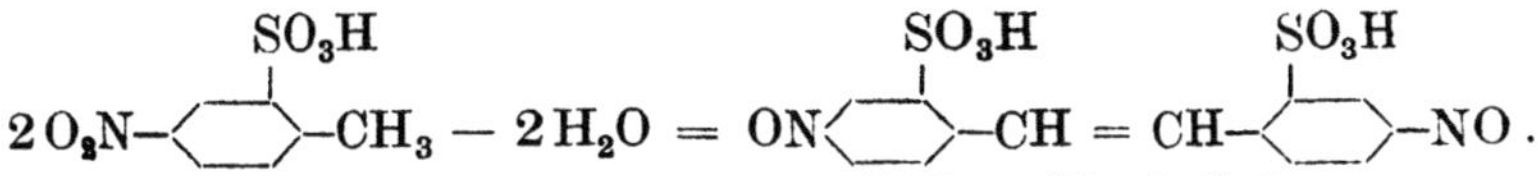

Dinitrosostilbendisulfosäure

[1] *Fischer* und *Hepp*, Ber. d. d. chem. Ges. **26**, 2231 (1893); **28**, 2281 (1895); *Bender*, Ber. d. d. chem. Ges. **28**, 422 (1895); *Green* und Mitarbeiter, Journ. Chem. Soc. London **85**, 1424, 1432 (1904); **91**, 2076 (1907); **93**, 1721 (1908) [C. **1904**, II, 1739f.; **1908**, I, 642; **1908**, II, 1926].

[2] *Green* und *Crossland*, Journ. Chem. Soc. London **89**, 1602 (1906) [C. **1907**, I, 257].

[3] *Fischer* und *Hepp*, Ber. d. d. chem. Ges. **26**, 2233 (1893).

Bender[1] hat gefunden, daß außerdem die nicht färbende 4, 4'-Dinitrodibenzyl-2, 2'-disulfosäure entsteht und *Fischer* und *Hepp*[2] ziehen sogar die Möglichkeit in Erwägung, daß auch die Dinitrostilbendisulfosäure entsteht, doch ist diese bisher noch nicht aufgefunden worden. Sollen die beiden letzteren als Ausgangsmaterialien für die Stilbenfarbstoffe benutzt werden, so werden sie durch Oxydation von 4-Nitrotoluol-2-sulfosäure dargestellt[3].

Aus der 4, 4'-Dinitrosostilben-2, 2'-disulfosäure entstehen teils durch Reduktion, teils durch Kondensation mit Aminoverbindungen die Stilbenfarbstoffe. Sie ist das Ausgangsmaterial für diese und wird durch Einwirkung von Natronlauge von 17° Bé bei 80° auf 4-Nitrotoluol-2-sulfosäure dargestellt[4]. Als Farbstoff, der aber kein einheitlicher Körper ist, führt sie die Bezeichnung „Direktgelb G". Dieser und alle anderen hierhergehörigen Körper werden bei der Reduktion am Stickstoff angegriffen, während die Kohlenstoffdoppelbindung des Stilbens erhalten bleibt. Beim Erwärmen der alkalischen Lösung mit Zinkstaub und durch Einwirkung von Zinn und Salzsäure entsteht Diaminostilbendisulfosäure. Bei der Einwirkung schwacher Oxydations-Mittel[5] liefert diese einen neuen Farbstoff von grünstichig-gelber Nuance, Mikadogoldgelb oder Direktgelb, mit verschiedenen Nuancenbezeichnungen, der ebenfalls kein einheitlicher chemischer Körper ist. Bei partieller Reduktion, z. B. durch Eisenhydroxydul[6] liefert sie einen orangeroten Farbstoff, der mindestens eine Aminogruppe enthalten muß, da er sich auf der Faser diazotieren und kuppeln läßt. Die Dinitrosostilbendisulfosäure bildet durch Kondensation mit Anilin eine ganze Reihe neuer Farbstoffe. Es sind dies Körper, welche Azo- und Azoxygruppen im Molekül enthalten, vielleicht aber auch unveränderte Nitrosogruppen.

Auf gleicher Reduktionsstufe, wie die Dinitrosostilbendisulfosäure stehen Farbstoffe, welche unter dem Namen Mikadogelb und Stilbengelb (2 G; 4 G; 6 G; 8 G) bekannt sind. Sie entstehen aus 2 Molekülen dieser Säure durch intramolekulare Umlagerung und Kondensation, wobei 4, 4'''-Dinitroazostilben-2, 2', 2'', 2'''-tetrasulfosäure:

$$\begin{array}{l} (NO_2)\cdot(SO_3Na)\cdot C_6H_3\cdot CH=CH\cdot C_6H_3(SO_3Na)\cdot N \\ \qquad\qquad\qquad\qquad\qquad\qquad\qquad\qquad\qquad\qquad\quad \| \\ (O_2N)\cdot C_6H_3(SO_3Na)\cdot CH=CH\cdot C_6H_3\cdot(SO_3Na)\cdot N \end{array}$$

gebildet wird[7], der Hauptbestandteil dieser Farbstoffe. Ihre Darstellung erfolgt gewöhnlich durch Oxydation von Curcumin S durch Salpetersäure, Natriumhypochlorit oder Chromsäure[8], ferner durch Reduktion von Dinitrostilbendisulfosäure durch Natronlauge und Glucose.

---

[1] *Bender*, Ber. d. d. chem. Ges. **28**, 422 (1895).

[2] *Fischer* und *Hepp*, Ber. d. d. chem. Ges. **28**, 2281 (1895).

[3] *Green*, Journ. Chem. Soc. London **85**, 1424 (1904) [C. **1904**, II, 1739]. *The Clayton Aniline Company Limited*, D. R. P. 113 514 [*Frdl.*, VI, 1028].

[4] *Kalle & Co.*, D. R. P. 79 241 [*Frdl.*, III, 809].

[5] *Leonhardt & Co.*, D. R. P. 96 107 [*Frdl.*, IV, 1020].

[6] *Cassella & Co.*, D. R. P. 75 369 [*Frdl.*, III, 810].

[7] *Green* und *Crossland*, Journ. Chem. Soc. London **89**, 1602 (1906) [C. **1907**, I, 257].

[8] *Leonhard & Co.*, D. R. P. 42 466 [*Frdl.*, II, 554].

Aus Dinitrosostilbendisulfosäure entsteht als erstes Reduktionsprodukt die 4, 4'-Azoxy-4, "4'''-azodistilben-2, 2', 2'', 2'''-tetrasulfosäure[1]):

$$\begin{array}{l} CH \cdot C_6H_3 \cdot (SO_3Na) \cdot N = N \cdot C_6H_3(SO_3Na) \cdot CH \\ \| \qquad\qquad\qquad\qquad\qquad\qquad\qquad\qquad \| \\ CH \cdot C_6H_3 \cdot (SO_3Na) \cdot N - N \cdot C_6H_3(SO_3Na) \cdot CH \\ \qquad\qquad\qquad\qquad\quad \diagdown O \diagup \end{array} [1],$$

zugleich als Hauptprodukt bei der Einwirkung von Natronlauge auf 4-Nitrotoluol-2-sulfosäure. Sie bildet den Hauptbestandteil der Farbstoffe Curcumin S, Sonnengelb, Direktgelb G oder R, Stilbengelb G und Naphtamingelb G. Die Darstellung dieser Farbstoffe[2] erfolgt durch Digestion von p-nitrotoluolsulfosaurem Natron mit verdünnter Natronlauge. Durch Oxydation kann die Azoxygruppe in 2 Nitrogruppen übergeführt werden, wobei der vorher erwähnte Farbstoff Mikadogelb entsteht. Bei durchgreifender Reduktion, welche entweder durch Zinkstaub in alkalischer Lösung oder in saurer mit Zinn und Zinnchlorür vorgenommen werden kann, liefert sie die Diaminostilbendisulfosäure.

Das nächste Reduktionsprodukt der Reihe, das dritte von der 4-Nitrotoluol-2-sulfosäure an, ist die Bisazodistilbentetrasulfosäure:

$$\begin{array}{l} CH \cdot C_6H_3(SO_3Na) \cdot N = N \cdot C_6H_3(SO_3Na) \cdot CH \\ \| \qquad\qquad\qquad\qquad\qquad\qquad\qquad\qquad \| \\ CH \cdot C_6H_3(SO_3Na) \cdot N = N \cdot C_6H_3(SO_3Na) \cdot CH \end{array} .$$

Als Farbstoff, der ein weniger reines Präparat ist, ist sie bekannt unter dem Namen Mikadoorange G; R; 2, 3, 4, 5 R; Stilbenorange 4 R; Direktorange G. Bei der Einwirkung geringer Mengen des Reduktionsmittels entstehen im wesentlichen gelbe Nuancen, da sie noch unverändertes Ausgangsmaterial, Curcumin S, enthalten; mit mehr Reduktionsmittel entstehen dagegen die röteren Marken, welche chemisch reinere Körper sind. Die Darstellung des Farbstoffes erfolgt durch Einwirkung von Reduktionsmitteln bei Gegenwart von fixem Alkali auf 4-Nitrotoluol-2-sulfosäure[3]; als solche können die verschiedensten Körper gebraucht werden, z. B. Alkohole, Glycerin, Dioxy- und Trioxybenzole und -naphtaline und deren Carbonsäuren, Tannin und andere gerbstoffhaltige Substanzen; ferner Sulfite, Arsenite und Antimonite, Lävulinsäure, Xanthogenate, Aminophenole, Oxydiphenylamine, Kohlenhydrate. Aus Dinitrosostilbensulfosäure wird der Farbstoff gewonnen, wenn man in alkalischer Lösung starke Reduktionsmittel, wie Eisen oder Zinnoxydul in einer Menge, die 4 Atomen Wasserstoff äquivalent ist, einwirken läßt[4].

---

[1] Frühere Konstitution:

$$\begin{array}{l} CH - C_6H_3(SO_3Na) \cdot N \\ \| \qquad\qquad\qquad\qquad\quad | \diagdown O \\ CH - C_6H_3(SO_3Na) \cdot N \diagup \end{array}$$ Azoxystilbendisulfosäure.

[2] *Leonhardt & Co.*, D. R. P. 38 735 [*Frdl.*, I, 510].

[3] *Leonhardt & Co.*, D. R. P. 46 252, 48 528 [*Frdl.*, II, 373ff.].

[4] *Leonhardt & Co.*, D. R. P. 96 929 [*Frdl.*, IV 1336].

Schließlich erhält man bei energischer Einwirkung von Reduktionsmitteln das Endprodukt der Reihe, die 4, 4'-Diaminostilben-2, 2'-disulfosäure:

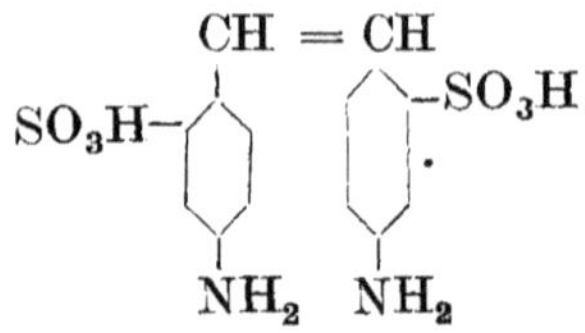

Sie entsteht aus allen diesen Farbstoffen durch Reduktion, außerdem aus 4-Nitrotoluol-2-sulfosäure durch energische Einwirkung von Zinkstaub und Natronlauge[1]. Die aus Diaminostilbendisulfosäure dargestellte Tetrazoverbindung dient als Ausgangsmaterial für verschiedene gelbe Farbstoffe.

Es ist oben erwähnt, daß sich von der Dinitrosostilbendisulfosäure durch Kondensation mit Aminen, Aminophenolen, Farbstoffen der Primulinreihe oder ähnlichen Körpern eine ganze Reihe neuer Farbstoffe ableiten, deren Konstitution noch nicht aufgeklärt ist; teilweise sind sie echte Azoverbindungen, zum größten Teil aber Körper, die im Molekül neben der Azogruppe noch Azoxy- oder auch Nitrosogruppen enthalten. Bei der Schwierigkeit ihrer Darstellung im reinen Zustande ist ihre Konstitution noch nicht sichergestellt. Soviel aber ist gewiß, daß sie bei der alkalischen Reduktion mit Zinkstaub oder durch Einwirkung von Zinn und Salzsäure in Amin und Aminostilbendisulfosäuren gespalten werden. Ihre Darstellung erfolgt jedoch nicht aus der fertig gebildeten Dinitrosostilbendisulfosäure, sondern aus 4-Nitrotoluol-2-sulfosäure, auf welche man bei Gegenwart von Aminen Alkalien einwirken läßt. Die Bildung der Dinitrosoverbindung und Kondensation derselben mit dem Amin wird dadurch zu einem Vorgang vereinigt.

Nitrobenzylalkohole und -basen.

Die Reduktion von p-Nitrobenzylalkohol ist in saurer Lösung nicht durchzuführen, da der dabei entstehende p-Aminobenzylalkohol durch die Einwirkung der Säuren in Anhydroprodukte übergeführt werden würde. Bei der Reduktion durch Schwefelwasserstoff entstehen Sulfide von der Konstitution[2]:

$$NH_2 \cdot C_6H_4 \cdot CH_2 \cdot S \cdot CH_2 \cdot C_6H_4 \cdot NH_2$$
$$\text{oder} \quad NH_2 \cdot C_6H_4 \cdot CH_2 \cdot S - S \cdot CH_2 \cdot C_6H_4NH_2 ,$$

dagegen erhält man den p-Aminobenzylalkohol in befriedigender Weise durch Reduktion der Nitrogruppe, in alkalischer oder neutraler Lösung, bei Einwirkung von Eisenoxydul und Alkali, Zinkstaub bei Gegenwart von $CaCl_2$ in wässeriger Lösung oder bei Gegenwart von Ammoniak[3].

Eigentümlich verläuft die Reduktion mit Polysulfid[4]. Sowohl aus p-, wie aus o-Nitrobenzylalkohol entstehen damit die entsprechenden Aminobenzaldehyde. Diese Oxydation der Benzylgruppe rührt von der schon er-

[1] *Leonhardt & Co.*, D. R. P. 38 735, 40 575 [*Frdl.*, I, 510ff.]
[2] *Thiele* und *Dimroth*, Annal. d. Chem. **305**, 119 (1899).
[3] *Kalle & Co.*, D. R. P. 83 544 [*Frdl.*, IV, 50].
[4] *M. L. Br.*, D. R. P. 106 509 [*Frdl.*, V, 114].

wähnten Sauerstoffverschiebung aus der Nitrogruppe her, sie findet auch bei der Reduktion nitrobenzylierter Basen statt[1]. Aminobenzaldehyde entstehen aber nicht nur aus den Alkoholen, sondern auch aus Äthern und Acylverbindungen der beiden Nitrobenzylalkohole. Das Verfahren hat jedoch nur historische Bedeutung.

Den o- und p-Nitrobenzylalkoholen ist die m-Verbindung gegenüberzustellen. Entsprechend den bei m-Derivaten im allgemeinen beobachteten geringen dynamischen Beziehungen der beiden Gruppen zueinander wird die Carbinolgruppe weder bei der Einwirkung von Alkali noch bei der Reduktion beeinflußt. Es entstehen in ganz normaler Weise die entsprechenden m-Aminobenzylalkohole, wobei man in der Wahl der Reduktionsmittel in keiner Weise beschränkt ist. So entstehen aus 3-Nitro-6-oxybenzylalkohol und -sulfosäure 3-Amino-6-oxybenzylalkohol bzw. -sulfosäure[2], welche wegen ihrer reduktiven Wirkung als photographischer Entwickler Verwendung finden und von denen ersterer in Form seines Chlorhydrates als „Edinol" im Handel ist.

Wichtiger als die Reduktion der Nitrobenzylalkohole ist diejenige der Nitrobenzylbasen. Derartige Körper, z. B. p-Nitrobenzylanilin lassen sich auf den sonst gebräuchlichen Wegen nicht zu Aminoverbindungen reduzieren. Bei der Einwirkung von Zink und Salzsäure erhält man größtenteils harzige, gelbe Schmieren und nur ganz wenig Anilin und Toluidin; durch alkalische Reduktionsmittel werden keine Aminoverbindungen gebildet. Eine Ausnahme macht das 4, 4'-Dinitrodibenzylbenzidin[3]:

$$\begin{array}{l} NO_2 \cdot C_6H_4 \cdot CH_2NH \cdot C_6H_4 \\ | \\ NO_2 \cdot C_6H_4 \cdot CH_2NH C_6H_4 \end{array},$$

welches sich durch Zinn und Salzsäure leicht und glatt in die Diaminoverbindung überführen läßt. Die Reduktion von Nitrobenzylbasen erfolgt aber glatt, wenn man als Lösungsmittel eine aromatische Base, wie Anilin, Toluidin oder Xylidin und Alkohol verwendet, und die Reduktion mit Salzsäure und Eisenfeile ausführt[4]. Jedenfalls muß so viel Amin angewandt werden, daß die zur Reduktion dienende Salzsäure vollkommen neutralisiert ist. Die Reduktion von o-Nitrobenzylanilin zu o-Aminobenzylanilin durch Einwirkung von alkoholischem Schwefelammonium[5] ist durch spätere Untersuchungen nicht bestätigt worden. Dagegen werden bei der Einwirkung von Polysulfiden die Nitrogruppen in Aminogruppen übergeführt; gleichzeitig aber findet eine Dehydrierung der Gruppe $-CH_2 \cdot NH-$ zu $-CH=N-$ statt.

Auf diese Weise entstehen z. B. aus o- und p-Nitrobenzylanilin oder den Sulfosäuren die entsprechenden Aminobenzalaniline[6]. Der Zusatz von Schwefel

---

[1] Siehe unten.
[2] *Bayer & Co.*, D. R. P. 148 977, 150 313 [*Frdl.*, VII, 95f.].
[3] *Dahl & Co.*, D. R. P. 50 783 [*Frdl.*, II, 465].
[4] *Bayer & Co.*, D. R. P. 56 903 [*Frdl.*, II, 56].
[5] *Paal*, D. R. P. 52 647 [*Frdl.*, II, 126].
[6] *M. L. Br.*, D. R. P. 99 542 [*Frdl.*, V, 112].

ist bei dieser Reaktion unbedingt nötig, da Natriumsulfid (Na_2S) häufig wie Ätznatron reagiert, und die Nitrobenzylaniline beim Erwärmen mit Ätznatron in Azoxykörper übergehen. Letztere sind in Wasser und Alkohol unlöslich und entziehen sich so der weiteren Einwirkung des Reduktionsmittels. Die intramoleculare Reduktionswirkung bei dieser Reaktion scheint auf der Wirkung des Alkalis zu beruhen Läßt man auf p-Nitrobenzylanilin Ätzalkalien einwirken, so entsteht Azoxybenzylidenanilin[1]:

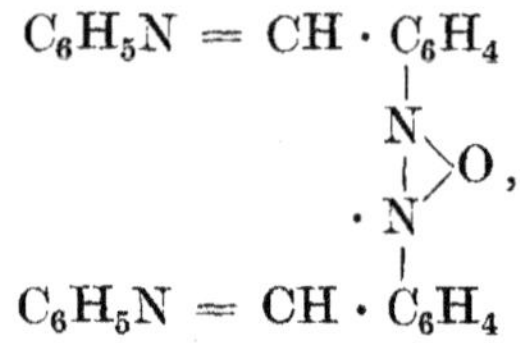

Hand in Hand mit der Reduktion der Nitrogruppe findet also ebenfalls eine Dehydrierung statt.

Nitrobenzolcarbonsäuren und Nitrobenzoylverbindungen.

Die Carboxylgruppe übt im allgemeinen auf die Reduktion einer an demselben Kern befindlichen Nitrogruppe keinen Einfluß aus. Man kann daher alle gebräuchlichen Reduktionsmitel verwenden. Dabei liefern saure Reduktionsmittel Aminocarbonsäuren, während man bei Verwendung von alkalischen Mitteln im wesentlichen Derivate der Azoxy- und Azobenzoesäure erhält; Nitrobenzoylverbindungen folgen bei der Reduktion denselben Gesetzmäßigkeiten. p-Nitrobenzoesäure wird in saurer Lösung zu p-Aminobenzoesäure, durch Natriumarsenit zu Azoxybenzoesäure reduziert[2]. Um Nitrobenzoylverbindungen in Aminobenzoylverbindungen überzuführen, wird meist Eisen- und Essigsäure gebraucht. Bisweilen wird auch Zinn und Salzsäure zur Verwendung empfohlen, aber nur dann, wenn es sich um Darstellung pharmazeutischer Produkte handelt, bei denen der Preis der verwandten Reagenzien nur eine geringe Rolle spielt. Die Reduktion der 3-Nitro-4-oxybenzoesäure und der isomeren 4-Nitro-3-oxybenzoesäure, sowie deren Ester durch Zinn und Salzsäure, findet mit großer Leichtigkeit statt und führt im Falle der Ester zu den entsprechenden Aminoverbindungen[3], welche als Cocainersatz unter der Bezeichnung „Orthoform" und „Orthoform neu" im Handel sind. Später als die Beobachtung gemacht worden war, daß auch die Ester der p-Aminobenzoesäure lokale Anaesthetica sind, wurden solche vielfach durch Reduktion der entsprechenden p-Nitrobenzoesäureester dargestellt[4]. Von diesen sind der Äthylester unter dem Namen „Anästhesin" und der Propylester unter

---

[1] *M. L. Br.*, D. R. P. 111 384 [*Frdl.*, VI, 85].

[2] *Lösner*, D. R. P. 77 563 [*Frdl.*, IV, 42].

[3] *Einhorn*, D. R. P. 97 334, 97 335 [*Frdl.*, IV, 1229; V, 819]. — Eine zweite Darstellungsweise von Aminooxyverbindungen beruht auf der Reduktion von Oxyazokörpern, s. S. 275.

[4] *Bayer & Co.*, D. R. P. 211 801, 218 389 [*Frdl.*, IX, 972f.]; *Fritzsche & Co.*, D. R. P. 213 549 [*Frdl.*, IX, 970].

dem Namen „Propäsin“ bekannt, von denen letzterer zwar eine geringere Wasserlöslichkeit, dagegen aber eine 2- bis 4fach stärkere Wirkung als ersterer besitzt.

Die elektrolytische Reduktion nach *Gattermann* verläuft bei Nitrocarbonsäuren und deren Estern gleichfalls in normaler Weise und führt zu Aminooxybenzoesäuren. Doch kann sie nur dann stattfinden, wenn das in p-Stellung zur Nitrogruppe befindliche Wasserstoffatom nicht substituiert ist. Auf diese Weise geht m-Nitrobenzoesäure in 3-Amino-6-oxybenzoesäure:

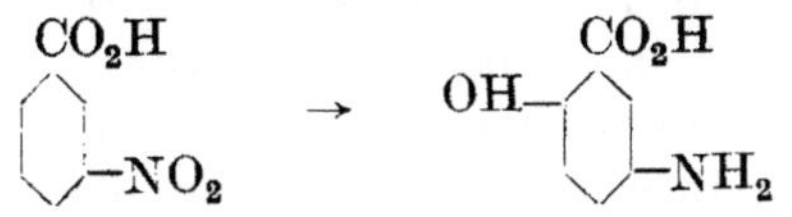

und 4-Methyl-3-nitrobenzoesäure in 4-Methyl-3-amino-6-oxybenzoesäure über[1]. Nitrobenzolcarbonsäuren können aber auch in alkalischer Lösung durch den elektrischen Strom reduziert werden. Auch dabei verläuft die Reduktion normal und führt zu Azoxy- und Azokörpern[2].

Wesentlich anders verhalten sich die Kupfersalze der p-Nitrobenzoesäure bei der Einwirkung des elektrischen Stromes auf ihre wässerige Lösung[3]. Solange noch Kupferionen in der Lösung sind, tritt keine Reduktion der Nitrogruppe, sondern Abspaltung der Carboxylgruppe ein, während die beiden entstehenden Reste zum 4, 4'-Dinitrobiphenyl zusammentreten:

$$\left.\begin{matrix} NO_2C_6H_4CO_2 \\ NO_2C_6H_4CO_2 \end{matrix}\right> Cu \rightarrow 2\,CO_2 + Cu + NO_2C_6H_4 \cdot C_6H_4 \cdot NO_2 .$$

Erst bei Fortsetzung der Elektrolyse werden auch die beiden Nitrogruppen in Aminogruppen übergeführt, so daß schließlich Benzidin entsteht.

Durch Einwirkung von Sulfiten werden Nitrocarbonsäuren besonders leicht reduziert und gehen dabei in Aminocarbonsulfosäuren über. Fügt man zu einer konzentrierten heißen Lösung des Salzes einer Nitrocarbonsäure festes oder gelöstes Natriumsulfit, so tritt eine heftige Reaktion ein, deren Resultat die Reduktion der Nitrogruppe unter gleichzeitigem Eintritt von einer oder zwei Sulfogruppen ist[4]. Diese Einwirkung findet selbst in alkalischer Lösung statt. Aus m-nitrobenzoesaurem Natrium entsteht durch Kochen mit einer Natriumbisulfitlösung von 30 Proz. SO_2-Gehalt eine 3-Aminobenzol-1-carbon-sulfosäure und in geringer Menge auch eine Disulfosäure; letztere erhält man als Hauptprodukt, wenn die Einwirkung des Bisulfits in sodaalkalischer Lösung vor sich geht. Auch 3-Nitrophtalsäure liefert bei der Einwirkung von Bisulfit derartige Säuren.

Nitrosalicylsäuren (3-Nitro-2-oxy- und 5-Nitro-2-oxybenzoesäure) verhalten sich in normaler Weise. Durch Kochen mit der mehrfachen Menge

---

[1] *Bayer & Co.*, D. R. P. 77 806, 79 865 [*Frdl.*, IV, 54, 56].
[2] *Anilinölfabrik A. Wülfing*, D. R. P. 108 427 [*Frdl.*, V, 65].
[3] *Lilienfeld*, D. R. P. 147 943 [*Frdl.*, VII, 83].
[4] *Walter*, D. R. P. 109 487 [*Frdl.*, V, 70].

Bisulfit entstehen Aminosulfosalicylsäuren[1]. Eine Ausnahme bildet die **3-Nitro-2-oxy-5-chlorbenzoesäure**[2]:

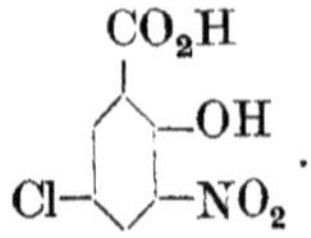

Erwärmt man ihr Natriumsalz mit Bisulfit, so entsteht keine Sulfosalicylsäure, sondern es wird nur die Nitrogruppe reduziert; als Zwischenprodukt entsteht eine Sulfaminsäure, die aber sofort in die Aminosäure übergeführt wird, da die Reaktion in kochender saurer Lösung stattfindet.

Läßt man statt auf die freien Carbonsäuren auf deren Ester saure Sulfite einwirken, so erhält man Sulfaminsäuren[3]; aus allen drei Nitrobenzoesäureestern entstehen die Ester der entsprechenden Sulfaminbenzoesäuren, aus denen durch Kochen mit Salzsäure unter Abspaltung der Sulfogruppe die Aminobenzoesäureester entstehen. Wie die veresterte Carboxylgruppe verhält sich auch die Amidgruppe. Nitrobenzoylverbindungen werden glatt in Sulfaminsäuren übergeführt[4].

Von den Nitrobenzoylverbindungen, welche durch Reduktion in Aminobenzoylderivate übergeführt werden, haben zwei Gruppen für die Darstellung von Farbstoffen Bedeutung. Die eine wird durch Aminobenzoylderivate aromatischer Basen gebildet, welche wegen der aus ihnen dargestellten Baumwollazofarbstoffe technisches Interesse haben. Derartige Verbindungen werden durch Einwirkung von Nitrobenzoylchloriden (gewöhnl. p-) auf Amine und Diamine und nachfolgende Reduktion dargestellt:

$$C_6H_4\begin{matrix}\diagup NO_2 \\ \diagdown CO \cdot NH \cdot C_6H_5\end{matrix} \rightarrow C_6H_4\begin{matrix}\diagup NH_2 \\ \diagdown CONH \cdot C_6H_5\end{matrix}$$

In den gewöhnlichen Fällen findet die Reduktion durch Eisen und Essigsäure statt[5]. Dadurch, daß die dabei entstehenden Aminobenzoylverbindungen ein zweites Mal mit Nitrobenzoylchlorid gekuppelt werden, werden wiederum Nitrobenzoylverbindungen dargestellt, die durch Reduktion in Aminobenzoylaminobenzoylkörper übergeführt werden[6]. Als Beispiel eines solchen Körpers sei angeführt:

$$\begin{matrix} NH_2 \cdot C_6H_4 \cdot CO \cdot NH \cdot C_6H_4CO \cdot NH \cdot C_6H_3(SO_3Na) \cdot CH \\ \| \\ NH_2 \cdot C_6H_4 \cdot CO \cdot NH \cdot C_6H_4 \cdot CO \cdot NH \cdot C_6H_3(SO_3Na) \cdot CH \end{matrix} .$$

Eine besondere Erwähnung verdient der Fall der Reduktion einer Nitrobenzoylverbindung der allgemeinen Formel:

$$NO_2 \cdot C_6H_4 \cdot CO \cdot NH \cdot C_6H_4NO_2 \ {}^{7},$$

---

1 *Turner*, D. R. P. 123 115 [*Frdl.*, VI, 171].
2 *B. A. S. F.*, D. R. P. 137 118 [*Frdl.*, VII, 126].
3 *Weil*, D. R. P. 147 552 [*Frdl.*, VII, 58].
4 *Bayer & Co.*, D. R. P. 233 117 [*Frdl.*, X, 192].
5 *Bayer & Co.*, D. R. P. 250 342 [*Frdl.*, X, 1329].
6 *Bayer & Co.*, D. R. P. 252 376 [*Frdl.*, XI, 158].
7 *Bayer & Co.*, D. R. P. 247 818 [*Frdl.*, XI, 157.]

wie sie durch Kuppelung von Nitrobenzoylchlorid mit Nitroaminoverbindungen dargestellt werden. Erhitzt man derartige Verbindungen in alkoholischer Suspension mit Natriumsulfhydrat, so wird nur die an dem Benzoylrest haftende NO_2-Gruppe reduziert, während die der basischen Hälfte erhalten bleibt. Es entsteht:

$$NH_2 \cdot C_6H_4 \cdot CO \cdot NH \cdot C_6H_4 \cdot NO_2,$$

welches ebenfalls als Zwischenprodukt für Azofarbstoffe dienen soll.

Die zweite Gruppe von Aminobenzoylverbindungen dient zur Darstellung von Aminoanthrachinonderivaten, welche auf anderen Wegen schwer oder nicht darzustellen sind, aus nitrierten Benzoylbenzoesäuren. Die Reihenfolge der Reaktionen ist Nitrieren, Reduzieren und innere Kondensation der Aminobenzoylbenzoesäure[1]:

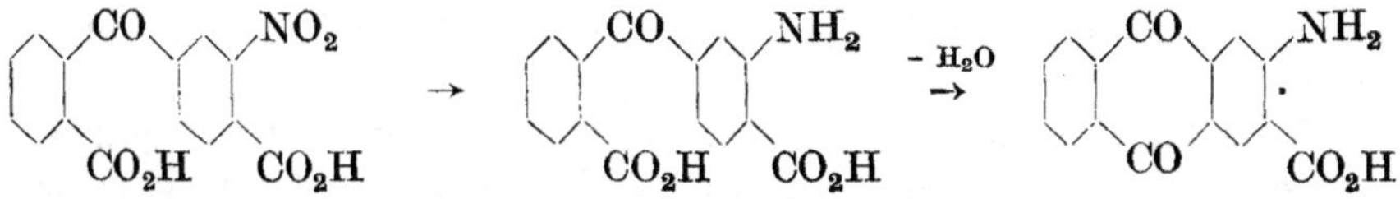

Auch hier ist in bezug auf die Reduktion nichts Besonderes zu bemerken; sie verläuft durch Einwirkung von Metall und Säure in normaler Weise.

Während Carboxyl keinen Einfluß bei der Reduktion von Nitrogruppen ausübt, kann die Reduktion des o-Nitrobenzonitrils zum o-Aminobenzonitril,

welches ein Zwischenprodukt für den Thioindigo ist, nicht ohne besondere Vorsichtsmaßregeln durchgeführt werden, da die Einwirkung des Reduktionsmittels sich meistenteils auch auf die Cyangruppe erstreckt. Während Zinn und Eisessig, Zinn und Salzsäure oder Zinkstaub und Essigsäure keine einheitlichen Produkte liefern, erhält man solche, wenn man die Reduktion mit Eisen und Salzsäure oder Essigsäure bei einer Temperatur von etwa 70° durchführt[2].

Fettaromatische Carbonsäuren, bei denen die Carboxylgruppe nicht unmittelbar am Benzolkern sitzt, sondern an einer Seitenkette, werden technisch fast gar nicht gebraucht, weswegen ihre Reduktion heute keine praktische Bedeutung hat. Nitrozimmtsäuren werden reduziert, ohne daß dabei die Doppelbindung angegriffen wird. m-Aminozimtsäure und deren Ester, welche die therapeutischen Eigenschaften der Zimmtsäurederivate mit anästhesierenden Wirkungen verbinden, entstehen durch Reduktion der entsprechenden Nitroverbindungen durch Zinn und Salzsäure[3]. o- und m-Nitrozimtsäure sind außerdem der elektrischen Reduktion in konzentriert schwefelsaurer Lösung nach

---

[1] *A.-G. f. Anilinfabrikation*, D. R. P. 248 838, 258 343, 260 899, 261 885 [*Frdl.*, X, 604; XI, 565ff].

[2] *Kalle & Co.*, D. R. P. 212 207 [*Frdl.*, IX, 171]; vgl. *Kalle*, 206 903 [*Frdl.*, IX, 516].

[3] *M. L. Br.*, D. R. P. 101 685 [*Frdl.*, V, 824].

Gattermann[1] unterworfen worden. Dabei entstehen Aminooxyzimmtsäuren von der Konstitution:

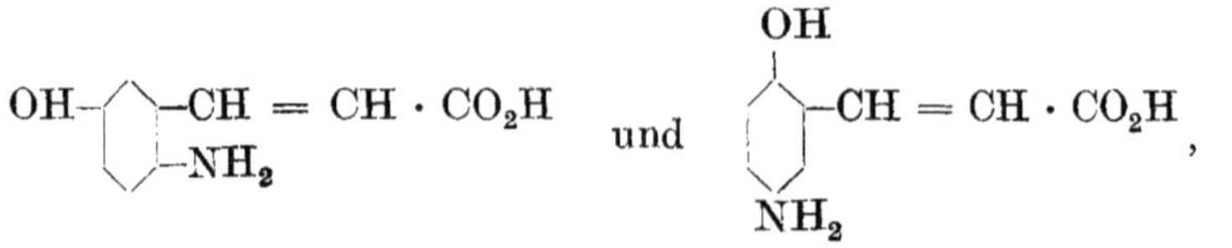

von denen die letztere nicht als solche, sondern in Form ihres inneren Anhydrides, des 6-Aminocumarins:

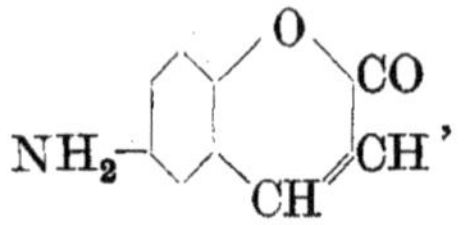

in welches auch der m-Nitrozimmtsäureester bei dieser Reduktion übergeht, gewonnen wird.

Die o-Nitro-Zimmtsäure hat eine Zeitlang eine große Rolle gespielt, da sie resp. ihre Umwandlungsprodukte für die technische Darstellung des Indigos als Ausgangsmaterialien verwendet werden sollten. Alle diese Synthesen sind eine Folge der eingehenden Untersuchungen *Baeyers* über Indigo gewesen. Die an sie geknüpften Hoffnungen haben sich aber nicht bewährt und heute haben sie nur noch historischen Wert.

Das eigentliche Ausgangsmaterial bildet die o-Nitrophenylpropiolsäure:

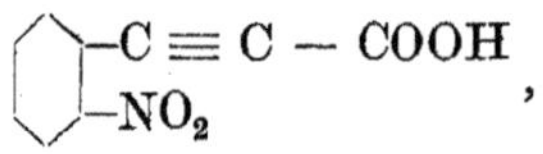

deren Reduktion zu Indigo nach der Gleichung:

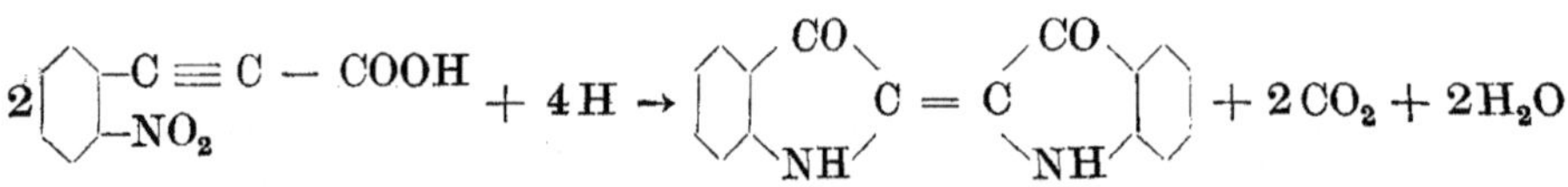

erfolgt. Erwärmt man sie in wässeriger Lösung bei Gegenwart von ätzenden oder kohlensauren Alkalien mit schwachen Reduktionsmitteln, wie Trauben- oder Milchzucker, so entsteht Indigo[2]. Ähnlich wie diese wirken Sulfide, Sulfhydrate, Polysulfide, insbesondere Xanthogenate[3]. Die letzteren sind die einzigen Reduktionsmittel, deren Verwendung ernstlich in Betracht gezogen worden ist. Eine Druckpaste, bestehend aus o-nitrophenylpropiolsaurem Na, Natrium- oder Zinkxanthogenat, einem schwachen Alkali wie Borax und einer passenden Verdickung, wurde für den Baumwolldruck vorgeschlagen. Die Farbstoffbildung erfolgt bereits beim Trocknen bei gewöhnlicher Temperatur, weshalb die Paste sehr zersetzlich ist und unmittelbar vor dem Gebrauch angesetzt werden mußte. Da sie außer diesem aber noch

---

[1] *Bayer & Co.*, D. R. P. 82 445 [*Frdl.*, IV, 60]; *Gattermann*, Ber. d. d. chem. Ges. **27**, 1936 (1894).

[2] *Baeyer*, D. R. P. 11 857 [*Frdl.*, I, 127, 129].

[3] *B. A. S. F.*, D. R. P. 15 516 [*Frdl.*, I, 133].

andere Nachteile hatte — teurer Preis des Präparates und unangenehmer, von Zersetzungsprodukten des Xanthogenates herrührender Geruch, der den bedruckten Stoffen hartnäckig anhaftete —, so ist der Verbrauch der o-Nitropropiolsäure für den Baumwolldruck stets beschränkt gewesen, und heute wird sie überhaupt nicht mehr angewandt.

Anders verläuft die Reduktion der o-Nitrophenylpropiolsäure, wenn sie in konzentrierter Schwefelsäure gelöst ist. Setzt man dieser Lösung Eisenvitriol[1] oder Metalle oder andere Reduktionsmittel[2] zu, so bildet sich ein Farbstoff, der dem Indigo sehr ähnlich, aber nicht mit ihm identisch ist, und den *Baeyer* als Indoin $C_{32}H_{20}O_5N_4$ bezeichnete. Zu praktischer Verwendung ist er aber nicht gelangt.

Die Ester der o-Nitrophenylpropiolsäure werden durch alkalische Reduktionsmittel, wie Ammoniumsulfhydrat in Indoxylsäureester übergeführt[3]:

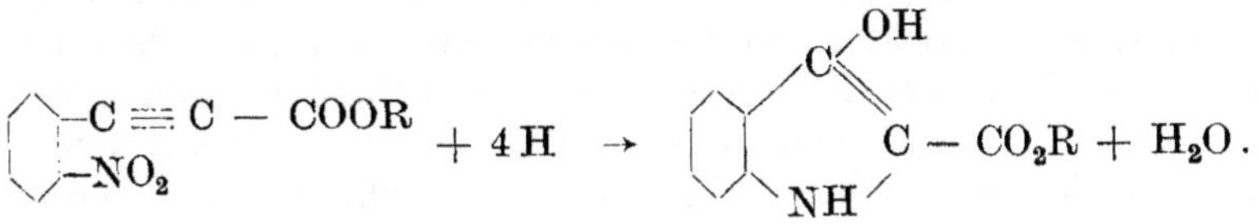

Durch Einwirkung von konzentrierter H_2SO_4, auch durch Belichtung[4], werden sie in Isatogensäureester umgelagert:

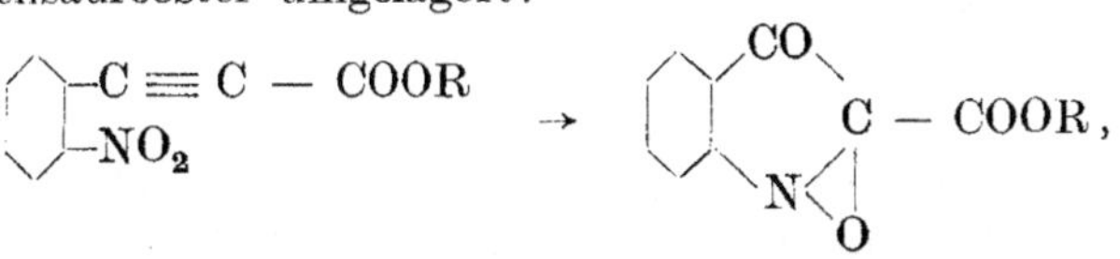

welche durch Reduktion ebenfalls in Indoxylsäureester übergehen. Die Umlagerung des 2, 2′-Dinitrodiphenyldiacetylens durch Einwirkung von konz. H_2SO_4 in Diisatogen:

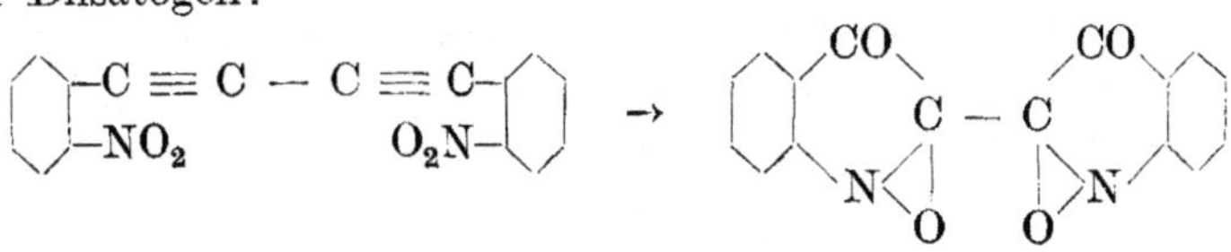

und Reduktion des letzteren mit Eisenvitriol in Indoin[5] ist ebenfalls ohne Bedeutung geblieben.

Die Darstellung von Zwischenprodukten für Indigo bezweckt eine Reihe von Patenten, die die Reduktion der o-Nitromandelsäure zum Gegenstand haben. Dabei ist es möglich, die einzelnen Stufen der Reduktion wenigstens in Form von Derivaten festzuhalten. Die erste Reduktionsstufe, die Nitrosostufe entsteht, wenn man o-Nitromandelsäure in wässeriger Suspension mit feinverteilten Metallen, wie Zinkstaub, Eisen- oder Aluminiumpulver bei

[1] *Baeyer*, D. R. P. 12 601 [*Frdl.*, I, 131].
[2] *B. A. S. F.*, D. R. P. 14 997 [*Frdl.*, I, 132].
[3] *B. A. S. F.*, D. R. P. 17 656 [*Frdl.*, I, 134].
[4] *Pfeiffer*, Annalen **411**, 72 (1916).
[5] *B. A. S. F.*, D. R. P. 19 266 [*Frdl.*, I, 136].

Gegenwart von Chlorammonium oder ohne dasselbe behandelt[1]. Es scheidet sich dabei eine krystallisierende Säure aus, die möglicherweise o-Nitrosomandelsäure ist, deren Konstitution aber nicht sicher ermittelt ist. Durch Behandeln mit Alkalien geht sie mit großer Leichtigkeit in Anthroxansäure über:

Ähnlich verläuft die Reduktion von o-Nitromandelsäurenitril[2].

Läßt man auf o-Nitromandelsäure in ammoniakalischer oder sodahaltiger Lösung Zinkstaub in Gegenwart von Chlorammonium einwirken und behandelt alsdann die so erhaltene Reduktionslauge mit Mineralsäuren[3], so tritt das unverbrauchte Reduktionsmittel in Wirkung und führt die zunächst gebildete Nitrosomandelsäure in die nächste Stufe, die Hydroxylaminomandelsäure, die aus der sauren Lösung als Anhydroverbindung ausfällt, über. Ihre technische Bedeutung, soweit man von einer solchen sprechen kann, beruht darauf, daß sie durch Erhitzen in Isatin übergeführt werden kann:

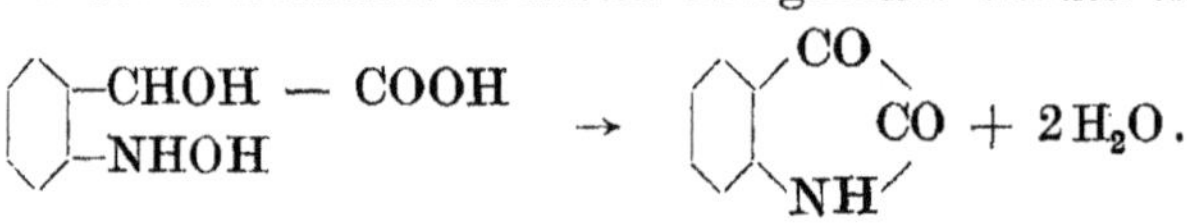

Nitrobenzaldehyde.

Von den 3 Nitrobenzaldehyden hat nur die Metaverbindung eine, wenn auch geringe technische Bedeutung, da sie durch Reduktion in m-Aminobenzaldehyd übergeführt werden kann, der als Zwischenprodukt für die Darstellung des m-Oxybenzaldehyds dient. Während aber der m-Nitrobenzaldehyd selbst sich nur schwer zur Aminoverbindung reduzieren läßt, erfolgt die Reduktion seiner Bisulfitverbindung äußerst glatt[4]. Durch alle gebräuchlichen Reduktionsmittel wird sie in die Bisulfitverbindung des m-Aminobenzaldehyds übergeführt. Schon beim längeren Stehen oder rascher beim Erwärmen der Lösung mit überschüssigem Bisulfit tritt unter heftiger Reaktion dieser Übergang ein. Leichter erfolgt diese Reduktion durch Eisen oder Zink in verdünnt saurer Lösung, ganz besonders leicht durch Eisenvitriol und Alkali. Als am besten wirkend, wird die Einwirkung von Eisenvitriol und Schlemmkreide empfohlen[5]. Dadurch erhält man die Lösung des m-Aminobenzaldehyds bei weitem am reinsten, da das Reduktionsmittel vollkommen unlöslich aus der Lösung sich ausscheidet. Den freien Aldehyd etwa durch Zusatz von Alkalien aus derselben auszuscheiden, ist nicht möglich, da er in diesem Falle eine innere Anhydrierung erleidet. Dies ist aber auch gar nicht nötig; denn zur Weiterverarbeitung auf m-Oxybenzaldehyd bestimmt

[1] *Kalle & Co.*, D. R. P. 191 855, 195 812 [*Frdl.*, IX, 167f.].
[2] *Bamberger* und *Lindberg*, Ber. **43**, 122 (1910).
[3] *Kalle & Co.*, D. R. P. 184 693, 189 841 [*Frdl.*, VIII, 427; IX, 517].
[4] *M. L. Br.*, D. R. P. 62 950 [*Frdl.*, III, 61].
[5] *L. M. Br.*, D. R. P. 66 241 [*Frdl.*, III, 63].

man durch Titrieren mit Natriumnitrit den Gehalt der Lösung an Bisulfit-m-Aminobenzaldehyd, woraus sich die zum Diazotieren erforderliche Menge Natriumnitrit ergibt. Ein vereinfachtes Verfahren zur Darstellung von reinem m-Aminobenzaldehyd aus dem Gemenge der rohen Nitrobenzaldehyde[1] besteht darin, daß man die durch Reduktion aus rohem Nitrobenzaldehyd erhaltene Mischung der Aminobenzaldehyde mit so viel Säure behandelt, als den genannten Aminoverbindungen äquivalent ist. Dadurch wird der o-Aminobenzaldehyd in Form seiner Anhydroverbindung ausgefällt, während das betreffende Salz des m-Aminobenzaldehyds in Lösung bleibt. Am zweckmäßigsten ist die Anwendung von Natriumhydrosulfit als Reduktionsmittel.

Im Gegensatz zu ihm selbst läßt sich ein Derivat des m-Nitrobenzaldehyds, die 3-Nitrobenzaldehyd-4-sulfosäure, durch Zinn und Salzsäure glatt zur Aminoverbindung reduzieren[2].

Bei der Reduktion durch den elektrischen Strom in konzentriert schwefelsaurer Lösung[3] (*Gattermann*sches Verfahren) zeigen die m- und p-Nitrobenzaldehyde das normale Verhalten, indem sie zunächst in Hydroxylaminobenzaldehyde übergehen. Schneller als die Umlagerung zum Aminophenol verläuft bei ihnen eine Kondensationsreaktion, welche der Hydroxylaminobenzaldehyd mit nicht angegriffenem Nitrobenzaldehyd eingeht. Es entsteht dabei ein Azoxymethin von der Formel:

$$C_6H_4\begin{cases}CHO\\ N - CH \cdot C_6H_4 \cdot NO_2\\ \quad\diagdown O \diagup\end{cases}$$ [4],

welches zunächst nicht weiter verändert wird. Da aber dieser Körper selbst eine Nitroverbindung ist, so kann er gleichfalls zur Hydroxylaminoverbindung weiter reduziert werden, welche dann dieselbe Kondensation ein zweites Mal eingeht. So entstehen bei zu langer Einwirkung des Stromes hochmolekulare Kondensationsprodukte. Man kann aber den p-Aminobenzaldehyd gewinnen durch Einwirkung von Zinkstaub und der wässerigen Lösung eines Ammoniumsalzes auf p-Nitrobenzaldehyd[5] oder besser durch Reduktion desselben mittels Zinkstaub und Eisessig in alkoholischer Lösung[6]. Die complicierte Reduktion des o-Nitrobenzaldehyds mit ihren Beziehungen zum Anthranil führt am besten nach *Friedländer*[7] mit Eisenvitriol und Ammoniak zur Aminostufe.

Über die Reduktion von Nitrobenzalverbindungen ist wenig zu sagen. Da dieselben durch Säure gespalten werden, kann sie nur in alkalischer Lösung stattfinden. Als Reduktionsmittel hat sich Polysulfid[8] bewährt, durch welches allerdings eine Anzahl dieser Verbindungen zugleich in Schwefelfarbstoffe übergeführt werden; z. B. die aus p-Nitrobenzylchlorid oder p-Nitrobenzal-

---

[1] *Bayer & Co.*, D. R. P. 218 364 [*Frdl.*, X, 162].
[2] *Erdmann*, D. R. P. 61 843 [*Frdl.*, III, 65].
[3] *Bayer & Co.*, D. R. P. 85 198 [*Frdl.*, IV, 62].
[4] *Gattermann*, Ber. d. d. chem. Ges. **29**, 3037 (1896).
[5] *Kalle & Co.*, D. R. P. 89 978.
[6] *Alway*, Ber. d. d. chem. Ges. **36**, 2304 (1903).
[7] Ber. **17**. 456 [1884].
[8] *Bayer & Co.*, D. R. P. 165 126 [*Frdl.*, VIII, 186].

dehyd und Aminophenolen, Phenylendiamin oder Diaminophenolen entstehenden Verbindungen[1], welche das Ausgangsmaterial für die Schwefelfarbstoffe Pyrogengelb und -oliv geben.

Nitrophenole.

Die Reduktion der Nitrophenole findet zum Zweck der Darstellung von Aminophenolen statt. Auch als Ausgangsmaterial für Schwefelfarbstoffe, welche in der Polysulfidschmelze reduziert werden, werden alle drei Nitrophenole gebraucht. Die o-Aminophenole sind wichtig als Komponenten für chromierbare Azofarbstoffe, während das m-Aminophenol und seine am Stickstoff alkylierten Derivate Ausgangsmaterial für Rhodaminfarbstoffe und Nilblau sind. Ein wichtiges Anwendungsgebiet der p-Aminophenole ist das Färben von Haaren und Pelzen.

Durch Reduktion der entsprechenden Nitrophenole wird das o- und das p-Aminophenol dargestellt, das m-Aminophenoï dagegen aus m-Aminobenzolsulfosäure durch die Alkalischmelze. Die Reduktion der o- und p-Verbindung erfolgt nach den gewöhnlichen Methoden äußerst leicht, doch werden neutrale oder alkalische Reduktionsmittel bevorzugt. Z. B. Zinkstaub und Wasser[2], Aluminiumamalgam[3] (besonders für o-Aminophenol), Hydrosulfit[4]. Dabei scheidet sich das gebildete Aminophenol stets in fast chemisch reinem Zustande aus. Während auch in alkalischer Lösung o- und p-Nitrophenol direkt und ohne Schwierigkeiten bis zum Amin reduziert werden, liefert das m-Nitrophenol und die 3 isomeren Nitrophenoläther in normaler Weise Azo- und Azoxykörper. Die Aufklärung dieses abweichenden Verhaltens, welches vollkommen dem der 3 Nitroaniline entspricht, hat *Elbs*[5] für die elektrolytische Reduktion gegeben. Seine Erklärung trifft aber auch für die chemische Reduktion zu. In alkalischer Lösung werden alle drei Nitrophenole an der Kathode zunächst in normaler Weise in Nitrosoverbindungen übergeführt. In der o- und p-Reihe können diese auch als Chinonoxime formuliert werden, während dem m-Nitrosophenol bekanntlich nur die Konstitution eines Nitrosophenols zukommen kann:

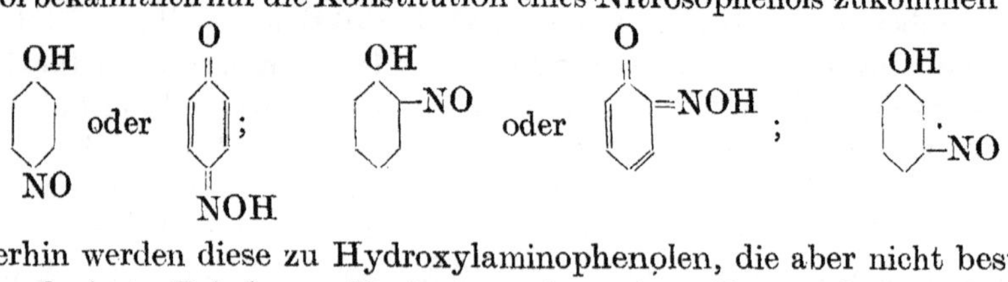

Weiterhin werden diese zu Hydroxylaminophenolen, die aber nicht beständig sind, reduziert. Bei den m-Derivaten tritt sofort die gewöhnliche Reaktion zwischen Nitroso- und Hydroxylaminoverbindung:

$$C_6H_4\left\langle{OH \atop NO}\right. + C_6H_4\left\langle{OH \atop NHOH}\right. = HO \cdot C_6H_4 \cdot \underset{\diagdown O \diagup}{N - N} \cdot C_6H_4OH + H_2O\,,$$

---

[1] *Ges. f. chem. Ind.*, D. R. P. 135 335 [*Frdl.*, VI, 715].
[2] *Bamberger*, Ber. d. d. chem. Ges. **28**, 250 (1895).
[3] *Wislicenus* und *Kaufmann*, Ber. d. d. chem. Ges. **28**, 1326 (1895).
[4] *Grandmougin*, Ber. d. d. chem. Ges. **39**, 3562 (1906).
[5] Zeitschr. f. Elektrochemie **7**, 133, 141 (1900) [C. **1900**, II, 849].

welche zur Azoxyverbindung führt, ein. Bei dem o- und p-Hydroxylaminophenol verläuft eine intramolekulare Wasserabspaltung schneller, als diese Reaktion und führt zu einem Chinonimid:

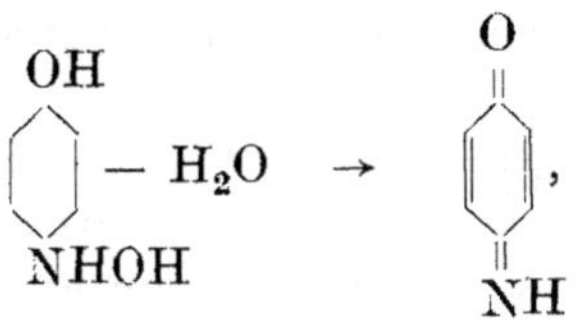

welches nicht mehr imstande ist, Azoxykörper zu bilden, dagegen sehr leicht zum Aminophenol weiterreduziert wird. Die Bildung derartiger Chinonderivate ist nicht möglich, wenn das Hydroxyl des Nitrophenols durch Verätherung oder Acylierung festgelegt ist. In diesem Falle bilden sich in normaler Weise auch in der o- und p-Reihe die Azoxykörper.

Zur technischen Darstellung des p-Aminophenols geht man vom p-Nitrophenol aus und reduziert es mit Eisen und Essigsäure. Da das p-Nitrophenol heute mit Leichtigkeit aus 1-Nitro-4-chlorbenzol durch Erhitzen mit Lauge oder Kalk gewonnen werden kann, so ist dies die bequemste Darstellungsweise für p-Aminophenol. Eine andere technische Darstellungsweise ist noch: Erhitzen von p-Chlorphenol mit Ammoniak unter Druck bei Zusatz von Kupfersalzen[1]. Der Vollständigkeit halber seien noch die beiden anderen Darstellungsweisen aufgeführt, die nur so lange Bedeutung hatten, als es nicht gelang, p-Aminophenol auf bequemem Wege darzustellen. Diese sind Reduktion von Nitrobenzol in konzentrierter Schwefelsäure[2] durch den elektrischen Strom nach *Gattermann* oder mit Zinkstaub und Umlagerung des in beiden Fällen entstehenden Phenylhydroxylamins oder reduktive Spaltung des p-Oxyazobenzols. Letztere Reaktion bietet häufig (besonders in der Naphtalinreihe) eine vorteilhafte Methode, in ein Phenol eine zur Hydroxylgruppe ortho- oder paraständige Amingruppe einzuführen. Auch das o-Aminophenol wird am besten durch Reduktion von o-Nitrophenol dargestellt, außerdem aus o-Nitranilin durch Diazotieren und Umkochen.

Wichtig für die Technik ist die Einwirkung von alkalischen Reduktionsmitteln, vor allem von Schwefelnatrium auf o- und p-Nitrophenol. Läßt man dieses allein auf p-Nitrophenol einwirken, so entsteht in schlechter Ausbeute p-Aminophenol. Setzt man aber außerdem noch Ätznatron hinzu, so hört die Bildung von Nebenprodukten auf, und man erhält p-Aminophenol allein[3]. Durch Alkalipolysulfide werden aus p-Aminophenolen blaue bis schwarze Schwefelfarbstoffe gewonnen, welche wahrscheinlich den Thiazinring enthalten. Vielfach werden aber nicht die Aminoverbindungen als Ausgangsmaterialien verwandt, sondern die Nitroverbindungen, welche dann in der Polysulfidschmelze zuerst zur Aminoverbindung reduziert werden. Als Reduktion betrachtet, ist diese Reaktion ohne Interesse. Ihre Bedeutung

[1] *A.-G. f. Anilinfabrikation*, D. R. P. 205 415 [*Frdl.*, IX, 120].
[2] Siehe S. 177.
[3] *Vidal*, D. R. P. 95 755 [*Frdl.*, V, 158].

beruht auf den dabei entstehenden Farbstoffen. Durch Zusätze zur Schmelze und Veränderung der Temperatur hat man die Möglichkeit, die Nuance der Farbstoffe weitgehend zu ändern. Keiner von ihnen ist jedoch in reinem Zustande isoliert, weswegen eine Konstitutionsformel für sie vorläufig nicht angegeben werden kann.

Schwarze Farbstoffe, zu denen das Vidalschwarz, der älteste schwarze Schwefelfarbstoff, gehört, entstehen aus p-Aminophenol durch Polysulfidschmelze, oder indem man dasselbe mit Schwefel ohne Gegenwart von Alkali erhitzt. Geht man dabei von den Nitrophenolen selbst aus, so werden diese selbstverständlich zuerst durch die Einwirkung des Schwefelnatriums zur Aminoverbindung reduziert. Konstitution und Verhalten der entstehenden Farbstoffe ist je nach der Art ihrer Darstellung verschieden. Man erhält z. B. einen von dem Vidalschwarz verschiedenen Farbstoff[1], wenn man p-Nitrophenol zu einer gesättigten Lösung von Schwefel in Natronlauge, welche der Zusammensetzung von Na_2S_4 entspricht, hinzugibt. Eine derartige Lösung, welche für p-Nitrophenol nicht die gleiche Wirkung, wie das einfache Sulfid hat, liefert bei 200 bis 240° einen Farbstoff von dunkler, grünlichblauer Nuance. Eine wichtige Veränderung der Nuance wird erzielt, wenn man Zusätze von Metallsalzen, besonders Kupfersalzen macht. Man erhält so aus p-Nitrophenol statt des nach Vidal zu erwartenden Schwarz ein stumpfes Grün, das unter dem Namen „Italienisch-Grün" bekannt ist. Dieser Farbstoff, der wegen seiner Säureunechtheit technisch ohne Bedeutung geblieben ist, besitzt historisches Interesse, weil bei ihm der wichtige Einfluß des Zusatzes von Metallsalzen zur Polysulfidschmelze zuerst in die Erscheinung getreten ist. Seine Darstellung erfolgt, indem man p-Nitrophenol mit Ätznatron und Schwefel unter Zusatz von Kupfersulfat in wässeriger Lösung zunächst bis zum Aufhören der Ammoniakentwicklung und dann weiterhin bis auf 210° erhitzt[2]. Von Derivaten des Nitrophenols, die als Ausgangsmaterial für Schwefelfarbstoffe gebraucht werden, sind zu erwähnen 2-Nitro-6-chlorphenol-4-sulfosäure und 4-Nitro-2, 6-dichlorphenol, welche man durch Nitrieren des beim Chlorieren von Phenol-p-sulfosäure in wässeriger Lösung erhaltenen Gemenges von Mono- und Dichlorphenolsulfosäure erhält[3]. Durch gewöhnliche Reduktionsmittel werden diese Körper glatt in die entsprechenden Aminoverbindungen übergeführt; in der Polysulfidschmelze bei 160 bis 190° entstehen daraus, unter Mitwirkung der Halogene, schwarze Farbstoffe.

Durch saure Reduktionsmittel, wie Eisen und Säure, werden Nitrophenolderivate, z. B. 4-Nitro-3-chlorphenol[4] oder 4-Nitrophenol-5-sulfosäure[5] in Aminoverbindungen übergeführt. Bei der Reduktion sowohl von Phenolen als deren Äthern mit Zinn und Salzsäure tritt oft Chlor in den Kern ein[6].

---

[1] *Geigy & Co.*, D. R. P. 123 569 [*Frdl.*, VI, 710].
[2] *Lepetit, Dollfuss* und *Gansser*, D. R. P. 101 577 [*Frdl.*, V, 455].
[3] *M. L. Br.*, D. R. P. 123 694 [*Frdl.*, VI, 711].
[4] *Chem. Fabrik Griesheim-Elektron*, D. R. P. 143 449 [*Frdl.*, VII, 93].
[5] *Kalle & Co.*, D. R. P. 150 982 [*Frdl.*, VII, 94].
[6] *de Vries*, Chem. Zentralbl. **1910**, I, 260, 429; *B. A. S. F.*, D. R. P. 55 506 [*Frdl.* II, 455].

Phenoläther liefern ebenfalls in normaler Weise Aminoverbindungen[1]. Bei der Reduktion in alkalischer Lösung entstehen aber Azo- und Hydrazokörper und keine Aminoverbindungen, wie bei den Phenolen, da eine verätherte Hydroxylgruppe die Bildung chinonimidartiger Zwischenprodukte ausschließt. o-Nitroanisol z. B. gibt sowohl bei elektrolytischer Reduktion[2] als auch mit Zinkstaub in alkalischer Lösung 2, 2'-Dimethoxyhydrazobenzol, welches zur Darstellung von o-Dianisidin gebraucht wird[3] (Benzidinumlagerung);

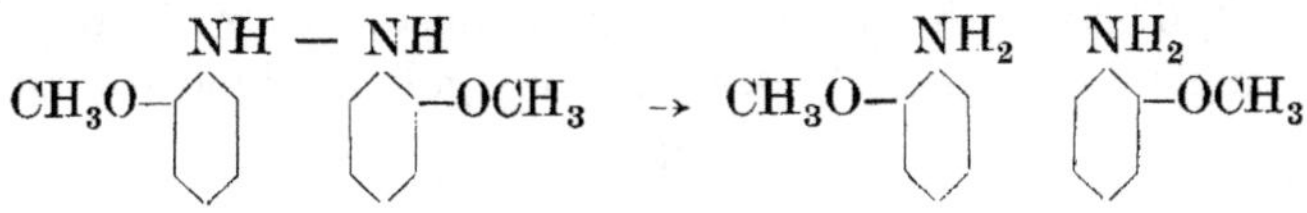

Die Einwirkung von Bisulfiten auf Nitrophenole erfolgt äußerst leicht; es entstehen o- und p-Aminophenolsulfosäuren, wenn man die entsprechenden Nitrophenole mit dem mehrfachen Gewicht Natriumbisulfit erhitzt, bis die gelbe Färbung verschwunden ist, worauf so lange mit Salzsäure erwärmt wird, bis das Schwefeldioxyd ausgetrieben ist[4]. Beim Abkühlen scheidet sich sodann die Aminophenolsulfosäure aus. Auch Derivate mit mehreren Substituenten, z. B. 3-Nitro-2-oxybenzol-1-carbonsäure und 5-Nitro-2-oxybenzol-1-carbonsäure (o- und p-Nitrosalicylsäure) liefern je eine Aminosulfosalicylsäure[5] oder 2-Nitro-4-chlorphenol die 2-Amino-4-chlorphenol-6-sulfosäure[6].

6. Nitraniline und Derivate.

Wie bei den Nitrophenolen, so verläuft in alkalischer Lösung die Reduktion bei den Nitroaminoverbindungen. Als erste Phase entstehen Nitrosoaniline:

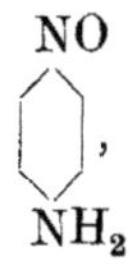

welche vielleicht durch Umlagerung in Chinonimidoxime

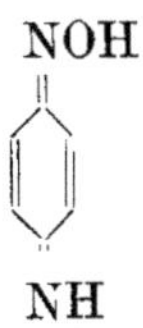

---

[1] *A.-G. f. Anilinfabrikation*, D. R. P. 137 956 [*Frdl.*, VI, 1299]; Reduktion von 3 Nitro-4-chlorphenolmethyläther. — *B. A. S. F.*, D. R. P. 135 331 [*Frdl.*, VI, 1297]; Reduktion von 4-Nitro-1, 3-dimethoxy-6-chlorbenzol. — *Bayer & Co.*, D. R. P. 88 502 [*Frdl.*, IV, 814]; Reduktion von β-Aminoäthyläthern des o- und p-Nitrophenols.

[2] *Anilinölfabrik A. Wülfing*, D. R. P. 108 427 [*Frdl.*, V, 65].

[3] *Jansen*, Chem. Zeitschr. **12**, 171 (1913).

[4] *Turner*, D. R. P. Anm. T 6642, Kl. 12 [*Winther*, I, 330].

[5] *Turner*, D. R. P. 123 115 [*Frdl.*, VI, 171].

[6] *A. G. f. Anilinfabrikation*, Franz. Pat. 311 700 [vom 22. VI. 1901].

übergehen. Dieser Vorgang ist aber nicht bewiesen, sondern nur wahrscheinlich. Für die weitere Reduktion ist er ohne Bedeutung, da beide Körper in gleicher Weise in Hydroxylaminoaminoverbindungen übergehen:

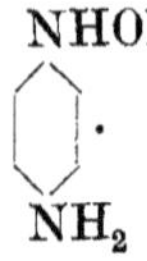

Ebenso wie Hydroxylaminophenole spalten diese, bevor sie Kondensationsreaktionen eingehen können, Wasser ab und geben Chinondiimide:

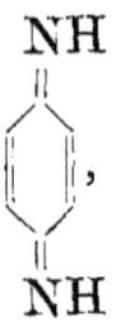

welche bei der weiteren Reduktion natürlich in Diaminoverbindungen übergehen. Diese Theorie, die ebenfalls von *Elbs* stammt, wurde auch hier zunächst für die elektrolytische Reduktion aufgestellt, dann aber auch auf die chemische ausgedehnt. Für ihre Richtigkeit spricht auch hier die Tatsache, daß nur o- und p-Derivate in Diamine übergehen, während m-Derivate in alkalischer Lösung normal reagieren, d. h. Azo- und Azoxykörper geben. Bei der Reduktion mit Zinkstaub in heißer alkalischer Lösung gehen m-Nitroanilin in m-Diaminoazoxybenzol, 2-Amino-4-nitrotoluol in 4, 4′-Dimethyl-3, 3′-diaminoazoxybenzol und 4-Amino-2-nitrotoluol in 2, 2′-Dimethyl-5, 5′-diaminoazoxybenzol über[1]. Dagegen geben die Acylverbindungen von o-, p- und m-Nitroaminokörpern Azoxyderivate, da bei ihnen die Bildung von Chinonimiden nicht stattfinden kann.

Der einfachste Fall ist die Darstellung von p-Phenylendiamin aus p-Nitroanilin, welches aus Acetanilid durch Nitrieren und Abspaltung des Acetylrestes dargestellt wird[2]. Eine zweite Darstellungsweise für p-Phenylendiamin durch Reduktion von p-Aminoazobenzol soll später besprochen werden[3]. Schließlich sei in diesem Zusammenhang erwähnt, daß man p-Phenylendiamin und seine Derivate durch Erhitzen von Dichlorbenzolderivaten mit Ammoniak unter Druck unter Zusatz von Kupfersalzen gewinnen kann[4]. p-Nitranilin wird durch Eisen und Salzsäure äußerst heftig angegriffen, weshalb die Reduktion nur unter gewissen Vorsichtsmaßregeln gute Resultate liefert. Gut durchgearbeitet ist diese Darstellungsmethode für p-Phenylendiamin immer noch die beste.

Wie m-Nitrophenol, so wird auch m-Nitranilin durch Elektrolyse in alkalischer Lösung in 3, 3′-Diaminohydrazobenzol übergeführt[5]. Als Zwi-

[1] *Poirrier* und *Rosenstiehl*, D. R. P. 44 045, 44 554 [*Frdl.*, II, 436f.].
[2] *Jansen*, Chem. Zeitschr. **12**, 109 (1913).
[3] Siehe S. 275.
[4] *A.-G. f. Anilinfabrikation*, D. R. P. 202 170, 204 848, 202 564, 202 565, 204 972 [*Frdl.*, IX, 118ff.].
[5] *Anilinölfabrik A. Wülfing*, D. R. P. 100 233 [*Frdl.*, V, 62].

schenprodukt entsteht dabei zunächst die Azoverbindung, welche aber durch den elektrischen Strom sofort weiter reduziert wird. Andere alkalische Reduktionsmittel liefern Azoxykörper. So entsteht aus 1-Methyl-2-amino-4-nitrobenzol durch Reduktion mit Traubenzucker in alkalischer Lösung 4, 4′-Dimethyl-3, 3′-diaminoazoxybenzol[1]. Anders verläuft die Reduktion, wenn man in konzentrierter Schwefelsäure nach *Gattermann* arbeitet[2]. Man erhält aus m-Nitranilin unter intermediärer Bildung einer Hydroxylaminoverbindung und Umlagerung derselben 2, 4-Diaminophenol:

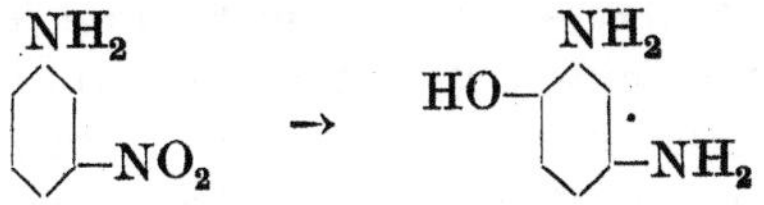

3-Nitrodimethylanilin gibt auf die gleiche Weise 4-Amino-2-dimethylaminophenol. Wenn die p-Stellung zur Nitrogruppe besetzt ist, tritt das Hydroxyl in die Orthostellung. Daher geben 4-Amino-2-nitrotoluol und 2-Amino-4-nitrotoluol entsprechend ihrer Konstitution dasselbe Diaminokresol.

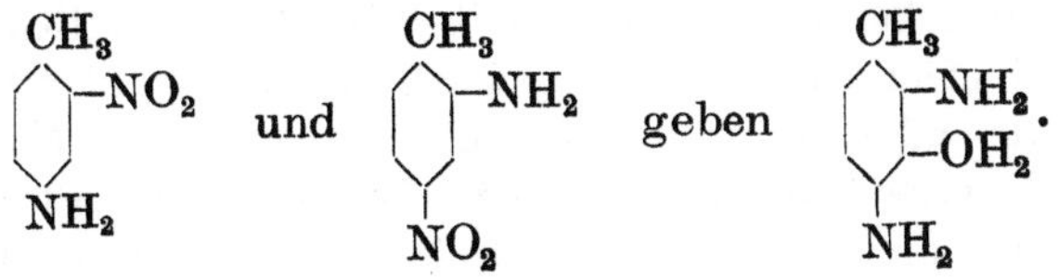

Auch bei dem 4-Nitrodiäthylanilin ist das der Fall; durch Elektroreduktion geht es in 2-Amino-5-diäthylaminophenol über[3].

Die Reduktion der Nitroammoniumbasen zu Aminoammoniumbasen kann mit den üblichen Reduktionsmitteln, sowohl in saurer als in alkalischer Lösung, ausgeführt werden. Gute Erfolge erzielt man mit Zink und Salzsäure, da dabei die Aminoammoniumbasen in Form der gut krystallisierenden Zinkdoppelsalze gewonnen werden. Man kann aber auch mit Zinkstaub, Natriumamalgam, Bisulfit oder schwefliger Säure reduzieren[4]. Trimethyl-3-nitrophenylammoniumchlorid gibt Trimethyl-3-aminophenylammoniumchlorid:

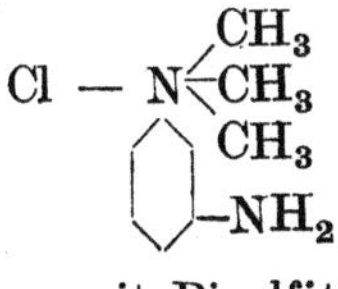

Reduziert man durch Erwärmen mit Bisulfitlösung, so entsteht ein inneres sulfaminsaures Salz:

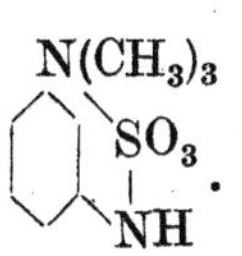

---

[1] *Jansen*, Zeitschr. f. Farbenindustrie **12**, 181 (1913) [C. **1913**, II, 761].
[2] *Bayer & Co.*, D. R. P. 78 829 [*Frdl.*, IV, 55].
[3] *Bayer & Co.*, D. R. P. 81 625 [*Frdl.*, IV, 61].
[4] *M. L. Br.*, D. R. P. 87 997 [*Frdl.*, IV, 68].

Verschiedene Nitroaminoverbindungen werden ebenfalls zwecks Herstellung von Schwefelfarbstoffen der Polysulfidschmelze unterworfen. Der einfachste hierher gehörige Körper, das p-Nitroanilin, gibt dabei einen grünen Farbstoff[1]. Da das p-Phenylendiamin bei der Polysulfidschmelze einen schwarzen Schwefelfarbstoff liefert, so muß man annehmen, daß bei der Einwirkung von Polysulfiden auf p-Nitroanilin dieses nicht bis zum p-Phenylendiamin reduziert wird, vielmehr der grüne Schwefelfarbstoff gebildet wird, bevor vollkommene Reduktion der Nitrogruppe eingetreten ist. Auch Derivate des m-Nitroanilins, z. B. das 4-Amino-2-nitrotoluol (o-Nitro-p-toluidin) wird als Ausgangsmaterial für Schwefelfarbstoffe verwandt[2]. Auch bei ihm findet keine Reduktion zur Diaminoverbindung statt, denn aus Toluylendiamin, welches daraus bei normaler Reduktion entsteht, erhält man unter derselben Behandlung einen anderen Farbstoff. Außerdem liefern o-Nitro-p-toluidin und p-Nitro-o-toluidin bei der gleichen Behandlung zwei verschiedene Farbstoffe, was nicht der Fall sein würde, wenn beide Körper zum Toluylendiamin reduziert würden. Auch für p-Nitro-o-phenylendiamin (1, 2-Diamino-4-nitrobenzol), kann man bei der Schmelze mit Polysulfid eine Reduktion bis zum Triaminobenzol nicht nachweisen[3]. Eine größere Anzahl von Schwefelfarbstoffen wird aus nitrierten Diphenylaminen dargestellt. Mononitroderivate werden weniger verwandt, sondern meist Polynitroverbindungen, die außerdem häufig durch andere Gruppen substituiert sind. Als Reduktionsreaktion bietet die Darstellung dieser Farbstoffe nichts Interessantes.

Nitroacetaminoverbindungen entsprechen in ihrem Verhalten den Acylverbindungen der Nitrophenole und werden durch saure Reduktion in Acetyldiaminoverbindungen übergeführt. Bei alkalischer Reduktion verhalten sie sich wie Nitrobenzol, d. h. sie geben Azo- und Azoxyverbindungen auch dann, wenn beide Gruppen sich in o- oder p-Stellung zueinander befinden. Da offenbar infolge des Vorhandenseins des Acetylrestes die Chinonimidgruppe nicht entsteht, so bleibt die Reduktion zur Aminogruppe in diesem Falle aus. Am bequemsten wird die Reduktion zum Amin durch Metall und Säure bewirkt. Nitroacetaminobenzoesäuren geben dabei Acetylphenylendiamincarbonsäuren[4]:

$$C_6H_3\left\langle\begin{array}{l}CO_2H\\ NO_2\\ NH\cdot CO\cdot CH_3\end{array}\right. \rightarrow C_6H_3\left\langle\begin{array}{l}CO_2H\\ NH_2\,.\\ NH\cdot COCH_3\end{array}\right.$$

Auch alkylierte Verbindungen, wie Acetyl- (oder Formyl-) p-nitrophenylglycin:

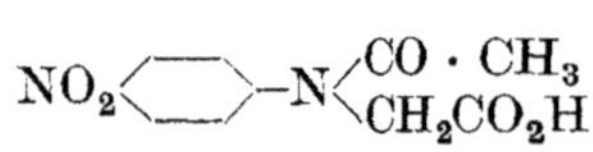

[1] *B. A. S. F.*, D. R. P. 128 088 [*Frdl.*, VI, 750].

[2] *Société Anon. St. Denis*, Engl. Pat. 23 312 (1895) [*Lange*, 373].

[3] *M. L. Br.*, D. R. P. 105 390 [*Frdl.*, V, 461].

[4] *Bayer & Co.*, D. R. P. 104 495 [*Frdl.*, V, 73]; *Pertsch*, D. R, P. 133 679 [*Frdl.* VI, 158]; *Cassella & Co.*, D. R. P. 163 186 [*Frdl.*, VIII, 137].

können in der üblichen Weise in die Aminoverbindung übergeführt werden [1]. Bisweilen, besonders bei der Einwirkung von Zinn und Salzsäure in der Wärme, wird während der Reduktion die Acetylgruppe abgespalten [2].

Die Reduktion durch Einwirkung von Bisulfit, welche für die Nitraniline selbst nicht angewandt werden kann, wird für deren Acylverbindungen vorgeschlagen [3]. Kocht man p-Nitracetanilid mit Bisulfitlösung, so entsteht p-Acetylaminophenylsulfaminsäure; ebenso verhalten sich Benzoylverbindungen oder Homologe. Auffallenderweise wandert bei dieser Reaktion die Sulfogruppe nicht in den Kern, wie es sonst bei dieser Reaktion stets beobachtet worden ist. Von den Reduktionsmethoden in alkalischer Lösung ist die Darstellung von Schwefelfarbstoffen durch die Polysulfidschmelze zu erwähnen. Es handelt sich dabei meistens um Diacetylverbindungen der Nitro-o- oder p-phenylendiamine, aus denen gelbe bis braune Schwefelfarbstoffe entstehen, welche nach den gewöhnlichen Anschauungen den Thiazolring enthalten.

Nitrophenylarsinsäuren.

Die Reduktion der Nitrophenylarsinsäuren, welche die Darstellung von Aminophenylarsinsäuren zum Zweck hat, kommt hauptsächlich für die o- und m-Verbindung in Betracht, da für die p-Verbindung eine andere bequemere Methode in der Einwirkung von Arsensäure auf Anilin vorhanden ist. Die Schwierigkeit bei der Reduktion der Nitrophenylarsinsäuren besteht darin, daß der Arsinsäurerest:

$$-\mathrm{AsO}\begin{matrix}\diagup\mathrm{OH}\\ \diagdown\mathrm{OH}\end{matrix}$$

leicht der Reduktion anheimfällt, oft bevor die Nitrogruppe selbst angegriffen wird. Dabei entstehen Arsinoxyde R · AsO oder Arsenoverbindungen RAs = AsR, welche sich durch Oxydation leicht wieder in Arsinsäuren überführen lassen. Bei der Einwirkung von starken Reduktionsmitteln, am besten Hydrosulfit, ist dies stets der Fall; hier sollen nur die Fälle besprochen werden, in denen der Arsinsäurerest erhalten bleibt. Man erreicht dies dadurch, daß man das Reduktionsmittel in einer Menge anwendet, die nur der Nitrogruppe entspricht, besonders aber durch Reduktion in alkalischer Lösung bei niederer Temperatur.

Die ersten Reduktionsversuche betreffen die 3-Nitrophenylarsinsäure, deren Nitrogruppe durch *Michaelis* und *Lösner* [4] mit Hilfe von Schwefelammonium leicht in die Aminogruppe übergeführt wurde; gleichzeitig wird aber der Arsensäurerest geschwefelt, so daß die beiden Verbindungen

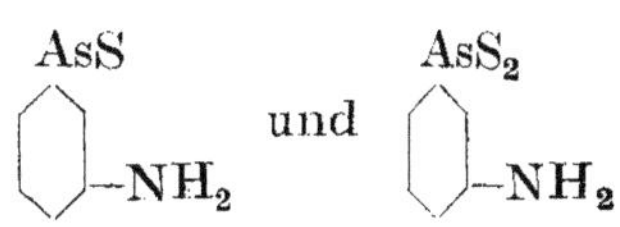

[1] *B. A. S. F.*, D. R. P. 152 012, 154 556 [*Frdl.*, VII, 78f.].
[2] *M. L. Br.*, D. R. P. 87 337 [*Frdl.*, IV, 79].
[3] *Weil*, D. R. P. 221 301 [*Frdl.*, X, 129].
[4] Ber. d. d. chem. Ges. **27**, 271 (1894).

entstehen. Um aus diesen die Arsinsäure zu gewinnen, werden sie mit Kupferoxyd bei Gegenwart von Alkali erhitzt, wodurch zugleich die Derivate des 3-wertigen Arsens in solche des 5-wertigen übergeführt werden. Dagegen gelingt die Reduktion der m-Nitrophenylarsinsäure, ohne daß der Arsinsäurerest angegriffen wird, durch Einwirkung von Natriumamalgam in methylalkoholischer Lösung[1].

Auch durch Einwirkung von molekularem Wasserstoff gegebenenfalls unter Druck in Gegenwart von katalytisch wirkenden Metallen oder Metallverbindungen lassen sich [3- und 4-]Nitrophenylarsinsäuren in die entsprechenden Aminophenylarsinsäuren überführen[2]. 3- und 2-Nitrophenylarsinsäure können auch elektrolytisch in Lösung von konzentrierter Schwefelsäure reduziert werden. Wie in den früher besprochenen Fällen treten auch hier Hydroxylaminoverbindungen

$$C_6H_4\left\langle\begin{matrix}NHOH\\AsO_3H_2\end{matrix}\right.$$

als Zwischenprodukte auf, welche durch die Wirkung der konzentrierten Schwefelsäure zu Aminophenolen umgelagert werden[3]. Es entsteht so:

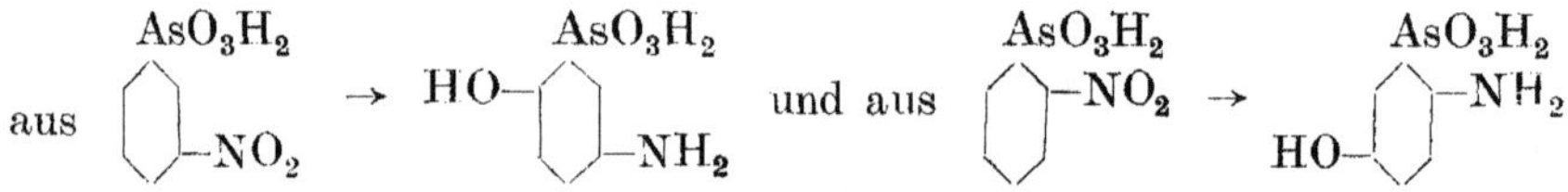

Da es sich dabei um Darstellung der pharmakologisch wichtigen Arsenoverbindungen handelt und die Arsinsäuren mit größter Leichtigkeit weiter reduziert werden, so isoliert man die Aminooxyphenylarsinsäure nicht, sondern neutralisiert die Lösung und reduziert mit Hydrosulfit so weit, bis das betreffende Arsenobenzol entstanden ist. Auf diese Weise wird 2-Nitrophenylarsinsäure in 2, 2'-Diamino-5, 5'-dioxyarsenobenzol übergeführt.

Aminonitrophenylarsinsäuren werden ebenfalls alkalisch reduziert, wenn der Arsinsäurerest erhalten bleiben soll. 2-Amino-5-nitrophenylarsinsäure

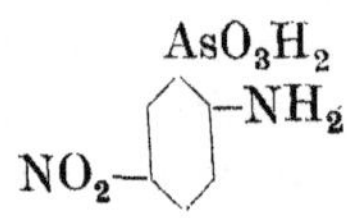

geht durch Reduktion mit Eisenoxydul und Alkali bei gewöhnlicher Temperatur[4] in die 2, 5-Diaminophenylarsinsäure über. Ebenso wird die isomere Verbindung 4-Amino-3-nitrophenylarsinsäure

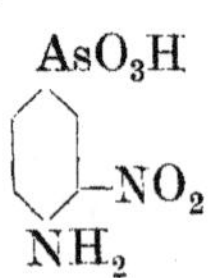

[1] *Bertheim*, Ber. d. d. chem. Ges. **41**, 1655, 1657 (1908); *M. L. Br.*, D. R. P. 206 344 [*Frdl.*, IX, 1038].

[2] *Boehringer & Söhne*, D. R. P. 286 547 [C. **1915**, II, 721].

[3] *Karrer*, D. R. P. Anm. K 51 745, Kl. 12q (zurückgenommen) [Pat.-Schr. 3017].

[4] *M. L. Br.*, D. R. P. 248 047 [*Frdl.*, XI, 1034].

durch Eintragen der theoretischen Menge von festem Natriumhydrosulfit in die auf — 1° abgekühlte alkalische Lösung[1] in die **3, 4-Diaminophenylarsinsäure** übergeführt. Verwendet man aber stärkere Mittel, wie unterphosphorige Säure und Jodkalium bzw. Jodwasserstoff, gegebenenfalls unter Zusatz von Essigsäure[2], so entsteht 3, 4; 3′, 4′-Tetraaminoarsenobenzol, aus dem sich durch Oxydation die Arsinsäure wieder herstellen läßt. Ferner kann die 4-Amino-3-nitrophenylarsinsäure elektrolytisch in Lösung von konzentrierter Schwefelsäure reduziert werden, wodurch zugleich eine Hydroxylgruppe in Stellung 6 eingeführt wird[3]. Über die Darstellung 6fach amidierter Arsenobenzole und über die Reduktion von Nitramiden der Arsinsäurereihe siehe *Böhringer & Söhne*, D. R. P. 285 572 und 285 573, 268 667 bis 286 669.

Acylierte Aminonitrophenylarsinsäuren, welche durch Nitrieren von Acylarsanilsäuren dargestellt werden, werden gewöhnlich zunächst durch Verseifung in die Aminonitroverbindungen übergeführt und dann erst reduziert. Hervorzuheben ist aber, daß das Oxalylderivat der 2-Amino-5-nitrophenylarsinsäure:

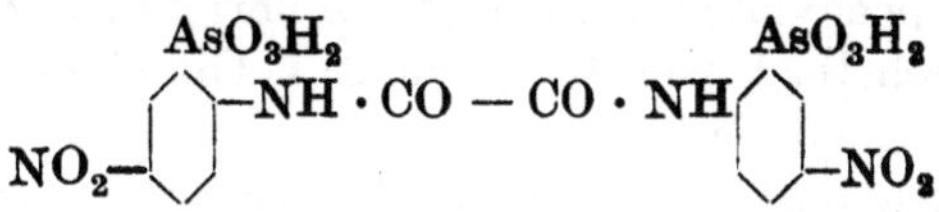

durch Einwirkung von Eisenpulver und verdünnter Essigsäure in der Wärme[4] zur 4, 4′-Diaminooxanilid-2, 2′-diarsinsäure reduziert wird, ohne daß der Arsinsäurerest von dem sauren Reduktionsmittel angegriffen wird.

Nitrooxyphenylarsinsäuren haben als Ausgangsmaterial für Salvarsan besondere Bedeutupg. Die Reduktion der 3-Nitro-4-oxyphenylarsinsäure[5] zur 3-Amino-4-oxyphenylarsinsäure

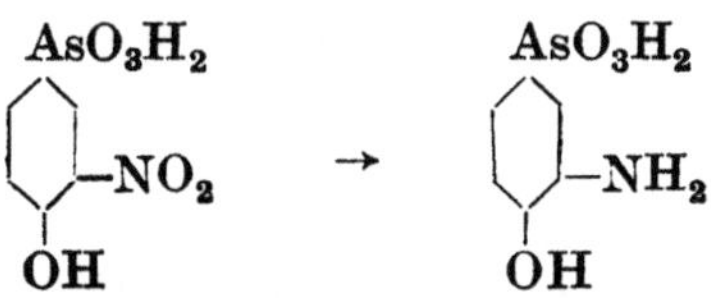

gelingt zwar mit Natriumamalgam in methylalkoholischer Lösung; handlicher ist Natriumhydrosulfit. Man erhält damit je nach der Art der Ausführung die oben genannte Arsinsäure oder das Arsenobenzol:

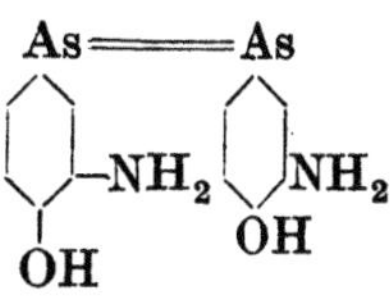

---

1 *Bertheim*, Ber. d. d. chem. Ges. **44**, 3095 (1911).
2 *M. L. Br.*, D. R. P. 286 432 [C. **1915**, II, 640; Angew. Chem. **28**, II, 466].
3 *Karrer*, D. R. P. Anm. K 51 745, Kl. 12q (zurückgenommen) [Pat.-Schr. 3017].
4 *Benda*, Ber. d. d. chem. Ges. **44**, 3306 (1911).
5 *M. L. Br.*, D. R. P. 224 953 [*Frdl.*, X, 1237].

Erstere entsteht, wenn man die theoretische Menge Hydrosulfit anwendet und bei einer Temperatur arbeitet, die 30° nicht übersteigt; letztere wird durch überschüssiges Hydrosulfit bei 50° gebildet. Auch Formaldehydsulfoxylat[1] kann zur Reduktion verwandt werden; durch dasselbe werden nicht allein die Nitrogruppen in die Aminogruppen übergeführt, sondern auch der Arsinsäurerest bis zur Arsenoverbindung reduziert. Zugleich geht das überschüssige Formaldehydsulfoxylat mit dem gebildeten 3, 3′-Diamino-4, 4′-dioxyarsenobenzol eine beständige Verbindung ein, welche unter dem Namen Neosalvarsan bekannt ist und vor dem Salvarsan die Vorzüge größerer Beständigkeit und der Fähigkeit, neutrale wässerige Lösungen zu geben, voraus hat[2].

Läßt man auf 3-Nitro-4-oxyphenylarsinsäure unterphosphorige Säure, phosphorige Säure oder Jodwasserstoff unter Zusatz von Essigsäure einwirken[3], so wird gleichfalls Nitrogruppe und Arsinsäurerest reduziert und es entsteht 3, 3′-Diamino-4, 4′-dioxyarsenobenzol. Schließlich sei die Reduktion nach dem *Gattermann*schen Verfahren erwähnt[4]. Auch dabei wird die entstehende 3-Amino-4, 6-dioxyphenylarsinsäure nicht isoliert, sondern in der neutralisierten Lösung durch Hydrosulfit bis zum 3, 3′-Diamino-4, 6, 4′, 6′-Tetraoxyarsenobenzol weiter reduziert.

Neben den aromatischen Arsenverbindungen haben neuerdings die diesen entsprechenden Antimonderivate eine eingehende Bearbeitung gefunden. Beide Gruppen zeigen in der Art ihrer Darstellung und in ihrem Verhalten große Ähnlichkeit; doch spalten die Antimonverbindungen, besonders die Aminoderivate viel leichter Antimon ab, als die entsprechenden Arsenderivate das Arsen, weshalb die Reduktion von Nitrophenylstibinsäuren nicht ohne besondere Vorsichtsmaßregeln gelingt[5]. Reduziert man 3-Nitrophenylstibinsäure

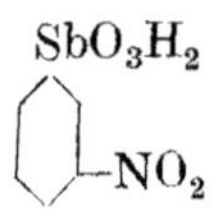

mit Zinnchlorür und alkoholischer Salzsäure, so bildet sich das Chlorhydrat des 3-Aminophenyldichlorstibins:

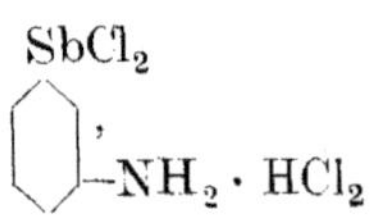

das leicht in die entsprechende Stibinsäure übergeführt werden kann. Aus 3-Nitro-4-oxyphenylstibinsäure entsteht durch Reduktion mit der berechneten Menge Hydrosulfit unter Abkühlung 3-Amino-4-oxyphenylstibinsäure.

---

[1] *M. L. Br.*, D. R. P. 263 460, 264 014, 271 893 [*Frdl.*, XI, 1054ff.].
[2] *M. L. Br.*, D. R. P. 249 726, 245 756, 260 235 [*Frdl.*, X, 1248f.; XI, 1054].
[3] *M. L. Br.*, D. R. P 271 894 [*Frdl.*, XI, 1041].
[4] *Karrer*, loc. cit.
[5] *von Heyden*, D. R. P. 270 488 [*Frdl.*, XI, 1093].

c. Di- und Polynitroverbindungen.

Verbindungen, bei denen die Nitrogruppen an einem Benzolkern sitzen.

Di- und Polynitroverbindungen tragen die Nitrogruppen entweder an einem oder an mehreren Benzolkernen; von ihnen sollen zunächst die ersteren besprochen werden. Bezüglich des quantitativen Verlaufes der Reduktion hat *Elbs*[1] festgestellt, daß Mononitrophenole schneller als Di- und Polynitrophenole reduziert werden. In saurer Lösung entstehen fast durchweg Amine, in alkalischer aus o- und p-Dinitroverbindungen ebenfalls, aus m-Dinitrokörpern dagegen komplizierte und schwer zu identifizierende Substanzen, die wohl als Polyoxyazoverbindungen aufzufassen sind. Im allgemeinen gilt auch hier das Schema von *Haber*; es entstehen aus Dinitrobenzol[2] nacheinander Nitrosonitrobenzol und Nitrophenylhydroxylamin, die sich beide in alkalischer Lösung zu Azoxyverbindungen kondensieren; in saurer Lösung wird das letztere zu Nitroanilin weiter reduziert, während es in konzentriert schwefelsaurer Lösung in Aminonitrophenol umgelagert wird.

In saurer Lösung erfolgt totale Reduktion der Polynitroverbindungen zu Polyaminoverbindungen, wobei man die Reduktion sowohl mit chemischen Mitteln, als auch durch Elektrolyse durchführen kann. Von den drei Dinitrobenzolen kommt für technische Reduktion nur die Metaverbindung in Betracht, da diese durch Nitrieren leicht herzustellen ist, während die beiden Isomeren dabei nur in ganz geringer Menge entstehen. Sie dient zur Darstellung des für die Farbenindustrie wichtigen m-Phenylendiamins, welches durch Reduktion mit Eisen und Säure daraus gewonnen wird. Andere Methoden sind: Einwirkung von metallischem Kupfer und Salzsäure[3] oder Elektrolyse in salzsaurer Lösung in Gegenwart von Zinnchlorür[4]. Von den Homologen des m-Phenylendiamins ist das 2, 4-Diaminotoluol (m-Toluylendiamin) das einzige, welches in größerer Menge (als Ausgangsmaterial für Azo- und andere Farbstoffe) Verwendung findet. Man stellt es durch Reduktion des leicht zugänglichen 2, 4-Dinitrotoluols durch Eisen und Säure her, wobei es häufig nicht isoliert, sondern in der wässerigen Lösung weiter verarbeitet wird. Weiter sind zu erwähnen: die 2, 4-Dinitrobenzolsulfosäure[5], welche durch Zinnchlorür und Salzsäure oder durch Eisenpulver und Essigsäure in die entsprechende Diaminoverbindung übergeführt wird, sowie das 2, 4-Dinitroacetanilid[6], welches durch gelinde wirkende Mittel, wie Eisen und verdünnte Essigsäure oder geringe Mengen Mineralsäure zu Acetyltriaminobenzol reduziert wird. Als Ausgangsmaterial für einige Azofarbstoffe (Säurealizarinschwarz SE, SN, Palatinchromschwarz F, FN, FT, S) dienen die 2, 4-Diamino-

---

[1] Journ. f. prakt. Chem. [2] **43**, 39 (1891) [Ber. **24**, R. 263].

[2] *Meisenheimer*, Ber. d. d. chem. Ges. **36**, 4174 (1903); *Meisenheimer* und *Patzig*, Ber. d. d. chem. Ges. **39**, 2526 (1906).

[3] *Boehringer & Söhne*, D. R. P. 127 815 [*Frdl.*, VI, 73].

[4] *Boehringer & Söhne*, D. R. P. 116 942 [*Frdl.*, VI, 66].

[5] *Erdmann*, D. R. P. 65 240 [*Frdl.*, III, 41].

[6] *Bayer & Co.*, D. R. P. 183 843 [*Frdl.*, VIII, 122].

phenol-6-sulfosäure[1] und die 2, 6-**Diaminophenol-4-sulfosäure**[2], welche durch Reduktion der entsprechenden Dinitroverbindungen durch Zinkstaub und Salzsäure dargestellt werden.

In neuester Zeit hat die Reduktion von Derivaten der 3, 5-**Dinitrophenylarsinsäure** Bedeutung gewonnen. 4-Amino-3, 5-dinitrophenylarsinsäure:

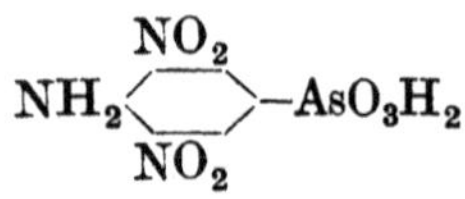

kann je nach der Menge und Art des Reduktionsmittels in 3, 4, 5-**Triaminophenylarsinsäure** oder in 3, 4, 5, 3′, 4′, 5′-**Hexaaminoarsenobenzol** übergeführt werden. Für den ersteren Zweck dient Natriumhydrosulfit in berechneter Menge[3], das aber im Überschuß angewandt auch den Arsinsäurerest reduziert[4]. Dagegen wird durch unterphosphorige oder phosphorige Säure zunächst der Arsinsäurerest angegriffen[5] und erst bei Verwendung in entsprechender Menge und bei Gegenwart von Jodwasserstoff tritt totale Reduktion ein; auf diese Weise entsteht aus 3, 5-Dinitro-4-oxyphenylarsinsäure:

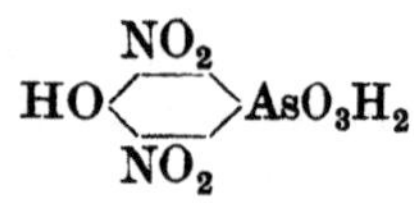

3, 5, 3′, 5′-**Tetraamino-4, 4′-dioxyarsenobenzol**[6])

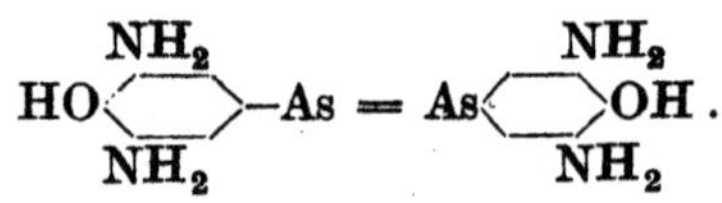

Zu erwähnen ist auch das Verhalten der 3, 5-Dinitro-4-(methylnitramino)-phenylarsinsäure:

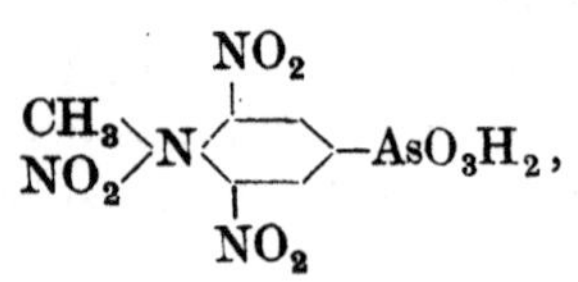

die durch Nitrieren von Dimethylaminophenylarsinoxyd entsteht. Die am Stickstoff befindliche Nitrogruppe wird durch alle gebräuchlichen Reduktionsmittel abgespalten, wenn die Reduktion nicht unter besonderen Vorsichts-

---

1 *M. L. Br.*, D. R. P. 128 619 [*Frdl.*, VI, 916].
2 *M. L. Br.*, D. R. P. 148 212 [*Frdl.*, VII, 393].
3 *Boehringer & Söhne*, D. R. P. 286 668, 286 854 [C. **1915**, II, 771, 934; Angew. Chem. **28**, II, 484, 517].
4 *Boehringer & Söhne*, D. R. P. 286 855 [C. **1915**, II, 934; Angew. Chem. **28**, II, 517].
5 *Boehringer & Söhne*, D. R. P. 286 854, 286 668 [C. **1915**, II, 771, 934; Angew. Chem. **28**, II, 484, 517].
6 *M. L. Br.*, D. R. P. 286 432 [C. **1915**, II, 640; Angew. Chem. **28**, II, 461].

maßregeln durchgeführt wird[1]. Die beiden am Kern befindlichen Nitrogruppen werden durch saure Reduktionsmittel wie Zinn, Zink, Eisen und Salzsäure bzw. Essigsäure oder Zinnchlorür in saurer Lösung mit großer Leichtigkeit in Aminogruppen übergeführt[2], wobei je nach Art der Durchführung der Arsinsäurerest erhalten bleibt oder ebenfalls reduziert wird.

Die partielle Reduktion von Dinitrobenzol und seinen Derivaten führt zu Nitranilinen. o- und p-Nitraniline, welche als Ausgangsmaterial für wichtige Azofarbstoffe (Eisfarben, p-Nitranilinrot) dienen, werden technisch auf anderem Wege dargestellt. Für die Darstellung von Nitranilin durch Reduktion kann nur das m-Dinitrobenzol in Betracht kommen, da es allein von den 3 Isomeren leicht zugänglich ist.

Die Angabe *Kekulés*[3], daß nur dann partielle Reduktion eintritt, wenn die Dinitroverbindung in gelöster Form zur Reaktion gebracht wird, ist nicht richtig. Man kann die partielle Reduktion in befriedigender Weise mit Eisen und Säure (Salz-, Essig- oder Schwefelsäure) durchführen[4], wenn man dabei nur so wenig Säure, daß von einer Auflösung von größeren Mengen organischer Körper in derselben nicht die Rede sein kann, anwendet und nur so viel Wasser hinzusetzt, als bei der Reduktion verbraucht wird; mit den sonst üblichen großen Wassermengen erhält man stets m-Phenylendiamin. Außerdem ist aber auch die Menge des angewandten Eisens entsprechend zu bemessen; am besten nimmt man so viel davon, daß nach Beendigung der Reduktion ein kleiner Teil des Dinitrokörpers unverändert bleibt. Trotz dieser Vorsichtsmaßregeln wird stets eine ganz geringe Menge m-Phenylendiamin gebildet.

Viel bequemer als in saurer Lösung verläuft die partielle Reduktion mit Hilfe von Schwefelammonium oder Schwefelnatrium, mit welchen fast immer nur eine Nitrogruppe reduziert wird.

Für das Laboratorium ist Schwefelammonium in wässeriger oder alkoholischer Lösung gebräuchlich und lange Zeit hat dieses Mittel für das einzige, das zur Reduktion einer von mehreren Nitrogruppen dienen kann, gegolten. Für den technischen Gebrauch ist Schwefelnatrium bei weitem vorzuziehen. Da es in krystallisiertem Zustande ($Na_2S + 9\,H_2O$) im Handel ist, so kann es abgewogen und genauer als ein Gas, das eingeleitet wird, dosiert werden. Vergleichende Untersuchungen von *Brand*[5] über die verschiedene Wirkung, welche die Sulfide des Ammoniums und des Natriums als partielle Reduktionsmittel auf Dinitroverbindungen ausüben, haben gezeigt, daß das beste Reduktionsmittel für m-Dinitrobenzol Natriumhydrosulfid ist, besonders auch deswegen, weil sein Reduktionswert größer als der des Schwefelammoniums ist und weil sich während der Reduktion kein Schwefel abscheidet.

---

[1] *Boehringer & Söhne*, D. R. P. 285 573 [C. **1915**, II, 639; Angew. Chem. **28**, II, 461].

[2] *Boehringer & Söhne*, D. R. P. 285 572, 286 667, 286 669 [C. **1915**, II, 449, 770 f.; Angew. Chem. **28**, II, 483 f.]; *M. L. Br.*, D. R. P. 286 432 [C. **1915**, II, 640; Angew. Chem. **28**, II, 461].

[3] Lehrbuch d. org. Chemie, Band II, 5579.

[4] *Wülfing*, D. R. P. 67 018 [*Frdl.*, III, 47].

[5] Journ. f. prakt. Chem. [**2**] **74**, 449 (1906) [C. **1907**, I, 404].

Technisch werden als Reduktionsmittel Polysulfide der Alkalien[1] bei Abwesenheit von freiem Alkali angewandt. Da aber mit der der Gleichung:

$$R \cdot NO_2 + Na_2S_2 + H_2O = RNH_2 + Na_2S_2O_3$$

entsprechenden Menge von Schwefel die Reduktion nur träge verläuft, ist man gezwungen, einen Überschuß des letzteren zu verwenden. Die Ausbeute ist sehr gut und beträgt 80 bis 82 Proz. der Theorie, wenn man dabei reines Ausgangsmaterial verwendet; bei Verwendung von unreinem Dinitrobenzol geht die Ausbeute ganz wesentlich zurück. Ebenso wie 1, 3-Dinitrobenzol, aus dem auf diese Weise m-Nitranilin dargestellt wird, lassen sich zahlreiche andere Benzolderivate, die 2 Nitrogruppen in m-Stellung haben, partiell reduzieren. Man vermag aber nicht vorauszusagen, welche von beiden zuerst reduziert wird. Die Verhältnisse sind hier sehr kompliziert, denn es üben nicht nur die übrigen Substituenten, sondern auch die Bedingungen, unter denen die Reduktion stattfindet, ihren Einfluß dabei aus. Vor allem darf nicht mehr als die theoretisch erforderliche Menge vom Reduktionsmittel angewandt werden. Während aus 2, 4-Dinitrobenzoesäure 2-Amino-4-nitrobenzoesäure entsteht[2], wird bei 2, 4-Dinitrodiphenylamin und seinen Derivaten[3] die in Stellung 4 befindliche Nitrogruppe in die Aminogruppe übergeführt. Bei Dinitroaminophenolderivaten wird die neben der Hydroxylgruppe befindliche Nitrogruppe zuerst reduziert[4]. 3, 5-Dinitro-2-oxyacetanilid geht in 3-Amino-5-nitro-2-oxyacetanilid über.

Die partielle Reduktion von Dinitroverbindungen mit Hilfe des elektrischen Stromes hat *Brand*[5] untersucht. m-Dinitrobenzol geht in fast neutraler Lösung bei Zimmertemperatur an einer Nickeldrahtnetzkathode in m-Nitrophenylhydroxylamin über, wenn man die der Theorie entsprechende Strommenge einleitet. In alkalischer Lösung dagegen liefert es fast quantitativ 3, 3′-Dinitroazoxybenzol:

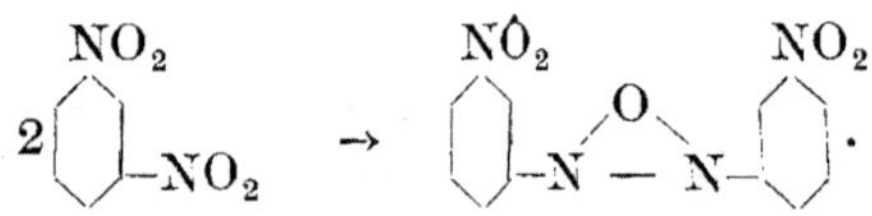

In verdünnt saurer Lösung entstehen die Polyamine, es gelingt aber auch die partielle Reduktion des m-Dinitrobenzols, wenn man an Kupferkathoden in Gegenwart von Kupferchlorid bei 80 bis 90° in einer Kathodenflüssigkeit mit mindestens 10 Proz. Chlorwasserstoff bei mäßiger Stromdichte reduziert[6]. Gute Resultate liefert die elektrolytische Reduktion bei Gegenwart von Vanadinsalzen[7]. Das Verfahren hat aber nur wissenschaftlichen Wert und kann mit der Reduktion durch Schwefelnatrium nicht konkurrieren.

[1] *Cobenzl*, Chem.-Ztg. **37**, 299 (1913).
[2] *M. L. Br.*, D. R. P. 204 884 [*Frdl.*, IX, 172].
[3] *M. L. Br.*, D. R. P. 85 388, 87 337 [*Frdl.*, IV, 76, 79].
[4] *Cassella & Co.*, D. R. P. 161 341, 172 978 [*Frdl.*, VIII, 134f.].
[5] Ber. d. d. chem. Ges. **38**, 4006 (1905); **40**, 3329 (1907).
[6] *Brand*, Ber. d. d. chem. Ges. **38**, 4014 (1905).
[7] *Hofer* und *Jakob*, Ber. d. d. chem. Ges. **41**, 3195 (1908).

Auch durch Einwirkung von Bisulfiten können aus m-Dinitrobenzol und seinen Derivaten partiell reduzierte Produkte erhalten werden, doch tritt in diesem Falle zugleich eine Sulfogruppe in den Kern ein, so daß z. B. aus m-Dinitrobenzol eine Sulfosäure des m-Nitranilins entsteht[1].

Von Reduktionen höher nitrierter Verbindungen bleibt nur diejenige der Pikrinsäure zu Pikraminsäure zu erwähnen. Auch hier wird eine der neben der Hydroxylgruppe befindlichen Nitrogruppen reduziert:

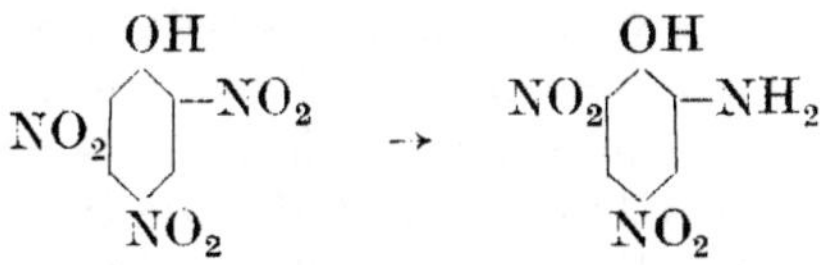

Als Reduktionsmittel sind so ziemlich sämtliche gebräuchlichen, alkalische und saure, gebraucht, technisch hat sich Schwefelnatrium bewährt.

α) Schwefelfarbstoffe aus Dinitrobenzolderivaten.

In großer Menge werden Dinitrobenzolderivate und einige Polynitrobenzolverbindungen zur Darstellung von Schwefelfarbstoffen der Polysulfidschmelze unterworfen. Natürlich muß beim Anwachsen der Zahl der Nitrogruppen auch die Schwefelnatriummenge erhöht werden. Die Annahme, daß dabei zunächst eine totale Reduktion zur Polyaminoverbindung stattfindet und darauf Überführung der letzteren in den Schwefelfarbstoff, entspricht den Tatsachen nicht. Das zeigt sich bereits bei den Mononitroverbindungen, die in der Polysulfidschmelze andere Farbstoffe, als die entsprechenden Aminoverbindungen liefern. Dinitroverbindungen werden zunächst zur Aminonitroverbindung reduziert und dann beginnt sofort die Schwefelung und Kondensation zu höheren Ringsystemen. Es ist daher für die Darstellung der Farbstoffe von erheblicher Bedeutung, in welcher Weise die Reduktion vor sich geht; ob man das Ausgangsmaterial zuerst mit Schwefelnatrium reduziert und dann erst den Schwefel einträgt, oder ob man sie von Anfang an mit Polysulfid verschmilzt.

Einkernige aromatische m-Dinitrokörper, welche keine Hydroxyl- oder Aminogruppen enthalten, geben bei der Polysulfidschmelze ohne jeden Zusatz keine brauchbaren Schwefelfarbstoffe[2]. Verschmilzt man sie aber bei Gegenwart von Glycerin oder anderen höherwertigen Alkoholen, wie Pentosen, Hexosen oder anderen Kohlehydraten, so entstehen gelbe bis braune Farbstoffe[3]. Dabei dienen diese Alkohole nicht als Verdünnungsmittel, sondern sie nehmen an der Reaktion teil, indem sie wohl den für die Bildung eines Thiazolringes nötigen Kohlenstoff liefern. Derartige Ringbildungen können natürlich nur dann erfolgen, wenn zuvor eine Reduktion der Nitrogruppen stattgefunden hat. Man kann solche Farbstoffe aus m-Dinitrobenzol oder

---

[1] *Nietzki*, D. R. P. 86 097 [*Frdl.*, IV, 90]; *Nietzki* und *Helbach*, Ber. d. d. chem. Ges. **29**, 2448 (1896).

[2] *Vidal*, Engl. Pat. 569 (1902) [*Lange*, 375].

[3] *Griesheim Elektron*, D. R. P. 199 979, 202 639 [*Frdl.*, IX, 455].

2, 4-Dinitro-1-chlorbenzol herstellen. Dagegen liefern die Nitrotoluole und Dimethylbenzolderivate bei der Polysulfidschmelze auch ohne die oben genannten Kohlehydrate und Alkohole Farbstoffe[1], da bei ihnen ein aliphatisches Kohlenstoffatom als Methylgruppe im Molekül vorhanden ist. Es genügt aber auch ein als Acetylgruppe vorhandenes aliphatisches Kohlenstoffatom, wie ein solches im 2, 4-Dinitroacetanilid vorhanden ist[2].

Schwefelfarbstoffe ohne Thiazolring von schwarzer Nuance entstehen aus 2, 4- oder 2, 6-Dinitroanilin bzw. aus dem beim Nitrieren von Anilin entstehenden Gemisch beider, wenn man sie mit Polysulfiden allein oder bei Gegenwart einer ganz geringen Menge von Schwefel erhitzt[3]. Je nach der Art der Einwirkung des Polysulfides entstehen Farbstoffe, die sich äußerlich durch ihre Nuance unterscheiden. Ihre Konstitution ist aber ganz unbekannt, und man kann nur daraus, daß hier der zur Bildung eines Thiazolrings nötige Kohlenstoff fehlt, einen (negativen) Schluß auf dieselbe ziehen.

Eine große Anzahl von untereinander verschiedenen Schwefelfarbstoffen wird aus 2, 4-Dinitrophenol dargestellt:

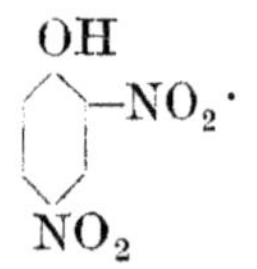

Anfänglich wurde auch 2, 6-Dinitrophenol bzw. das durch Nitrieren von Phenol entstehende Gemisch der beiden Isomeren dazu verwandt. Für fast alle dieser Farbstoffe kann auch das entsprechende Diaminophenol als Ausgangsmaterial verwandt werden; es wird daher zunächst das Dinitrophenol zum Diaminophenol reduziert. Infolge der verschiedenen Arbeitsmethoden: Erhitzen mit Polysulfid allein oder mit Schwefel, mit Thiosulfat, im Überschuß oder mit molekularen Mengen bei gewöhnlichem oder erhöhtem Druck, ist die Möglichkeit zu einer außerordentlich großen Anzahl von Verkettungs- und Kondensationsreaktionen gegeben, woraus sich die große Zahl der entstehenden, untereinander verschiedenen Farbstoffe erklären läßt.

Bei den ältesten hierhergehörigen Verfahren[4] wird die Reduktion des Dinitrophenols und die Überführung des entstandenen Reduktionsproduktes in den Farbstoff in zwei Operationen zerlegt, indem man zunächst nur Schwefelnatrium einwirken läßt und dann erst durch Zusatz von Schwefel und Steigerung der Temperatur die Bildung des Farbstoffes vornimmt. Durch Änderungen der Versuchsbedingungen[5] lassen sich die Eigenschaften der ent-

---

[1] *Kalle & Co.*, D. R. P. Anm. K 23 049, Kl. 22d [*Frdl.*, VII, 550]; *A.-G. f. Anilinfabrikation*, D. R. P. 113 945, 121122 [*Frdl.*, V, 945; VI, 747]; *B. A. S. F.*, D. R. P. 131 725 [*Frdl.*, VI, 746].

[2] *B. A. S. F.*, D. R. P. 126 965 [*Frdl.*, VI, 754].

[3] *M. L. Br.*, D. R. P. 102 530 [*Frdl.*, V, 461]; *B. A. S. F.*, D. R. P. 138 858 [*Frdl.*, VII, 530]; *Lauch* und *Weiler ter Meer*, D. R. P. 139 807 [*Frdl.*, VII, 529].

[4] *Vidal*, D. R. G. 98 347 [*Frdl.*, V. 459].

[5] *Cassella & Co.*, Engl. Pat. 19 831 (1896), Immedialschwarz N N; *Ges. f. chem. Ind.*, Engl. Pat. 13 035 (1903), Thiophenolschwarz T extra [*Lange*, 377, 378]; *Stolaroff*, D. R. P.

stehenden Farbstoffe modifizieren. Gegenüber diesen Verfahren ist es ein Fortschritt, die Komponenten in wässeriger Lösung sieden zu lassen[1]. Die Vorteile dieser Methode bestehen darin, daß die Masse stets homogen bleibt und gleichmäßig auf derselben Temperatur erhalten wird und daher durch stellenweises Überhitzen nicht zerstört werden kann. Eine Verbesserung der Methode in dem Sinne, daß die Abscheidung der gebildeten Farbstoffe erleichtert wird, wird dadurch erzielt, daß man die Einwirkung bei höherer Temperatur unter Druck vor sich gehen läßt[2].

Eine dritte Gruppe von Verfahren bezweckt die Darstellung von schwarzen Farbstoffen aus 2, 4-Dinitrophenol durch Einwirkung von Thiosulfat. *Vidal*[3] nimmt an, daß sich als erstes Einwirkungsprodukt dabei Thiosulfosäuren von etwa folgender Konstitution:

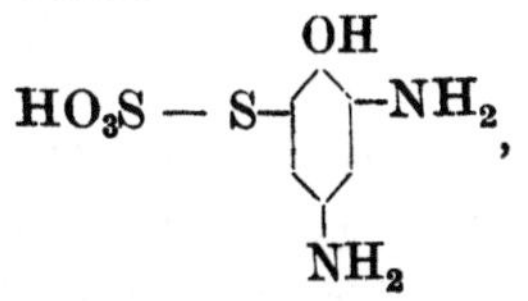

bilden, aus welchen durch Kondensation mit Diaminophenol Derivate des Thiazins, zu denen diese Farbstoffe wohl gehören, gebildet werden. Es ist aber nicht ausgeschlossen, daß noch einer oder zwei Thiosulfosäurereste in das Molekül eintreten. Die Darstellung dieser Farbstoffe erfolgt nach drei verschiedenen Verfahren, welche untereinander verschiedene Farbstoffe liefern. Nach dem ältesten Verfahren[4] dieser Gruppe wird 2, 4-Dinitrophenol zunächst mit Natriumdisulfid erhitzt, worauf zur Schmelze soviel Natriumsulfit zugesetzt wird, daß nach der Gleichung:

$$Na_2S_2 + Na_2SO_3 = Na_2S_2O_3 + Na_2S$$

das vorhandene Disulfid vollkommen in Thiosulfat übergeführt wird. Es erfolgt also die Bildung von Thiosulfat in der Reaktionsmasse selbst und die Reduktion der Dinitroverbindung und deren Umwandlung in den Farbstoff in zwei getrennten Operationen. Kocht man 2, 4-Dinitrophenol oder 2, 4-Diaminophenol mit einer wässerigen Thiosulfatlösung[5], so bildet sich der schwarze Schwefelfarbstoff ebenfalls in zwei Phasen. Es entsteht zunächst über eine Thiosulfosäure von obiger Konstitution ein hochmolekularer Körper, mit mehreren Thiazinringen, welcher Baumwolle blau anfärbt; aus diesem wird dann durch bloßes Erhitzen für sich oder mit indifferenten hochsiedenden Lösungsmitteln der schwarze Schwefelfarbstoff dargestellt. Eine dritte Art

Anm. 6281, Kl. 22d [*Frdl.*, VI, 735]; *Kalle & Co.*, D. R. P. Anm. K 24 400, Kl. 22d [*Frdl.*, VII, 525]; *Meyenberg* und *The Clayton Aniline Company Limited*, Engl. Pat. 17 805 (1903) [*Lange*, 378].

[1] *A.-G. f. Anilinfabrikation*, D. R. P. 127 835 [*Frdl.*, VI, 738] „Schwefelschwarz T extr.

[2] *Weiler ter Meer*, D. R. P. 208 377 [*Frdl.*, IX, 470], Auronalschwarz; *Soc. anon. des matières colorantes*, D. R. P. 218 517 [*Frdl.*, IX, 472], Noir autogène E E B.

[3] Monit. scient. **59**, I, 430.

[4] *Manufacture Lyonnaise de Matières colorantes*, Franz. Pat. 267 343 [*Lange*, 377].

[5] *Deutsche Vidalfarbstoff-A.-G.*, D. R. P. 116 354 [*Frdl.*, VI, 745].

der Einwirkung von Thiosulfat, wobei Reduktion und Farbstoffbildung in einer Operation erfolgt, besteht darin, daß man eine alkalische Lösung des 2, 4-Dinitrophenols mit Thiosulfat unter Druck erhitzt[1]. Nach dem Abkühlen scheidet sich der Farbstoff (Thionalschwarz) in fester Form aus.

Auch einige Derivate des 2, 4-Dinitrophenols werden zur Darstellung von Farbstoffen herangezogen; in erster Linie Kresole (1-Methyl-3, 5-dinitro-6-oxybenzol[2]), ferner Dinitrosalicylsäure (2, 4-Dinitro-1-oxybenzol-6-carbonsäure[3]), 2, 4-Dinitro-6-chlorphenol[4], Pikraminsäure (6-Amino-2, 4-dinitrophenol[5]) und 5-Methyl-6-amino-2, 4-dinitrophenol[6]. Abgesehen von dem oben erwähnten Gemisch aus 2, 4- und 2, 6-Dinitrophenol, welches bei der Nitrierung von Phenol entsteht, und der 2, 6-Dinitrophenol-4-sulfosäure[7] wird 2, 6-Dinitrophenol und seine Derivate zur Darstellung von Schwefelfarbstoffen nicht gebraucht.

β) Schwefelfarbstoffe aus Dinitrodiphenylaminderivaten.

Nachdem man erkannt hat, daß der Thiazinkomplex eine wichtige Rolle im Molekül der schwarzen und blauen Schwefelfarbstoffe spielt, lag es nahe, Derivate des Diphenylamins, welches leicht in Thiodiphenylamin bzw Thiazin übergeführt werden kann, zur Darstellung von Schwefelfarbstoffen heranzuziehen. Die Erwartung, daß die Farbstoffbildung bei Diphenylaminderivaten leichter und glatter verlaufen würde, als bei einfacheren Benzolderivaten hat sich bestätigt. Der wichtigste Farbstoff dieser Gruppe, das Immedialschwarz V. extra, von *Cassella & Co.*, ist aus dieser Überlegung heraus dargestellt worden. Ausgangsmaterial dafür ist das 2, 4-Dinitro-4′-oxydiphenylamin:

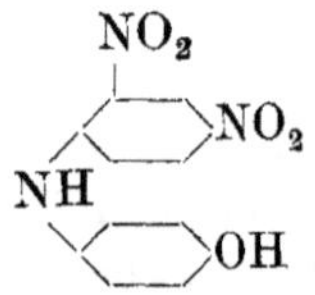

,

das aus 2, 4-Dinitro-1-chlorbenzol und p-Aminophenol entsteht. Die im Anschluß daran außerordentlich zahlreich angestellten Versuche, dieses Ausgangsmaterial durch andere Derivate des Diphenylamins zu ersetzen, haben keinen durchgreifenden Erfolg gehabt. Man kann als sicher annehmen, daß bei der Einwirkung des Schwefelnatriums auf 2, 4-Dinitro-4′-oxydiphenylamin zunächst die Nitrogruppen zu Aminogruppen reduziert werden; man hat daher auch die entsprechenden Aminoderivate der Polysulfidschmelze

---

[1] *Chem. Fabrik vorm. Sandoz & Co.*, D. R. P. 136 016 [*Frdl.*, VI, 735].
[2] *A.-G. f. Anilinfabrikation*, D. R. P. 129 564 [*Frdl.*, VI, 739]; *Cassella & Co.*, Franz Pat. 262 602 [*Lange*, 381].
[3] *Soc. chimique des Usines du Rhône*, D. R. P. 158 927 [*Frdl.*, VIII, 748].
[4] *Bayer & Co.*, D. R. P. Anm. F 26 042, Kl. 22d [*Lange*, 383].
[5] *A.-G. f. Anilinfabrikation*, D. R. P. 116 791 [*Frdl.*, VI, 740].
[6] *v. Heyden*, D. R. P. 129 283 [*Frdl.*, VI, 741].
[7] *B. A. S. F.*, D. R. P. 114 529 [*Frdl.*, VI, 736].

unterworfen. Das Reduktionsprodukt aus 2, 4-Dinitro-4'-oxydiphenylamin, das 2, 4-Diamino-4'-oxydiphenylamin ist zugleich das Leukoderivat des Aminoindophenols, das aus p-Aminophenol und m-Phenylendiamin entsteht:

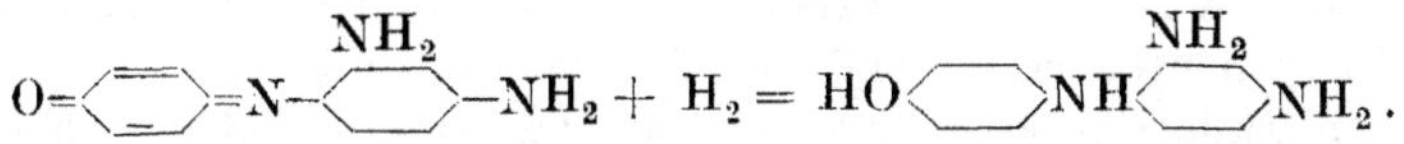

Es war daher zu erwarten, daß auch Indophenole oder Gemische ihrer Komponenten sich zur Darstellung von Schwefelfarbstoffen eignen würden. Die in dieser Hinsicht angestellten Versuche haben jedoch zu einem technischen Erfolg nicht geführt.

Immedialschwarz V. extra wird aus 2, 4-Dinitro-4'-oxydiphenylamin durch Verschmelzen mit Schwefelnatrium und Schwefel im Verhältnis, das dem Natriumtetrasulfid Na_2S_4 entspricht, dargestellt[1]. Bei dem hervorragenden Erfolg, der mit dem so dargestellten Farbstoff und mit seinem Oxydationsprodukt, dem Immedialblau[2], erzielt wurde, ist es erklärlich, daß das Gebiet nach den verschiedensten Richtungen durchforscht wurde. Man versuchte zunächst, das 2, 4-Dinitro-4'-oxydiphenylamin unter veränderten Bedingungen in Schwefelfarbstoffe überzuführen; die dabei entstehenden Farbstoffe sind mit Immedialschwarz V. extra nicht identisch. Beim Erhitzen unter Druck[3] entsteht ein rötliches Blauschwarz. Zu reineren Farbstoffen, die sich beim Erkalten krystallinisch ausscheiden, kommt man, wenn man die Einwirkung des Natriumtetrasulfids in alkoholischer Lösung unter Druck vor sich gehen läßt[4]. Dagegen erhält man beim Erhitzen mit Thiosulfat und Alkalilauge auf sehr hohe Temperatur (250°)[5] Körper, die nur sehr farbschwach sind. Die Schmelze bei Gegenwart von Kupfersalzen[6] liefert ein grünliches Schwarz ohne praktischen Wert, während die unter dem Namen Pyrogengrün bekannten Farbstoffe durch Verschmelzen mit Natriumtetrasulfid bei Gegenwart von Kupferbronze entstehen[7].

Eine Reihe von Körpern, welche aus 2, 4-Dinitro-4'-oxydiphenylamin durch Oxydation (Dinitrophenylchinonimid[8]), durch partielle Reduktion (2-Amino-4-nitro-4'-oxydiphenylamin[9]) oder durch Einwirkung von Chlorschwefel[10] gewonnen worden sind, liefern Farbstoffe ohne Bedeutung. Dagegen bildet sich beim Erhitzen von 2, 4-Dinitro-4'-oxydiphenylamin mit wässerigem Alkali unter tiefgreifender Veränderung des Moleküls ein Zwischenprodukt

---

[1] *Cassella & Co.*, D. R. P. 103 861 [*Frdl.*, V, 423]; *Lange*, Die Schwefelfarbstoffe, S. 218; diese Sammlung: Chem. Technologie in Einzeldarstellungen.

[2] *Cassella & Co.*, D. R. P. 118 087 [*Frdl.*, V, 943].

[3] *M. L. Br.*, D. R. P. Anm. F 12 163, Kl. 22d [*Frdl.*, VI, 645].

[4] *Ges. f. chem. Ind.*, D. R. P. 132 424, Pyrogendirektblau [*Frdl.*, VI, 633].

[5] *Chem. Fabrik Grünau*, D. R. P. 144 104 [*Frdl.*, VII, 495].

[6] *B. A. S. F.*, D. R. P. Anm. B 29 055, Kl. 22d [*Frdl.*, VI, 645].

[7] *Ges. f. chem. Ind.*, D. R. P. 148 024 [*Frdl.*, VII, 524].

[8] *Dahl & Co.*, D. R. P. Anm. D 11 485, Kl. 22d [*Frdl.*, VI, 646].

[9] *Weissberg*, D. R. P. Anm. W 16 004, Kl. 22d [*Frdl.*, VI, 647].

[10] *Noetzel, Istel & Co.*, D. R. P. 109 586, 111 950, 112 299 [*Frdl.*, V, 426; VI, 646, 696].

von unbekannter Konstitution, welches durch Polysulfidschmelze in braune Schwefelfarbstoffe übergeführt wird. (Immedialdunkelbraun, -bronze[1].)

2, 4-Dinitro-4'-oxydiphenylamin entsteht, wie erwähnt, aus p-Aminophenol und 2, 4-Dinitro-1-chlorbenzol. Es lag daher sehr nahe, an Stelle beider Komponenten Homologe oder Derivate derselben, z. B. Carbon- oder Sulfosäuren, Halogen- oder Aminoderivate, zu setzen. Außergewöhnlich groß ist die Anzahl von Patenten, welche die Darstellung von Schwefelfarbstoffen aus derartigen Körpern zum Gegenstand haben. Um so geringer ist die Anzahl von Körpern von praktischer Bedeutung. Da sie alle nach der gleichen Reaktion hergestellt werden, so bieten sie in bezug auf Reduktion nichts Interessantes; als Beispiele seien erwähnt: das „Baumwollschwarz" aus 2, 4-Dinitrodiphenylamin-3' (oder 4')-sulfosäure[2] und das „Auronalschwarz" aus 4'-Amino-2, 4-dinitrodiphenylamin[3].

Verbindungen, bei denen die Nitrogruppen an verschiedenen Benzolkernen sitzen,

verhalten sich bei der Reduktion wie Mononitrokörper und liefern bei genügender Menge des Reduktionsmittels Diaminoverbindungen. Di-(4-nitrobenzyl)-benzidin:

$$NO_2 \cdot C_6H_4 \cdot CH_2NH \cdot C_6H_4 \cdot C_6H_4 \cdot NH \cdot CH_2 \cdot C_6H_4NO_2$$

geht bei der Reduktion mit Zinn und Salzsäure in die Diaminoverbindung über[4] und 1(-4'-Nitrophenyl)-5-nitro-benztriazol[5] verhält sich bei der Reduktion mit Eisenspänen und Säure ebenso.

Derivate des Diphenylamins, z. B. 2, 2'- oder 4, 4'-Dinitrodiphenylamin werden durch Zinnchlorür oder durch Zinkstaub und Essigsäure ebenfalls glatt in Diaminodiphenylamin übergeführt. Ebenso verhalten sich übrigens die Dinitroderivate des Carbazols, das in seiner Konstitution und daher auch im Verhalten bei vielen Reaktionen dem Diphenylamin entspricht. Die Reduktion mit Eisen und Säure bietet aber die Schwierigkeit, daß das Reduktionsprodukt auf einfache Weise nicht von dem Eisen getrennt werden kann. Diese Trennung läßt sich gut durchführen, wenn man eine Acylverbindung (Formyl- oder Acetyl-) des 4, 4'-Dinitrodiphenylamins der Reduktion auf diese Weise unterwirft[6]. Neben der sauren Reduktion läßt sich auch die alkalische durch Schwefelnatrium anwenden. Eine totale Reduktion läßt sich aber durch Kochen mit Schwefelalkalien nicht erzielen; durch Einwirkung einer alkoholisch-wässerigen Lösung mit oder ohne Zusatz von Schwefel[7] wird es partiell zu 4-Amino-4'-nitrodiphenylamin reduziert. Dagegen findet totale Reduktion statt, wenn man es mit wasserhaltigen Schwefel-

[1] *Cassella & Co.*, D. R. P. 112 484 [*Frdl.*, VI, 695].
[2] *Dahl & Co.*, D. R. P. 101 862, 105 058 [*Frdl.*, V, 430f.].
[3] *Lauch* und *Weiler ter Meer*, D. R. P. 140 610, 144 119, 147 635 [*Frdl.*, VI, 1320; VII, 492ff.].
[4] *Dahl & Co.*, D. R. P. 53 282 [*Frdl.*, II, 463].
[5] *M. L. Br.*, D. R. P. 85 388 [*Frdl.*, IV, 76].
[6] *M. L. Br.*, D. R. P. 156 388 [*Frdl.*, VII, 773].
[7] *Schott*, D. R. P. 145 061 [*Frdl.*, VII, 69].

alkalien zusammenschmilzt[1]. Bei ungenügender Menge von Schwefelnatrium bildet sich hierbei nicht die Aminonitroverbindung, sondern andere in Salzsäure unlösliche Körper, die vermutlich der Azoreihe angehören. Schwefelnatrium leistet häufig auch dann gute Dienste, wenn andere Reduktionsmittel nicht zum Ziele führen. 4, 4′-Dinitrostilben, das sich nach den gebräuchlichen Methoden in befriedigender Weise nicht reduzieren läßt, wird durch Kochen mit Schwefelnatrium in wässeriger Lösung in guter Ausbeute in 4, 4′-Diaminostilben übergeführt[2].

Von Dinitroverbindungen mit symmetrisch verteilter Nitrogruppe, die durch schwefelnde Reduktion in Schwefelfarbstoffe übergeführt werden, sind namentlich einige Benzidinderivate zu erwähnen. So entsteht das Thiocatechin S aus Diacetyl-o-dinitrobenzidin[3]:

Wertvollere schwarze Farbstoffe werden aus den nicht acylierten Dinitrobenzidinen[4] gewonnen, vor allem auch aus dem Dianisidinderivat:

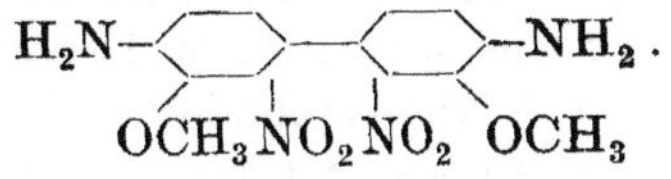

Die p-Stellung zur Nitrogruppe muß unbesetzt sein, denn das Tolidin:

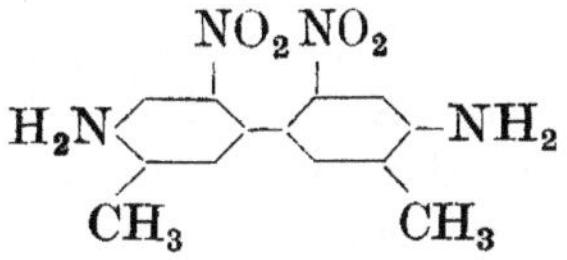

liefert keine Farbstoffe im Gegensatz zur gleich konstituierten Monomethylverbindung. Alkoxylgruppen in p-Stellung werden bei der Schwefelschmelze eliminiert. 2, 4 — 2′, 4′-Tetranitrobiphenyl gibt gleichartige Farbstoffe[5], auch die Alkylderivate der Nitrobenzidine[6] sowie höherer Nitrierungsprodukte[7] können zu Schwefelfarbstoffen reduktiv verschmolzen werden.

Schließlich gehören noch einige Diphenylmethanderivate hierher, die aus o- und p-Nitrophenol und Formaldehyd entstehen. Das Derivat des o-Nitrophenols ist das wertvollste. Es hat die Konstitution:

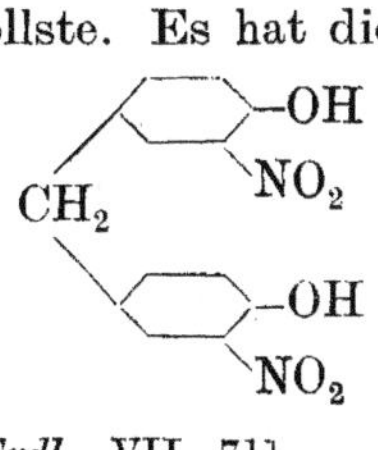

---

[1] *Wirth*, D. R. P. 139 568 [*Frdl.*, VII, 71].
[2] *Freund* und *Niederhofheim*, D. R. P. 115 287 [*Frdl.*, VI, 96].
[3] D. R. P. 82 748 [*Frdl.*, IV, 1054].
[4] D. R. P. 125 699 [*Frdl.*, VI, 760].
[5] D. R. P. 129 147 [*Frdl.*, VI, 761].
[6] D. R. P. 126 165 [*Frdl.*, VI, 762].
[7] D. R. P. 131 874 [*Frdl.*, VI, 763].

und liefert beim Erhitzen mit Polysulfid bei Gegenwart von Kupfersulfat bis auf 110° einen rötlichbraunen Farbstoff[1]. Ein früheres Patent[2] bedient sich des 2, 2′ — 4, 4′-Diaminodinitrodiphenylmethans als Ausgangsmaterial.

d) Nitronaphtalinderivate.

Naphtalin ist als der am leichtesten rein darzustellende und als der billigste Bestandteil des Steinkohlenteers das geeignetste Ausgangsmaterial für Farbstoffe. Von den überaus zahlreichen Farbstoffen, die daraus hergestellt werden können, haben aber nur eine verhältnismäßig geringe Anzahl praktische Bedeutung, welche sämtlich Oxy-, Amino- oder Sulfosäurederivate sind. Von diesen ist an dieser Stelle die Darstellung der Aminoverbindungen durch Reduktion der Nitroverbindungen zu beschreiben, wobei noch zu berücksichtigen ist, daß auch einige Oxynaphtalinderivate aus den Nitroverbindungen über die Aminokörper dargestellt werden können. Was ihre Darstellung aus Naphtalin und seinen Derivaten anlangt, so können die dabei auftretenden Gesetzmäßigkeiten hier nicht behandelt werden. Es sei nur so viel gesagt, daß beim Nitrieren die Nitrogruppe die α-Stellungen bevorzugt. Es bildet sich aus Naphtalin fast quantitativ 1-Nitronaphtalin und nur spurenweis die β-Verbindung, die nicht durch direkte Nitrierung, sondern aus β-Naphtylamin nach Sandmeyer gewonnen wird. Bei weiterem Nitrieren tritt NO_2 in die Stellung 5 oder 8 und nur bei Einhalten von ganz bestimmten Bedingungen entsteht 1, 3-Dinitronaphtalin. Es gelingt auf keine Weise die Nitrogruppe in die Stellung 2 zu bringen. Man muß daher zur Darstellung von β-Naphtylamin einen Umweg benutzen, nämlich Erhitzen von β-Naphtol mit Ammoniak und Ammoniumsulfit. Unter ganz bestimmten Bedingungen tritt bisweilen eine Nitrogruppe in eine der 4 β-Stellungen, nämlich dann, wenn vorhandene Sulfonsäuregruppen eine sterische Hinderung auf den Eintritt von NO_2 ausüben. Dieses ist bei der Naphtalin-1, 5′-disulfosäure der Fall, welche durch Nitrieren in die 2-Nitro-4, 8-disulfosäure

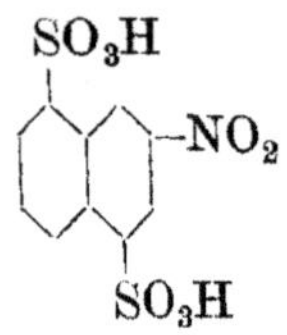

übergeht[3]. Aus ihr ist die zugehörige β-Naphtylamindisulfosäure leicht zugänglich.

Für die Reduktion der Mononitronaphtaline können alle für das Nitrobenzol gebräuchlichen Methoden angewandt werden. Bei der großen Anzahl

[1] D. R. P. 223 980 [*Frdl.*, X, 295].
[2] D. R. P. 139 989 [*Frdl.*, VII, 552].
[3] D. R. P. 65 997 [*Frdl.*, III, 444].

der Derivate des Naphtalins und der hierhergehörigen Patente ist es ganz unmöglich, sämtliche einzeln aufzuführen; dies ist aber auch nicht nötig, da über die angewandten Reduktionsverfahren dasselbe zu sagen wäre, was schon beim Nitrobenzol bemerkt worden ist. Das am meisten angewandte Verfahren ist die Reduktion mittels fein verteiltem Eisen und einer Säure, meistens Essigsäure. Demgemäß erfolgt die Reduktion von α-Nitronaphtalin zu α-Naphtylamin durch Eisen und Säure unter Zusatz einer ganz geringen Menge Wasser. Nach Beendigung der Reduktion wird mit Kalk alkalisch gemacht und das Naphtylamin durch Destillation abgetrennt. Einige andere Methoden, die aber praktisch ohne Bedeutung sind, beruhen auf der Reduktion durch Elektrolyse[1], ferner durch Schwefelnatrium und durch katalytische Anlagerung von Wasserstoff[2]. Wegen der geringen Flüchtigkeit des α-Naphtylamins mit Wasserdampf bereitet seine Isolierung aus dem Reaktionsgemisch einige Schwierigkeit. Man muß entweder stark überhitzten Dampf anwenden oder trocken destillieren. In beiden Fällen entstehen aber durch oxydative Wirkung des Eisenschlammes Verluste. Sie sollen vermieden werden dadurch, daß man den Eisenschlamm auf einem fein durchlochten, stark magnetisierten Sieb zurückhält[3]. Zur Trennung von geringen Mengen der β-Verbindung wird Xylol angegeben[4], in welchem das β-Naphtylamin leichter löslich ist als die α-Verbindung. Die Darstellung aller anderen Monoaminoderivate erfolgt auf dem gewöhnlichen Wege, so daß es nicht nötig erscheint, Näheres darüber anzugeben. Auch die Dinitronaphtalinderivate können im allgemeinen nach den gewöhnlichen Methoden reduziert werden. Zwei besondere Methoden, welche für sie gebräuchlich sind, sollen am Schluß des Kapitels besprochen werden.

Eine Gruppe von Zwischenprodukten, die für die Darstellung von Farbstoffen von allergrößter Bedeutung sind, bilden die Aminosulfosäuren des Naphtalins. Es kommen ihnen an Bedeutung gleich die Oxysulfosäuren und die Aminooxysulfosäuren, letztere besonders wichtig für die Darstellung nachchromierbarer Azofarbstoffe, wenn Aminogruppe und Hydroxyl in 1, 8-Stellung zueinander befindlich sind. Auf keinem anderen Gebiete ist die Erforschung der Isomerieverhältnisse von ähnlicher Bedeutung für die Industrie gewesen wie auf diesem. Dem entspricht auch seine große Ausdehnung in der chemischen Literatur. Meist wird darin die Trennung isomerer Verbindungen voneinander behandelt, während die zur Rohdarstellung angewandten Methoden verhältnismäßig gering sind. Das, was vom chemischen Standpunkt aus bei diesen Reaktionen interessant ist, ist die Stellung, welche eine neue eintretende Nitrogruppe im Molekül einnimmt. Darauf kann aber hier nur kurz eingegangen werden. Die Methoden, die zur Darstellung der Aminosulfonsäuren angewandt werden, sind folgende:

[1] D. R. P. 116 942 [*Frdl.*, VI, 66]; 130 742 [*Frdl.*, VI, 71].
[2] D. R. P. 139 457.
[3] D. R. P. 184 497 [*Frdl.*, IX, 175].
[4] D. R. P. 205 076 [*Frdl.*, IX, 177].

1. Reduktion von Nitrosulfosäuren,
2. Reduktion von Nitronaphtalinen mittels Bisulfit,
3. Sulfonierung von Naphtylamin,
4. Austausch der Hydroxylgruppe gegen die Aminogruppe in Naphtolsulfosäuren,
5. Spaltung von Azoverbindungen.

Aus der überaus großen Zahl isomerer Verbindungen, welche auf einem dieser fünf Wege erhalten werden können, bleiben aber für den praktischen Gebrauch nur wenige übrig. Diese sind:

1-Aminonaphtalin-4-sulfosäure				= Naphtionsäure,
1-	„	-5-	„	= *Laurent*sche Säure,
1-	„	-8-	„	= *Schöllkopf*säure,
1-	„	-6-(od.7-)	„	= *Cleve*sche Säure,
2-	„	-6-	„	= *Brönner*sche Säure,
2-	„	-7-	„	= β-Naphtylaminsulfosäure F,
1-	„	-4,7-disulfosäure		= Disulfosäure III von *Dahl*,
2-	„	-6,8-	„	= Amino-G-säure,
2-	„	-3,6-	„	= Amino-R-säure,
2-	„	-3,7-	„	= β-Naphtylamindisulfosäure F.

Alle übrigen in der Technik hergestellten Naphtylaminsulfosäuren werden nur zur Umwandlung in andere Naphtalinderivate, besondes in Naphtolsulfosäuren benutzt.

Alle sieben vom α-Naphtylamin sich ableitenden Sulfosäuren sind bekannt. Durch Reduktion der entsprechenden Nitroverbindungen werden die 5-, 6-, 7-, 8-, Säure dargestellt. Die Reduktion erfolgt in bekannter Weise mit Eisen und Säure, worauf das Eisen durch Alkali ausgefällt und die Aminosäure aus der alkalischen Lösung durch vorsichtiges Ansäuren niedergeschlagen wird. Häufig wird zum Alkalischmachen Kalk verwandt, wobei man den Vorteil hat, überschüssige Schwefelsäure aus der Reaktionslösung zu entfernen. Oft ist die Reaktionsfolge so, daß das Naphtalin zuerst sulfoniert, dann nitriert, schließlich reduziert wird. Auch Polysulfosäuren werden auf diese Weise dargestellt.

Durch Nitrieren entstehen aus Naphtalin-1-sulfosäure 2 Mononitroderivate, die beide durch Reduktion in die entsprechende Aminosäure übergehen[1]. In jedem Falle tritt die Nitrogruppe in eine α-Stellung, so daß man 1-Nitronaphtalin-5-(oder -8-)sulfosäure erhält. Auch bei der Nitrierung von Disulfosäuren tritt die Nitrogruppe stets in α-Stellung, so daß man auch auf diese Weise 1-Naphtylamin-3, 7-(oder -5, 8-)disulfosäure herstellen kann[2].

Sind mehrere Sulfosäuregruppen im Molekül, so wird bisweilen der Eintritt einer Nitrogruppe in eine α-Stellung unmöglich gemacht, so daß man die Möglichkeit hat, auch in β-Stellung Nitro- und damit Aminogruppen

---

[1] D. R. P. 40 571 [*Frdl.*, I, 393].
[2] D. R. P. 27 346 [*Frdl.*, I, 431]; 70 857 [*Frdl.*, III, 425].

einzuführen. So entsteht z. B. die 2-Aminonaphtalin-4, 8-disulfosäure aus der Nitrierung der entsprechenden Naphtalindisulfosäure[1].

Während die elektrolytische Reduktion des α-Nitronaphtalins zum Amin noch nicht zu einem praktischen Ergebnis geführt hat, ist die *Gattermann*sche Reduktionsmethode in konzentriert schwefelsaurer Lösung auf verschiedene Nitronaphtalinsulfosäuren zur Anwendung gekommen. Die Reduktion erfolgt in der gleichen Weise wie für aromatische Nitrokohlenwasserstoffe[2]. Es entstehen auch hier als Zwischenprodukte Hydroxylaminderivate, die unter dem Einfluß der konzentrierten Schwefelsäure sofort in Aminooxynaphtalinsulfosäuren umgelagert werden. Bei diesen befindet sich die Nitrogruppe stets in Stellung 1 und das neu hinzutretende Hydroxyl wird in die Stellung 4 dirigiert.

1-Nitronaphtalin-5-sulfosäure			gibt	1-Amino-4-oxynaphtalin-5-sulfosäure					
1-	„	-6- „	„	1-	„	-4-	„	-6-	„
1-	„	-7- „	„	1-	„	-4-	„	-7-	„
1-	„	-3, 7-disulfosäure	„	1-	„	-4-	„	-3, 7-disulfosäure	
1-	„	-3, 6- „	„	1-	„	-4-	„	-3, 6-	„

Eine besondere Besprechung verdient die Einwirkung von Bisulfiten und Sulfiten auf Nitronaphtalin. Die Reduktion ist von *Piria* entdeckt und untersucht worden[3]. Läßt man in der Wärme auf in Alkohol gelöstes α-Nitronaphtalin eine wässerige Lösung von Ammoniumsulfit bei Gegenwart von Ammoniumcarbonat (da die Lösung nicht sauer werden darf) einwirken, so entstehen zwei isomere Säuren 1-Aminonaphtalin-4-sulfosäure (Naphtionsäure) und die α-Naphtylsulfaminsäure (Thionaphtamsäure). Letztere existiert in freiem Zustande nicht, sondern zerfällt sofort in α-Naphtylamin und Schwefelsäure. Dagegen sind ihre Salze beständig und lagern sich beim Erhitzen ihrer wässerigen Lösung auf 200° in 1-Aminonaphtalin-2-sulfosäure um[4]. Der Verlauf der Reaktion, welcher derjenigen beim Benzol vollkommen analog ist, hängt in hohem Grade von den angewandten Versuchsbedingungen und der Konstitution der Nitroverbindungen ab. 1-Nitronaphtalin-3, 6-(und 3, 7-)disulfosäuren werden durch Bisulfit nur zur Aminoverbindung reduziert, ohne daß eine Sulfogruppe in das Molekül eintritt. Dagegen entsteht aus 1-Nitronaphtalin-3, 8-disulfosäure durch Erhitzen mit Bisulfit die 1-Aminonaphtalin-3, 6, 8-trisulfosäure. Weiterhin erhält man aus 1-Nitronaphtalin durch Einwirkung von neutralem Ammoniumsulfit 1-Aminonaphtalin-4-sulfosäure. Läßt man aber Bisulfitlösung, welche noch etwa 20 Proz. SO_2 enthält, auf dasselbe einwirken, indem man beide unter Druck auf 100° erhitzt, so erhält man das saure Natriumsalz der 1-Aminonaphtalin-2, 4-disulfosäure[5].

---

[1] D. R. P. 65 997 [*Frdl.*, III, 444].
[2] D. R. P. 87 621 [*Frdl.*, IV, 58].
[3] Annalen **78**, 31; vgl. *Witt*, Ber. **19**, 56 [1886].
[4] D. R. P. 79 132 [*Frdl.*, IV, 527].
[5] D. R. P. 76 438 [*Frdl.*, IV, 529].

Dinitronaphtaline.

Bei durchgreifender Nitrierung entstehen aus Naphtalin zwei Dinitroverbindungen, von denen die eine, das 1, 5-Dinitronaphtalin, in großer Menge zur Darstellung des Naphtazarins gebraucht wird, während das andere 1, 8-Dinitronaphtalin hauptsächlich zur Darstellung von Schwefelfarbstoffen verwandt wird. Ihre Reduktion erfolgt im allgemeinen durch die auch für die Mononitroderivate gebräuchlichen Mittel. Ein Unterschied gegenüber den Benzolderivaten besteht darin, daß diese durch Einwirkung von Schwefelammonium partiell reduziert werden können, was bei den Nitronaphtalinderivaten nicht der Fall ist; hier werden auch durch dieses Reduktionsmittel sämtliche Nitrogruppen reduziert. Am meisten wird auch für diese Körperklasse Eisen und Säure, besonders Essigsäure angewandt, seltener Zink und Säure. Die energische Nitrierung der Naphtalinsulfosäuren erlaubt ebenfalls die Einführung von zwei Nitrogruppen, und zwar auch in α-Position. Auf diese Weise werden dargestellt 1, 8-Diamino-3-[1](und 4-[2])sulfosäure und 1, 5-Diamino-7-sulfosäure[3]; ferner 1, 5-Diamino-3, 7-disulfosäure, 1,8-Diamino-3, 6-disulfosäure[4] und unter Eintritt einer NO_2-Gruppe in β-1, 6-Diamino-4, 8-disulfosäure[5].

Bei der Reduktion von Dinitroverbindungen mit Sulfiten und Bisulfiten treten eine oder mehrere Sulfogruppen in das Molekül ein. Aus 1, 8-Dinitronaphtalin entsteht 1, 8-Diaminonaphtalin 2, 4—7-(oder 6-)trisulfosäure[6]; dagegen aus 1, 8-Dinitronaphtalin-3, 6-disulfosäure die 8-Amino-1-oxynaphtalin-3, 6-disulfosäure[7]. Sehr wahrscheinlich bildet sich auch hierbei zunächst eine Diaminoverbindung, die aber wie alle Aminoverbindungen der Naphtalinreihe leicht die Aminogruppe gegen Hydroxyl austauscht. Zu bemerken ist hier, daß die Reduktion erfolgt, ohne daß zugleich eine Sulfonsäuregruppe in das Molekül eintritt.

Bei Einwirkung alkalischer Reduktionsmittel entstehen aus Nitronaphtalinen verschiedene Farbstoffe, deren Konstitution großenteils noch nicht aufgeklärt ist. Als Ausgangsmaterial kommen 1, 8- und 1, 5-Dinitronaphtalin zur Verwendung, teilweise auch Gemische beider, wie sie bei der zweifachen Nitrierung des Naphtalins entstehen. Reinere und bessere Nuancen erhält man jedoch, wenn man von reinem 1, 8-Dinitronaphtalin ausgeht, während die 1, 5-Verbindung zwar ähnliche Farbstoffe liefert, die aber in der Qualität hinter den anderen zurückstehen.

Diese Erfahrungen nahmen ihren Ausgang von Versuchen, welche *Troost* im Jahre 1861 anstellte[8]. Nach ihm sollen aus Dinitronaphtalin, das ent-

---

[1] D. R. P. 67 017 [*Frdl.*, III, 456].
[2] D. R. P. 70 019 [*Frdl.*, III, 454].
[3] D. R. P. 85 058 [*Frdl.*, IV, 580].
[4] D. R. P. 61 174 [*Frdl.*, III, 483].
[5] D. R. P. 72 665 [*Frdl.*, III, 401].
[6] D. R. P. 79 577 [*Frdl.*, IV, 566].
[7] D. R. P. 113 944 [*Frdl.*, VI, 184].
[8] Chem. Zentralbl. **1861**, Nr. 62, S. 989.

sprechend dem damaligen Stande der Technik das Gemisch von 1, 8- und 1, 5-Verbindung war, durch Einwirkung alkalischer Reduktionsmittel, wie einfach oder mehrfach Schwefelmetalle, Cyan- und Schwefelcyanmetalle, sowohl rote als violette und blaue Farbstoffe entstehen. Sie sind durch verdünnte Säuren unverändert fällbar, lösen sich in Alkalien und Schwefelalkalien und färben aus diesen Lösungen ungebeizte Baumwolle. Man erhält aber nach diesem Verfahren keine einheitlichen Körper, sondern je nach den angewandten Versuchsbedingungen verschiedene Farbstoffe. Diese Gruppe ist in der Folge durch Untersuchungen der *Badischen Anilin- und Sodafabrik* ausgebaut worden[1]. Sie gewinnt Farbstoffe, für deren Bildung die Nitronaphtaline entweder durch Erhitzen in alkalischer Lösung mit Reduktionsmitteln, wie Traubenzucker, Milchzucker od. ähnl., oder auch durch Schwefelnatrium, Zinnoxydul, Zinkstaub bei Gegenwart von Sulfiten umgesetzt werden. In beiden Fällen erhält man verschiedene Körper, welche außerdem noch durch stärkeres Erhitzen mit Schwefelnatrium in normale Schwefelfarbstoffe übergeführt werden können. Über die Konstitution der Produkte läßt sich nichts Bestimmtes angeben. Es ist wahrscheinlich, daß der erste Eingriff des Alkalis eine Abwanderung von Sauerstoff aus den Nitrogruppen hervorruft, wie er auch bei der Synthese des Naphtazarins im folgenden zu besprechen sein wird.

Einwirkung von konzentrierter Schwefelsäure auf Dinitronaphtaline mit und ohne Reduktionsmittel.

Die hier zu beschreibenden Körper entstehen durchweg aus 1, 5- und 1, 8-Dinitronaphtalin. Die Versuche, welche ursprünglich nur für die 1, 5-Verbindung gemacht worden sind, wurden später auch auf das 1, 8-Dinitronaphtalin ausgedehnt, welches sich vollkommen analog verhält und die gleichen Körper liefert. Es sei hier darauf hingewiesen, daß auch die entsprechenden Anthrachinonderivate sich ebenso verhalten, wobei ja die beiderseitigen 1, 5- und 1, 8-Derivate einander entsprechen. Die Farbstoffe dieser Gruppe sind Abkömmlinge des Naphtochinons, und der bekannteste von ihnen ist das Naphtazarin[2]:

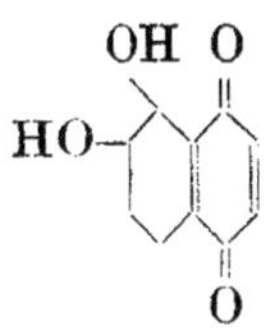

das Alizarinschwarz -S des Handels, das gewöhnlich in Form seiner Bisulfitverbindung gebraucht wird. Seine Konstitution wurde von *Will*[3] als 1, 2-

[1] D. R. P. 79 208 [*Frdl.*, IV, 349]; 88 236, 92 471, 92 472, 92 538 [*Frdl.*, IV., 350, 351, 352, 353]; 103 987 [*Frdl.*, V, 453]; 187 912 [*Frdl.*, IX, 841]. Außerdem existieren noch zahlreiche andere Patente, die hier nicht alle aufgeführt werden können. Siehe *Frdl.*, IV, V u. VI.

[2] Der Name ist dem des konstitutionell gleichartigen Alizarins nachgebildet.

[3] Ber. 28, 1456, 2234 (1895).

Dioxy-5, 8-naphtochinon dadurch aufgeklärt, daß er das 1, 2, 5, 8-Tetranitronaphtalin durch Reduktion in die Tetraaminoverbindung überführte, welche sich in saurer Lösung glatt zu Naphtazarin oxydieren läßt. Die technische Darstellung des Naphtazarins erfolgt durch Einwirkung von konzentrierter oder rauchender Schwefelsäure mit oder ohne Gegenwart von einem Reduktionsmittel. Dabei werden bis zur Bildung des Naphtazarins verschiedene wohl definierte Zwischenstufen durchlaufen. Die folgenden Ausführungen, welche für das 1, 5-Dinitronaphtalin gemacht werden sollen, haben auch für die 1, 8-Verbindung sinngemäße Geltung, so daß auf dasselbe nicht näher eingegangen werden muß. Bei vorsichtiger Einwirkung von rauchender Schwefelsäure liefern die beiden Dinitronaphtaline 5-Nitroso-1-nitro-8-oxynaphtalin und 8-Nitroso-1-nitro-5-oxynaphtalin[1]:

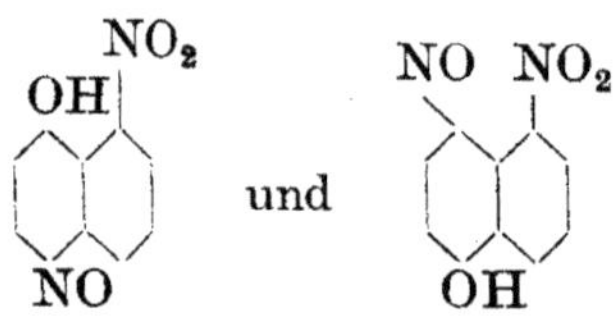

Diese beiden Nitronitrosonaphtole lösen sich leicht in Alkali und werden durch schwache Reduktionsmittel in isomere Aminooxyverbindungen übergeführt. Bei Einwirkung von wenig Zinkstaub in alkalischer Lösung gibt das Derivat der 1, 8-Verbindung eine rote Lösung, während dasjenige von 1, 5-Dinitronaphtalin unter den gleichen Bedingungen mit grüner Farbe in die alkalische Lösung geht.

Bei energischer Einwirkung von Oleum unter gleichzeitiger Einwirkung eines Reduktionsmittels (am besten S_2O_3) entsteht 1-Amino-2-oxy-5, 8-naphtochinonimid:

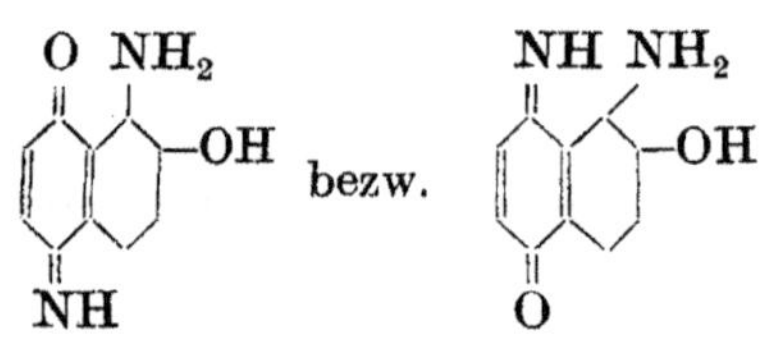

ein blaues Zwischenprodukt, welches sich als Sulfat beim Eintragen in kaltes Wasser mit der gleichen Farbe löst[2].

Läßt man die Einwirkung von Schwefelsäure auf Dinitronaphtaline bei Gegenwart von organischen Basen, wie Anilin, Phenylhydrazin oder Naphtylamin, vor sich gehen, während man gleichzeitig ein Reduktionsmittel zufügt, so erhält man substituierte Chinonimide, welche am Stickstoff Phenyl- oder andere Reste tragen[3].

Die Lösungen der oben erwähnten Chinonimide zeigen folgende Reaktionen. Beim Kochen mit verdünnten Säuren wird Ammoniak abgespalten, wobei

[1] *Graebe*, Ber. **32**, 2876, *Friedländer* ebenda 3528; D. R. P. 90 414, 91 391 [*Frdl.*, IV, 342].
[2] D. R. P. 71 386 [*Frdl.*, III, 271]; 77 330 [*Frdl.*, IV, 346]; 102 552 [*Frdl.*, VI, 320].
[3] D. R. P. 76 922, 79 406 [*Frdl.*, IV, 344].

die blaue Lösung des Chinonimids in die rote des Naphtazarins übergeht[1]. Dagegen liefert sie durch Reduktion, etwa mit Zinnchlorür und Salzsäure, Diaminodioxyverbindungen[2]:

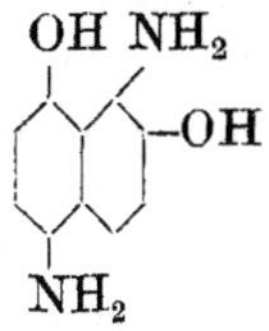

Bei der Einwirkung von Anilin entstehen Chinonanilide, die sich durch Schwefelsäure in Sulfonsäuren überführen lassen. Erwärmt man die Chinonimide mit Bisulfitlösungen[3], so wird ebenfalls Ammoniak abgespalten, und es bildet sich eine Sulfosäure des Naphtazarins in Form ihrer Leukoverbindung, die durch nachträgliche Oxydation in alkalischer Lösung in Naphtazarinsulfosäure übergeführt werden kann. Die wichtigste Reaktion der Chinonimide ist aber ihr Übergang in Naphtazarin selbst, welches das erwünschte Endprodukt der ganzen Reihe ist. Zu seiner Darstellung braucht man das Chinonimid nicht zu isolieren, vielmehr genügt es, die Schwefelsäureschmelze in Wasser zu gießen und zu erwärmen, wobei die Reaktion durch Zusatz poröser Substanzen wie Tierkohle, Kieselgur befördert werden kann[4]. Das Naphtazarin kommt unter der Bezeichnung Alizarinschwarz mit verschiedenen Nuancenbezeichnungen in den Handel. Um es in eine wasserlösliche Form zu bringen, wird es mit neutralen oder sauren Sulfiten bei 50 bis 70° bis zur vollkommenen Auflösung behandelt (Alizarinschwarz S[5]). Unterwirft man das Naphtazarin weiterhin der Reduktion, so werden die beiden Carbonyle reduziert und es entsteht 1, 2, 5, 8-Tetraoxynaphtalin[6].

Durch Einwirkung von Schwefelwasserstoff auf 1, 5- oder 1, 8-Dinitronaphtalin werden neue Farbstoffe gebildet, die aber keine Schwefelfarbstoffe sind[7]. Man leitet unter Erhitzen in die Lösung von Dinitronaphtalinen in konzentrierter Schwefelsäure oder Chlorsulfonsäure[8] entweder Schwefelwasserstoff ein oder fügt Schwefelmetalle und Metalloide derselben zu. Die Konstitution der dabei entstehenden Farbstoffe ist unbekannt. Zur Darstellung von Schwefelfarbstoffen aus Naphtazarin oder den imidartigen Zwischenprodukten werden dieselben in bekannter Weise der Polysulfidschmelze unterworfen[9], welche auch unter Zusatz von Chlorzink ausgeführt werden kann (Melanogenblau[10]).

[1] D. R. P. 101 372 [*Frdl.*, VI, 319].
[2] D. R. P. 101 371 [*Frdl.*, VI, 317].
[3] D. R. P. 111 866 [*Frdl.*, VI, 444].
[4] D. R. P. 84 982 [*Frdl.*, IV, 347].
[5] D. R. P. 41 518 [*Frdl.*, I, 570].
[6] D. R. P. 129 074 [*Frdl.*, VI, 441].
[7] D. R. P. 114 264, 134 705 [*Frdl.*, VI, 439, 440].
[8] D. R. P. 138 105 [*Frdl.*, VI, 441].
[9] D. R. P. 114 266, 115 743 [*Frdl.*, VI, 791].
[10] D. R. P. 114 267, 116 417 [*Frdl.*, VI, 792].

e) Nitroanthrachinone.

Bei der Nitrierung der Anthrachinone tritt, ebenso wie bei der der Naphtalinderivate, die Nitrogruppe in eine α-Stellung, also in 1, 4, 5 oder 8-Stellung. Es entsteht zunächst 1-Nitroanthrachinon, und bei weiterer Nitrierung tritt die neue NO_2-Gruppe in die Stellung 5. Daneben entsteht aber 1, 8-Dinitroanthrachinon, während ein ziemlich bedeutender Teil der Ausbeute verschiedene andere Isomere ausmacht[1]. Diese tragen die Nitrogruppen in Stellung 1, 6; 1, 7; 2, 6; 2, 7; während, entgegen der früheren Annahme, die 1, 3-Dinitroverbindung nicht gebildet wird. Verschiedene Derivate lassen sich aus Anthrachinon direkt nicht darstellen, z. B. das 2-Nitroanthrachinon. Auch von den Dinitroanthrachinonen sind nicht alle bekannt, z. B. das 1, 3-Dinitroanthrachinon nicht. Von den höher nitrierten Verbindungen sind bei weitem nicht sämtliche Isomeren dargestellt.

Betrachtet man im Gegensatz zu der Fülle der Isomeren diejenigen Verbindungen, die technisch wichtig sind, so wird ihre Zahl sehr klein. Von den zwei Mononitroverbindungen kommt nur die 1-Nitroverbindung in Betracht; von den Dinitrokörpern in erster Linie die 1, 5- und 1, 8-Verbindung, allenfalls noch das 1, 4-Derivat. Von höheren Nitroverbindungen nur das 1, 4, 5, 8-Tetranitroderivat, womit die Zahl der angewandten Nitroverbindungen erschöpft sein dürfte. Sie werden sämtlich als Ausgangsmaterialien für Farbstoffe gebraucht, vielfach für den Aufbau hochhydroxylierter Anthrachinone. Häufig werden sie auch durch Reduktion in Amine übergeführt. Dabei verläuft die Reduktion in normaler Weise, doch ist zu berücksichtigen, daß bisweilen eine gebildete Aminogruppe durch Hydroxyl ersetzt wird. Wenn man Anthrachinonderivate, welche in Stellung 1 eine Aminogruppe, in Stellung 4 eine NO_2-, NH_2-, OH- oder Alkoxylgruppe tragen, mit sauren Reduktionsmitteln reduziert, so wird das Produkt sehr leicht stickstofffrei, indem die Aminogruppe durch Hydroxyl ersetzt und oft sogar weitere Hydroxylgruppen eingeführt werden. Da zugleich die Carbonyle reduziert werden, so entstehen Leukooxyanthrachinone, die aber durch Oxydation sehr leicht in Oxyanthrachinone übergeführt werden können. Befindet sich dagegen im 1-Nitro-4-oxyanthrachinon in Stellung 3 eine Nitro- oder Aminogruppe, so wird diese bei Einwirkung von Reduktionsmitteln nicht durch Hydroxyl, sondern durch Wasserstoff ersetzt (vgl. S. 56).

Zur einfachen Reduktion der Nitroanthrachinonderivate werden die für Benzolderivate gebräuchlichen Reduktionsmittel angewandt. Am bekanntesten sind Schwefelnatrium, Zinnoxydulnatron oder Zinnchlorür und Salzsäure. Da es sich bei Anthrachinonderivaten meist um Darstellung von teuren Farbstoffen handelt, so wird hier häufig mit Vorteil Zinnchlorür in saurer oder alkalischer Lösung angewendet, das für Darstellung von Benzolderivaten nicht gebraucht wird, da dort nur die billigsten Reduktionsmittel in Anwendung kommen. Bei Anthrachinonderivaten speziell werden noch zur Einführung von Aminogruppen verschiedene andere Reaktionen angewandt. Es sind

---

[1] D. R. P. 167 699 [*Frdl.*, VIII, 266].

dies der Austausch von NO_2-, OH-Gruppen oder Halogen in substituierten Nitro-, Oxy-, Halogenanthrachinonen durch basische Reste, wie Amino- und Anilinogruppen; außerdem sei hier an die außerordentlich wichtige Darstellung von 2-Aminoanthrachinon, welches das Ausgangsmaterial für Indanthren und Flavanthren ist, aus Anthrachinon-2-sulfosäure durch Erhitzen mit Ammoniak erinnert.

Eine der Naphtazarindarstellung verwandte reduktive Umwandlungsmethode, die in der Anthrachinonreihe viel gebraucht wird, besteht wie dort in der Anwendung von starker Schwefelsäure, in der Schwefel gelöst ist. Man erhält dadurch eine Lösung von Schwefelsesquioxyd S_2O_3, welche dadurch dargestellt wird, daß man reine getrocknete Schwefelblumen in rauchender Schwefelsäure bei 12 bis 15° auflöst. Es ist dies ein schwach wirkendes Reduktionsmittel, welches Nitrogruppen meistens nur bis zur Hydroxylaminstufe reduziert. Durch die Einwirkung der starken Säure erfolgt aber sofortige Umlagerung in Aminooxyverbindungen. Bei einigen höher substituierten Derivaten, besonders dann, wenn eine o- oder p-Stellung zu NO_2 besetzt ist, erfolgt die Reduktion bis zur Aminoverbindung. Trotz Anwendung starker Schwefelsäure treten bei vorsichtigem Arbeiten keine Sulfogruppen in das Molekül ein. Bisweilen aber werden Aminogruppen durch Hydroxyle ersetzt, so daß man aus Dinitroanthrachinonen Polyoxyanthrachinone oder deren Sulfosäuren erhält. Ein zweites, ebenfalls häufig angewandtes Reduktionsmittel ist Bisulfit; dabei entstehen Aminoanthrachinonsulfosäuren, die sich auch bei der Einwirkung von Bisulfit auf Hydroxylaminderivate bilden.

Die basischen Eigenschaften der Aminogruppe treten durchgängig stark zurück. Die Salze sowohl der Mono- wie der Diaminonthrachinone dissoziieren leicht in Wasser; heteronucleare Diaminoverbindungen (1, 5-) sind schwächer basisch als homonucleare (1, 4-). Durch den Eintritt von Alphylgruppen wird die Basizität verstärkt, durch Arylgruppen abgeschwächt; daher ist Methylaminoanthrachinon stärker basisch als Aminoanthrachinon, Tolylaminoanthrachinon aber schwächer. Außer den normalen Reduktionsprodukten, den Aminoverbindungen, lassen sich häufig Hydroxylaminderivate isolieren, welche in der Anthrachinonreihe eine bemerkenswerte Beständigkeit haben. Durch Einwirkung starker Säuren werden sie aber ebenso wie in der Benzolreihe in Aminooxyverbindungen umgelagert.

Die technisch angewandten Reduktionsmethoden sind weniger interessant wegen der darin beschriebenen Verfahren als wegen der entstehenden Produkte. Stets wird in ihnen die Darstellung von Farbstoffen oder von deren Zwischenprodukten beschrieben. Als ältestes und nur historisch interessantes Verfahren dieser Gruppe ist das D. R. P. 6526[1] anzuführen, in welchem die Reduktion von 1-Mono- oder 1, 5-Dinitroanthrachinon mit Zinkstaub und Ammoniak beschrieben wird; auch die Einwirkung von konzentrierter Schwefelsäure, welche weiter unten besprochen werden soll, wird darin bereits er-

[1] *Frdl.*, I. 310.

wähnt. Andere Reduktionsmittel für Derivate der 1-Nitroanthrachinone sind Schwefelalkalien oder Traubenzucker in alkalischer Lösung oder auch Zinnoxydul. Wichtig ist die Darstellung von Aminoalizarinblau[1]. Besondere Erwähnung verdienen 1-Nitro-4-oxy- und 1-Amino-4-nitroanthrachinon. Reduziert man dieselben in saurer Lösung unter Anwendung einer größeren Menge von Reduktionsmittel, als zur Bildung der entsprechenden Aminoverbindung erforderlich ist, so erhält man Leukoverbindungen, in welchen nicht nur die Nitrogruppe, sondern zugleich die beiden Carbonyle reduziert sind. Erhitzt man dabei die Reduktionsmasse, so wird weiterhin die Aminogruppe eliminiert und durch Hydroxyl ersetzt. Andere Substituenten, die sich neben dem Hydroxyl in dem gleichen Benzolkern befinden, werden dabei durch Wasserstoff ersetzt. Man erhält so Leukooxyanthrachinone, aus 1, 4-Dinitroanthrachinon z. B. Leukochinizarin[2]

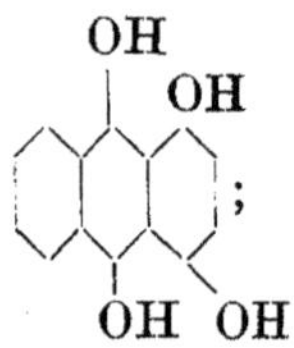

;

dasselbe entsteht aber auch aus 4-Nitro-1-oxy-2-bromanthrachinon oder aus 4-Nitro-1-oxyanthrachinon-2-sulfosäure. Es werden nun nicht nur saure Gruppen neben der Hydroxylgruppe abgespalten, sondern auch Ammoniak[3]. Das ist natürlich auch der Fall, wenn man von Dinitrooxyanthrachinonen ausgeht. Z. B. entsteht aus dem leicht zugänglichen 2, 4-Dinitro-1-oxyanthrachinon ebenfalls Leukochinizarin.

Eine bemerkenswerte Steigerung der Reaktionsfähigkeit von Methoxylgruppen findet sich bei Amidoanthrachinonderivaten mit p-ständiger OCH_3-Gruppe[4]. Während es so leicht gelingt, im 1-Methoxy-4-aminoanthrachinon

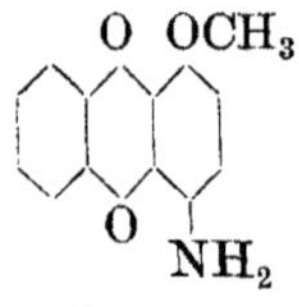

durch Erhitzen mit aromatischen Aminen die Methoxylgruppe durch Anilinreste zu ersetzen, ist es nicht in gleich einfacher Weise möglich, einen derartigen Rest in den 4-Aminochrysazindimethyläther

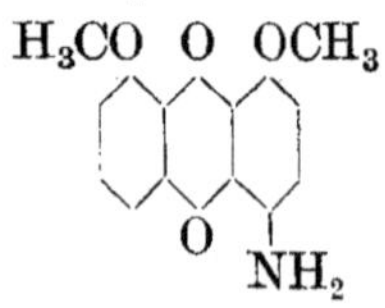

[1] D. R. P. 59 190 [*Frdl.*, III, 249].
[2] D. R. P. 148 792 [*Frdl.*, VII, 186].
[3] D. R. P. 183 332 [*Frdl.*, VIII, 271].
[4] Franz. Pat. 354 717.

einzuführen. Reduziert man aber den 4-Nitrochrysazindimethyläther bei Gegenwart von aromatischen Aminen mit Zinnchlorür, so wird das in Stellung 1 befindliche Methoxyl durch eine Arylidogruppe ersetzt, während das in 8 befindliche erhalten bleibt[1].

Ein weiteres für Nitroanthrachinonderivate speziell gebrauchtes Reduktionsmittel ist Bromwasserstoff. Während man früher zur Überführung von Nitroanthrachinonen in Aminobromderivate zwei getrennte Operationen benötigte, kann man dies in einer Reaktion erreichen, wenn man das betreffende Nitroanthrachinonderivat mit Bromwasserstoff unter Druck erhitzt[2]. Ebenso reagiert natürlich Bromwasserstoff bei Gegenwart von freiem Brom. Die Reaktion beginnt bei 120° und verläuft am besten bei 150°. Dabei macht der Sauerstoff der Nitrogruppen aus dem Bromwasserstoff Brom frei, welches dann auf die gebildete Aminoverbindung bromierend wirkt. Aus 1-Nitroanthrachinon oder seiner Sulfosäure entstehen auf diese Weise Dibromderivate, bei denen jedoch die Stellung der beiden Bromatome noch nicht erforscht ist.

Das für die Gewinnung von Polyoxyanthrachinonen aus Nitroanthrachinonen am meisten gebrauchte Reduktionsmittel: Schwefelsesquioxyd (S_2O_3) entspricht in seiner Wirkung derjenigen des Zinkstaubs bei Gegenwart von konzentrierter Schwefelsäure auf Benzolderivate. In beiden Fällen wird die Reduktion nur bis zum Hydroxylaminderivat geführt, welches aber durch die Einwirkung der konzentrierten Schwefelsäure in ein Derivat des Aminooxyanthrachinons umgelagert wird, bevor die Hydroxylamingruppe weiter zum Amin reduziert werden kann. Hydroxylaminderivate treten aber auch bei der alkalischen Reduktion auf, was man an der grünen oder blauen Farbe der Lösung erkennen kann. Wenn keine anderen auxochromen Gruppen vorhanden sind, lösen sich nämlich die Monohydroxylaminoderivate des Anthrachinons in Alkalien mit grüner, die Dihydroxylaminoderivate dagegen mit blauer Farbe. Diese in Alkali löslichen Hydroxylaminderivate gehen bei der weiteren Reduktion in Aminoverbindungen über, die in Alkali nur mehr als Leukoverbindungen löslich sind[1].

1-Nitroanthrachinon läßt sich durch vorsichtige Reduktion in 1-Hydroxylaminoanthrachinon überführen, wenn man Zinnoxydulnatron in berechneter Menge als Reduktionsmittel anwendet[3]. Ebenso lassen sich aus 1-Nitroanthrachinon-6-(oder -7-)sulfosäure die entsprechenden 1-Amino-4-oxyanthrachinonsulfosäuren herstellen. Bei diesen beiden Derivaten lassen sich die zugehörigen Hydroxylaminoverbindungen selbst nicht erhalten. Dagegen ist 1-Hydroxylaminoanthrachinon-2-sulfosäure leicht aus der zugehörigen Nitroverbindung durch Einwirkung von Traubenzucker und Natronlauge zu gewinnen[4]. Ihre Umlagerung in 1-Amino-4-oxyanthrachinon-2-sulfosäure erfolgt ebenso leicht durch Erwärmen mit starker Schwefelsäure.

---

[1] D. R. P. 201 905 [*Frdl.*, IX, 722].
[2] D. R. P. 128 845 [*Frdl.*, VI, 317].
[3] Vgl. dazu *Schmidt* und *Gattermann*, Ber. **29**, 2934 (1596).
[4] *L. Wacker*, Ber. **35**, 667 (1902).

Der Übergang von den Mono- zu den Diaminoverbindungen findet durch Nitrieren und darauffolgendes Reduzieren statt. Ohne weiteres lassen sich Aminoanthrachinone, wie auch in der Benzolreihe, nicht nitrieren. Man muß vielmehr die Aminogruppe durch Acylieren vor der Einwirkung der Salpetersäure schützen. Dabei tritt ein wichtiger Unterschied zutage. Ist das Acyl eine wirkliche Säuregruppe, wie Acetyl, Benzoyl oder am besten Oxalyl, so tritt, wenn NH_2 in Stellung 1 befindlich, die neu hinzutretende Nitrogruppe in Stellung 4[1]. Nitriert man aber Urethane der Amine[2], welche aus ihnen durch Einwirkung von Chlorameisensäureester entstehen, so tritt die Nitrogruppe in o-Stellung zur Aminogruppe. Es entsteht also aus dem Urethan des 1-Aminoanthrachinons 1-Amino-2-nitroanthrachinon und aus dem des 2-Aminoanthrachinons 2-Amino-1-(oder -3-)nitroanthrachinon. Besonders wichtig sind die beiden letzten, da sie durch Reduktion in o-Diamine übergehen.

Ein zweites Verfahren, um zu Aminonitroverbindungen bzw. Diaminen zu gelangen, besteht darin, daß man die Diazoverbindung des 1-Aminoanthrachinons durch Oxydationsmittel (Natriumhypochlorit, Ferricyankalium, Permanganat) in 1-Nitraminoanthrachinon überführt, welches beim Nitrieren eine Nitrogruppe in Stellung 4 aufnimmt[3]. Das so entstehende 4-Nitro-1-nitraminoanthrachinon gibt bei der Reduktion unter Abspaltung der am Stickstoff sitzenden NO_2-Gruppe 1, 4-Diaminoanthrachinon. Weiterhin entstehen derartige Nitramine aus 1, 3-, 1, 5- oder 1, 8-Diaminoanthrachinonsulfosäuren, wenn man einen Überschuß von Salpetersäure bei ihrer Nitrierung anwendet. Auch sie geben in normaler Weise bei der Reduktion Tri- und Polyamine.

Schwieriger verläuft die Darstellung von Nitroaminokörpern durch partielle Reduktion von Dinitroanthrachinonen[4]. Man erhält dabei keine einheitlichen Produkte, sondern ein Gemisch von verschiedenen Körpern. Diese sind neben den erwarteten Verbindungen nichtreduzierte Dinitroanthrachinone, Diaminoanthrachinone und andere sehr schwer abtrennbare und daher nicht näher untersuchte Verbindungen. Zu ihrer Darstellung verwendet man als Reduktionsmittel Zinnchlorür in saurer oder alkalischer Lösung, Schwefelammonium oder Schwefelnatrium in einer Menge, welche der erforderlichen Anzahl von Wasserstoffstomen entspricht. Dagegen erhält man mit Leichtigkeit einheitliche Produkte, wenn man Dinitroanthrachinon mit einer Lösung von technischem Natriumbisulfit unter Druck auf 120 bis 180° erhitzt[5]. Auffallend ist dabei die Tatsache, daß hier die Reduktion der Nitrogruppe stattfindet, ohne daß zugleich eine Sulfonsäuregruppe in den Kern eintritt.

Ebenso wie die Mononitroderivate geben auch die Dinitroverbindungen beim Erwärmen mit überschüssigem Zinnchlorür Derivate des Leukochini-

---

[1] D. R. P. 125 391 [*Frdl.*, VIII, 297].

[2] D. R. P. 167 410 [*Frdl.*, VIII, 298].

[3] D. R. P. 156 803 [*Frdl.*, VIII, 286]; s. auch D. R. P. 146 848, 148 109 [*Frdl.*, VII, 178, 181]. *Scholl*, Ber. **37**, 4427, 4531 (1904).

[4] D. R. P. 76 262 [*Frdl.*, III, 257].

[5] D. R. P. 78 772 [*Frdl.*, IV, 305].

zarins, indem die entstehenden Aminogruppen gleichzeitig durch Hydroxylgruppen verdrängt werden[1].

Unter anderen Bedingungen gelangt man bei vorsichtiger Reduktion der Dinitroverbindungen, indem man mit der theoretisch nötigen Menge Zinnoxydulnatron (= 8 Atomen H) arbeitet, zu den Hydroxylaminoderivaten, welche, wie erwähnt, in der Anthrachinonreihe recht beständig sind. Stärkere Reduktionsmittel führen diese über in Diaminoanthrachinone, während sie durch Einwirkung von Schwefelalkalien und Polysulfiden in schwarze Schwefelfarbstoffe übergehen.

Entsprechend ihrer Konstitution lassen sich die Dihydroxylaminoverbindungen durch konzentrierte Schwefelsäure umlagern, wobei z. B. aus 1, 5-Dihydroxylaminanthrachinon das Diaminoanthrarufin entsteht:

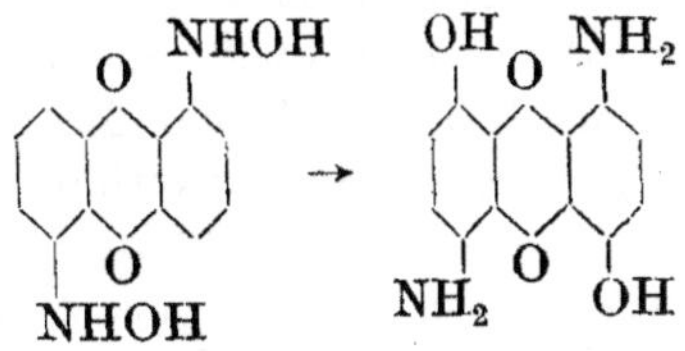

Diesen Vorgang haben *Schmidt* und *Gattermann*[2] untersucht und gefunden, daß die Konzentration der anzuwendenden Säure und die Temperatur genau einzuhalten sind. Bei Verwendung von zu stark verdünnter Schwefelsäure werden leicht Aminogruppen durch Hydroxyle ersetzt, während durch starke Säure und hohe Temperatur leicht Oxydation und direkte Einführung neuer Hydroxylgruppen in das Anthrachinonmolekül stattfindet. Aber auch bei Berücksichtigung dieser Tatsachen verläuft die Umlagerung meist nicht einheitlich und es entstehen mindestens drei verschiedene Körper aus 1, 5-Dihydroxylaminoanthrachinon. Von diesen ist der eine 1, 5-Diamino-4, 8-Dioxyanthrachinon; der zweite ein Isomeres von nicht bekannter Konstitution, der dritte ein Diaminotrioxyanthrachinon, dessen Konstitution ebenfalls nicht aufgeklärt ist.

Eine wichtige Reaktion ist die schon berührte Einwirkung von rauchender Schwefelsäure mit oder ohne Reduktionsmittel auf Dinitroanthrachinone[3]. Praktisch wird diese Reaktion meist beim 1, 5-Dinitroanthrachinon angewandt. Sie gilt aber auch in derselben Weise für 1, 8-Dinitroanthrachinon, so daß alles hier Gesagte für beide Körper in gleicher Weise gültig ist. Es ist bekannt, daß rauchende Schwefelsäure ein sehr wichtiges Mittel ist, um die Zahl der Hydroxylgruppen in Oxyanthrachinonen zu vermehren. Diese Wirkung findet sich auch im Falle der Dinitroanthrachinone, aber erst im späteren Stadium der komplizierten Reaktion, wobei zugleich bemerkt sei, daß auch hier ein Zusatz von Borsäure[4] infolge von Esterbildung in auffallender Weise

---

[1] D. R. P. 183 332 [*Frdl.*, VIII, 271].
[2] Ber. **29**, 2936 (1896).
[3] D. R. P. 6526 [*Frdl.*, I, 310]; 67 102 [*Frdl.*, III, 254]; 71 435 [*Frdl.*, III, 255].
[4] D. R. P. 79 768 [*Frdl.*, IV, 293].

konservierend auf die entstehenden Derivate wirkt. In der ersten Phase besteht der Vorgang darin, daß der Sauerstoff der Nitrogruppen unter geeigneten Bedingungen ebenso wie bei den Dinitronaphtalinen (vgl. Naphtazarin) in den Kern wandert. Er ist jedoch nicht in allen Einzelheiten aufgeklärt und die Konstitution der entstehenden Derivate in vielen Fällen noch nicht festgestellt. Da jedoch stets beizenfärbende Farbstoffe entstehen, so muß man annehmen, daß in den neuen Derivaten mindestens zwei Hydroxylgruppen in den Stellungen 1 und 2 eingetreten sind.

Borsäurezusatz wirkt nicht nur erhaltend auf vorhandene und neuentstehende Hydroxylgruppen, sondern beschleunigt, d. h. verstärkt auch die hydrolytische Kraft der Schwefelsäure. So kann man p-Dinitroanthrarufindisulfosäure stundenlang mit konzentrierter Schwefelsäure auf 150° erhitzen, ohne daß eine Veränderung eintritt. Erhitzt man es aber bei Gegenwart von Borsäure, so wird bei 80 bis 90° zunächst eine NO_2-Gruppe durch OH ersetzt und bei 120 bis 150° alle beide. Man erhält so 1, 4, 5, 8-Tetraoxyanthrachinondisulfosäure. Ganz analog verhält sich nun p-Dinitroanthrarufin selbst. Auch dieses ist gegen Schwefelsäure bei 150° beständig, während bei Gegenwart von Borsäure bei 100° daraus 1-Nitro-4, 5, 8-Trioxyanthrachinon gebildet wird, welches bei höherer Temperatur in 1, 4, 5, 8-Tetraoxyanthrachinon übergeht[1]:

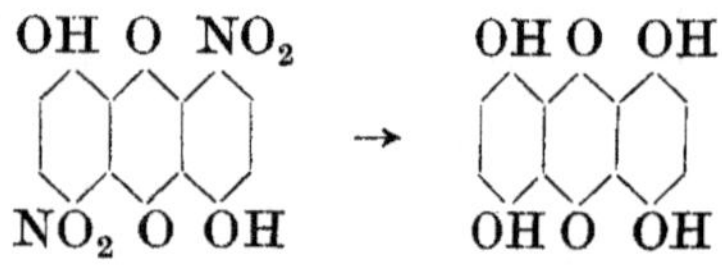

Im angeführten Beispiel handelt es sich lediglich um die hydrolytische Abspaltung von Nitrogruppen.

Von größerer technischer Wichtigkeit ist die Einwirkung von rauchender H_2SO_4 bei Gegenwart von Reduktionmitteln, von denen für die Praxis Schwefel, also S_2O_3 in Betracht kommt. Man könnte auf Grund der Untersuchungen von *Schmidt* und *Gattermann*[2] annehmen, daß auch hier die Reduktion über die Hydroxylaminoverbindungen geht, die aber in der starken Säure nicht beständig sind, sondern sofort umgelagert werden. Die Dihydroxylaminochrysazindisulfosäure läßt sich isolieren[3]. Sie entsteht aus 1, 8-Dinitroanthrachinon-3, 7-Disulfosäure bei vorsichtiger Einwirkung von Oleum von 20 Proz. und Schwefel. Ihre Entstehung ist ein guter Beweis für die Theorie. Bei den Dihydroxylaminoverbindungen findet die Umlagerung zweimal im Molekül statt; es entstehen Diaminodioxyanthrachinone, insbesondere das technisch wichtige Diaminoanthrarufin (vgl. S. 255).

Läßt man die Einwirkung in der Wärme vor sich gehen, so treten oft SO_3H-Gruppen ein und man erhält Diaminodioxyanthrachinonsulfosäuren.

[1] D. R. P. 125 579 [*Frdl.*, VI, 335].
[2] Ber. **29**, 2938 (1896).
[3] D. R. P. 119 229 [*Frdl.*, VI, 352].
[4] D. R. P. 96 197 [*Frdl.*, IV, 292]; 96 853 [*Frdl.*, V, 58].

Sehr häufig werden die eingetretenen Sulfogruppen nach dem Verdünnen der Schmelze mit Wasser in der Hitze wieder abgespalten.

Man kann die Reaktion der reduktiven Einwirkung von rauchender Schwefelsäure auf Dinitroanthrachinone aber auch auf der Grundlage des Naphthazarinprozesses erklären, wofür in Patenten experimentelle Anhaltspunkte vorliegen.

Das erste Einwirkungsprodukt von rauchender Schwefelsäure von 30 proz. SO_3 auf 1, 5-Dinitroanthrachinon ist das 5-Nitroso-1-nitro-8-oxyanthrachinon [1], welches durch alkalische Reduktion mit Na_2S oder Eisenoxydul in 1, 5-Diaminooxyanthrachinon übergeht. Derselbe Vorgang wiederholt sich mit der zweiten Nitrogruppe, so daß 1, 5-Dinitroso-4, 8-Dioxyanthrachinon

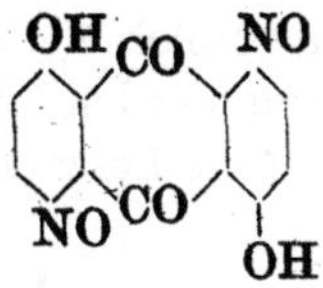

entsteht, das auch als Chinonoxim

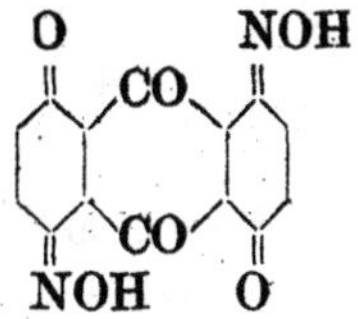

reagieren kann.

Reduktion und nachfolgende Oxydation führt zu:

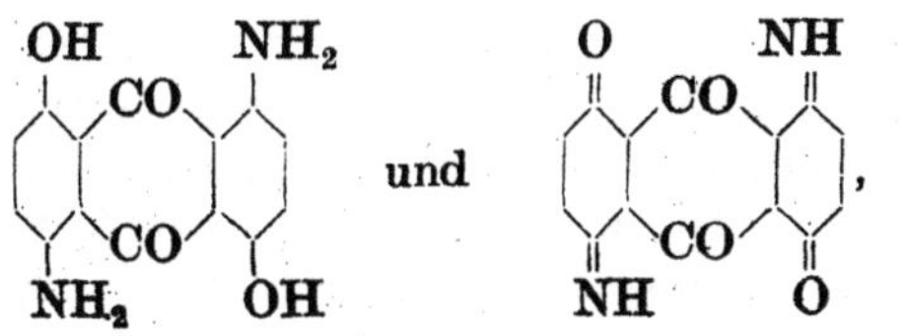

das nun in der für Anthracenpolychinone charakteristischen Weise[2] unter Anlagerung von 2 Molekülen Wasser unter Aufnahme zweier neuer Hydroxylgruppen in Diaminoanthrachryson übergeht[3]:

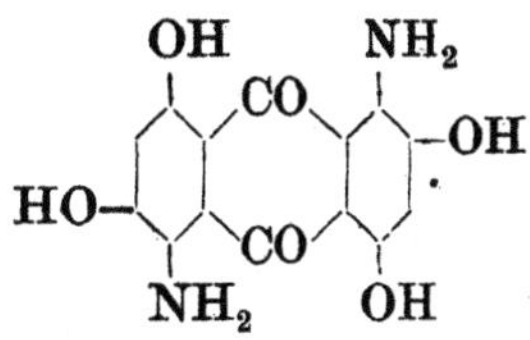

[1] D. R. P. 104 282 [*Frdl.*, V, 276].

[2] Siehe *Dimroth* und *Schulze*, Annalen **411**, 349 (1916).

[3] Zur Isolierung des entsprechenden Chinonimids als Disulfonsäure vgl. D. R. P. 105 567 [*Frdl.*, V, 277].

Dabei können auch die beiden Imingruppen zuvor hydrolytisch als Ammoniak abgespalten werden, mit dem Resultat der Bildung von Hexaoxyanthrachinon

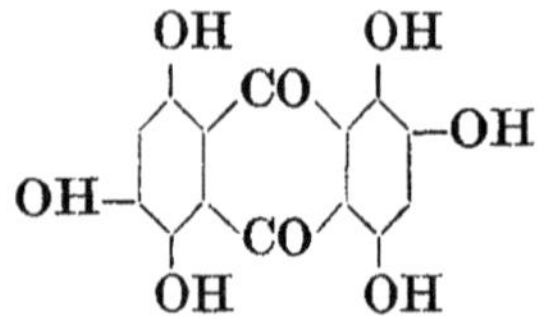

als Endprodukt. Dies ist der Hauptbestandteil des technischen Anthracenblaus, eines vielverwandten Beizenfarbstoffes. Da aber die ganze Reaktion in stark konzentrierter schwefelsaurer Lösung vor sich geht, so treten außerdem noch SO_3H-Gruppen in das Molekül ein, gewöhnlich zwei, die aber nachträglich auch wieder abgespalten werden können.

Da das oben formulierte Zwischenprodukt, das Diaminoanthrachryson in Gestalt seiner Disulfosäure

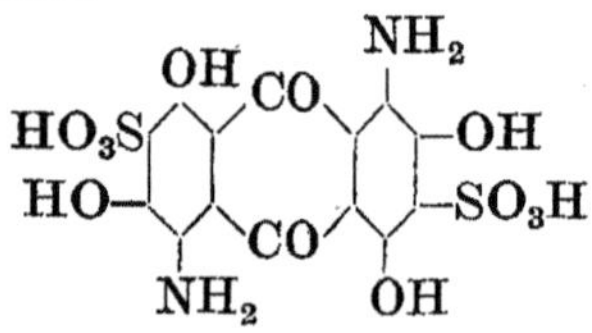

selbst als Farbstoff Verwendung findet, so ist deren Isolierung auch geschützt[1]. Man kann entweder ein gelinde wirkendes Reduktionsmittel der entsprechend regulierten Schwefelsäureschmelze direkt zusetzen oder aber man nimmt die Reduktion nach der Umlagerung mit schwefliger Säure (Eingießen in Bisulfitlauge) vor.

Bei der großen färbereitechnischen Bedeutung der Anthracenblaugruppe sind sehr zahlreiche Variationen des Prozesses patentrechtlich geschützt. Da die verschiedenen Verfahren im wesentlichen tinktorielle Unterschiede zum Gegenstand haben, die Endprodukte aber wissenschaftlich kaum untersucht sind, so ist es schwer, vom chemischen Gesichtspunkt aus einen Überblick über das Gebiet zu geben.

Im einfachsten Fall[2] gestaltet sich die Reaktion etwa folgendermaßen. Das Gemisch der beiden Dinitroanthrachinone wird mit Oleum von 40 Proz. drei Stunden lang auf 100 bis 130° erhitzt. Die so entstehenden Sulfosäuren werden durch Eingießen in Wasser und Aussalzen mit Kochsalz isoliert. Durch Erhitzen mit Schwefelsäure von 66° Bé auf 130° werden die Sulfogruppen und noch vorhandene Aminogruppen abgespalten.

Arbeitet man mit stärkerem Oleum bei tiefen Temperaturen (unter 40°), so erhält man Zwischenprodukte von noch unbekannter Konstitution, die erst nach Behandlung mit Laugen und nachfolgender Abspaltung von Sulfogruppen in Anthracenblau-Farbstoffe übergehen[3].

---

[1] D. R. P. 115002 [*Frdl.*, VI, 344].

[2] Nach D. R. P. 72 685 [*Frdl.*, III, 256]; vgl. auch D. R. P. 76 941 [*Frdl.*, IV, 285].

[3] D. R. P. 89 144 [*Frdl.*, IV, 288]; 94 125 [*Frdl.*, IV, 290].

Der Reduktionseffekt kommt hier wahrscheinlich, wie bei der *Kjeldahl*schen Reaktion dadurch zustande, daß ein Teil der Substanz verbrannt wird, wobei SO_2 entsteht. Daher hat man schon bald die Zugabe von Reduktionsmitteln als vorteilhaft erkannt[1]. Von allen hat sich das Schwefelsesquioxyd S_2O_3 am besten bewährt[2]. Die Reaktion verläuft damit bei tiefer Temperatur, die der SO_3-Konzentration entgegengesetzt proportional einzustellen ist. Vor allem aber scheinen in diesem Fall direkt die freien Polyoxyanthrachinone zu entstehen, so daß sich die zweite Operation der SO_3H-Abspaltung erübrigt. Die Reaktion ist allgemein für nitrierte Anthrachinone gültig und wird im besonderen angewandt auf nitrierte Methylanthrachinone und nitriertes Anthrarufin, Tetranitroanthrachryson, Tetranitrochrysazin, -nitroalizarin, -nitroflavo- und -anthrapurpurin.

Zur Vollkommenheit gelangte der Anthracenblauprozeß indessen erst mit der schon erwähnten wichtigen Einführung des Borsäureschutzes[3]. Es ist wahrscheinlich, daß die bei Anwendung dieses Verfahrens entstehenden Farbstoffe von den früheren Anthracenblaumarken konstitutionell verschieden sind, wie überhaupt durch geeignete Änderung der Schmelzbedingungen der im Grund blaue Farbstoff in seiner Nuance nach rot oder grün hin verschoben werden kann. Wichtig ist hier besonders das von *Baeyer & Cie.* in den Handel gebrachte Brillantalizarincyanin[4]:

Ferner sei noch erwähnt, daß die zahlreichen patentierten Methoden zum Teil auch auf partiell reduzierte Nitroanthrachinone ausgedehnt worden sind[5].

Zu den wichtigen Anthrachinonfarbstoffen, die durch Reduktion nitrierter Ausgangskörper gewonnen werden, gehört die Diamidoanthrarufindisulfosäure:

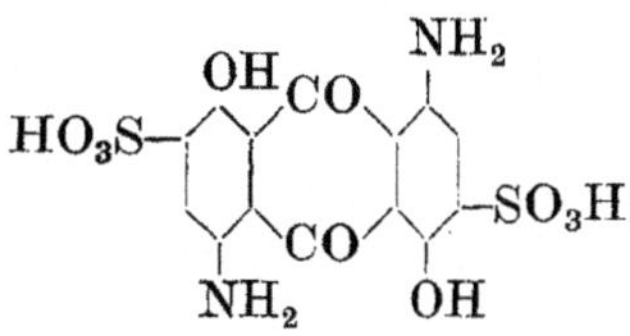

das sog. Alizarinsaphirol B. Sie findet sich als isolierbares Zwischenglied im Anthracenblauprozeß, kann aber gleich der isomeren Diamidochrysazindisulfosäure:

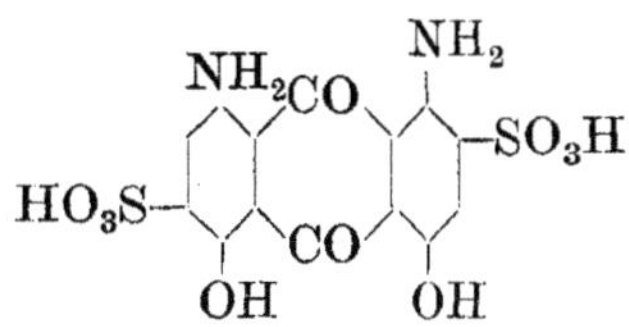

[1] Über Elektroreduktion vgl. D. R. P. 92 800, 92 998 [*Frdl.*, IV, 285, 287]. Sie ist ohne praktische Bedeutung geblieben.

[2] D. R. P. 96 197 [*Frdl.*, IV, 292]; 101 486 [*Frdl.*, V, 280].

[3] D. R. P. 79 768, 109 613 [*Frdl.*, V, 281]; 121 315 [*Frdl.*, VI, 338].

[4] Über Verbesserung seiner Eigenschaften vgl. D. R. P. 119 959, 120 622 [*Frdl.*, VI, 339, 340].

[5] D. R. P. 76 262 [*Frdl.*, III, 257]; 87 729, 88 083 [*Frdl.*, IV, 283, 286].

durch reduktive Umlagerung von 1,5 — die isomere Säure aus 1,8 — Dinitroanthrachinon entstehen, technisch wird sie aber als einheitliche Verbindung durch Reduktion aus der entsprechenden Dinitroanthrarufindisulfosäure gewonnen. Dabei entsteht bei Anwendung der berechneten Menge von Reduktionsmittel, am besten mit Zinnchlorür und Salzsäure, als wohl charakterisiertes Zwischenprodukt das Dihydroxylamin[1]:

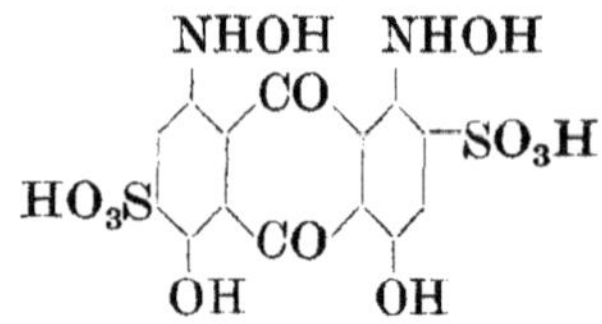

Es ist bemerkenswert, daß dieses Zwischenprodukt sich bei der isomeren Chrysazinverbindung auch bei Anwendung von S_2O_3 in rauchender Schwefelsäure fassen läßt[2], ein Ausnahmefall bei dieser Reaktion. Durch Umlagerung und Wasserabspaltung gehen die Dihydroxylamine in Bis-chinonimide[3] über, eine Reaktion, von der schon mehrfach die Rede war.

Die Diaminoverbindungen, die durch weitere Reduktion daraus entstehen, können auch nach verschiedenen anderen Reduktionsmethoden aus den Nitrokörpern erhalten werden, so durch Natriumsulfid in alkalischer Lösung[4], ferner aus Dinitroanthrarufin mit Alkalisulfit[5]. In manchen Fällen wird bei energischer Reduktion als Endprodukt die ebenfalls als Farbstoff verwandte Monosulfosäure (Alizarinsaphirol SE) gewonnen[6]. Dabei erfolgt die Abspaltung der einen Sulfogruppe auf reduktivem Wege.

Bezüglich der Darstellung der Diaminosäuren von 1, 7- 2, 6- 2, 7-Dioxyanthrachinon siehe die D. R. P. 104 317, 99 611, 99 612 (*Frdl.*, V, 257, 259, 280).

Es soll hier noch erwähnt werden, daß bei Änderung der Reduktionsbedingungen, namentlich bei Anwendung neutraler Lösungen von Schwefelalkalien oder Thiosulfat[7], auch mit Schwefelwasserstoff in saurem Medium[8] Dinitroanthrarufindisulfosäure nicht zu Alizarinsaphirol, sondern zu einem neuen Farbstoff, dem sog. Alizarinemeraldol reduziert wird, einer einheitlichen Verbindung, die durch ein krystallisiertes Additionsprodukt mit H_2S charakterisiert ist. Über ihre Konstitution liegen keinerlei Anhaltspunkte vor.

Die im allgemeinen gleichartig dem Besprochenen verlaufende Reduktion der Dinitroanthrachrysondisulfosäure braucht nicht eingehend

[1] D. R. P. 100 137 [*Frdl.*, V, 249].
[2] Siehe S. 256 D. R. P. 119 229 [*Frdl.*, VI, 352).
[3] D. R. P. 116 746 [*Frdl.*, VI, 350]; 113 724 [*Frdl.*, VI, 348].
[4] D. R. P. 172 575 [*Frdl.*, VIII, 331].
[5] D. R. P. 103 395 [*Frdl.*, V, 252]; 168 647 [*Frdl.*, VIII, 310]; 152 013 [*Frdl.*, VII, 200.
[6] D. R. P. 119 228 [*Frdl.*, VI, 351]; 108 578 [*Frdl.*, V, 252]; 110 880 [*Frdl.*, V, 254].
[7] D. R. P. 172 575, 178 840 [*Frdl.*, VIII, 331].
[8] D. R. P. 176 755 [*Frdl.*, VIII, 355].

behandelt zu werden. Bei der in saurem Medium entstehenden Diaminoverbindung[1]

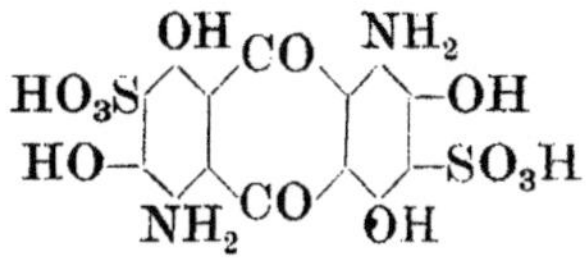

ist die geringe Haftfestigkeit der Aminogruppen bemerkenswert. Schon beim Kochen mit Alkalien werden sie abgespalten[2] und man gelangt so zur Hexaoxyanthrachinondisulfosäure, dem Säurealizarinblau des Handels. Diese Beweglichkeit kommt auch zum Ausdruck bei der Reduktion der Dinitroverbindung in alkalischer Lösung mit Schwefelalkalien. Hierbei werden die beiden Amidogruppen durch Sulfhydryl ersetzt. Der entstehende Farbstoff von der Konstitution

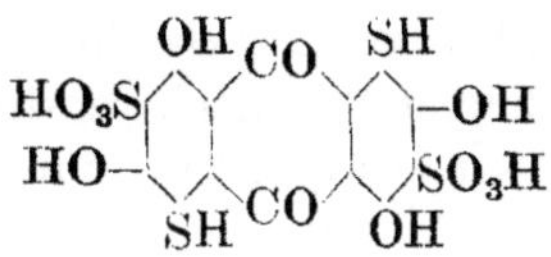

ist das Säurealizaringrün G.

Die Erfahrungen, die bei der Reduktion von bromhaltigen Nitroanthrachinonen[3], von Diaminodinitroanthrachinonen[4], von Tetranitroanthrachryson[5] gemacht worden sind, schließen sich so eng an die ausführlich besprochenen Grundreaktionen an, daß es genügt, hier auf die zugehörige Patentliteratur zu verweisen.

---

[1] D. R. P. 73 684 [*Frdl.*, III, 246].
[2] D. R. P. 75 490 [*Frdl.*, IV, 337].
[3] D. R. P. 128 845 [*Frdl.*, VI, 317]; 102 532 [*Frdl.*, V, 256]; 114 200 [*Frdl.*, VI, 353]; 97 287 [*Frdl.*, V, 272].
[4] D. R. P. 143 804 [*Frdl.*, VII, 199]; 156 803 [*Frdl.*, VIII, 286]; 126 804 [*Frdl.*, VI, 384]; 135 409 [*Frdl.*, VI, 386].
[5] D. R. P. 72 522 [*Frdl.*, III, 245]; 101 486 [*Frdl.*, V, 286].

VII. Nitrosoverbindungen und Oxime.

Die Reduktion von Nitrosoverbindungen und Oximen wird durchweg zur Darstellung von Aminen durchgeführt und es gelingt, auf diese Weise, namentlich bei Phenolen und Aminen, Aminogruppen in das Molekül einzuführen. Die Reduktion selbst verläuft durchweg glatt und führt stets zur Aminoverbindung. Je nachdem die Nitrosogruppe an Kohlenstoff oder Stickstoff gebunden ist, erhält man Alphylamine oder Derivate des Hydrazins.

Die letzteren, die hier zuerst behandelt werden sollen, leiten sich zumeist von den Nitrosoverbindungen sekundärer Amine (Nitrosamine):

$$\begin{matrix} R \\ R \end{matrix} \!\! > N - NO$$

ab. Bei Verwendung stärkerer Reduktionsmittel wie Zinn und Salzsäure oder Eisen und Essigsäure, wird unter Abspaltung der Nitrosogruppe das sekundäre Amin, von dem man ausging, zurückgebildet. Soll die Bindung zwischen den Stickstoffatomen bestehen bleiben und nur der Sauerstoff der Nitrosogruppe durch Wasserstoff ersetzt werden, so ist man genötigt, möglichst gelinde Reduktionsmittel, wie Zinkstaub mit Wasser oder Lösungen von Neutralsalzen oder der berechneten Menge Eisessig, unter Umständen auch die Elektrolyse [1] anzuwenden.

Man erhält dadurch asymmetrische Dialkylhydrazine, welche zuerst von *E. Fischer* auf diese Weise dargestellt sind [2]. Die Reduktion der angewandten Nitrosamine erfolgt in wässerig neutraler Lösung mit oder ohne Zusatz von neutralen Salzen, wie NH_4Cl oder $CaCl_2$, oder zumeist in schwach essigsaurer Lösung. Um die Löslichkeit der Nitrosamine zu erhöhen, wird Alkohol, Glyzerin oder ähnliches zugesetzt. Als Reduktionsmittel dienen fein verteilte Metalle, in erster Linie Zinkstaub, der noch zur Erhöhung der Reduktionswirkung verkupfert werden kann. Aus Diphenylnitrosamin entsteht so asymmetrisches Diphenylhydrazin:

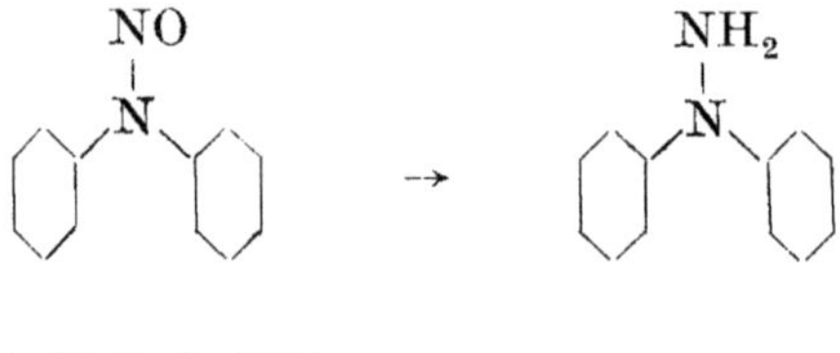

[1] Chem. Zentralbl. **1913**, I, 1186.
[2] Annalen **199**, 311 (1879).

Diese Reduktion ist auch zur indirekten Darstellung des Hydrazins selbst vorgeschlagen worden, doch hat das Verfahren keine Bedeutung erlangt, da Hydrazin aus Ammoniak und Hypochlorit nach dem Verfahren von *Raschig* bequem und billig hergestellt werden kann. Man erhält durch Einwirkung von salpetriger Säure auf Hexamethylentetramin zwei verschiedene Nitrosoverbindungen: Trinitrosotrimethylentriamin und Dinitrosopentamethylentetramin[1]. Beide werden durch Reduktion in Derivate des Hydrazins übergeführt, wobei die gewöhnlichen Reduktionsmittel wie Zinkstaub, Eisenfeile, Aluminium- oder Magnesiumpulver und Natriumamalgam in alkoholisch-ammoniakalischer oder in essigsaurer Lösung angewandt werden können. Es entsteht dabei Triaminotrimethylentriamin bzw. Diaminopentamethylentetramin, welche beide durch verdünnte Mineralsäure oder Essigsäure in Formaldehyd und Hydrazin gespalten werden können.

Zu den N-Nitrosoverbindungen, die bei der Reduktion Hydrazin liefern, gehört auch das sog. Stickoxydkaliumsulfit von der Konstitution:

$$\begin{array}{c} KO - N - NO. \\ | \\ SO_3K \end{array}$$

Auch die organischen Derivate des Nitrosohydroxylamins, die sog. Isonitramine, gehen allgemein durch Reduktion in die entsprechenden Hydrazine über. Das Gleiche gilt für die isomeren wahren Nitramine $R \cdot NH \cdot NO_2$, die durch die Arbeiten von *Franchimont* und insbesondere von *Thiele* und seinen Schülern[2] bekannt geworden sind. Die Gewinnung von Hydrazin aus Nitroguanidin:

$$\begin{array}{l} NH - NO_2 \\ | \\ C = NH \\ | \\ NH_2 \end{array} \rightarrow \begin{array}{l} NH - NH_2 \\ | \\ C = NH \\ | \\ NH_2 \end{array} \xrightarrow{2\,H_2O} NH_2 \cdot NH_2 + CO_2 + 2NH_3$$

schien eine Zeitlang günstige technische Aussichten zu haben, die sich aber bei dem geringen Bedarf an dem Präparat nicht recht entwickelten.

C-Nitrosoverbindungen.

Von den Nitrosoverbindungen sind die aromatischen die wichtigsten. Diejenigen, welche die NO-Gruppe in o- oder p-Stellung zu einer vorhandenen Hydroxyl- oder tertiären Aminogruppe tragen, lassen sich mit größter Leichtigkeit aus tertiären Aminen oder Phenolen darstellen. Als Typus dieser Körper ist das p-Nitrosodimethylanilin anzusehen. Die Reduktion derartiger Verbindungen erfolgt in derselben Weise wie die der entprechenden Nitrokörper; es ist ja bereits erwähnt, daß als erste Reduktionsstufe von Nitrokörpern die Nitrosoverbindung aufzufassen ist, welche bei weiterer Reduktion zunächst in eine Hydroxylaminoverbindung übergeht.

In diesem Falle ist es nicht möglich, die Hydroxylaminoverbindung selbst zu isolieren, dagegen gelingt es, ihr Umlagerungsprodukt, nämlich

[1] Annalen **288**, 218; D. R. P. 80466 [*Frdl.*, IV, 27].

[2] Annalen **270**, 1; **273**, 133; **283**, 1; **288**, 267, 311.

die Aminooxyverbindung zu fassen, wenn man die Elektrolyse in stark saurer Lösung vornimmt[1]. Da bei diesen Verbindungen die p-Stellung zur Nitrosogruppe besetzt ist, so tritt das Hydroxyl in o-Stellung zu dieser. Es entsteht also aus p-Nitrosodimethylanilin 4-Amino-3-oxydimethylanilin, welches indessen bei seiner großen Löslichkeit und Zersetzlichkeit nur sehr schwer zu isolieren ist und daher meistens in Lösung weiter verarbeitet wird, z. B. durch Kondensation mit α-Naphtylamin zu dem als Niblau bekannten Farbstoff.

Gewöhnlich wird aber die Reduktion so geleitet, daß mit Übergehung der Hydroxylaminostufe direkt die Aminoverbindung gebildet wird, ohne daß eine weitere Hydroxylgruppe in das Molekül eintreten kann. Dies geschieht entweder durch Reduktion mit Zinn oder Zink und Säure oder durch elektrolytische Reduktion in alkalischer Lösung an einer Nickelkathode. Es entsteht aber nur dann p-Aminodimethylanilin, wenn die Temperatur des Katholyten unter 20° bleibt[2], da Nitrosodimethylanilin beim Erwärmen mit Alkalien die Dimethylaminogruppe abspaltet und in p-Aminophenol übergeht. Gute Resultate sollen weiterhin erzielt werden, wenn man die elektrolytische Reduktion bei Gegenwart von Titanverbindungen ausführt, wobei man eine Kathode aus beliebigem Metall verwenden kann.

Weiterhin kann man die Reduktion des Nitrosodimethylanilins mit Bisulfiten ausführen. Wird salzsaures Nitrosodimethylanilin mit einer Lösung von Bisulfit zusammengebracht, so bildet sich zuerst ein amorpher Körper, welcher vielleicht das innere Salz der Dimethylanilinsulfhydroxylaminsäure ist[3]:

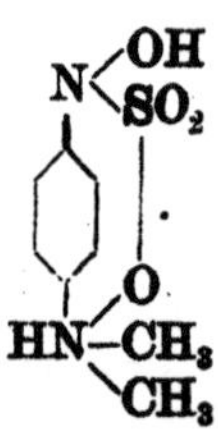

Diese Verbindung, unlöslich in Wasser, geht bei weiterer Einwirkung von Bisulfit unter Bildung des Natriumsalzes von Dimethylaminophenyldisulfaminsäure

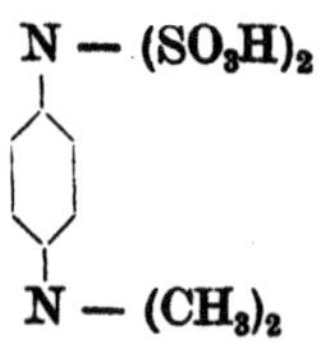

wieder in Lösung. Aus ihr werden bei weiterer Einwirkung des Reduktionsmittels die Sulfogruppen entweder gegen Wasserstoff ausgetauscht oder in den Kern umgelagert, wobei aber zugleich der Dimethylaminrest hydro-

[1] D. R. P. 81 625 [*Frdl.*, IV, 61].
[2] *Brand*, loc. cit., S. 297; vgl. auch D. R. P. 168 273.
[3] D. R. P. 65 236 [*Frdl.*, III, 56]; Ber. **20**, Ref. 107.

lytisch abgespalten wird. Es entstehen zwei isomere Disulfosäuren des p-Aminophenols, in denen die Stellung der Sulfogruppen noch nicht ermittelt ist. Ganz analog verläuft die Reaktion bei der Einwirkung von Bisulfiten auf Nitrosophenole[1]. Auch dabei entstehen p-Aminophenoldisulfosäuren.

Von anderen, mit den üblichen Mitteln bewirkten Reduktionen von Nitrosoverbindungen, die Zwischenprodukte für pharmazeutische Mittel zum Ziel haben, seien erwähnt die Reduktion des Nitrosoantipyrins mit Essigsäure und Zinkstaub zu Aminoantipyrin, oder von 4-Amino-5-isonitroso-2, 6-dioxypyrimidin zur entsprechenden Diaminoverbindung mit Metallen und Säure oder durch Elektrolyse in stark saurer Lösung. Ferner die Reduktion des $\beta\beta'$-Dinitrosodiindyls:

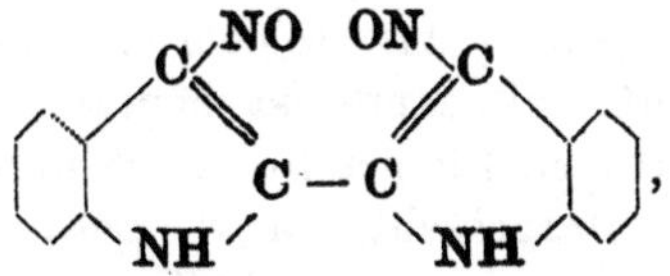

welches bei Anwendung alkalischer Reduktionsmittel (Natriumhydrosulfit oder Ferrosalze) in Diaminodiindyl

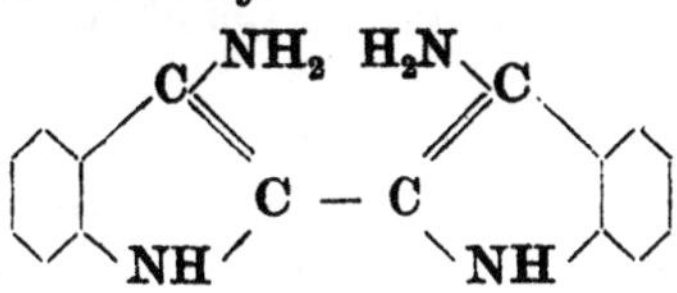

übergeht[2].

Wichtiger, als alle diese Verbindungen, sind die Nitrosoderivate von Phenolen und Naphtolen. Sie werden vielfach auch als Chinonoxime aufgefaßt, doch sprechen ihre Eigenschaften in der Mehrzahl der Fälle mehr für ihre Struktur als Nitrosoverbindungen. p-Nitrosophenol gibt bei der Reduktion p-Aminophenol. Auf die gleiche Weise kann man auch z. B. das p-Aminokresol

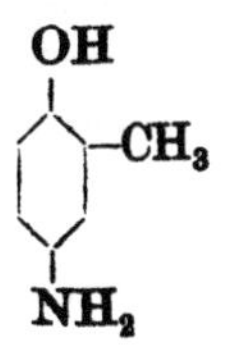

aus dem o-Kresol des Steinkohlenteers durch Nitrosieren und Reduzieren mit Eisen und Eisenvitriol darstellen[3]. Das Reduktionsprodukt hat Bedeutung als Ausgangsmaterial für den Schwefelfarbstoff Vidalschwarz. In technischer Hinsicht ist diese Reduktion sonst ohne Wichtigkeit für die Darstellung von p-Aminophenolen, da dafür bequemere Methoden vorhanden sind. Dagegen spielt sie bei der Darstellung einer großen Reihe von Derivaten des Naphtols eine größere Rolle. Was zunächst den Eintritt der Nitrosogruppe in das Molekül anlangt, so richtet er sich nach Substituenten, welche bereits

[1] D. R. P. 71 368 [*Frdl.*, III, 57].
[2] *Madelung*, Annalen **405**, 58 (1914).
[3] Engl. Pat. 12 680 (1901).

im Molekül vorhanden sind. Steht die Hydroxylgruppe in Stellung 1, dann tritt die Nitrosogruppe in Stellung 4, oder wenn diese besetzt ist, in die Stellung 2. Steht dagegen das Hydroxyl in Stellung 2, so tritt die Nitrosogruppe stets in die Stellung 1 und nicht in Stellung 3, obwohl diese auch eine o-Stellung ist. Die Nitrosogruppe tritt also in dieselben Stellungen, in welche eine Diazogruppe eingreift, wenn man über die Azoverbindungen Amine aus Naphtolen darstellen will.

Die Reduktion selbst erfolgt auf dem gewöhnlichen Wege und bietet chemisch nichts besonders Interessantes. Am besten verwendet man Zinnchlorür mit Salzsäure, doch können auch andere Reduktionsmittel, z. B. Hydrosulfit, verwandt werden. Bei der Einwirkung von sauren Sulfiten treten zugleich Sulfogruppen in das Molekül ein. Ihre Anwendung zur Darstellung von Aminonaphtolsulfosäure ist häufig und schon früh gebraucht und daher durch Patente nicht geschützt. Aminonaphtole selbst werden auf diesem Wege nicht dargestellt, da sie bequemer aus Nitronaphtolen durch Reduktion entstehen; dagegen ist diese Reaktion sehr gebräuchlich zur Darstellung einer Anzahl von Sulfosäuren. Solche sind:

2-Amino-1-oxynaphtalin-4-sulfosäure[1],
1- „ -4- „ -3- „ [2],
1- „ -4- „ -2- „ [3],
1- „ -2- „ -3, 7-disulfosäure[4],
2- „ -1- „ -3, 6- „ [4],
1- „ -4- „ -3, 8- „ [5],
2- „ -1- „ -4, 7- „ [6].

Die Einwirkung von Bisulfiten auf Nitrosonaphtole verläuft in genau derselben Weise wie sie bei Nitrosophenol und Nitrosodimethylanilin beschrieben ist. Die Umsetzung erfolgt entweder durch Kochen der Lösung von Nitrosophenol mit Bisulfit und Salzsäure oder durch Einkochen jener Lösung ohne Säure und nachträgliches Ausfällen. In präparativer Hinsicht bedeutend wichtiger ist diese Reaktion für die Naphtalinreihe. In dieser werden eine ganze Anzahl von Mono- und Disulfosäuren des Aminooxynaphtalins mit ihrer Hilfe dargestellt. Aus 1-Nitroso-2-oxynaphtalin[7] entsteht durch Einleiten von SO_2 in eine alkoholische Lösung oder durch Kochen mit Natriumbisulfit eine Sulfosäure, welche wahrscheinlich die Konstitution

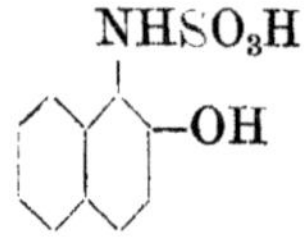

[1] Ber. **24**, 3160 (1891).
[2] Ber. **25**, 1403 (1892).
[3] Ber. **26**, 1287 (1893).
[4] Ber. **21**, 3480 (1888).
[5] Ber. **28**, 1535 (1895).
[6] Ber. **26**, 1282 (1893).
[7] *Schmidt*, Journ. f. prakt. Chem. [**2**] **44**, 513; s. auch D. R. P. 79 583 [*Frd.*, IV, 802].

besitzt. Durch Erwärmen mit Säure wird aus ihr die 1-Amino-2-oxynaphtalin-4-sulfosäure gebildet[1]. Andere derartige Säuren sind 1-Amino-2, 7-dioxynaphtalin-4-sulfosäure und 1-Amino-2-oxynaphtalin-4, 6-disulfosäure.

Ebenso wie man aus Nitroverbindungen über verschiedene Zwischenprodukte, welche daraus durch Reduktion entstehen, Farbstoffe unbekannter Konstitution, besonders Schwefelfarbstoffe herstellen kann, so werden solche auch aus Nitrosoverbindungen der Phenole in großem Maßstabe gewonnen. Als erstes Stadium ist stets die Reduktion einer Nitrosogruppe zur Hydroxylaminogruppe anzunehmen, worauf wahrscheinlich die Bildung eines Chinonimids durch Wasserabspaltung erfolgt. Der weitere Verlauf der Reaktion ist derjenigen, wie sie bei den Nitroverbindungen beschrieben ist, vollkommen analog, so daß hier auf das an dieser Stelle Gesagte verwiesen werden kann. Zur Darstellung der Schwefelfarbstoffe werden bekanntlich zwei Methoden angewandt, entweder Erhitzen mit Polysulfiden oder Einwirkung von Schwefelalkali und Schwefel oder Thiosulfat in siedender Lösung. Es entstehen dabei aus Nitrosophenolen dieselben Farbstoffe, welche man aus den Nitro- oder den entsprechenden Aminophenolen erhält.

Erhitzt man 1 Molekül Nitrosophenol mit einem Molekül Thiosulfat in wässeriger Lösung, so erhält man unter Entwicklung von schwefliger Säure als unlöslichen Niederschlag einen schwarzen Farbstoff, der als Claytonschwarz D bekannt ist[2]. Bei seiner Bildung entsteht ein farbloses Zwischenprodukt, welches bei weiterem Erhitzen in saurer Lösung durch Zusammenwirkung mit einem in der ersten Stufe der Reaktion unangegriffen gebliebenen Molekül Nitrosophenol den schwarzen Farbstoff gibt. Die Konstitution dieses Zwischenproduktes ist wahrscheinlich die einer p-Aminophenoltetrathiosulfosäure:

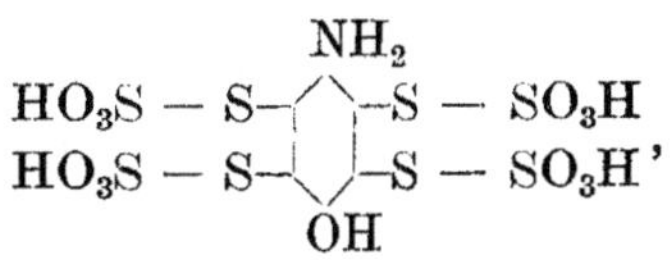

wie solche alle Benzolderivate geben, welche imstande sind, in chinoide Körper überzugehen, wie p-Aminophenol, p-Phenylendiamin, Hydrochinon.

Bei der Einwirkung von Polysulfiden, wie sie in der Schwefelschmelze zur Herstellung von Schwefelfarbstoffen stattfindet, wird zunächst die Nitrosogruppe in die Aminogruppe übergeführt, so daß die Darstellung des Farbstoffes auf diesem Wege derjenigen der Darstellung aus Aminoverbindungen gleichkommt.

---

[1] *Böniger*, Ber. 27, 23, 3050 (1894).
[2] D. R. P. 106 030 [*Frdl.*, V, 419].

VIII. Reduktion der Stickstoff-Stickstoffbindung; Azoxy-, Azo- und Hydrazoverbindungen.

Für alle Verbindungen mit gepaartem Stickstoff ist ihr geringer Widerstand gegen die Anlagerung von Wasserstoff charakteristisch. Mit größter Leichtigkeit kann bei ihnen allen durch Reduktion die Bindung zwischen den Stickstoffatomen gesprengt werden, wobei Körper entstehen, die sich vom Ammoniak ableiten. Derartige Verbindungen mit gepaartem Stickstoff sind einerseits die Diazokörper, anderseits Azoxy-, Azo- und Hydrazoverbindungen. Die Leichtigkeit, mit der die N-N-Bindung reduktiv gesprengt wird, hängt von der Natur der Substituenten ab. Der einfachste hierhergehörige Fall ist die Zerlegung von Hydrazin in 2 Moleküle Ammoniak, eine Reaktion, die auch im Bereich der Ammoniaksynthese aus den Elementen nach *Haber*

$$N \equiv N + 4H \rightleftarrows H_2N - NH_2$$
$$H_2N - NH_2 + 2H \rightarrow 2NH_3$$

eine Rolle spielt, aber als zur anorganischen Chemie gehörig, hier nicht zu erörtern ist. Es soll aber dabei hingewiesen werden auf die große Beständigkeit der Bindung zwischen zwei freien Stickstoffatomen, welche ganz im Gegensatz steht zu der durch Reduktionsmittel äußerst leicht sprengbaren Stickstoffbindung in Azo- und Hydrazokörpern.

Über die Bildung der Verbindungen mit gepaartem Stickstoff, welche stets dadurch entstehen, daß zwei Reste, von denen der eine Sauerstoff, der andere Wasserstoff enthält, unter Austritt von einem Molekül Wasser zusammentreten, ist ausführlich bei der Reduktion der Nitroverbindungen berichtet worden. Bei vorsichtiger Reduktion derartiger Körper ist es möglich, Wasserstoff an die Stickstoffbindung ohne gleichzeitige Trennung derselben anzulagern. Man erhält auf diese Weise Derivate des Hydrazins, von denen die weitaus größte Anzahl der aromatischen Reihe angehören. In der aliphatischen Reihe sind mehrere Fälle bekannt, welche zur Darstellung des Hydrazins selbst dienen. Der erste stammt von *Curtius*[1] und hat die bekannte Synthese des Hydrazins aus Diazoessigester zum Gegenstand. Man braucht diesen selbst jedoch nicht zu isolieren, sondern verwendet zur Reduktion die Lösung, welche durch Diazotieren von Glykokollester entsteht. Die beim alkalischen Reduzieren durch Zinkstaub, Aluminiumspäne oder durch Ein-

[1] D. R. P. 58 751 [*Frdl.*, III, 15].

wirkung neutraler Sulfite entstehende Hydraziessigsäure zerfällt beim Ansäuern sofort in Hydrazin und Glyoxylsäure.

In neuerer Zeit wird die als Hydraziessigsäure bezeichnete Verbindung als das Hydrazon der Glyoxylsäure aufgefaßt, das natürlich bei Einwirkung von Säure dieselbe Spaltung erleiden kann.

Das zweite von *Thiele*[1] stammende Verfahren beruht auf der Reduktion von Nitroguanidin, am besten mit Zinkstaub und Essigsäure bei tiefen Temperaturen. Auch hier braucht das als Zwischenprodukt entstehende Aminoguanidin nicht isoliert zu werden, sondern man macht die bei der Reduktion erhaltene Lösung alkalisch und erhitzt so lange zum Sieden, bis kein Ammoniak mehr entweicht. Dabei zerfällt das Aminoguanidin in Hydrazin, Ammoniak und Kohlensäure.

Auch durch Reduktion und Spaltung von Stickoxydkaliumsulfit ist Hydrazin erhalten worden[2]:

$$KO_3S - \underset{\displaystyle OK}{\underset{|}{N}} - NO \rightarrow KO_3S - \underset{\displaystyle H}{N} - NH_2 \rightarrow K_2SO_4 + NH_2 - NH_2 .$$

Die mit aliphatischen Resten substituierten Hydrazine sind ohne technische Bedeutung; um so wichtiger aber sind die aromatischen Verbindungen. Die direkte Einführung eines aromatischen Restes in das Hydrazin gelingt unter besonderen Umständen. Z. B. entsteht 2, 4-Dinitrophenylhydrazin aus 2, 4-Dinitro-1-brombenzol und Hydrazin oder α- und β-Naphtylhydrazin aus α-und β-Naphtol und Hydrazin durch Erhitzen. Ferner 1-Hydrazinoanthrachinon durch Erhitzen von 1-Chloranthrachinon mit Hydrazin. Das sind aber Bildungsweisen von nur theoretischer Bedeutung. Der gewöhnliche Weg der Darstellung dieser Verbindungen führt über die Reduktion der Diazoverbindungen. Dafür sind in der Praxis zwei Wege üblich. Entweder man reduziert die Diazoverbindung mit Zinnchlorür und Salzsäure, wobei man direkt das Hydrazin erhält[3]:

$$\text{z. B. } C_6H_5\underset{\displaystyle Cl}{N} \equiv N + 2\,SnCl_2 + 4\,HCl \rightarrow C_6H_5 \cdot NH - NH_2 \cdot HCl + 2\,SnCl_4$$

oder man setzt die Diazoniumsalze mit Alkalisulfiten zu Diazosulfosäuresalzen um: $C_6H_5 \cdot N = N - SO_3K$. Letzteres vermag mit einem Molekül Bisulfit oder einem Molekül Wasserstoff (Zinkstaub und Säure) zu reagieren, wobei

$$C_6H_5 \cdot \underset{\displaystyle SO_3K}{\underset{|}{N}H} - \underset{\displaystyle SO_3K}{\underset{|}{N}H} \quad \text{oder} \quad C_6H_5 \cdot NH - NHSO_3K$$

entsteht. Es hängt von den Bedingungen ab, ob man die Phenylhydrazin-disulfosäure oder die -monosulfosäure erhält. Durch Kochen mit Salzsäure werden die Sulfogruppen abgespalten, und man gewinnt so die freien Arylhy-

[1] D. R. P. 59 241 [*Frdl.*, III, 16].
[2] Duden, Ber. d. d. chem. Ges. 27, 3498 (1894).
[3] Ber. **16**, 2976 (1883).

drazine[1]. Beide Methoden führen also zum Phenylhydrazin, doch ist die Reduktion mit Sulfiten bei weitem billiger, so daß wohl meist nach ihr dieser Körper dargestellt wird.

Dieselbe Methode kann auch auf Derivate des Anilins angewandt werden. Z. B. gelingt es auf diesem Wege, p-Nitrophenylhydrazin darzustellen[2], wobei bei der Reduktion des Diazokörpers die Nitrogruppe nicht angegriffen wird. Ganz ebenso verhalten sich Naphtalinderivate[3] und die Derivate des Anthrachinons[4]. Bei letzterem ist besonders hervorzuheben, daß die Diazosulfosäuren durch Reduktionsmittel sehr glatt in die Hydrazinsulfosäuren übergeführt werden, obwohl sonst die Diazoanthrachinone selbst nicht reduziert werden können. Es entstehen dabei die als Zwischenprodukte wichtigen Anthrachinonylhydrazone.

Die bisher beschriebenen Verbindungen sind Derivate des einseitig monosubstituierten Hydrazins, während die einseitig doppelt substituierten ohne technische Bedeutung sind. Im folgenden sollen die beiderseitig substituierten Derivate mit gepaartem Stickstoff, die eigentlichen Hydrazoverbindungen, behandelt werden. Für sie alle ist als Ausgangsmaterial die Nitroverbindung anzusehen. Während man wie früher beschrieben, durch saure Reduktion in einer Operation direkt zum Amin gelangt, erhält man bei der Reduktion in alkalischer Lösung die Zwischenprodukte mit beiderseitig substituiertem Stickstoff, und zwar je nach Art des angewandten Reduktionsmittels Azoxybenzol, Azobenzol oder Hydrazobenzol. Das Azoxybenzol, welches nur schwer zu fassen ist und auch kaum als solches isoliert wird, fällt leicht der weiteren Reduktion zum Hydrazobenzol anheim. Das Azobenzol fällt aus der Reihe heraus, da es nicht durch Reduktion von Azoxybenzol entsteht. Diese Tatsache ist für die elektrolytische Reduktion von *Haber* mit Sicherheit nachgewiesen, während für die chemische Reduktion die Ansichten vorläufig noch geteilt sind[5]. In der wissenschaftlichen Literatur finden sich nur wenige Angaben, welche die Reduktion des Azoxybenzols zum Azobenzol zum Gegenstand haben. Im allgemeinen wird darüber gesagt, daß Azoxyverbindungen durch Erhitzen mit Eisenfeile in Azoverbindungen übergeführt werden können. Sonst ist über den Vorgang nur bemerkt, daß die alkalische Reduktion von den Nitroverbindungen über die Azoxystufe hinweg direkt bis zu den Azokörpern geführt wird. Über die Bildung des Azobenzols ist jedoch nichts ausgesagt. Dagegen ist die Bildung von Azobenzol aus Azoxybenzol in dem D. R. P. 138 496 direkt geschützt. In anderen Patenten wird aber kein Unterschied gemacht und sie beziehen sich alle auf Azoxy- und Azokörper zugleich. Für die Praxis ist das ohne Bedeutung, da diese beiden Verbindungen nie das Endprodukt der Reduktion sind, sondern nur als Zwischenprodukte für die Darstellung des Benzidins dienen. Als Ausnahmen davon wären zu erwähnen

[1] *E. Fischer*, Annalen **190**, 71 (1877).
[2] D. R. P. 62 004 [*Frdl.*, III, 50].
[3] D. R. P. 94 632 [*Frdl.*, IV, 619].
[4] D. R. P. 163 447 [*Frdl.*, VIII, 301].
[5] Vgl. dazu S. 172.

Diaminoazoxybenzol und -toluol, welche zur Darstellung von Baumwollazofarbstoffen Verwendung finden. Außer dem Benzidin selbst haben noch das o-Tolidin (3, 3'-Dimethyl-4, 4'-diaminobiphenyl) und das Di-o-anisidin (S) 3, 3'-Dimethoxy-4, 4'-diaminobiphenyl technische Bedeutung, während andere Diphenylderivate nicht verwandt werden. Die Darstellung aller dieser Körper verläuft so gleichartig, daß sie in allen Patenten eingeschlossen sind, weshalb sie in den folgenden Ausführungen nicht besonders erwähnt werden sollen.

Die alkalische Reduktion durch Elektrolyse, für deren Ausarbeitung eine große Menge von Arbeit aufgewandt worden ist, hat sich nicht bewährt und wird für die Darstellung von Benzidin nicht verwandt. Für die Darstellung von Benzidinderivaten reduziert man vielmehr die Nitroverbindungen zunächst in alkalischer Lösung bis zum Azoxy- bzw. Azokörper, da in saurer Lösung die Reduktion zu Azoxyverbindungen nicht in glatter Weise durchgeführt werden kann. Hierauf wird die Lösung der Reduktionsprodukte stark angesäuert, unter fortdauernder Einwirkung der reduzierenden Agenzien. Es kann nun die Reduktion der Azo- und Azoxyverbindungen in der sauren Lösung entweder zu Aminen führen oder bei der Hydrazoverbindung haltmachen, welche durch den Einfluß starker Mineralsäuren augenblicklich in Derivate des Benzidins umgelagert wird. Welche von beiden Reaktionen eintritt, hängt in erster Linie von der Konzentration der angewandten Säure ab.

Die Umlagerung von Hydrazobenzol durch starke Säuren führt gleichzeitig zu Benzidin und Diphenylin:

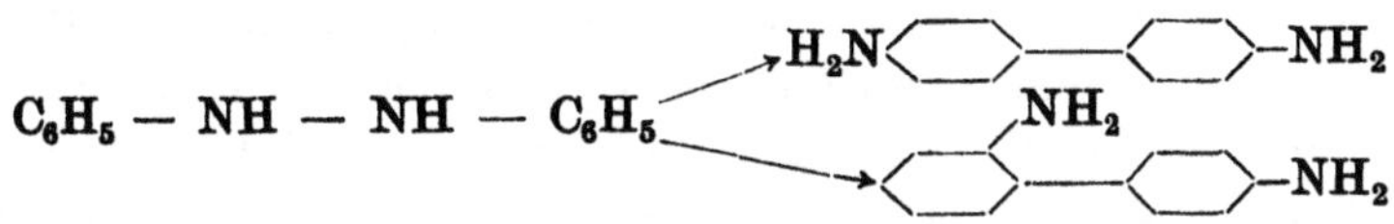

Erhöhte Temperatur begünstigt die Bildung von letzterem, während sie bei 20 bis 30° nur in geringem Maße stattfindet[1]. Bei gewöhnlicher Temperatur wird Hydrazobenzol durch $\frac{n}{1}$ HCl zu etwa 90 Proz. in Benzidin umgelagert Durch $\frac{n}{10}$ HCl zu 84 Proz., während bei 100° ebenfalls durch $\frac{n}{10}$ HCl nur etwa 66 Proz. davon entstehen. Auch die Natur des Lösungsmittels übt einen gewissen Einfluß auf die Umlagerung aus. Als Katalysatoren, welche die Umlagerung bewirken, könnten, wie bei vielen anderen Reaktionen die Wasserstoffionen der Säure erscheinen. Dagegen stellt *Lapworth*[2] fest, daß die katalytische Wirkung der Säure keine Funktion der Wasserstoffionen ist, da die Umlagerung auch in indifferenten Lösungsmitteln mit trockenem Chlorwasserstoff, also bei Ausschluß von Wasserstoffionen vor sich geht. Sie soll sogar bei Ausschluß von Wasser stärker beschleunigt werden. Über die dritte Art der Umlagerung von Hydrazokörpern in saurer Lö-

[1] *Holleman* und *van Loon*, Chem. Zentralbl. **1904**, I, 792.
[2] Chem. Soc. **93**, 2187 (1908).

sung, nämlich die Semidinumlagerung, welche keine technische Bedeutung besitzt, braucht an dieser Stelle nichts gesagt zu werden[1].

Für die Darstellung von Benzidin aus Nitrobenzol gibt es zwei Regeln. Entweder stellt man das Hydrazobenzol her, isoliert es und lagert es dann zu Benzidin um. Dieses ist der gewöhnliche Weg für wissenschaftliche Darstellungen. In der Technik reduziert man das Nitrobenzol alkalisch bis zum Azoxy- oder Azobenzol, säuert darauf an und reduziert in saurer Lösung weiter. Dabei erfolgt zugleich mit der Bildung des Hydrazobenzols seine Umlagerung in Benzidin. Dieser Weg ist bei der elektrischen Reduktion vorgeschlagen worden. Bequemer aber ist folgende Methode, welche auch in der Technik angewandt wird. Nitrobenzol wird mit oder ohne Zusatz von etwas Alkohol und heißer Natronlauge mit der berechneten Menge Zinkstaub behandelt, das entstandene Hydrazobenzol durch verdünnte Säure vom Zink befreit und darauf durch Rühren mit kalter starker Salzsäure umgelagert. Aus der wässerigen Lösung des salzsauren Salzes wird das Benzidin durch Schwefelsäure als Sulfat abgeschieden. In den Handel kommt es als freie Base oder als Chlorhydrat. Ein anderes, ebenfalls sehr gutes Verfahren geht vom Azobenzol aus[2]. Man suspendiert dieses in überschüssiger Salzsäure, setzt etwa den 9. Teil Jodkali hinzu und leitet Schwefeldioxyd ein. Von den zahlreichen Patenten zur Darstellung von Benzidin auf elektrochemischem Weg, hat kaum eines in der Praxis Eingang gefunden. Gewöhnlich führt man die Nitroverbindungen zunächst in Azokörper über, was man bei elekrolytischer Reduktion genau in der Hand hat, indem man die theoretisch nötige Menge Strom einleitet[3]. Hierauf säuert man die Kathodenflüssigkeit stark an und reduziert weiter, wodurch das Hydrazobenzol in einer Operation gebildet und umgelagert wird. Da aber bei diesem Verfahren das als Ausgangsmaterial verwandte Nitrobenzol durch Zusatz von Alkohol wenigstens teilweise in alkalische Lösung gebracht werden muß, so ist das Verfahren nicht rationell. Man hat deswegen versucht, die Reduktion in wässerig alkalischer Suspension vorzunehmen mit Kathoden (Hg, Pt, Ni), welche von der Lauge nicht angegriffen werden. Die weitere Reduktion und Umlagerung erfolgt dann auf gewöhnliche Weise[4].

Während aber die Reduktion zum Azoxybenzol am besten bei Abwesenheit von Metalloxyden in der Kathodenlauge verläuft, weshalb man auch Kathoden von nicht angreifbaren Metallen anwendet, hat sich ergeben, daß bei der Weiterreduktion zum Hydrazobenzol ein Zusatz von Metallsalzen oder Kathoden aus den betreffenden Metallen die Ausbeuten wesentlich verbessert. Am besten verläuft die Reduktion mit Zinn und Salzsäure, weniger gut mit Zink und Kupfersalzen[5]. Bei unangreifbaren Kathoden ist

[1] Vgl. dazu *Wieland*, Die Hydrazine, S. 52ff.

[2] D. R. P. 172 569 [*Frdl.*, VIII, 118].

[3] D. R. P. 116 871 [*Frdl.*, V, 932]; *Löb*, Zeitschr. f. Elektrochemie **7**, 320, 333 (1901); Ber. **33**, 2329 (1901).

[4] D. R. P. 116 467 [*Frdl.*, VI, 76].

[5] D. R. P. 122 045 [*Frdl.*, VI, 77]; vgl. dazu *Löb*, a. a. O., S. 601.

es vorteilhaft, Zinnchlorür und Salzsäure zuzusetzen oder überhaupt Zinnkathoden anzuwenden. Noch besser soll der Erfolg sein, wenn man die Reduktion in Gegenwart von Vanadinsäure[1] oder Titansalzen[2] vornimmt.

Bei den bisher beschriebenen Methoden wird die Reduktion des Azoxybenzols zum Hydrazobenzol in saurer Lösung ausgeführt, wobei dann gleichzeitige Umlagerung erfolgt. Es besteht aber auch die Möglichkeit, das Azoxybenzol in alkalischer Lösung bis zum Hydrazobenzol zu reduzieren. Dies soll in alkalisch-wässeriger Suspension geschehen, bei Gegenwart eines Lösungsmittels, in dem das Reduktionsprodukt unlöslich ist, unter Anwendung eines Diaphragmas[3]. Zu dem gleichen Erfolg soll man nach einem anderen Verfahren[4] kommen, dadurch, daß man schon vor der Reduktion dem Azoxybenzol eine gewisse Menge Hydrazobenzol zusetzt. Es entsteht daraus ein leicht schmelzbares Gemisch, welches bei der angewandten Temperatur von 50° flüssig bleibt. Nach allgemein gemachten Erfahrungen ist es aber ziemlich unwahrscheinlich, daß die Reduktion in diesem Sinne stattfindet.

Es gibt noch eine zweite, und zwar sehr große Gruppe von Reaktionen, welche die Azoverbindungen betreffen. Die bisher beschriebenen hatten den Übergang der Azo- in die Hydrazogruppe zum Gegenstand. Bei der nun zu beschreibenden Art der Reduktion findet Trennung des Moleküls statt, welche in der Weise vor sich geht, daß aus 1 Molekül eines Azokörpers 2 Moleküle primäres Amin entstehen. Diese Reaktion, welche auch über die Hydrazoverbindung führt, hat zunächst für die Darstellung zahlreicher Aminoverbindungen präparative Bedeutung. Besonders leicht werden diejenigen Azokörper gespalten, welche in o- oder p-Stellung zur Azogruppe eine Hydroxyl- oder Aminogruppe tragen. Man hat mit Hilfe dieser Reaktion die Möglichkeit, Aminogruppen in Benzolderivate einzuführen. Bekanntlich reagieren aromatische Diazoverbindungen mit Phenolen unter Bildung von Azokörpern nach der Gleichung:

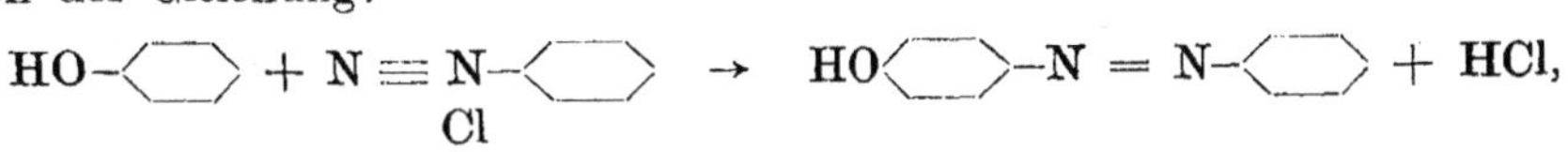

eine Reaktion, die ja zur Bildung von Azofarbstoffen außerordentlich häufig angewandt wird. Läßt man auf die gebildeten Azokörper starke Reduktionsmittel einwirken, so erhält man unter Trennung des Moleküls ein Aminophenol neben einem primären Amin. Man hat auf diese Weise in das zur Kuppelung angewandte Phenol eine Aminogruppe eingeführt, während dasjenige Amin, von dem die Diazoverbindung abstammt, wieder als solches zurückerhalten wird. Da weiterhin Diazoverbindungen auch mit aromatischen Aminen gekuppelt werden können, so kann man mit Hilfe dieser Reaktion auch Diamine gewinnen. Analytisch hat die reduktive Spaltung der Azogruppe große Bedeutung für die Konstitutionsermittlung komplizierter

---

[1] D. R. P. 172 654 [*Frdl.*, VIII, 113].
[2] D. R. P. 168 273 [*Frdl.*, VIII, 115].
[3] *Darmstädter*, D. R. P. 181 116 [*Frdl.*, VIII, 112]; 196 979 [*Frdl.*, IX, 114].
[4] *Darmstädter*, D. R. P. 189 312 [*Frdl.*, VIII, 1356].

Azofarbstoffe. Eine andere Anwendung der reduktiven Spaltung wird bei zahlreichen Azofarbstoffen in der Färberei und Druckerei angewandt. Hier dient sie nicht zur Darstellung neuer Amine, sondern zu dem Zweck Teile des Gewebes von dem aufgefärbten Farbstoff zu befreien (Ätzen).

Bei der reduktiven Spaltung von Azoverbindungen für präparative Zwecke werden Azoverbindungen aus demjenigen Phenol oder Aminoderivat gebildet, in dessen Molekül eine neue Aminogruppe eingeführt werden soll. Die zur Kuppelung angewandte Diazoverbindung wird meist so gewählt, daß das aus ihr zurückgebildete Amin leicht wieder abgetrennt werden kann. Der einfachste hierher gehörige Fall wäre die Darstellung von p-Aminophenol aus p-Oxyazobenzol, das man bekanntlich aus Phenol und Diazobenzol leicht darstellen kann. Die zwei für diesen Zweck genommenen Patente sind aber ohne praktische Bedeutung geblieben, da es für p-Aminophenol bequemere Darstellungsweisen gibt. In dem einen ist die *Vidal*sche Reduktion von Nitro-, Azoxy- und Azokörpern mit Schwefelammonium bei Gegenwart von Alkali geschützt[1]. Ohne diesen Zusatz verläuft sie aber nicht glatt und liefert außerdem großen Mengen nicht definierbarer Nebenprodukte. Interessanter ist ein weiteres Verfahren, welches versucht, auch die zweite abgespaltene Hälfte des p-Oxyazobenzols für die Darstellung des p-Aminophenols nutzbar zu machen[2]. Unterwirft man nämlich die 4-Oxyazobenzol-4′-sulfosäure der Kalischmelze, so entsteht daraus unter Abspaltung des Sulforestes 4, 4′-Dioxyazobenzol. Reduziert man diese Verbindung mit Zinnchlorür und Salzsäure oder auch mit Zinkstaub und Alkali, bis man an dem Verschwinden der Farbe erkennt, daß keine Azoverbindung mehr vorhanden ist, so wird das Molekül dieser Verbindung in 2 Moleküle p-Aminophenol aufgespalten. Außer zur Darstellung dieses Körpers kann das Verfahren auch für p-Phenylendiamin angewandt werden[3], wobei jedoch ebenfalls zu bemerken ist, daß auch eine bequeme Methode zur Darstellung diese Körpers über das p-Nitranilin führt. p-Aminoazobenzol läßt sich durch alle gebräuchlichen Reduktionsmittel in Anilin und p-Phenylendiamin spalten. Schwieriger dagegen gestaltet sich die Trennung dieser beiden Basen voneinander. Man führt deswegen die Reduktion mit Zinnchlorür ohne Gegenwart von Salzsäure aus, wobei das gebildete Phenylendiamin als salzsaures Salz ausfällt, während Anilin in Form einer leicht löslichen Zinnverbindung in Lösung bleibt. Das Verfahren ist aber schon deswegen unrentabel, weil das teure Zinn als Reduktionsmittel angewandt wird, dessen Wiedergewinnung einige Schwierigkeiten macht, die auch nicht dadurch behoben werden, daß man den elektrischen Strom zur Regeneration anwendet[4]. Viel zweckmäßiger dürfte die Verwendung von Eisen sein, und jedenfalls wird das technisch verwendete p-Phenylendiamin auf diesem Wege dargestellt[5]. Man reduziert das p-Aminoazobenzol mit Eisen-

[1] D. R. P. 95 755 [*Frdl.*, V, 158].
[2] D. R. P. 82 426 [*Frdl.*, IV, 105].
[3] D. R. P. 80 323 [*Frdl.*, IV, 67].
[4] D. R. P. 123 813 [*Frdl.*, VI, 70].
[5] *Jansen*, Chem. Zeitschr. **12**, 109 (1913).

pulver und wenig Salzsäure bei einer Temperatur von 30 bis 40° und destilliert nach beendeter Reduktion das gebildete Anilin im Dampfstrom ab. Man erhält dann eine Lösung von basisch salzsaurem p-Phenylendiamin, aus welcher sich dieser Körper leicht isolieren läßt. Trotzdem dieses Verfahren etwas umständlicher ist, als die Reduktion des p-Nitranilins, so dürfte es sich im ganzen doch billiger stellen, weil das p-Nitranilin als Ausgangsmaterial teurer als p-Aminoazobenzol ist.

Neben der sauren Reduktion wird auch die alkalische Reduktion vorgeschlagen[1], wobei man zunächst den Azofarbstoff, sofern er, wie die o-Verbindungen, in Alkali unlöslich ist, in einem indifferenten Lösungsmittel auflösen muß.

Schließlich sei noch die elektrolytische Reduktion erwähnt[2], wobei man in stark saurer Lösung entweder mittels einer Zinnkathode oder mit einer indifferenten Kathode unter Zusatz eines Zinnsalzes arbeiten muß. Vor der rein chemischen Reduktion hat dieses Verfahren den Vorzug, metallsalzfreie Lösungen der Reduktionsprodukte zu liefern, wodurch deren Gewinnung sehr vereinfacht wird.

Die Verwendung der Oxy- und Aminoazoverbindungen zur Einführung einer Aminogruppe in Phenole und Amine als Konkurrenzverfahren für Nitrierung und Reduktion gründet sich, was nochmals hervorgehoben werden soll, auf die Unbeständigkeit der intermediär entstehenden Hydrazokörper. Die Geschwindigkeit der Zerfallreaktion ist meist größer als die der Umlagerung (zu Semidinen u. dgl.). Die besprochenen Reaktionen betreffen die Darstellung von Zwischenprodukten der Farbstoffindustrie, aber auch andere, z. B. pharmazeutisch wichtige Stoffe werden bisweilen auf diesem Wege dargestellt.

So gelingt es in p-Oxybenzoesäure resp. deren Ester mit Hilfe der p-Diazobenzolsulfosäure eine Aminogruppe einzuführen[3], eine Reaktion, welche für die Darstellung des Anästhetikums „Orthoform neu“ von Bedeutung ist. Dann sei hier die Synthese von 8-Aminotheophyllin[4] mit Hilfe von diazotiertem Dichloranilin angeführt:

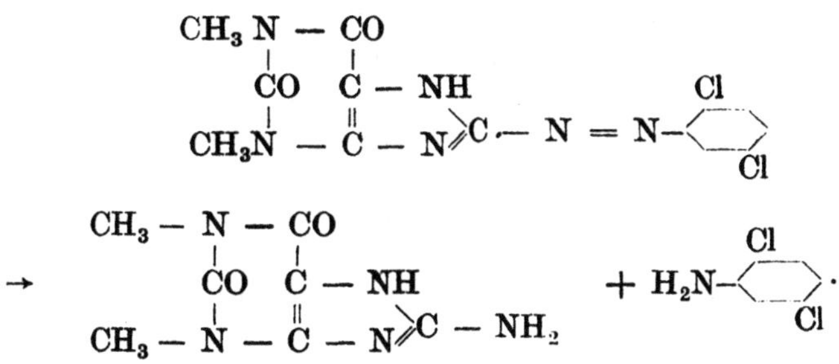

[1] D. R. P. 138 496 [*Frdl.*, VI, 1290].
[2] D. R. P. 121 835 [*Frdl.*, VI, 68].
[3] D. R. P. 111 932 [*Frdl.*, VI, 1153].
[4] D. R. P. 244 166, 244 789 [*Frdl.*, X, 1247, 1239].

Ferner kann das Verfahren dazu angewandt werden, in Derivate der Phenylarsinsäure Aminogruppen einzuführen. Teilweise wird hier die Diazotierung und Kuppelung von Aminoderivaten auch nur zur Sicherung der Aminogruppe ausgeführt[1].

Die Reaktion, mit Hilfe von Azokörpern Aminogruppen in ein Molekül einzuführen, hat in der Naphtalinreihe die weiteste Verbreitung gefunden. In ihr wird eine sehr große Anzahl von Aminen und auch Diaminen so dargestellt. Die dafür verwandten Azokörper sind zur Erleichterung der Reaktion ganz besonders geeignet, da sie sich gut isolieren lassen und stets Substituenten haben, welche eine leichte Trennung ermöglichen. Der Eintritt der Diazogruppe in ein Amin oder Phenol der Naphtalinreihe erfolgt vorzugsweise in p-Stellung zur NH_2- oder OH-Gruppe, falls diese frei ist, oder wenn sie besetzt ist, in o-Stellung. Auch bei freier p-Stellung tritt die Diazoverbindung in o-Stellung ein, wenn neben der Stelle, in der sonst der Eintritt erfolgen müßte, eine sterisch hindernde Sulfo- oder Nitrogruppe sitzt. Ist sowohl o- als auch p-Stelle unbesetzt, so treten häufig zwei Diazoreste ein, und man erhält Diazoverbindungen, aus denen dann bei der Reduktion Diamine gebildet werden. Gewisse Aminonaphtolsulfosäuren haben die Eigenschaft, mit Diazoverbindungen zwei verschiedene Farbstoffe zu geben. In schwachsaurer Lösung reagieren sie derart, daß die Diazoverbindung beim Eintritt in das Molekül von der Aminogruppe beeinflußt wird. Es entstehen dann hydroxylierte Aminoazofarbstoffe. In alkalischer Lösung weist jedoch die Hydroxylgruppe der Azogruppe den Platz an, so daß man amidierte Naphtolazofarbstoffe erhält.

Die Bedeutung der reduktiven Spaltung von Azokörpern besteht nicht nur darin, daß man durch sie primäre Amine darstellen kann, sondern sie wird auch häufig angewandt, um die Konstitution von Körpern, welche in ihrem Molekül eine Azogruppe enthalten, aufzuklären. Dieses wird bei technisch verwandten Azofarbstoffen, welche zum größten Teile der Naphtalinreihe angehören, häufig angewandt. Da es sich dabei um substituierte Azoverbindungen handelt, ist eine Umlagerung in Benzidinderivate nicht möglich. Als Reduktionsmittel können alle gebräuchlichen angewandt werden, wissenschaftlich meistens Zinnchlorür und Salzsäure, während für technische Reduktionen Eisen und Säure, Natriumsulfid und ganz besonders Natriumhydrosulfit in Betracht kommen. Einige Aminonaphtole und deren Derivate, welche mit Hilfe dieser Reaktion dargestellt werden, sind die beiden Aminonaphtole[2] 1,4 und 1,2, 1-Amino-2-naphtol-6-sulfosäure, ferner zahlreiche Di- und Trisulfosäuren des Aminonaphtols. Besonders interessant ist die Darstellung der 2, 7-Diamino-1-oxynaphtalin-3-sulfosäure[3], welche aus 7-Amino-1-oxynaphtalin-3-sulfosäure durch Diazotieren entsteht, indem hier die diazotierte Aminogruppe intramolekular gekuppelt wird:

---

[1] D. R. P. 230 401 [*Frdl.*, X, 1178].
[2] Auch präparativ zur Darstellung der beiden Naphtochinone verwendet.
[3] D. R. P. 92 012 [*Frdl.*, IV, 609].

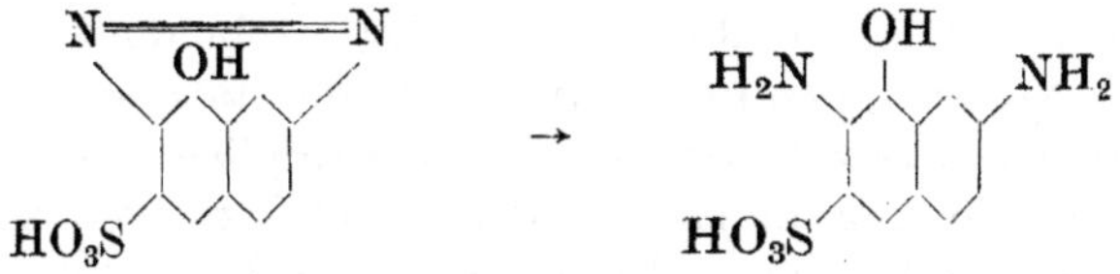

Die Zahl der dargestellten Aminonaphtolsulfosäuren ist unendlich groß, doch ist diejenige der praktisch verwandten verhältnismäßig gering.

Nitroazoverbindungen.

Bei der Reduktion von Azoverbindungen, welche eine oder mehrere Nitrogruppen im Molekül enthalten, können verschiedene Fälle eintreten. Zunächst kann die Azogruppe in normaler Weise gespalten werden, ohne daß zugleich die Nitrogruppe von der Reduktion ergriffen wird. Dies ist ziemlich selten der Fall. Ein Beispiel dafür ist 3-Nitro-4-oxyazobenzol-4′-sulfosäure, welche durch Reduktion in Sulfanilsäure und 1-Amino-3-nitro-4-oxybenzol aufgespalten wird [1]. Es tritt diese Reaktion in denjenigen Fällen ein, in denen die Nitrogruppe in m-Stellung zur Azogruppe befindlich ist. Als Reduktionsmittel werden angewandt Jodwasserstoffsäure mit oder ohne Zusatz von SO_2 oder Phosphor. Auch kompliziertere Derivate können so behandelt werden, z. B. 3-Nitro-4-oxy-4′-chlorazobenzol-3′-sulfosäure, welche 4-Chloranilin-3-sulfosäure und 1-Amino-3-nitro-4-oxybenzol liefert.

Bei stärkerer Reduktion, durch Erwärmen auf 50° in alkalischer Lösung mit Glucose, Formaldehyd, Zink, Zinn oder Zinnoxydul tritt ebenfalls Trennung der Azogruppe ein, wobei aber zugleich das frei werdende Nitranilin zur Azoxyverbindung reduziert wird. Reduziert man den aus diazotiertem p-Nitroanilin und R-Salz (2-Oxynaphtalin-3, 6-disulfosäure) entstehenden Azofarbstoff [1]:

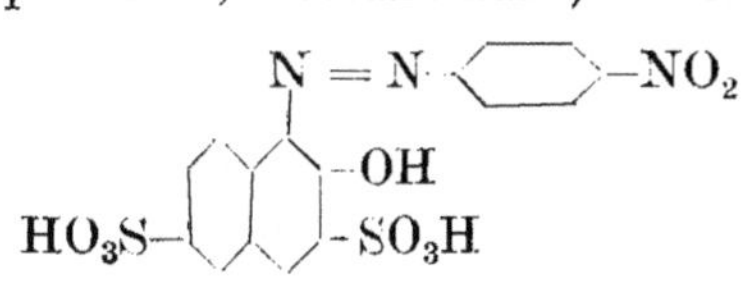

so erhält man auffallender Weise p-Azoanilin; ebenso verhalten sich die entsprechenden Azoverbindungen aus:

1-Methyl-2-amino-5-nitrobenzol
1- „ -2- „ -4- „
1- „ -4- „ -2- „

und aus m-Nitranilin. In diesen Körpern befinden sich die Nitro- und Aminogruppe stets in m- oder p- und nie in o-Stellung. In letzterem Falle werden diese Verbindungen bei der Reduktion in farblose Körper übergeführt, die keine Azobindung mehr enthalten und Derivate des Phenylpseudoazimidobenzols sind. Über die Theorie des Vorganges bei der obigen Reduktion hat der Erfinder des Verfahrens *Poirrier* folgende Vermutung aufgestellt. Bei

---

[1] Chem. Zentralbl. **1913**, I, 1374; D. R. P. 258 059.

[2] *Poirrier*, D. R. P. 62 352 [*Frdl.*, III, 729]; Chem. Zentralbl. **1901**, I, 1153.

der Reduktion findet, bevor die Spaltung der Azobindung eintritt, die Reduktion zweier Nitrogruppen in eine Azoxygruppe statt, so daß als erstes Reaktionsprodukt ein Disazofarbstoff des Azoxyanilins entsteht. Es bleibt also die alte Azobindung zunächst erhalten und es wird sogar eine neue Stickstoffbindung geschlossen. Bei der weiteren Reduktion bleibt letztere erhalten und die beiden Azonaphtalinreste werden abgespalten.

Für diese Theorie sprechen die speziellen Erfahrungen, die bei den oben aufgeführten Verbindungen gemacht worden sind. Die Azofarbstoffe, welche aus ihren Diazoverbindungen durch Kuppeln mit 1-Oxynaphtalin-4-sulfosäure oder 2-Oxynaphtalin-3, 6-disulfosäure (R-Salz) entstehen, liefern bei Reduktion in alkalischer Lösung bei einer Temperatur von 50 bis 60° ebenfalls Azoxyverbindungen, welche sich isolieren lassen. Versucht man nun durch stärkere Reduktionsmittel diese Azoxyverbindungen in Azoverbindungen überzuführen, so werden zugleich mit der Bildung einer neuen Azogruppe die beiden Naphtalinazoreste gespalten und man erhält Azoanilinderivate. Bei noch stärker einwirkenden Reduktionsmitteln wird natürlich auch das Azoanilin zu 2 Molekülen Diamin aufgespalten.

Der andere Fall der Reduktion ist noch zu erwähnen, der nämlich, daß Nitroazofarbstoffe so reduziert werden, daß die Nitrogruppe in die Aminogruppe übergeht, während die Azogruppe erhalten bleibt[1]. Er tritt ein bei einigen komplizierten Polyazofarbstoffen, welche einen Nitrophenylrest enthalten, z. B.:

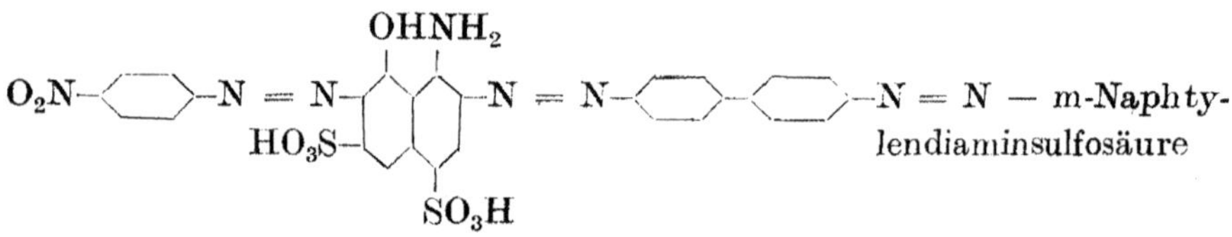

Werden derartige Körper in Sodalösung mit Schwefelnatrium auf 60 bis 70° erwärmt, so wird nur die Nitrogruppe reduziert, während im übrigen das Molekül erhalten bleibt.

Schwefelfarbstoffe aus Azoverbindungen.

Durch gelinde Einwirkung von Schwefelnatrium wird die Azogruppe nicht immer gespalten. Bei energischer Einwirkung aber, insbesondere bei einer solchen, wie sie bei der Darstellung von Schwefelfarbstoffen stattfindet, findet diese Spaltung in 2 Moleküle Amin statt. Ist eine der dabei entstehenden Komponenten bei der Temperatur, bei welcher die Reaktion stattfindet, flüchtig (z. B. Anilin), so entweicht diese und der Schwefelfarbstoff wird aus der nicht flüchtigen Komponente gebildet, als ob diese allein vorhanden wäre. Es können dementsprechend alle diejenigen Azoverbindungen zur Darstellung von Schwefelfarbstoffen angewandt werden, deren eine Komponente aus

[1] D. R. P. 123 584 [*Frdl.*, VI, 981].

einer Mono- oder Diaminoverbindung resp. einem Aminophenol oder -naphtol besteht, welche für sich allein bereits zur Darstellung von Schwefelfarbstoffen angewandt werden kann. Schon in den ältesten Patenten[1] wird darauf Rücksicht genommen und nicht nur die Darstellung von Schwefelfarbstoffen aus p-Phenylendiamin und p-Aminophenolen geschützt, sondern auch die aus p-Oxyazobenzol und aus Azofarbstoffen, welche diese Körper bei der reduktiven Spaltung liefern. An sich würden diese Verfahren demgemäß keine Verbesserung sein, und sie werden meist nur aus patentrechtlichen Rücksichten geschützt. Bisweilen ist aber eine Aminoverbindung schwer zugänglich oder teuer herzustellen, während der entsprechende Azofarbstoff leicht zu erhalten ist. In diesem Falle ist es ein praktischer Vorteil, wenn man letzteren an Stelle des Amins zur Darstellung des Schwefelfarbstoffes verwenden kann. Oft ergeben sich rein praktische Vorteile dann, wenn die Dauer der Schmelze verkürzt wird bei Verwendung einer Azoverbindung, oder wenn die daraus entstehenden Schwefelfarbstoffe bessere Nuancen zeigen als diejenigen, welche man aus den Aminen selbst erhält. Warum auf diesem Wege bessere Erfolge erzielt werden, läßt sich vorläufig noch nicht übersehen, da es noch nicht gelungen ist, diese Farbstoffe in reinem Zustand herzustellen. Man kann daher auch nicht mit Gewißheit behaupten, ob die beiden auf verschiedenem Wege hergestellten Farbstoffe identisch sind oder nicht.

Ätzen von Azofarbstoffen.

Neben der Anwendung der reduktiven Spaltung von Azokörpern zur Darstellung von Aminen ist noch eine zweite Art im Gebrauch, diese Reaktion technisch zu verwerten. Auf ihr beruht das Ätzen von mit Azofarbstoffen gefärbten Geweben, welches heute neben der Ätze von Küpenfarbstoffen eine außerordentlich große Ausdehnung in der Färberei gewonnen hat. Wie oben bereits bemerkt, zerfallen Azofarbstoffe bei der Reduktion in 2 Aminoverbindungen, von denen die eine, welche diazotiert war, als solche zurückgewonnen wird, während die gekuppelte Hälfte um eine Aminogruppe bereichert aus dem Verfahren hervorgeht. Da letztere zumeist ein Phenol oder eine Phenolsulfosäure ist, so wird sie bei der Spaltung von der alkalischen Lösung aufgenommen und somit von der Faser abgezogen. Auf diese Weise erhält man auf gefärbtem Grund weiße Muster. Durch gleichzeitigen Zusatz von Farbstoffen, die von den Reduktionsmitteln nicht angegriffen werden, lassen sich, wie beim Indigoätzdruck, auch hier bunte Muster erzeugen. Die außerordentlich zahlreichen Patente, welche auf diesem Gebiet erteilt sind, brauchen um so weniger ausführlich behandelt zu werden, als sie chemisch nichts Erwähnenswertes bieten[2].

---

[1] D. R. P. 85 350 [*Frdl.*, IV, 1049]; 90 369 [*Frdl.*, IV, 1051]; 102 069 [*Frdl.*, V, 451]; 186 860 [*Frdl.*, VIII, 748]; Engl. Pat. 26 167 (1898); Franz. Pat. 287 342, 293 721 [*Lange*, 451, 452]; ferner: D. R. P. 157 540 [*Frdl.*, VII, 549]; 160 109 [*Frdl.*, VIII, 814]; 162 227 [*Frdl.*, VIII, 819]; 141 970 [*Frdl.*, VII, 497].

[2] Eine Zusammenstellung der zum Ätzen verwendeten Materialien s. Chem.-Ztg **1908**, 347.

Innerhalb der Gruppe der Azofarbstoffe ist die Leichtigkeit oder Schwierigkeit, mit der diese Farbstoffe geätzt werden, sehr verschieden. Als Typus der leicht ätzbaren Farbstoffe dient in fast sämtlichen Patentschriften das aus diazotiertem p-Nitroanilin und β-Naphtol entstehende p-Nitranilinrot (p-Rot):

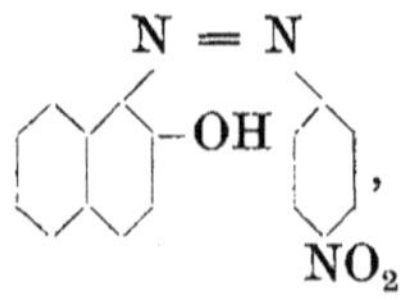

während als der am schwersten ätzbare Farbstoff das α-Naphtylaminbordeaux

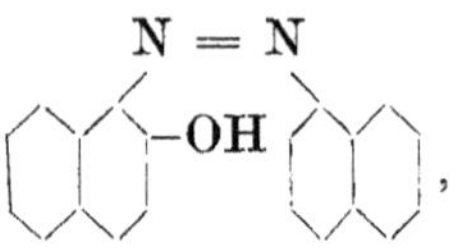

dargestellt aus diazotiertem α-Naphtylamin und β-Naphtol, angeführt wird Die Schwierigkeit, diesen Körper durch Reduktionsätzen zu zerstören, wird dadurch zu umgehen versucht, daß man ihn nicht aus reinem β-Naphtol, sondern aus einem Gemenge desselben mit β-Naphtol-2, 7-disulfosäure herstellt[1]. Der auf diese Weise erhaltene Farbstoff läßt sich ebenso leicht wie andere Azokörper ätzen.

Der größte Teil der für diese Verbindungen verwandten Ätzverfahren wird auch für Indigo und andere Küpenfarbstoffe angewendet. Bei diesen ist die Entwicklung der entsprechenden Verfahren eingehend geschildert, so daß es genügt, an dieser Stelle darauf zu verweisen und nur die speziell für Azofarbstoffe ausgearbeiteten Verfahren zu erwähnen. Eines der ältesten Ätzmittel, das erste reine Ätzrein für Pararot ist das Azorongeant PN der *Höchster Farbwerke*. Es besteht aus Zinnsalz, Ammoncitrat und Acetin, ist aber nicht imstande, sämtliche Azoverbindungen zu ätzen, z. B. nicht Naphtylaminbordeaux. Weit energischer als dieses wirken Hydrosulfitverbindungen und Sulfoxylate, welche heute allein zu diesem Zweck angewandt werden. Das Prinzip der Ätzung von Pararot mit solchen Verbindungen ist zuerst von *Pellizza* und *Zuber*[2] beschrieben worden, welche derartige Farbstoffe vermittelst der Bisulfitverbindungen der Ketone und Aldehyde und Zinkstaub ätzten. Es ist dies zugleich eine der ersten Veröffentlichungen, in denen Hydrosulfitderivate zu Reduktionszwecken angewandt worden sind. Später übernahmen diese Verfahren die *Höchster Farbwerke* und empfahlen sie in ihrem „Kurzen Ratgeber für die Anwendung" ihrer Teerfarbstoffe.

Bei diesem Verfahren wird kein fertiges Hydrosulfit angewandt, sondern dieses wird erst beim Dämpfen aus Bisulfit und Zinkstaub gebildet. Man kann aber ebensogut Aluminiumpulver oder auch Natriumformiat anwenden, welches ebenfalls beim Dämpfen das Bisulfit in Hydrosulfit überführt. Später-

[1] D. R. P. 181 721 [*Frdl.*, VIII, 735].

[2] Versiegeltes Schreiben, hinterlegt bei der Mülhauser Industriellen Gesellschaft am 22. April 1899; Bull. Soc. ind. de Mulhouse **1900**, 49.

hin versuchte man fertig gebildetes Hydrosulfit in Form von konzentrierten Lösungen oder festen Metallsalzen anzuwenden [1], wobei man allerdings Zusätze von Lösungsmitteln, wie Acetin oder Glycerin, und von alkalisch wirkenden Salzen machen muß. Weiterhin kann die Ätzwirkung verbessert werden durch Zusatz von Bisulfiten oder katalysatorisch wirkenden Substanzen, wie Indulin-Scharlach; später treten an seine Stelle, wie schon beim Indigo bemerkt, Anthrachinon und andere leicht reduzierbare Farbstoffe. Da aber alle diese Ätzmittel schwer lösliche Verbindungen enthalten, so besitzen sie denselben Nachteil, welchen das von der Firma *E. Zündel* vorgeschlagene Zinkhydrosulfit[2] auch hat, daß sie die Gravüren der Druckwalzen verstopfen. Außerdem läßt ihre Haltbarkeit zu wünschen übrig. Es bedeutete deswegen einen großen Fortschritt, als man sehr haltbare und außerordentlich ätzkräftige Druckfarben einführte, welche feste und krystallwasserfreie Alkalihydrosulfite in stark alkalischer Form enthalten[3]. Diese Ätzpräparate, welche als Rongalit B oder Eradit B in den Handel kommen, bestehen aus wasserfreiem Natriumhydrosulfit, das mit Ätznatron und Glycerin zu einer Paste verrieben ist. Es wird dadurch in ausreichendem Maße verhindert, daß dasselbe Krystallwasser wieder aufnimmt. Das wichtigste Anwendungsgebiet derartiger Präparate ist das Ätzen von Naphthylaminbordeaux. Dieser Farbstoff wird dadurch schon bei gewöhnlicher Temperatur zerstört, während er sich mit den gleich zu beschreibenden Hydrosulfitformaldehydverbindungen nur beim Dämpfen unter Druck ätzen läßt. Es sei aber darauf aufmerksam gemacht, daß die Gefahr des Verstopfens der Gravüren auch bei diesen Pasten noch vorhanden ist.

Dieser Nachteil fällt bei den Formaldehydhydrosulfit- und Formaldehydsulfoxylatpräparaten weg[4], deren Darstellung und chemische Eigenschaften auf Seite 133 beschrieben worden sind. Diese besitzen alle Eigenschaften, welche von einem Ätzmittel gefordert werden, nämlich kräftige Reduktionswirkung, ohne daß die Faser angegriffen wird, vollständige Haltbarkeit und leichte und bequeme Anwendung. Stärker noch als Formaldehydverbindungen ätzen die Verbindungen des Hydrosulfits mit Ketonen, wie Aceton- oder Methyläthylketon. Es ist dies eine Folge ihrer größeren Unbeständigkeit; aber vielleicht haben sie gerade aus diesem Grunde keine größere Verbreitung gefunden.

Es gibt eine Anzahl von Fällen, für die die Reduktionskraft der gewöhnlichen Formaldehydhydrosulfitpräparate nicht ausreicht. Sie läßt sich steigern, wenn man als Wasserstoffüberträger katalytisch wirkende Substanzen zusetzt. *Cassella & Cie.*[5] setzen den Hydrosulfitformaldehydpräparaten Oxyde oder Carbonate von Metallen, wie Zink und Magnesium, zu, welche die beim

---

[1] D. R. P. 135 725 [*Frdl.*, VI, 1066].
[2] Chem.-Ztg. **1903**, 1244.
[3] D. R. P. 186 442 [*Frdl.*, VIII, 869]; 186 443 [*Frdl.*, VIII, 870]; 192 431 [*Frdl.*, VIII, 872].
[4] D. R. P. 177 171 [*Frdl.*, VIII, 876].
[5] D. R. P. 166 783 [*Frdl.*, VIII, 877].

Dämpfen der Formaldehydverbindungen frei werdenden Säuren binden und zugleich die Reduktionsprodukte der Farbstoffe aufnehmen sollen. Ähnliche Zusätze für die Ätzpasten aus Formaldehydsulfoxylaten, die zwar an sich schon eine weit größere Reduktionskraft haben, aber doch nicht in allen Fällen ausreichten, wurden von der Firma *Zündel* beschrieben und zur Verwertung in Deutschland von der *Badischen Anilin- und Sodafabrik* übernommen, Es wurde zunächst gefunden, daß man die Ätzkraft in hervorragender Weise steigern kann, wenn man zu der alkalischen Ätzpaste Salze und Oxyde mehrwertiger Metalle, wie Fe, Zn, Ni, Co, Ag, Hg, zusetzt[1], deren Wirkung noch erhöht werden kann, wenn man Nitrite hinzufügt und eine Fällung des Eisens auf der Faser durch Zusatz von citronensauren Salzen verhindert[2]. Ein anderes Mittel, die beim Dämpfen entstehenden Säuren zu binden, sind Salze von flüchtigen organischen Basen, z. B. o-Anisidin, welches sich im Verein mit Säuren, wie Lävulinsäure, Oxalsäure, Citronensäure, bestens bewährt hat[3]. Aber auch Anilin, Xylidin und ähnliche aromatische Basen werden für diesen Zweck vorgeschlagen[4].

Diese Verfahren verloren aber an Wert, als man entdeckt hatte, daß verschiedene organische Stoffe eine ähnliche, aber weit energischere Wirkung auszuüben vermögen. Es sind dies die unter dem Namen Solidogen im Handel befindlichen aromatischen Aminobenzylbasen oder p-Aminobenzylalkohole[5]. Das „Solidogen A" der *Höchster Farbwerke* besteht aus den salzsauren Salzen isomerer Aminobenzyltoluidine, wie sie durch Einwirkung von Formaldehyd auf o- und p-Toluidin bei Anwesenheit freier Mineralsäuren entstehen. Ätzpasten mit Solidogenzusatz erlauben mit Leichtigkeit, selbst die dunkelsten Bordeauxfärbungen rein weiß zu ätzen. Die Wirkung der genannten Basen dürfte darauf zurückzuführen sein, daß sie sich mit Formaldehydsulfoxylat zu den mit starker Ätzkraft ausgestatteten Kondensationsprodukten vom Typus $R - NH - CH_2 - O - SO_2\,Na$ vereinigen.

Andere derartig katalytisch wirkende Zusätze sind Indigokarmin, Nitroalizarin und besonders die unter dem Namen Setopalin bekannten Farbstoffe der Patentblaugruppe[6]. Ebenfalls ausgezeichnete Ätzeffekte lassen sich erzielen, wenn man den Druckpasten an Stelle der genannten Substanzen Salze organischer Ammoniumbasen oder diese Base selbst zusetzt. Solche sind etwa: Tetraalkyl-, Trimethylphenyl-, Trimethyltolyl- oder Dimethylphenylbenzylammoniumchlorid[7]; ferner einige Farbstoffe, wie Methylenviolett 3 RA, Rhodamin, B extra, Thioninblau GO, Methylenblau BG, Indulinscharlach, Safranin T extra, Janusblau G, Janusgrün G. Diese Verbindungen welche nicht gleichzeitig zum Buntfärben der geätzten Stellen dienen sollen,

[1] D. R. P. 167 530 [*Frdl.*, VIII, 878].
[2] D. R. P. 172 676 [*Frdl.*, VIII, 879].
[3] Chem.-Ztg. **1906**, 586.
[4] D. R. P. 122 353 [*Frdl.*, VI, 1050]; 123 613 [*Frdl.*, VI, 1051]; 128 726 [*Frdl.*, VI, 1054]; 130 034—36 [*Frdl.*, VI, 1055, 1057, 1061].
[5] D. R. P. 180 727 [*Frdl.*, VIII, 880].
[6] *Wilhelm*, Chem.-Ztg. **1906**, 318.
[7] D. R. P. 184 381 [*Frdl.*, VIII, 884].

werden entweder den Ätzpasten zugefügt oder man klotzt den gefärbten Stoff damit und ätzt dann in gewöhnlicher Weise mit Rongalit oder Hydrosulfit NF.

Die Gruppe dieser Verbindungen wird noch erweitert durch eine Reihe von Farbstoffen der Triphenylmethan- und Pyroninreihe, welche im Kern o-ständig zum bindenden Methankohlenstoff eine Sulfo- oder Carboxylgruppe enthalten[1]. Hier bewirkt Zusatz von Formaldehyd zur Kombination Farbstoff-Aldehydhydrosulfit eine erhebliche Verstärkung der Ätzwirkung. Schließlich bleibt noch die wichtige Anwendung von Anthrachinon zu erwähnen, welche von *Sünder* für diesen Zweck gefunden worden ist[2]. Seine Wirksamkeit beruht darauf, daß es zu Anthrahydrochinon reduziert wird[3], welches α-Naphthylaminbordeaux spaltet, wobei es wieder in Anthrachinon übergeführt wird. Das Sulfoxylat reduziert in diesem Falle nicht die Azoverbindung, sondern das Anthrachinon. Trotzdem geht die Reduktion über diese Zwischenstufen schneller als bei direkter Einwirkung.

Besonders wirksam sind die Körper vom Typus des Anhydroformaldehydanilins[4]. Läßt man dieses bei Gegenwart von Formaldehyd auf eine konzentrierte wässerige Lösung von Natriumhydrosulfit einwirken, so bildet sich neben formaldehydsulfoxylsaurem Natrium $HOCH_2—O—SO_2Na$ anilinomethylschwefligsaures Natrium $C_6H_5—NH—CH_2—OSO_2Na$. Die Lösung dieser beiden Körper läßt sich im Vakuum eindunsten, wobei man eine farblose glasartige, luftbeständige Masse von hervorragender Ätzwirkung erhält. Dasselbe Produkt entsteht auch, wenn man formaldehydsulfoxylsaures Natrium mit geeigneten Mengen an Anhydroformaldehydanilin in Substanz mischt. Die entsprechenden Verbindungen aus Toluidinen, Xylidinen, Anisidin und Naphtylamin werden ebenfalls hergestellt und haben zum Teil größere Ätzkraft als die aus Anilin dargestellten Körper.

Für das Ätzen von Naphtylaminbordeaux werden von der *Badischen Anilin- und Sodafabrik* Rongalit C spezial, von den *Höchster Farbwerken* Hydrosulfit NF konz. spez., von *Cassella* Hyraldit A spez. in den Handel gebracht, welche Marken Formaldehydsulfoxylat oder Hydrosulfit mit entsprechenden Katalysatoren sind[5].

---

[1] D. R. P. 188 700 [*Frdl.*, VIII, 882].
[2] D. R. P. 186 050 [*Frdl.*, VIII, 886].
[3] *Planowsky*, Zeitschr. f. Farbenind. **6**, 109 (1907).
[4] D. R. P. 188 837, 192 243, 197 929 [*Frdl.*, IX, 47ff.].
[5] Eine Zusammenstellung der Katalysatoren für die Ätze von α-Naphthylaminbordeaux findet sich bei *H. Schmidt*, Zeitschr. f. Farbenind. **6**, 56 (1907).

IX. Abspalten von Halogen und Sulfogruppen.

1. Enthalogenieren.

Es fallen in diese Gruppe verschiedenartige Reaktionen, welche nur schwer nach allgemeinen Gesichtspunkten zu ordnen sind. Man kann sie einteilen in solche, bei denen Halogen durch Wasserstoff ersetzt wird, und in solche, bei denen die Reaktion dazu dient, ein Sauerstoffatom oder eine Hydroxylgruppe vermittels der Halogenverbindung durch Wasserstoff zu ersetzen. Es ist nämlich ein häufig vorkommender Fall, daß ein Sauerstoffatom an sich nicht glatt reduzierbar ist, wenn dasselbe aber durch Halogen ersetzt wird, so findet meist leichter Ersatz durch Wasserstoff statt.

Hierher gehört als einfachstes, aber technisch belangloses Beispiel die Überführung von Äthylalkohol in Äthan über die Zwischenstufe des Äthylchlorids:

$$CH_3 \cdot CH_2OH \rightarrow CH_3 - CH_2Cl \rightarrow CH_3 \cdot CH_3.$$

Für den Ersatz von O durch 2 H sei die präparativ geübte Reduktion von Benzil in Desoxybenzoin über das Ketochlorid als Beispiel angeführt:

$$C_6H_5 \cdot CO \cdot CO \cdot C_6H_5 \rightarrow C_6H_5 \cdot CCl_2 \cdot CO \cdot C_6H_5 \rightarrow C_6H_5 \cdot CH_2 \cdot CO \cdot C_6H_5.$$

Als eine Reduktion kann auch die Darstellung von Thiophosgen aus Perchlormethylmercaptan aufgefaßt werden:

$$CCl_3 \cdot SCl - 2\,Cl \rightarrow CCl_2S.$$

Die Abspaltung des Chlors erfolgt durch Zinnchlorür und Salzsäure oder auch metallisches Zinn und Salzsäure unter Luftabschluß bei 30 bis 35°; auch Essigsäure und Eisenspähne können für diesen Zweck verwandt werden, doch behauptet *Klason*[1], daß nur das erste Mittel gute Ausbeuten ergibt. Trotz vorzüglicher Brauchbarkeit ist das Patent merkwürdigerweise versagt worden, obwohl dasselbe ganz entschieden einen bedeutenden Fortschritt gegen früher bedeutet.

Von gewisser, aber auch nicht großer technischer Bedeutung ist die Reduktion einiger aromatischer Halogenverbindungen. Die allgemein für derartige Zwecke angewandten Mittel, nämlich Natriumamalgam oder Jodwasserstoff und Phosphor, kommen für technische Zwecke nicht in Betracht, auch die Methode von *Sabatier* ist dafür nicht zu brauchen, da es sich meist um Verbindungen handelt, welche bei den angewandten Tem-

---

[1] Ber. **20**, 2381 (1887).

peraturen nicht flüchtig sind. Das älteste der hierher gehörigen Verfahren sollte dazu dienen, o-Sulfanilsäure herzustellen[1]. Es beruht darauf, in der 2-Amino-5-brombenzol-1-Sulfosäure durch Einwirkung von Zinkstaub und Natronlauge das Bromatom durch Wasserstoff zu ersetzen. In Anbetracht der großen Festigkeit, mit der sonst das Halogen am Benzolkern gebunden ist, ist es überraschend, daß der Austausch hier so leicht erfolgt. Etwas schwerer gelingt die Abspaltung des Broms in der 1-Methyl-4-isopropyl-2-brombenzol-5-Sulfosäure[2]. Auch hier erfolgt die Reduktion durch Zinkstaub in Gegenwart von konzentriertem Ammoniak, doch muß man 18 Stunden unter Druck auf 170° erhitzen, bevor völlige Abspaltung eingetreten ist.

Es ist noch eine Reaktion zu erwähnen, durch welche im 1-Halogen-2, 4, 6-trinitrobenzol in neutralen Lösungsmitteln, wie Alkohol, Aceton, Äther, Benzol, durch Einwirkung von Metallen, wie Kupfer, Zinn, Eisen, Aluminium, Magnesium, das Halogen durch Wasserstoff ersetzt wird, ohne daß dabei eine der vorhandenen Nitrogruppen ebenfalls angegriffen wird[3]. Mit großer Leichtigkeit kann man auf diese Weise Trinitrochlorbenzol in alkoholischer Lösung mittels feinverteiltem Kupfer enthalogenieren, wobei auffallend ist, daß nicht nebenbei auch Hexanitrobiphenyl entstehen soll. Noch leichter als Chlor werden bei diesem Verfahren Brom und Jod eliminiert. Diese Tatsache ist ja auch sonst bekannt, sie steht aber im Gegensatz zu den Erfahrungen, welche bei dem Verfahren von *Sabatier* gemacht worden sind, bei welchem die Chlorderivate am leichtesten reduziert werden.

Die Methode, ein Sauerstoffatom indirekt über die Chlorverbindung durch Wasserstoff zu ersetzen, findet häufige Anwendung zur Darstellung einiger Derivate der Harnsäure. Es ist heute möglich, alle ihre Derivate technisch zu gewinnen, entweder unter Zugrundelegung der *Fischer*schen Synthesen oder nach *Traube* aus Cyanessigsäure und Harnstoff. Von der großen Zahl ihrer Derivate werden aber nur 1, 3, 7-Trimethylxanthin = Kaffein, 3, 7-Dimethylxanthin = Theobromin, 1, 3-Dimethylxanthin = Theophyllin, 1, 7-Dimethylxanthin = Paraxanthin praktisch angewandt (als Diuretica). Infolge ihrer schweren Löslichkeit können sie im freien Zustande nicht gebraucht werden, weshalb ihre Verwendung meist in Form von Doppelverbindungen erfolgt. Als Ausgangsmaterial dient zumeist natürliche Harnsäure, die aus Guano isoliert wird:

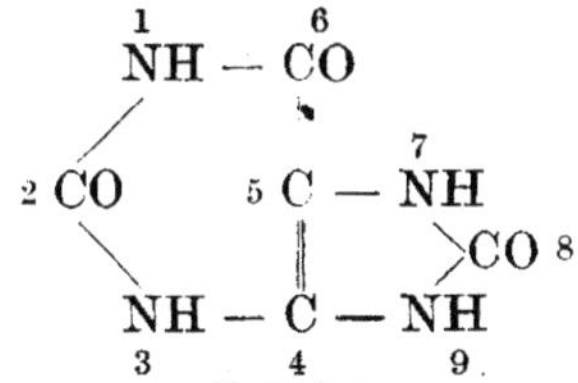

Harnsäure

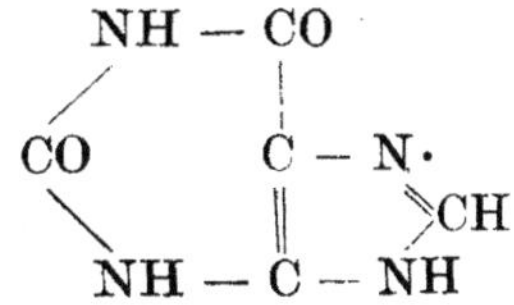

Xanthin

[1] D. R. P. 84 141 [*Frdl.*, IV, 90].
[2] D. R. P. 125 097 [*Frdl.*, VI, 1103].
[3] D. R. P. 234 726 [*Frdl.*, X, 122].

Alle die genannten Xanthinderivate haben in Stellung 8 eine CH-Gruppe; um sie aus Harnsäurederivaten darzustellen, ist es daher Bedingung, neben der Einführung von Methylgruppen noch in Stellung 8 befindliches Carbonyl zu reduzieren. Auf chemischem Wege läßt sich dies jedoch nicht erreichen [1], weshalb man auf den Umweg über die Chlorverbindung angewiesen ist. Je nach den Versuchsbedingungen werden entweder sämtliche oder nur einige Carbonyle, welche in diesem Falle in der tautomeren Hydroxylform reagieren, in die Gruppe CCl umgewandelt. Bei der Einwirkung von Phosphorpentachlorid oder -oxychlorid tritt das Chloratom in die Stellung 8 und läßt sich nun leicht durch Wasserstoff ersetzen. Man erhält so aus den entsprechenden Harnsäurederivaten diejenigen des Xanthins. Die Reduktion der in Stellung 8 befindlichen Chloratome ist in einigen Patenten beschrieben [2], welche auf Arbeiten von *Emil Fischer* beruhen. Als Reduktionsmittel werden angewandt: Salzsäure bei Gegenwart von Metallen, wie Zn, Fe, Sn, oder Jodwasserstoff bei Gegenwart von Phosphor, welches die beste Methode ist. Auf diesem Wege können eine große Anzahl der verschiedensten Xanthinderivate gewonnen werden. Reduziert man o-Alkyläther von Harnsäurederivaten, welche Halogen enthalten, so findet mit der Eliminierung des Halogens zugleich eine Verseifung der Äthergruppen statt, z. B. geben 6-Äthoxy-2, 8-dichlorpurin:

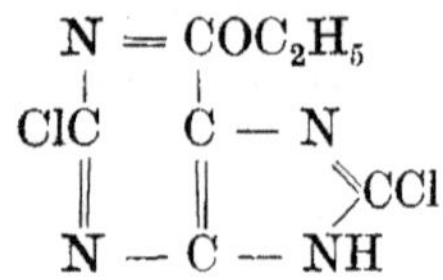

6-Oxypurin, und 2, 6-Diäthoxy-8-Chlorpurin:

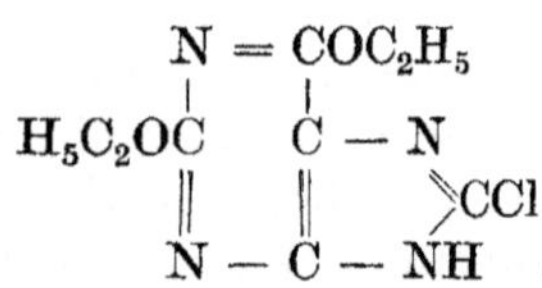

Xanthin [3].

Ebenso leicht wie das in Stellung 8 befindliche Chlor wird auch dasjenige in Stellung 2 reduziert, am besten durch Jodwasserstoff und Jodphosphonium. 7-Methyl-6-oxy-2-chlorpurin verwandelt sich durch Reduktion in 7-Methylhypoxanthin und 6-Amino-2, 8-Dichlorpurin liefert 6-Aminopurin (Adenin [4]).

Auch an Stickstoff gebundene Chloratome können reduziert werden, z. B. im Dimethylchloramin:

$$\begin{matrix} CH_3 \\ CH_3 \end{matrix}\!\!>NCl,$$

---

[1] Ber. **17**, 329 (1884).

[2] D. R. P. 86 562 [*Frdl.*, IV, 1249]; Ber. **28**, 3135; **32**, 459; 90 158 [*Frdl.*, IV, 1251; Annalen **215**, 263]; 97 577 [*Frdl.*, V, 839]; 105 050 [*Frdl.*, V, 850]; 99 122 [*Frdl.*, V, 852]; 99 123 [*Frdl.*, V, 854]; 111 312 [*Frdl.*, VI, 1178].

[3] D. R. P. 97 673 [*Frdl.*, V, 840].

[4] D. R. P. 96 925 [*Frdl.*, V, 844].

welches durch Einwirkung von unterchloriger Säure auf Trimethylamin entsteht. Durch Zugabe von reduzierenden Mitteln, wie Sulfiten, Disulfiten, Zinkstaub, wird es in Dimethylamin übergeführt[1].

2. Reduktion der Sulfogruppe.

Die Reduktion von Sulfosäuren und Sulfochloriden führt zu Mercaptanen. Als Zwischenprodukte entstehen dabei Sulfinsäuren, welche selbst sehr leicht in Mercaptane übergehen und bisweilen isoliert werden. Oft erfolgt aber auch die Reduktion zum Mercaptan in einer Operation, ohne daß Zwischenprodukte dargestellt werden. Durch alkalische Reduktion gehen Sulfochloride in Sulfinsäuren über, durch saure Reduktion dagegen in Mercaptane.

Die alkalische Reduktion erfolgt am besten in feuchter ätherischer Lösung mittels Natriumamalgam, wobei man Sulfinsäuren erhält. Es ist dies das älteste Verfahren dieser Gruppe und wurde zuerst von *Otto* zur Reduktion von Naphtalin-1-sulfochlorid und 1-Bromnaphtalin-4-sulfochlorid angewandt[2]. Es steht in Parallele zu dem von *Liebig* und *Wöhler* gefundenen Übergang des Benzoylchlorids in Benzaldehyd:

$$\underset{\text{Sulfochlorid}}{R - SO_2Cl} \rightarrow \underset{\text{Sulfinsäure}}{R - SO_2H}$$

$$C_6H_5 \cdot COCl \rightarrow C_6H_3 \cdot COH.$$

Später erkannte *Geßner*[3] das verschiedene Verhalten, welches die beiden im Naphtalin in 1 oder 2 befindlichen Sulfochloridgruppen bei ihrer Reduktion zeigen; während das 1-Sulfochlorid erst beim Kochen der ätherischen Lösung reduziert wird, tritt bei dem 2-Sulfochlorid die Reduktion schon bei gewöhnlicher Temperatur ein. Weiterhin wurde das Verfahren dadurch ausgedehnt, daß Zinkstaub in alkoholischer Lösung verwandt wurde[4], wobei eine abgekühlte Lösung des Chlorids angewandt wird und jede Erwärmung zu vermeiden ist, da sonst leicht Esterifizierung des Chlorids eintritt.

Bequemer als alle diese Methoden ist die Reduktion durch Natriumsulfit. Man behandelt die Sulfochloride mit einer konzentrierten Lösung desselben unter Zusatz von Natronlauge. Eventuell erhitzt man unter Rückfluß. Dabei muß verhindert werden, daß die Reaktion sauer wird. Sie verläuft entsprechend folgender Gleichung:

$$R - SO_2Cl + Na_2SO_3 + 2\,NaOH \rightarrow R - SO_2Na + NaCl + Na_2SO_4 + H_2O$$

Blomstrand[5] stellte so Paratoluolsulfinsäure her. Das Verfahren kann aber auch auf andere Sulfochloride, z. B. Anthrazen-2-sulfochlorid, angewandt werden[6]. Die Reduktion des m-Nitrobenzolsulfochlorids findet ebenfalls

[1] D. R. P. 269 430.
[2] Annalen **147**, 183.
[3] Ber. **9**, 1500 (1876).
[4] *Otto*, Ber. **9**, 1584 (1876).
[5] Ber. **3**, 957 (1870).
[6] *Hefter*, Ber. **28**, 2263 (1895)

sehr leicht statt, wobei hervorzuheben ist, daß die Nitrogruppe durch das Reduktionsmittel nicht angegriffen wird [1].

Läßt man eine stark konzentrierte Lösung von Alkalisulfiden auf Sulfochloride einwirken, so erhält man ebenfalls die Sulfinsäuren als Natriumsalze [2]. Es ist dies eine Reaktion, die besonders zur Darstellung von Anthrachinonsulfinsäuren angewandt wird, wobei aber bei energischer Einwirkung des Reduktionsmittels leicht die Sulfinsäuregruppe selbst abgespalten werden kann.

Reduziert man Sulfochloride in saurem Lösungsmittel, so geht die Reduktion bis zum Mercaptan. Zink und Schwefelsäure oder auch Zinkstaub und Salzsäure verwandeln Naphtalin-1- oder -2-sulfochlorid in die entsprechenden Thionaphtole und ebenso wird Benzolsulfochlorid in Thiophenol übergeführt [3]. Auch Zinn und Salzsäure kann zur Reduktion dienen, z. B. bei der Darstellung von Biphenylmercaptan aus dem Biphenyl-4, 4'-disulfochlorid [4]. Reduziert man Nitrotoluolsulfochlorid mit Zinn und Salzsäure, so wird auch die Nitrogruppe von der Reduktion ergriffen und es entsteht Aminotolylmercaptan [5]. Für Naphtalinsulfochloride wird Zinkstaub und Eisessig empfohlen [6].

Ein weiteres Reduktionsmittel ist Elektrolyse in schwefelsaurer Lösung an Bleikathoden [7]. Bei genügender Stromdichte und Stromkonzentration führt die Reduktion unter intermediärer Bildung von Sulfinsäuren direkt zu Mercaptanen. Auch hier werden vorhandene Nitrogruppen zugleich in Aminogruppen übergeführt, was für die Reduktion in schwefelsaurer Lösung insofern einen Vorteil bedeutet, als dadurch eine leichte und vollkommene Auflösung der Reaktionsprodukte gewährleistet ist, z. B. Reduktion von 2-Nitrotoluol-4-sulfochlorid zu 2-Aminotolyl-4-mercaptan.

Da die Reduktion von Sulfinsäuren in Mercaptane äußerst leicht und glatt verläuft, so ist es bisweilen vorteilhaft, die Sulfinsäuren zu isolieren und in abgeschiedenem Zustand der Reduktion zuzuführen. Am besten ist auch hier Zinkstaub und Schwefelsäure [8], wodurch man aus o-Benzoesulfinsäure mit großer Leichtigkeit Thiosalicylsäure gewinnen kann. *Fries* bezeichnet als beste Art der Reduktion diejenige durch Bromwasserstoff bei Gegenwart von Sulfiten [9]. Es entstehen dabei zunächst Arylschwefelbromide R — SBr und Aryldisulfide, beides Körper, die sehr leicht durch Reduktion in Mercaptane übergehen. Speziell bei Nitroarylsulfochloriden bietet das Verfahren den Vorteil, daß die Nitrogruppe erhalten bleibt. Die Reduktion findet statt nach den beiden Gleichungen:

$$RSO_2H + Na_2SO_3 + HBr \rightarrow RSBr + Na_2SO_4 + H_2O$$
$$RSBr + 2H \rightarrow RSH + HBr,$$

[1] *Limpricht*, Ber. **25**, 75, 3477.
[2] D. R. P. 224 019 [*Frdl.*, X, 115]; 263 340.
[3] *Otto*, Annalen **147**, 183; Ber. **22**, 821 (1889).
[4] *Gabriel* und *Deutsch*, Ber. **13**, 386 (1880).
[5] *Hess*, Ber. **14**, 488 (1881).
[6] Ber. **24**, 145 (1891); **25**, 2735 (1892).
[7] *Fichter*, Ber. **42**, 4308; Zeitschr. f. Elektrochemie **13**, 310.
[8] *Gattermann*, Ber. **32**, 1147 (1899).
[9] Ber. **47**, 1195 (1914).

wobei der Zusatz von Sulfit aus dem Grunde erfolgt, damit das entstehende Brom unschädlich gemacht wird.

Darstellung von Sulfinsäuren nach Gattermann.

Läßt man auf Diazoverbindungen Schwefeldioxyd bei Gegenwart von Kupferpulver einwirken, so erhält man nicht, wie man erwarten sollte, eine Sulfosäure, sondern eine Sulfinsäure. Es tritt also bei dieser Reaktion zugleich eine Reduktion der Gruppe SO_3H zu SO_2H ein. Die Ausführung der Reaktion gestaltet sich folgendermaßen. Man stellt eine schwefelsaure Diazolösung her, sättigt diese unter guter Kühlung mit Schwefeldioxyd und trägt unter weiterem Einleiten dieses Gases allmählich Kupferpulver ein[1]. Die Reaktion verläuft so, daß sich zunächst ein Diazosulfit bildet, welchem durch überschüssiges SO_2 oder durch das Kupferpulver ein Atom Sauerstoff entzogen wird, wie *Gattermann* durch eingehende Versuche festgestellt hat, während zugleich der Diazostickstoff unter der katalytischen Wirkung des Kupfers eliminiert wird:

$$\underset{\displaystyle \overset{|}{SO_3H}}{C_6H_5 \cdot N \equiv N} \quad \underset{-O}{\overset{-N_2}{\longrightarrow}} \quad C_6H_5 \cdot SO_2H\,.$$

Das Verfahren ist weiter ausgebildet, an Stelle des metallischen Kupfers ist direkt Cuprosulfit angewandt worden[2]. Eine weitere Veränderung besteht darin[3], daß die Umsetzung der Diazoverbindung bei Gegenwart von Alkohol, Natriumbisulfit und einer nur geringen Menge von Kupferoxyd oder Kupfersalz ausgeführt wird. Dadurch wird es ermöglicht, die Reaktion in Gegenwart von nur sehr wenig Kupfer vorzunehmen, wobei die Sulfinsäuren in guter Ausbeute erhalten werden.

3. Abspaltung von Sulfogruppen durch Reduktion.

Durch energische Einwirkung kann die Reduktion so weit getrieben werden, daß die Sulfogruppe abgespalten und durch Wasserstoff ersetzt wird. Am geeignetsten dafür ist Natriumamalgam oder Reduktion durch elektrolytisch abgeschiedenen Wasserstoff. Der Vorteil gegenüber der Abspaltung der SO_3H-Gruppe durch Mineralsäuren besteht in den milderen Bedingungen, unter denen die Reduktion vor sich geht. Dieser Reduktion entstammt ein Versuch, von o-Nitrotoluol über o-Nitrotoluolsulfosäure und Sulfoanthranilsäure zur Anthranilsäure zu gelangen[4], das Verfahren hat sich aber nicht als konkurrenzfähig erwiesen. Dagegen spielt es in der Naphtalinreihe eine gewisse Rolle, und zwar werden hier die in Stellung *a* befindlichen SO_3H-Gruppen eliminiert,

[1] D. R. P. 95 830 [*Frdl.*, V, 43].
[2] D. R. P. 100 702 [*Frdl.*, V, 44].
[3] D. R. P. 130 119 [*Frdl.*, VI, 64].
[4] D. R. P. 129 165 [*Frdl.*, VI, 151].

während die in β-Stellung befindlichen beständig sind. Auch aus Indigosulfosäuren kann man in glatter Weise die Sulfogruppe abspalten, wenn man sie bei Gegenwart von Reduktionsmitteln oder reduzierend wirkenden Salzen wie Natriumhydrosulfit mit Alkalien erhitzt[1].

Wichtig ist die Reaktion für die Darstellung verschiedener Anthrachinonderivate. Behandelt man Mono- oder Disulfosäuren des Hexaoxyanthrachinons mit Reduktionsmitteln, so werden entweder eine oder beide SO_3H-Gruppen durch Wasserstoff ersetzt[2]. Bei Anwendung von Zinkstaub, Aluminium oder Eisen verläuft die Reduktion in wässeriger Lösung bei Temperaturen unter 100° ziemlich glatt. Es ist damit ein Weg gegeben, um vom 1, 5-Dinitroanthrachinon, welches durch Einwirkung von konzentrierter Schwefelsäure in Hexaoxyanthrachinonsulfosäure übergeht, zum Hexaoxyanthrachinon selbst zu gelangen.

Ganz entsprechend verläuft die Reaktion bei der Diaminoanthrarufin-

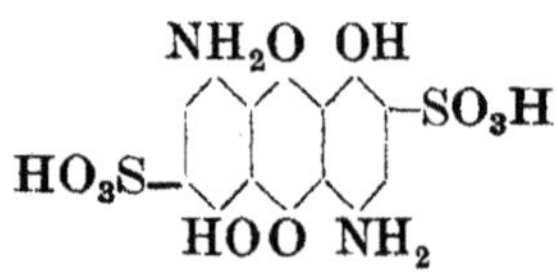

und Diaminochrysazindisulfosäure[3]:

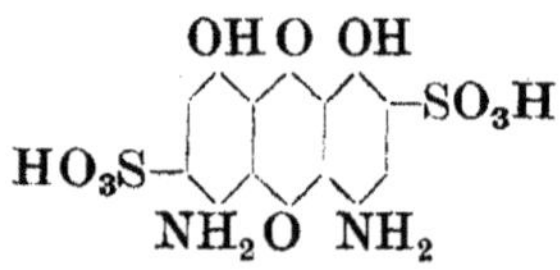

Durch kräftige Reduktionsmittel (Zinkstaub und Eisessig oder Zinnchlorür und Salzsäure) wird in ihnen eine der beiden Sulfogruppen durch Wasserstoff ersetzt, wobei auch in diesem Falle die Eliminierung in Stellung 2, 3, 6 oder 7 erfolgt. Da zugleich die beiden Carbonyle reduziert werden, so erhält man die neu entstehenden Körper in Form von Leukoverbindungen, welche aber leicht zu den zugehörigen Chinonen oxydiert werden können. Man kann natürlich auch von den entsprechenden Dinitroverbindungen ausgehen und die Reduktion der beiden Nitrogruppen mit der Abspaltung des Sulforestes zu einer Operation vereinigen.

Die Bildung von Leukoverbindungen kann umgangen werden, wenn man als Reduktionsmittel Schwefelalkalien anwendet[4]. Es bilden sich in diesem Falle keine Leukoverbindungen, sondern es findet nur die Abspaltung der SO_3H-Gruppe statt.

[1] D. R. P. 168 302 [*Frdl.*, VIII, 425].
[2] D. R. P. 103 898 [*Frdl.*, V, 267].
[3] D. R. P. 108 578 [*Frdl.*, V, 252].
[4] D. R. P. 119 228 [*Frdl.*, VI, 351].

Im Anschluß daran sei noch eine merkwürdige Reaktion erwähnt, bei welcher zugleich mit der Abspaltung des Sulforestes eine Wanderung eines vorhandenen Halogenatomes stattfindet[1]. Bei der Reduktion von 1-Brom-2-aminoanthrachinon-3-sulfosäure:

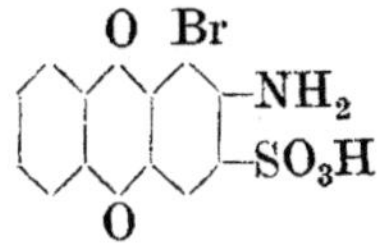

findet außer der Abspaltung von SO_3H in Stellung 3 zugleich eine Wanderung des Bromatomes von Stellung 1 nach 3, wo vorher die Gruppe SO_3H stand, statt. Es entsteht also 2-Amino-3-bromanthrachinon. Diese Reaktion findet bei sämtlichen Bromaminoanthrachinonsulfosäuren statt, bei denen je ein Br, NH_2, SO_3H sich im gleichen Benzolkern befinden. Wird 1, 5-Dibrom-2, 6-diaminoanthrachinon-3, 7-disulfosäure mit Schwefelsäure auf 180 bis 190° erhitzt, so entsteht 3, 7-Dibrom-2, 6-diaminoanthrachinon. Ebenso liefert 4-Brom-1-aminoanthrachinon-2-sulfosäure 1-Amino-2-bromanthrachinon. Merkwürdigerweise bleibt das Brom in diesen Sulfosäuren an seiner Stelle sitzen und findet nur Ersatz von SO_3H durch Wasserstoff statt, wenn man statt mit Schwefelsäure von 66° Bé mit Schwefelsäuremonohydrat oder schwach rauchender Schwefelsäure erhitzt, wobei ein Zusatz von Quecksilber oder Quecksilbersalzen vorteilhaft wirkt. Man kann aber auch bei Anwendung von verdünnter Schwefelsäure die Wanderung des Bromatoms verhindern[2], wenn man dafür Sorge trägt, daß das Reaktionsgemisch nicht höher und nicht länger erhitzt wird, als bis eben die Abspaltung der Sulfogruppe eingetreten ist.

Disulfide.

Alle organischen Disulfide gehen bei der Reduktion mit größter Leichtigkeit in Mercaptane über:

$$R - S - S - R \rightarrow 2\,RSH.$$

Die Reduktion erfolgt mit jedem Mittel, welches Wasserstoff in statu nascendi liefert. Außerdem durch Erwärmen mit Schwefelalkalien, welche dabei in Disulfide übergehen.

Bisweilen genügt aber schon Einleitung von Schwefelwasserstoff in die alkoholische Lösung. Ebenso leicht wie aus Disulfiden Mercaptane entstehen, gehen umgekehrt die Mercaptane durch Oxydation wieder in erstere über, wozu selbst ein so schwaches Oxydationsmittel wie Hydroxylamin genügt[3]. Die technische Verwendung ist fast nur auf die Reduktion der Schwefelfarbstoffe, in denen man eine S — S-Gruppe anzunehmen hat, in alkalischer Lösung beschränkt[4]. Außer dieser wäre noch zu erwähnen die Reduktion eines Zwischenproduktes, welches bei der Darstellung von Thiosalicylsäure aus Anthranil-

[1] D. R. P. 263 395 [Pat.-Schr. 3311].
[2] D. R. P. 266 563 [Pat.-Schr. 3405].
[3] Ber. **21**, 1471 (1888).
[4] Siehe S. 293.

säure entsteht [1]. Behandelt man nämlich diazotierte Anthranilsäure mit einer alkalischen Polysulfidlösung, so bildet sich zunächst ein Körper, dem wahrscheinlich die Konstitution:

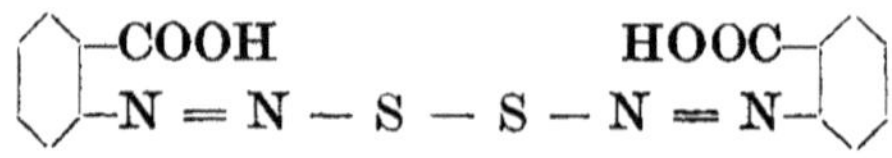

zukommt und der bei niederer Temperatur in Stickstoff und Bisthiosalicylsäure:

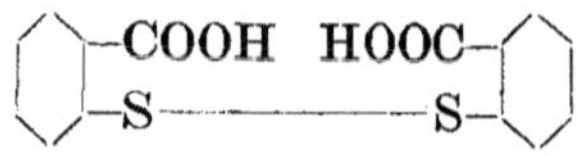

zerfällt. Bei alkalischer Reduktion durch Kochen ihres Calciumsalzes mit Eisen und Zinkstaub geht diese in Thiosalicylsäure über. Bei der Darstellung der Phenylthioglykol-o-carbonsäure wird das Zwischenprodukt Thiosalicylsäure nicht isoliert.

---

[1] D. R. P. 205 450 [*Frdl.*, IX, 541].

X. Schwefelfarbstoffe[1]).

Die Schwefelfarbstoffe bilden eine Gruppe sehr verschiedenartig zusammengesetzter Körper; das, was ihnen gemeinsam ist und was ihre Zusammenfassung rechtfertigt, ist die Gleichartigkeit ihrer Darstellung und ihrer Anwendung in der Färberei. Die letztere beruht auf der Anwesenheit von Disulfidgruppen — S — S — in den Farbstoffen, welche durch Reduktion in Mercaptangruppen übergeführt werden, wodurch die Alkalilöslichkeit der reduzierten Farbstoffe bedingt ist. Ferner lösen sich sämtliche derartigen Farbstoffe in Schwefelalkalien, wodurch ebenfalls eine Umwandlung der Disulfidgruppe in Mercaptangruppen stattfindet. In bezug auf ihre Anwendung in der Färberei sind sie vollkommen analog den Küpenfarbstoffen, sie werden also aus der alkalischen Lösung ihrer Reduktionsprodukte durch die ungebeizte Pflanzenfaser adsorbiert und auf derselben durch den Sauerstoff der Luft oder auch durch andere Oxydationsmittel wieder in wasserunlöslichen Farbstoff übergeführt. Beim Erhitzen mit Natriumpolysulfiden auf höhere Temperaturen liefern fast alle organischen Substanzen amorphe wasserunlösliche Produkte von Farbstoffcharakter mit verschiedenen Nuancen (gelb, gelbbraun, blau bis schwarz). Auf primitivste Weise wurde so der älteste von diesen Farbstoffen, das Cachou de Laval, durch Verschmelzen organischer Substanzen, wie Sägemehl, Kleie, mit Schwefel und Schwefelnatrium bei höherer Temperatur dargestellt. Auch späterhin wurde die Darstellung derartiger Körper mehr empirisch als wissenschaftlich betrieben. Das Ausgangsmaterial wurde mit krystallisiertem Schwefelnatrium ($Na_2S + 9\ H_2O$), Schwefel und sehr wenig Wasser erwärmt und durch allmähliches Erhitzen auf höhere Temperatur zur Trockene gebracht. In diesem Zustande wurde das Reduktionsprodukt anfänglich direkt zum Färben verwandt.

Da es selbstverständlich ausgeschlossen war, daß man so zu einheitlichen Körpern gelangte, wurde später der Einfluß, den Temperatur, Konzentration, Dauer des Erhitzens auf den Verlauf der Farbstoffbildung ausüben, eingehend untersucht und die Reaktion so geleitet, daß man zu möglichst einheitlichen Reaktionsprodukten gelangte. Man hat es sogar in der Hand, je nach den angewandten Bedingungen aus einem Ausgangsmaterial verschieden konstituierte Farbstoffe darzustellen. Neben der Methode des Schmelzens mit Polysulfiden wird jetzt vielfach auch Kochen in wässeriger oder alkoholischer Lösung verwandt. Als neueste Methode kommt hinzu Erwärmen der wässerigen

---

1 Das Gebiet ist ausführlich behandelt in *Lange*, Die Schwefelfarbstoffe. Leipzig 1912.

Lösung mit Thiosulfat, dessen Einwirkung auf Nitroverbindungen und chinoide Körper bereits auf Seite 159, 237, 239 beschieben ist.

Die entstehenden Farbstoffe befinden sich in der Lösung in Form ihrer Reduktionsprodukte, d. h. als Mercaptane. Durch Oxydation (Einblasen von Luft) werden sie aus derselben als Disulfide abgeschieden. Die Leichtigkeit, mit der die Bildung der Farbstoffe erfolgt, ist sehr verschieden. Bisweilen findet sie bei 100° und darunter statt. Manchmal muß man aber bis 200°, ja bis 350° erhitzen. Je einfacher ein Ausgangsmaterial zusammengesetzt ist, um so schwieriger gelingt die Schwefelung. In nicht substituierte Benzolringe kann durch Erhitzen mit Polysulfid kein Schwefel eingeführt werden. Auch in Diphenylamin tritt Schwefel erst bei hoher Temperatur ein, wobei Thiodiphenylamin entsteht. Am leichtesten erfolgt die Schwefelung bei Amino-, Oxy-, Aminooxyderivaten, besonders bei p-Verbindungen. Ist die Möglichkeit vorhanden, so erfolgt intramolekular Ringschluß, wobei sich der Schwefel als ein Element erweist, welches besonders feste ringförmige Komplexe zu bilden vermag. Derartige Ringe sind Thiodiphenylamin, Thiazol und andere, welche wahrscheinlich die Ursache für die große Beständigkeit und daher Echtheit der Schwefelfarbstoffe bilden. Außerdem müssen im Molekül noch unverbrauchte Mercaptangruppen erhalten bleiben, welche die Löslichkeit der Schwefelfarbstoffe in der Küpe bedingen. Bei dem Verlauf der Schwefelschmelze verlaufen jedoch eine ganze Anzahl Reaktionen nebeneinander, welche darin bestehen, daß sich fortwährend Polysulfidketten bilden, Ringe schließen und auch wieder auseinanderfallen, während gleichzeitig sich an anderen Stellen neue bilden. Der schließlich erhaltene Schwefelfarbstoff stellt daher eine gewisse Phase dar, bis zu der die Schwefelung eines Ausgangsmaterials unter den vorhandenen Reaktionsbedingungen gelangt ist[1]. Bei Einwirkung von hochgeschwefelten Polysulfiden (Na_2S_5) können sogar sich Körper bilden, welche in Schwefelnatrium nicht mehr löslich sind, dagegen in Hydrosulfit, z. B. Hydronblau. Ob in ihnen schwer aufschließbare Disulfidgruppen oder saure Gruppen von anderer Natur als SH vorhanden sind, ist noch nicht erforscht.

Bei Verwendung von Polysulfiden tritt die Schwefelung ohne weiteres ein, während bei Anwendung von Thiosulfat als Schwefelungsmittel bisweilen ein Oxydationsmittel zugesetzt werden muß, da jenes nur mit Körpern von chinonartiger Konstitution zu reagieren vermag. Als Oxydationsmittel kann übrigens sogar eine Nitro- oder Azogruppe im selben Molekül dienen.

Unter den Schwefelfarbstoffen sind mit Ausnahme von Rot heute sämtliche Nuancen vertreten; die von *Friedländer* aus Azoverbindungen dargestellten roten Farbstoffe[2] sind ohne praktische Bedeutung geblieben. Man könnte den Thioindigo, der bekanntlich ein roter Farbstoff ist und auch als Schwefelfarbstoff gefärbt werden kann, diesen Verbindungen zuzählen, doch unterscheidet sich derselbe von ihnen in der Art der Darstellung und durch

---

[1] Vgl. *Lange* 104.
[2] *Lange*, 174.

Abwesenheit von Mercaptangruppen, weshalb es richtiger war, ihn zusammen mit den eigentlichen Küpenfarbstoffen zu besprechen.

In den Schwefelfarbstoffen ist der Schwefel wahrscheinlich in zwei verschiedenen Arten gebunden, 1. ringförmig und 2. als Disulfidgruppe. Der ringförmig gebundene Schwefel ist nicht unbedingt nötig, obwohl er bei einer sehr großen Anzahl von Farbstoffen dieser Gruppe anzutreffen ist; er ist aber wichtig, weil er dem Molekül eine größere Festigkeit verleiht und die Eigenschaft der Verbindung, als Farbstoff zu dienen, durch seine auxochrome Wirkung erhöht. Dagegen ist die zweite Art der Bindung für die Farbstoffe eine unerläßliche Bedingung, da auf ihr die Fähigkeit beruht, sich in Alkalien zu lösen und in diesem Zustand von der Faser aufgenommen zu werden. Die Farbstoffe selbst sind sämtlich unlöslich in Wasser und lassen sich durch Reduktion oder Einwirkung von Schwefelnatrium in die wasserlösliche Form überführen. Dabei gehen sie als Mercaptane in Lösung. Diese entstehen auch zunächst bei der Darstellung von Schwefelfarbstoffen in der Schwefelschmelze und liegen in der alkalischen Lösung derselben vor. Um die Farbstoffe aus ihr zu gewinnen, werden die Mercaptane durch Oxydation in die Disulfide übergeführt. Außerdem verleihen die Mercaptangruppen den Molekülen noch die wichtige Eigenschaft, sich aus der alkalischen Lösung auf der Faser zu fixieren. Alkalilöslichkeit bewirken zwar auch andere Gruppen, z. B. OH, SO_3H, CO_2H, denen aber die zuletzt erwähnte Fähigkeit meist abgeht.

Die Oxydation der Mercaptane in Disulfide findet oft schon durch die gelindesten Mittel statt. Thiophenol geht bereits beim Stehen seiner ammoniakalischen Lösung an der Luft in Phenyldisulfid über. Bei den Farbstoffen erfolgt diese Oxydation durch Einblasen von Luft in die alkalische Lösung. Ebenso leicht oxydiert sich aber auch der auf der Faser fixierte Farbstoff, welcher dabei mit derselben eine sehr feste Verbindung eingeht. Darauf beruht die Licht- und Waschechtheit der Schwefelfarben. Dagegen läßt ihre Chlorechtheit bisweilen zu wünschen übrig. In allen diesen Eigenschaften gleichen sie den Küpenfarbstoffen vollständig, ja es gibt sogar einige Schwefelfarbstoffe, welche sich aus der Hydrosulfit- oder Gärungsküpe färben lassen [1]. In einem Punkte weichen sie aber erheblich ab; ihre Reduktionsprodukte besitzen nämlich eine beträchtlich größere Affinität zur Faser als die der wirklichen Küpenfarbstoffe. Während bei höherer Temperatur die letzteren erheblich schwerer auf die Faser ziehen, haften die Schwefelfarbstoffe unter diesen Bedingungen noch sehr fest. Dies ist wichtig für das Reduktionsätzen mit Hyrosulfit oder Sulfoxylat. Die Methoden, welche Küpenfarbstoffe mit Leichtigkeit zu reinem Weiß ätzen, entfernen Schwefelfarbstoffe nur unvollkommen von der Faser, so daß für das Ätzen von Schwefelfarbstoffen besondere Methoden ausgebildet werden müssen.

Streng genommen kann man bei den Schwefelfarbstoffen noch nicht sagen, daß ihre Konstitution festgestellt ist, trotzdem für einige von ihnen Formeln aufgestellt worden sind. Die Bestimmung stößt auf erheb-

---

[1] D. R. P. 146 797, 200 391.

liche Schwierigkeiten, welche darin begründet sind, daß sie nicht krystallisieren und auch keine krystallisierten Derivate geben. Gewöhnlich werden sie weder als feste Körper noch in reinem Zustand dargestellt, sondern in Form von Lösungen oder Pasten, wie sie bei der Schwefelschmelze erhalten werden, angewandt. Eine weitere Schwierigkeit besteht darin, daß die meisten dieser Gruppe angehörigen Farbstoffe ein sehr hohes Molekulargewicht besitzen, woraus eine große Verschiedenheit der einzelnen Moleküle folgt. Beschränkt man sich jedoch auf diejenigen Farbstoffe, welche wirkliches technisches Interesse haben oder gehabt haben, so genügt es, die Schwefelfarbstoffe in zwei große Gruppen einzuteilen. Von denen umfaßt die erste alle blauen bis schwarzen Farbstoffe, in deren Molekül mindestens ein, gewöhnlich aber mehrere Thiazinringe angenommen werden müssen. Die zweite Gruppe umfaßt die gelben bis braunen Schwefelfarbstoffe, welche wahrscheinlich Abkömmlinge des Thiazols sind. Als einfachsten Schwefelfarbstoff dieser Art könnte man das Primulin bezeichnen, das aus p-Toluidin und Schwefel gewonnen, allerdings nicht in der Küpe, sondern als saurer Azofarbstoff gefärbt wird:

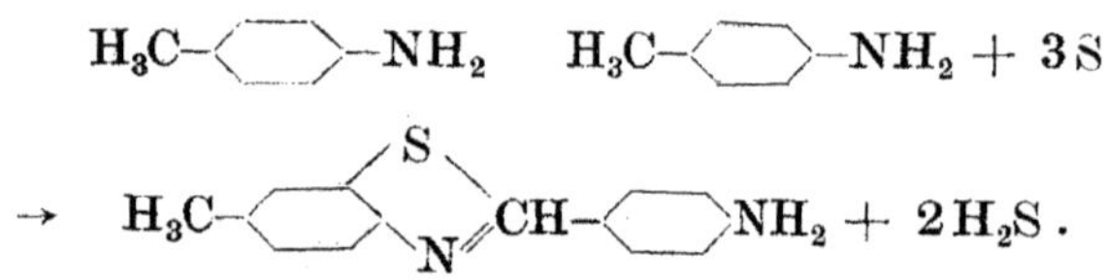

Durch Wiederholung dieser Reaktion zwischen 2 Molekülen der untenstehenden Thiazolbase bildet sich die eigentliche Primulinbase.

Mit den beiden schwefelhaltigen Ringen können noch andere Ringsysteme kombiniert sein, oder es können auch gleichartige und verschiedene Moleküle durch die zweiwertige Disulfidgruppe miteinander verbunden werden.

Die Darstellung der Schwefelfarbstoffe, welche zum großen Teil auch auf einer Reduktionsreaktion beruht, ist bei den betreffenden Gruppen erwähnt. Solche sind aufgeführt unter Chinonen, Chinoniminen und Nitroverbindungen, Körperklassen, welche die gewöhnlich gebrauchten Ausgangsmaterialien zur Darstellung liefern. Dagegen sollen hier die Methoden, nach denen die Schwefelfarbstoffe in der Färberei und Druckerei gebraucht werden, kurz behandelt werden, da sie, wie bereits oben bemerkt, auf Reduktion der Disulfidgruppe zur Mercaptangruppe beruhen.

Färbemethoden.

Anfänglich kamen die Schwefelfarbstoffe ausschließlich als Rohprodukte in ziemlich verdünnten Lösungen in den Handel. Da die Bäder beim Färben nur schlecht ausgezogen wurden, waren zur Erzielung gesättigter Ausfärbungen große Mengen von Farbstoffen nötig. Heute werden sie in festem Zustand oder als Pasten vertrieben, weshalb sie vor dem Gebrauch in Lösung gebracht werden. Dies geschieht fast ausschließlich durch Schwefelnatrium. Dabei ist jedoch ein Überschuß des Reduktionsmittels zu vermeiden, da dasselbe unter Umständen bereits auf der Faser fixierten Farbstoff wieder von ihr abzieht. Aus dem Bade werden sie von ungebeizter Baumwolle nach Art der substantiven Farbstoffe meist beim Kochen fixiert, wobei jedoch die Bäder niemals vollkommen ausgenützt werden. Um das Aufziehen zu fördern, setzt man deswegen namentlich bei dunkleren Ausfärbungen Koch- oder Glaubersalz zur Lösung. Es ist aber nicht ausgeschlossen, daß die Farbstoffe durch Schwefelnatrium nicht vollkommen reduziert werden, sondern sich zum Teil auch als solche in kolloidalem Zustande in Lösung befinden. Diesem Umstand wird die Schuld gegeben, daß bisweilen mit Schwefelfarbstoffen unegale Färbungen erhalten werden.

An der Luft werden die Reduktionsprodukte mit größter Leichtigkeit in den Farbstoff zurückoxydiert, welcher Vorgang erheblich schneller als beim Indigweiß verläuft. Diese Eigenschaft verursachte anfänglich ebenfalls mangelhafte Ausfärbungen, besonders dann, wenn beim Färben die Ware nicht vollkommen von der Flotte bedeckt war; da der herausragende Teil momentan oxydiert wurde, entstanden dadurch Flecke und ungleichmäßige Ausfärbungen. Um diesem Übelstande abzuhelfen, hat man zunächst verschiedene technische Mittel angewandt, durch welche mit Hilfe besonderer Anordnungen, von Quetschwalzen u. dgl. die überschüssige Flotte von der Ware entfernt wurde. Als Verküpungsmittel eignet sich neben Natriumsulfid am besten Hydrosulfit, während Eisenvitriol und die Zink-Kalk-Küpe nicht gebraucht werden können. Die Oxydation geschieht durch Dämpfen an der Luft oder Nachbehandeln mit Oxydationsmitteln wie Kupfervitriol und Chromsäure; die letztere Methode liefert bessere Ausfärbungen. Analog den beim Indigweiß beschriebenen Verfahren werden auch von Leukoschwefelfarbstoffen haltbare für die Gärungsküpe geeignete Präparate hergestellt, es ist sogar versucht worden, feste, haltbare Leukoalkalipräparate von ihnen zu gewinnen dadurch, daß man die Farbstoffe mit Reduktionsmitteln, wie Glucose u. dgl., oder mit Hydrosulfiten bei Gegenwart von Alkali zur Trockene verdampft. Als weiteres Reduktionsmittel tritt die Gärungsküpe hinzu. Man kann einerseits die Mischung der Bestandteile der Küpe unmittelbar vor dem Gebrauch ansetzen, andererseits aus haltbaren Präparaten herstellen, wie solche aus dem Farbstoff und den üblichen Zusätzen (S. 93) erhalten werden. Diese letzteren liefern beim Verdünnen mit Wasser ohne weiteres Gärungsküpen, wenn sie Alkali enthalten. Überhaupt ist dessen Zusatz vorteilhaft, weil er die Fäulnis verhindert. Es ist jedoch zu berücksichtigen, daß — aus Gründen der bakteriziden Wirkung — bei weitem nicht sämtliche Schwefelfarbstoffe mit Hilfe der Gärungsküpe gefärbt werden können. Alle diese neueren Reduktionsmethoden haben aber die Anwendung von Schwefelnatrium nicht zu verdrängen vermocht.

Das Färben in stark alkalischer und schwefelalkalischer Lösung ist bei tierischer Faser nicht möglich, da sie zu stark angegriffen wird. Bei Seide hilft man sich durch Anwendung von tiefen Temperaturen, bisweilen macht man bestimmte Zusätze, z. B. Glucose[1], zur Flotte. Es wird auch ein Zusatz

---

[1] D. R. P. 161 190.

von Schwefelammon[1], das dadurch entsteht, der man zu der schwefelnatriumhaltigen Lösung Chlorammonium hinzusetzt, empfohlen. Derselbe Zweck soll erreicht werden durch Bisulfit[2] oder Diastaphor[3], ein syrupöses diastatisches Präparat aus Malzauszügen. Wolle wird im allgemeinen wie Seide behandelt. Doch ist es auch hier wichtig, die Einwirkung von Alkali auf die Faser zu verhindern, was einerseits durch dieselben Zusätze wie bei Seide geschieht, ferner auch durch Formaldehyd, welcher Wolle gegen die Einwirkung des Alkalis schützen soll[4]. Wolle allein wird aber kaum mit Schwefelfarbstoffen gefärbt, da es genügend andere Farbstoffe von guter Qualität gibt, unter denen alle brauchbaren Nuancen vertreten sind.

Drucken und Ätzen.

Der Einführung der Schwefelfarben in den Baumwolldruck standen anfänglich Schwierigkeiten im Wege, die darin bestanden, daß die gewöhnlich zum Drucken verwandten Kupferwalzen von den starken Schwefelnatriumlaugen angegriffen wurden. Anfänglich versuchte man die Schwierigkeiten durch Einführung von Nickelwalzen zu umgehen; weiterhin wurden schwefelfreie Druckfarben verwandt. Werden zum Drucken Mischungen von Schwefelfarben mit Bicarbonaten und Schwefel verwandt, so erfolgt die Bildung des Schwefelnatriums, welches den Farbstoff in Lösung bringt, erst beim Dämpfen, und es wird auf diese Weise verhindert, daß die Druckwalzen mit diesem Körper in Berührung kommen. Als Verdickungsmittel werden die gewöhnlich gebrauchten benutzt. Daneben muß der Druckfarbe noch ein Reduktionsmittel zugesetzt werden. Die fertigen Drucke werden zunächst mit möglichst luftfreiem Dampf gedämpft, um die Reduktionswirkung nicht zu beeinträchtigen. Dagegen muß zur Entwicklung des Farbstoffes auf der Faser das Dämpfen natürlich bei Luftzutritt stattfinden.

Es gibt auch einige Schwefelfarbstoffe, welche ohne Zusatz von Schwefelnatrium zum Drucken und Färben verwandt werden können, da sie sich bereits in Soda lösen. Da dies bei der weitaus größten Anzahl von derartigen Farbstoffen nicht der Fall ist, hat man Ersatzmittel für Schwefelnatrium gesucht. Bei deren Verwendung ist es aber nötig, die Farbstoffe möglichst von anorganischen Substanzen (Polysulfiden) zu befreien, weshalb sie besonders gereinigt werden müssen. Das wichtigste Zusatzmittel ist Glucose in alkalischer Lösung, welcher gewöhnlich Sulfit zugegeben wird[5]. Ähnlich wirkt auch Zinkstaub und Alkali oder Dextrin und Lauge. Außer den oben beschriebenen Verfahren, bei denen sich der Farbstoff erst während des Dämpfens auf der Faser bildet, wird auch als Druckpaste ein Gemenge von Schwefel, Ätznatron und Farbstoff verwandt[6]. Beim Dämpfen bildet sich

[1] D. R. P. 130 848.
[2] D. R. P. 199 167, 221 887.
[3] Chem.-Ztg. **1907**, 1160.
[4] D. R. P. 144 485, 146 845.
[5] D. R. P. 84 989, 85 328.
[6] D. R. P. 184 200, 148 964.

zugleich das Schwefelnatrium, welches den Farbstoff löst und fixiert. Außer anorganischen Schwefelverbindungen werden auch organische Verbindungen, wie Xanthogenate und Thiocarbonate mit oder ohne Zusatz von Sulfiden, sowie Xanthogensäureester der Stärke [1] vorgeschlagen. Sie besitzen die Fähigkeit, Schwefelfarbstoffe zu lösen und auf der Faser zu fixieren, ohne daß die Druckwalzen durch sie angegriffen werden. Nach dem Druck lassen sich diese Ester völlig abwaschen, ohne daß die Intensität der aufgedruckten Schwefelfarbstoffe verringert würde. Andere beständige Verbindungen, welche beim Dämpfen Schwefelnatrium frei werden lassen, sind Mischungen desselben mit Formaldehyd oder Mischungen von Hydrosulfiten mit Glycerin [2].

Gegen zerstörende Einflüsse, wie solche beim Ätzen wirksam sind, sind Schwefelfarbstoffe äußerst widerstandsfähig. Es war daher lange keine Substanz bekannt, welche die Schwefelfarbstoffe ätzt, ohne gleichzeitig die Faser anzugreifen. Das reduzierende Ätzen, wie solches beim Indigo angewandt wird, kommt für sie nicht in Betracht, da sie sich wohl auf der Faser reduzieren, aber in diesem Zustand nicht abziehen lassen. Es wird daher für sie nur das Ätzen mit Oxydationsmitteln angewandt.

---

[1] D. R. P. 217 237.

[2] D. R. P. 141 450, 200 818.

XI. Arsen- und Antimonverbindungen.

Die technisch angewandten Reduktionsmethoden für Arsenverbindungen befassen sich nur mit Körpern der primären Reihe. Es handelt sich bei allen diesen um die Darstellung organischer Arsenpräparate, welche von *Ehrlich* und seinen Mitarbeitern bearbeitet worden sind. Das älteste von diesen Präparaten ist die p-Aminophenylarsinsäure (Arsanilsäure):

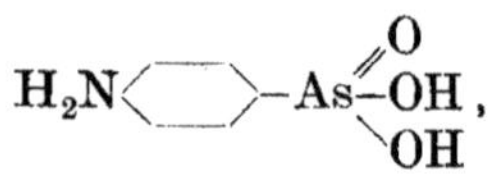

deren spezifische für Trypanosomen abtötende Wirkung zuerst von *Koch* erkannt wurde. Ihre älteste Darstellung ist die von *Béchamp* durch Erhitzen von arsensaurem Anilin auf 190 bis 200°[1]. Dagegen wurde die Konstitution erst von *Ehrlich* und *Bertheim*[2] und von *Moore, Nierenstein* und *Todd*[3] vollkommen aufgeklärt. Das für therapeutische Zwecke verwendete Präparat ist das Mononatriumsalz, das Atoxyl. Durch Veränderungen am Molekül, an der Aminogruppe und am Arsensäurerest und durch Einführung von Substituenten läßt sich die physiologische Wirkung des Atoxyls verändern. Die aus diesen Erwägungen entstandenen Patente haben aber keine chemischen Neuerungen erbracht.

Wichtiger als die Arsinsäuren selbst sind ihre Reduktionsprodukte, welche der Reihe von Körpern mit dreiwertigem Arsen angehören. *Ehrlich* machte die Beobachtung, daß Arsinsäuren im Organismus zwar Trypanosomen und Spirochaeten abtöten, nicht jedoch, wenn die Einwirkung außerhalb des Organismus auf Kulturen dieser Bakterien stattfindet. Daraus schloß er, daß das Atoxyl im Körper eine Umwandlung erfahren müsse, wodurch es möglicherweise in den dreiwertigen Zustand übergeführt wird. Im Verfolge dieser Gedanken untersuchte er eine Reihe von Reduktionsprodukten der p-Aminophenylarsinsäure, welche sich denn auch als viel wirksamer erwiesen. Von den überaus zahlreichen Körpern, die bei diesen Untersuchungen dargestellt wurden, blieb als brauchbarstes schließlich das 3, 3′-Diamino-4, 4′-dioxyarsenobenzol übrig, das Salvarsan.

Ausgangsmaterial für alle diese Verbindungen sind Derivate der Phenylarsinsäure:

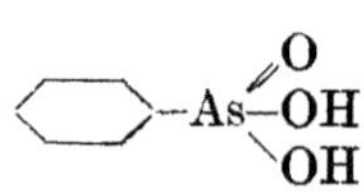

---

[1] Compt. rend .de l'acad. des sciences **56**, I, 1172 (1863).
[2] Ber. **40**, 3292 (1907).
[3] Biochem. Journ. **2**, 324 (1907).

zu deren Darstellung noch heute die älteste Methode gebraucht wird, welche in dem Zusammenschmelzen aromatischer Verbindungen mit Arsensäure besteht. Im allgemeinen tritt bei dieser Reaktion der Arsensäurerest in p-Stellung zu vorhandenen Gruppen. So entsteht aus Anilin und Arsensäure p-Aminophenylarsinsäure, ebenso aus Phenol p-Oxyphenylarsinsäure. Es können aber auch Derivate von anderen Ringsystemen hergestellt werden, z. B. aus Naphtol[1] oder Indol[2]; bei letzterem tritt jedoch der Arsensäurerest nicht in den Benzolkern, sondern in den Pyrrolring ein. Pharmazeutisch und infolgedessen auch technisch wichtig sind aber nur die Amino- und Oxyderivate, sowie die entsprechenden Nitroverbindungen, welche durch Reduktion der Nitrogruppe leicht in Aminokörper übergehen. Um reine Materialien zu gewinnen, sind bei der Darstellung derartiger Präparate verschiedene Vorsichtsmaßregeln zu beobachten. Es hat sich gezeigt, daß die stufenweise Reduktion der Arsinsäuren mit jedesmaliger Isolierung des Zwischenproduktes (vgl. im f.) reinere Arsenobenzole liefert als die direkte Reduktion der Arsinsäure bis zum Arsenobenzol. Es ist sogar von großem Einfluß auf die Reinheit des Präparates, auf welchem Wege die als Ausgangsmaterial dienende Arsinsäure dargestellt wird. Wahrscheinlich sind es außerordentlich schwer zu trennende Verunreinigungen, welche diesen Präparaten anhaften und die Reinigung erschweren. Dementsprechend ist auch die Giftigkeit der Arsenobenzole verschieden, je nach den verschiedenen Ausgangsmaterialien aus denen sie dargestellt sind. Auch das angewandte Reduktionsmittel übt bisweilen einen Einfluß auf die Reinheit der Präparate aus; wenigstens haben Ehrlich und *Bertheim* gezeigt, daß bei der Reduktion mit Hydrosulfit geschwefelte und bei der Reduktion mit Jodwasserstoff und Zinnchlorür jodierte Arsenverbindungen entstehen können[3]. Man erhält die reinsten Arsenoverbindungen, wenn man zur Reduktion solche Arsinsäuren verwendet, welche aus aromatischen Diazoverbindungen in neutraler oder schwach alkalischer Lösung durch Umsetzen mit arseniger Säure[4] erhalten worden sind.

1. Die Reduktion der Arsinsäuren.

Die Reduktion der Phenylarsinsäuren und ihrer Derivate verläuft über folgende Stufen:

$$\underset{\text{I. Arsinsäure}}{C_6H_5\cdot As\begin{matrix}\nearrow\!\!\!\!/\,O\\ -OH\\ \searrow OH\end{matrix}} \rightarrow \underset{\text{II. Arsinoxyd}}{C_6H_5As=O} \rightarrow \underset{\text{III. Arsenpinakon}}{C_6H_5\overset{OH}{As}-\overset{OH}{As}-C_6H_5}$$

$$\rightarrow \underset{\text{IV. Arsenobenzol}}{C_6H_5\cdot As=As-C_6H_5} \rightarrow \underset{\text{V. Arsin.}}{C_6H_5AsH_2}$$

---

[1] D. R. P. 205 775 [*Frdl.*, IX, 1059].
[2] D. R. P. 240 793 [*Frdl.*, IX, 1252].
[3] Ber. **44**, 1260 (1911).
[4] D. R. P. 250 264 [*Frdl.*, X, 1254]; 254 092, 254 345 [*Frdl.*, X, 1258]; 264 924 [Pat.-Schr. 3039]; 268 172 [Pat.-Schr. 3543].

Sie entsprechen dem Oxydationswert nach denen der Stickstoffreihe: Nitrobenzol, Nitrosobenzol, Azoxybenzol, Azobenzol und Anilin. I und III stellen in der Arsenreihe die Hydratform dar. Die Analogen von Phenylhydroxylamin und Hydrazobenzol fehlen, während das aromatische Kakodyl $(C_6H_5)_2As-As(C_6H_5)_2$ bekannt ist. Von diesen Körpern sind die meisten Vertreter als Substitutionsprodukte dargestellt, hauptsächlich p-Amino- und Aminooxyderivate, wegen ihrer pharmazeutischen Bedeutung.

Die Reduktion der Phenylarsinsäure selbst bietet kein technisches Interesse. *Michaelis* versuchte sie zuerst mit Zink und Säure durchzuführen, es gelang ihm aber nicht, das dabei entstehende Reduktionsprodukt zu fassen. *Palmer* und *Dehn*[1] wandten besondere Vorsichtsmaßregeln an und erhielten bei der Reduktion mit amalgamiertem Zinkstaub und Salzsäure das Phenylarsin $C_6H_5AsH_2$, als einen außerordentlich zersetzlichen Körper. Zwischenprodukte konnten dabei nicht isoliert werden, es ist aber möglich, sowohl das Phenylarsinoxyd als auch das Arsenobenzol auf anderem Wege darzustellen. Dagegen sind alle diese Zwischenstufen bei der Reduktion der p-Aminophenylarsinsäure und ihrer Derivate dargestellt und beschrieben[2]. In allen diesen Zwischenkörpern läßt sich der Arsensäurerest mit großer Leichtigkeit, am besten durch Hydrosulfit zur Arsenogruppe $-As=O$ reduzieren. Vorhandene Aminogruppen können durch Säurereste, wie Oxalyl- oder Acylreste substitutiert sein. Auch im übrigen reagieren vorhandene Aminogruppen in normaler Weise, indem sie diazotiert und durch Verkochen in Oxyarsinsäuren übergeführt werden können. Es können sogar aus derartigen Diazoverbindungen durch Kuppelung arsenhaltige Azofarbstoffe gewonnen werden.

Die erste Reduktionsstufe der Phenylarsinsäure ist das Arsinoxyd. Seine Darstellung erfolgt durch gelinde Reduktion, am besten durch Einwirkung von Jodwasserstoff oder Phenylhydrazin, während eine andere Darstellung über das Chlorarsin

$$C_6H_5As\genfrac{}{}{0pt}{}{Cl}{Cl}$$

führt. Die Reduktion mit Phenylhydrazin erfolgt in alkoholischer Lösung in normaler Weise, wobei die Phenylarsinsäure in Phenylarsinoxyd übergeht, während das Phenylhydrazin in Benzol, Stickstoff und Wasserstoff zerfällt. Die Reduktion von Arsanilsäure mit Jodwasserstoff erfolgt nach der Gleichung:

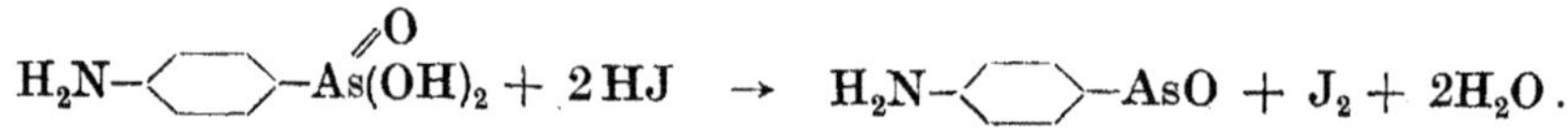

Das nach derselben entstehende freie Jod kann aber das gebildete Arsenoxyd, welches schon durch Einwirkung gelindester Oxydationsmittel angegriffen wird, wieder in die Arsinsäure zurückoxydieren, d. h. der Prozeß ist umkehrbar. Man muß deshalb dafür Sorge tragen, daß das Jod im Moment seines Entstehens entfernt wird, indem man es z. B. durch Schwefeldioxyd in Jod-

[1] Ber. **34**, 3598 (1901).

[2] *Ehrlich* und Mitarbeiter, Ber. **43**, 917; D. R. P. 206 057 [*Frdl.*, IX, 1093].

wasserstoff überführt. Man kann so mit einer geringen Menge von Jodwasserstoff, welche in diesem Falle wie ein Katalysator wirkt, große Mengen von Aminoarsinsäuren in Arsinoxyd überführen.

Anders verläuft die Reduktion, wenn man Schwefeldioxyd bei Gegenwart von Salzsäure einwirken läßt. Löst man p-Aminophenylarsinsäure in konzentrierter Salzsäure und leitet bis zur Sättigung Schwefeldioxyd ein, so entsteht das p-Aminophenyldichlorarsin:

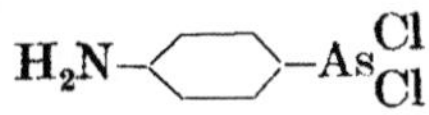

in Form seines Chlorhydrates, welches bei Einwirkung von verdünntem Alkali in das Arsinoxyd übergeht. Ebenso verläuft die Reduktion durch Phosphortrichlorid, wobei ebenfalls als Zwischenprodukt das salzsaure Salz des p-Aminophenylchlorarsins gebildet wird.

Das p-Aminophenylarsinoxyd ist ein äußerst reaktionsfähiger Körper und unterscheidet sich von der Arsinsäure besonders durch die Leichtigkeit, mit der die Bindung zwischen Arsen und dem Phenylrest gelöst werden kann. Beim Erwärmen mit Salzsäure geht es in Triamino-triphenylarsin über:

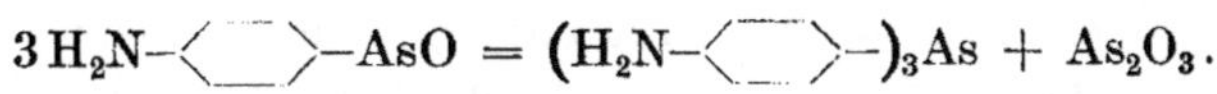

Auch beim Erhitzen für sich allein gibt das Phenylarsinoxyd tertiäres Arsin. Ferner ist es ausgezeichnet durch sein Bestreben, wieder in Verbindungen mit fünfwertigem Arsen überzugehen, eine Eigenschaft, auf die bereits bei seiner Darstellung mit Jodwasserstoff und Schwefeldioxyd aufmerksam gemacht worden ist.

Das Bestreben des p-Aminophenylarsinoxyds zu Additionsreaktionen kann zur Darstellung zahlreicher neuer Verbindungen verwandt werden. In alkalischer Lösung reagiert es mit Halogenalkyl, so daß eine neue Bindung zwischen Arsen (der fünfwertigen Stufe) und Kohlenstoff zustande kommt[1], z. B. mit Chloressigsäure wie folgt:

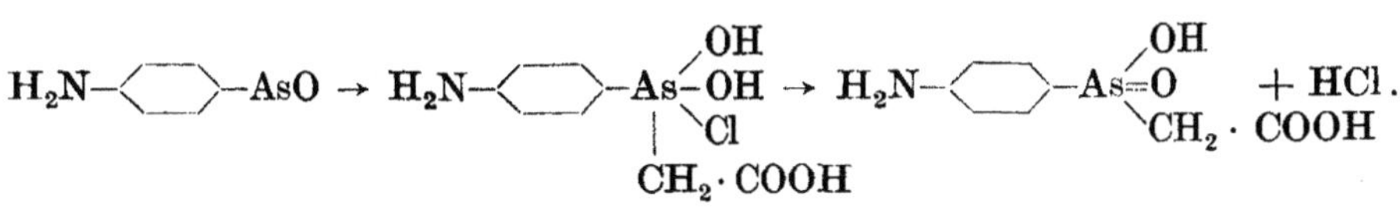

Eine wichtige Eigenschaft der Arsinoxyde ist die, sich mit Arsin unter Wasserabspaltung zu kondensieren, wobei Arsenoverbindungen entstehen[2]:

$$R - AsO + H_2As - R \rightarrow R - As = As - R + H_2O.$$

Ebenso reagieren übrigens auch die zugehörigen Chorarsine, welche überhaupt in den meisten Reaktionen vollkommene Analoge der Arsinoxyde sind (vgl. Jodosoverbindungen und Jodidchloride). Diese Reaktionen sind von besonderer Bedeutung, weil es mit ihrer Hilfe gelingt, asymmetrische

---

[1] *Ehrlich* und *Bertheim*, Ber. **43**, 925 (1910).

[2] D. R. P. 254 187 [C. **1913**, I, 134].

Arsenoverbindungen darzustellen. Durch Einwirkenlassen von Arsinoxyden bzw. Chlorarsinen auf Arsine mit verschiedenen organischen Radikalen kann man so darstellen:

Aminoarsenobenzol 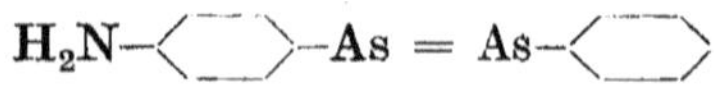,

4-Amino-4'-oxyarsenobenzol ,

3-Amino-4-oxyarsenobenzol 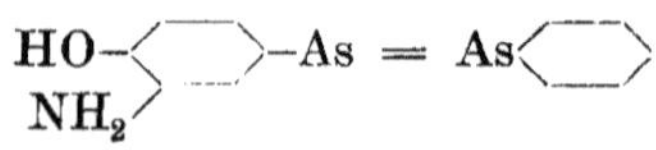 und andere.

Beim Einleiten von Schwefelwasserstoff in die alkoholische Lösung der Arsinoxyde oder der entsprechenden Chlorverbindungen entstehen Arsinsulfide, deren wichtigste Eigenschaft ist, sich zu Arsenoverbindungen reduzieren zu lassen.

Reduziert man das p-Aminophenylarsinoxyd mit Natriumamalgam, so geht es in Dihydroxydiaminoarsenobenzol

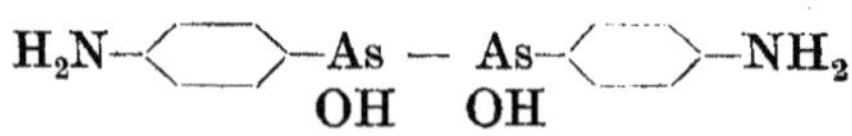

über[1]. Dies ist ein Zwischenprodukt ohne praktische Bedeutung, das wohl auch kaum dargestellt wird. Viel wichtiger ist der Übergang in die Arsenoverbindung, welche beim Erhitzen mit arseniger Säure erfolgt.

Die dritte und wichtigste Reduktionsstufe der Phenylarsinsäure ist die Arsenoverbindung. Alle im vorhergehenden erwähnten Reduktionsprodukte werden ebenso wie die Phenylarsinsäure selbst durch starke Reduktionsmittel in Arsenobenzole übergeführt[2].

Die Arsenoverbindungen haben in krystallinischem Zustande gelblichweiße bis gelbe Farbe und erinnern an die korrespondierenden Azoverbindungen. Das Arsenobenzol selbst und einige seiner Derivate sind bereits von *Michaelis*[3] dargestellt worden. Weit schwieriger als die Darstellung der Reduktionsprodukte der Phenylarsinsäure gestaltet sich diejenige der Aminoderivate, welche bedeutend reaktionsfähiger und veränderlicher als die Stammsubstanz sind. Man stellt sie aus den betreffenden Arsinsäuren durch Reduktion dar, die man entweder stufenweise über die Zwischenprodukte ausführen kann oder auch direkt bis zur Arsenoverbindung in einer Operation durchführt. Anscheinend bedeutet die erste Methode der stufenweisen Reduktion einen Umweg, tatsächlich ist sie aber besser. Die Arsenoverbindungen sind nämlich Körper, die infolge ihrer Eigenschaften sehr schwer in reinem Zustande darzustellen sind. Sie lassen sich weder destillieren noch zeigen sie Neigung zum Krystallisieren, manche von ihnen besitzen sogar kolloidale Eigenschaften. Sie sind außerordentlich veränderlich und oxydieren sich selbst im festen Zustande an der Luft. Die Entfernung geringer Beimengungen (Nebenprodukte, Asche, Reste von Lösungsmitteln) ist oft äußerst schwierig. Dagegen sind die Arsinoxyde ver-

[1] D. R. P. 206 057.
[2] Ber. **44**, 1260 (1911).
[3] Ber. **14**, 912 (1881); **15**, 1952 (1882); Annalen **270**, 144 (1892); **320**, 299 (1901).

hältnismäßig beständige, gut krystallisierende Körper, die sich leicht in reinem Zustande darstellen lassen.

Das p-Aminoarsinoxyd kann durch Reduktion mit Natriumamalgam oder mit Zinnchlorür und Salzsäure in 4, 4'-Diaminoarsenobenzol übergeführt werden. Zur Reduktion aus p-Aminophenylarsinsäure wird am besten Natrium hydrosulfit verwandt, man kann aber auch Zinnchlorür und Salzsäure bei Gegenwart von Jodwasserstoff anwenden, wobei im letzten Falle die Reduktion mit größter Energie verläuft. Das p, p'-Diaminoarsenobenzol gibt als Base Salze, die aber wenig charakteristisch sind. Durch Einwirkung starker Säuren wird es verändert, besonders hervorzuheben ist aber seine leichte Oxydierbarkeit, wobei es wieder in p-Aminophenylarsinsäure übergeht. Was die physiologische Wirkung dieses Körpers anlangt, so ist zu bemerken, daß mit dem Eintritt der Aminogruppe in das Molekül der Phenylarsinsäure die Toxizität heruntergesetzt und die Fähigkeit, Parasiten zu töten, hervorgerufen wird, wodurch es zu einem brauchbaren Medikament wird. Die technische Bedeutung[1] dieser ganzen Gruppe beruht darauf, daß zu ihr das als Salvarsan gebrauchte 4, 4'-Dioxy-3, 3'-diaminoarsenobenzol gehört. Seine Darstellung und die zahlreicher Derivate und Substitutionsprodukte ist in einer sehr großen Anzahl von Patenten beschrieben; sie bringen aber prinzipiell nichts Neues und schützen sowohl die Reduktion der substituierten Arsinsäuren als auch die der Arsenobenzole. Zugleich sei darauf hingewiesen, daß eine häufig gebrauchte Reaktion in dieser Gruppe die Einführung von Aminogruppen auf dem Weg über die Reduktion der entsprechenden Nitroverbindungen ist. (Siehe S. 227.) So wird z. B. aus p-Oxyphenylarsinsäure durch Nitrieren und Reduzieren die 3-Amino-4-oxyphenylarsinsäure dargestellt; man kann aber auch die Reduktion durch Einwirkung von Hydrosulfit in der Wärme so leiten, daß auch der Arsinsäurerest angegriffen wird und direkt 3, 3'-Diamino-4, 4'-dioxyarsenobenzol entsteht[2].

Die 3-Nitro-4-oxyphenylarsinsäure kann noch auf eine dritte Art reduziert werden, nämlich so, daß die Nitrogruppe erhalten bleibt und nur der Arsensäurerest der Reduktion anheimfällt[3]. Durch Einwirkung von Schwefeldioxyd allein oder bei Gegenwart von Jodwasserstoff entsteht aus ihr 3-Nitro-4-oxyarsinoxyd, aus dem durch energische Reduktion mit Hydrosulfit das Diaminodioxyarsenobenzol dargestellt werden soll. Unterwirft man diesen Körper aber in alkoholisch salzsaurer Lösung der elektrolytischen Reduktion, so erhält man ein gelbgefärbtes Reduktionsprodukt unbekannter Konstitution, das noch unveränderte Nitrogruppen enthält[4].

Die große Reaktionsfähigkeit der Verbindungen wie Aminooxyphenylarsinsäure oder -Arsinoxyd zeigt sich auch darin, daß, wenn man zu der Reduktionsflüssigkeit Salze der Metalle Au, Pt-Gruppe, Ag, Cu, Hg hinzusetzt,

[1] D. R. P. 206 456, 212 205, 213 594, 224 953, 235 141, 245 536 [*Frdl.*, X, 1046, 1045, 1049, 1237, 1242].
[2] Ber. **45**, 761 (1912).
[3] D. R. P. 268 456 [Pat.-Schr. 2956].
[4] D. R. P. 270 568 [Pat.-Schr. 3708].

Derivate des Diaminodioxyarsenobenzols, welche das Metall in chemischer Bindung enthalten, entstehen[1]. Dieselben Metallverbindungen kann man auch aus fertigen Arsenobenzolen herstellen, indem man die wässerige Lösung derselben mit Metallsalzlösungen zusammenbringt[2].

Für seine Verwendung bietet das Salvarsan zwei Schwierigkeiten, deren erste seine außerordentlich große Neigung zur Oxydation ist, die es mit allen Reduktionsprodukten der Arsinsäuren gemeinsam hat. Die zweite Schwierigkeit besteht darin, daß es nicht möglich ist, aus ihm neutrale wässerige Lösungen herzustellen. Infolge seines gleichzeitigen Charakters als aromatisches Amin und als Phenol bildet es zwar Salze, welche aber in keinem Falle neutral reagieren. Um dem abzuhelfen, sind verschiedene Versuche gemacht worden, z. B. Einwirkung von Formaldehydnatriumbisulfit[3] oder Formaldehydsulfoxylat[4], wobei man diese Verbindung auch direkt aus 3-Nitro-4-oxyphenylarsinsäure herstellen kann, indem man überschüssige Mengen von Formaldehydsulfoxylat gegebenenfalls unter Zusatz von Hydrosulfit in wässeriger Lösung einwirken läßt[5].

Im allgemeinen beständiger sind die am Stickstoff alkylierten Derivate[6] 3-Methylamino-, 3-Dimethylamino-4-oxyphenylarsinsäure und das innere Ammoniumsalz der 3-Trimethylammonium-4-oxyphenylarsinsäure. Sie gehen sämtlich bei der Reduktion mit Natriumhydrosulfit in die zugehörigen Arsenoverbindungen über, die sich aber als wesentlich toxischer als die nicht methylierten Körper erwiesen haben und daher ohne therapeutische Bedeutung sind.

Neben dem gewöhnlich gebrauchten 3, 3′-Diamino-4, 4′-dioxyarsenobenzol werden auch Isomere dargestellt, welche die substituierenden Gruppen in anderer Reihenfolge enthalten. Ein solches entsteht durch Reduktion der 4-Amino-3-oxyphenylarsinsäure, welche aber nur auf einem Umweg möglich ist[7]. Man geht von der 4-Amino-3-nitrophenylarsinsäure aus:

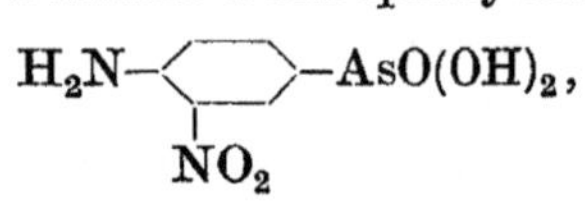

welche in gewöhnlicher Weise diazotiert wird. Die dabei entstehende Diazoverbindung besitzt die auffallende Eigenschaft, beim Behandeln mit Mineralsäure bindenden Mitteln, wie Natriumazetat, die Nitrogruppe zu eliminieren und durch Hydroxyl zu ersetzen. Es entsteht also:

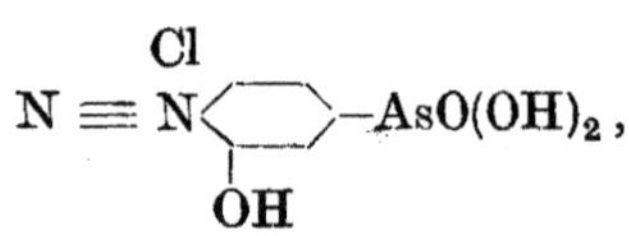

[1] D. R. P. 270 258 [Pat.-Schr. 3788].
[2] D. R. P. 268 220 [Pat.-Schr. 3614]; 270 253 [Pat.-Schr. 3731]; 270 257 [Pat.-Schr. 3733].
[3] 249 726 [*Frdl.*, X, 1248].
[4] D. R. P. 245 756 [*Frdl.*, X, 1249].
[5] D. R. P. 263 460 [Pat.-Schr. 3254].
[6] *Bertheim*, Ber. **45**, 2130 (1912).
[7] D. R. P. 244 166 [*Frdl.*, X, 1247].

ein Körper, der mit β-Naphtol oder anderen, leicht reagierenden Azofarbstoffkomponenten gekuppelt werden kann, zu einem Azofarbstoff folgender Konstitution:

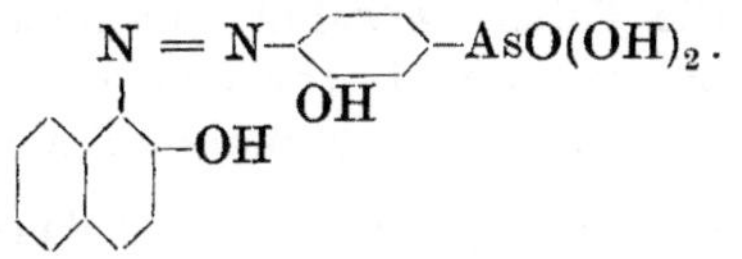

Durch reduktive Spaltung kann dieser in 4-Amino-3-oxyphenylarsinsäure und 1-Amino-2-oxynaphtalin getrennt werden. Unterwirft man ihn jedoch starker Reduktionswirkung durch Natriumhydrosulfit, so erfolgt außer der Trennung der Azobindung auch Reduktion des Arsensäurerestes zu dem entsprechenden Arsenobenzol [1], dem Isomeren des Salvarsans, das aber sein Vorbild bei weitem nicht erreicht und daher praktisch ohne Bedeutung ist. Eine zweite interessante Bildungsweise von Aminooxyphenylarsinsäuren besteht in der Reduktion der Nitrophenylarsinsäure in konzentrierter schwefelsaurer Lösung durch den elektrischen Strom bei einer Temperatur von weniger als 20°. Nach der bekannten Reaktion von *Gattermann* bilden sich Aminooxyderivate durch Umlagerung der als Zwischenprodukte entstehenden Hydroxylaminophenylarsinsäure [2], z. B.:

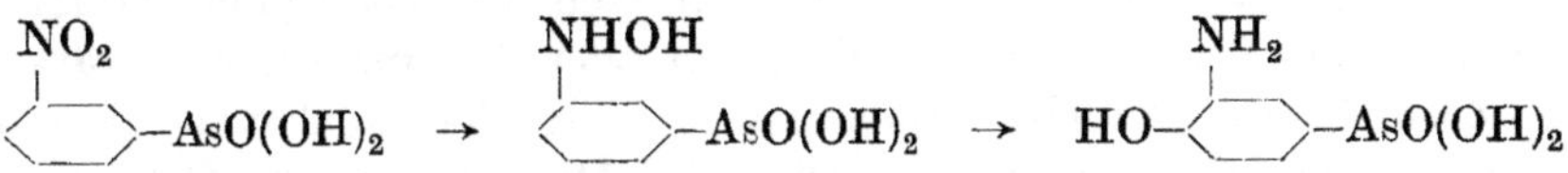

Bei länger dauernder Reduktion wird auch der Arsinsäurerest angegriffen und Arsinoxyde oder schließlich Arsenoverbindungen gebildet. Die auf diese Weise entstehenden Isomeren des Salvarsans besitzen aber ebenfalls keine praktische Bedeutung.

Auch einige Derivate mit mehreren Aminogruppen sind dargestellt worden. Um Nitrogruppen in die p-Aminophenylarsinsäure einzuführen, geht man am besten von ihrer Oxalylverbindung aus. Man erhält so ohne Schwierigkeit 4-Amino-3-nitrophenylarsinsäure [3], welche auch durch Arsenieren von o-Nitroanilin dargestellt werden kann [4]. Bei vorsichtiger Reduktion mit Natriumhydrosulfit entsteht aus ihr die 3, 4-Diaminophenylarsinsäure, welche bei durchgreifender Reduktion ebenfalls das entsprechende Tetraaminoarsenobenzol ergibt [5]. Ein Derivat mit 6-Aminogruppen entsteht durch Reduktion von 3, 5-Dinitro-4-amino- oder (methylnitramino)-phenylarsinsäure [6]:

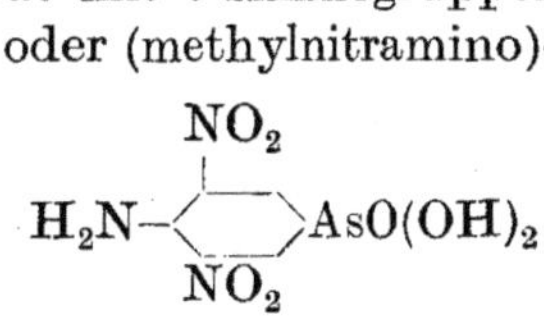

---

[1] D. R. P. 244 789 [*Frdl.*, X, 1239].
[2] Pat.-Anm. K 51 745 [Pat.-Schr. 3017].
[3] Ber. **44**, 3092 (1911).
[4] *Mameli*, Bull. Chim. Farm. **48**, 682 (1907).
[5] Ber. **44**, 1260 (1911).
[6] Schweiz. Pat. 64 347 [Pat.-Schr. 3881]; *Boehringer & Söhne*, D. R. P. 286 854/55 [C. **1915**, II, 934; Angew. Chem. **28**, II, 517].

in saurer Lösung mit Zinn, Zinnchlorür oder Zinkstaub. Von einigen anderen Derivaten, welche auch durch Reduktion in Arsenoverbindungen übergeführt worden sind, seien nur die Patente erwähnt. Es handelt sich dabei um Reduktion von Halogenderivaten der 4-Oxyarylarsinsäure[1] und um die Reduktion von Arylglykol- und Arylthioglykolarsinsäure[2]:

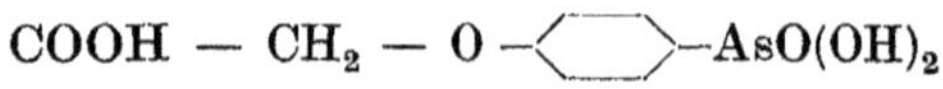

und 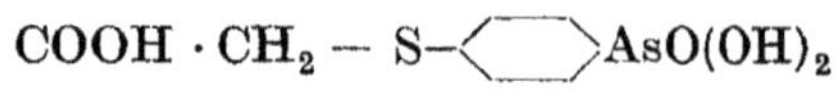

zu Derivaten des Arsenobenzols.

2. Unsymmetrische Arsenobenzole.

Die bisher beschriebenen Derivate des Arsenobenzols waren symmetrisch konstituiert und entstanden aus zwei gleichen Molekülen Arsinsäure, welche durch Reduktion miteinander verknüpft wurden. Unsymmetrische Derivate lassen sich auf diesem Wege nicht darstellen. Als Darstellungsweise derartiger Körper ist bereits erwähnt die Einwirkung von Arsinoxyden oder den entsprechenden Chlorarsinen auf Arsine.

Ein anderer Weg besteht darin, daß man Gemische von äquimolekularen Mengen von zwei verschiedenen Arsinsäuren oder Arsinoxyden mit starken Reduktionsmitteln behandelt[3]. Dabei ist es nötig, daß mindestens die eine der beiden Komponenten eine salzbildende Atomgruppe, wie OH, NH_2, $NH \cdot CH_2 \cdot CO_2H$ enthält. 4-Aminophenylarsinsäure und 3-Amino-4-oxyphenylarsinsäure werden durch Reduktion mit Zinnchlorür und Salzsäure bei Gegenwart von Jodwasserstoff in 3, 4′-Diamino-4-oxyarsenobenzol

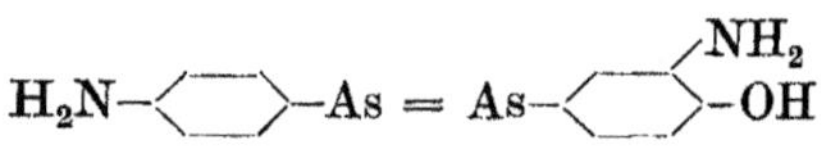

übergeführt. Ähnliche a. a. O beschriebene Derivate sind:

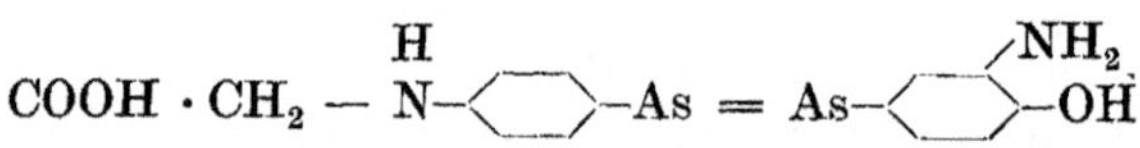

und 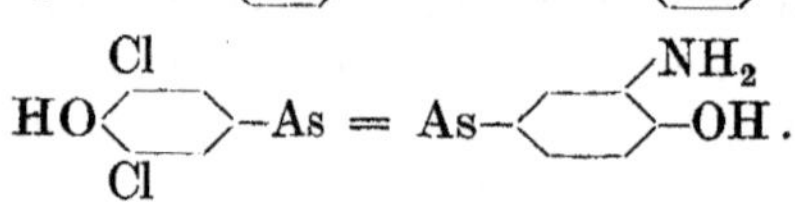

Es ist sogar möglich, nach diesem Verfahren Arsenobenzole herzustellen, bei denen die eine Hälfte des Moleküls eine aliphatische Komponente ist[4]. 4-Oxy-3-aminophenylarsinoxyd und Methylarsinoxyd liefern den Körper:

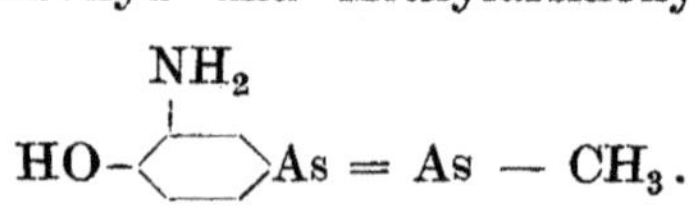

[1] D. R. P. 235 430 [*Frdl.*, X, 1244].
[2] D. R. P. 216 270 [*Frdl.*, IX, 1047].
[3] *M. L. Br.*, 251104 [*Frdl.*, XI, 1070].
[4] *M. L. Br.*, 253 226 [*Frdl.*, XI, 1072].

Selbst anorganische Verbindungen kann man auf diese Weise mit Arsinsäuren kombinieren[1]. Unterwirft man ein Gemisch einer Arylarsinsäure mit arseniger Säure, Arsensäure (oder deren Ester und Salze), Arsentrichlorid der Reduktion mit Natriumhydrosulfit oder Zinnchlorür und Salzsäure, so entstehen neue Körper, welche einen oder mehrere Arsenreste im Molekül enthalten. Verwendet man auf 1 Molekül Arsinsäure nur 1 Molekül einer Arsenverbindung, so entsteht ein Körper mit zwei Arsenresten. Je mehr man aber vom anorganischen Bestandteil anwendet, um so höher ist der Arsengehalt des entstehenden neuen Körpers, in welchem wahrscheinlich mehrere anorganische Reste aneinandergeknüpft sind.

Eine andere Art unsymmetrischer Verbindungen wird noch dadurch erhalten, daß man an Stelle der einen Komponente irgendeine Antimonverbindung, z. B. Phenylstibinsäure anwendet, welche von demselben Typus wie die entsprechende Arsenverbindung ist[2]. Man erhält so Körper, welche sowohl Arsen als auch Antimon enthalten und die im übrigen eine den Arsenobenzolverbindungen entsprechende Konstitution besitzen.

Das letzte Reduktionsprodukt der aromatischen Arsenverbindungen bildet das Phenylarsin: $C_6H_5AsH_2$, das „Anilin" der Gruppe. Wichtiger als das einfache Arsin sind seine Substitutionsprodukte, welche Nitro-, Amino- Oxy-, Carboxyl- oder substituierte Aminogruppen enthalten. Sie entstehen ebenfalls aus den entsprechenden Arsinsäuren durch Einwirkung von starken Reduktionsmitteln, Zink, Zinn, Eisen in stark saurer Lösung, gegebenenfalls unter Erwärmung[3]. In der Reihe, welcher das Atoxyl und Salvarsan angehören, sind es das p-Amino- und p-Oxyphenylarsin. Derartige Arsine sind Körper, welche große Neigung besitzen, sich zu Arsenoverbindungen zu oxydieren, was bereits durch die Einwirkung des Sauerstoffs der Luft stattfinden kann.

Das Phenylarsin selbst ist ein indifferenter Stoff, weder Base noch Säure Dieser Körper selbst, ebenso wie seine Substitutionsprodukte mit Amino- oder Hydroxylgruppen sind jedoch zu giftig, als daß sie als therapeutische Mittel in Betracht kämen. Ihre Bedeutung beruht darauf, daß sie mit Arsinoxyden oder Chlorarsinen in der oben erwähnten Weise zu Arsenoverbindungen umgesetzt werden können. Zu derartigen Reaktionen werden gebraucht das 3-Amino-4-oxyphenylarsin und das p-Phenylglycylarsin.

Schließlich kann man noch zu Arsinen gelangen durch elektrolytische Reduktion von Phenylarsinsäuren[4]. Man kann sowohl in saurer als auch in alkalischer Lösung reduzieren und erhält so Produkte von großer Reinheit. Sind Nitrogruppen im Molekül vorhanden, so kann die Reduktion so geleitet werden, daß nur der Arsinsäurerest angegriffen wird, die Nitrogruppe aber erhalten bleibt[5]. Die Elektrolyse findet in diesem Fall in alkoholisch salz-

---

[1] *M.L. Br.*, 270 254 [*Frdl.*, XI, 1073].
[2] D. R. P. 270 255 [Pat.-Schr. 3754].
[3] D. R. P. 251 571 [C. **1912**, II, 1415].
[4] D. R. P. 270 568 [Pat.-Sch. 3708].
[5] Nach Anm. K 41 745 [Pat.-Schr. 3017] soll bei der elektrolytischen Reduktion von 2- oder 3-Nitrophenylarsinsäure in konz. Schwefelsäure die entsprechende Amino-

saurer Lösung statt und wird am besten unter Zuhilfenahme eines Diaphragmas ausgeführt[1]. Die dabei entstehenden Produkte sind Arsine. Sie haben aber teilweise andere Eigenschaften als die auf anderen Wegen gewonnenen Arsine, weshalb für derartige Körper möglicherweise andere Konstitutionsformeln wie R — AsH — AsH — R in Betracht kommen.

3. Antimonverbindungen.

Anfänglich wurden schwefelhaltige aromatische Antimonverbindungen dargestellt, deren Wirkung auf ihrer Fähigkeit beruht, leicht Schwefel abzuspalten und die unter der Bezeichnung „Sulfoform" als Mittel gegen Hauterkrankungen Verwendung fanden. Es sind dies Triphenylstibinsulfide, welche aus Triphenylstibinhaloiden durch Einwirkung von Schwefelwasserstoff dargestellt werden[2]. Aus ihnen entsteht durch Erhitzen mit Kupfer- oder Eisenpulver unter Wegnahme des Schwefels das Triphenylstibin $Sb(C_6H_5)_3$[3]. Es werden aber auch in der Antimonreihe diejenigen Reaktionen angewandt, welche die Arsinsäuren in Arsenoverbindungen überführen. In diesem Falle bilden die den Arsinsäuren entsprechenden Stibinsäuren R — $SbO(OH)_2$ das Ausgangsmaterial. Sie werden dargestellt aus aromatischen Diazoverbindungen, indem diese mit Salzen der antimonigen Säure umgesetzt werden; aus den entstehenden Diazoantimoniten wird der Stickstoff der Diazogruppe auf bekannte Weise abgespalten[4]:

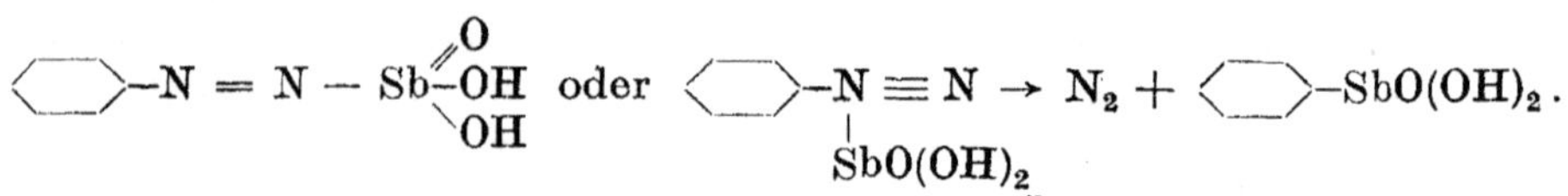

Aus p-Aminophenol entsteht die p-Oxyphenylstibinsäure. Dagegen wird die p-Aminophenylstibinsäure aus Acetyl-p-phenylendiamin dargestellt, indem man nach Beendigung der Diazoreaktion den Acetylrest abspaltet. Auch in der Gruppe der Antimonverbindungen sind die Aminoderivate am wichtigsten, da auch sie auf Trypanosomen und Spirochäten eine tötende Wirkung ausüben. Sie werden durch Reduktion der entsprechenden Nitroverbindungen oder durch Verseifung der Acylaminoderivate, wie solche nach D. R. P. 254 421 erhalten werden, dargestellt[5]. Tritt bei der Reduktion der Nitrogruppe zugleich Reduktion des Stibinsäurerestes ein, so muß man den entstehenden Körper wieder oxydieren, wenn man eine Aminophenylstibinsäure erhalten will. Wichtig sind auch hier die Nitrooxyphenylstibinsäuren[6] wegen der aus ihnen entstehenden Reduktionsprodukte, den Analogen des Salvarsans und

oxyarsinsäure entstehen; dabei bliebe also unter Reduktion der Nitrogruppe der Arsin säurerest unverändert.

[1] D. R. P. 267 082 [Pat.-Schr. 3193].

[2] *v. Heyden*, D. R. P. 223 694 [*Frdl.*, X, 1259].

[3] *v. Heyden*, D. R. P. 240 316 [*Frdl.*, X, 1261].

[4] *v. Heyden*, D. R. P. 254 421 [Pat.-Schr. 2847].

[5] D. R. P. 270 488 [Pat.-Schr. 3738].

[6] Dargestellt nach D. R. P. 259 875 [C. **1913**, I, 1944]; 262 236 [C. **1913**, II, 554].

seiner Isomeren. Die Reduktion der Stibinsäuren selbst verläuft analog derjenigen der Arsinsäuren[1]. Durch passende Wahl der Reduktionsmittel, ihrer Menge und der Reaktionsbedingungen kann man die Reduktion bis zu verschiedenen Stufen treiben. Enthalten die zu reduzierenden Verbindungen noch eine oder mehrere Nitrogruppen im aromatischen Kern, so können diese je nach Wahl des Reduktionsmittels erhalten bleiben oder ebenfalls reduziert werden. Aus Phenylstibinsäure entsteht bei der Reduktion mit Natriumhydrosulfit Stibinobenzol $C_6H_5Sb = Sb\ C_6H_5$, ein vollkommenes Analogon des Arsenobenzols. m-Nitrophenylstibinsäure gibt mit Zinnchlorür in alkoholischer Lösung das salzsaure Salz des m-Aminostibinchlorürs:

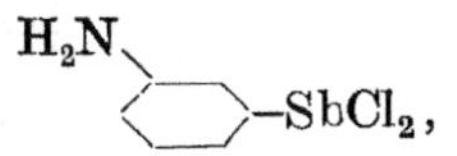

das in bekannter Weise durch wässerige Natronlauge in das Stibinoxyd übergeführt werden kann. Letzteres liefert bei der Reduktion ebenfalls das Diaminostibinobenzol. In gleicher Weise lassen sich auch sekundäre aromatische Stibinsäuren, z. B. $(C_6H_5)_2SbOOH$ reduzieren, wobei man zu sekundären Stibinoxyden gelangt[2]. Durch Reduktion von 3-Aminodiphenylstibinsäure entsteht das Stibinoxyd der Formel:

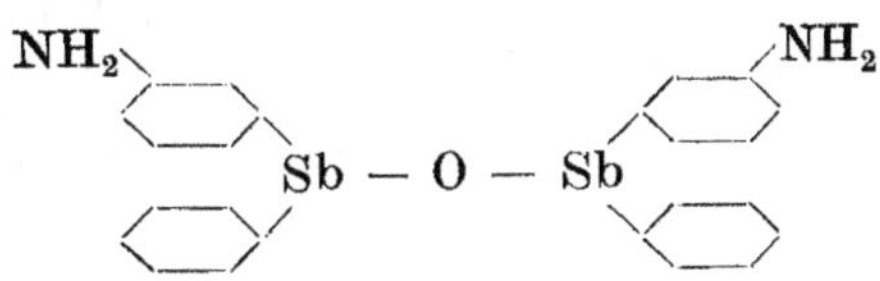

---

[1] D. R. P. 268 451 [Pat.-Schr. 3505].
[2] D. R. P. 269 206 [Pat.-Schr. 3575].

Register.

GPSR Compliance

The European Union's (EU) General Product Safety Regulation (GPSR) is a set of rules that requires consumer products to be safe and our obligations to ensure this.

If you have any concerns about our products, you can contact us on ProductSafety@springernature.com

In case Publisher is established outside the EU, the EU authorized representative is:

Springer Nature Customer Service Center GmbH
Europaplatz 3
69115 Heidelberg, Germany

Batch number: 10682323

Printed by Printforce, the Netherlands